AF292220

PALÄOZOOLOGIE

VON

DR. KURT EHRENBERG

O. PROFESSOR DER PALÄONTOLOGIE UND PALÄOBIOLOGIE
AN DER UNIVERSITÄT WIEN I. R.

MIT 175 TEXTABBILDUNGEN

WIEN

SPRINGER-VERLAG

1960

ISBN-13: 978-3-7091-8059-4   e-ISBN-13: 978-3-7091-8058-7
DOI: 10.1007/978-3-7091-8058-7

Vorwort

Seit 1924 ist in deutscher Sprache kein kurzgefaßtes, einbändiges Lehrbuch erschienen, das über die wesentlichen Belange fossiler Wirbelloser wie Wirbeltiere gleich hinlänglich unterrichtet. Schon ein Jahrzehnt später, als ich an der Wiener Universität die Paläozoologie-Hauptvorlesungen übernahm, war in den vorhandenen deutschsprachigen Lehrbüchern nicht mehr alles als Prüfungsstoff Erforderliche zu finden; denn inzwischen waren etliche Zoo-Fossilien neu gefunden oder mit neuen Methoden untersucht worden und das Wissen über ganze Gruppen, die Vorstellungen über den Ablauf der Lebens- wie der Stammesgeschichte, die Kenntnisse über die Fossilisationserscheinungen, über die zeitliche und räumliche Verbreitung mancher Formen wie die Systematik hatten Ergänzung und Veränderung erfahren. So entstand bald der Plan, den für die einschlägigen Vorlesungen zusammengetragenen Stoff in Buchform zu veröffentlichen; seine Verwirklichung haben jedoch der Zweite Weltkrieg und die Folgeereignisse vorerst vereitelt. Als er wieder aufgegriffen werden konnte, war der Stoff neuerlich angewachsen und es wurde schon die Vorfrage zum Problem, ob ein Einzelner überhaupt noch das Gesamtgebiet der Paläozoologie hinreichend überschauen konnte, um die Abfassung eines in diese Disziplin einführenden Lehrbuches wagen zu dürfen. Wenn ich mich trotz solcher Bedenken doch zur Ausführung jenes Planes entschlossen habe, so bin ich mir des Risikos, nicht alles, was vielleicht hätte berücksichtigt werden sollen, in die Hände bekommen zu haben, wohl bewußt und ich kann nur hoffen, daß gegenüber dem Vorteil einer einheitlichen Darstellung Mängel solcher Art nicht allzuschwer ins Gewicht fallen mögen.

Das nächstschwierige Problem erwuchs aus der erwähnten Stoffülle einerseits und der unabdingbar scheinenden Umfangsbegrenzung andererseits. Es wurde durch Beschränkungen — im allgemeinen Teil hinsichtlich der in meinem (1952 im gleichen Verlag erschienenen) Leitfaden der „Paläobiologie und Stammesgeschichte" behandelten Fragenkreise, im speziellen hinsichtlich vor allem jener Gruppen, die ob ihrer spärlichen oder meist fragmentären Überlieferung, ob ihrer relativ einfach gebauten Hartteile oder aus sonstigen Gründen als biohistorische Dokumente eine geringere Rolle spielen — wie durch reichliche Verwendung von Kleindruck, Abkürzungen, Symbolen und selbst telegrammstilartiger Textfassung zu meistern versucht. Daß eine solche Kompromißlösung nicht voll befriedigen kann, ist mir gleichfalls bewußt und wieder kann ich nur hoffen, daß alles in allem doch die Vorteile des eingeschlagenen Weges dessen Mängel überwiegen.

Beschränkung war wie im Text auch bei den Abbildungen geboten. Wie dort ging auch bei ihrer Auswahl mein Bestreben dahin, vor allem das für die einzelnen Gruppen Allgemeine, Typische zur Darstellung zu bringen.

Die „allgemeinen Abkürzungen" sind S. XVI, jene für Raum- und Zeitangaben S. 28/29 in eigenen Verzeichnissen zusammengefaßt, nur in einzelnen Gruppen verwendete Abkürzungen und Symbole beim jeweils ersten Gebrauche erläutert und überdies durch entsprechende Hinweise im Namen- und Sachverzeichnis leicht aufzufinden.

Das Studium der Paläozoologie ist, gleich dem anderer Disziplinen, mit der Notwendigkeit verbunden, sich zahlreiche Fachausdrücke und Namen anzueignen. Sie entstammen größtenteils dem Griechischen wie dem Lateinischen; dem, der ihren Wortsinn weiß, erleichtern sie freilich auch das Eindringen in den Stoff, denn sie geben oft unmittelbar Auskunft darüber, worum es bei dem betreffenden Fachausdruck geht bzw. welche hervorstechende Eigenschaft der jeweilige Namensträger besitzt. Leider ist die Kenntnis jener griechischen und lateinischen Wörter heute selbst bei den Absolventen von klassische Sprachen lehrenden Mittelschulen nicht mehr als selbstverständlich vorauszusetzen. Es wurden daher die meisten Fachausdrücke und viele Namen — vor allem solche der systematischen Kategorien bis herunter zur Überfamilie — durch Beifügung der fremdsprachigen Stammwörter, Wortteile und Silben samt ihrer Bedeutung erläutert; gewöhnlich dort, wo sie erstmals gebraucht werden, bei zusammengesetzten Worten nur die noch nicht früher erklärten Wortteile. Die Stellen solcher Erläuterungen sind wieder im Namen- und Sachverzeichnis besonders kenntlich gemacht.

Die Grundlage für Wissen und Forschung im Bereiche der Paläozoologie bilden Morphologie und Systematik, d. h. die Kenntnis des Baues der Formen bzw. Formengruppen und — zwecks Übersicht über ihre Fülle — die Ordnung in ein System. Daher wurden die morphologischen Verhältnisse der meist allein überlieferten Hartteile unter Beifügung von Hinweisen auf die Weichteil-Anatomie stets am ausführlichsten behandelt und dem zoologischen System wie der Eingliederung der Zoo-Fossilien in dasselbe ein besonderer Abschnitt im allgemeinen Teile gewidmet; im speziellen aber wurde die Gliederung durch entsprechende druckmäßige Abstufung der Kapitelüberschriften schon äußerlich übersichtlicher und einprägsamer zu gestalten versucht.

Das zoologische System ist kaum erst in seinen Grundlinien einheitlich, im Einzelnen wird die Gliederung verschieden vorgenommen, wobei dann meist keine voll befriedigen kann. Welcher ich folgte, wurde meist unter Hinweis auf noch bestehende Meinungsverschiedenheiten, also Kenntnislücken, vermerkt; ebenso die wenigen Fälle, wo ich von üblichen Gliederungen abweichen zu sollen vermeinte.

Die Zoo-Fossilien gestatten und erfordern neben ihrer systematischen Ordnung auch eine nach Raum und Zeit. Angaben über den mutmaßlichen Lebensraum und über die zeitliche Verbreitung samt der für Geologen wichtigen Bedeutung als Leitfossilien sind daher der Besprechung der einzelnen Gruppen ebenso beigefügt wie solche über die Lebensweise im allgemeinen, über Erhaltung und Vorkommen, über stammesgeschichtliche Stellung und Beziehungen. Endlich wurde auch auf die für Speläologen und Prähistoriker als quartäre Höhlenfunde bedeutsamen Zoo-Fossilien hingewiesen und die Rolle, welche viele von diesen in Volksglauben und Volksmedizin gespielt haben und zum Teil noch immer spielen, jeweils erwähnt.

Bei der Suche nach einschlägiger Literatur habe ich in den Bibliotheken der Geologisch-Paläontologischen Abteilung des Naturhistorischen Museums wie des Paläontologischen und Paläobiologischen Institutes der Universität in Wien durch die Herren Univ.-Prof. Dr. H. ZAPFE, Dr. F. BACHMAYER und Dr. E. FLÜGEL bzw. Univ.-Prof. Dr. E. THENIUS und Univ.-Prof. Dr. A. PAPP wertvolle Unterstützung erfahren. Den Genannten hierfür meinen aufrichtigen Dank abzustatten ist mir ebenso Bedürfnis wie dem Springer-Verlag, Wien, welcher die Herausgabe des Buches übernommen hat.

Ich habe mich bemüht, das Buch von Druckfehlern wie von sachlich unrichtigen Angaben möglichst freizuhalten. Hinweise auf trotzdem unterlaufene derartige Mängel werde ich wie jede sonstige sachlich-konstruktive Kritik seitens meiner Fachgenossen dankbar entgegennehmen. Dem Buche selbst aber sei der Wunsch mit auf den Weg gegeben, daß es sich für die Studierenden der Paläozoologie wie deren biologischen und geologischen Nachbarfächer, aber auch für alle, die sonst Grundwissen in dieser Disziplin erwerben oder ihre Kenntnisse hierüber auffrischen wollen, als ein brauchbarer Studienbehelf bewähren möge!

Wien, im November 1959

Kurt Ehrenberg

Inhaltsverzeichnis

A. Einleitung

B. Allgemeine Paläozoologie

C. Spezielle Paläozoologie

Regnum: **Protista**
Divisio: Cytomorpha

Divisio: Cytoidea

Regnum: **Metazoa**
Divisio: Porifera

Divisio: Eumetazoa
Subdivisio, Phylum, Cladus et Classis: Moruloidea
Subdivisio: Coelenterata

Inhaltsverzeichnis XIII

Inhaltsverzeichnis   XV

Allgemeine Abkürzungen

b. = bei
bes. = besonders
betr. = betreffend (-er, -e, -es)
bisw. = bisweilen
bzgl. = bezüglich
ca. = circa, lat. = ungefähr
cf. = confer, lat. = vergleiche
d. = der, des
d. h. = das heißt
d. i. = das ist
d. s. = das sind
einschl. = einschließlich
ev. = eventuell
Fam. = Familia
ff. = (und) folgende
Gr. = Größe
gr. = griechisch
i. Allg. = im Allgemeinen
i. allg. = im allgemeinen
i. bes. = im besonderen
inc. sed. = incertae sedis, lat. = unsicherer Stellung
i. e. S. (i. eng. S.) = im engeren Sinne
lat. = lateinisch
lt. = laut

Ltf (Ltf.) = Leitform(en), Leitfossilien
m. = mit
nat. Gr. = natürliche(r) Größe
o. dgl. = oder dergleichen (desgleichen)
part. = partim, lat. = teilweise
S. = Seite
s. = siehe
sog. = sogenannt(-er, -e, -es)
Subgen. = Subgenus
u(u.) = und
u. a. = und andere, unter anderem
u. a. m. = und andere(s) mehr
u. Ä. = und Ähnliche(s)
u. dgl. = und dergleichen
u. e. a. = und einige andere
usf. = und so fort
usw. = und so weiter
u. v. a. = und viele andere
u. zw. = und zwar
v. = von, vom
vergr. = vergrößert
verkl. = verkleinert
w. o. = wie oben
z. B. = zum Beispiel
z. T. = zum Teil

A. Einleitung

1. Werdegang und Gegenstand

Es liegt im Wesen wissenschaftlicher Forschung zutiefst begründet, daß Inhalt und Umfang der Wissensfächer oder Disziplinen und damit auch deren Benennung wie der Sinn der in ihnen verwandten Fachausdrücke (Termini) Veränderungen unterliegen. Auch unser Fachgebiet macht hiervon keine Ausnahme.

Als man — allgemein erst im 18. Jahrhundert — die wahre Natur der Fossilien (v. lat. fódere = graben), d. h. der in den Absatz- oder Sedimentgesteinen (lat. sediméntum = Absatz) der Erdrinde überlieferten Überreste vorzeitlicher Lebewesen zu erkennen begann, hieß man die Wissenschaft, welche sie beschrieb, ihren Bau, ihre systematische Stellung, wie ihre zeitliche und räumliche Verbreitung studierte, Versteinerungs- oder Petrefaktenkunde (lat. pétra = Fels, fácere = machen). In der ersten Hälfte des 19. Jahrhunderts kam dann die Bezeichnung Paläontologie (gr. palaiós = alt, ón = seiend, lógos = Lehre, Kunde), also Seinskunde der Vorzeit, auf. Beide befaßten sich mit den tierischen oder Zoo- wie den pflanzlichen oder Phyto-Fossilien (gr. zōon = tierisches Lebewesen, phytón = Gewächs, Pflanze); doch ging die Erforschung der Phyto-Fossilien rasch eigene Wege und entwickelte sich in enger Anlehnung an die Botanik (gr. botáne = Pflanze) zu einer Sonderdisziplin, der Phyto-Paläontologie oder Paläobotanik. Der Begriff Paläontologie behielt zwar seinen ursprünglichen Umfang, aber er wird heute auch nur für jenes Forschungsgebiet gebraucht, das genauer als Zoo-Paläontologie bzw. Paläozoologie zu bezeichnen ist. Endlich erwuchs mit der systematischen Untersuchung von Lebensweise, Lebenserscheinungen und Lebensvorgängen der vorzeitlichen Organismen (gr. órganon = Werkzeug, Organ) zuerst im zoologischen Sektor eine besondere ethologische (gr. éthos = Gewohnheit, Sitte) Paläontologie, die bald auf den gesamten, jetzt meist als Ökologie (gr. ōīkos = Haus, Hausstand) bezeichneten Forschungsbereich, ja über ihn hinaus ausgedehnt und als Paläobiologie (gr. bíos = Leben) zu einer eigenen Disziplin ausgebaut wurde. Diese Zoo-Paläobiologie fand bald in einer Phyto-Paläobiologie ihre botanische Entsprechung.

Paläozoologie ist mithin — so möchten wenigstens wir definieren — die Tierkunde oder die Lehre von den tierischen Lebewesen der Vorzeit, wie Zoologie die Tierkunde oder die Lehre von den tierischen Lebewesen der Jetztzeit.

Die sich in der Namensgebung widerspiegelnde Entwicklung der Paläozoologie zu einem Gegenstück der Zoologie hat neuerdings dazu geführt, daß man mitunter statt Zoologie die Bezeichnung Neozoologie (gr. néos = neu) verwendet und Zoologie als gemeinsamen Oberbegriff (also im Sinne von Paläozoologie + Neozoologie) gebraucht. Analoge Begriffsbildungen und -erweiterungen sind: Paläobotanik + Neobotanik = Botanik, Paläontologie + Neontologie = Ontologie, Paläobiologie + Neobiologie = Biologie. Die drei letzten Begriffe werden außerdem noch in anderer Hinsicht verschieden weit gefaßt; sie sind heute nicht mehr bloße Bezeichnung für den Komplex Lebensweise, Lebensvorgänge usw., sondern man versteht Biologie, Paläobiologie und Neobiologie auch als Sammelbegriffe für alle Disziplinen, welche, wie Zoologie, Paläozoologie, Anthropologie (gr. ánthropos = Mensch) usw., die Lebewesen, wie Ökologie die Lebensweise, wie Physiologie (gr. phýsis = Natur, natürliche Beschaffenheit, Leistung) die Lebensvorgänge, wie Pathologie (gr. páthos = Leid), Genetik (gr. génesis = Werden, Entstehung), Phylogenie (gr. phylé, phȳlon = Stamm) u. v. a. sonstige Lebenserscheinungen zum Gegenstande haben. Diese fast verwirrende Fülle von Begriffsbildungen und Begriffsfassungen ist ebenso Ausdruck der inneren Verflechtung aller Leben und Lebewesen betreffenden Disziplinen wie ihrer allmählichen Differenzierung.

2. Wesen und Stellung zu den Nachbarwissenschaften

Als Lehre von den tierischen Lebewesen der Vorzeit kann die Paläozoologie als eine biologische Disziplin bewertet werden. Am nächsten steht sie wohl der Zoologie und Anthropologie. Mit jener hat sie überall Berührungsflächen, das System der Tiere ist für Paläozoologie und Neozoologie ein und dasselbe; mit dieser überschneidet sie sich in der Paläo-Anthropologie (auch Pal-Anthropologie[1]), durch die sie ferner in Beziehung zur Prähistorie oder Urgeschichte [eigentlich (von lat. prae = vor, história = Geschichte) „Vorgeschichte"] kommt. Durch die Paläobiologie sind engste Beziehungen auch mit den allgemein-biologischen Fachgebieten gegeben.

Paläozoologie ist aber, gleich allen paläontologischen Fächern, auch eine historische, präziser natur-historische Disziplin. Aus der zeitlichen Gliederung ihres Stoffes, der darin begründeten Möglichkeit, die Zeitabfolge von Zuständen festzustellen und aus ihnen den Gang von Geschehnissen zu erschließen, ergeben sich lebens- wie stammesgeschichtliche Aufgaben, folgen weitgehende Überschneidungen mit der Phylogenie im Bereiche der Paläo-Phylogenie (s. S. 22).

---

[1] Bei Zusammensetzung mit vokalisch anlautenden Worten wird gerne statt „paläo" nur „pal" als Vorsilbe genommen.

Die zeitliche Gliederung, das Vorkommen der Fossilien in Gesteinen der Erdrinde bedingen jedoch ebenso engste Beziehungen zur Geologie (gr. gē = Erde) im allgemeinen, zur Erdgeschichte im besonderen. Die (relative) Altersbestimmung der Gesteinsschichten, die Datierung der erdgeschichtlichen oder geohistorischen Ereignisse geschieht in der Hauptsache durch die auf kleinste Schichteinheiten bzw. Zeitabschnitte beschränkten „Leitfossilien", die Bio-Chronologie (gr. chrónos = Zeit), d. h. die Zeitgliederung auf biologischer Grundlage, ist nach wie vor ein unentbehrlicher Behelf der Erdgeschichte, speziell der Formationskunde (s. S. 19 ff.). Die Verzahnung mit der Geologie ist so weitgehend, daß eine scharfe Grenzlinie nicht gezogen, nur ein gemeinsamer Grenzbereich abgesteckt werden kann. Da überdies die geologischen und paläontologischen Teilfächer einer gemeinsamen Wurzel entsprossen, diese sich von jenen erst allmählich getrennt haben, wird von Manchen auch die Paläozoologie eine geologische Disziplin geheißen.

Über die Stellung zu den Nachbarwissenschaften, die Einordnung in das System der Naturwissenschaften, herrscht also nicht volle Einmütigkeit. Biologische und historische Disziplin zugleich, wird die Paläozoologie gleich allen anderen paläontologischen Teilfächern am richtigsten als ein biohistorisches Wissensfach anzusprechen sein, dem eine Brückenstellung zwischen Biologie und Geologie zukommt.

3. Methoden und Ziele

Die Methoden der Forschung sind durch die besonderen Eigenschaften des paläozoologischen Materials, aber auch durch die erwähnte Brückenstellung (s. o.) bedingt. Was vorliegt, sind in der Regel nur Teile, gewöhnlich nur die bzw. nur einzelne Hartteile, welche durch die Fossilisationsvorgänge (s. S. 7) mehr oder minder weitgehend verändert oder zerstört wurden, oft auch nur Spuren von solchen oder sogenannte Lebensspuren (s. S. 8). Aus diesen Resten heißt es nun womöglich die ganzen Tiere zu rekonstruieren, ihren Bau, ihre Stellung im System, aber auch ihre Lebensweise und Lebensverhältnisse, kurz: einstiges lebendiges Geschehen festzustellen. Gleich vergilbten und unvollständigen Dokumenten vergangener Jahrhunderte müssen also die Fossilien als biohistorische Urkunden entziffert, ergänzt, muß aus ihnen die Geschichte des Lebens, seiner einzelnen Epochen und Träger ermittelt werden. Dabei kommt es wie in der Human-Historie (lat. humānus = menschlich) oft auf jede Einzelheit an, jeder Hinweis muß beachtet, geprüft und ausgewertet werden.

Man hat diese Art der Untersuchung, die biohistorische Analyse und Synthese, wiederholt mit der Tätigkeit eines Detektivs verglichen, der jede Spur verfolgen, jedes Indiz prüfen und aus oft dürftigsten Unterlagen Personen und Geschehnisse klarlegen muß. Neben Beschreibung und Vergleich spielt daher in der paläozoologischen Forschung—u. zw. beim Ermitteln von Bau und Form (paläomorphologische Analyse, v. gr. morphé = Gestalt) wie beim Erkunden der Lebensweise,

Lebensverhältnisse usw. (paläobiologische Analyse) das Ziehen von Schlußfolgerungen eine besondere Rolle. Nur so kann man aus den überlieferten Resten Bau, Form, systematische Zugehörigkeit ergründen, aus Bau und Form, aber auch aus dem umhüllenden Gestein, aus Erhaltung und Lagerung in ihm Aufschlüsse über Lebensweise, Lebensraum, Todesart u. a. m. erarbeiten.

Durch ihre Bindung an das Hüllgestein sind die Fossilien jedoch nicht nur biohistorische, sondern als „Zeitmarken" (Leitfossilien s. S. 3) auch geohistorisch wichtige Urkunden. Aus dem Fossilbestand der verschiedenen Gesteinsschichten ergeben sich wesentliche Hinweise auf die Beschaffenheit der einstigen Sedimentationsräume, auf die Verteilung von Festländern und Meeren usf., aus bestimmten Erhaltungs- und Lagerungsformen solche auf tektonische Vorgänge und Verhältnisse u. a. m. Zur biohistorischen kommt also noch eine geohistorische Analyse hinzu.

Die wichtigsten Grundlagen und Hilfsmittel auf allen diesen Wegen paläozoologischer Forschung sind das Gesetz von der Korrelation der Organe, die Kenntnis der Korrelation zwischen Form und Funktion, das Aktualitätsprinzip und der Analogieschluß.

Wir schließen also etwa aus einem beuteltierartigen Gebiß auf den Besitz von Beutelknochen, aber auch auf einen beuteltierartigen Urogenitalapparat; aus der Gebißform auf die Nahrung; aus einem Flügelskelett auf Fliegen usf., indem wir — und das mit gutem Grunde — annehmen, daß das Aufeinander-Abgestimmt-Sein der verschiedenen Organe wie der Form auf die Funktion für die Tiere der Vorzeit ebenso als Norm vorausgesetzt werden darf wie für die Tiere der Jetztzeit.

Allerdings sind dieser Methodik gewisse Grenzen gezogen. Abgesehen davon, daß das Schließen per analogiam auch bei richtigen Voraussetzungen (Prämissen) und Vermeidung von Zirkelschlüssen ausnahmsweise, wie wir wissen, einen Fehlschluß ergeben kann, fehlen mitunter die erforderlichen Voraussetzungen, wenn Vergleichsformen, vergleichbare Einrichtungen usw. in der heutigen Tierwelt nicht vorhanden oder unzureichend bekannt sind, wenn es sich um verschiedener Leistungen fähige Gestaltungen handelt u. Ä. In solchen Fällen kann man einen reinen Indizienbeweis zu führen oder „per exclusionem", d. h. auf dem Wege der Einengung durch Ausschließung, ein möglichst gesichertes Ergebnis zu erzielen trachten. Im Übrigen wird wie bei jeder sich über reine Chronistik erhebenden Geschichtsforschung stets zu beachten sein, daß die im Aktualitätsprinzip postulierte Gleichartigkeit zwischen vergangenem und gegenwärtigem Geschehen sich auf Grundsätzliches beschränken, daß die besonderen Gegebenheiten jeder Zeit, das Einmalige jedes historischen Geschehens die Analogien begrenzen wird. Man wird daher zu einem um so wirklichkeitsnäheren Bilde gelangen, je mehr man durch Prüfung aller jeweils verfügbaren Kriterien jene besonderen Gegebenheiten zu erkennen und damit das vergangene Geschehen gleichsam aus seiner Zeit heraus zu betrachten vermag.

4. Forschung und Wissen

Forschen heißt unablässig suchen, doch suchen heißt nicht immer finden. Auch in der Paläozoologie bestehen heute noch Kenntnislücken, ist manches erst unvollständig bekannt oder erkennbar, so daß die Meinungen, oft auch weit, auseinandergehen. Wissen, das Ergebnis der Forschung, bedarf immer neuer Überprüfung und Ergänzung, neue Funde und Entdeckungen eröffnen immer wieder neue Gesichtspunkte. Wenn irgendwo, gilt für Forschung und Wissen der Satz, daß Stillstand Rückschritt bedeutet. Ihm ist auch der einzelne Forscher unterworfen. Sein ganzes Leben muß er ein Suchender, ein Lernender bleiben, nie wird er alles, nie genug wissen. Wenn er eine Arbeit niederschreibt, wird sie, im Druck erschienen, nie völlig fehlerfrei, zumindest aber in diesem oder jenem Punkte überholt sein, weil die Forschung in der Zwischenzeit nicht stillstand. Das mag vielleicht enttäuschend sein, aber wer sich dadurch entmutigen ließe, taugt nicht für wissenschaftliche Forschung. Denn dies ist ihr unabänderliches Gesetz.

5. Studium und Berufsverhältnisse

Die Brückenstellung der Paläozoologie zwischen den biologischen und geologischen Disziplinen bedingt es, daß für Biologen (Zoologen, Anthropologen, Botaniker, Ökologen, Genetiker usw.) wie Geologen, in beschränkterem Umfange ferner für Prähistoriker, Speläologen u. a. das Studium der Paläozoologie als Nebenfach in Betracht kommt. Für das Studium als Hauptfach resultieren aus jener Brückenstellung ganz bestimmte Erfordernisse. Einmal eine gründliche biologische Schulung. Ohne Vertrautheit mit den tierischen, aber auch pflanzlichen Lebensformen und -vorgängen der Jetztzeit ist ein richtiges Verstehen des Lebens der Vorzeit nicht möglich. Ebenso muß der Paläozoologe in Paläobotanik und Geologie hinreichend bewandert sein, über den Gang der Erdgeschichte und die ihn begleitenden Geschehnisse, über Sedimentation und Gesteinsbildung und manches andere Bescheid wissen. Neben der biologischen und geologischen Schulung, welche die eigentliche paläozoologische Ausbildung ergänzen müssen, bedarf es ferner anthropologischen, prähistorischen Wissens auf der einen, mineralogischen, chemischen, physikalischen auf der anderen Seite; kurz: einer allgemein-naturwissenschaftlichen Bildung nebst Kenntnissen aus angrenzenden Gebieten der Geisteswissenschaften. Je breiter das Fundament, desto besser. Sind doch — um nur zwei Beispiele herauszugreifen — für statistische und metrische Untersuchungen mathematische, für die Ermittlung der Beziehungen mancher Fossilien zu Volksglauben, Brauchtum, Sage usw. volks- und völkerkundliche Kenntnisse von Vorteil.

Neben wissenschaftlich-theoretischer bedarf es auch praktisch-technischer Ausbildung. Vergleichende Betrachtung organischer Formen; zeichnerische Wiedergabe von Fossilien und Schichtprofilen; richtige Beobachtung von Vorgängen in der Natur wie von Verhältnissen an Fundstellen; sachgemäßes Ausgraben, Aufsammeln, Bergen, Verpacken, Transportieren und Etikettieren von Fossilien; deren besondere Aufbereitungs-, Präparations- und Konservierungstechniken (Schlämmen, Lackfilmmethode, Schleifen, Härten, Herstellung von Abgüssen u. dgl.); Fossilphotographie und Fossilrekonstruktion gehören mit zu den Dingen, die der angehende Paläozoologe lernen soll und lernen muß.

Verlangt das Studium der Paläozoologie somit volle Hingabe, Fleiß und Ausdauer, so der Beruf desgleichen. Doch die Aufgabe als Biohistoriker dem Leben längst vergangener Zeiten nachzuspüren ist ungemein reizvoll, der tiefe Blick in die Geschichte des Lebens bringt bis an die letzten Grundfragen des Seins heran, die wissenschaftlicher Betrachtung noch zugänglich sind.

Forschen ist also die eigentlichste Aufgabe des Paläozoologen; die Weitervermittlung des Wissens ist eine zweite. Daher ist der Lehrberuf, besonders die akademische Laufbahn, an erster Stelle zu nennen. Gerade der akademische Lehrer soll ja immer auch Forscher sein. Gezwungen nicht nur auf dem eigenen, heute notgedrungen stets speziellen Arbeitsgebiete, sondern im ganzen Fachbereiche auf dem Laufenden und so stets selbst ein Lernender zu bleiben, soll er — ein Priester seiner Wissenschaft — seine Schüler bis an die letzten Quellen wissenschaftlicher Erkenntnis heranführen.

Ein reiches und schönes Arbeitsfeld bietet sich ferner an Museen, geologischen Anstalten oder reinen Forschungsinstituten. Dort geben die Betreuung der Sammlungen und der stete Zustrom von Material immer wieder neuen Untersuchungsstoff an die Hand, hier kann man sich beinahe ausschließlich der Forschung widmen. Für den besonders zu literarischer Arbeit neigenden Paläozoologen kommt ferner die Berufsstellung als Bibliothekar in Betracht.

Auch eine mehr praktische Berufsform gewinnt für den Paläozoologen immer mehr an Bedeutung: Die Tätigkeit als „Mikropaläontologe" (gr. mikrós = klein, Mikropaläontologie = Kleinfossilkunde) in der Erdölindustrie. Sie beinhaltet neben rein praktischen Aufgaben auch Forschungen auf dem Gebiete der angewandten Wissenschaft. — Endlich sei nicht vergessen, daß auch Personen, die sich nur nebenberuflich mit Paläozoologie befassen können, als Sammler wie als Forscher, besonders auf engeren Teilgebieten, beachtliche Leistungen zu vollbringen vermögen.

6. Literatur und Autoren

Die paläozoologische Literatur ist schon sehr umfangreich. Neben zusammenfassenden Werken in Buchform (Lehrbücher, lehrbuchähnliche und sonstige Gesamtdarstellungen von Teilgebieten), die in fast allen Teilen der Erde erschienen, umfaßt sie zahlreiche Monographien kleinerer wie größerer Gruppen und eine Fülle von Spezialarbeiten, die in facheigenen wie in neozoologischen, geologischen, aber auch anderen Zeitschriften, in Sammel- und Expeditionswerken, in Annalen von Museen, in den Publikationsorganen wissenschaftlicher Akademien und gelehrter Gesellschaften wie an vielen anderen Orten veröffentlicht werden. Das erschwert die Übersicht außerordentlich. Will man sich über das vorhandene Schrifttum eines bestimmten Gebietes unterrichten, empfiehlt sich daher die Einschau in Referierorgane wie das „Zentralblatt für Geologie und Paläontologie, Teil II, Historische Geologie und Paläontologie" oder Kataloge bzw. Sammeldarstellungen wie den „Fossilium Catalogus", „Die Leitfossilien" u. Ä. Über den derzeitigen Gesamtstand unterrichtet ausführlich J. PIVETEAUS „Traité de Paléontologie", ein mehrbändiges, größtenteils bereits erschienenes Handbuch mit reichen Literaturangaben.

Groß wie die Zahl der paläozoologischen Veröffentlichungen ist auch jene der paläozoologischen Autoren. Über die bedeutendsten Fachforscher der früheren Jahrhunderte unterrichtet K. A. v. ZITTELS „Geschichte der Geologie und Paläontologie bis Ende des 19. Jahrhunderts", über die in den letzten Jahrzehnten tätig gewesenen geben Festschriften, Nekrologe u. dgl. in den Publikationsorganen der obgenannten Institutionen Aufschluß.

B. Allgemeine Paläozoologie

1. Fossilisationserscheinungen

Was fossil ist, ist vorzeitlich; alles paläozoologische Material ist daher Tausende bis Millionen Jahre alt — und tot. Infolgedessen haben die Zoo-Fossilien nicht nur stets solche Veränderungen und Zerstörungen erlitten wie sie auch bei rezenten (lat. récens = frisch, neu) oder jetztzeitlichen Organismen mit dem Vorgang des Sterbens, der Nekrobiose (gr. nekrós = tot, bíosis = Lebenserscheinung) einsetzen und bis über die vollkommene Einbettung (natürliche oder künstliche Bestattung) dauern; sondern sie waren durch die lange Zeit der Bedeckung, die Umbildung der Hüllsedimente zu Gesteinen, durch tektonische Vorgänge und schließlich bei und nach der (natürlichen oder künstlichen) Wiederfreilegung weiteren solchen ausgesetzt. Alle diese Veränderungen und Zerstörungen, welche den eigentlichen Fossilisationsprozeß einleiten, vollführen und abschließen, heißt man Fossilisationserscheinungen. Vielfältige und heterogene Vorgänge und Faktoren, wie Verwesung, Fäulnis, Verwitterung, Verlagerung, Abscheuerung, Ätzung, Benagung; wie die mannigfachen Formen der eigentlichen Versteinerung (Petrifikation, Mineralisation) oder Fossil-Diagenese mit den verschiedensten Lösungs- und Fällungsprozessen [Infiltration, Inkrustation, Intuskrustation, Konkretionsbildung, Pseudomorphosen (gr. pseūdos = Lüge) usw. bzw. Kalzifizierung, Dolomitisierung, Verkieselung = Silifizierung, Verkiesung, (z. B. Pyritisierung), Phosphatisierung usf.]; Metamorphose, Deformation, Ver- und Auswitterung u. a. m. haben, begleitet von Ent- wie Verfärbungen, an ihnen in wechselnder Weise Anteil.

a) Erhaltung der Fossilien

Ergebnis aller postmortalen, d. h. nach bzw. seit dem Tode eingetretenen Veränderungen und Zerstörungen ist der Erhaltungszustand. Eine in jeder Hinsicht vollständige und unveränderte Erhaltung gibt es nicht, da irgendwelche Änderungen gegenüber dem vitalen (lebendigen) Zustand stets schon mit dem Tode einsetzen und irgendwelche Zerstörungen ihnen ± unmittelbar folgen. Die Begriffe vollständige und unveränderte Erhaltung werden folglich im Sinne von weitgehend vollständig und weitgehend unverändert verstanden. Ihre Gegenbegriffe sind fragmentäre und veränderte Erhaltung.

Zwischen diesen vier Begriffen gibt es alle möglichen Kombinationen,
von vollständig zu fragmentär, von unverändert zu verändert alle
denkbaren Varianten. Ferner unterscheidet man Körper-Erhaltung
bzw. Körper-Fossilien, wenn Teile des einstigen Körpers (Knochen,
Zähne usw.) oder gewisse somatiforme (= körperliche) Lebensspuren
(Eier, Nester, Gastrolithen = Magensteine, Koprolithen = Kotsteine u.
dgl.)[1] überliefert sind, und Spur-Erhaltung bzw. Spuren-Fos-

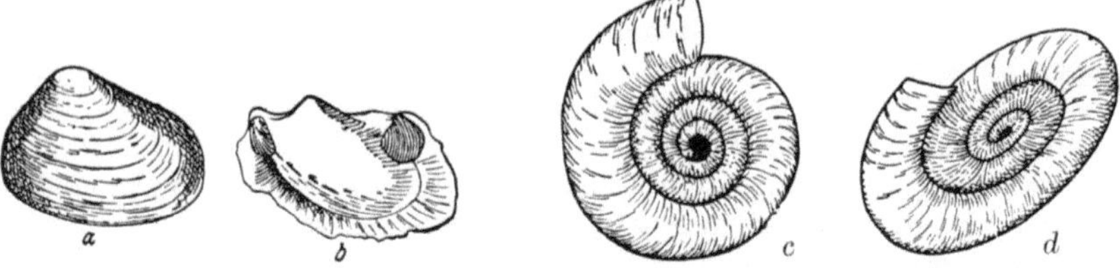

Abb. 1. Beispiele verschiedener Erhaltungsformen bei fossilen Mollusken (s. S. 57 ff.). *a* und *b*:
Körperliche Erhaltung *(a)* und Spur-Erhaltung *(b)* bei Muscheln; *a*: Schalenklappe von
außen, *b*: Steinkern. *c* und *d*: Formgetreue Erhaltung *(c)* und formveränderte [Deformation,
tektonische Verzerrung *(d)*] bei Ammonitengehäusen (vgl. S. 78 ff.).

Aus Beurlen 1951.

silien, wenn bloß Abdrücke (von Knochen, Gehäusen usw.), Steinkerne (Ausfüllungen von Gehäusen und anderen Hohlräumen), Ausgüsse [an Stelle von Gehäusen usw. zwischen (äußerem) Abdruck und
(innerem) Steinkern entstanden] oder Lebensspuren im engeren
Sinne: ichniforme = fährtenartige (Fährten, Wohnröhren, Gänge und
ihre Gangkerne genannten Ausfüllungen) vorliegen. Auch kombinierte
Erhaltung (teils Körper-, teils Spurerhaltung) kommt vor (Abb. 1).

b) Vorkommen der Fossilien

Das Vorkommen der Fossilien ist ein vereinzeltes oder ein
gehäuftes. Häufung kann einem gedrängten Zusammenleben auf engem
Raum (Kolonien o. dgl.) entsprechen oder Folge eines katastrophalen
Massensterbens wie einer allmählichen Anreicherung (an Sterbeplätzen)
bzw. einer Zusammenbringung (an Fraßplätzen), einer Verfrachtung
(durch Wasser, Wind u. a.), einer Massierung durch weitgehende Entfernung (Lösung) des Zwischengesteins (sog. Selektiv- = Auslaugungs-

---

[1] Zu den somatiformen Lebensspuren gehören auch an den körperlich
erhaltenen Resten unmittelbar wahrzunehmende Spuren der Lebenstätigkeit
(Paarung, Geburt, Lebensgemeinschaft, Krankheit, Todeskampf usw.).

Diagenese) sein, daher ebenso einen Ausschnitt aus einer einstigen Lebensgemeinschaft (Biocönose, gr. koinós = gemeinsam) wie einer bloßen Totengesellschaft (Thanatocönose, gr. thánatos = Tod) repräsentieren. Sie kann ferner am Wohn-(Lebens-)Ort wie außerhalb desselben erfolgt sein. Ein bodenständiges Vorkommen (am Wohnort bzw. im einstigen Lebensraum) heißt man ein autochthones (gr. autós = derselbe, chthón = Erde, Boden), ein ortsfremdes, allochthones (gr. állos = der andere), wobei wieder zwischen synchron-allochton (gr. sýn = mit, zugleich, chrónos = Zeit, also Einbettung außerhalb des Lebensraumes aber in diesem zeitlich äquivalenten = gleichwertigen Schichten) und heterochron-allochthon (gr. héteros = der andere, also nachträgliche Umlagerung in zeitlich jüngeren Schichten) zu unterscheiden ist. Für zwei Grenzfälle: geringfügige Verfrachtung innerhalb des Lebensraumes (z. B. aus dem Freiland in eine Höhle) und Einbettung am Wohnort nach Verfrachtung aus diesem und wieder in ihn zurück, stehen noch die Termini parautochthon (gr. pará = bei, neben) und pseudallochton zur Verfügung. Geht eine Häufung so weit, daß das Gestein zwischen den Fossilien ganz zurücktritt, spricht man von einem gesteinsbildenden Vorkommen. Auch hier kann die Häufung (z. B. Muschelbänke, Korallenriffe) einer Lebensfunktion entsprechen (Organismen als Gesteinsbildner) oder erst postmortal erfolgt sein (Fossilien als Gesteinsbildner).

c) Biostratinomie

Gleich der bodenständigen oder ortsfremden Lagerung der Fossilien sind auch andere Lagerungsverhältnisse wichtig, sofern ihnen bestimmte Normen zugrunde liegen und man bei Kenntnis derselben auf einstige Vorgänge und Verhältnisse im Sedimentationsraum rückschließen kann. Eine Sonderdisziplin der Paläobiologie, die Biostratinomie (lat. strátum = das Gelagerte, Lage(r), gr. nómos = Gesetz)[1] hat die Aufgabe, solche Lagebeziehungen der Fossilien und ihrer Teile zueinander und zum Gestein zu untersuchen.

Besondere Lagebeziehungen von Fossilteilen zueinander entstehen z. B. durch Aasfresser (Leichenverrückung), bei der Häutung zwischen den Panzerteilen von Arthropoden (sog. Exuvien, lat. exúviae = das Ausgezogene), beim Klaffen von Bivalvenschalen nach dem Tode, bei (partieller) Mumifizierung der Weichteile vor ihrer Zerstörung (Halskrümmung, Knochenkreisbildung); ebenso beim Andriften, wo die Auslese nach Form und Gewicht während einer Verfrachtung mitentscheidet, was jeweils an bestimmten Stellen gemeinsam zum Absatz gelangt und gewisse Gesetzmäßigkeiten (Einregelung, Einsteuerung, Einkippung) die Lage der Fossilien zueinander und zum Gestein bestimmen können.

---

[1] Die frühere Schreibweise „Biostratonomie" wurde kürzlich als sprachlich unrichtig dargetan (E. WOLFF, Senck. leth. 35, 1/2, Frankfurt a. M. 1954).

d) Die Fossilisationserscheinungen als Grenzbereich zwischen Paläontologie und Geologie

Die Fossilisationserscheinungen umfassen demnach Vorgänge, welche sich an den toten Organismen der Vorzeit am und im Boden des jeweiligen Ablagerungsbereiches abgespielt haben. Sie sind mit den Fossilien wie mit dem Sediment in gleicher Weise verknüpft. Hier ist daher jener Grenzbereich, wo jeder Aufschluß Einblicke in biohistorische wie in geohistorische Verhältnisse und Vorgänge gewähren kann. Gewisse Lageverhältnisse sind außerdem auch für die Tektonik wie für die angewandte Geologie von Bedeutung, wenn sie z. B. anzeigen, ob ein Schichtpaket sich in normaler (jüngere Schichten über älteren) oder inverser (= umgewendeter) Position (ältere Schichten über jüngeren) befindet.

e) Fossilisation und Fossilmenge

Fossilisation ist die Vorbedingung jeglicher Erhaltung vorzeitlicher Tierreste. Sie hat ihrerseits eine Fossilisationsfähigkeit wie eine Fossilisationsgelegenheit zur Voraussetzung. Beide sind und waren nicht immer und überall gegeben. So ist wohl nur ein Teil, gewiß nur ein Bruchteil aller tierischen Lebewesen fossil geworden. Von diesem Bruchteil aber fiel wieder manches während der eigentlichen Bedeckungsphase der Vernichtung anheim, denn der Versteinerungsvorgang wirkt nicht nur fossil-erhaltend, sondern auch fossil-zerstörend. Was so übrigblieb, wurde bei und nach der (natürlichen oder künstlichen) Wiederfreilegung abermals dezimiert. Insgesamt erscheint mithin die Fossilisation als ein Ausleseprozeß (Erhaltungsauslese) von gewaltigen Ausmaßen, die Überlieferung kann folglich nur sehr lückenhaft sein. Trotzdem und obwohl sicher nur ein Teil aller Fossilien durch Wiederfreilegung (Auswitterung, Erosion, Steinbruch-, Bergwerksbetrieb, wissenschaftliche Grabungen usw.) zu unserer Kenntnis gelangt[1], ist die Menge der fossil bekannten Einzeltiere gar nicht abschätzbar, und die unterschiedenen fossilen Tierarten machen schon heute eine sechsstellige Zahl aus.

2. Die Zoo-Fossilien in ihrer Gesamtheit

Die Gesamtheit der Zoo-Fossilien auch nur einigermaßen zu überblicken, ist bei der trotz aller Erhaltungsauslese so beträchtlichen Stofffülle bloß möglich, wenn man nach bestimmten Gesichtspunkten eine Gliederung vornimmt. Eine solche bietet sich durch die Verteilung auf verschiedene Zeiten und Räume, durch die Zugehörigkeit zu verschiedenen systematischen Einheiten in dreierlei Weise dar.

---

[1] Bei nicht fachwissenschaftlichen Grabungen geht naturgemäß auch viel Fossilmaterial verloren; Klein- oder Mikrofossilien können fast nur bei Anwendung besonderer Aufsammlungs- bzw. Aufbereitungsmethoden wahrgenommen werden. Die „Lückenhaftigkeit" ist daher nicht nur eine solche der Überlieferung.

a) Chronologische Gliederung und chronologisches System

Die Geschichte der Erde, in der die Geschichte des Lebens ablief und abläuft, wird in mehrere Ären oder Zeitalter mit zahlreichen Unterabteilungen (von Perioden oder Formationen, Epochen usw. bis zu Zonen) gegliedert. Für ihre späteren Phasen mit reichem Fossilbestand basiert die Gliederung hauptsächlich auf diesem; für die früheren, weit längeren (s. S. 12), wo Leben (von der uns bekannten Organisationsform) wohl erst nach einer gewissen Abkühlung und Bildung einer Hydrosphäre zwischen Atmo- und Lithosphäre (gr. hýdor = Wasser, atmós = Dampf, líthos = Stein, sphāīra = Kugel, Ball) entstanden sein kann und nur spärlich beurkundet scheint (s. u.), ist eine Gliederung auf gleicher Grundlage nicht möglich. Man unterscheidet da ein Sternzeitalter (Entstehung der Erde im Zuge der Bildung unseres Planetensystems), man sprach von einer anhydrischen (gr. a bzw. an = -los, wasserlosen) Zeit vor der ozeanischen, man schuf Zeitbegriffe wie Archaikum (gr. archāīos = uranfänglich) bzw. Azoikum (leblose Zeit), wie Archäo-, Eo-, Proterozoikum (gr. éos = Morgenröte, próteros = früher, weiter vorwärts) u. a. m. Heute neigt man dazu, die Frühphasen nach dem Sternzeitalter höchstens in Archaikum und Protero- oder Eozoikum zu gliedern (vgl. Abb. 2).

Die Reste von Lebewesen in den aus diesen Zeiten stammenden Gesteinsschichten sind spärlich und dürftig. Teils Körper-, teils Spurenfossilien, wurden sie auf Algen (*Schizophyta*, *Cyanophyta*, s. S. 16) und auf verschiedene Gruppen von „*Evertebrata*" oder „Wirbellosen" (v. lat. e bzw. ex = aus, ent-, -los, vértebra = Wirbel) bezogen. Manche scheinen aber einer kritischen Prüfung nicht standzuhalten. So sagen sie auch über die Entstehung des Lebens nichts aus, und sein Anfang bleibt in Dunkel gehüllt.

Erst nach dieser, jetzt auch in ihrer Gesamtheit als Präkambrium bezeichneten Vorphase der Lebensgeschichte setzte, mit Beginn des Kambriums (s. S. 12), eine bei aller Lückenhaftigkeit reiche Überlieferung ein. Auf die vor- oder urgeschichtliche Zeit des Lebens folgte die geschichtliche mit drei weiteren, auf Grund der Zoo-Fossilien unterschiedenen und in Analogie zur Humangeschichte als Paläo-, Meso- und Känozoikum (gr. mésos = mitten, kainós = neu) bezeichneten Ären. Ihre weitere Gliederung und ihr Verhältnis zu der nur in der Paläobotanik gebräuchlichen Unterteilung nach den Phyto-Fossilien in Paläo-, Meso- und Känophytikum stellt sich folgendermaßen dar:

Anmerkung zur Tabelle S. 12: Die Namen der paläo- und mesozoischen Formationen kommen meist von Örtlichkeiten, Karbon (lat. cárbo = Kohle) und Kreide von charakteristischen Gesteinen, Trias (gr. = Dreizahl) von der Dreigliederung in Buntsandstein, Muschelkalk und Keuper. Paläogen und Neogen sind vom gr. génos = Abstammung, Zeitalter hergeleitet, Paleozän, Eozän usw. sind Bildungen mit den gr. Worten kainós und éos, olígos (= wenig), mēīon (= weniger), pleīon (= mehr), pleīston = am meisten), hólon (= ganz); Diluvium (lat. = Überschwemmung) bezieht sich auf die hier angesetzte biblische Sündflut, Alluvium bedeutet lat. Anschwemmung. — Für die weiterhin gebrauchten Abkürzungen der Formationen usw. vgl. S. 29.

Känozoikum (Neozoikum)	Quartär (Viertzeit)		Holozän (Alluvium, Postquartär) Pleistozän (Plistoz., Diluvium, Quartär i. e. S.)	Känophytikum
	Tertiär (Drittzeit)	Neogen (Jung-Tert.)	Pliozän Miozän	
		Paläogen (Alt-Tertiär)	Oligozän Eozän Paleozän	
Mesozoikum	(Secundär- =Zweitzeit)		Kreide Jura Trias	Mesophytikum
Paläozoikum	(Primär- =Erstzeit)	Jung-Paläoz.	Perm Karbon	
		Alt-Paläoz.	Devon Gotlandium (Ober-Silur, Silur i. e. S.) Ordovicium (Unter-Silur) Kambrium	Paläophytikum

s. Anmerkung S. 11

Die durch die Abfolge der Faunen (Tiergesellschaften) und Leitfossilien ermöglichte Zeitgliederung beschränkt sich auf die Feststellung, ob bestimmte Schichtglieder älter, gleich alt oder jünger als andere sind. Sie ist also nur eine relative; die mutmaßliche Lebensdauer einer Art, das Maß der Veränderung zwischen zeitlich = schichtenmäßig aufeinanderfolgenden Gliedern einer Formen- oder Artenreihe lassen ebensowenig absolute Zeitwerte gewinnen wie die Mächtigkeiten der Schichtglieder, weil alle da in Betracht kommenden Faktoren (Lebensdauer, Wandlungs- und Sedimentationstempo) sehr wechseln können. Hingegen soll der Zerfall radioaktiver Substanzen stets im gleichen Tempo vor sich gegangen sein; daher wird deren Zerfallsgrad in den Gesteinen der Erdrinde zur Beurteilung der absoluten Zeitmaße herangezogen. Einstweilen sind auch auf diesem Wege erst beiläufige Schätzungen möglich. Nach ihnen dürften die Zeiträume, welche seit dem Beginn des Archäikums, des Lebens und seiner geschichtlichen Phase verflossen sind, in der Größenordnung von etwa 4 Milliarden, 2 Milliarden und 500 Millionen Jahren liegen, das Paläozoikum an 340, das Mesozoikum um 120, das Känozoikum um 60 Millionen Jahre gewährt haben, wovon ca. 1,000.000 Jahre auf das Quartär fallen (Abb. 2). Für das jüngere Quartär beginnt die C^{14}-Methode (Altersbestimmung organischer Reste auf Grund des radioaktiven Zerfalles des Kohlenstoffisotops C^{14}) mehr und mehr an Bedeutung zu gewinnen.

b) Chorologische Gliederung

Auch für die Vorzeit lassen sich teilweise zoogeographische Provinzen nachweisen; vor allem aber verschiedene Lebensbereiche und Lebensräume oder Biotope (gr. tópos = Ort, Stelle), denen jeweils bestimmte Tier- (und Pflanzen-)gesellschaften zugeordnet waren. Den Fossilbestand nach solchen Gesichtspunkten aufzuteilen, obliegt der Chorologie (gr. chóra = Raum, Ort). Sie muß dazu die ökologischen Verhältnisse der einstigen Faunen, die Biofazies (lat. fácies = Antlitz, Beschaffenheit) der sie bergenden Gesteine, deren spezielle Eigenschaften als einstiger Umwelt, klarlegen. Da die die Faunendifferenzierung bestimmenden Verhältnisse recht unterschiedliche sind, ergibt sich eine reiche chorologische Gliederung. Ihre Hauptgruppen sind:

Lebensbereiche	Biologische Gruppen	Lebensräume
marin	Halobios mit	Litoral (Küste), Pelagial (Hochsee)
	Plankton, Nekton,	Neritikum (Seichtwasser), Bathyal
	Benthos	(200 bis 1000 m), Abyssal (unter 1000 m)
		Stillwasser, Bewegtwasser
		Kaltwasser, Warmwasser
		Felsgrund, Sandgrund, Schlammgrund usf.
brackischer	Zwischenbereich	Binnenmeere, z. T. Ästuare
limnisch	Limnobios	stehende Gewässer, fließende Gewässer sowie z. T. analoge Gruppierungen wie im Halobios
terrestrisch	Geobios	Uferland, Binnenland
		Tiefland, Hochland
		Ebene, Gebirge
		Freiland, Höhle
		Kaltland, Warmland
		Trockenland, Feuchtland
		Felsgrund, Sandgrund (z. B. Wüste), Steppe, Wiese, Wald, Bäume, Luftraum usf[1].

---

[1] marin (lat. máre = Meer) = meerischer Bereich; limnisch (gr. límne = See, Süßwasser) = Süßwasserbereich; terrestrisch (lat. térra = Erde, Festland) = = festländischer Bereich. Halobios v. gr. háls = Salz, Salzflut; Plankton gr. = umhergetrieben; Nekton gr. = schwimmend; Benthos gr. = Tiefe. Litoral v. lat. lítus = Strand; Pelagial v. gr. pélagos = Hochsee; Neritikum v. gr. Nereus, Meeresgott; Bathyal v. gr. bathýs = tief; abyssal v. gr. ábyssos = = grundlos, Abgrund; Ästuar v. lat. aestuárium, Lagune, Mündung, also Mündungsgebiet, wo das Meerwasser durch den Zufluß von Süßwasser ausgesüßt wird und einen geringeren als den normalen Salzgehalt hat, eben brackisch ist.

			Zeitdauer	Alter (Millionen Jahre)
Känozoikum		— Quartär —	1	
		Jung-Tertiär	27	28
		Alt-Tertiär	32	60
Meso-zoikum		Ober-Kreide	45	105
		Unter-Kreide	25	130
		Jura	25	155
		Trias	30	185
Paläozoikum		Perm	25	210
		Karbon	55	265
		Devon	55	320
	Silur	Gotlandium	40	360
		Ordovizium	80	440
		Kambrium	80	520
Eozoikum		Prä-kam-brium	1500	2100
Archaikum				

c) Systematische Gliederung

Die systematische Gliederung der fossilen Tiere erfolgt grundsätzlich in gleicher Weise wie die der rezenten. Das zoologische System (gr. sýstema = Zusammenstellung, Gruppierung) ist und muß für Paläozoologie und Neozoologie ein und dasselbe sein. Daher ist auch in der Paläozoologie die systematische Grundeinheit die Art oder (lat.) Species, werden die Arten in Unterarten (Subspecies), Rassen, Varietäten usw. unterteilt wie zu Gattungen oder (lat.) Genera zusammengefaßt, die weiter zu Familien, Ordnungen, Klassen usf., nebst mancherlei Zwischenkategorien vereinigt werden[1].

Voraussetzung für die Eingliederung der Fossilien in das System ist mithin deren Bestimmung. Bei jedem Fund muß tunlichst festgestellt werden, ob er einer bereits bekannten Art (ev. Unterart) zuzählbar ist. Da eines der wesentlichsten Kriterien für die artliche Identität: die Fähigkeit zur Zeugung fruchtbarer Nachkommen, an fossilem Material unverwendbar ist, ergeben sich oft Schwierigkeiten und Unsicherheiten. Man muß daher alle verfügbaren Merkmale sehr sorgfältig abwägen. Als solche kommen vor allem morphologische, d. h. Bau-Merkmale in Betracht.

---

[1] Die üblichen Kategorien sind: Regnum (Reich), Divisio (Abteilung), Subdivisio (Unterabteilung), Phylum (Stamm), Subphylum (Unterstamm), Cladus (Kreis, eigentlich, da wohl vom gr. kládos hergeleitet, Zweig), Subcladus (Unterkreis), Classis (Klasse), Subclassis (Unterklasse), Infraclassis (Unterklasse 2. Grades), Cohors (lat. = $^1/_{10}$ der römischen Legion), Superordo (Überordnung), Ordo (Ordnung), Subordo (Unterordnung), Infraordo (Unterordnung 2. Grades), Superfamilia (Überfamilie), Familia (Familie), Subfamilia (Unterfamilie), Tribus (lat. Volksabteilung, Bezirk), Subtribus (Untertribus), Genus (Gattung), Subgenus (Untergattung), Species (Art), Subspecies (Unterart), Gelegentlich werden auch andere Kategorien, z. B. Superclasses (Überklassen), ausgeschieden und die Zwischenkategorien werden nur in entsprechend reich differenzierten Gruppen verwendet.

Abb. 2. Zeitdauer der Hauptabschnitte in der Erd- bzw. Lebensgeschichte, im mutmaßlichen gegenseitigen Längenverhältnis. Aus MÄGDEFRAU 1956.

Reine Form-Merkmale, auch eine abweichende Erhaltungsweise
oder Zeitstellung der zu bestimmenden Funde können für sich allein,
d. h. bei morphologischer Übereinstimmung mit bereits bekannten, kaum
eine sichere Entscheidung bringen. Hingegen vermag (bei größerer Fund-
zahl und gewissen weiteren Voraussetzungen) die neuerdings in Übung
kommende populationsstatistische (v. lat. pópulus = Volk) Untersuchung
wertvolle Hilfe zu leisten. Trotzdem wird oft das freie Ermessen nicht
ganz auszuschalten sein und nur ein gewisses morphologisch-systematisches
Taktgefühl unzweckmäßige und unrichtige Artumgrenzungen vermeiden
lassen.

Ähnlich wie mit der artlichen Bestimmung verhält es sich mit der
Einordnung in höhere Kategorien des Systems. Wo rezente, morphologisch
ähnliche Formen fehlen, oder bei „Stammformen" und „Stammgruppen",
die zwischen in der heutigen Tierwelt deutlich voneinander getrennten
Einheiten vermitteln, kann sie oft nur annähernd bzw. mit Vorbehalt
vollzogen werden. Bisweilen führt man derartige Formen und Formengruppen „Incertae sedis" (lat. = unsicherer Stellung, abgekürzt inc. sed.)
und reiht sie mit solcher Reserve dort an oder ein, wo sie am ehesten hinge-
hören dürften. Außerdem kann ganz allgemein die Eingliederung des
fossilen Materials in das System nicht so unmittelbar wie bei rezentem
erfolgen, weil das System weitgehend auf Merkmalen der Weichteile,
auf physiologischen Eigenschaften wie auf embryologischen Befunden
basiert, die im Falle der Fossilien als Regel erst über solche der Hartteile
erschlossen werden müssen.

Aus allen diesen Gründen gehen die Meinungen über die systematische
Gliederung unter den Paläozoologen ebenso auseinander wie unter den
Neozoologen. Deshalb gibt es verschiedene Varianten des Systems, werden
immer wieder an ihm Änderungen vorgenommen, wenn neue Formen
entdeckt und neue Kriterien erschlossen werden.

Lange Zeit schien zumindest die LINNÉsche Grundeinteilung
der Organismenwelt in 2 Regna, Pflanzen und Tiere, unschwer
durchführbar und allseitig angenommen. Sie basierte bekanntlich auf
den Verschiedenheiten des Stoffwechsels (i. allg. Besitz oder Mangel von
Chlorophyll). Mit der Vervollkommnung der Untersuchungsmethoden und
optischen Untersuchungsbehelfe zeigte sich jedoch, daß diese Einteilung,
welcher die Zweigliederung in Botanik und Zoologie entspricht, bei den
„Einzellern"[1] nicht gut durchführbar ist, indem hier „Arten, die man
nach den morphologischen Verhältnissen unbedenklich ... selbst in
dieselbe Gattung gestellt hätte", nach den obigen Kriterien teils dem
Tier-, teils dem Pflanzenreiche zugerechnet werden müßten. Diese —
in besonderem Maße auf eine gemeinsame Herkunft von Pflanzen und
Tieren deutenden — Befunde wie die sonstigen neueren Erkenntnisse
über die Kleinstlebewesen lassen daher jene herkömmliche Gliederung

---

[1] Treffender vielleicht — vgl. neuerdings O. STEINBÖCK — „Nichtzeller",
so daß statt „Einzellern" und „Mehrzellern" „Nichtzeller" und „Zeller"
einander gegenüberzustellen wären.

als nicht mehr recht befriedigend erscheinen. So hat der eben zitierte C. R. Boettger (in Anlehnung an W. Rothmaler) 1952 folgende Gliederung in 4 Regna vorgeschlagen:

**Gliederung der Organismenwelt in 4 Regna
nach C. R. Boettger, 1952.**

Regnum

Schizophyta	(v. gr. schídsein = spalten)	Einzeller ohne ⎱ Differenzierung in
Protista	(gr. prótista = die allerersten)	Einzeller mit ⎰ Kern und Cytoplasma
Metaphyta		pflanzliche Mehrzeller (Pflanzen)
Metazoa		tierische Mehrzeller (Tiere)

Von diesen 4 Regna fallen die *Metaphyta* und *Metazoa* eindeutig in den Aufgabenbereich von Botanik bzw. Zoologie. *Schizophyta* und *Protista* jedoch sind eigentlich keiner von beiden zurechenbar; für sie müßte folgerichtig eine besondere „Ein"- oder „Nichtzellerkunde" neben Tier- und Pflanzenkunde treten. Soweit sind die Dinge aber noch nicht, und hier einer vielleicht kommenden Entwicklung vorzugreifen, kann, zumal fossil nur wenige Einzellergruppen eine bedeutendere Rolle spielen, nicht Sache der Paläozoologie sein; man wird ihr also vorerst den herkömmlichen Anteil an den Einzellern belassen dürfen, für die Boettger folgende Gliederung in Divisiones gibt:

**Gliederung der Schizophyta und Protista
nach C. R. Boettger, 1952.**

Regnum	Divisio		
Schizophyta	*Bacteria* (gr. baktería = Stab)	Schizophyten ohne	Differenzierung in farblosen und
	Cyanophyta (kýanos = dunkelblaue Farbe)	Schizophyten mit	farbstoffhaltigen Zellinhalt
Protista	*Cytomorpha* (gr. kýtos = Höhlung, Hohlraum)	Protisten mit einem oder mit mehreren gleichwertigen Zellkernen; Kopulation	
	Cytoidea (gr. ēĩdos u. idéa) = Aussehen, Gestalt)	Protisten mit zweierlei physiologisch verschiedenen Kernen, meist Macronucleus (Vegetativkern) und Micronucleus (Geschlechtskern); Konjugation	

Die *Metazoa*, auf welche also die Bezeichnung Tiere zu beschränken wäre, haben gleichfalls unterschiedliche Gliederungen erfahren; doch sind in diesem Regnum keine so grundlegenden Änderungen zu verzeichnen. Die folgende Einteilung dürfte dem gegenwärtigen Wissensstande weitgehend gerecht werden.

Gliederung der *Metazoa* in Divisiones, Subdivisiones und Phyla

Divisio: *Porifera* (Porenträger)

Mit larvalem Urmund festgewachsen; Entoderm mit Kragengeißelzellen.

Subdivisio	Phylum
—	*Spongiaria*

Divisio: *Eumetazoa* (gr. eu = gut, recht)

Falls festgewachsen, mit apikalem Pol; Geißelzellen mit einfachen Geißeln.

Subdivisio	Phylum	
Moruloidea	*Moruloidea*	ohne scharfe Sonderung von Ecto- und Entoderm; Zellen (noch) stark omnipotent (= alles vermögend)
Coelenterata		Darmleibeshöhle (Coelenteron, s. S. 38)
	Cnidaria	mit Nesselkapseln; radiärsymmetrisch
	Ctenophora	ohne Nesselkapseln; bilateral-(= zweiseitig-)symmetrisch
Coelomata (*Bilateralia*)		sekundäre Leibeshöhle (Coelom); entodermales Mesoderm; nach Gastrula-Stadium dauernd oder vorübergehend bilateral-symmetrisch
	Protostomia (gr. stóma = Mund)	Urmund wird Schlundpforte
	Deuterostomia (gr. deúteros = der zweite)	Urmund wird After

Gliederung der Metazoen-Phyla in Subphyla, Cladi, Sub- bzw. Infracladi und Classes

(r = rezent, f = fossil)

Phylum Subphylum	Cladus Subcladus Infracladus	Classes
Spongiaria	*Spongiaria*	*Calcispongia* (rf), *Archaeocyatha* (f), *Silicispongia* (rf), *Cornacuspongia* (r), *Dendrocerota* (r)
Moruloidea	*Moruloidea*	*Moruloidea* (r)
Cnidaria	*Cnidaria*	*Hydrozoa* (rf), inc. sed. *Conularida* (f), *Scyphozoa* (rf), *Anthozoa* (rf)
Ctenophora	*Ctenophora*	*Micropharyngea* (r), *Macropharyngea* (r)
Protostomia *Scolecida*	*Plathelminthes*	*Turbellaria* (r), *Trematoda* (r), *Cestoidea* (r)
	Nemertini	*Nemertini* (r)

	Aschelminthes	*Gastrotricha* (r), *Rotatoria* (r), *Kinorhyncha* (r), *Acanthocephala* (r), *Nematomorpha* (rf), *Nematodes* (rf)
	Kamptozoa	*Kamptozoa* (r)
Tentaculata	*Tentaculata*	*Phoronoidea* (r), *Bryozoa* (rf), *Brachiopoda* (rf)
Mollusca	*Mollusca*	
	Amphineura	*Solenogastres* (r), *Placophora* (rf)
	Conchifera	*Gastropoda* (rf), *Scaphopoda* (rf), *Bivalvia* (rf), *Cephalopoda* (rf)
Articulata	*Annelida*	*Polychaeta* (rf), *Clitellata* (rf), *Echiuroidea* (r), *Sipunculoidea* (rf), *Priapulida* (r)
	Tardigrada	*Tardigrada* (r)
	Arthropoda	
	Malacopoda	*Onychophora* (rf)
	Diantennata	*Trilobita* (f), inc. sed. *Arthropleurida*
	(*Branchiata*)	(f), *Cheloniellida* (f), *Crustacea* (rf)
	Chelicerata	? *Arthrocephala* (f), *Gigantostraca* (f), *Xiphosura* (rf), *Pantopoda* (rf), inc. sed. *Lingulatida* (r), *Arachnoidea* (rf)
	Antennata	*Symphyla* (rf), *Pauropoda* (rf), *Diplopoda* (rf), *Chilopoda* (rf), *Apterygota* (rf), *Insecta* (rf)
Deuterostomia		
Coelomopora	*Branchiotremata*	*Enteropneusta* (r, ? f), *Pogonophora* (r), *Pterobranchia* (rf), inc. sed. *Graptolithida* (f)
	Echinodermata	
	E. bilateralia	*Carpoidea* (f), ? *Machaeridia* (f)
	E. radiata	
	Pelmatozoa	*Cystoidea* (f), *Blastoidea* (f), *Edrioasteroidea* (f), *Crinoidea* (rf)
	Eleutherozoa	*Stelleroidea* (rf), *Ophiocistoidea* (f), *Echinoidea* (rf), *Holothurioidea* (rf)
Homalo-	*Chaetognatha*	*Sagittoidea* (rf)
pterygia	*Tunicata*	*Copelata* (r), *Ascidiacea* (r), *Thaliacea* (r)
Chordata	*Acrania*	*Leptocardia* (r, ? f)
	Vertebrata	*Agnathi* (rf), *Aphetohyoidea* (f), *Pisces* (rf), *Amphibia* (rf), *Reptilia* (rf), *Aves* (rf), *Mammalia* (rf)

Das System soll ein sog. „natürliches" System sein, d. h. die verwandtschaftlichen Beziehungen — ob deren lückenhafter Kenntnis und begrenzter Darstellungsmöglichkeit freilich nur in groben Umrissen — widerspiegeln; vor allem aber soll es (s. S. 10) einen Überblick über den Formenbestand geben und der gegenseitigen Verständigung dienen. Ist bei der Fassung und Umgrenzung der systematischen Kategorien das persönliche Ermessen nicht auszuschalten (s. S. 15), so müssen um so mehr Beschreibung und Benennung eindeutig erfolgen.

Seit 1758, dem Erscheinungsjahr von Linnés für die moderne Taxionomie (gr. táxis = Ordnung, Reihe)[1] grundlegendem „Systema naturae", wird die Art binär, d. h. durch zwei Namen, den Genus-Namen und dahinter den Species-Namen, benannt. Die jetzt vielfach üblichen Kategorien zwischen Gattung und Art (Subgenus) bzw. unter der Art (Subspecies usw.) pflegt man trinär (Gattungs-, Untergattungs-, Artname, bzw. Gattungs-, Art-, Unterartname) zu benennen. Gattungen und höhere Einheiten tragen nur einen Namen. Besonders bis zur Familie aufwärts wird oft der Name desjenigen, der die betreffende Kategorie aufgestellt hat (Autorname) ausgeschrieben oder in bestimmter Abkürzung angefügt. Für die Beschreibung und Benennung der Arten usw. bestehen ferner seit 1905 durch internationale Kongresse aufgestellte „Nomenklaturregeln". Ihre Befolgung ist Voraussetzung für die Anerkennung des Namens bzw. der durch ihn gekennzeichneten neuen Gruppe. Bei zu jenem Zeitpunkt bereits beschriebenen Arten usw. entscheidet das „Prioritätsgesetz" über die gültige Namensgebung. Für die Beschreibung gibt das „Typus-Verfahren" Richtlinien.

d) Die Zoo-Fossilien als geohistorische Urkunden

Die Geschichte der Erde muß aus den Gesteinen ihrer Rinde, vor allem aus deren Aufeinanderfolge, abgelesen werden. Lägen die einzelnen Schichten oder Straten gleich den Schalen einer Zwiebel regelmäßig übereinander, wären Schnitte (Profile) durch die Schichtfolge allenthalben beobachtbar, würde die Stratigraphie [gr. gráphein = (be)schreiben], wie man die Erdgeschichte oder historische Geologie nach ihrem grundlegenden Arbeitsgang zu nennen pflegt, eine recht einfache Sache sein. Die Wirklichkeit ist aber anders: Wir haben viele verschiedene Schichtserien von sehr wechselnder, am gesamten Erdball gemessen meist nur geringer horizontaler und vertikaler Erstreckung sowie wegen der Bedeckung durch Wasser, Vegetation usw. bloß spärliche Aufschlüsse. Infolgedessen müssen gegenseitige Lagebeziehung und Zeitstellung der einzelnen Schichtpakete erst durch örtliche wie regionale Vergleiche ermittelt und zu einem allgemeinen Schicht- bzw. Zeitfolgeschema zusammengefügt werden. Diese historische Fundamentalaufgabe vermag nun die Geologie allein aus den Eigenschaften der Gesteine nicht zu lösen, weil bei gleichartigen Bildungsbedingungen solche von gleicher Konsistenz, Farbe usw. wiederholt, d. h. zu verschiedenen Zeiten entstanden. Nur der Fossilgehalt, die für die einzelnen Abschnitte der Erdgeschichte bezeichnenden Faunen und Floren, die kleinste Schichteinheiten kenntlich machenden Leitfossilien liefern zumeist die erforder-

---

[1] Taxionomie ist die ursprüngliche, sprachlich richtige Schreibweise, das später eingebürgerte Taxonomie sprachlich falsch (vgl. E. Wolff, Senck. leth. 35, 1/2, Frankfurt a. M. 1954).

lichen Zeitmarken. So ist nicht die mit den lithologischen Problemen befaßte **Petro-Stratigraphie**, sondern die mit den Fossilien arbeitende **Bio-Stratigraphie** das eigentliche Kernstück stratigraphischer Forschung.

Die geohistorische Bedeutung der Fossilien i. allg. und der Zoo-Fossilien i. bes. beschränkt sich jedoch nicht auf deren chronologische Qualitäten einschließlich der den tektonischen Sektor betreffenden Aussagekraft über normale oder inverse Schichtfolge bzw. Schichtlagerung aus Fossilfolge und Fossillagerung (s. S. 10). Durch Analyse der chorologischen Verhältnisse (**Öko-Stratigraphie**, SCHINDEWOLF) ergeben sich auch Dokumentationen über die wechselnde Abfolge und Verbreitung von Festländern und Meeren wie ihrer Teilbereiche, aus der Geschichte der Faunen ist die tierische Besiedlung der Erde ablesbar, und neben paläogeographischen und zoogeographischen Verhältnissen werden solcherart auch paläoklimatische Zustände beurkundet. Insgesamt ist daher die **Biostratigraphie** (mit ihrem ökostratigraphischen Teilbereich) **Hilfswissenschaft und Teil der historischen Geologie** zugleich, richtiges Grenzland zwischen Geologie und Paläontologie, sind die Zoo- und Phyto-Fossilien als geohistorische Urkunden von größter Bedeutung. Eben deshalb soll jedoch nicht übersehen werden, daß die **geohistorische Aussagekraft der Fossilien auch ihre Grenzen** hat und entscheidend von der richtigen Entzifferung der Dokumente wie der fehlerlosen Analyse abhängt.

Ein Blick in die heutige Säugetierwelt lehrt z. B., daß Tiergesellschaften unterschiedlichen Zeitgepräges nebeneinander, also gleichzeitig leben; denn die Säugerfauna des australischen Faunenbereiches hat unbestreitbar ein im ganzen alttertiäres, jene von Insulinde (Hinterindien und vorgelagerte Inselwelt) ein stark miozänes, jene des mittleren Afrika ein sehr pliozänes und die rezente der mittleren und höheren Breiten der Nordhalbkugel ein pleistozänes Gepräge (s. S. 23). „Mastodonten" (s. S. 308 ff.), die aus Eurasien mit dem Ende des Tertiärs verschwanden, haben sich in Amerika durch das Pleistozän, vereinzelt bis ins Holozän gehalten. Man wird mit analogen Verhältnissen auch für frühere Phasen der Erdgeschichte rechnen und daher stets daran denken müssen, daß nicht immer jede Form überall gleichzeitig erschienen und verschwunden sein muß. Besonders bei Schicht-Parallelisierungen weit voneinander entfernter Fundorte wird man gut daran tun, nicht bloß einzelne Leitfossilien, sondern den gesamten Faunenbestand eingehend zu prüfen, ferner alle sonstigen Umstände, die Hinweise auf die gegenseitige Zeitstellung zu geben vermögen.

Nicht ausnahmslos muß also Faunengleichheit Altersgleichheit und Faunenverschiedenheit Altersverschiedenheit bedeuten. Bei dieser wird oft bloße Faziesverschiedenheit vorliegen, und diese Möglichkeit muß stets geprüft werden, ehe aus faunistischen auf zeitliche Differenzen geschlossen wird. Ähnlich bedarf es auch der Aussonderung allfälliger heterochron-allochthoner Elemente aus einer Fauna vor chronologischen bzw. synchron-allochthoner vor chorologischen Folgerungen.

e) Die Zoo-Fossilien als biohistorische Urkunden

Die Zoo-Fossilien sind in erster Linie biohistorische Urkunden. Als solche sagen sie uns aus, was für Tiere, wie sie gelebt und wie Tierbestand und Lebensweise sich im Laufe der Zeit gewandelt haben.

Die Feststellung des Tierbestandes, d. h. die Bestimmung der Arten usw., erfolgt durch die paläomorphologische Analyse (s. S. 3), aus Erhaltungsgründen vornehmlich der Hartteile (Gehäuse, Skelette, Zähne usw.). Es weisen etwa Knochen auf Wirbeltiere, ein in Schneide-, Eck- und Backenzähne gegliedertes Gebiß auf Säugetiere, Zahl und Gestalt der Zähne auf die Ordnung, Familie, Gattung und Art — mitunter kann selbst ein Zahn für die artliche Bestimmung genügen.

Die Ermittlung der Lebensweise und Lebensverhältnisse geschieht durch die paläobiologische Analyse (s. S. 4). Sie basiert vor allem auf der Kenntnis der Beziehungen zwischen Form und Funktion, also auf den Anpassungen oder Adaptationen. Da jedes Lebewesen, um lebensfähig zu sein, über funktionsgemäße und funktionstüchtige Einrichtungen verfügen muß und diese je nach Lebensraum und Lebensart verschieden sind, kann z. B. bei Pelmatozoen (s. S. 129) aus einem massiv-gedrungenen Skelett auf Bewegtwasser-, aus einem zarten, reichgegliederten auf Stillwasserformen, bei Wirbeltieren aus einem flossenförmigen Gliedmaßenskelett auf Flossen und schwimmende Fortbewegung, aus dem Gebiß auf die Nahrung geschlossen werden. Ähnlich geben als Waffen oder Schutzbildungen kenntliche Hartteile, verheilte Verletzungen über den Kampf ums Dasein; krankhafte Veränderungen über Pathologisches; Ei- oder Embryonenreste mitunter über die Fortpflanzung Aufschluß. Weiter lassen als solche feststellbare Biocönosen (s. S. 9) den Lebensverband und Vergesellschaftungen besonderer Art, in günstigen Fällen auch verschiedene Formen von Synökie, d. h. des Zusammenwohnens (wie Parökie = Nebeneinander-, Epökie = Aufeinander-, Entökie = Ineinanderwohnen, wie Symbiose = Zusammenleben, Parasitismus, v. gr. parásitos = Mitesser, Schmarotzer, usw.) erkennen bzw. auseinanderhalten; selbst Epöken von bloßen Epizoen (= Darauftieren, die sich unterschiedslos auf belebten oder leeren Gehäusen wie auf Steinen usw. ansiedeln) trennen, wobei Erhaltung und Vorkommen, Lebensspuren und biostratinomische Befunde für alle diese Fragen der Lebensweise oft zusätzliche Hinweise zu geben vermögen.

Wird in dieser Weise der Formenbestand der einzelnen fossilen Tiergruppen analysiert, wozu nach jüngsten Ergebnissen auch die in der Neo-Ökologie eingeführten populations-statistischen Methoden verwendbar scheinen, so werden Änderungen der Lebensräume (Wanderungen), der Lebensweise und des Baues erkennbar. Diese Wandlungen zu verfolgen ist die vornehmlichste Aufgabe der Lebensgeschichte. Daß sich der Wechsel der Lebensweise, die Änderungen im Bau, in Form einer Evolution (v. lat. evólvere = ent-wickeln), also im Sinne der Deszendenztheorie (lat. descéndere = herabsteigen, abstammen), vollzogen und noch weiter vollziehen, wird durch Zoo-(wie Phyto-)Fossilien überzeugend beurkundet. Über den Beginn des Lebens und die Auseinanderentwicklung der höchsten Kategorien (Subregna bis Phyla, s. S. 14 ff.) vermag die Paläozoologie zwar nur wenig auszusagen, denn beim Beginn der geschichtlichen Zeit des Lebens (s. S. 11/12) waren diese Einheiten, soweit fossil erhaltungsfähig, fast alle schon vorhanden. Von da an jedoch bezeugen die allmähliche Annäherung des vorzeitlichen Tierbestandes an den jetztzeitlichen, die stufenweisen Änderungen innerhalb der Gruppen im Laufe der Zeitfolge und das Auftreten von Zwischengliedern zwischen heute getrennten Gruppen wie von intermediären Merkmalen und Merkmalskombinationen alles, was an Belegen für eine Evolution vom fossilen Material billigerweise erwartet werden kann.

Die Lebensgeschichte und ihr mit den genetischen Beziehungen befaßter Zweig, die Stammesgeschichte (Paläo-Phylogenie), liefern so der auf embryologischen, vergleichend-anatomischen, physiologischen wie genetischen Erkenntnissen an rezenten Organismen fußenden Neo-Phylogenie die historischen Belege. Außerdem gewähren sie aber auch Einblick in die Ablaufformen der Evolution und deren Tempo; zeigen sie gewisse Regeln auf, die zwar nicht ausnahmslos, aber doch in weitem Ausmaße als Normen (sog. Evolutions-„Gesetze") betrachtet werden dürfen.

Zu den allgemeinen Erscheinungen bzw. Eigenschaften der Evolution zählt neben dem Wandel die Begrenztheit in mehrfacher Beziehung. Begrenzt scheint wie die Lebensdauer der Individuen auch die der systematischen Kategorien, wenngleich hier mitunter der Eindruck einer Unbegrenztheit entstehen kann. Begrenzt scheint die Evolution auch insoferne als nicht aus allem alles werden kann (Begrenztheit der Wandlungsfähigkeit) und der Übergang zu einer neuen Lebensweise, der Wechsel des Lebensraumes eine Organisation voraussetzt, welche ihn und den notwendigen Wandel ermöglicht (Präadaptation = Voranpassung mancher Autoren). Begrenztheit der Evolution zeigt sich ferner in der ihr wie jedem in der Zeit ablaufenden Geschehen eigenen Irreversibilität (= Nicht-Umkehrbarkeit)[1], im Beibehalten einer einmal eingeschlagenen Evolutionsrichtung, besonders auch in der ± geradlinigen Fortentwicklung in einer solchen selbst bis zu „hypertrophen" (gr. hypér = über, tréphein = nähren, züchten) oder excessiven (lat. ex-

---

[1] Das sogenannte Irreversibilitäts-Gesetz, gleich dem der Sprunghaftigkeit oder Diskontinuität und der Begrenztheit vom bedeutenden belgischen Paläontologen L. DOLLO (1857—1931) formuliert, will nicht etwa eine Rückkehr zu einer früheren Lebensweise ausschließen; wie schon O. ABEL, der Begründer der Paläobiologie (1875—1946) interpretierte, besagt es nur, daß Organe, die, funktionslos geworden, verkümmert (oder gar anlagemäßig verschwunden) waren, bei Rückkehr zu einer Lebensweise, die ihrer wieder bedürfte, nicht reaktiviert, sondern durch Umgestaltung anderer vorhandener Organe ersetzt werden. Wesentlich ist dabei wohl ein Rückbildungs-Grenz- oder -Schwellenwert, der noch diesseits der anlagemäßigen Elimination liegt. Mit dieser ergänzenden Auslegung glaube ich mich in Übereinstimmung mit dem jetzt führenden Paläozoologen und Paläophylogenetiker Amerikas, G. G. SIMPSON.

cédere = hinausgehen über eine Grenze) Stadien oder Bildungen, der Orthogenese (gr. orthós = gerade, génesis = Werdegang), die auch als Ausdruck einer biologischen Trägheit gesehen wird[1].

Zu den Qualitäten der Evolution, welche die fossilen Dokumente anzeigen, gehört weiter ihre Umweltbezogenheit. Die Wandlungen erscheinen uns oftmals als Anpassungsvorgänge zwischen verschiedenen Lebensverhältnissen gemäßen Anpassungszuständen oder auch als Anpassungssteigerungen bei sich nur wenig ändernder Lebensweise (Postadaptation = Nachanpassung). Der Vergleich zwischen verschiedenen Formen mit weitgehend gleichartiger Lebensweise wie die Anpassungssteigerungen zeigen, daß es verschiedengradige und verschiedenwertige, mehr und minder vollkommene, ja selbst in ihren Auswirkungen uns ungünstig erscheinende („fehlgeschlagene") Anpassungen gegeben hat, deren Träger meist eine relativ kurze (Gruppen-)Lebensdauer besaßen. Eine andere Form der Umweltsbezogenheit äußert sich darin, daß die Wandlungen der Tierwelt den Änderungen ihrer Umwelt (bes. Pflanzenwelt, vgl. S. 11/12) nachgefolgt zu sein scheinen (Zeitfolge-Beziehung), was auch als Ausdruck biologischer Trägheit gewertet werden kann.

Nicht alle Glieder einer Einheit, weder alle Individuen einer Art noch alle Arten einer Familie usw., haben immer und immer gleichzeitig gleiche Anpassungsgrade und gleiche Evolutionshöhe erreicht. Stets hat es vielmehr Vortrab und Nachzügler gegeben, wie auch heute etwa Säuger sehr verschiedenen Zeitgepräges und ebensolcher Evolutionshöhe leben (s. S. 20).

Sehr vielfältig ist die Evolutionsrichtung. Man erkennt sie, wie den Ablauf der Evolution überhaupt, zumeist nicht an einzelnen Fossilien, sondern aus dem Vergleich von zweien oder mehreren. Hierbei muß zunächst festgestellt werden, welcher Zustand als jeweils ursprünglich zu gelten hat. Er heißt primitiv, die von ihm abgeleiteten nennt man spezialisiert, die Wandlungen Spezialisationen. Sie sind positive, wenn Vergrößerung, Verstärkung, Vermehrung, Komplikation, Perfektion (= Vervollkommnung), Hypertrophie, negative, wenn Verkleinerung, Schwächung, Verminderung, Simplifikation (= Vereinfachung), Degeneration (= Entartung), oder Atrophie (= Schwund) statthat. Am Anfang der positiven wie am Ende der negativen Spezialisationen kann also ein ganz kleines Gebilde (Organ) stehen. Im ersten Falle ist es ein Oriment (lat. orīri = entstehen, wachsen), im zweiten ein Rudiment (= verkümmertes Gebilde)[2]; mitunter, besonders wenn nur eine Einzelform, nicht mehrere Glieder einer Evolutionsreihe (s. S. 24) vorliegen, weiß

---

[1] Als eine andere Form solcher biologischer Trägheit kann auch die Umwegsentwicklung oder Palingenese (gr. pálin = zurück, wieder) in der Ontogenese oder Individualentwicklung aufgefaßt werden; die Palingenese ist wohl häufiger als die Proterogenese, wo die Evolution nach O. H. Schindewolf schon (bzw. zuerst) früh-ontogenetisch in neue Bahnen lenkt.

[2] Das Wort ist schlecht gewählt, denn rudimentum (lat.) heißt eigentlich ein (unfertiges) Probestück. Im übrigen wird im angelsächsischen Bereich Rudiment für verschwindende und für entstehende Bildungen verwendet.

man nicht, ob ein kleines Gebilde im Kommen oder im Verschwinden ist; dann heißt man es **Minutial** (lat. minútus = klein, winzig).

Mehrere Evolutionsstadien gleicher Richtung ergeben bei Ordnung nach der Spezialisationshöhe **Evolutionsreihen**. Ist von zwei Formen einer solchen Reihe die eine in allen wandelnden Merkmalen primitiver als die andere, kann diese als Abkömmling von jener betrachtet werden, sofern die gegenseitige Zeitlage nicht dagegenspricht. Reihen mit solchen Gliedern heißen **Ahnenreihen**. Beim Versuch einer Reihung zeigt sich jedoch oft, daß eine derartige lineare Anordnung nicht möglich ist, eine Form A vielmehr etwa in einem Merkmal a primitiver, in einem Merkmal b aber spezialisierter ist als eine Form B und diese umgekehrt spezialisierter in a und primitiver in b, also eine **Spezialisationskreuzung** vorliegt. Sie deutet an, daß in der betreffenden wandelnden Gruppe bei deren einzelnen Vertretern, oder auch in verschiedenen Einzellinien, bald dieses, bald jenes wandelnde Merkmal rascher und stärker abgeändert wurde. Die Reihung ist auch in solchem Falle sinnvoll, denn sie läßt Gang und Richtung der allgemeinen Gruppen-Evolution noch klar erkennen. Die Glieder einer solchen Reihe stehen freilich zueinander nicht im Verhältnis direkter Vorfahren und Nachkommen, sondern in einer Art Vetterschaft-Verhältnis. Man spricht von **Stufenreihen**[1].

Stufen- und Ahnenreihen zeigen noch weitere Verschiedenheiten hinsichtlich der Richtung der Evolution auf. Sie lassen feststellen, daß die eingeschlagene Richtung bald starr beibehalten (Orthogenese, s. S. 23), bald selbst mehrfach gewechselt wurde, indem etwa terrestrische Nachkommen aquatischer Ahnen wieder ins Wasser zurückkehrten und mit dem Lebensraum ihrer Ahnen auch eine diesen gleiche oder doch weitgehend gleichartige Lebensweise annahmen. Sie lassen ferner erkennen, daß Abkömmlinge einer Gruppe sich bald auseinander (**divergent**), bald auch neben- oder nacheinander in sehr ähnlicher Weise (**parallel**) entwickelten, während der Vergleich verschiedener Reihen bekunden kann, daß Formen unterschiedlicher Herkunft sich (**konvergent**) näherten, wobei die Endstadien einander so sehr ähneln können, daß sie manchmal nur schwer auseinanderzuhalten sind[2].

---

[1] Die biohistorische Forschung kennt auch noch andere Reihen: **Anpassungsreihen**, wo ohne Rücksicht auf Verwandtschaftsverhältnisse, z. B. Flugfische, Insekten, Flugsaurier, Vögel usw., entsprechend dem Adaptationsgrad an das Fliegen geordnet werden; **Ähnlichkeitsreihen**, welche die Ausbildung ähnlich geformter, aber verschiedene Funktionen erfüllender Bildungen wie Grab-, Schwimm- und Flughäute betreffen. Auch solche Reihen sind biohistorisch wichtig, aber sie sind an sich keine phylogenetischen Reihen. Den Anpassungsreihen kann aber auch dieser Charakter zukommen, wenn sie mit Stufen- oder Ahnenreihen zusammenfallen.

[2] Besonders schwierig ist dies, wenn die betreffenden Reihen größere Lücken aufweisen oder überhaupt etwa nur Einzelformen vorliegen. Die Analyse muß dann bemüht sein, bloße Formähnlichkeit bzw. **analoge** (homoplastische, v. gr. plássein = bilden) Bildungen, die Konvergenz anzeigen und Bauverwandtschaft bzw. **homologe Bildungen**, die auf Parallelentwicklung weisen, zu unterscheiden.

Mannigfaltigkeit und Wechsel kennzeichnen auch sonst das Evolutionsgeschehen. Die verfolgbare Länge der einzelnen Evolutionslinien bis zum Aussterben, d. h. bis zum Erlöschen ohne, u. zw. auch ohne umgewandelte Nachkommen, ist sehr unterschiedlich, an ihrem Ende treten nur manchmal sog. Senilitätserscheinungen (v. lat. senīlis = greisenhaft) auf, kommt es ebenso zu Riesenwuchs wie zu Verzwergung.

Besonders wechselvoll ist das Evolutionstempo selbst bei nahe verwandten Gruppen, ob sie sich zu verschiedenen Zeiten in $\pm$ gleicher Richtung oder in der gleichen Zeit in unterschiedlicher gewandelt haben. Simpson, der auch dieses Problem eben erst eingehend untersuchte und verschiedene Geschwindigkeits-Formen (Merkmals-, Organismus-, Gruppengeschwindigkeit, Ursprungs-, Erlöschensgeschwindigkeit u. a.) auseinanderhält, unterscheidet neben einem horotelischen (gr. hóra = angemessene Zeit, teleīn = vollenden), also $\pm$ „normalen", ebenso ein bradytelisches (gr. bradýs = langsam) wie ein tachytelisches (gr. tachýs = schnell) Tempo. Für einzelne Fälle liegen bereits zahlenmäßige Berechnungen vor, die, wenn auch noch immer Schätzwerte, die Unterschiedlichkeit des Evolutionstempos bestätigen.

Lassen sich diese Eigenschaften und Erscheinungen der Evolution aus den fossilen Resten weitgehend ablesen, so daß über das Grundsätzliche kaum Meinungsverschiedenheiten bestehen dürften, so ist die Frage, wie die Wandlungen an sich erfolgten, was sie auslöste, beeinflußte oder bestimmte, die Frage also nach dem eigentlichen Wesen und den Gründen der Evolution aus jenen Resten kaum zu beantworten. Trotzdem hat der Forschergeist hier nicht halt gemacht und Hypothesen wie Theorien ersonnen, welche oft auch die Grenze gegen den Bereich der Metaphysik überschritten.

Erst die Erkenntnisse, welche die genetische Forschung der letzten Jahrzehnte über den Formenwandel in der Gegenwart und den ihm zugrunde liegenden Mechanismus erbrachten, haben eine realere Basis geschaffen. Allein, es zeigte sich bald, daß Variation (Mannigfaltigkeit, Unbeständigkeit), Mutation (Veränderung), Selektion (Auslese) usw., so wie sie heute beobachtet und experimentell geprüft werden können, zwar vieles, aber doch nicht alles restlos verständlich machen können, was die paläophylogenetische Forschung über das Evolutionsgeschehen erschließen läßt. Es geht dabei einerseits um die Rolle und Bedeutung der Adaptation und die Frage, ob Umweltfaktoren und Umweltverhältnisse nur über die Selektion oder noch in anderer Weise auf das Evolutionsgeschehen Einfluß zu nehmen vermögen; andererseits um das Problem, ob, was Genetik und experimentelle Evolutionsforschung an rezentem Material über den Evolutionsmechanismus in den niedersten Kategorien (intransspezifische = innerartliche Evolution) erkennen lassen, auch für die der Untersuchung an rezentem Material kaum zugängliche Evolution in höheren Kategorien (transspezifische = überartliche Evolution) Geltung hat. Gewisse Ergebnisse der Erforschung des plasmatischen Erbgutes, des Plasmons, die hinter der des Genoms, der chromosomalen

Erbmasse, weit zurück ist, deuten auf noch bestehende Kenntnislücken in der ersten; die unterschiedlichen Annahmen bezüglich aufeinanderfolgender Evolutions-Phasen[1], nach- wie nebeneinander herlaufender Evolutions-Typen[2] und -Arten oder -Modi[3] auf solche in der zweiten Frage. Ob und inwieweit die in letzter Zeit entwickelte Untersuchung ganzer fossiler Populationen mit statistischen Methoden, welche bereits neue Betrachtungsweisen für die paläophylogenetische Forschung eröffnete, die Kenntnislücken so zu verkleinern vermag, daß wir in jenen „letzten Fragen" klarere Sicht erhalten; oder ob wir eine solche von Genetik und experimenteller Evolutionsforschung erhoffen dürfen, kann erst die Zukunft lehren. Die unverkennbaren Fortschritte der jüngsten Zeit (vgl. z. B. die „synthetische Evolutionstheorie" von SIMPSON 1958) rechtfertigen jedoch die Erwartung, daß die restlose Synthese zwischen paläo- und neophylogenetischer Forschung gelingen kann und gelingen wird.

f) Die Zoo-Fossilien als kulturhistorische Urkunden

Die Zoo-Fossilien sind nicht nur naturhistorische Dokumente, manchen von ihnen kommt ein Urkundencharakter auch in kulturhistorischer Beziehung zu.

Im Pleistozän lebte neben vorzeitlichen Tieren auch der prähistorische Mensch (s. S. 273). Er gewann von den Tieren seiner Zeit Nahrung und Kleidung, aus ihren Hartteilen auch Waffen und Werkzeuge. Tierknochen und -zähne von seinen Feuerstellen und Siedlungsplätzen geben uns so Aufschluß über seine Lebensgewohnheiten. Einige derartige Funde von Schädel- und Langknochen sind ob ihrer eigentümlichen biostratinomischen Verhältnisse (s. S. 9) kaum anders denn als intentionelle Depositionen (= absichtliche Hinterlegungen) deutbar und scheinen, gemeinsam mit gewissen bildlichen Darstellungen (Höhlenmalereien, Felszeichnungen und -gravierungen) auch Hinweise auf die geistige Vorstellungswelt jener prähistorischen Kulturen [magisch-erotische Kulte, (Höhlen)-Bärenkult] zu gewähren.

Doch auch vom Sonderfall des pleistozänen Menschen abgesehen, für den ja die Reste der pleistozänen Tiere noch keine Fossilien waren, kommt den Zoo-Fossilien eine gewisse kulturhistorische Aussagekraft und daher Bedeutung zu. Zoo-Fossilien liegen nicht selten auf entblößten Gesteinsflächen frei zu Tage und werden bei Grabungen in Sedimenten, bei Erdarbeiten, in Steinbrüchen, im Bergbau usw. immer wieder angetroffen. Jeder Mensch kann ihnen daher begegnen. Schon der prähistorische Mensch hat für ihn fossile, also voreiszeitliche Tierreste gekannt, hat z. B. tertiäre Conchylien (gr. konchýlion = Muschel- und Schneckenschale) wie mesozoische Ammoniten (s. S. 78 ff.) gesammelt. Sie dienten ihm teilweise wohl als Schmuck, doch was er über diese Dinge dachte, wissen wir nicht. Erst mit dem Einsetzen schriftlicher Überlieferung erfahren wir von den Vorstellungen über Fossilreste. Knochen und Zähne von Wirbeltieren pflegte man oft mit allerlei Fabelwesen, wie Drachen, Lindwürmer, Riesen, in Beziehung zu bringen, Schalen und sonstige Hartteile von Wirbellosen aber wurden zumeist überhaupt nicht als Teile von Lebewesen erkannt,

---

[1] Typogenese [gr. týpos = Schlag, (Ab)druck, Gepräge] — Typostase [gr. stásis = (Still-) Stehen] mit Adaptiogenese — Typolyse (gr. lýsis = Lösung, Ende).
[2] Mikro-, Makro-, Mega-, also etwa Klein-, Groß-, Haupt-Evolution.
[3] Speziation, phyletische Evolution, Quantum-Evolution.

sondern als „lusus naturae" = „Naturspiele" betrachtet (z. B. ARISTO-
TELES, 384—322 v. Chr., und die auf ihm fußenden mittelalterlichen Schola-
stiker), welche einem „sucus lapidescens", einem „steinbildenden Saft"
ihre Entstehung verdanken oder Erzeugnisse einer „vis plastica" (AVI-
CENNA, 980—1037) oder „virtus formativa" (ALBERTUS MAGNUS,
1193—1280) genannten „bildnerischen Kraft" bzw. „formenden Fähigkeit"
sein sollten.

Bei solcher Verkennung der Versteinerungen — im ganzen Altertum und
Mittelalter, ja bis tief in die Neuzeit hinein (s. S. 1) ist ihre wahre Natur
nur ganz vereinzelt erahnt oder gesehen worden[1] — kann es nicht wunder-
nehmen, daß sich um vermeintliche „Donner-", „Gewitter"- und „Blitz-
steine" (ómbria und keraúnia), um „Zungensteine" oder Glossopetren, um
„Linsen"- oder „Münzensteine" (Nummuliten, s. S. 31, 33), um „Muttersteine"
oder Hysterolithen (von gr. hystéra = lat. úterus = Gebärmutter, weibliches
Genitale), um „Judensteine", „Ma(h)rezitzchen" oder „Mohrenzitzchen", um
„Stern"- und „Sonnenradsteine" u. v. a. bald allerlei Sagen rankten; daß aus
Funden von Gebeinen vorzeitlicher Bären, Elefanten, Nashörner oder gar
gewaltiger Saurier (v. gr. saūros = Echse, s. S. 191) Geschichten von Kämpfen
mit Drachen und Riesen erwuchsen, daß Zähnen und Knochen, noch mehr
aber Evertebraten-Fossilien mit so geheimnisvoller Herkunft auch Zauber-
und Heilkräfte zugeschrieben wurden, wobei häufig (nach dem Grundsatz:
similia similibus curantur = Ähnliches wird durch Ähnliches geheilt) wie bei
der Deutung als Zungen-, Münzen-, Muttersteine usw. oberflächliche Formähnlichkeiten eine Rolle spielten. Derartige Vorstellungen begegnen uns bei
den verschiedensten Völkern aller Erdteile. Auch im abendländischen Kultur-
bereich ist manches von ihnen bis heute lebendig geblieben, nicht nur im
Schatze der Sagen und Märchen, sondern ebenso in Brauchtum und Volksmedizin. Die in früh-, ja vorgeschichtliche Zeit zurückreichende Überlieferung
hat hier allerdings im Zuge der Christianisierung mitunter Übertünchungen
und Wandlungen (z. B. Sonnenradsteine zu Bonifaziuspfennigen) erfahren.

---

[1] So von XENOPHANES (um 600 v. Chr.), XANTHOS und HERODOT (um
500 v. Chr.); von STRABO im ersten und TERTULLIAN im zweiten Jahrhundert
unserer Zeitrechnung; von G. BOCCACIO (1313—1375) und besonders von
LIONARDO DA VINCI (1452—1519) wie von GIROLAMO HIERONYMUS FRA-
CASTRO (1483—1553) — u. zw. eigentlich treffender als von den Vertretern
der in der Folgezeit vorherrschenden Diluvianer-Schule, die in den Fossilien
Zeugnisse der mosaischen Sintflut erblickten.

C. Spezielle Paläozoologie [1]

Soweit sie herkömmlich zu den tierischen Lebewesen gerechnet werden (s. S. 16), sind Einzeller (Nichtzeller), die heute nach Formenfülle wie Individuenzahl in dem fast unübersehbaren Heer von Mikroorganismen (Kleinlebewesen) den ersten Platz einnehmen, fossil nur durch wenige Gruppen belegt. Trotzdem dürften sie in der Vorzeit kaum eine mindere Rolle gespielt haben. Sie sind nur wegen des vielfachen Mangels von Hartteilen schlecht erhaltungsfähig und wegen ihrer meist geringen Größe auch schwer auffindbar. Wo die Erhaltungs-Voraussetzungen günstige sind und besondere Gewinnungsverfahren (Schlämmen usw). angewandt werden, hat sich denn auch mehr und mehr ein ansehnlicher Reichtum an Formen und Formengruppen ergeben.
Aus dem

Regnum: Protista

u. zw. aus der

---

[1] Im speziellen Teil finden allgemein folgende Abkürzungen Verwendung:

a) Für Zeitangaben (M auch für Raumangaben)

A	= Alt-	Mesoz	= Mesozoikum
APaläoz	= Altpaläozoikum	Mioz	= Miozän
APleistoz	= Altpleistozän	Neog	= Neogen
ATert	= Alttertiär	Ob	= Ober-
Dev	= Devon	Olig	= Oligozän
Eoz	= Eozän	Ordov	= Ordovicium
foss	= fossil	P	= Perm
GKr	= Gosaukreide (Ober-	Paläog	= Paläogen
	kreide)	Paläoz	= Paläozoikum
Gotld	= Gotlandium	Paleoz	= Paleozän
Holoz	= Holozän	Pleistoz	= Pleistozän
J	= Jura	Plioz	= Pliozän
Jg	= Jung-	PQuart	= Postquartär
JgPaläoz	= Jungpaläozoikum	PrKambr	= Präkambrium
JgPleistoz	= Jungpleistozän	Quart	= Quartär
JgTert	= Jungtertiär	rez	= rezent
Känoz	= Känozoikum	Sil	= Silur
Kambr	= Kambrium	Tert	= Tertiär
Karb	= Karbon	Tr	= Trias
Kr	= Kreide	U	= Unter-
M	= Mittel-		

Divisio: **Cytomorpha**

sind hartteiltragende Gruppen der *Rhizopoda* und *Actinopoda* fossil überliefert.[1] Von *Rhizopoda* oder Wurzelfüßern (gr. rhíza = Wurzel, pōūs = Fuß), die zu Fortbewegung und Nahrungsaufnahme vom Zelleib, der Sarkode, sog. Pseudopodien (= Scheinfüße) aussenden können, „*Thecamoebina*" (gr. théke = Behältnis, Kapsel, amoibé = Wechsel) ab Eoz; vor allem aber die

Ordo: Foraminifera

(lat. forāmen = Loch, férere = tragen), also Lochträger.

Fossil liegt allein das Gehäuse vor. Die Schalensubstanz ist Chitin, dem auch Sandkörner, Spongiennadeln u. dgl. mittels eines Zementes angekittet sein können, sog. agglutinierte Schalen (v. lat. agglutināre =

b) Für Raumangaben

Ägypt	= Ägypten	Mong	= Mongolei
Afr	= Afrika	N (NAm)	= Nord- (Nordamerika
Alp	= Alpen		usw.)
Am	= Amerika	n	= nördlich (-er, -e, -es)
Antarkt	= Antarktis	Neuseeld	= Neuseeland
Argent	= Argentinien	(Nsld)	
Arkt	= Arktis	O	= Ost-
As	= Asien	ö	= östlich (-er, -e, -es)
Austr	= Australien	Patag	= Patagonien
AustrFngeb	= australisches Faunen-	Rheinld	= Rheinland
	gebiet	(Rhld)	
Balt	= Baltikum	Rußld	= Rußland
Engld	= England	S (SAm)	= Süd- (Südamerika
Eur	= Europa		usw.)
Euras	= Eurasien	s	= südlich (-er, -e, -es)
Frankr	= Frankreich	Schottld	= Schottland
Grönld	= Grönland	Sibir	= Sibirien
Ind	= Indien	Sudet	= Sudetenländer
Insul	= Insulinde (Indomalay-	VInd	= Vorderindien
	ischer Archipel)	W (WEur)	= West- (Westeuropa)
Ital	= Italien	w	= westlich (-er, -e, -es)
Kosmopol	= Kosmopolit(en)	WIndIns	= westindische Inseln
kosmopol	= kosmopolitisch	Wttbg	= Württemberg
Madag	= Madagaskar	Z (ZAm)	= Zentral- (Zentralame-
Medit	= Mediterrangebiet		rika)

[1] Die *Mastigophora* oder *Flagellata* (gr. mástix bzw. lat. flagéllum = Geißel, gr. phorós = tragend) werden nach dem teilweisen Chlorophyll-Besitz ihrer rezenten Vertreter jetzt meist den pflanzlichen Protisten zugezählt. *Dictyochidae* (gr. díktyon = Netz, óchos = Halter), heute marine Kosmopoliten (wörtl. Weltbürger, d. h. überall verbreitet) mit einem Gerüst von Kieselbälkchen (*Silicoflagellida*), ab Neog, ? ab Kr. *Coccolithophoridae* (gr. kókkos = Fruchtkern), mit mützen- bis becherförmigen, in vivo (= zu Lebzeiten) zu einer kugeligen Schale zusammengeschlossenen Kalkkörperchen („Kokkolith") in der Zellhaut, heute in fast allen nicht-polaren Meeren pelagisch bzw. planktonisch; Kokkolithen, post mortem (= nach dem Tode) aus der Zellhaut gelöst und zu Boden sinkend, dort bisweilen in Mengen sich anhäufend; ab Kambr, bsds. Senon = ObKr.

anleimen), oder Kalk. Unter den Kalkschalern gibt es imperforate (= undurchbohrte) von porzellanartigem und perforate (= durchbohrte) von glasigem Aussehen. Reine Chitinschalen sind fossil nicht überliefert; rezent finden sie sich besonders bei Süßwasserformen. Auch sonst zeigt die Schalensubstanz Beziehungen zum Lebensraum; so kommen im Brack-

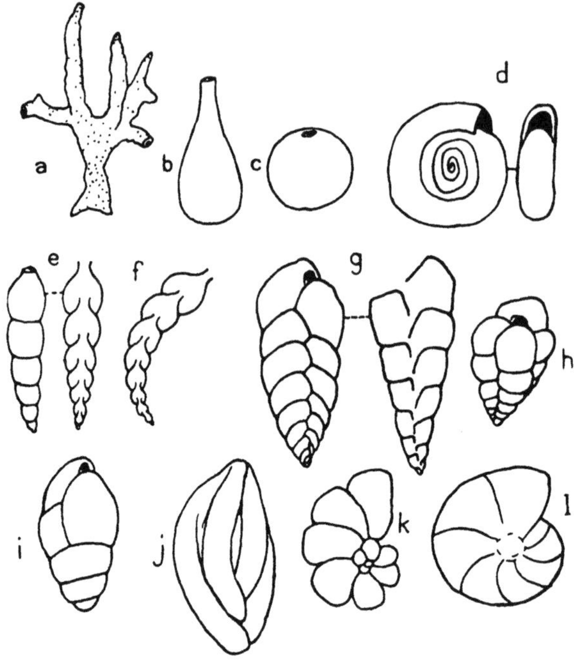

Abb. 3. Gehäuseformen bei Foraminiferen. *a* = dendritisch-irregulär (*Rhizamminidae*); *b* = flaschenförmig-monothalam (*Lagena*); *c* = kugelförmig-monothalam (*Orbulina*); *d* = spiral-röhrenförmig-monothalam (*Cornuspira*); *e* = gerade-polythalam-uniserial, Außenansicht und Schnitt (*Nodosaria*); *f* = gekrümmt-polythalam-uniserial (*Dentalina*); *g* = zopfförmig-polythalam-biserial, Außenansicht und Schnitt (*Textularia*); *h* = traubig-polythalam-multiserial (*Uvigerina*); *i* = länglich-spiralig-polythalam (*Bulimina*); *j* = fadenknäuelartig-polythalam-multiserial (*Miliola*); *k* = asymmetrisch-spiralig-polythalam (*Endothyra*); *l* = bilateral-spiralig-polythalam (*Cristellaria*). Aus MORET 1953.

wasser Chitinschalen bei Arten vor, die anderwärts Kalkschalen ausbilden. Ebenso sind Zusammenhänge mit der Phylogenese kenntlich, denn Chitinschalen treten rezent bei den scheinbar primitivsten Formen auf, Kalkschalen können chitinöse bzw. agglutinierende Jugendstadien durchlaufen und perforate Kalkschaler dominieren unter den postpaläozoischen Foraminiferen.

Die äußere Gehäuseform ist sehr verschieden (Abb. 3 und 4). Es gibt gerade, gekrümmte, eingerollte; allerlei längliche, ei-, spindel-, kugel- und kugeltraubenförmige, scheiben-, schüssel-, seesternartige, an Füllhörner-, Schnecken- und Ammoniten- (s. S. 59 ff., 78 ff.) Gehäuse erinnernde, dendritische (= baumförmige), ganz irreguläre (= unregelmäßige) usf. Wenn Einrollung statthat, kann sie in planer, cylindrischer oder konischer (= kegelförmiger) Spirale erfolgen; bei dieser können auf der einen, dorsalen (v. lat. dórsum = Rücken) Seite sämtliche Windungen, auf der anderen, ventralen (v. lat. vénter = Bauch) nur die letzte sichtbar sein, die eine offene oder in verschiedener Weise verschlossene Umbilikalregion (v. lat. umbílicus = Nabel) ausspart (z. B. *Rotaliidae*).

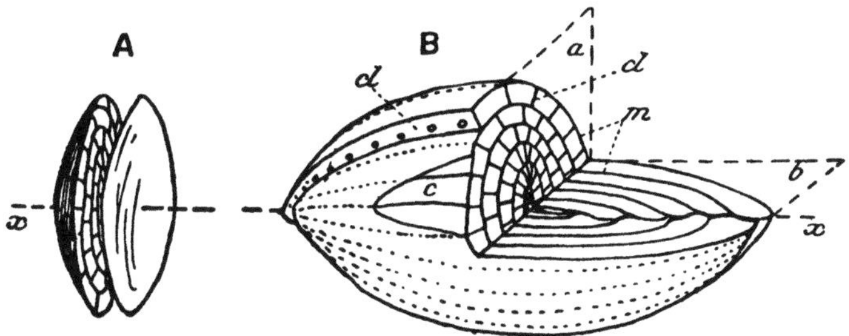

Abb. 4. Gehäuseformen großer Foraminiferen. *A* = Münzen- bzw. Linsenform („Nummuliten"); *B* = Spindelspirale (*Alveolina*); *a* = Transversal-, *b* = Longitudinal-, *c* = Tangentialschnitt; *cl* = Scheidewand, *m* = Hauptwand, *x—x* = Windungsachse. Aus MORET 1953.

Wie die Gehäuse-Form wechseln auch -Dicke und -Größe. Jene reicht von ganz dünn bis zu beträchtlicher Stärke, diese von mit freiem Auge nicht sichtbaren Schälchen bis zu „Einzeller-Riesen" mit gut 10 cm Gehäusedurchmesser (im Eoz). Heute sind die größeren Formen mehr in warmen, die kleineren mehr in kalten Meeren beheimatet. Die Schalenoberfläche trägt mitunter Skulpturen (v. lat. scúlpere = schnitzen) wie Knoten, Leisten oder auch (z. B. bei den planktonischen Globigerinen) Stacheln.

Nur selten, und wohl primär, ist das Gehäuse einkammerig = monothalam; meist wird es im Laufe des Wachstums vielkammerig = polythalam, mit Öffnungen in den Scheidewänden (Septen, v. lat. sāēptum = Zaun), durch welche Pseudopodien die Kammerinhalte verbinden. Die Anordnung der Kammern kann einreihig = uniserial sein, wenn sich diese linear bzw. spiralig aneinander- oder ± konzentrisch übereinanderlegen; mehrreihig, u. zw. zwei- bis vielreihig = bi- bis multiserial, wenn sie sich nebeneinander anordnen. Die Reihung kann ontogenetisch wechseln, z. B. erste Kammern spiralig-multiserial, spätere „zopfförmig", d. i. bilateral-alternierend (v. lat. alternāre = abwechseln lassen), oder linear-uniserial usf. Weitere Spezialisationen begegnen uns bei perforaten Kalkschalern durch Differenzierung zwischen aequatorialen und lateralen Kammern (*Orbitoididae*), Pfeilerbildungen (*Orbitoididae* u. a.), durch sog. „Nahrungskanäle" in den Wänden ± konzentrisch übereinandergelagerter Kammern (z. B. bei einem Teil der früher als „Nummuliten" zusammengefaßten Formen, den *Camerinidae*).

Auch die Mündung des Gehäuses wechselt, u. zw. mit der Form wie ontogenetisch, ist jedoch bei adulten (= erwachsenen) Tieren einer Art ziemlich konstant. Sie kann einfach, rundlich, länglich, strahlig oder dendritisch, durch einen zahnartigen Fortsatz unterteilt sein oder aus mehreren rundlichen Öffnungen bestehen. Die Mündungen der juvenilen (= jugendlichen) Stadien bzw. früh angelegten Kammern werden beim weiteren Schalenanbau oft durch Resorption (v. lat. resorbēre = wiedereinschlürfen, auflösen) erweitert.

Innerhalb der Arten besteht noch ein besonderer Di- bzw. Trimorphismus (Zwei- bzw. Dreigestaltigkeit) in Zusammenhang mit dem Wechsel zwischen mikrosphärischen (= kleinkugeligen) Generationen mit kleiner Anfangskammer, aber größeren Gehäusen und megalosphärischen (= großkugeligen) mit großer Anfangskammer, aber kleinen Gehäusen. Jene gehen aus kopulierenden Geißelsporen hervor und pflanzen sich durch „Zerfallsteilung" fort, während diese umgekehrt asexuell entstehen und kopulierende Geißelsporen hervorbringen. Die mikrosphärische Generation ist spärlicher und anscheinend konservativer, indem ihre Gehäuse offensichtlich in der Ontogenese phylogenetische Vorstadien weitgehend rekapitulieren; die megalosphärische ist individuenreicher, progressiver, rekapituliert unvollständiger und — mitunter wenigstens — unterschiedlich, ist also in sich dimorph. — Eine weitere Form der Fortpflanzung ist Knospung.

Die meisten Foraminiferen gehören heute dem marinen Lebensraum an, nur wenige sind Brack- oder Süßwasserbewohner. Teils sind sie dem Plankton, teils dem Benthos zuzuzählen. Die benthonischen lassen eine Gliederung in Warm- und Kaltwasserfaunen erkennen, wobei nur diese in größere Tiefen hinabgehen und im Abyssal agglutinierende Formen vorherrschen (die aber auch im Seichtwasser nicht fehlen). Die marinen Warmwasserfaunen sind durch Artenfülle, die anderen durch Artenarmut, aber oft Individuenreichtum gekennzeichnet. Die Bewegung am Boden, auf Wasserpflanzen usw. ist ein Kriechen mittels der Pseudopodien, welche durch die Mündung, bei perforaten Kalkschalern auch durch die Poren der Außenwand austreten und in vivo die Schale bisweilen so einhüllen, daß diese eigentlich zu einer inneren wird. Die Nahrung: Coccolithophoriden, Naupliuslarven (s. S. 29, 96), Algen u. dgl. wird ebenfalls durch die Pseudopodien aufgenommen. Neben vagilen (= freibeweglichen) gibt es sessile (= seßhafte) bzw. fixisessile = festgewachsene, festgeheftete[1] Foraminiferen, die durch Knospung dendritsche, krustenförmige oder sonst irreguläre Kolonien bilden. Auch Lebensgemeinschaften, mit Algen und Spongien, sind beobachtet. Kürzlich wurde auch eine Entökie in Kieselschwämmen des Malm = ObJ wahrscheinlich gemacht. — Da fossil weitgehend gleiche Gehäuseformen auftreten wie rezent und Beziehungen zwischen Gehäuseform und Lebensweise vielfach deutlich erkennbar sind, darf für die vorzeitlichen Foraminiferen im ganzen mit ähnlichen biologischen Verhältnissen und Gewohnheiten gerechnet werden.

---

[1] fixisessil ist (vgl. E. WOLFF, s. S. 19 Anm.) sprachlich richtiger als fixosessil (SEILACHER 1954).

Fossile Foraminiferen sind sicher seit dem Kambr bekannt. Ihre Verbreitung erstreckt sich über die ganze Erde und auf Sedimente der verschiedensten aquatischen Lebensbereiche. Ebenso ist Differenzierung in Faunen bzw. faunistische Provinzen nachweisbar. Sie deuten auf mancherlei Wanderungen und Verschiebungen. So zeigt die Lutetien- = MEoz-Fauna Westeuropas große Ähnlichkeit mit der miozänen Australiens, und einige Formen derselben leben noch heute im australischen Bereich; die miozäne Warmwasserfauna des Wiener Beckens ist der rezenten indopazifischen verwandt usf. Wie heute der Globigerinen-Schlamm der Tiefsee Mengen von kugeltraubenförmigen Schälchen der Gattung *Globigerina* enthält, die nach dem Tode dieser Planktonten zu Boden sanken, kennt man auch fossil gehäufte, ja gesteinsbildende Vorkommen; so etwa von *Fusulinidae* und Verwandten (JgPaläoz), von manchen der früher als „Nummuliten" (s. o.) zusammengefaßten Formen (bes. Eoz). Die Erhaltung ist teils eine körperliche (so vielfach in Kalken, Mergeln und Tonen), teils Steinkern-Erhaltung (z. B. im kambrischen Glaukonitsandstein).

Die oft weite horizontale, aber kurze vertikale Verbreitung sowie die Häufigkeit vieler Arten und die leichte Isolierbarkeit (besonders aus weicheren und jüngeren Gesteinen mittels der Schlämmethode) haben die Foraminiferen zu sehr wichtigen Zonen- bzw. Leitfossilien gemacht. Zu der bio-chronologischen und geologischen gesellte sich in den letzten Jahrzehnten zunehmend eine praktische Bedeutung, wie sie anderen Fossilien kaum zukommt. Die angewandte oder Mikro-Paläontologie, welche in der Erdöl-Geologie eine entscheidende Rolle spielt, arbeitet vornehmlich mit Foraminiferen.

Foraminiferen waren schon zu HERODOTS Zeiten bekannt und es gibt viele frühere Deutungen. In „Nummuliten" beispielsweise sah man bald versteinerte Linsen, betlehemitische Erbsen oder versteinerte Münzen (lat. númmus = Münze) und mancherlei Sagen (versteinerte Linsen von Gizeh, von Guttaring am Krappfeld in Kärnten, Ladislauspfennige u. a. m.) sind mit ihnen verbunden. Als rezente Lebewesen erscheinen sie 1730, als fossile 1721 erstmalig erwähnt. Beeindruckt durch Ähnlichkeiten mancher Schälchen mit Ammoniten-Gehäusen (Form, Kammerung) stellte man sie als „*Cephalopoda foraminifera*" neben die „*Cephalopoda siphonifera*". 1835 wurden sie von DUJARDIN als Rhizopoden erkannt.

Trotz der Formenfülle und der emsigen Arbeit der Mikro-Palaontologen (1931—1950 wurden 8 Familien, 532 Gattungen, 7758 Arten und etliche Zwischenkategorien neu aufgestellt) sind Lebens- wie Stammesgeschichte der Foraminiferen, deren eigentliche Entfaltungsphase in präkambrischen Zeiträumen zu suchen sein mag, erst unzureichend bekannt. So ist nicht immer eindeutig feststellbar, was, morpho- wie biologisch, als primitiv, was als spezialisiert zu gelten hat, werden z. B. gewisse ontogenetische Formänderungen der Gehäuse palin- wie proterogenetisch gedeutet. Manche größere Etappen zeichnen sich wohl klarer ab, etwa die Abfolge mono →polythalam oder chitinös →agglutinierend → imperforat →perforat; aber diese Stufen wurden scheinbar in vielen getrennten Linien erreicht bzw. durchlaufen. Daher kann die Gliederung in

Chitinosa, Agglutinantia, Imperforata (oder *Porcellanea*) und *Perforata* (oder *Vitrocalcarea* = Glaskalkige) den verwandtschaftlichen Beziehungen nicht entsprechen. Die moderne Systematik verzichtet auf sie. Sie beschränkt sich entweder auf die lose Aneinanderreihung der Familien oder reiht Ein-, Zwei- und Mehrkammerige in verschiedene Unterordnungen. Da auch das Erkennen zusammengehöriger mikro- und megalosphärischer Schalen schwierig ist und beide oft als verschiedene Arten geführt werden dürften, kann die Systematik noch nicht als befriedigend bezeichnet werden.

*   *
*

Aus der zweiten, fossil belegten Cytomorphengruppe, den *Actinopoda* mit strahlenförmigen Pseudopodien (gr. aktís = Strahl) sind vor allem die *Radiolaria* zu nennen. Ihre rezenten Vertreter weisen eine Differenzierung in die ± kugelige, zähe, von einer mit Poren versehenen Membran umhüllte Zentralkapsel und den peripheren, extrazellulären Weichkörper mit Gallerthülle auf, welcher Pseudopodien auszusenden vermag. An der Grenze beider Körperabschnitte ist meist ein Skelett aus einem organischen Silikat, glasheller, amorpher (= gestaltloser) Kieselsäure oder Acanthin (Strontiumsulfat), entwickelt. Die Radiolarien sind von mikroskopischer Größe und gehören dem marinen Plankton aller Tiefen an. Ihre Erhaltung ist selten (Neog) unverändert, meist ist die Kieselsäure verschwunden (wohl wesentlich an der Bildung von Hornstein beteiligt) und durch Kalk-, Eisen- und andere Pseudomorphosen ersetzt. Die Überlieferung ist trotz Formenfülle und fast stets massenhaften Vorkommens im ganzen spärlich. Sicher ab Kambr.

Die gleichfalls zu den *Actinopoda* gerechneten *Heliozoa* (= Sonnentierchen) mit Kieselnadelgitter in der Zellhaut, rezent fast nur Süßwasserformen, sind bloß aus pleistozänen Seenablagerungen (Schweden—Finnland) bekannt.

Der

Divisio: **Cytoidea**

welcher die (rezent erstmals durch A. v. LEEUWENHOEK Ende des 17. Jahrhunderts aus einem Aufguß von Wasser auf Heu bekanntgewordenen, daher) auch als *Infusoria* (= Aufgußtierchen) bezeichneten *Ciliata* angehören, zählt man Funde aus alpinen, oberjurassischen und unterkretazischen (= UKr) wie aus skandinavischen, pleistozänen Ablagerungen zu; u. zw. der Familie *Tintinnidae*, die allein heute ein erhaltungsfähiges Skelett besitzt.

Als

Protista inc. sed.

werden u. a. die *Hystricosphaeridae* (= Stachelkugeln, ab Sil) wie die ebenfalls erst kürzlich aus dem baltischen und böhmischen Silur, aus silurischen Diluvialgeschieben (= durch das pleistozäne Inlandeis verfrachtete, silurische Gesteinsstücke) beschriebenen „Chitinozoa" gereiht. Überliefert sind axialsymmetrische, um 1 mm lange, stäbchen-, kugel- oder flaschenförmige, mitunter Fortsätze tragende Gebilde, vermutlich Überreste einer strukturlosen, chitinösen Membranhülle.

Regnum : Metazoa
Divisio : **Porifera**
Phylum : Spongiaria
Cladus: Spongiaria

Die *Spongiaria* — auch *Spongiae* oder *Spongiozoa* — (v. gr. spongiá = Schwamm) wurden lange zu den *Coelenterata* (s. S. 38) gerechnet, ehe man für sie wegen der S. 17 genannten Merkmale eine eigene Divisio, die *Porifera* (gr. póros = Durchgang, Öffnung, Pore) errichtete. Ihre

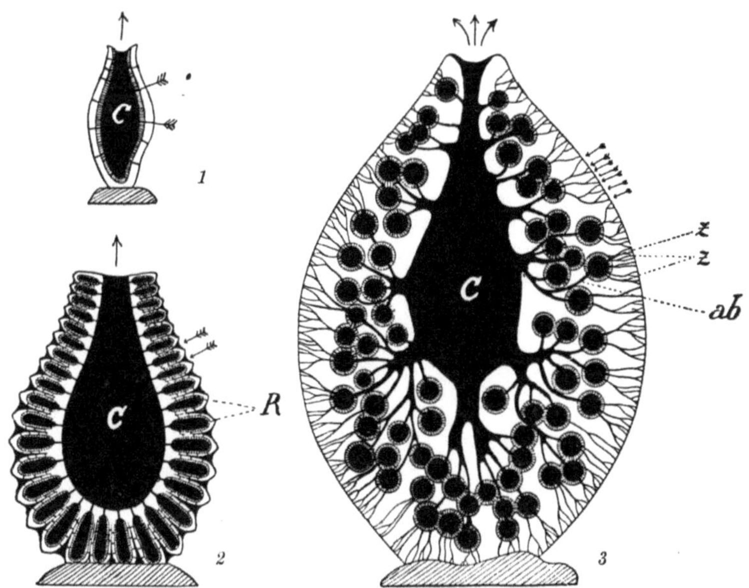

Abb. 5. Schematische Längsschnitte verschiedener Kalkschwammtypen. *1 Ascon-* oder *Olynthus-*, *2 Sycon-*, *3 Leucon-*Stadium. *C* = Leibeshöhle, *R* = Geißelkammern (Radiärtuben), *ab* = ab-, *z* = zuführende Kanäle der Kammern. Die Pfeile zeigen die Richtung des ein- und ausströmenden Wassers an; die Kragengeißelzellen sind fein gestrichelt. Aus ABEL 1924.

allgemeine Organisation ist weiter durch ein Ektomesenchym (mesenchymatisches = aus amöboiden Zellen gebildetes Mesoderm ektodermaler Abkunft) wie durch das Fehlen richtiger Muskulatur (nur gelegentlich kontraktile Fasern nächst den Körperöffnungen) gekennzeichnet; auch Nerven- und Sinneszellen sind nicht sicher bekannt. Im einfachsten Fall ist der Körper ± sackähnlich mit Poren oder Ostia (lat. = Eingänge, Mündungen) in der Wand. Durch sie werden mittels Flimmerbewegungen der den Innenraum (Leibeshöhle) auskleidenden Kragengeißelzellen Wasser und kleine Nahrungspartikel eingeführt; am Apikal- oder Scheitelpol (v. lat. ápex) dient das einst für den Mund gehaltene Osculum (lat.

= Mündchen) der Ausfuhr. Die Verdauung erfolgt innerhalb der Zellen
(intrazellulär). Von diesem Ascon- oder Olynthus-Stadium werden
weitere, wie das Sycon- und Leucon-Stadium, abgeleitet, wo die (im
zweiten Falle verdickte) Körperwand von Ausstülpungen der Leibeshöhle
bzw. von untereinander, mit den Ostia wie mit der Leibeshöhle durch
Kanäle verbundenen „Geißelkammern" durchsetzt ist und die Geißelzellen
auf Ausstülpungen bzw. Kammern beschränkt sind (Abb. 5).

Den meisten Spongien kommt ein ektomesenchymales Skelett zu.
Es wird bei den Hornschwämmen aus einem Geflecht seidiger Fasern
von fossil nicht erhaltungsfähigem Spongin, ev. unter Einlagerung von
Kieselnadeln wie Fremdkörpern, bei den Kalk- und Kieselschwämmen

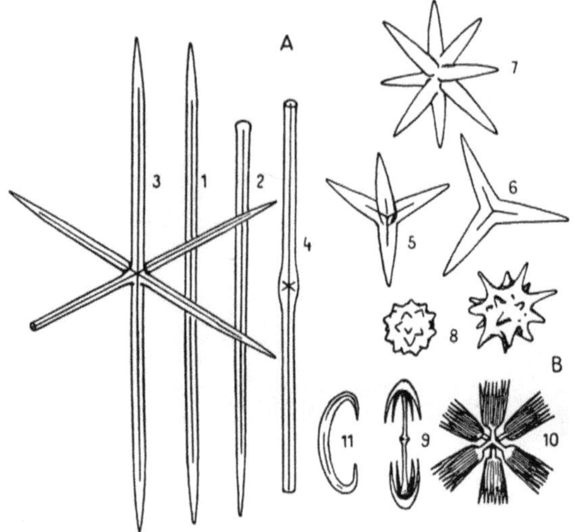

Abb. 6. Haupttypen der Spongiennadeln. *A* Megaskleren: *1, 2* monaxon; *3* triaxon-hexactin;
4 dgl., mit verkümmerten Seitenstrahlen; *5* tetraxon-tetractin; *6* triaxon-triactin (Kalkschwämme); *7* polyaxon-polyactin. *B* Mikroskleren (*8—11*). Nach MORET in PIVETEAU 1952.

aus Kalk- bzw. Kieselnadeln gebildet (Abb. 6), die sich oft zu einem Gerüst
zusammenschließen. Die Nadeln oder Spicula (lat. = Spitzen) der Kieselschwämme haben meist einen Achsenkanal und regelmäßige Form. Man
unterscheidet: monaxone (= einachsige) von Stab-, Haken-, Anker- oder
Stecknadelform u. Ä. (ev. mit Knoten oder Dornen); triaxone (= drei-
achsige) mit 90°igen Achsenwinkeln und 3 oder, bei zweiseitiger Entwicklung vom Achsenschnittpunkt, 6 Strahlen (hexactine = sechsstrahlige);
tetraxone (= vierachsige) mit Achsenwinkeln von $109^1/_2{}°$; polyaxone
(= vielseitige) mit zahlreichen, sich in einem Punkte treffenden Achsen.
Bei tri- und tetraxonen Nadeln können einzelne Strahlen fehlen, doch auch
dann sind die Achsenwinkel konstant. Neben diesen Gerüstnadeln oder
Megaskleren (gr. mégas = groß, sklerós = hart) kommen (im Entoderm)
noch sehr kleine „Fleischnadeln" oder Mikroskleren (gr. mikrós = klein)
vor. Die Kalkschwämme haben gleichfalls ein- und mehrachsige Nadeln,

doch sind die Achsenwinkel minder regelmäßig und fehlen Mikroskleren.

Nach ihrer Lebensweise gehören die Schwämme, wenige Süßwasserformen ausgenommen, zum marinen sessilen Benthos. Sie finden sich heute in allen Meeren und bis ins Abyssal. Die adulte Körpergröße geht von den Ausmaßen eines Stecknadelkopfes bis zu 1¹/₂ m. Häufig kommt es zu Kolonienbildung durch (neben geschlechtlicher Fortpflanzung stattfindende) Knospung. Die Körperform der Stöcke ist teils dieselbe wie bei den oft schlauch-, bauchig-flaschenartigen, konischbecherförmigen, pilzähnlichen Einzeltieren, teils auch mehr massig oder dendritisch, vielfach wechselt sie standortsbedingt nach Strömungs-, Nahrungsverhältnissen usf. Die Stöcke haben mehrere Oscula. Die SpongienLarven heften sich mit dem (dem Apikalpol entgegengesetzten) Urmund fest u. zw. auf Fels, losen Steinen, aber auch auf leeren oder bewohnten Molluskengehäusen; auf diesen werden sie zu Epizoen bzw. Epöken, treten selbst mit den Bewohnern in engere symbiontische Beziehungen (z. B. mit Einsiedlerkrebsen, s. S. 102).

Die zeitliche Verbreitung ist sicher ab Kambr, doch recht ungleichmäßig belegt; gut z. B. Dev öNAm, ObJ-Schwammriffe Schwabens. Morpho- und biologisch waren die vorzeitlichen Spongien den rezenten meist ähnlich. So werden u. a. labyrinthartige Gänge in Steinen und Molluskenschalen wie gleichgestaltete Gangkerne auf Schalenkernen (z. B. Mioz MEur) auf die rezente *Vioa* (*Cliona*) bezogen.

Körperlich erhaltungsfähig sind nur die kalkigen bzw. kieseligen Hartteile. Meist liegen bloß isolierte Nadeln vor, die oft nur im Dünnschliff erkennbar und nicht spezifisch bestimmbar sind. In manchen Gesteinen wurde die ursprüngliche, amorphe (= gestaltlose) Kieselsäure durch kristallisierte bzw. durch Kalzitpseudomorphosen ersetzt; oder in Hornsteinknollen angereichert bzw. zur Silifikation anderer Versteinerungen verwandt. Bei Kalkschwämmen konnten Kiesel-Pseudomorphosen entstehen. Wie Freilegung und Untersuchung ist daher die Bestimmung fossiler Spongien oft recht schwierig. Es sind besondere Verfahren (Wegätzen der Kalkhülle bei kieseligen Skeletten, Dünnschliffe, s. oben) nötig. Viele Fragen der Spongien-Fossilisation sind noch ungelöst.

Ob dieser Verhältnisse wie wegen der unbekannten präkambrischen Phase haben wir über Lebens- und Stammesgeschichte der Spongien nur unzureichende Kenntnisse. Auch die Systematik kann sich kaum auf die fossilen Urkunden stützen und basiert im wesentlichen auf den lebenden Formen, die Großgliederung vor allem auf Struktur und Substanz der Hartteile. Von den jetzt unterschiedenen 5 Classes (s. S. 17) sind fossil die folgenden bekannt.

Calcispongia = Kalkschwämme: Rezent meist farblos, solitär (= Einzelformen) oder stockbildend. Mono-, tri- oder tetraxone Megaskleren mit konstanten Achsenwinkeln. Ab Dev. Zu ihnen wird auch die stockbildende *Barroisia* (UKr) mit eigentümlichem, mehrschichtigem Skelettgerüst gerechnet.

Archaeocyatha (gr. kýathos = Schöpfgefäß). Klein, konisch, Kegelspitze scheinbar durch wurzelartige Fortsätze in weichem Boden verankert. Ein löcheriges Kalkskelett baut eine Außen- wie eine Innenwand auf, beide werden durch vertikale Zwischenwände (Septen) und diese wieder durch Querböden verbunden. Keine deutliche Nadelbildung. Wegen der Kammerung wurden die *Archaeocyatha* früher zu den *Anthozoa* (s. S. 42 ff.) gereiht. Kambr-Ordov, SuWEur, Sibir, OAs, NAm, SOAustr, Antarkt usw.

Silicispongia = Kieselschwämme. Neben Megaskleren mit verschiedener Strahlenzahl und konstanten Achsenwinkeln auch Mikroskleren. Skelett aus Kieselsäure und (selten allein) aus Spongin[1]. Rezent bis auf über 6000 m Meerestiefe hinabreichend. Gliederung bald in *Triaxonia* und *Tetraxonia*, bald in *Hexactinellida* (= *Triaxonia*), *Tetractinellida*, *Monactinellida* und *Lithistida* (sog. „Steinschwämme", bes. dickwandig) als gleichwertige Untergruppen. Ab Kambr. — Beispiele, für becher- bis hornförmige: *Hydnoceras*, sehr groß, Dev NAm; *Tremadictyon* und *Craticularia*, ObJ MEur; für pilzförmige: *Coeloptychium*, ObKrEuras; für ± kugelige: *Astylospongia*, Sil; für kelchartige, gestielte: *Siphonia*, Kr MuWEur; für besonders vielgestaltige: *Cnemidiastrum*, häufig im ObJ MEur (wie viele *Lithistida*); für ätzende: *Vioa* (*Cliona*) s. S. 37.

Inc. sed. seien die *Receptaculida* (lat. receptáculum = Behältnis) angeführt, kugelige bis birnförmige Kalkkörper mit zentralem Hohlraum. Auf eine Außenwand aus von einem Kanal durchzogenen Täfelchen folgen „Tangential-" und wieder mit einem Kanal versehene „Radial-Arme", deren zentrale Enden sich zu einer Innenwand zusammenfügen. ? *Silicispongia* = Kalksubstanz sekundär. *Receptaculites*, *Ischadites* usw., marin, Ordov-Karb.

Divisio : **Eumetazoa**

Subdivisio[2] : **Moruloidea**

Die *Moruloidea*, auch *Planuloidea* genannt — (*Morula* und *Planula* sind frühembryonale Entwicklungsstadien mancher Metazoen) — oder wegen einer seinerzeit vermuteten Mittelstellung zwischen *Proto-* und *Metazoa* auch *Mesozoa* (= Mitteltiere) geheißen, sind hartteillos und, obgleich ihr Parasitismus samt den mit ihm zusammenhängenden Spezialisationen und Rückbildungserscheinungen sie als eine vermutlich alte Gruppe ausweist, fossil bisher nicht bekannt. Die systematische Bewertung ist unterschiedlich.

Subdivisio : **Coelenterata**

Die *Coelenterata* oder Hohltiere, einst samt den Spongien (s. S. 35) und den Echinodermen (s. S. 115 ff.) als „*Actinozoa*" (= Strahltiere) zusammengefaßt — verdanken ihren Namen dem Coelenteron (gr. kōílos = hohl, énteron = Inneres, Darm, Eingeweide), der einheitlichen „Darmleibeshöhle"; sie ist das einzige Hohlraumsystem dieser durchwegs aquatischen Tiere.

Phylum : **Cnidaria**

Cladus: **Cnidaria**

Die *Cnidaria* oder Nesseltiere (gr. knídsein = kratzen, jucken, brennen) sind ± räuberische Coelenteraten mit hochdifferenziertem Ekto- wie Entoderm und mesenchymatischer Zwischenschicht. Weitere allgemeine Organisationsmerkmale sind die Ausbildung von Muskel-, Nerven-

---

[1] Ob auch Kalzit als primäre Skelettsubstanz, also nicht nur bei postmortalen Pseudomorphosen (s. S. 7), aufgetreten sein könnte (R. S. BASSLER), bedarf erst der Klärung.

[2] Auch Phylum, Cladus et Classis.

und Sinneszellen, vor allem aber die Nesselkapseln mit ätzender Flüssigkeit und herausschnellbaren Nesselfäden. Die Grundform ist ein radiärsymmetrischer, sackartiger Körper, nach den die terminale (= endständige) Mundöffnung umstellenden, fleischigen Tentakeln oder Fangarmen Polyp (= Vielfuß) geheißen. Neben oder statt den meist festsitzenden, durch (ungeschlechtliche) Knospung oft stockbildenden Polypen kommen auch meist ± glockenförmige Schwimm- oder Schwebeformen, die Quallen oder Medusen, vor, mit starkentwickelter, die Glocke oder Exumbrella (= Außenschirm) bildender Mittelschicht, mit randständigen Fangarmen (Randtentakeln) und einer der Mundscheibe des Polypen entsprechenden Subumbrella (= Unterschirm) sowie taschen- bis kanalförmigen Raumbildungen in den Randteilen des Coelenteron. Wo Polypen und Medusen auftreten, besteht zwischen beiden ein Generationswechsel. Im Ektoderm kann ein horniges (chitinöses) oder kalkiges Skelett gebildet werden.

Classis: Hydrozoa

Die *Hydrozoa* sind mit ihrem sackförmigen Coelenteron bzw. Gastralraum (gr. gastér = Bauch, Magen), ihrer zellenlosen, mesenchymatischen Zwischenschicht die einfachstgebauten Cnidarier (Abb. 7). Hingegen ist die Fortpflanzung durch einen Gene-

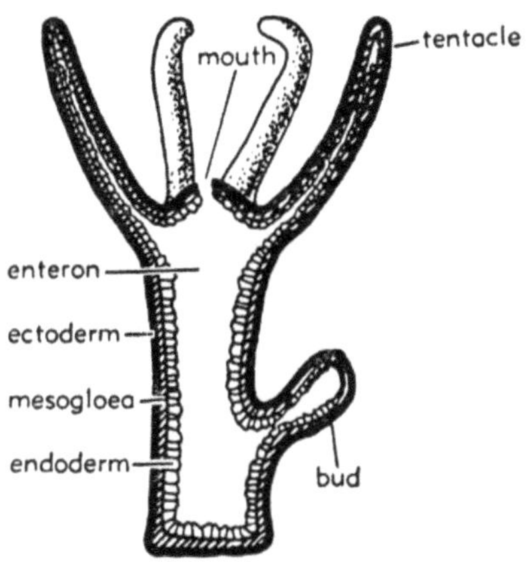

Abb. 7. Schematischer Längsschnitt durch einen einfachen rezenten Hydrozoen-Polypen. bud = (Medusen-) Knospe, ectoderm = Ektoderm, endoderm = Entoderm, enteron = Leibeshöhle, mesogloea = mesenchymatische Zwischenschicht, mouth = Mund, tentacle = Tentakel. Aus MOORE in MOORE-LALIKER-FISCHER 1952.

rationswechsel zwischen meist sessilen, nur ungeschlechtlicher Vermehrung fähigen Polypen und freilebenden, Ei- und Samenzellen entwickelnden Medusen spezialisiert. Bei den Polypen hat oft Arbeitsteilung in Bau- und formverschiedene Nähr-, Tast-, Wehr- und „Medusenknospen" produzierende Medusenpolypen statt. Die Medusenknospen lösen sich vom Stock und werden zu polypenerzeugenden Medusen.

Die Medusen sind skelettlos und fossil bisnun unbekannt; ebenso die Polypen selbst. Doch scheiden diese ein chitinöses, ektodermales Periderm (wörtlich eine „Herumhaut") aus, welche verkalken und fossil werden kann. Dieses Periderm verbindet die Einzelpersonen oder Individuen des Stockes, ist ihnen ± gemeinsam und wird daher auch Coenenchym (= gemeinsames Gewebe) genannt; es bildet bald dicke Krusten auf der Unterlage, bald dendritische, fächerartige Formen u. dgl., bisw. an der Oberfläche auch Stacheln oder Höcker. Da es meist

auf die Basis der Stöcke beschränkt bleibt, ragen die Einzelpersonen wie
aus Röhren desselben empor, die auch nach dem Absterben bzw. Zerfall
der Weichkörper kenntlich sind; den einzelnen Polypentypen können
verschieden große entsprechen (Abb. 8).

Der Haupt-Lebensraum ist das Meer; nur wenige finden sich im
Süßwasser. Bei den marinen Hydrozoen lebt die Medusengeneration pelagisch, teils aktiv durch Kontraktionen der Glocke, teils passiv durch
Strömungen bewegt. Die
Polypen siedeln in ± seichtem Wasser, mitunter als
Epizoen oder Symbionten auch passiver Lokomotion (lat. lócus = Ort,
movēre = bewegen) fähig;
dabei kann das (je nach den
Standortsverhältnissen formverschiedene) Skelett bilateralsymmetrisch werden.

Hydrozoen sind sicher
ab Sil nachweisbar. Da nur
Gruppen mit Periderm u. zw.

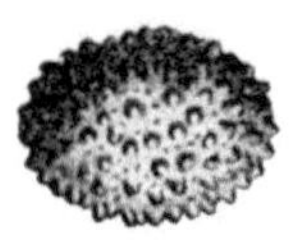
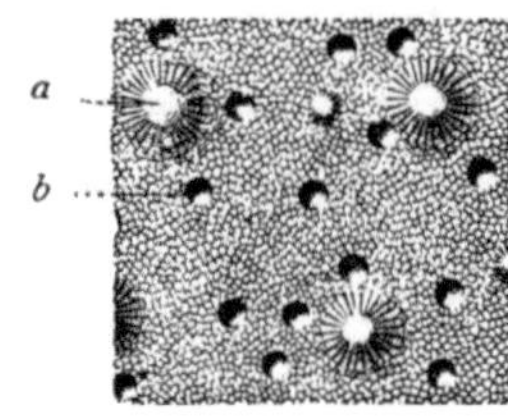

Abb. 8. *Heterastridium monticularium* DUNC., eine
Hydrozoe aus der ObTr SOEur. Links Gesamtansicht,
in nat. Gr., rechts vergrößerter Oberflächenausschnitt.
a = Höcker, *b* = Polypenröhren. Nach STEINMANN
aus ABEL 1924.

nur durch dieses überliefert sind, wissen wir über Lebens- wie
Stammesgeschichte wenig und die systematische Einreihung in
oder Anreihung an die für die rezenten Formen errichteten Kategorien
kann bloß nach Periderm-Merkmalen erfolgen.

Einige der bekanntesten fossilen Hydrozoen sind: *Hydractinia* (mehrere
Subgenera), mindestens ab ATert; schon damals — vgl. rezente „Kerunia-
Symbiose" — auf von Paguriden (s. S. 102) bewohnten Schneckengehäusen und
ob der Lokomotion durch den Krebs oft bilateral; Symbiose durch diese
Wuchsform wie durch partielles Fehlen des Bewuchses (an bei der Bewegung
durch den Krebs den Boden berührenden, ab- bis durchgescheuerten Gehäuse-
stellen) nachweisbar. — *Milleporidium*, ObJ. — *Millepora*, ab Tert. — *Heterastridium*, Tr Alp, SOEur, Timor usw., oft Cephalopodengehäuse, Crinoidenwurzeln u. dgl. umkrustend, bei allseitiger Umkrustung des „Substrates"
(lat. = Unterlage) auch driftend, sehr formvariabel.

Eine Sonderstellung nehmen (nach der nur im Dünnschliff kenntlichen
Feinstruktur des kalkigen Periderms) die *Stromatoporida* (gr. strōma = Lager, Decke, póros = Durchgang, Pore) ein. Älteste Hydrozoen, Ordov—
Dev, bes. im Dev fast weltweit verbreitet, vielfach als Riff- bzw. Gesteinsbildner. Früher ihnen zugerechnete mesozoische Formen scheinen richtiger anderen Hydrozoenordnungen zuzuweisen zu sein.

Auf *Siphonophora* (gr. síphon = Röhre, Heber), eine eigene Subklasse
freischwimmender, polymorpher Medusenstöcke (wohl abgeleitete Formen), werden paläozoische Abdrücke bezogen.

inc. sed. Classis: Conularida

Als *Conularia* (v. lat. cōnus = Kegel) bezeichnet man dunkel- bis rötlichbraune, nach häufigen Deformationen wohl ursprünglich biegsame (vielleicht
chitinöse), doch reichlich Calciumphosphat enthaltende, länglich-schlanke,

pyramidenförmige Gebilde aus Ob Kambr bis Lias (UJ). Sie haben quadratischen bis rhombischen Querschnitt, die vier dünnen, aber mehrschichtigen Flächen sind quergestreift oder -gerippt, mitunter auch mit Knoten, Leisten und Längsskulpturen versehen; jede wird außen von einer Medianfurche durchzogen, der innen eine Medianleiste entspricht. Die Pyramidenspitze besaß (? nur juvenil) eine (?) Haftscheibe und konnte scheinbar unter Septenbildung abgeworfen werden (? Übergang zu freier Lebensweise). An der Basis endeten die Pyramidenflächen in 4 lappenförmige, gegen die dortige Öffnung (Gehäusemündung) abbiegbare Fortsätze. *Conulariella* (MKambr bis Ordov) mit rechteckigem Pyramidenquerschnitt, ohne Medianleisten und -furchen; *Serpulites* (UKambr bis P) mit biradial-zweikantigem, also mehr rundlichem Umriß und elliptischem Querschnitt, ohne Mündungslappen. Neben diesen *Conulariidae* werden auch die *Torellelidae* (Kambr-Sil) mit ähnlicher Gehäusebeschaffenheit hierher gerechnet.

Über den Weichkörper der wohl marinen Conularien ist Sicheres nicht aussagbar, ebensowenig über ihre systematische Stellung. Früher wurden sie meist den Mollusken ein- bzw. angereiht, dann unter Hinweis auf Symmetrie-Verhältnisse usw. als Außenskelette von Skyphozoen-Polypen (s. unten) bewertet und als „*Palaeo-Scyphozoa*" den übrigen („*Neo*"-)*Scyphozoa* gegenübergestellt; neuerdings wurden auch Argumente für Beziehungen zu den *Branchiotremata* (s. S. 112 ff.) vorgebracht.

Classis: Scyphozoa

Gegenüber den Hydrozoen sind die *Scyphozoa* (gr. skýphos = Becher) zunächst durch die **Unterteilung des Gastralraumes** gekennzeichnet. Bei den meist (bisw. mittels eines Stieles bzw. einer an dessen unterem Ende befindlichen Haftscheibe) festgewachsenen Polypen springen von der Körperwand einwärts 4 von Längsmuskeln durchsetzte Gastralwülste oder Taeniolen (gr. tainía = Band) vor und teilen so 4 periphere Gastraltaschen gegeneinander ab; diese erstrecken sich gleich jenen von der Mundregion nach dem Gegenpol, und stehen gegen innen mit dem „Zentralmagen" in offener Verbindung. Das Mundfeld oder Peristom (gr. perí = herum) ist der **Tetramerie** (Vierteiligkeit) entsprechend von 16 Tentakeln umstellt. Hingegen **fehlt** den Skyphozoenpolypen der **Polymorphismus** der Hydrozoenpolypen.

Die Medusen sind glocken- bis scheibenförmig. Statt des randlichen Velums (= Segel) der Hydroidmedusen tragen sie Randlappen, die Exumbrella hat wohl entwickeltes Mesenchym mit Zellen und Fibrillen, die muskulöse Subumbrella 4 Genitaltaschen und Peristomtrichter.

Lebensweise und **Generationswechsel** (benthonisch-sessile Polypen und pelagische bis planktonische Medusen) sind ähnlich wie bei den Hydrozoen.

Polypen wie Medusen sind **rezent skelettlos**. Fossil kennt man **Abdrücke von Medusen**[1]; ? schon aus PrKambr (NAm, Grand Canyon) und Kambr, aus UuObSil, bes. aus ObJ MEur (Solnhofener Schichten, Pfalzpaint, wo *Rhizostomites admirandus, Myogramma speciosum*, M. *speciosissimum* und *Ephyropsites jurassicus* nur verschiedene Abdrücke —

---

[1] Sie entstanden wohl wie heute und konnten sich erhalten, wenn: Medusen-(leichen) ans Ufer getrieben, einzeln oder in Spülsäumen angehäuft, in feinkörniges Sediment einsanken; ihre Körper rasch vergingen, ihre Abdrücke erhärteten und von einer neuen Sedimentschicht überdeckt wurden.

Sub- bzw. Exumbrella in entspanntem oder kontrahiertem Zustand — einer und derselben Spezies darstellen sollen). Über Lebens- und Stammesgeschichte geben diese Funde nur spärlich Auskunft.

Classis: Anthozoa

Die *Anthozoa* (gr. ánthos = Blume, Blüte), nach den bei geöffnetem Tentakelkranze wie Blüten anmutenden Polypen trefflich benannt, weichen durch ein Schlundrohr, die starke Kammerung der Leibeshöhle, das Fehlen von Medusen von den Hydrozoen und Skyphozoen ab. Meist entwickeln sie ein horniges oder kalkiges Skelett, häufig kommt es zu Stockbildung. Nach ihrer Lebensweise zählen fast alle zum sessilen Benthos, ihre Nahrung bilden Kleinlebewesen; auch kleine Fische werden von einigen mit den Tentakeln ergriffen und mittels des Nesselapparates betäubt oder getötet.

Nach Kammerung und Tentakelbau lassen sich zwei Gruppen unterscheiden: die *Hexacorallia* (= Sechserkorallen) mit (Längs-)Scheidewänden und ungefiederten Tentakeln in Sechszahl (6, 12 usw.) und die *Octocorallia* (= Achterkorallen) mit 8 Scheidewänden und 8 gefiederten Tentakeln.

Subclassis: Hexacorallia

Die *Hexacorallia* umfassen in dem hier gebrauchten Sinne[1] die Mehrheit der rezenten und fossilen Anthozoen. Der Weichkörper des einzelnen Polypen ist ± zylindrisch. Oben wird er durch die randlich von Tentakeln umstellte Mundplatte, unten durch die Fußscheibe begrenzt. Von seiner Innenwand springen einwärts Längsfalten, die Mesenterien oder Sarkosepten (= Fleischsepten) vor, deren Zahl mit jener der Tentakel übereinstimmt. Die Muskulatur ist gut entwickelt, das Nervensystem diffus (= nicht zentralisiert).

Ein Skelett, aus Hornsubstanz, Kalzit oder Aragonit, geht nur wenigen Formen ab (Abb. 9). Es bildet das Corallum (= Krone, Kranz) oder Polypar, welches aus einer zwischen Fußscheibe und Unterlage ausgeschiedenen basalen Fußplatte sowie radialen, zentralen, peripheren und transversalen Elementen besteht. Die radialen Septen wachsen von der Fußscheibe senkrecht zwischen den Mesenterien empor, so daß beide stets in gleicher Zahl vorhanden sind. Diese Zahl ist in frühen Entwicklungsstadien gering, wird aber weiterhin durch Zwischenschaltung neuer Mesenterien und Septen zunehmend vergrößert. Daher haben die erstgebildeten =

---

[1] Bei den Anthozoen stehen nicht nur verschiedene Systeme in Verwendung, sondern es werden in den einzelnen Systemen auch die gleichen Namen in verschieden weitem Sinne verwendet. So findet man bei der hier übernommenen Zweigliederung statt *Hexacorallia* auch die Bezeichnung *Zoantharia*, die gewöhnlich bloß für eine bestimmte Gruppe von Hexacoralliern verwendet wird, oder in anderen Systemen mit 7 Subklassen eine viel enger gefaßte Subklasse *Hexacorallia*, werden die *Octocorallia* auch als *Alcyonaria* bezeichnet, wird dieser Name bloß für eine Ordnung der *Octocorallia* gebraucht usf.

basalsten Teile des Corallums nur sog. Protomesenterien und Protosepten (Primärsepten), während nach oben immer mehr Metamesenterien und Metasepten (Sekundärsepten) hinzukommen. Die Art der Einschaltung ist unterschiedlich und systematisch wie stammesgeschichtlich von Wichtigkeit.

Zentral tritt häufig eine Columella (= Säulchen) auf, die entweder eine massive Säule, oder ein Bündel von Pfeilern, oder eine zentrale Säule mit peripheren Pfeilern darstellt, und in der Mitte des Corallums

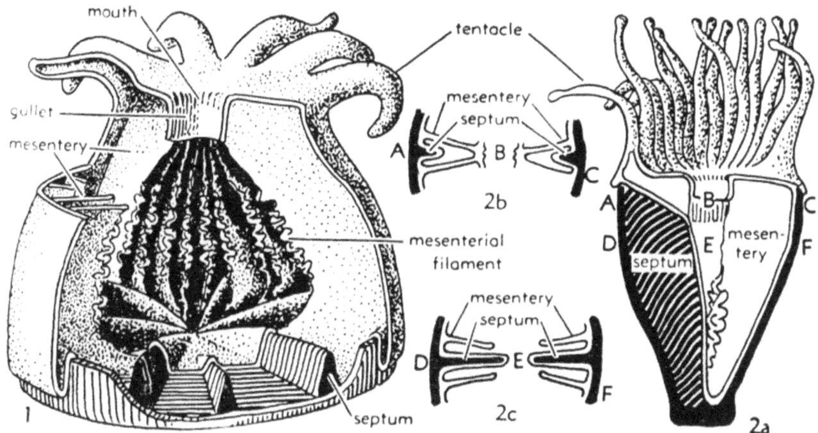

Abb. 9. Schematische Schnitte durch rezente Hexacorallier- (Einzel-)Polypen. *1*. Außenwand teilweise und verschieden weit abgetragen, *2* Längsschnitt (*a*) mit zugehörigen Querschnitten (*b*, *c*), gullet = Schlundrohr, mesentery = Mesenterium (Sarkoseptum), mesentery filament (v. lat. filum = Faden, Garn) = gekräuselter freier Sarkoseptenrand, mouth = Mund, septum = (Skelett-) Septum, tentacle = Tentakel, *ABC* u. *DEF* = Lage der Querschnitte (*2bc*) zum Längenschnitt (*2a*). In *1* basal auch Fußplatte und Außenwand (beide gestrichelt) sichtbar, jene ebenso in *2a*, diese in *2bc* (beide schwarz). Aus MOORE in MOORE-LALICKER-FISCHER 1952.

von der Fußplatte emporwächst. In anderen Fällen schließen sich die Innenränder der Septen zu einer Pseudo-Columella zusammen.

Vielgestaltig sind die peripheren Skelettbildungen. Bald erhebt sich von der Fußplatte eine besondere Außenwand oder (äußere) Mauer, die Theka; bald bauen die Septen peripher aus Querbalken, Dornen usw. eine Pseudotheka auf; bald fehlt jede Mauerbildung (athekal); bald wird zwischen den Septen — durch Querblätter mit eigenen Verkalkungszentren (sog. Dissepimenten = Scheidewänden), durch Gegeneinanderwachsen und Verdickung der Septenwände — innerhalb der Mauer eine „innere" Mauer gebildet; auch kann die Mauer außen von einer besonderen Epithek [gr. epí = (dar)auf] überkleidet sein, können bisw. die Außenränder der Septen als Längsleisten (Costae = Rippen) hervor- und zwischen ihnen Rugae = Runzeln auftreten.

Transversale Skelettbildungen kommen bei starkem Höhenwachstum vor, wo sich der Weichkörper von den basalen Teilen des Corallums

zurück- bzw. am ständig aufwärts vorgebauten Polypar in die Höhe zieht
u. zw. horizontale Querböden, Tabulae (= Täfelchen), oder minder
regelmäßig gestellte Dissepimente.

Die Fortpflanzung erfolgt rezent geschlechtlich wie ungeschlecht-
lich und beide Formen können abwechseln (Generationswechsel). Fast alle
Anthozoen sind sessil. Die Festheftung geschieht, auch individuell
schwankend, basal oder etwas seitlich davon, bisweilen auch mittels
wurzelartiger Fortsätze. Grenzen bei der weitverbreiteten Stockbildung
die einzelnen Kelche nicht unmittelbar aneinander, kann sich zwischen
ihnen ein Coenenchym entwickeln. Die Stockform wechselt, auch tei-
lungs- oder standortsbedingt, von dendritisch und orgelpfeifenförmig
bis zu brotlaib-, pilz-, kugelähnlichen Gestalten und krustenartigen Über-
zügen auf der Unterlage. Manche bauen ausgedehnte Riffe, wo Riffbauer
und Riffbewohner (Riff-Fische, -Muscheln, -Schnecken usf.) Lebensgemeinschaften bilden. Symbionten sind Algen, denen die Stöcke
oft ihre Färbung verdanken, ± parasitäre Würmer u. v. a.; Feinde
der skelettbildenden Stöcke Crustaceen und durophage (lat. dūrus = hart,
gr. phagēin = fressen) Fische. Engste Lebensgemeinschaften sind auch von
Einzelkorallen bekannt (Seeanemonen und Einsiedlerkrebse).

Die Riffkorallen der Jetztzeit sind stenohalin, stenotherm und
stenobath (wörtlich engsalzig, engwarm und engtief), d. h. an reines,
sauerstoffreiches, gut durchlüftetes, seichtes Meerwasser von mindestens
20° C und normalem Salzgehalt gebunden. Unter der begründeten Annahme gleich begrenzter Lebensbedingungen für die fossilen Riffkorallen
ergeben sich aus deren Verbreitung paläoklimatische Schlüsse wie Hinweise auf Meerwasser-Beschaffenheit usw. in den betreffenden vorzeitlichen
Lebensräumen. Analog ist, weil die Riffkorallen heute kaum unter 40 m
Meerestiefe hinabgehen, rezente Riffe wie fossile Riffkalke aber weit
größere Mächtigkeiten aufweisen, bisw. eine allmähliche Senkung des
Meeresgrundes zu folgern.

Mit dem Emporrücken der Stockkorallen am eigenen Skelett (s. oben)
sterben die unteren Teile der Riffe stetig ab. Vom Wellengang werden
Stücke losgebrochen, es entstehen die von besonderen Lebensgemeinschaften besiedelten Riffhalden. Der Riffkern aber unterliegt und unterlag
neben mechanischen Zerstörungen auch oft chemischen, diagenetischen
Umsetzungen, welche die Korallenstruktur bis zur Unkenntlichkeit
zerstören können.

Schon aus diesem Grunde ist der Erhaltungszustand sehr wechselnd. Neben mechanischer, chemischer und struktureller Veränderung
(Umkristallisation) ist es auch zu völliger Auflösung bzw. zu Ausfüllung der
so entstandenen Höhlräume (Steinkernbildung) gekommen und die große
Zahl wie die komplizierte Anordnung der Skelettelemente ließen mannigfache, nicht immer leicht deutbare Erhaltungsformen entstehen.

Das Vorkommen der stockbildenden Hexakorallen ist zufolge ihrer
besonderen Ansprüche an den Lebensraum regional beschränkt, fossil
oft ausgesprochen gehäuft, ja gesteinsbildend. Zeitlich beginnt es
ab Sil.

Recht unterschiedlich ist die Systematik der Hexakorallen. Auf Grund eingehender paläontologischer Untersuchungen gliedert SCHINDEWOLF, dem wir hier folgen, die Hexakorallen in vier, wohl als Infraclasses bewertbare, vor allem durch Unterschiede in der Einschaltung der Metamesenterien gekennzeichnete Gruppen. Drei, von ihm **Zoantharia, Ceriantharia** und **Antipatharia** genannt, haben kein Kalkskelett und sind fossil unbekannt. Die vierte, die

Actinicorallia

(= Strahlenkorallen) zerlegt er weiter in die skelettlosen, fossil unbekannten solitären Seeanemonen oder *Actinaria* und in die *Madreporaria* oder *Hexactinaria*;

diese lassen abermals vier, meist als Ordnungen gereihte Einheiten unterscheiden.

Ordo: Pterocorallia

Die *Pterocorallia* (gr. pterón = Feder, Gefieder, Flügel) sind nur fossil, daher nur durch ihr Skelett bekannt. Seine typischen Eigenschaften sind die runzelige Epithek — daher auch der Name *Rugosa*, s. S. 43 — und die Anordnung bzw. Einschaltung der Septen. Ontogenetisch entstanden zuerst wie bei allen Hexacoralliern, 6 Protosepten: das Hauptseptum, ihm gegenüber das Gegenseptum und dann jederseits 2 Lateral- oder Seitensepten. Die folgende Metasepten-Bildung beschränkte sich fast ganz auf 4 der 6 primären = von den Protosepten umgrenzten Interseptalräume und nur diese „Quadranten", auf die sich der weitere Name *Tetracorallia* bezieht, nahmen beim Wachstum (= von der Basis gegen den endgültigen Mundrand des Polypars hin) an Ausdehnung zu. Die Metasepten-Einschaltung erfolgte in den Quadranten so, daß das erstgebildete sich mit seinem inneren Ende an das benachbarte Protoseptum anlehnte, das zweite an das erste usf. Diese Fiederstellung (daher *Pterocorallia*), gleich dem Unterschied zwischen Proto- und Metasepten im untersten, erstgebildeten Polyparteil am deutlichsten, wich bei den zeitlich jüngeren Pterocoralliern quadrantenweise einer zyklischen Einschaltungsfolge, indem das erstgebildete Metaseptum den betreffenden Interseptalraum halbierte, das 2. und 3., ± gleichzeitig entstanden, wieder die Hälften teilten usf. Außerdem setzte starkes Wachstum mit reicher Metaseptenbildung auch in den 2 Sektoren beiderseits des Hauptseptums ein, so daß der Septalapparat mehr und mehr radiärsymmetrisch wurde (Abb. 10).

Das kalzitisch überlieferte, in vivo vielleicht aragonitische Skelett wuchs meist stark in die Höhe. Manchmal entstand so unter Schrägstellung der Böden und Entwicklung von Dissepimenten ein „Blasengewebe". Die Mauerbildung ist meist pseudothekal.

Die *Pterocorallia* sind von Ordov — Tr bekannt (Blütezeit Gotld
bis Karb) u. zw. aus fast allen damaligen Meeren. Vielfach waren sie

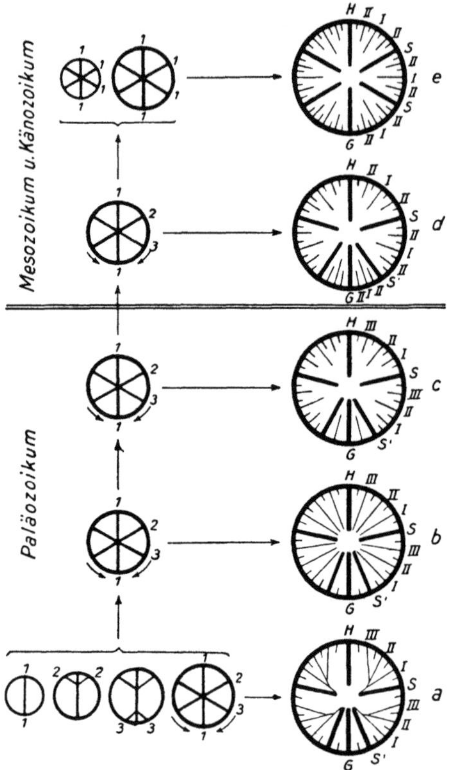

Abb. 10. *Septenentwicklung, onto- wie phylogenetisch, bei Ptero- und Cyclocoralliern.*
Linke Reihe: Bildung der 6 Protosepten; bei den Pterocoralliern in der durch die Ziffern
1—3 angegebenen Folge, bei den Cyclocoralliern gleichzeitig, bei jenen gefolgt von einer
durch die Pfeile angedeuteten Reduktion zweier Sektoren.
Rechte Reihe: Einschaltung der Metasepten beim weiteren Wachstum der Polypare, wo
aus den Protosepten *1* Haupt- und Gegenseptum (*H, G*), aus den Protosepten *2* und *3* Late-
ral- oder Seitensepten (*S, S'*) hervorgehen.
Bei *a*: Metasepten 1. Ordnung (*I—III*) nur in den Sektoren *S'S* und *SH*, von *S'* gegen *S* und
von *S* gegen *H* nacheinander entstehend, *I* sich an *S'* bzw. *S II*, an *I* anlehnend usf. (Fiederstellung).
Bei *b*: Einschaltungsfolge wie bei *a*, doch ohne richtige Fiederstellung.
Bei *c*: Einschaltungsfolge wie bei *a* und *b*, aber Septum *II* länger als Septen *I* und *III*, ferner
im Sektor *GS'* ein größeres Metaseptum.
Bei *d*: Metasepten in allen Sektoren und in allen — (bei nicht abgebildeten Zwischenformen erst in einzelnen) — geändert, Metaseptum *I* in Sektorenmitte, dann Metasepten *II*
in Mitte der Sektorenhälften entstehend usf.
Bei *e*: Einschaltungsfolge wie bei *d*, Sektoren *GS'* gleichgroß wie übrige. Nach SCHINDE-
WOLF aus HEBERER 1943.

**Einzelformen mit kegelförmigen oder kuhhornartig gekrümmten
Polyparen, die vereinzelt auch wurzelartige Fortsätze zur Verankerung**

in weichem Untergrund besaßen. Manche bildeten gelegentlich oder regelmäßig Stöcke sowie Riffe bescheidenen Ausmaßes.

Die Systematik basiert hauptsächlich auf Merkmalen des Septalapparates, wie auf Fehlen oder Vorhandensein von Querböden und Dissepimenten. Die Bestimmung ist bei der oft ähnlichen Gesamtform fast nur durch Schliffe möglich.

Neben den z. T. auch Ltf. liefernden typischen Familien wie *Zaphrentidae* (Sil—P), *Cyathophyllidae* (Sil—Karb) u. e. a. auch die abweichende Familie der *Calceolidae*. Einzelformen. Polypar entweder (infolge ± weitgehender Abflachung der einen Hälfte und Schräglage des Mundrandes) von pantoffelartigem Umriß, Mundrand durch kalkigen, schwenkbaren Deckel verschließbar, wohl mit ± planer Fläche frei am Boden gelegen (*Calceola sandalina*, Abb. 11, leitend im mUDev, und andere „Pan-

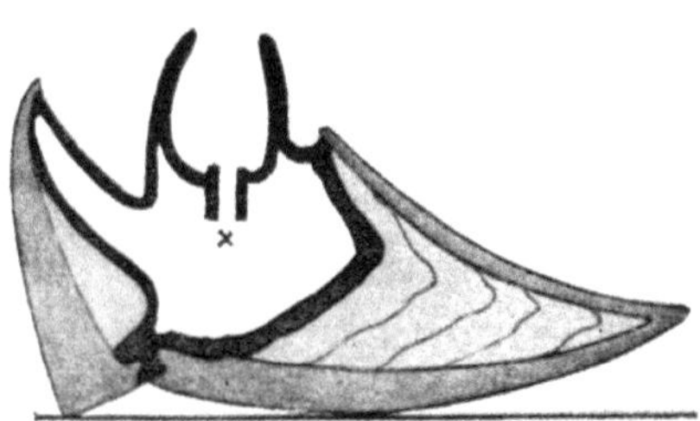

Abb. 11. *Calceola sandalina* L., Rekonstruktion (Längsschnitt) mit Weichkörper, in der normalen Lage auf dem (durch die basale Linie angedeuteten) Boden, bei geöffnetem Deckel und ausgestreckten Tentakeln. Schwarz umrahmt: Weichkörper (bei × Mund); hell getönt: Deckelseptum und Kalkeinbauten im Kelch; dunkel getönt: Kalkwand von Kelch und Deckel. Nach R. u. E. RICHTER in R. RICHTER 1929.

toffelkorallen"); oder Polypar eine vierseitige Pyramide mit 4 (gleichfalls zu einer Pyramide) zusammenschließbaren Schwenkdeckeln (*Goniophyllum*, Gotld.).

Ordo: Cyclocorallia

Bei den *Cyclocorallia*, auch *Madreporaria* oder *Hexacorallia*, ist das Skelett durch die gleichmäßig zyklische Einschaltung und radiäre Stellung der Metasepten in allen 6 primären Interseptalräumen oder „Sextanten" gekennzeichnet (vgl. Abb. 10). Die Außenwand, der Runzelbildungen fehlen, ist bald eu-, bald pseudo- oder epithekal. Als individuelle wie artliche Abweicher kommen gelegentlich penta-, octo-, decamere (= 5-, 8-, 10teilige) oder bilaterale Polypare vor. Bei den jungtertiären und quartären Cyclocoralliern besteht das Skelett aus Aragonit, bei den prämiozänen — wohl infolge nachträglicher Umwandlung — aus Kalzit.

Die *Cyclocorallia* sind ab Trias belegt; die ersten treten also ± gleichzeitig mit den letzten, schrittweise zu ihnen überleitenden *Pterocorallia*, auf (s. S. 45 u. Abb. 10). Im Mesoz waren ihre Stöcke bzw. Riffe am Aufbau von Kalk- und Dolomitgesteinen (Tr Alp; obJ MEur, z. B. Korallenkalke von Nattheim, Ernstbrunn usw.) als Gesteinsbildner beträchtlich beteiligt; im Tert ging ihre Verbreitung gleich jener anderer tropisch-subtropischer bzw. wärmeliebender Organismen stetig zurück.

Die äußere Gestalt ist sehr wechselhaft. Unter den Einzelformen gibt und gab es u. a.: konisch-hornförmige Polypare (z. B. *Montliva(u)ltia*, bes. Mesoz); brotlaibförmig-halbkugelige mit ± planer Basis [z. B. *Stephanophyllia* = Kreuz- oder Kranzblättrige, nach dem Septen-Querbälkchen-Netzwerk, Känoz; *Fungia*, rez; *Cunnolites*, früher *Cyclolites* = Rundstein, Obkr (GKr), mit sehr variablen Standortsformen];

zweiseitig-fächerförmige [*Flabellum* = Fächer, rez; *Diploctenium*, ObKr (GKr), „Fächer" durch Seitenhörner mondsichelförmig auswachsend, kaum noch normal, mit „Fächerbasis" festgewachsen]; unter den **Stockformen**: ± kugelige (z. B. *Astrocoenia*, Tert); dendritische [z. B. *Thecosmilia* = *Lithodendron* (= „Steinbaum"), Tr Alp, Riffbildner]; mit polygonalen Einzelkelchen: *Isastraea* (= Sterngleiche), Mesoz; mit mäanderartig aneinandergereihten, gegeneinander durch Kämme abgegrenzten Einzelkelchen: *Maeandrophyllia, Latimaeandraraea, Lato-* oder *Latimaeandra*, alle Mesoz.; u. v. a.

Wegen der auch für Laien auffälligen Oberflächen- und Schnittformen haben manche *Cyclocorallia* als „Astroiten" oder Sternsteine, mäandrische als „Wellen"-, „Wasser"- oder „Drachensteine" im Volksglauben eine gewisse Rolle gespielt (zugeschliffene „Verschreiherzen" u. a.).

Die **Systematik** (viele Arten, Gattungen und Familien) basiert auf Septenzahl, Wand- und Coenenchymbildung sowie weiteren Merkmalen.

Ordo: Tabulata

Das **Skelett** der *Tabulata* ist durch starke Querbödenbildung (Name!), doch geringe, oft auf Dornen oder Randleisten beschränkte Septenentwicklung ausgezeichnet. Die Polypare haben häufig Poren in den Wänden und sind, gewöhnlich ohne Coenenchym, zu Stöcken vereinigt.

Die **Stockform** ist bald büschelig [*Favosites*, mit schlanken, englumigen (lat. lūmen = Licht, lichte Weite) Polyparen und Poren; *Chaetetes*, dickbüschelig-hochwüchsig, extrem-dünnröhrig]; bald ästig, z. T. kriechend (*Aulopora*, früher den Bryozoen, s. S. 51 ff., zugerechnet); bald ± halbkugelig (*Pleurodictyum; Michelinia* an der Basalfläche mit Runzel-Epithek und wurzelartigen Fortsätzen). Bald scheinen weitlumige Polypare im Schnitt wie Glieder einer gewundenen Kette aneinandergereiht („Kettenkorallen", *Halysites catenularia*, Ob.Sil. (Abb. 12*b*); bald sind locker gestellte Röhren durch coenenchymatische, Knospen-Individuen erzeugende „Verbindungsröhren" verbunden (*Syringopora*).

Steinkern-Erhaltung ist häufig bei *Pleurodictyum*-Stöcken (Dev); die früheren sind fallweise, die späteren (z. B.

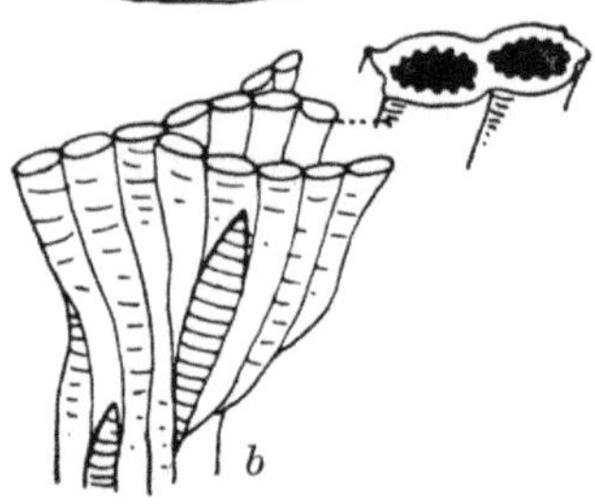

Abb. 12. *a*: Aufsicht auf die Basisregion eines Stockes von *Pleurodictyum problematicum* (Dev-Ltf) mit Röhre (Röhrenkern) von *Hicetes annexus*. — *b*: *Halysites*-Stock in Seitenansicht; 2 Rohren vergrößert, um die nur randleistenformigen Septen zu zeigen. Aus MORET 1953.

Pl. problematicum) fast regelmäßig von als *Hicetes annexus* beschriebenen Röhren(kernen) durchzogen (Abb. 12*a*) und erweisen die **Lebensgemeinschaft** zwischen Korallen und wurmartigen Tieren als uralt.

Während früher auch postpaläozoische Formen zu den Tabulaten gerechnet wurden, wird die Verbreitung jetzt mit Sil-P angegeben. Systematische Stellung und Einheitlichkeit sind nicht unbestritten[1].

Ordo: Heterocorallia

Die Ordo wurde von SCHINDEWOLF für *Heterophyllia* und *Hexaphyllia* errichtet, welche durch die Vierzahl der Protosepten, die dichotomen (= sich — u.zw. gegen außen — gabelnden) Metasepten und eine eigenartige „heterotheke" Außenwand von den übrigen Anthozoen abweichen. Beide waren stockbildend. Nur Karb.

Subclassis: Octocorallia

Die *Octocorallia* oder *Alcyonaria*, durch die S. 42 genannten Merkmale gekennzeichnet, bilden heute meist polster-, klumpen-, orgel-, baum- oder federförmige Stöcke mit einem im weichen Boden steckenden Stiel und, bei nur loser Verankerung, beschränkter Fähigkeit zu Ortsveränderung. Sie sind minder temperatur- und lichtgebunden als die stockbildenden Hexakorallen und gehen in höhere geographische Breiten hinauf wie in größere Meerestiefen hinab. Im Küstenbereich trifft man sie selten. Neben geschlechtlicher Fortpflanzung gibt es Knospung (Teilung). Bisweilen treten außer normalen auch „Zwergpolypen" (ohne Tentakel und Genitalorgane, vermutlich respiratorischen Aufgaben dienend) auf.

Das Skelett ist meist hornig mit lose im Mesenchym verteilten Kalkkörperchen; im Stiel wechseln hornige und kalkige „Nodal-" und „Internodalglieder" (lat. nōdus = Knoten, ínter = zwischen) miteinander ab, nur selten ist er ganz aus Kalk aufgebaut. Meist sind bloß Sarkosepten (s. S. 42) entwickelt.

Fossilfunde sind spärlich und fast nur einzelne, meist den *Helioporacea* zugehörige Internodalglieder. *Corallium* (Edelkoralle, rezent Schmucklieferant, mit ästiger Wurzel im Sandboden ankernd), *Isis*, Stielteile von *Pennatulidae* oder Seefedern, sog. „Graphularia", ab Kr.

*   *

*

Als *Anthozoa inc. sed.* werden meist die *Heliolitida* (= Sonnensteine) geführt. Im röhrig-blasigen, durch Querböden unterteilten Coenenchym den *Octocorallia* (*Helioporacea*), in den meist als Dornen oder Lamellen entwickelten Septen den *Tabulata* ähnlich, trennt sie von beiden die Zwölfzahl der Septen. Polsterförmige, selten ästige Stöcke. USil-Dev.

---

[1] So wären nach O. KÜHN vor allem *Chaetetidae* und *Favositidae* als *Tabuloza* abzutrennen, weil der hier völlige Mangel von Septen und Rippen (Randleisten) primär, d. h. nicht durch Reduktion entstanden sein soll.

Phylum : Ctenophora

Das Phylum *Ctenophora* (= Kammträger) oder Rippenquallen, welches nur einen Cladus und eine Classis gleichen Namens umfaßt, ist fossil unbekannt.

*   *

*

Von EISENACK als *Megaskleritidae* beschriebene Mikrofossilien aus silurischen Diluvialgeschieben, schwärzliche, z. T. verzweigte Stäbchen, könnten nach ihm als axiale Stützskelette oder Sklerite (gr. sklerós, s. S. 36) zu irgendwelchen Cnidariern gehören.

Subdivisio : **Coelomata (Bilateralia)**

Die *Coelomata* oder *Bilateralia*, durch die S. 17 angeführten Merkmale gekennzeichnet, stellen wohl die vielfältigste, formenreichste und auch fossil am besten belegte Metozoen-Subdivisio dar. Man gliedert sie jetzt in 2 Phyla, etliche Subphyla, Cladi, Subcladi, Classes usf. Neben einer kaum übersehbaren Fülle aquatischer (v. lat. āqua = Wasser) Formen umfassen sie alle Metazoen des Festlandes und des Luftraumes.

Phylum: Protostomia

Außer der Erhaltung des Urmundes in der Schlundpforte (s. S. 17) und sonstigen Organisationsmerkmalen weist auch die verbreitete, nach ihren Wimperkränzen *Trochophora* (gr. trochós = Rad) genannte Larvenform die protostomen Coelomaten als genetische Einheit aus. Mit der wenig modifiziert bei *Tentaculata, Mollusca* wie *Annelida* vorkommenden Larvenform stimmt auch der Dauerzustand gewisser *Scolecida*, der *Rotatoria*, weitgehend überein.

Subphylum: **Scolecida**

Nur diesem Protostomier-Subphylum fehlen erhaltungsfähige Hartteile ganz. Daher sind die heute sehr formenreichen, nach ihrer wurzelnahen Stellung wie der häufig parasitären Lebensweise (Bandwürmer u. a.) wohl alten *Scolecida* fossil bloß von der Weichteilerhaltung günstigen Fundstellen und selten durch näher bestimmbare Reste belegt, z. B. *Gordius*-artige (MEoz, Geiseltal-Braunkohle, Halle a. S.)[1].

Subphylum: **Tentaculata**

Cladus: **Tentaculata**

Den aquatischen, meist sessilen *Tentaculata* oder Kranzfühlern sind vor allem die ± kranzförmig die Mundöffnung umstellenden, zu Nah-

---

[1] Bei einem Fischrest gefunden, deuten sie auf den Lebenszyklus des rezenten *Gordius* [Larven in Insektenlarven, Weiterentwicklung in (diese fressenden) Käfern, Fischen u. dgl. Verlassen der Zweitwirte bei Geschlechtsreife].

rungsaufnahme wie Respiration dienenden Tentakel; die Dreiteilung des Darmes in Vorderdarm oder Oesophagus, Magen, Dünn- bzw. Enddarm; die mundnahe Lage des Anus (lat. = After); ein einfaches, subepitheliales (= unter dem Deckgewebe befindliches), zentralisiertes Nervensystem; einfache Exkretionsorgane und eine Metamorphose (= Nach- bzw. Umgestaltung, Verwandlung) mit freischwimmender, modifizierter *Trochophora*-Larve gemeinsam. Das einfache Nerven- und Exkretionssystem mögen wie die geringe Ausbildung von Sinnesorganen teilweise mit dem Übergang zur Festheftung zusammenhängende Rückbildungserscheinungen sein. Trotz obiger Gemeinsamkeiten sind die Angehörigen der 3 Tentaculaten-Klassen: der fossil unbekannten *Phoronoidea*, der *Bryozoa* und *Brachiopoda*, recht unterschiedlich gestaltet.

Classis: Bryozoa

Die Bryozoen oder Moostierchen (gr. brýon = Moos) sind heute fast ausnahmslos sessil und kleinwüchsig. Sie überziehen krustenförmig Steine, Muschelschalen u. dgl. oder bilden moos- wie büschelförmigdendritische Stöcke. In der allgemeinen Erscheinungsform wie im Polymorphismus (s. u.) bestehen Ähnlichkeiten mit *Hydrozoa*. Nur wenige sind Süßwasserbewohner, die meisten marin.

Am Körper der Einzeltiere (Abb. 13a) sind 2 Abschnitte zu unterscheiden: der weichhäutige Vorderkörper (Polypid), dessen Wand sich in die mit der Leibeshöhle kommunizierenden bewimperten Tentakel fortsetzt, und der Hinterkörper, dessen Wand-Epithel (= Deckgewebe) eine feste, bisweilen bestachelte Cuticula (= Häutchen), Zooidröhre oder Zoöcium (gr. oikíon = Wohnsitz, Lager, Nest) genannt, absondert. Mittels paariger Retraktormuskeln [lat. re(d) = zurück, wieder, tráhere = ziehen] ist der Vorderkörper in die Zooidröhre zurückziehbar, deren Öffnung manchmal durch Operkularbildungen (lat. opérculum = Deckel) verschließbar sein kann. Weitere Merkmale der allgemeinen Organisation wären: die Hufeisenform des dreiteiligen Darmes mit dem Mund innerhalb und dem After außerhalb des Tentakelkranzes[1]; ein von der Hinterwand des Magens entspringender, den Hinterkörper bis zu seiner basalen Wand durchziehender Funiculus (lat. = dünnes Seil, Strang); das Fehlen eines Blutgefäßsystemes; die Exkretion durch bewimpertes Coelomepithel (?rückgebildete Nephridien, s. S. 53). Die Bryozoen sind Hermaphroditen (= Zwitter). Neben geschlechtlicher Fortpflanzung gibt es verschiedene Formen von Knospung, von denen die „äußere" zu Stockbildung führt. (Abb. 13b—e). Oft sind die Stöcke polymorph (s. o.). Neben normalen „Nährpersonen" treten umgestaltete Individuen, meist mit rückgebildeten Darmsystem usw., auf: vogelkopfähnliche Avicularien (lat. āvis = Vogel) oder „Wehrpersonen"; in lange Tastfäden ausgezogene Vibracularien (lat.

---

[1] Daraus erklärt sich die frühere Bezeichnung „*Bryozoa ectoprocta*" [gr. ektós = (dr)außen, außerhalb, proktós = After] zum Unterschied von den jetzt zu den Scoleciden gerechneten „*Entoprocta*" (gr. entós = innen, innerhalb).

vibrāre = schwingen). Befruchtete Eier können in Oöcien oder Ovicellen
(gr. oón, lat. ōvum = Ei, célla = Zelle) Aufnahme finden, wurzelförmige
,,Stolonen'' (lat. stólo = Wildling, Wurzeltrieb) der Verankerung dienen.

Die Zoöcien verkalken häufig. Sie bilden, da die Stöcke durch seitliche
Knospung entstehen, ein zusammenhängendes Skelett, das erhaltungs-
fähige Zoarium. An seiner Oberfläche entsprechen den Zooidröhren
Poren, deren Form und Anordnung die Bryozoennatur erkennen und
Art wie Umfang eines Polymorphismus erschließen lassen.

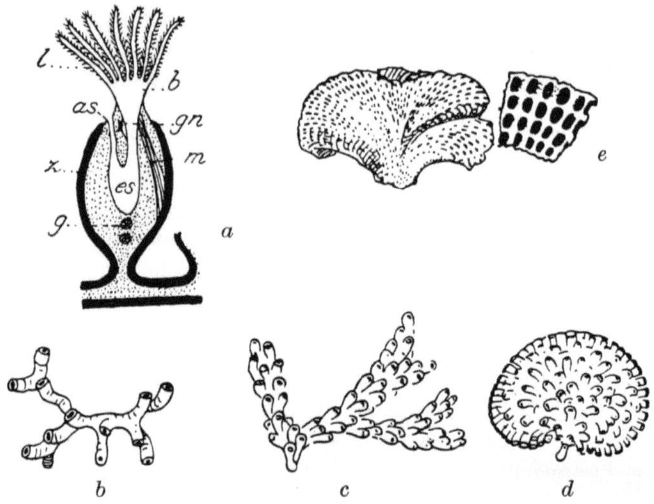

Abb. 13. Bau und Form von Bryozoen bzw. Bryozoenstöcken. *a* = Bauschema eines Einzel-
tieres (*as* = After, *b* = Mund, *es* = Magen, *g* = Geschlechtsdrüse, *gn* = Nervenganglion, *l* = Tentakeln, *m* = Retraktormuskel, *z* = Zoöcium). *b—e* Stockformen; *b Stomatopora, c Proboscinea,
d Berenica* (sämtlich *Cyclostomata*); *e Fenestella* (*Cryptostomata*) mit vergrößertem Teilstück. Aus MORET 1953.

Bryozoen finden sich ab Kambr, vor allem in Kalken und Mergeln.
Im ObP (MEur, Zechstein) haben sie Riffe gebildet. Manche sind Leit-
formen, die meisten Seichtwasserbewohner. Eine ,,*Parakerunia*''-
Symbiose (bilateraler Wuchs auf von Einsiedlerkrebsen bewohnten
Gastropodengehäusen, vgl. S. 40) ist von *Hippoporidra* (ab Mioz) bekannt.

Systematisch werden die Bryozoen in 2 Subclasses unterteilt:

Phylactolaemata (gr. phylaktér = Wächter, laimós = Schlund): Rez Süßwasserformen mit hufeisenförmigem ,,Tentakelträger''; Stöcke homomorph
(gr. homós = gleich), also aus gleichgestalteten Einzeltieren, hornig oder
lederartig. Sicher erst ab Pleistoz.

Gymnolaemata (gr. gymnós = nackt, unbedeckt): Hauptsächlich
marin, Tentakel in Kreisform; Zoöcien hornig oder verkalkt; häufig polymorph. Masse der fossilen Bryozoen mit folgenden **Ordines:**

Cyclostomata (gr. kýklos = Kreis): Zoöcien länglich-röhrig, deckellos, verkalkt; meist Ovicellen; selten Avi- und Vibracularien. Ab Kambr. (Z. B.
Stomatopora, USil-rez).

Trepostomata [gr. trépein = (sich) wenden, drehen]: Zoöcien rundlich-prismatisch, stark verkalkt, mit Querböden, Tuberkeln usw. (Bestimmung nur mittels Dünnschliffen). Ab Ordov, bes. APaläoz. (Z. B. die früher den Tabulaten zugerechneten *Monticuliporidae*).

Ctenostomata (gr. kteís = Kamm): Zoöcien unverkalkt, bei Polypid-Retraktion durch Borstenkranz verschließbar. Ab Sil (nur als inkrustierte Stolonen oder als Abdrücke auf Schalen u. dgl.).

Cryptostomata (gr. kryptós = verborgen) Zoöcien oval bis hexagonal (= 6-eckig, 6-winkelig), kurz, meist mit dicker Kalkwand; Mündungen am Grunde eines Fortsatzes, von dicht-blasigen Kalkausscheidungen umgeben. (?) Nur Nährpersonen und Ovicellen. USil-P. (*Fenestella*, Stöcke trichterförmig mit maschig-netzförmiger Struktur durch Querbälkchen zwischen den Zoöcien, USil-P, und *Acanthocladia*, Stöcke federförmig verästelt, Karb-P, Hauptformen der P-Riffe; *Archimedes*, Stöcke spiralig-schraubig, Karb u. v. a.

Cheilostomata (gr. cheílos = Lippe, Rand): Zoöcien kurz, meist verkalkt, mit frontalen (= auf Stirn- = Vorderseite gelegenen) Mündungen, durch Wandporen kommunizierend (v. lat. communicáre = gemeinsam machen, in Verbindung sein); mit ± verkalkter „Frontalmembran", teilweise mit Wassersack (zur Ausstülpung des Polypids). Sicher ab Kr (*Lepralia*, Kr-rez; *Cellepora*, Tert-rez; *Membranipora*, rez.; u. v. a.)

Classis: Brachiopoda

Die *Brachiopoda* oder Armfüßer (lat. bráchium = Arm) erinnern mit dem zweiklappigen Gehäuse äußerlich an Muscheln (Abb. 14). Doch Weichteile und Ontogenese bezeugen die Zugehörigkeit zu den *Tentaculata*. Jeder Klappe liegt innen eine randlich meist beborstete Hautduplikatur (lat. duplicáre = zusammenbiegen, verdoppeln) an. Diese Mantellappen, in die Coelomfortsätze als Mantelsinus (lat. sínus = Bogen, Bucht) hineinreichen, umschließen vorne im Gehäuse die Mantelhöhle mit dem Tentakelapparat. Dieser bildet juvenil einen den Mund umrahmenden Tentakelkranz, der später, hufeisenförmig eingebuchtet, zu 2 fleischigen Armen beiderseits des Mundes auswächst, die ± spiralig gewunden, von einer Rinne durchzogen und mit einem doppelten Tentakelsaum besetzt sind; sie haben mitunter gleich den Mantellappen kalkige Spicula eingelagert. Alle übrigen Organe liegen hinten im Gehäuse. So der nach gebogenem bis gewundenem Verlauf in die Mantelhöhle mündende oder blind endigende Darm mit Leber; die paarigen, nephridienartigen (gr. néphros = Niere) Exkretionsorgane; das dorsal vom Magen gelegene Herz mit nach vorne und hinten abgehenden Blutgefäßen; das einfache Nervensystem samt den kaum entwickelten Sinnesorganen. Die Brachiopoden sind getrenntgeschlechtlich. Die Genitialprodukte entstehen im Coelom-Epithel, vielfach an den die Darmlage fixierenden Parietal- bzw. Genitalsträngen, und werden durch die Nephridien in die Mantelhöhle und von da nach außen befördert. Die Individualentwicklung erfolgt unter Metamorphose.

Der Lebensraum ist und war wohl immer das Meer, vornehmlich wärmeres Seichtwasser, die Lebensweise benthonisch, meist sessil. Die Festheftung geschieht durch einen muskulösen Stiel. Er entspringt vom Hinterrand eines Mantellappens und ist mittels eines Bandes an einer Klappe befestigt, oder mit beiden durch Stielmuskeln (Adjustores) ver-

bunden, die durch Änderungen seiner Krümmung, Lageänderungen des
Tieres zu bewirken imstande sind. Einige fossile Formen dürften frei
am oder teilweise im Boden gelegen sein, andere waren unmittelbar mit
einer Klappe festgewachsen. Beschaffenheit und Aufnahme der Nahrung
zeigt der Borsten-Filterapparat am Mantellappenvorderrand (s. S. 53) an.

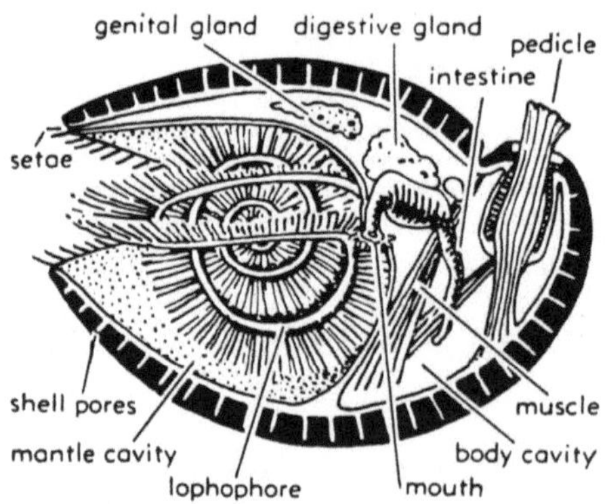

Abb. 14. Längsschnitt durch einen terebratuliden
(rezenten) Brachiopoden; body cavity = Leibeshöhle,
digestive gland = Leber (Hepatopankreas), genital
gland = Geschlechtsdrüse, intestine = Darm (blind
endigend), lophophore = Arme mit Tentakeln, mantle
cavity = Mantelhöhle, mouth = Mund, muscle =
Klaffmuskel, pedicle = Stiel, setae = Borsten des
Mantelrandes, shell pores = Poren in der (schwarz
gezeichneten) Schale. Orientierung morphologisch
= Dorsalklappe oben, normale Haltung invers.
Aus Moore in Moore-Lalicker-Fischer 1952.

Das Gehäuse bzw. die Klappen werden von den Mantelrändern ausgeschieden. Die larvale Anlage ist ein horniges Protegulum (lat. pro = vor, tégulum = Dach, Schale). Postlarval wächst die Schale „ringsrandlich" weiter unter (durch Wechsel der Proportionen angezeigten) Auf- und Abbauprozessen. Sie besteht dann entweder auch aus horniger Substanz oder, vom Periostrakum (gr. óstrakon = Schale) abgesehen, aus Kalkspat mit schrägen Prismenlagen. Es sind ein Faserschalen- (oder nichtpunktierter) Typ mit dicht aneinanderschließenden Fasern und ein punktierter[1] mit diese senkrecht durchsetzenden Kanälen zu unterscheiden.

Außen kommen Rippen, Leisten und Knoten als Skulpturen vor; ferner Stacheln, die, in vivo bisweilen beweglich, wohl (gleich den oberwähnten Kanälen) von Mantellappenfortsätzen, wenigstens juvenil, durchzogen waren.

Von den Klappen entspricht je eine der dorsalen und ventralen Seite, doch ist die normale Lebenslage von Schale wie Körper invers: die morphologisch ventrale, meist größere Klappe ist physiologisch die dorsale, d. h. nach oben gerichtet, und umgekehrt.

In der Regel sind beide Klappen bilateral-symmetrisch, annähernd größengleich, an Form kaum bis stark konvex (Abb. 15). Doch gibt es auch ungleichklappige Gehäuse; u. zw. solche mit einer konvexen und einer konkaven Klappe, die wohl „gewölbt-unten" frei im Boden lagen bzw. aus ihm nur teilweise herausragten, wie andere, wo der konischen, geraden oder gekrümmten physiologisch unteren eine im Extrem völlig flache, bisweilen schräggestellte physiologisch obere als Deckel aufsaß (mit noch weitergehenden Formänderungen durch sekundäre Kalkausscheidung bei direkter Festheftung der einen Klappe).

---

[1] Die Austrittstellen der Kanäle erscheinen auf der Oberfläche wie Punkte.

An normalen Klappen unterscheidet man: den freien Rand, mit dem Stirnrand vorne, den Seitenrändern und dem Schloßrand am Hinterende. Meist ist der Schalenrand gerade. Bei W-förmiger Klappenkrümmung springt der Stirnrand der ventralen Klappe zungenförmig gegen eine entsprechende Ausnehmung der dorsalen vor, wodurch bei geringer Öffnungsweite eine größere Öffnungsfläche, eine bessere Trennung

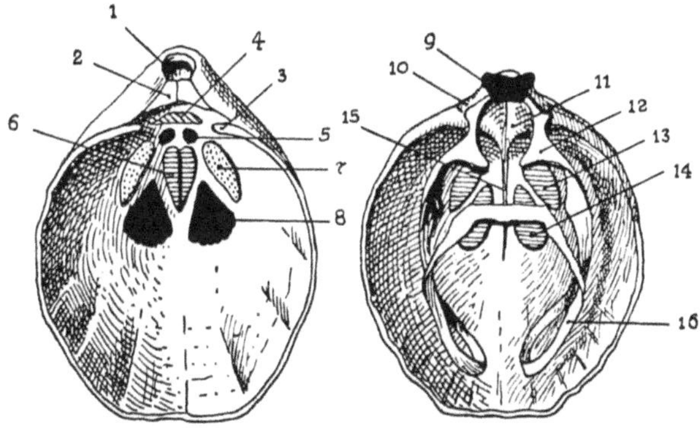

Abb. 15. Klappen eines Brachiopodengehäuses, Innenansicht (*Magellanea flavescens* LAMK., rez), fast ²/₃ nat. Gr. Links: morphologische Ventral-, rechts: morphologische Dorsalklappe. *1* = Stielschlitz bzw. Stielloch, *2* = Deltidialplatten, *3* = Schloßzahn, *4* = Stielbandansatz, *5* = Ursprungsfläche des hinteren Klaffmuskels, *6* = Schließmuskelansatzfläche, *7* = Ansatzfläche des ventralen Stielmuskels, *8* = Urspungsfläche des vorderen Klaffmuskels, *9* = Schloßfortsatz mit Ansatzflächen der Klaffmuskeln und doralen Stielmuskeln, *10* = Zahngrube, *11* = Schloßplatte, *12* = Armgerüstschenkel, *13* = Ursprungsfläche des hinteren Schließmuskels, *14* = dgl. des vorderen, *15* = Medianseptum, *16* = Armgerüstschleife. Aus ABEL 1924.

der Ein- und Ausfuhrströmungen wie eine wirksamere Abfilterung der Nahrungsteilchen mittels der Mantelrandborsten (s. S. 53) ermöglicht wird.

Am Schloßrand sind die erstgebildeten Schalenteile meist zu einem Wirbel eingekrümmt. Den maximalen Abstand Wirbel-Stirnrand nennt man die Länge, den maximalen Durchmesser von rechts nach links Breite der Klappe, die dritte Dimension die Höhe (Wölbung, Dicke). Bei der Beschreibung werden die Gehäuse mit den Wirbeln nach oben orientiert.

Verschluß und Öffnen der Klappen erfolgen gewöhnlich durch je ein vorderes und hinteres Paar von Adductores oder Schließmuskeln (lat. addúcere = heran-, zusammenziehen) und Divaricatores oder Klaffmuskeln (lat. divaricāre = auseinanderspreitzen). Jene entspringen hinten-innen an der Dorsalklappe beiderseits der oft leistenförmig als Medianseptum verstärkten Mittellinie und inserieren (lat. insérere = einsäen, einpflanzen) hinten-innen und ± median (= in der Mittellinie) an der Ventralklappe; diese nehmen in ähnlicher Position an der Ventralklappe ihren Ursprung und ziehen zu einem beim Schloßrand der Dorsalklappe befindlichen Schloßfortsatz. Die Führung der Öffnungs- und Schließbewegungen besorgt der Schloßrand („Bullaugen"-Führung). Sie wird oft von 2 symmetrisch gelagerten Schloßzähnen der Ventralklappe, die in entsprechende Zahngruben der Dorsalklappe eingreifen, mitunter auch durch Zahnplatten in der ventralen und Schloßplatten in der dorsalen Klappe verstärkt. Bei direkter Festheftung einer Klappe konnte die verringerte oder verlorene Öffnungsmöglichkeit durch (von Leisten der Unterklappe allerdings eingeengte) Schlitze in der Oberklappe ± ersetzt werden (*Poikilosakos*-Reihe).

Im Falle normaler Festheftung tritt der (im Gehäuse manchmal in einer Kalkröhre, Syrinx, verlaufende) Stiel oft durch einen Schlitz der Ventralklappe nach außen. Dieser heißt Delthyrium (deltaförmiges = dreieckiges Türchen) und liegt zwischen Wirbel und Schloßrand in einem dreieckigen, bei Schloßtragenden als Area (lat. = Fläche), bei Schloßlosen als Pseudarea bezeichneten Felde; er kann durch Deltidialbildungen — 1-2 vom Stiel oder Mantel ausgeschiedene, auch verschmelzende Platten (Listrium, Deltarium, Syndeltarium usw.) — zu einem Foramen eingeengt, bei Stielverlust auch verschlossen werden.

In der Dorsalklappe findet sich meist ein kalkiges Armgerüst (Brachidium). Es heißt ancistropegmat (gr. ánkistron = Haken, pēgma = = Gestell), wenn es nur 2 hakenförmige Crura (lat. crus = Unterschenkel, Schienbein) umfaßt; ankylopegmat (gr. ankýle = Schleife) wenn die Crura verbindende Juga (lat. júgum = Joch) Schleifenform ergeben; helicopegmat (gr. hélix = Windung), wenn es die Form von (mit den Spitzen zu- oder auseinandersehenden) Spiralkegeln hat. Für kompliziertere Armgerüste, denen ontogenetisch einfachere vorangehen, wurde mitunter durch Vorwachsen der seitlichen Gehäuseteile über den Stirnrand Platz geschaffen, im Extremfall sogar die so entstandene Stirnrandbucht von seitwärts zu einem Loch abgeschlossen (*Pygope*).

Seit dem PrKambr bekannt, hatten die Brachiopoden ihre Blütezeit — wenige Gruppen ausgenommen — im Paläoz, wo sie die Stelle der (erst später zu voller Entwicklung gelangten) Muscheln einnahmen; die rezenten sind spärliche, z. T. ab Sil unveränderte Reliktformen. Obgleich nur unmittelbar festgeheftete kleine Kolonien bildeten, sind gehäufte Vorkommen nicht ganz selten (Brachiopodenkalke Sil, Dev, Karb, MTr MEur, Lias Alp usw.). Viele sind Leitformen.

Für die Erhaltung bot die Kalkspatschale günstige Voraussetzungen. Wegen der fast ganz internen Lage der Muskeln herrscht doppelklappige Überlieferung vor, was vielfach (Unzugänglichkeit von Armgerüst, Schloßapparat usw.) die Bestimmbarkeit behindert. Daneben gibt es auch Steinkerne. Ihre Oberflächen können Gefäßeindrücke und andere Vertiefungen als Erhebungen, Leisten u. dgl. als Vertiefungen überliefern.

Das kann ein recht eigenartiges Aussehen ergeben; z. B. Ähnlichkeit mit dem äußeren Genitale beim Weibe. Nach dem Grundsatz der alten Volksmedizin: Similia similibus curantur (s. S. 27) sollten solche Hysterolithen (s. S. 27) oder Schamsteine Heilkraft gegen Frauenleiden besitzen, auch gegen Verhexung zur Unfruchtbarkeit schützen wie die Libido sexualis erhöhen. Auch körperlich erhaltene Gehäuse haben wegen vermeintlicher Formähnlichkeiten als „Uhleköppe", „Täubli" der Freya, Truden- oder

Trustel- bzw. Heilige-Geist-Steine lange im Volksglauben eine Rolle gespielt (Amulette gegen Verhexen und Verschreien).

Die systematische Gliederung erfolgt in 2 Subclasses:

Ecardines (= Schloßlose, v. lat. cárdo = Schloß) oder **Inarticulata** (lat. in- = un-, artículum = Glied, Gelenk): Schloßlos, ohne Armgerüst, mit hornig-kalkiger bis kalkiger Schale; mit After. Primitivere Gruppe, ab PrKambr, mit den **Ordines**:

Atremata (Lochlose v. gr. tréma = Loch): Stiel — wohl primäres Verhalten — zwischen den Klappen austretend. Hierher u. a.: *Obolus* (Kambr-Sil), und *Lingula* (Sil-rez).

Neotremata: Stielöffnung ganz in Ventralklappe. *Crania* (USil-rez), *Discina* (rez) u. a.

Testicardines (lat. tésta = Schale) oder **Articulata**: Mit Kalkschale und blind endigendem Darm. Mit den **Ordines**:

Palaeotremata: Wenige, primitive Formen aus Kambr-Ordov.

Protremata: *Orthis*, Sil; *Meekella*, hornförmig, kleine Kolonien bildend, Karb; *Productus*-Gruppe, ventrale Klappe konvex, dorsale konkav, stiellos, JgPaläoz; *Richthofenia*, ventrale Klappe festgewachsen, konisch, die dorsale, deckelförmige überwuchernd, P; *Poikilosakos*-Reihe (*Poikilosakos*, *Oldhamina*, *Lyttonia* = *Leptodus* u. a.) im wesentlichen JgPaläoz; *Pentamerus* und Verwandte, Schale bikonvex, Wirbel stark gekrümmt, APaläoz.

Telotremata: *Rhynchonella*-Gruppe, Schale W-förmig gekrümmt, Dorsalklappe frontal mit zungenförmigem Fortsatz, ab Sil; *Spirifer*-Gruppe, helicopegmat, Dev (Spiriferensandstein); *Terebratula*-Gruppe mit *Stringocephalus*, Dev (Stringocephalenkalk), *Pygope* (s. S. 56) u. v. a., ab Paläoz.

Subphylum: **Mollusca**

Cladus: Mollusca

Die *Mollusca* oder Weichtiere (lat. móllis-weich) haben, obgleich wohl schon präkambrisch in mehrere Hauptlinien gespalten, manche gemeinsame Baumerkmale. Solche sind: Ein von schleimdrüsenreicher Haut bekleideter Weichkörper, ganz oder großenteils von einer Haut-Duplikatur, dem Mantel, umhüllt; ein von diesem gebildeter, die vegetativen Organe bergender Eingeweidesack und zwischen ihm und dem Mantel eine Mantelhöhle; ventral, aus dem Hautmuskelschlauch hervorgegangen, ein besonderes Lokomotions-Organ; der unterschiedlich geformte Fuß; dann ein dreiteiliges Darmsystem (Mundhöhle oft mit Kieferbildungen, Magen mit Leber, Anus in die Mantelhöhle mündend); als Atmungsorgane paarige Kiemen oder Ctenidien neben der (Wand der) Mantelhöhle oder diese allein, u. zw. als „Lunge"; ein mit dem Coelom kommunizierendes Blutgefäßsystem aus Herz mit Kammer (Ventriculus) und Vorhof (Atrium) sowie ab- und zuführenden Gefäßen (Arterien und Venen); ein zentralisiertes Nervensystem mit durch Kommissuren (lat. = Verbindungen) verbundenen Nervenknoten (Ganglien) bzw. Nervensträngen; Sinnesorgane (Augen, statische Organe, Tast-, Geruchs-, mitunter auch Geschmacksorgane); mit dem Coelom kommunizierende Nephridien, oft auch die Ausfuhr der Genitalprodukte besorgend; geschlechtliche Fortpflanzung bei Getrennt-Geschlechtlichkeit oder

Hermaphroditismus und in der Regel mit Metamorphose (*Trochophora*-ähnliches Larvenstadium); fast immer Schalenbildungen.

Diesen Baugemeinsamkeiten stehen wohl mit der unterschiedlichen Lebensweise zusammenhängende Formdifferenzen gegenüber. Die Mollusken umfassen Meer-, Brack-, Süßwasser- wie Festlands-Formen; räuberische wie pflanzenfressende mit mannigfacher Ernährungsart; kriechende, grabende, bohrende, ätzende; Planktonten wie gewandte Schwimmer.

Dank ihrer weiten Verbreitung und erhaltungsfähigen Hartteile sind sie reich überliefert. Viele sind wichtige Leitformen. Systematisch gliedert man sie gewöhnlich in 2 hier als Subcladi eingestufte Einheiten, mehrere Klassen und zahlreiche Unterkategorien.

Subcladus: **Amphineura**

Die *Amphineura* (gr. amphí = auf beiden Seiten, ringsum, ungefähr, neurá = Sehne, Nervenfaser) sind die wohl primitivsten Mollusken, mit Mantel auch am (wenig entwickelten) Kopfe. Man unterscheidet 2 Klassen.

Classis: Solenogastres

(gr. solén = Röhre), mangels Schalenbildung — die dicke Cuticula ist bloß von Stacheln besetzt — auch **Aplacophora** (= Nicht-Plattentragende) genannt. Einzige bis nun fossil unbekannte Molluskenklasse.

Classis: Placophora

Die *Placophora* (gr. plax = Platte) oder **Loricata** (lat. lorīca = Panzer) haben ± dorsoventral abgeflachten Körper und als Kriechsohle entwickelten Fuß. Auf der leicht gewölbten Rückenfläche tragen sie 8 sich dachziegelartig überlagernde, miteinander gelenkig verbundene Platten aus mehreren kalkigen Schichten. Der Körper ist schmal-elliptisch bis ausgesprochen länglich. Die rezenten *Placophora* sind getrenntgeschlechtlich. Lebensraum ist und war das Meer, vorwiegend Bewegtwasser (Brandung), wo sie sich mittels der Fußsohle an Steinen usw. festhalten können.

Die sehr konservative Gruppe ist paläozoogeographisch bemerkenswert (scheinbare Beziehungen von Arten aus dem Mioz des Wiener Beckens zu rezenten von Japan und Neuguinea). Nach der Beschaffenheit von Platten-Rändern und -Artikulation werden 3 **Ordines: Eoplacophora,** ab USil, (ab Mesoz spärlich), **Mesoplacophora** und **Teleoplacophora** (gr. téleos = vollendet), beide ab Mesoz, unterschieden.

Subcladus: **Conchifera**

Die *Conchifera* (gr. kónche = Muschelschale), mit auf den Rumpf beschränktem Mantel und — sekundäre Reduktionen (v. lat. redúcere = zurückführen) ausgenommen — einheitlichen oder zweiteiligen Schalenbildungen, umfassen, in 4 Klassen, die Hauptmasse der Mollusken.

Classis: Gastropoda

Die *Gastropoda* (Schnecken) heißen nach dem aus der Ventralwand des Rumpfes gebildeten Fuß. Gewöhnlich Kriechsohle, kann er auch Haftscheibe, Spring-, Grabwerkzeug oder, als vertikale Flosse wie durch flügelförmige paarige Lateralanhänge, Schwimmorgan sein. Der übrige Weichkörper ist durch die mit einer embryonalen Drehung zusammenhängende Verlagerung und Asymmetrie des sich ± einrollenden Eingeweidesackes samt meist einseitiger Rückbildung paariger Organe Atrium, Ctenidium, Nephridium, Genitaldrüse s. u.) gekennzeichnet[1]. Öfters kommt teilweise Rückdrehung vor, doch unter Beibehaltung der Asymmetrie bzw. Ausbildung sekundärer, nur äußerlicher Symmetrie. Mit der Drehung oder Rückdrehung stehen die wechselnde gegenseitige Lage von Kieme und Herz wie die vielfach 8-förmige viszerale (lat. víscera = Eingeweide) Nervenschlinge, die Chiasto- oder Streptoneurie (gr. chiásdein = für unrecht, unrichtig erklären, streptós = gewunden, gedreht) in Verbindung; sie fehlt den euthy- oder orthoneuren (gr. euthýs = gerade, richtig).

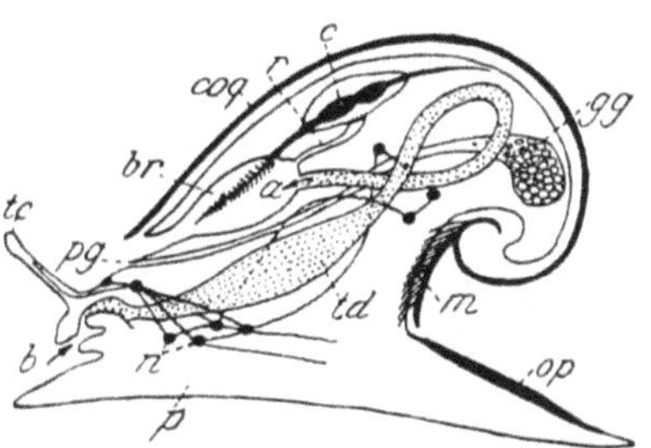

Abb. 16. Bauschema eines Gastropoden (Prosobranchier). *a* = After, *b* = Mund, *br* = Kieme, *c* = Herz, *coq* = Gehäuse, *gg* = Genitaldrüse, *m* = Haftmuskel, *n* = Nervenstränge mit Ganglien und Kommissuren, *op* = Operculum, *p* = Fuß, *pg* = Genitalporus, *r* = Exkretionssystem (Nephridium), *tc* = Tentakel, *td* = Darmsystem. Aus MORET 1953.

Der Kopf ist gut entwickelt und trägt meist an Basis oder Spitze der Fühler (Tentakel) 2 Augen. Die Mundhöhle hat oben 1—2 hornige Kieferplatten, unten eine Zunge und fast immer eine durch die Vielgestaltigkeit ihrer serialen (= reihig geordneten) Chitinzähne systematisch wichtige Radula (lat. rádere = kratzen, schaben). Die Respirationsorgane (v. lat. respirātio = Atemholen) zeigen alle S. 57 angegebenen Typen. Von Kiemen ist meist nur eine vor oder (bei Rückdrehung) hinter dem Herzen gelegene vorhanden: Proso- bzw. Opisthobranchie (gr. pros = vor, ópisthen = hinten, bránchion = Kieme). Neben ihr oder allein kann die Mantelhöhle als Lunge fungieren, im zweiten Falle mit reichem Gefäßnetz und verengtem, auch als Spiraculum (lat. = Luft-, Atemloch) röhrig-verlängertem Eingang. Endlich kommen sekundäre Kiemen (innere wie äußere) vor oder fehlen besondere Respirationsorgane ganz. Reich ist die Entwicklung von Drüsen, besonders der Haut. Es finden sich Speichel-, Schleim-, Fuß-, Purpur-, Bohr- (Ätz-) und Leuchtdrüsen, auch eine Pericardialdrüse (gr. kardía = Herz) wie Anhangsdrüsen am Genitalapparat. (Abb. 16).

---

[1] Bei den rezenten Gastropoden erfolgen die Vorwärtsdrehung des hinten in der Mantelhöhe gelegenen Organkomplexes wie die spiralige Einrollung in der Regel in gleicher Richtung, nach rechts.

Die rezenten Gastropoden sind getrennten Geschlechtes oder Zwitter. Der Fortpflanzung bzw. Begattung gehen mitunter Paarungsspiele voraus. Die Eier werden oft in großer Zahl als Laich abgesetzt, selten im Mutterkörper fortentwickelt. Eine Metamorphose fehlt nur den Lungenschnecken oder Pulmonaten (v. lat. púlmo = Lunge).

Die Lebensweise ist unterschiedlich. Die meisten Schnecken wohnen im Meer, vor allem im Seichtwasser, spärlich in größeren Tiefen; andere in Brack- und Süßwasser wie auf dem Festlande. Marine siedeln in Tang- und Seegraswiesen, auf oder im Sand- bzw. Schlammboden; auch in der Bewegtwasserzone (Felsgrund, Riffe). Die Lokomotion reicht von Kriechen bis zu Graben, Springen und Schwimmen, oder sinkt bei Seßhaftigkeit bzw. Fixisessilität bis auf Null. Viele jagen lebende Tiere, andere nähren sich von toten. Manche sind Nahrungsspezialisten: Z. B. als Epöken (auf

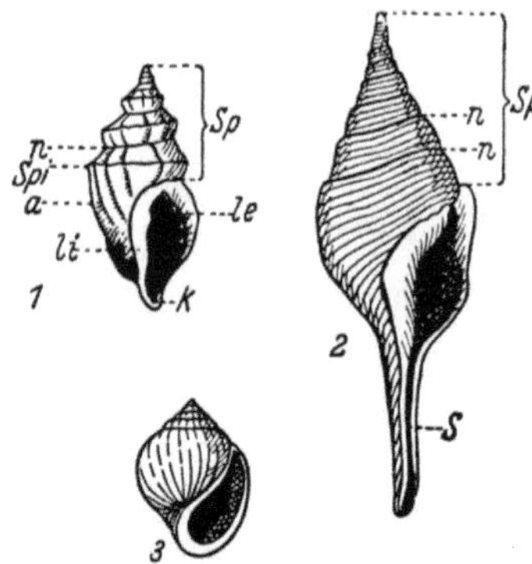

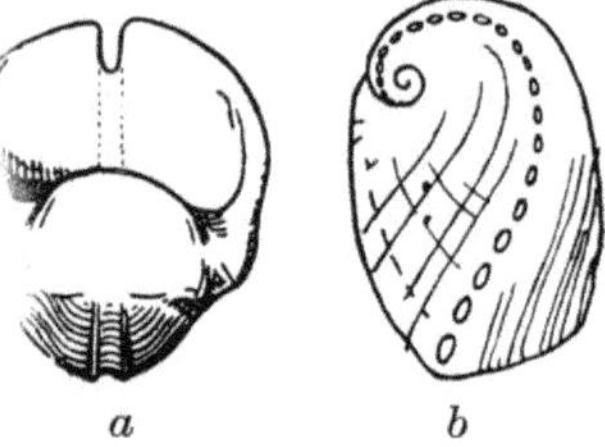

Abb. 17. Typische Gehäuseformen von Schnecken. *1* evolut mit Ausguß, *2* evolut mit Röhre für den Sipho, *3* involut und holostom. *a* = Axial- oder Querrippen, *k* = Ausguß, *le* = Außenlippe, *li* = Innenlippe, *n* = Naht, *S* = Röhre für den Sipho, *Sp* = Gewinde (Spirale), *Spi* = Spiralkante. Aus BEURLEN 1951.

Abb. 18. Schlitzbandbildung an Gastropodengehäusen. *a* Mundrand-Schlitz und Schlitzband am bilateralspiraligen Gehäuse von *Bellerophon bicarenus* (Karb); *b* Schlitzband-Lochreihe am flach-niedrigen Gehäuse von *Haliotis*. Aus MORET 1953.

dem Anus) von Crinoiden (s. S. 130) koprophag (s. S. 110) wie *Platyceracea* = Breithörner (Sil-P); oder bohren (mittels Radula) bzw. ätzen (mittels Drüsensekret) charakteristische Löcher in Muschel- und Schnekkenschalen, z. B. *Naticidea* (ab Kr.). Etliche sind Pflanzenfresser. Oft wechselt die Nahrungsweise innerhalb ± enger Gruppen, z. B. *Litorinacea* (*Litorina*, ab Eoz, carni-, *Rissoa*, ab Olig, herbivor).

Fossil ist fast nur das Gehäuse überliefert, in dem der Weichkörper in vivo durch meist einen, von der Fuß-Rückseite entspringenden Haftmuskel festgehalten wird. Von Hautdrüsen des Mantels ausgeschieden und randlich in Anwachsstreifen weitergebaut, ist es normal kalkig mit Conchin (Conchyolin) als organischer Grundsubstanz. Es besteht aus einer unverkalkten Außenschicht, dem Periostracum, Träger der nur selten (z.B. *Naticidea*, s. oben) erhaltenen Farbzeichnungen; einer Hauptschicht Ostracum oder Porzellanschicht; einer nur bei ± primitiven Formen (z. B. *Haliotidae*, ab Kr; *Trochacea*, ab Sil) typisch entwickelten perlmutterartigen (auch perlbildenden), ± blättrigen Innenschicht, dem Hypostracum (gr. hypó = unter).

Das Gehäuse (Abb. 17) umhüllt den Eingeweidesack; meist sind auch Kopf und Fuß dahin zurückziehbar. Gewöhnlich ist es spiralig in mehreren Umgängen gewunden. Das Gewinde ergibt vom Apex bis zum letzten Umgange die Höhe. Berühren die Umgänge einander an der Naht nicht oder kaum übergreifend, ist das Gehäuse evolut, bei weitgehendem Übergreifen (bes. des letzten über ± alle anderen) involut (v. lat. invólvere = einrollen); berühren sie sich in der Mittelachse, entsteht hier eine Spindel oder Columella, sonst ein echter Nabel oder úmbo (lat. = Schildbuckel); eine Eintiefung nur im Zentrum des letzten Umganges heißt falscher Nabel.

Bei der üblichen Orientierung: Mündung unten und gegen den Beschauer, liegt diese gewöhnlich rechts. Doch kommen neben solchen rechtsgewundenen Gehäusen auch linksgewundene vor und die Windungsrichtung kann innerhalb nächstverwandter Formen, individuell, ja am selben Gehäuse wechseln. Abbiegungen der Gehäusespitze (nicht ganz selten bei *Turris-* = *Pleurotoma*-Arten im Mioz, Badener Tegel, Vöslau bei Wien) dürften pathologisch sein.

Der Mundrand oder Mundsaum des Gehäuses wird innen von der Columella, bei deren Fehlen von der Innenlippe, außen von der Außenlippe gebildet. Die Mündung ist holostom = ganzrandig oder für einen Mantelfortsatz, den Sipho, in einen „Ausguß" bzw. eine Röhre ausgezogen: siphonostom (v. gr. síphon, lat. sípho = Röhre). Holostome Mündungen herrschen bei herbivoren, siphonostome bei grabenden und räuberischen Schnecken vor. Bei Altertümlichen kann der After am Grunde eines Mantelschlitzes liegen, dem am Gehäuse ein Mundrand-Schlitz entspricht. Dieser wird beim Weiterwachsen durch ein Schlitzband ganz oder bis auf eine ausgesparte Lochreihe wieder zugebaut (*Bellerophontacea*, Kambr-Tr; *Haliotidae*, s. S. 60, Abb. 18a, b).

Viele Schnecken können die Gehäusemündung bei retrahiertem Kopf und Fuß durch einen diesem aufsitzenden hornigen oder kalkigen Deckel verschließen. Von diesem Operculum[1] ist das Epiphragma (gr. phrágma = Einzäunung, Scheidewand), eine vor dem Winterschlaf abgesonderte, im Frühjahr wieder abgestoßene Deckelbildung bei Landschnecken, zu unterscheiden.

Zieht sich der Weichkörper aus den älteren Gehäuseteilen zurück, kommen Septenbildungen, andere Ausfüllungen oder auch Abwurf derselben vor. Manchmal wird das Gehäuse-Lumen durch Spindel- oder Außenrandfalten eingeengt. Sie können sich auf den Mundrand beschränken, indem sie (wie auch Stacheln und, bei involuten, innere = ältere Umgänge) resorbiert werden (v. lat. resorbēre = wiedereinschlürfen, auflösen); oder dauernd erhalten bleiben und den Raum für den Weichkörper stark beschränken [z. B. *Itieria* (Abb. 19) und *Nerinea*, bes. J u. Kr].

---

[1] Das Operculum kann Spiralwindungen, u. zw. entgegengesetzt wie das Gehäuse, zeigen; die Deutung als „zweite Klappe" hat indessen kaum Anklang gefunden.

Die äußere Form des Gehäuses ist sehr verschieden. Primär war es
wohl — ohne Windung bzw. mit auf den Anfangsteil beschränkter —
bei geringem Höhen-(Längen-)Wachstum ± napf-
förmig-niedrig-breitkegelig[1]; zumeist ist es ± ganz
spiralig geworden. Auch da ergeben sich — aus
langsamerem oder schnellerem, beschränkterem
oder ausgedehnterem Wachstum in den verschiedenen Dimensionen; aus der stärkeren oder
schwächeren Absetzung der Umgänge voneinander, d. h. dem Grade des e- bzw. involut,
sehr verschiedene Typen. Als wichtigste: ±
bilateral-spiralig und evolut (posthornartig)[2]
wie involut[3] und — viel häufiger — schneckenspiralig (korkzieherähnlich) mit: breit-konisch-
niedrig (kurz-gedrungen), ± evolut[4]; breitkonisch
bis mehr oval oder rundlich, ± involut[5]; ±
schlank-konisch-hoch, evolut, oft siphonostom[6]
als Untertypen und mancherlei Zwischenformen;
endlich vermetiforme (v. lat. vérmis = Wurm),
nach spiraligen Anfangswindungen irregulär-
gekrümmt[7].

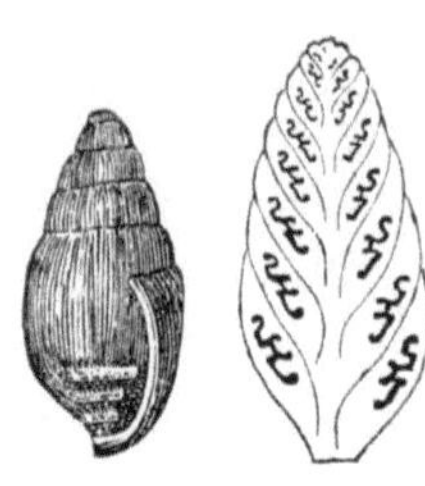

Abb. 19. Einengung des
Gehäuselumens   durch
Spindel- und Randfalten
(*Itieria staszycii* ZEUSCH-
NER, ObJ Eur). Für den
Weichkörper verblieb nur
der schwarz angelegte
Raum. Links neben dem
Längsschnitt Gehäuse in
Außenansicht.
Aus ABEL 1924.

Unterschiedlich ist auch die Skulptur aus Dornen, Knoten, Rippen,
Leisten, Stacheln usw.; sie kann im Laufe der Ontogenese wechseln,
auch ganz fehlen. Ebenso schwanken Größe und Dicke. In allen diesen
Belangen wie hinsichtlich der Gesamt-, Mündungsform usw. bestehen
erst teilweise bekannte Beziehungen zur Lebensweise. Die größten

---

[1] Z. B. *Tryblidiacea*, s. S. 64; *Fissurellidae* (v. lat. fíndere = spalten, nach
dem Schlitz bzw. apikalem Loch, durch das äußere Kiemen austreten), ab
Tr; *Platyceracea*, s. S. 60; *Capulacea*, ab Tr mit dem schiefkonischen *Hipp-
onyx* = Pferdeklaue, -huf, der durch blattförmig-dünne Innenlippe pantoffel-
artigen *Crepidula* (lat. = Sandale) usw.; *Patella* (standortsvariabel, bisw. m.
apikaler Durchscheuerung) ab Eoz; *Haliotidae* (= Seeohren, weil Gehäuse
einem menschlichen Ohr ähnlich, mit hufeisenförmigem Haftmuskelein-
druck), ab Kr, s. S. 60).
[2] Z. B.: *Euomphalacea*, ab Kambr (Ltf. Dev, Stringocephalenkalk,
s. S. 57), z. T. auch loser (widderhornähnlich) gewunden; *Planorbis*, limnisch,
s. S. 63.
[3] Z. B. *Bellerophontacea*, s. S. 61, 64.
[4] Z. B. *Trochacea*, s. S. 60; *Xenophoracea* (= Fremdträger), m. in Gehäuse-
vertiefungen agglutinierten Steinchen.
[5] Z. B. *Neritacea*, letzter Umgang groß, innere oft resorbiert, z. T. brackisch-
limnisch, ab Sil; *Melanopsidae*, brackisch-limnisch, Ltf. Neog; *Strombacea*, ab
J, *Strombidae* oft groß, dickschalig; *Aporrhaidae* m. verbreiterter Außenlippe; *Actaeonella* Ltf. GKr, s. S. 63; *Conidae*, ab Tert; *Cypraeidae*, Gehäuse
vom Mantel umhüllt.
[6] Z. B. *Turritellidae*, ab Kr; *Pleurotomidae*, s. S. 61; *Cerithiacea*, ab P,
(m. *Cerithiidae*, bes. Neog-Brackwasser-Ltf, und *Cancellariidae*, s. S. 63); *Fusa-
cea*, ab Tr, bes. *Fus(in)idae*, (*Buccinidae*, bestachelte *Muricidae*, *Purpuridae*
u. a. gedrungener).
[7] *Vermetus* mit turritelliden, *Magilus* mit purpuriden Anfangswindungen
u. a. adult sessile.

Gehäuse trifft man in tropischen Meeren, Schalendicke nimmt mit Temperatur und Wasserbewegung zu, von marin gegen Süßwasser, bei Landschnecken von arid (= trocken) gegen humid (= feucht) ab. Land- und Süßwasserschnecken haben meist glatte Schalen, die reichsten Skulpturen zeigen tropisch-marine. Bilaterale Gehäuse tragen heute schwimmende, vermetiforme sessile, napfförmige (*Patella*-Typ, s. S. 62) Bewegtwasser-Formen. Oft herrscht Neigung zu Standortsformenbildung (s. S. 62).

Mehrfach ist es zu Gehäuserückbildung und Gehäuseverlust gekommen. Rezent sind echte Nacktschnecken mit Abwurf des embryonal noch angelegten Gehäuses und unechte mit vom austretenden Mantelrand umhülltem, oft rudimentärem Gehäuse unterscheidbar. Umhüllung ohne Reduktion, ja mit Verdickung des Gehäuses (? von den umhüllenden Mantelteilen her) bei *Cypraeidae*, s. o.

Die Gehäuse liegen fossil in körperlicher Erhaltung wie als Steinkerne (auch Skulptur- und Hochglanzsteinkerne), Abdrücke, Ausgüsse vor. Körperlich überlieferte sind oft abgerollt, auch mit An- und Durchschliff-Facetten versehen (s. S. 62). Erhaltung von Farbzeichnungen ist (s. S. 60) selten.

Gastropodengehäuse finden sich in jüngeren Ablagerungen häufig. Gehäufte Vorkommen sind oft parautochthon oder synchron-, seltener heterochon-allochthon, doch auch primäre, einem Leben in dichter Siedlung entsprechende.

Ob dieser Häufigkeit sind schon dem prähistorischen Menschen für ihn fossile Schneckengehäuse untergekommen, die er auch sammelte. Später haben sie im Volksglauben eine Rolle gespielt (z. B. spiralige Querschnitte durch Actaeonellen, s. S. 62, auf Schichtflächen als „Wirfelsteine", die, in den Tränkeimer gelegt, das Vieh vor der Wirfel oder Wirbel genannten Drehkrankheit schützen sollten).

Viele Gastropoden sind Leitfossilien, besonders für das Tert (aquatische), aber auch für das Quart [Lößschnecken *Helix*, *Pupa*, (*Pupilla*), *Succinea*] und PQuart (*Ancylus*). Man kennt sie sicher ab Kambr, doch erst vom Mesoz zunehmend formen- und individuenreich. Im Mesoz haben die Schneckenfaunen noch fremdartiges, im ATert schon modernes Gepräge; im Mioz überwiegen bereits noch heute lebende Arten.

Die Geschichte der Gastropoden und ihre wichtigsten Etappen sind erst unzureichend bekannt. Denn das Gehäuse sagt als äußere Schale nur wenig über den Zustand der inneren Organe aus. Weder läßt sich sicher beurteilen, ob Eingeweidesack-Drehung und Gehäusewindung bloß einmal oder in verschiedenen Linien unabhängig erworben wurden noch wie die weiteren (aus verschiedenen Zuständen in der Jetztzeit zu folgernden) Veränderungen als Vorgänge aufeinanderfolgten (z.B. einseitige Reduktionen, Kiemen- und Radula-Differenzierung, rückläufige Prozesse, s. S. 59 ff.). Trotzdem kommt den Gastropoden eine besondere allgemein-phylogenetische Bedeutung zu. An Gehäusen von *Cancellaria cancellata* zeigte M. HOERNES 1856 erstmals Veränderungen einer Art im Laufe der Erdgeschichte auf, und die *Planorbis*- oder Valvaten-Reihe (Mioz Steinheim) wie die Paludinen-Reihen (Plioz Slawonien und Insel Kos) zählen zu den ältesten phylogenetischen Reihen.

Zur Gastropoden-Systematik vermag die Paläozoologie wenig bei-
zutragen, diese fußt daher ganz auf den rezenten Formen, die Einordnung
der fossilen kann meist nur nach Schalenmerkmalen geschehen[1]. Jetzt
werden meist 3 Unterklassen unterschieden. Die weitere Gliederung
schwankt.

Subclassis: **Amphigastropoda**

Gehäuse bilateral-symmetrisch mit paarigen, auf Reste innerer
Bilateralität weisenden Muskeleindrücken. Nur *Tryblidiacea* (gr. trýblion =
Schale, Näpfchen, s. S. 62), (Pr)Kambr-Sil, ? rez-Tiefsee mit anatomi-
schen Anklängen an *Placophora* (s. S. 58) wie Spuren von Metamerie,
s. S. 89; und *Bellerophontacea*, s. S. 60, 61, 62, Kambr-Tr.

Subclassis: **Streptoneura (Prosobranchia)**

Hauptmasse der mehrere 10.000 Gastropoden-Arten. Auch die früheren
,,*Heteropoda*" [Fuß vertikale Flosse; Gehäuse bilateral-spiralig, dünn,
oft rückgebildet; Notonektonten (= Rückenschwimmer); scharenweise
in wärmeren Meeren] werden jetzt hier eingereiht; von ihnen nur wenige
Funde ab Tert.

Subclassis: **Euthyneura**

Rez fast stets infolge Detorsion (lat. detorquēre = ab-, zurückdrehen)
euthyneur und Zwitter, meist opisthobranch oder mit vor dem Herzen
gelegener ,,Lunge"; Gehäuse in der Regel, dünn, zu innerem geworden oder
fehlend; Operculum oft verloren; marin, häufiger limnisch oder terrestrisch.
Ausgangsgruppe ? *Act(a)eonidae*, ab Kr. *Pteropoda* (Flügelfüßer), pe-
lagisch-planktonisch, ab Tert, Schälchen rez massenhaft im Pteropoden-
schlick zwischen 1000 und 2700 m Meerestiefe. ,,*Pulmonata*" limnisch-
terrestrisch, oft mit Epiphragma, u. zw. *Basommatophora* (= Basalaugen-
träger), Augen am Fühlergrund und — terrestrisch — *Stylommatophora*
(Säulenaugenträger), Augen an Fühlerenden.

Classis: **Scaphopoda**

Die *Scaphopoda* (gr. skáphos = Graben, Grube) sind die formenärmste
Conchiferenklasse. Das Weichkörper-Vorderende ist bloß als Kopf-
lappen (Mundkegel) differenziert. Blattförmige Anhänge und ein Paar
fadenförmige, nur distal leicht verdickte, pro- und retraktile Tentakel
umgeben die Mundöffnung mit Radula und unpaarem Kiefer. Die Kreis-
lauforgane sind relativ einfach, Kiemen fehlen; die Atmung geschieht
mittels des Mantels. Körper, Mantel und Eingeweidesack sind länglich-
schlank und leicht hornförmig gekrümmt; ebenso das dreischichtige,

---

[1] Ob dieser Schwierigkeiten wurde von paläozoologischer Seite ein eigenes,
auf Gehäusemerkmalen basierendes System versucht; doch läßt sich nach
äußeren Merkmalen kaum eine den tatsächlichen Beziehungen gemäße
Ordnung erzielen.

außen glatte, längs- oder quergerippte Gehäuse, in dem das Tier durch einen Retraktor-Muskel festgehalten wird.

Nach ihrer Lebensweise gehören die *Scaphopoda*, früher auch *Solenoconchae*, zum marinen Benthos. Sie kriechen bzw. graben im Bodenschlamm, aus dem nur die Gehäusespitze vorragt. Sie sind getrennten Geschlechtes und durchlaufen ein Larvenstadium mit napfförmigem Gehäuse.

Ohne nennenswerte Wandlungen ab Sil bekannt, lassen sich die fossilen Gehäuse vielfach rezenten Gattungen, wie *Dentalium* und *Siphonodentalium*, zuordnen, die ihre wissenschaftlichen Namen (v. lat. dens = = Zahn) wie die volkstümliche Bezeichnung „Elefantenzähne" den Gehäuseformen verdanken. Häufiger kommen sie nur örtlich (z. B. Mioz, Badener Tegel = Pleurotomenton, Wiener Becken) vor.

Classis: Bivalvia

Die Muscheln haben 4 Fachnamen erhalten: nach dem zweiklappigen Gehäuse *Bivalvia* (= Zweischaler); nach den meist blatt- bzw. doppelblattförmigen Kiemen *Lamellibranchiata* (= Blattkiemer); nach der gewöhnlichen Fußform *Pelecypoda* (= Beilfüßer); nach dem Fehlen eines Kopfes *Acephala* (= Kopflose).

Der Körper (Abb. 20) ist als Regel bilateral-symmetrisch, bilateral-komprimiert (v. lat. comprímere = zusammendrükken) und von den Klappen innen anliegenden Mantellappen umhüllt. Die Lappenränder schließen randlich an- oder verwachsen miteinander, nur spaltförmige Öffnungen aussparend: vorne den Fußschlitz, hinten eine mehr ventrale zum Einströmen des Atemwassers samt Nahrungs-

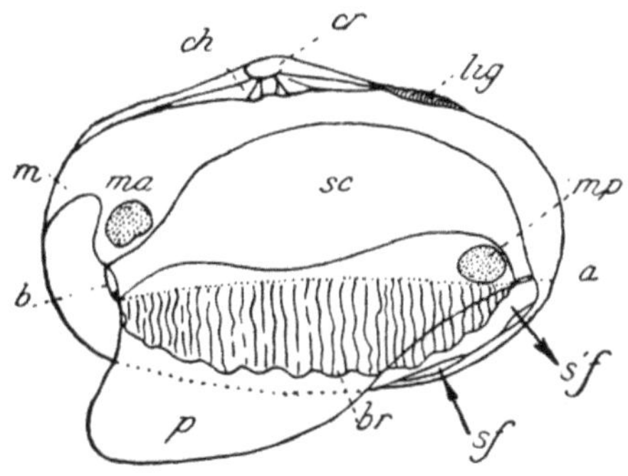

Abb. 20. Bauschema einer Muschel. *a* = After, *b* = Mund, *br* = Kiemen, *ch* = Schloß, *cr* = Wirbel, *lig* = Ligament, *m* = Mantel, *ma* = vorderer Schließmuskel, *mp* = hinterer Schließmuskel, *p* = Fuß, *sc* = Eingeweidesack, *sf* = Atemschlitz, *s'f* = Kloakenschlitz. Aus MORET 1953.

partikeln, eine mehr dorsale zum Ausströmen. Oft verlängert sich der Mantel um die hinteren Schlitze zu je einem Atem- und Kloakensipho (lat. cloāca = Abzugskanal).

Der Fuß ist nur selten (? primär) am Ende söhlig. Die Regel ist (s. oben) die Beilform. Meist ist er Graborgan, gelegentlich ermöglicht er, knieförmig geknickt, durch Streckung Springbewegung (s. S. 69); bei Festwachsen wird er rückgebildet. Hinten findet sich an ihm oft eine Drüse. Ihr fädiges Sekret, der Byssus (gr. býssos = feines Linnenzeug) dient zeitweiliger wie dauernder Festheftung.

Vom Weichkörper seien weiter erwähnt: Das Fehlen von Kiefer und Zunge samt Radula am mehrfach gewundenen Verdauungstrakt;

die selten doppelfiedrigen, sonst durch Aneinanderlegen der Kiemenfäden
blättrigen Ctenidien (s. S. 65) und die respiratorische Mitfunktion des
Mantels; das meist einkammerige Herz mit 2 Vorhöfen, Pericardial-
Sack und oft auch -Drüse; die gelegentlichen Augen, vor allem am Mantel-
rande; die vorherrschende Getrenntgeschlechtlichkeit; die normale Ei-

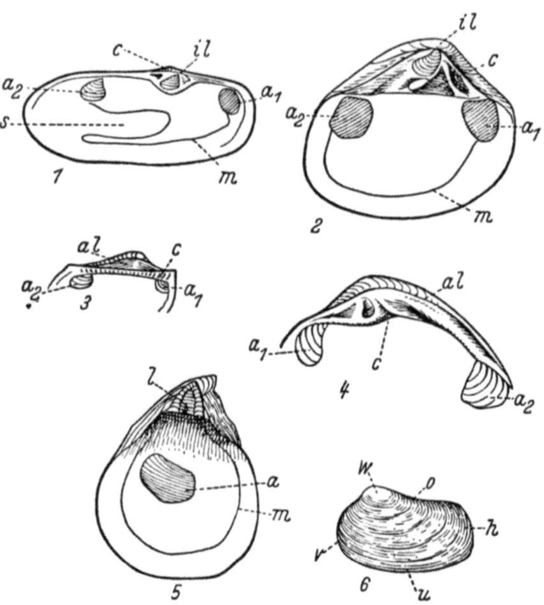

Abb. 21. Muschelklappen-Morphologie. *1, 2, 5* Innenansichten; *6* Außenansicht; *3, 4* Schloß-
ränder. *a* = einfacher Schließmuskeleindruck einer monomyaren Form, a_1 = vorderer, a_2 =
hinterer Schließmuskeleindruck dimyarer Formen, *al* = äußeres Ligament, *c* = Schloß (in
1, 2 u. *4* mit wenigen kräftigen Zähnen, in *3* mit vielen kleinen Reihenzähnen,
in *5* ± zahnlos), *h* = Hinterrand. *il* = inneres Ligament, *l* = halb äußeres, halb inneres Ligament,
m = Mantellinie (in *1* sinu-, in *2* integripalliat), *o* = Oberrand (Schloßrand), *s* = Mantelbucht,
u = Unterrand, *v* = Vorderrand (*vuh* = freier Rand), *w* = Wirbel. Aus BEURLEN 1951.

Befruchtung im Mantel- oder Kiemenraum des Muttertieres, oft mit
Embryonalentwicklung ebendort (Brutpflege); das übliche Larvenstadium
vom *Trochophora*-Typ; das ganz vereinzelte Leuchtvermögen.

Das mehrschichtige Gehäuse wird vom Mantel- bzw. Mantelrand abgeschieden und an den Klappenrändern weitergebaut. Das Periostracum besteht aus hornigem Conchin, das Ostracum aus einer prismati-
schen und einer inneren, porzellan- oder perlmutterartigen (bisweilen
perlbildenden) Schicht von dem Conchin eingelagerten Kalziumkarbonat (Kalzit bzw. Aragonit). Dem Hypostracum soll ein hyaliner
Belag an den (beim Wachstum wandernden) Muskelinsertionsstellen
(s. S. 67) entsprechen. Abweichungen kommen vor, z. B. bei Limnischen
stärkere Entwicklung des Periostracums gegenüber dem Ostracum.

Die Klappen (Abb. 21) liegen als rechte und linke lateral zum
Weichkörper. Sie lassen meist einen dorsalen Schloßrand, an dem sie

auch bei Öffnung in Verbindung bleiben, und einen von vorne über ventral nach hinten verlaufenden f r e i e n R a n d unterscheiden. Ihre antero-posteriore (= vorne-hinten-) Erstreckung ist die L ä n g e, die dorso-ventrale die H ö h e, die Mächtigkeit von Ostracum und Periostracum ergibt die D i c k e. Klappen- D u r c h m e s s e r heißt der Abstand des Punktes stärkster Wölbung von einer durch Schloß- und Ventralrand gelegten Ebene. Die O r i e n t i e r u n g der Klappen erfolgt mit dem Schloßrand nach oben, dem oralen = vorderen bei Außenansicht nach links, bei Innenansicht nach rechts vom Beschauer.

Der erstangelegte Klappenteil bildet oft, stark gekrümmt, den über den Schloßrand vorragenden Apex oder W i r b e l. Er liegt vor der Klappen-mitte und ist p r o g y r = nach vorne gekrümmt, seltener o p i s t h o - bzw. s p i r o g y r = nach hinten bzw. einwärts gekrümmt (v. gr. spēíra = Win-dung). Zu seinen Seiten finden sich am Schloßrand meist 2 gut abgegrenzte Felder: vorne die L u n u l a (= Möndchen, Mondsichel), hinten die A r e a.

Der Klappenverbindung bzw. -führung beim Schließen und Öffnen dienen Muskel, Ligament und Schloß. Die S c h l i e ß m u s k e l n (Adductores) spannen sich quer durch den Innenraum von Klappe zu Klappe. Sie er-zeugen an deren Innenseiten fossil oft kenntliche M u s k e l e i n d r ü c k e (s. S. 66). Der usprüngliche Zustand sind je ein Muskeleindruck hinter dem Vorder- und vor dem Hinterrande von etwa gleicher Stärke bzw. Größe: di- bzw. h o m o - oder i s o m y a r (zwei- bzw. gleichmuskelig). Häufig ist aber der vordere Muskel bzw. Muskeleindruck schwächer bzw. kleiner: aniso-, auch h e t e r o m y a r (ungleich- bzw. anders-, ver-schiedenmuskelig); oder ganz verschwunden: m o n o m y a r (= ein-muskelig).

Antagonist (v. gr. antí = gegen, agonistés = Kämpfer) der Schließ-muskeln ist das L i g a m e n t (lat. ligaméntum = Band), ein elastisches Band, welches in einer L i g a m e n t - F u r c h e oder - G r u b e des Schloß-randes von Area zu Area zieht. Es wird beim Klappenverschluß zusammen-gepreßt und nach außen oder, bei mehr klappeneinwärtiger Lage, nach innen vorgewölbt: ä u ß e r e s bzw. i n n e r e s Ligament. Beim Erschlaffen der Schließmuskeln dehnt es sich aus und bewirkt die Klappenöffnung. Selten ist es auf mehrere Gruben entlang eines langen, geraden Schloß-randes aufgeteilt (± schloßlose *Pernidae*, z. B. *Gervilleia*, Mesoz; *Inoceramus*, Ltf ObKr-Flysch, Alp).

Die Führung der Klappen — normal (bei kurzem, gebogenem Schloß-rand) eine „Bullaugen"-, seltener (bei langem, geradem) eine „Tür"-Führung — lenkt meist ein S c h l o ß aus Zähnen und Zahngruben von wechselnder Gestalt. Man unterscheidet etwa folgende Haupt- und Untertypen:

t a x o d o n t [1] (gr. odōūs = Zahn): am ± langen, geraden Schloß-rand zahlreiche parallele Leisten (Lamellen, „Reihenzähne"); t a x o d o n t - c t e n o d o n t : vordere und hintere Leisten zueinander konvergent; t a x o-d o n t - a c t i n o d o n t (gr. aktís = Strahl): vordere und hintere Leisten von-

---

[1] Richtiger wäre taxiodont, vgl. S. 19, Fußnote.

einander divergent; pseudo-ctenodont: wie ctenodont, aber scheinbar aus actinodont hervorgegangen (Beispiele s. S. 71).

prae-heterodont (lat. prāē = vor): nicht-leistenförmige, wirbelnahe
Cardinal- oder Hauptzähne (z. B. starkzähnige *Megalodontidae*, meist
Riff-Ltf., Dev und Tr, s. S. 71); bei Spaltung des linksklappigen Haupt-
zahnes: „schizodont" (v. gr. schídsein = spalten; z. B. *Schizodus*
Karb-P; *Trigonia*, J-Kr; *Myophoria*, Tr-Ltf).

heterodont: wie prae-heterodont, aber neben Cardinalzähnen
seitlich noch schwächere Lateralzähne (sowie entsprechende Gruben in
der Gegenklappe; z. B. *Cyprina islandica*, Ltf Pleistoz NEur; *Congeria*
schwach bezahnt, Ltf UPlioz u.v.a.); bei starker Schrägstellung zum
Schloßrand: „plagiodont" (gr. plágios = schief, schräge; z. B. *Cardita*,
Ltf Tr, Sbgen. *Venericardia*, Ltf Mioz); bei besonders kräftigen, plumpen
Zähnen: „pachyodont" (gr. pachýs = dick, plump; z. B. *Rudistae*,
s. S. 69); bei bloß einem ± löffelförmigen „Zahn" zur Stütze des (inneren)
Ligamentes: „desmodont" [v. gr. desmós = Band; *Panopaea* (*Glycimeris*),
Ltf Mioz, *Myidae*, ab Tert].

dysodont (gr. dys = miß-, un-): Schloß atypisch bzw. rückgebildet;
z. B. *Pteria = Avicula* m.TrLtf Sbgen. *Pseudomonotis*; *Monotis* m. TrLtf
Sbgen. *Daonella* und *Halobia*; *Posidonia* (*Posidonomya*), Ltf UKarb und
UTr; oder sonst abweichend, z. B. „isodont" (v. gr. ísos = gleich, bei
± symmetrisch angeordneten Zähnen: *Spondylidae*, ab Tr)[1].

Der Insertion der Mantelrand-Retraktoren entspricht innen längs des
freien Klappenrandes die auch fossil oft kenntliche Mantellinie. Sie
heißt integripalliat (lat. intéger = unberührt, unverdorben, pállium =
Mantel) bei einfach bogenförmigem Verlauf, sinupalliat, wenn sie
hinten, besonders bei Grabformen mit verstärkten hinteren Mantel- bzw.
Sipho-Retraktoren, eingebuchtet ist[2].

Die Form von Klappen und Gehäusen wechselt sehr. Gleich-
klappige Gehäuse haben oft auch vordere und hintere Klappenhälften
form- wie größengleich; je nach dem Verhältnis von Länge: Höhe: Durchmesser sind sie eiförmig (Norm), globos (z. B. *Cardiidae*, ab Tr), bilateral-
abgeflacht bis messerscheiden- (z. B. *Ensidae*, ab Kr), ja selbst hammer-
ähnlich (*Malleus*, lat. = Hammer, rez), oder mitunter am Schloßrand
in seitliche Ohren bzw. Flügel ausgezogen (z. B. *Avicula = Pteria*, s. oben,
Aucella, J-Kr). Besonders bei Byssusformen sind die Klappen inaequilateral (ungleichseitig), d. h. vordere und hintere Hälften ungleich entwickelt. Ungleichklappig sind sowohl „gewölbt-unten" liegende (vgl.
S. 71), z. B. *Pectinidae* (Kammuscheln, ab Tert) wie mit einer Klappe

---

[1] Für heterodonte Schloßtypen werden auch Zahnformeln in Bruchform mit wechselnden Symbolen verwendet. Oft bedeuten R und L die
Klappen, C die Cardinal-, l die Lateralzähne, x sonstige Vorsprünge, o die
Gruben für die C, m jene für die l. Die Symbole werden der Folge von vorne
nach hinten entsprechend aneinandergereiht. $\frac{\text{Lmo CoCl}}{\text{RlCoCom}}$ würde also heißen,
daß das linke Schloß vorne mit einer Lateralzahngrube beginnt usf.

[2] Hierbei können die Klappenränder einander hinten, auch bei Schalen-
schluß, nicht mehr berühren: „Klaffmuscheln".

unmittelbar festgewachsene, z. B. *Chamidae* (ab Kr) und *Rudistae* (s. S. 68); bei Rudisten kommen u. a. zwei hornförmig-gewundene Klappen (*Diceras* = Zweihorn, ObJ); eine hornförmig-gewundene und eine Gastropoden-Operculum-artige (*Requienia*, Kr); eine konische, oft gekammerte „Unterklappe" mit tiefen Zahngruben und eine deckelartige „Oberklappe" mit langen Zähnen vor (*Hippurites* und *Radiolites*, bsds. GKr[1]).

Normal umhüllen die Klappen den Weichkörper ganz (Ausnahmen s. unten). Selten greifen die Mantelränder über die Klappen nach außen bis zu deren vollständiger Umhüllung.

Die Klappen-Außenfläche ist oft glatt bis auf die sich beim Wachstum konzentrisch um den Wirbel legenden Anwachsstreifen; oder sie ist mit Dornen, hohlen bzw. massiven Stacheln, Knoten, vom Wirbel zum freien Rand ziehenden Rippen und ähnlichen Skulpturen versehen. Gehen die Rippen bis zur Innenfläche durch, entsteht wellblechartige Faltung (viele *Pectinidae*, s. o.).

Wechselnd ist auch die Lebensweise. Alle Muscheln sind aquatisch, die meisten benthonisch und mikrophag. Als Nahrung dienen mikroplanktonische, mit dem Atemwasser eingebrachte Organismen, bei grabenden auch durch Mundtentakel herangebaggerter Schlamm samt Kieselalgen (Diatomeen) und tierischen Resten. Wenige leben, als Larven oder dauernd, syn-, ep- wie entökisch bzw. parasitär. Muschel-Feinde sind, heute oft die Austernzucht schädigend, Seesterne, dann Seeigel, Raubschnecken (s. S. 60), Cephalopoden (s. S. 62 ff.), Crustaceen (s. S. 96 ff.), durophage Fische u. a.

Die Bewegung, am wie im Boden, ist meist ein Kriechen. Herzmuscheln (*Cardium*, s. S. 68) können mittels des Fußes springen, Kammmuscheln (s. S. 68) durch Öffnen und Schließen der Klappen (Schloßrand voran) schwimmen. Viele Muscheln sind Sand- bzw. Schlammgräber (z. B. *Tellinidae*, ab Tr bzw. *Psammobiidae* =„Schlammleber", ab Kr) und als solche oft dünnschalig, sinupalliat und klaffend (z. B. *Panopaeidae*, s. S. 68). Andere bohren in Holz (*Teredinidae*, Schiffsbohrwürmer, ab J), oder bohren bzw. ätzen in weicherem (z. B. *Pholadidae*, ab J) oder in härterem (z. B. *Lithodomus*, lat. dómus = Haus, Wohnung, ab Karb) Stein; bei ihnen können die meist dünnen Klappen verlängert sein oder, reduziert und zahn- wie ligamentlos, nur den Vorderkörper bedecken, während der Hinterkörper samt Eingeweidesack und Siphonen von einer besonderen, ev. auch mit dem Gehäuse verwachsenden Kalkröhre umschlossen wird (*Gastrochaenidae*, ab J; *Clavagellidae*, ab Kr). Viele Muscheln haben Byssus-Festheftung (s. S. 65, 68), viele liegen mit der stärker gewölbten (rechten oder linken) Klappe am, auch lose im Boden (s. S. 68) oder sind mit einer auf festem Grund fixi-sessil (s. oben). Seßhafte bilden und bildeten, neben-, an- wie aufeinanderwachsend, Riffe und Bänke (s. S. 68), Byssus-Formen (z. B. *Mytilidae*, ab Tr; *Modiola* ab Dev) losere Kolonien. Eine Sonderform von Sessilität

---

[1] Der bei den oft riff- oder bankbildenden Hippuriten mit einem Siebapparat versehene Deckel ist nicht „Schwenk"- sondern „Hub"deckel (vgl. *Richthofenia*, S. 57).

ist der **Nestbau** (aus mittels Byssusfäden zusammengehaltenen Fremdkörpern) bei *Limidae* (ab Mesoz).

Von den rezenten Muscheln sind etwa vier Fünftel **marin**, der Rest **Brack-** und **Süßwasserformen**[1]. Die marinen siedeln vor allem in der Laminarienzone (10 bis 30 m) und, bei abnehmender Buntfärbigkeit, in der Korallinenzone (bis 75 m). Saisonmäßiger Wassertiefenwechsel ist beobachtet. Nur wenige leben **planktonisch** (bei unverkalktem Gehäuse). Bewohner des Ebbe-Flut-Bereiches und von Flüssen mit stark schwankendem Wasserstande vertragen kurzfristige Trockenlegung.

Wie die Gehäuse-**Form zur Lebensweise** in engen Beziehungen steht (vgl. S. 68, 69), so auch die **Klappen-Dicke**. Sie nimmt vom Bewegt- zum Stillwasser, vom Meer zum Süßwasser (vgl. S. 66), vom Warm- zum Kaltwasser ab. Die maximale **Größe** (etwa 1 m Länge) wird im Warmwasser erreicht, gegenläufige Größenzunahme kommt nur in Gruppen mit optimalen (= besten) Lebensbedingungen im Kaltwasser vor. Auch Größenabnahme von marin gegen Brackwasser ist üblich und hier wie dort beheimatete Formen bilden entsprechende Standortsvarianten.

Die **Erhaltung** ist fast ganz auf die Hartteile beschränkt. Da nach dem Tode die Schließmuskeln schneller zerstört werden als das Ligament, kommt es postmortal meist zum Klaffen und Auseinanderfallen der Klappen. Doppelklappige Erhaltung ist der auf rasche Einbettung deutende Ausnahmefall.

Körperlich erhaltene Klappen zeigen selten ursprüngliche Farbzeichnungen, häufig aber Ent- oder Verfärbung und in vivo wie zwischen Tod und Einbettung entstandene Beschädigungen: Bohr- bzw. Ätzlöcher, auf Steinkernen auch Ätzkerne (s. S. 37 und 60), Abrollungen, Schlifffacetten, Ab- und Durchscheuerungen an den Wirbeln usw.; sie lassen Rückschlüsse auf praemortale Vorgänge wie auf Verhältnisse im Ablagerungsbereich (postmortalen Transport u. dgl.) zu. In porösen Gesteinen (z. B. Sanden mit starker Wasserzirkulation) sind Umkristallisation und Pseudomorphosenbildung nicht selten; mitunter (z. B. JgTert, Leithakalk, Wiener Becken) kann körperliche bzw. Spurerhaltung (Abdrücke, Steinkerne, ev. mit Abgüssen) artweise wechseln. Bei Spurerhaltung ermöglichen Abprägungen von Muskeleindrücken, Mantellinie, Schloß und Skulpturen wohl gewisse biologische Aussagen, kaum aber eine genauere systematische Bestimmung.

Das **Vorkommen** ist vereinzelt wie gehäuft. Häufungen betreffen Doppel- wie Einzelklappen. Sie können primär sein, wenn ganze Siedlungsgemeinschaften gleichzeitig zusedimentiert wurden, oder auf Verfrachtung zurückgehen, die bei stärker ungleichen und daher verschieden driftfähigen Klappen oft von Frachtsonderung begleitet wird. Wichtig ist bei Häufungen auch die Einbettungslage. Da nach

---

[1] Brackwasserformen finden sich unter *Cyrenidae* (*Corbiculidae*, ab J, bes. Olig Cyrenenmergel); *Limnocardiidae*, ab Mioz; *Veneridae* z. B. *Tapes* (*Irus*) *gregarius*, (ObMioz); Süßwasserformen sind z. B. *Unio* (abTr), *Anodonta* (ab Eoz).

der aus rezenten Beobachtungen abgeleiteten **Einbettungsregel R. Richters** ± schüsselförmige Körper (normale Klappenform) nur im Schill, bei dichter Packung regellos, im Spülsaum vorwiegend „gewölbt-unten", sonst vorwiegend „gewölbt-oben" zum Absatz gelangen, sind an gehäuften Muschelvorkommen unter Umständen die Häufungsart, die Verhältnisse im Sedimentationsraum, ja selbst eine inverse Schichtlage (s. S. 10) abzulesen.

Ob ihrer Häufigkeit wie ihrer oft auffälligen Umriß- und Schnittformen auf den Schichtflächen haben Muschel-Versteinerungen auch zu **Volksglauben** und **Volksmedizin** Beziehung. So waren fossile Herzmuscheln (s. S. 69) als „Hexenherzen" Blitzamulette, pulverisiert auch diuretische (= harntreibende) Mittel gegen die „Wassersperre" beim Vieh; hufeisenähnliche Quer- oder Schrägschnitte von „Dachsteinbivalven" („Megalodonten", s. S. 68) versteinerte Kuhtritte oder Hufeisen von Teufelsgeißböcken, Congerien (s. S. 68) versteinerte Ziegenklauen u. dgl.

Bivalven sind **ab Kambr** bekannt. Von da nur spärlich belegt, nehmen sie allmählich an Häufigkeit und Formenreichtum zu, besonders mit dem Rückgang der Brachiopoden-Zweiklapper (s. S. 56), d. h. ab Mesoz, und viele sind hier und im Känoz wichtige **Leitfossilien**.

Die **Geschichte** ist aus z. T. analogen Gründen wie bei den Gastropoden (s. S. 63) erst in groben Umrissen bekannt. Feststeht wohl z. B. (s. S. 67, 68) das Fortschreiten der Evolution von di- zu monomyar, von integri- zu sinupalliat; ebenso aber, daß diese Wandlungen wiederholt, d. h. in verschiedenen Linien eintraten. Sie klar zu erfassen, ist indessen erst vereinzelt gelungen. So konnten die Gruppierungen in *Di-, Monomyaria* usw., in *Integri-* und *Sinupalliata* zu keinem den verwandtschaftlichen Beziehungen gemäßen **System** führen. Daher wird jetzt meist das Schloß der Gliederung zugrunde gelegt und man dürfte damit einer Anordnung nach den Hauptentwicklungslinien nähergekommen sein. Danach unterscheidet man:

Ordo: Taxodonta

Homomyar-integripalliat-gleichklappig bis anisomyar-sinupalliat-ungleichklappig bzw. inaequilateral; einzige ab Kambr belegte Ordnung. Mit **3 Subordines:**

Taxodonta-Ctenodonta: Früher als „*Palaeoconchae*" bezeichnete Formen; *Cardiola interrupta* (= *cornu copiae*), ObSilLtf; *Yoldia arctica*, Ltf des quartären Spätglazials u. a.

Taxodonta-Actinodonta: z. B. *Anthracosia*, JgPaläoz, marin-Brack-Süßwasser.

Pseudo-Ctenodonta: *Arca*, ab Tr; *Barbatia*, ab J; *Glycimeris* (früher *Pectunculus*) *pilosus* MiozLtf u. a. m.

Ordo: Dysodonta

Sollen gleich *Pseudo-Ctenodonta* aus *Taxodonta-Actinodonta* hervorgegangen sein; oft mit Byssus-Festheftung und ± reduziertem vorderem Adductor, hauptsächlich frühere *Hetero-* oder *Anisomyaria*.

Ordo: Praeheterodonta

Auch aus *Taxodonta-Actinodonta* hergeleitet; linksklappig mit je einem median-anterioren oder median-posterioren Cardinalzahn, dimyar, integripalliat.

Ordo: Heterodonta

Wohl Abkömmlinge der *Praeheterodonta*; meist kräftig bezahnt und heteromyar; formenreich und vielgestaltig, Hauptmasse der Bivalven.

Classis : Cephalopoda

Der Name *Cephalopoda* oder Kopffüßer (gr. kephalé = Kopf) kommt von dem meist großen Kopf mit wohlentwickelten Augen und Fangarmen oder Tentakeln um die Mundöffnung. Diese dienen dem Ergreifen der Nahrung wie auch oft der Fortbewegung, besonders am Boden. Hauptlokomotionsorgan ist jedoch der nur selten reduzierte Fuß. Größtenteils zu einem düten- bis röhrenförmigen Trichter umgestaltet, entleert er das durch Kontraktion des kräftigen Muskelmantels ausgestoßene Atemwasser, so das Rückstoß-Schwimmen bewirkend. Weitere Organisationsmerkmale der rezenten Vertreter sind: Chromatophoren (= Farbträger) und Leuchtorgane; innere Knorpelbildungen (Kopf-, Augen-, Nacken-Knorpel usw.); hornige Ober- und Unterkiefer, z. T. mit kalkigen Spitzen und meist eine Radula; fast stets ein Tintenbeutel (Enddarm-Anhangsdrüse); 2 oder 4 doppelfiederige Kiemen in der Mantelhöhle; starke Entwicklung von Blutgefäß-, Nervensystem und Sinnesorganen (Augen, Statocysten = Gleichgewichtsorgane usw.); 1—2 Paare auch verschmelzender Nierensäcke; eine meist geräumige Coelomhöhle (Pericardialraum und Genitalhöhle); Getrenntgeschlechtlichkeit, Eiablage oft in Kapseln oder als Laich (Umhüllung und Verbindung der Eier mittels Nidamentaldrüsensekret) sowie direkte Entwicklung.

Die Cephalopoden sind und waren stets Meerestiere. Küstenbereich, Hoch- und Tiefsee sind heute ihre Lebensräume. Viele sind ausgezeichnete Schwimmer; andere kriechen mehr am Boden, graben sich auch in diesen ein; manche leben planktonisch.

Nach der allgemeinen Organisation, besonders nach Kiemenzahl und Gehäuse unterscheidet man *Tetrabranchiata* oder *Ectocochlia* (gr. tetrákis = viermal, kóchlos = kónche) und *Dibranchiata* oder *Endocochlia* (gr. dis = zweifach, éndon = innen).

Subclassis : Tetrabranchiata

Sie ist in der Jetztzeit nur durch *Nautilus* (gr. naútilos = Schiffer, Seefahrer, Abb. 22) vertreten. Er hat 3 Paar lappenförmige Arme mit etwa 90 reihig-geordneten Tentakeln. Aus einem vierten Armpaar scheint die Kopfkappe hervorgegangen zu sein, welche, wenn sich das Tier ganz ins Gehäuse zurückzieht, dessen Öffnung verschließt. Auch die vier

Kiemen, der dütenförmige Trichter, das Fehlen des Tintenbeutels und die Kalkspitzen der Kiefer unterscheiden *Nautilus* von den anderen rezenten Cephalopoden; vor allem aber das äußere Gehäuse. Dieses ist bilateral-spiralig eingerollt u. zw. so, daß ein durch einen Callus (lat. cállum = Schwiele) verschlossener Nabel freibleibt. Es besteht aus 2 Lagen Aragonit in chitinöser Grundsubstanz und einer strukturlosen

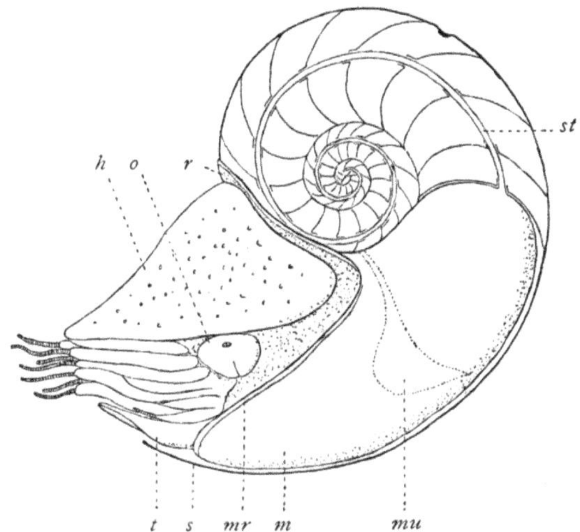

Abb. 22. *Nautilus*, Tier und Gehäuse im Längsschnitt. *h* = Kopfkappe, *m* = Mantel, *mr* und *r* = Mantelrand, *mu* = Ansatzfläche des Haftmuskels, *o* = Auge (davor Arme und Tentakel), *s* = Schale, *st* = der die Gaskammern durchziehende Sipho, *t* = Trichter. Aus ABEL 1924.

Zwischenschicht. Die Porzellan- oder Außenschicht, gelblich und rotbraun gebändert, ca. $^1/_3$ mm stark, wird vom Mantelrand ausgeschieden; die perlmutterige, etwa doppelt so dicke Innenschicht von der Manteloberfläche. Wo sich die Umgänge berühren, wird zwischen ihnen statt der Außenschicht eine kohlig-schwarze Zwischenlage gebildet. Endlich sondert das ringförmige Haftband des den Weichkörper im Gehäuse befestigenden Muskels eine Chitinschichte ab. Das Gehäuse zeigt regelmäßige Kammerung; der Weichkörper rückt also während des Wachstums wiederholt im Gehäuse vor und bildet hinter sich nach vorn konkave = procoele Scheidewände oder Septen. Diese, mit der Gehäusewand an der Naht- oder Suturlinie[1] (lat. sutūra = Naht) verbunden, bestehen aus Perlmutterschicht; nur, wo sie ihr innen anliegen, aus kalkig-chitinösen Lagen. Jedes Septum hat ein Siphonalloch mit rückwärts in eine kurze Siphonaldüte ausgezogenem Rand für den Sipho, einen gefäßreichen, häutigen Strang, der in einer angeblich gasdurchlässigen, kalkigen

---

[1] Die Suturlinie ist daher nur auf der Schaleninnenseite oder, bei fossilen Formen, am Steinkern sichtbar. Da sie für die systematische Bestimmung, bes. bei Ammoniten (s. S. 78 ff.) wichtig ist, muß sie oft durch Entfernen eines Schalenstückes freigelegt werden.

Siphonalhülle vom Gehäusebeginn bis zum Hinterende des Weichkörpers (Eingeweidesackes) reicht. Hier sondert die Septalhaut ein stick-
stoffreiches Gas (praeseptales Gaspolster) ab, das bei jedem Vorrücken,
d. h. bei jeder Septenbildung, in die neue Kammer eingeschlossen wird.
Alle Kammern hinter der Wohnkammer sind daher Gaskammern
(fälschlich Luftkammern).

Das Gehäuse wird gewöhnlich mit der Wohnkammer unten und den
Gaskammern oben getragen. Bauchseite und Trichter liegen dann an dessen
Außenwand, also in normaler, ventraler Lage (exogastrische Ein-
rollung).

Von der Lebensweise des *Nautilus* wissen wir wenig. Man kennt ihn
aus der Südsee, wo er, nach den kräftigen Kiefern (Abb. 23) als Räuber, in
400—500 m Tiefe lebt[1]. Seine Bewegung ist kriechend und schwimmend. Beim

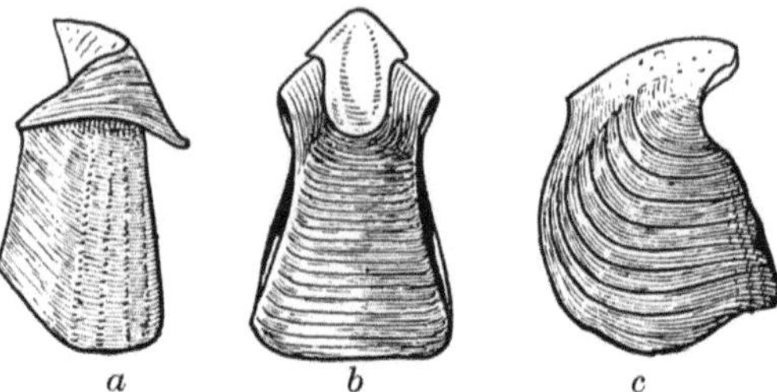

Abb. 23. Oberkiefer (*a*, *b*) und Unterkiefer (*c*) von *Nautilus pompilius* L. In *b* die verkalkte,
daher fossil erhaltungsfähige und gelegentlich (isoliert) erhaltene Spitze deutlich sichtbar.
Aus BASSE in PIVETEAU 1952.

Schwimmen spielt wohl das Gas eine Rolle; das der Gaskammern dürfte das
Übergewicht gegenüber dem Wasser ausgleichen; das praeseptale Gaspolster, durch den (an den Verzahnungsstellen von Septen und Gehäusewand inserierenden) Septalhautmuskel in seiner Ausdehnung veränderlich, zusammen mit dem Vorstrecken des Weichkörpers, aus der Wohnkammer bzw. dem Zurückziehen in diese, das Aufsteigen und Sinken
regulieren.

Nautilus-artige Gehäuse, ohne oder, selten, mit (meist nur schwachen)
Skulpturen sind in Paläoz und Mesoz in vielen Gesteinen häufig. Sie werden
allgemein auf *Tetrabranchiata* bezogen; ob indessen die innere Organisation ganz der des *Nautilus* entsprach, ist nach Abweichungen in Form
wie Bau der Gehäuse, nach Spuren eines Tintenbeutels usw. fraglich.
Man unterscheidet 2 Gruppen.

Ordo: Nautiloidea

Von den mit *Nautilus* (s. S. 72 ff.) hierhergestellten fossilen Gehäusen
sind viele geradegestreckt = orthocon oder leicht gekrümmt = cyrtocon
(gr. kyrtós = krumm); dabei entweder länglich-schlank-kegelig = longi-

---

[1] Für den Aufenthalt in seichterem, vor allem aber bewegterem Wasser
dürfte das *Nautilus*-Gehäuse kaum geeignet sein; dort entstandene Schalen-
verletzungen könnten bloß in Reichweite des Mantels ausgebessert werden.

con (lat. longus = lang, Abb. 24) oder kurz-breit-kegelig = brevicon (lat. brévis = kurz, Abb. 25). Andere sind bilateral-spiralig eingerollt, wobei sich die Umgänge nicht berühren = gyrocon (gr. gyrós = gebogen, rund, Abb. 26); sich eben berühren = tarphycon (gr. tarphýs = dicht); bzw.

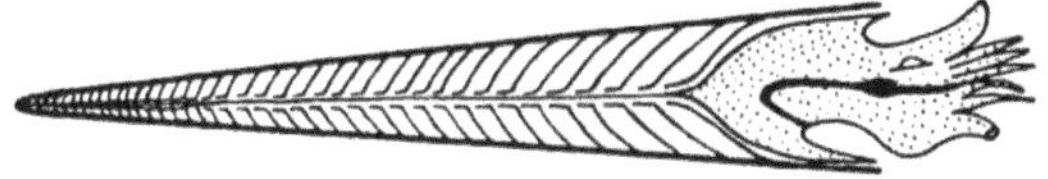

Abb. 24. Längsschnitt durch ein ortho- und longicones Nautiloideen- (Orthoceren-)gehäuse mit rekonstruiertem Weichkörper. Aus Moret 1953.

einander, wenigstens teilweise, übergreifen = nautilicon. Endlich gibt es in Schneckenspirale eingerollte Gehäuse sowie einen ontogentischen Wechsel der Gehäuseform.

Die Gehäusemündung ist bei der Ortho- und Cyrtoconen oft ± kreisförmig, bei Eingerollten, wie beim *Nautilus*, elliptisch-eiförmig. Durch Einwärtskrümmung des Mundrandes kann sie auch verengt sein (T-förmige Spalte oder längliche Spalte mit kurzen Querspalten beim einen Ende); am rundlich erweiterten Fuß des T mag dann der Trichter, am Querbalken bzw. an den Querspalten mögen *Nautilus*-artige Arme

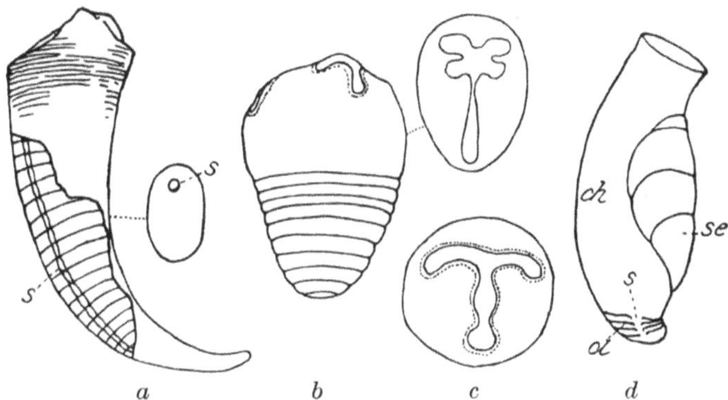

Abb. 25. Orthocon-brevicone und cyrtocone Nautiloideengehäuse. *a Cyrtoceras* (*Meloceras*); cyrtocon, Schale aufgebrochen, um Sipho, Septen und Gaskammern zu zeigen; rechts Querschnitt. *b Tetrameroceras*; orthocon-brevicon; rechts die verengte Mündung. *c Gomphoceras*, von der Mündung gesehen. *d Ascoceras*; cyrtocon-brevicon (primäre Gaskammern größtenteils abgeworfen); seitlich (dorsal) der Wohnkammer sekundäre Gaskammern. *ch* = Wohnkammer, *cl* = Septum, *s* = Sipho, *se* = sekundäre Gaskammern. Aus Moret 1953.

ausgetreten sein. Solche Mündungsverengungen wurden auf Mikrophagie bezogen wie auf sexuelle Differenzen (wegen des Vorliegens gleichgeformter Gehäuse mit und ohne Verengung). Einige Verengtmündige (*Phragmoceratidae*, s. S. 78) haben dicke Gehäuse, aus mehreren verschieden skulpturierten Schichten, was eine Bildung der Außenschicht von außen, wohl durch den das Gehäuse umhüllenden Mantel (vgl. *Cypraeidae* mit verengter Mündung, s. S. 63) nahelegt. Auch Skulpturen außen am, nach teilweisem Gaskammerabwurf (s. u.), zum Gehäuseende gewordenen Septum müssen wohl analog gebildet worden sein.

Abweichungen von *Nautilus* zeigen sich ferner in einem offenbaren Tintenbeutelabdruck bei einem „*Orthoceras sp.*" (Sil. Sudet) wie in den, z. T. auch ontogentisch wechselnden Verhältnissen von Suturlinie, Gaskammern und Sipho. Die Suturlinie kann in einfachem Bogen der Gehäusewandkrümmung folgen, oder, abwechselnd vor- bzw. rückwärts ausbuchtend, sog. S ä t t e l bzw. L o b e n (gr. lobós = Lappen) bilden. Bei so gewellter Sutur- oder L o b e n linie können ± median am Gehäuserücken Extern-(Ventral-), an den Flanken Lateral-, schließlich Intern-Loben bzw. -Sättel unterschieden werden (Abb. 27). An den G a s k a m m e r n schwanken Zahl und Größe mit Zahl und Abstand der Septen. Manchmal hatte (± regelmäßig) teilweiser A b w u r f statt, vereinzelt wurden nach ihm sekundäre Gaskammern seitlich (dorsal) der Wohnkammer gebildet (*Ascoceras*, s. Abb. 25 d).

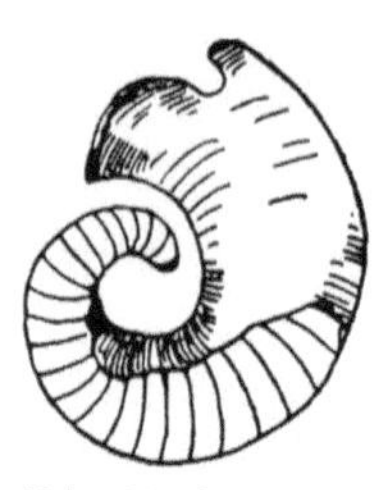

Abb. 26. Gyrocones Nautiloideengehäuse z. T. aufgebrochen (*Gyroceras*). Aus MORET 1953.

Der S i p h o liegt bald zentral, bald randlich, ist bald eng-, bald weitlumig (s t e n o - bzw. e u r y s i p h o n a t). Das Verhalten von Siphonaldüten und Siphonalrohr ist entweder, wie bei *Nautilus*, ortho-

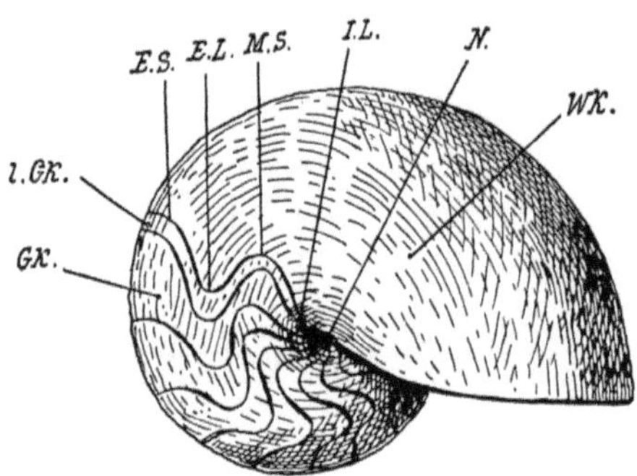

Abb. 27. *Nautilus franconicus* OPPEL, ObJ MEur, Steinkern mit Lobenlinien. *GK* = Gaskammer, *l. GK.* = letzte Gaskammer, *WK* = Wohnkammer, *E.S.* = Extersattel, *E.L.* = Externlobus, *M.S.* = Median- oder Lateralsattel, *I.L.* = Internlobus, *N* = Nabel. Aus ABEL 1924.

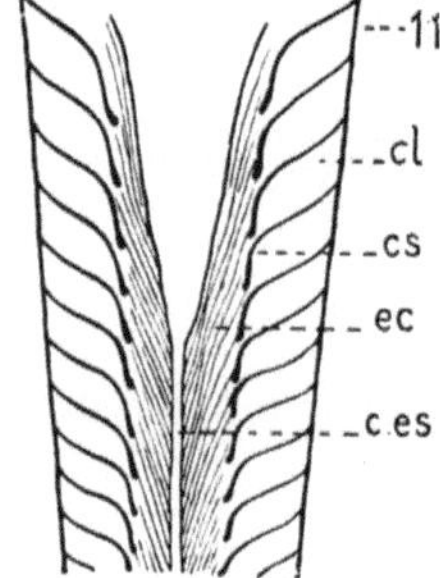

Abb. 28. Schematischer Längsschnitt durch ein *Endoceras*-Gehäuse (Ordov). *c.es* = Endosiphonalkanal, *cl* = Septum, *cs* = Septalrand (Siphonaldüte), *ec* = Endosiphonalscheiden. Aus BASSE in PIVETEAU 1952.

c h o a n (gr. choáne = Trichter, Grube) = Düten kurz-gerade, Rohr zylindrisch; oder c y r t o c h o a n = Düten kurz, aber am freien Rande auswärts gebogen, Rohr dementsprechend erweitert; oder h o l o c h o a n = Düten von Septum zu Septum oder noch weiter reichend. Bei den *Endoceracea* (s. S. 78) war der Sipho weitlumig, meist randständig und mit ineinandergeschachtelten trichterförmigen Wänden, sog. E n d o s i p h o n a l s c h e i d e n (Abb. 28), versehen, bei den *Actinoceracea* (s. S. 78) gleichfalls weitlumig und meist bis auf ein kompliziertes endosiphonales Röhrensystem großteils von offenbar verkalkendem Gewebe und Kalkablagerungen in Form sog. „Obstruktionsringe" (lat. obstrúctio = Verschließung), erfüllt (Abb. 29). Auch in den Gaskammern kam Kalkeinlagerung vor.

Nautiloidea-Gehäuse sind spärlich schon aus dem Kambr (UKambr Balt, ObKambr OAs), am zahlreichsten aus Sil und Dev bekannt und nehmen dann an Formmannigfaltigkeit wie an Häufigkeit rasch ab. Man findet sie vornehmlich in Kalken und kalkreichen Gesteinen, also ± faziesgebunden. Postmortale, durch die Gasfüllung mögliche Drift, hat mitunter zu gehäuften Vorkommen geführt.

Perlmutterschicht und Perlmutterglanz sind fast immer, Porzellanschicht samt Farbzeichnungen meist zerstört. Am häufigsten sind Steinkerne der Wohnkammer. Wenn Sediment (bei Schalenbeschädigung, Zerstörung der Siphonalhüllen usw.) nach innen gelangte, konnten auch Gaskammer-Steinkerne entstehen, an denen die Lobenlinien als Furchen erscheinen. Nicht ausgefüllte Kammern (Kammerteile) erfuhren oft Auskristallisationen, gelegentlich wurden Schalenteile bzw. Septen als Pseudomorphosen bzw. Ausgüsse zwischen den Kammersteinkernen erhalten. Bisweilen sind die einzelnen Kammern mit verschiedenem Material, wohl zu verschiedenen Zeiten und an verschiedenen Orten, gefüllt worden. Mitunter lösen sich Kammersteinkerne auch voneinander ab. So ist die Erhaltung sehr mannigfaltig.

Mannigfaltig muß auch — nach den formverschiedenen und zwischen etwa 1 cm bis fast 5 m Größe schwankenden Gehäusen — die Lebens-

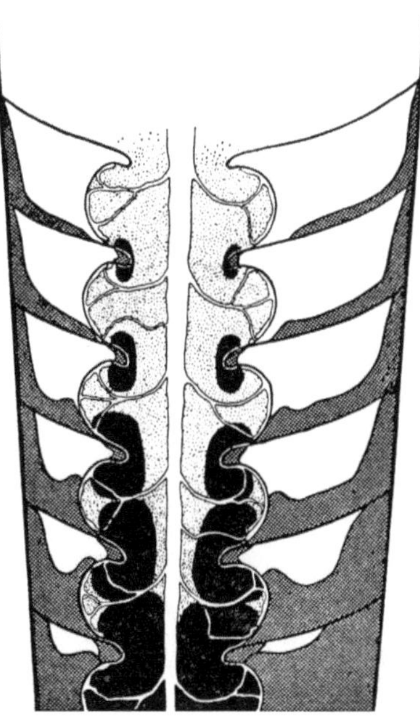

Abb. 29. Schematischer Längsschnitt durch ein Actinoceraceengehäuse; weiß: Hohlräume (Gaskammern, endosiphonales Kanalsystem); punktiert: das zunehmend verkalkende Endosiphonalgewebe; dunkelgrau: Kalkablagerungen in den Gaskammern; schwarz: Gehäusewand, Septen, Obstruktionsringe usw. Aus BASSE in PIVETEAU 1952.

weise gewesen sein. Die ältesten Nautiloideen trugen ihre kleinen, ortho- oder cyrtoconen Gehäuse wohl senkrecht; Engkammerigkeit wie Fehlen besonderer Siphonalbildungen deuten auf geringen Gasauftrieb und ebensolche Schwimmfähigkeit, also auf vorwiegend benthonische Kriecher mit vielleicht noch kaum entwickeltem Trichter. Bei den größeren formgleichen Gehäusen mit größeren Gaskammern und nach dem deutlicheren medianen Ventrallobus wohlentwickeltem Trichter wird mit mehr nektonischer oder planktonischer Lebensweise zu rechnen sein; wo aber Endosiphonalbildungen oder Gaskammerabwurf dem Auftrieb entgegenwirkten, ist Rückkehr zu mehr benthonischer Lebensweise und, bei nur halbseitigen Farbzeichnungen bzw. Kalkablagerungen, horizontale Tragart des Gehäuses zu vermuten. Endlich wird für die ab JgPalaeoz stärker auftretenden nautiliconen Gehäuse eine nautilusartige Lebensweise und bei ontogenetischem Formwechsel eine bei jungen und alten Tieren verschiedene zu vermuten sein.

Art und Kombination aller dieser Änderungen deuten auf verschiedene Stammeslinien. Sie sucht vor allem die Systematik von SCHINDE-WOLF zu erfassen, der wir die folgende Gruppierung entnehmen.

Älteste Form: *Volborthella*, klein, orthocon, engkammerig, Sipho zentral; gehäuft im Kambr, Balt; als blind endigender Zweig betrachtet.

Plectronoceratidae: klein, leicht cyrtocon, engkammerig; Sipho randständig, perlschnurartig, ± englumig; z. T. mit Kalkablagerungen; ± benthonische Kriecher; ObKambr-USil, Ausgangsgruppe der beiden folgenden Teilstämme.

Endoceracea: ObKambr-USil. — *Diaphragmoceratidae*: Gehäuse den vorigen ähnlich, doch Krümmung, Sipholage und Dütenlänge etwas wechselnd. — *Ellesmeroceratidae:* klein, orthocon, engkammerig, stenosiphonat, meist holochoan, ohne Kalkeinlagerungen. — *Endoceratidae*: größer, meist weitkammerig, bis extrem eurysiphonat, mit wohl entwickelten Endosiphonalscheiden im meist randlichen Sipho und Kalkausscheidungen; bis gegen 5 m lange Riesenformen; auch nur Sipho-Steinkerne.

Orthoceracea: ± orthocon und meist ± weitkammerig; Sipho ± zentral, orthochoan; ± senkrechte Lebensstellung, planktonisch-nektonisch; wahrscheinlich Trichter und (? gelegentlich) Tintenbeutel wohlentwickelt; Seitenlinien mit starken Kalkablagerungen (wieder) benthonisch; USil-Tr.

Actinoceracea: ± orthocon, weitkammerig, eurysiphonat, langdütig; Obstruktionsringe, Kalkablagerungen in den Gaskammern; ± horizontale Gehäusehaltung, benthonisch; USil-Karb.

Cyrtoceracea: meist cyrto- und oft brevicon, cyrtochoan; Sipho mit radiären Längslamellen; z. T. Mündungsverengung (*Phragmoceras, Gomphoceras, Tetrameroceras, Hexameroceras*); hauptsächlich Sil-Dev.

Asoceracea: zuerst ortho- bis ± cyrto- und longicon, nach Gaskammerabwurf ± brevicon unter Bildung kleiner, sekundärer Gaskammern, (s. S. 76); Sil.

Nautilacea: ± nautilicon; ab Sil.

Alle Gruppen nach den *Orthoceracea* werden aus diesen hergeleitet, wobei gyro- und tarphycone wie *Discoceras* bzw. solche mit juvenil eingerolltem, dann gerade weiterwachsendem Gehäuse (*Lituites, Ophidioceras*) als Zwichenformen zu nautiliconen, im zweiten Falle im Sinne einer Proterogenese (s. S. 23) gedeutet werden.

Ordo: Ammonoidea

Die Ammoniten oder „Ammonshörner" sind nur fossil, daher fast allein durch die Gehäuse bekannt. Spuren von Weichteilen (Abdrücke von Armen, Augen usw.) sind erst ganz vereinzelt gemeldet worden. Die Gehäuse haben die gleichen Grundeigenschaften (Kammerung, exogastrische Einrollung usf.) wie bei *Nautilus*. So wird auch der Weichkörper Nautiloideen-ähnlich vorzustellen sein, also mit Kopfkappe, Armen samt Tentakeln, Trichter usw. Doch Spuren eines Tintenbeutels sind bisnun nicht gefunden worden, ebensowenig verkalkte Kieferspitzen.

Eine ganz scharfe Grenze läßt sich zwischen Nautiloideen- und Ammonoideen-Gehäusen nicht ziehen; i. allg. sind beide aber gut trennbar.

Die Ammonitengehäuse sind ebenso **vorherrschend nautilicon** wie jene der Nautiloideen ortho- bzw. cyrtocon. Innerhalb der nautiliconen stellen **disciforme** (± flach-scheibenförmige) — bei kielförmig zugeschärftem Rücken auch **oxycon** (gr. oxýs = scharf, spitz, Abb. 30), bei

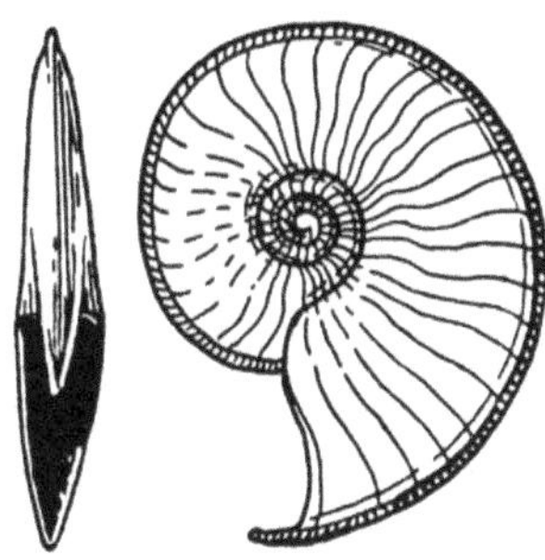

Abb. 30. Oxycones Ammonitengehäuse, von vorne und von der Seite: *Amaltheus margaritatus* MONTF., mit über die Mündung vorspringendem, seilartigen Kiel; Ltf UJ MEur. Fast ¹/₅ nat. Gr. Aus FISCHER in MOORE-LALICKER-FISCHER 1952.

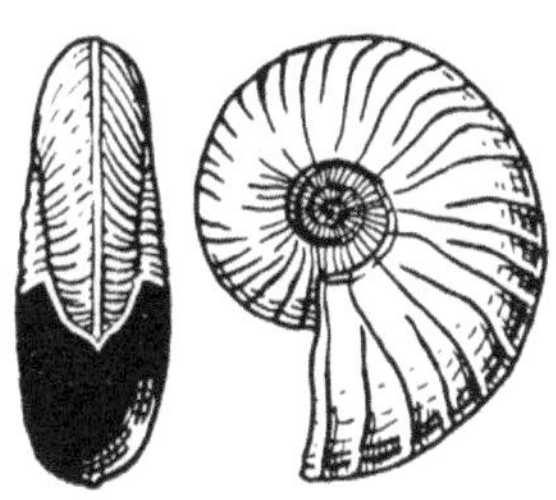

Abb. 31. Platycones Ammonitengehäuse, von vorne und von der Seite: *Ceratites (Gymotoceras) blakei* GABB, MTr NAm. Um ²/₃ nat. Gr. Aus FISCHER in MOORE-LALICKER-FISCHER 1952.

mehr gerundetem auch **platycon** (gr. platýs = weit, breit, platt, flach, Abb. 31) genannt — und **globiforme** oder **sphaerocone** (lat. glóbus = gr. sphāīra = Ball, Kugel, also mehr oder weniger rundliche, Abb. 32) durch allerlei Übergänge verbundene Extreme dar; dadurch, daß sie bald ± weit-, bald ± engnabelig, bald e- bzw. involut sind, daß die dorso-ventrale Umgangshöhe wenig oder viel, langsam oder rasch zunimmt, daß die Mündung „ganzrandig" oder in lappenförmige Fortsätze („Ohren") ausgezogen sein kann, wird die Mannigfaltigkeit weiter erhöht. Auch die Wohnkammerlänge schwankt zwischen ¼ und über 2 Umgängen, zwischen brevi- und longidom, und als

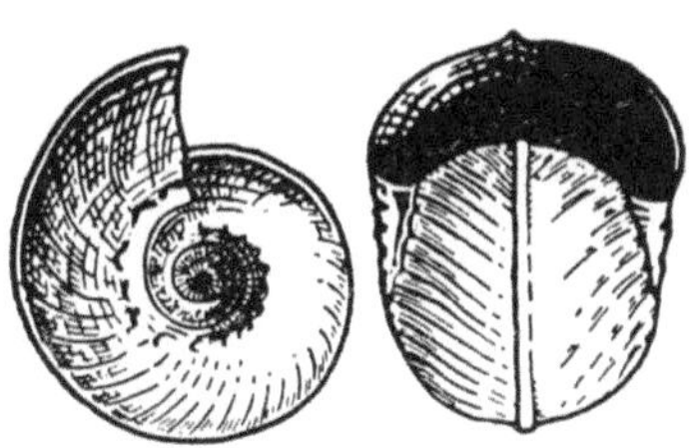

Abb. 32. Sphaerocones Ammonitengehäuse, von vorne und von der Seite: *Tropites subbullatus* HAUER, Ltf. ObTr Eur. Etwa ²/₃ nat. Gr. Aus FISCHER in MOORE-LALICKER-FISCHER 1952.

Besonderheit kommen ± „abgeknickte", sog. anormale Wohnkammern (wohl nur einmal, bei Wachstumsabschluß gebildet) vor. „Nebenformen": Gehäuse orthocon (Abb. 33a); in loser Spirale gewunden, nach normaler Einrollung mehr oder weniger gerade weiterwachsend (Abb. 33b), auch am Ende wieder hakenförmig rückgebogen usw., z. T. auch als criocon (gr. krios = Widder) bezeichnet; schneckenspiralig-turricone (lat. turris = Turm, Abb. 33c) oder ganz unregelmäßig gekrümmte vermetiforme, scheinen nur zu bestimmten Zeiten häufiger aufgetreten zu sein.

Eine Gehäuse-Skulptur kann fehlen oder auf Zuwachsstreifen beschränkt sein; oft aber sind Rippen, Stacheln oder Knoten reich entwickelt. Stacheln und Knoten waren wohl, bei Bildung am jeweiligen Mundrande, zunächst hohl und von Fortsätzen des Mantels erfüllt; beim weiteren

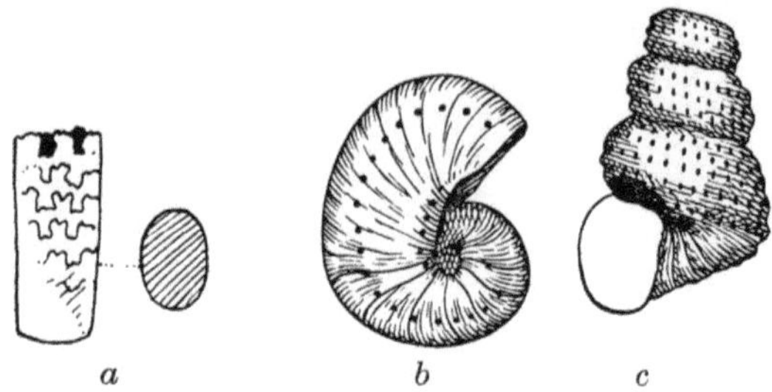

Abb. 33. Ammoniten-„Nebenformen" aus der höheren Kreide. *a Baculites* (mit Querschnitt), *b Scaphites, c Turrilites. a* aus MORET 1953; *b, c* aus BEURLEN 1951.

Wachstum wurden diese zurückgezogen und der Hohlraum basal durch eine Perlmutterlage abgeschlossen, so daß auf Steinkernen statt dieser Skulpturformen nur flache Buckel als Negative erscheinen. Neben Längskommen Querrippen vor, sich bisweilen **von einfachen** zu gabelnden und weiter spaltenden wie auch rückläufig entwickelnd.

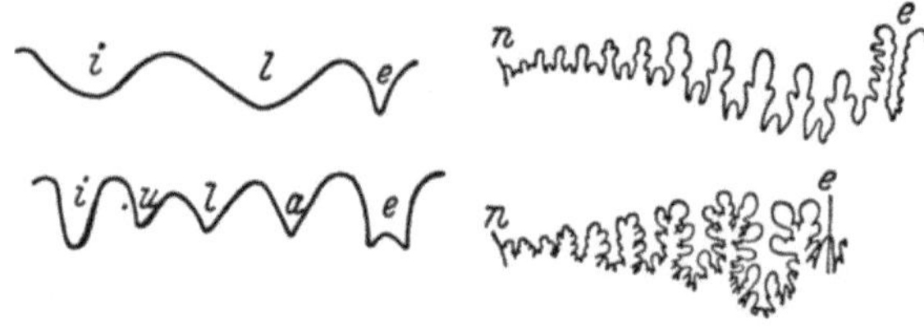

Abb. 34. Verschiedene Evolutionsstufen der Ammoniten-Lobenlinie, von einfach-goniatitisch (links oben) bis hochspezialisiert-ammonitisch (rechts unten).
a =Adventiv-, *e* =Extern-, *i* =Intern-, *l* =Lateral-, *u* =Umbilikallobus, *n* =Naht. (Sättel, wie immer, nach oben, Loben nach unten gerichtet). Aus BEURLEN 1951.

Die Septen sind nur bis Dev sämtlich procoel (wie zumeist bei Nautiloideen); später sind nur die erstgebildeten so und in J und Kr sind alle opisthocoel.

Besonders kennzeichnend ist die Komplikation der Lobenlinie (Abb. 34). Diese ist nur bei Frühformen oder am Gehäusebeginn einfach bogenförmig oder leicht gewellt. Meist entstehen neue Loben und Sättel im Scheitel von In- und Externsattel, u. zw. dort umbilikale oder auxiliare (v. lat. auxílium = Hilfe), hier adventive (v. lat. advenīre = hinzukommen). So kamen nacheinander: die goniatitische Sutur (gr. gonía = Winkel) mit einer größeren Zahl ganzrandiger Sättel und Loben; die ceratitische (gr. kéras = Horn, hornartiger Zacken) mit ganzrandigen Sätteln und gezackten Loben; die ammonitische mit reicher Zerschlitzung von beiderlei Elementen; schließlich auch eine sekundär vereinfachte „pseudoceratitische" zur Entwicklung. Die ontogenetisch erstgebildeten Lobenlinien sind einfacher als die späteren: bei der goniatitischen höchstens trilobat (dreilobig), bei der ceratitischen quadrilobat (vierlobig), bei der ammonitischen quinquelobat (fünflobig). Diese sog. Primärsutur (v. lat. prīmus = erster) hat gewöhnlich das zweite Septum. Die Prosutur (Vorsutur) des ersten Septums ist meist nicht als weiteres Vorstadium interpretierbar und wird jetzt als eine ± larvale Bildung gedeutet.

Die Anfangskammer (Embryonalkammer, Protoconch) ist nicht wie bei den eingerollten Nautiloideen flach und niedrig, sondern erfährt

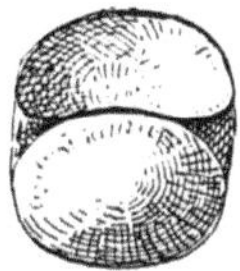 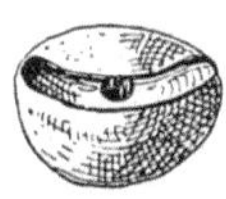  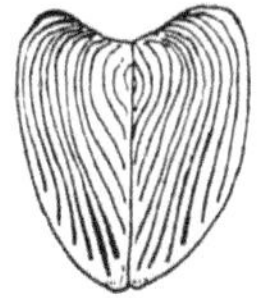

Abb. 35. Ammoniten-Anfangskammern mit erstem Septum, Prosutur und Sipho. Links asellat (*Goniatites*, Dev), Mitte latisellat (*Tropites*, Tr), rechts angustisellat (*Lytoceras*, Lias). Fast $^{30}/_1$ nat. Gr. Aus ABEL 1924.

Abb. 36. Aptychus von *Oppelia*. Aus MORET 1953.

Eindrehung und mit derem Grade wechselt die Prosutur. Darnach werden 3 Typen: asellat (= ohne sélla = Sitz, Sattel), latisellat (lat. lātus = breit) und angustisellat (lat. angústus = eng, schmal) unterschieden (Abb. 35).

Am Sipho kommen Endosiphonalscheiden, Kalkablagerungen u. dgl. nicht vor. Seine Lage ist — höchstens die Anfangskammern ausgenommen — randlich, meist stabil (lat. stábilis = fest) und extern, selten intern; die Außenlage heißt extra-, die Innenlage intrasiphonat, eine mitunter beobachtete Wechsellage (intern→extern oder umgekehrt) variosiphonat. Der Sipho reicht bis hinter das erste Septum zurück, wo er im Prosipho[1], einer gefalteten, zylindrischen, die Embryonalkammer durchziehenden Membran, seine Fortsetzung fand.

Die Siphonaldüten sind stets einfach, kurz und gerade. Bei den ersten Ammoniten wie bei den Nautiloideen nach hinten (innen) gerichtet = retrosiphonat (lat. rétro = rückwärts), sind sie später (bis auf eine im Laufe der Zeit abnehmende Zahl von Jugend-Düten) vorwärts gewandt = prosiphonat.

In der Wohnkammer werden gelegentlich Aptychen (gr. ptyché = Falte, Schicht, Gebogenes, Abb. 36) gefunden: mehrschichtige, hornig-kalkige, paarige, seltener unpaare und dann als Anaptychi bezeichnete

---

[1] Er wird mit dem Nautiloideen-Endosipho verglichen, und der Zustand bei *Nautilus,* wo der Sipho die ganze Embryonalkammer durchzieht, wird von SCHINDEWOLF als abgeleitet betrachtet.

Stücke, die wahrscheinlich zum Verschluß der Gehäusemündung dienten.
In den „Aptychenkalken" (J, Kr) kommen sie, wohl durch Frachtsonderung, isoliert und gehäuft vor.

Über die Lebensweise der Ammoniten, deren Gehäusegröße von
wenigen cm bis zu 2,5 m Durchmesser reichte, wissen wir sicher, daß sie
durchwegs marin und im einzelnen verschieden war. Seichtes, stark bewegtes Wasser dürften die Ammoniten gemieden, sonst aber recht unterschiedliche Meeresräume besiedelt haben. Von den nautiliconen Gehäusen
deuten ±glatte und disciforme auf bessere, stärker skulpturierte und
globiforme auf geringere Schwimmgewandtheit. Die Nebenformen waren
wohl noch weniger beweglich, beim *Turritella*-ähnlichen (s. S. 62) *Turrilites* (Kr) möchte man an einen vornehmlichen Kriecher, beim vermetiformen
Nipponites (Kr) an eine sessil-benthonische Form denken. Funde kleiner
Ammonitschälchen in großen Wohnkammern wurden im Sinne einer
Viviparie (lat. vīvus = lebend, párere = gebären) wie einer Stirpivorie
(lat. stirps = Nachkommenschaft, vorāre = verschlingen) oder Cadaverivorie (Aasfresserei) gedeutet. An einen sexuellen Dimorphismus wurde
in Fällen gedacht, wo kleinere, disciforme, engnabelige Gehäuse mit Ohren
oder anormaler Wohnkammer (♂) und größere, mehr globiforme, engnabelige mit normaler, ohrenloser Wohnkammer (♀) sonst einander
weitgehend ähneln.

Die Erhaltung der Gehäuse ist selten eine körperliche. Spuren
ursprünglicher Farbzeichnung oder des (allerdings farblich veränderten)
Perlmutterglanzes (z. B. Tr, „Muschelmarmor", Kärnten, Bleiberg;
J, Virgatenschichten, Rußld) sind Ausnahmen. Meist liegen nur Steinkerne
vor mit wegen der komplizierten Kammerung gegenüber den Nautiloideen
vermehrten Erhaltungs-Varianten und -Kombinationen; oft auch bloß
Abdrücke. Besondere Erhaltungsformen sind: Halbseitige Erhaltung, wohl
bei längerem Freiliegen und stärkerer Zerstörung der „oberen" Flanke
(z. B. Lias Alp, Adnet); die eigenartige, mit dem Auftrieb des Gaskammer-
Gases oder mit einer im Vergleich zum Gestein geringeren Zusammendrückbarkeit des Gehäuses erklärte Sockelbildung (ObJ, MEur, Solnhofen); die Verflachung (ohne Deformation) durch „Auslaugungsdiagenese" (Lias Württemberg); die „Klappersteine", gegeneinander etwas
bewegliche Gaskammersteinkerne, u. a. Auch tektonische Beanspruchung
hat wegen unterschiedlichen Druckwiderstandes der Wohnkammer
und der durch die Septen versteiften Gaskammern eigenartige, oft partielle Deformationen hervorgerufen. Pseudomorphosen sind die „Goldschnecken" und „Regenbogenschüssele" (bsds. MJ MEur). Aus derartigen
Erhaltungsformen leiten sich wieder Beziehungen zu Volksglauben und
Sage her (z. B. Steinkerne mit ceratitischer Lobenlinie als „Drachensteine",
disciform-weitnabelige Typen als „Schlangensteine" u. a. m.).

Das Vorkommen reicht zeitlich von Sil bis Kr; räumlich über
fast die ganze Erde. Viele ±kurzlebige Arten sind wichtige Leit- und
Zonenfossilien. Mitunter findet sich auf den Schichtflächen Gehäuse
an Gehäuse („Ammonitenpflaster"); wohl kaum eine Folge dauernden
Lebens in Schwärmen; eher eines gelegentlichen Massentodes zur Fort-

pflanzungszeit, wo sich heutige Cephalopoden oft im Seichtwasser der Küste sammeln; meist aber wohl eine Folge von Deponierung auf engem Raum nach postmortaler Drift.

Die Geschichte, vor allem aber die Frühgeschichte, hat jüngst durch SCHINDEWOLF bessere Klärung erfahren. Nach ihm sind *Bactrites* und Verwandte (orthocon, extra- und retrosiphonat, Externlobus einzige Differenzierung der Sutur; Sil-P) die von *Orthoceracea* (s. S. 78) u. zw. *Michelinoceratidae* herzuleitenden Ausgangsformen. Eine weitere Vor- bzw. Frühstufe wäre (nach mancherlei Zwischenformen) *Agoniatites* (Dev) mit bereits typisch-nautiliconem Gehäuse, fest aneinanderschließenden Windungen (ohne die „Nabellücke" der Zwischenformen) und goniatitischer Sutur mit 3 sog. Protoloben (Extern-, Intern-, Laterallobus), vgl. Abb. 34). Noch im Dev wurde die goniatitische Sutur durch sog. Metaloben u. zw. $\pm$zahlreiche Adventivloben und einen Umbilikallobus oder nur Umbilikalloben komplizierter. Der erste Weg war scheinbar im Paläoz der häufigere, doch nur der zweite setzte sich ins Mesoz zu ceratitischer und ammonitischer Ausgestaltung fort, nach dem unterschiedlichen Verhalten von Sipho, Gehäuseformen, Skulptur usw. wohl in mehreren Linien. Dieses Aufblühen erfuhr an der Tr/J-Wende eine Zäsur, die nur von den Phylloceraten bzw. ihren Abkömmlingen überbrückt wurde. Wie es zu dieser Niedergangsperiode und zum endgültigen Erlöschen am Ende der Kr kam, wieso beide Male zahlreiche Nebenformen auftraten, ist noch ungeklärt.

Recht unterschiedlich erfolgt die systematische Gliederung. Wir beschränken uns auf folgende kurze Zusammenstellung:

Goniatitacea: Sutur goniatitisch, Primärsutur trilobat oder beide einfacher; nautilicon, selten ortho- oder $\pm$gyrocon, extra- und meist prosiphonat; Sil-P. Vor- bzw. Übergangsformen: *Bactritidae*, s. oben; Frühstufe: *Gyroceras* und *Mimagoniatites* mit, *Agoniatites* ohne Nabellücke, s. oben, u. a.: typische Formen mit Metaloben: mit Adventivloben *Tornoceratidae*, *Cheiloceratidae*, *Goniatitidae*; nur mit Umbilikalloben *Manticoceratidae*, *Prolobitidae*, *Prolecanitidae*.

Clymeniacea: wie typische *Goniatitacea*, aber intra- und retrosiphonat; Gehäuse meist weitnabelig, disciform, gelegentlich $\pm$dreieckig („Dreiecksclymenien"); Dev. Zusammenhänge mit vorigen unklar.

Ceratitacea: Sutur ceratitisch, mit Umbilikalloben; extra- und prosiphonat; Primärsutur quadrilobat; Tr; durch Übergänge mit *Goniatitacea* wie mit *Ammonitacea* verbunden. — *Ceratites* ($\pm$platycon, s. Abb. 31) *Tirolites*, *Carnites*, *Tropites* ($\pm$globiform, s. Abb. 32), *Trachyceras* (stark skulpturiert), *Cochloceras* und *Rhabdoceras* schneckenspiralig eingerollt bzw. adult $\pm$orthocon), *Arcestes* (longidom), *Pinacoceras* (disciform-oxycon, bis 1,5 Durchmesser) u. v. a., bes. Tr-Ltf.

Ammonitacea: Sutur ammonitisch, selten pseudoceratitisch, mit Umbilikalloben; extra- und prosiphonat; Primärsutur quinquelobat; J-Kr. — Neben vielen anderen: *Phylloceras*, *Lytoceras*; die Nebenformen *Crioceras*, *Ancyloceras*, *Hamites*, *Macroscaphites*, *Turrilites* (s. Abb. 33c), *Baculites* (s. Abb. 33a), *Nipponites*; *Arietites* (weitnabelig), *Amaltheus* ($\pm$oxycon, s. Abb. 30), *Harpoceras* ($\pm$platycon); *Perisphinctes* und Verwandte (mit gabelnden Rippen), *Acanthoceras* ($\pm$platycon, stark skulpturiert); *Pachydiscus* (bis 2,5 m Durchmesser); *Indoceras* und *Tissotia* (Sutur pseudoceratitisch); viele Ltf.

Subclassis : **Dibranchiata**

Die rezenten Dibranchiaten haben 10 oder 8 im Querschnitt rundliche und oralseitig meist mit Saugnäpfen oder Fanghäkchen besetzte Arme. Einer, selten zwei, dienen beim ♂ als Begattungs-Hilfsorgan (Hectocotylus-Arm). Die Zweizahl der Kiemen und die Röhrenform des Trichters, der Tintenbeutel, die Chromatophoren (durch Zusammenziehung und Ausdehnung raschen Farbwechsel hervorrufende Pigmentzellen) sind weitere kennzeichnende Merkmale. Ein äußeres Gehäuse, ungekammert und von den Armen (nicht vom Mantel) ausgeschieden, findet sich nur beim ♀ von *Argonata* als (sekundärer) Brutapparat. Dem Gehäuse der Tetrabranchiaten vergleichbar sind bei den rezenten Dibranchiaten bloß um- wie rückgebildete Reste im Körper-Inneren, die aber auch ganz schwinden können. Die Körperaußenwand bildet der Mantel mit seiner mächtig entwickelten, „fleischigen" Muskulatur. Ihm sind meist paarige Flossen beim Hinterende oder auch ein Flossensaum längs der Flanken des (dann ± niedrigflachen = depressiformen) Körpers als Lokomotions-Hilfsapparate (Schwimmen, Graben) angefügt.

Die rezenten Dibranchiaten haben sehr wechselnde Lebensweise. Sie wohnen vom Neritikum bis zum Abyssal, viele schwimmen gewandt gewöhnlich mit dem Hinterende voran (= Rückwärts-Schwimmer); einzelne können sich wie Flugfische über die Wasseroberfläche erheben, andere sind Bodentiere, oder planktonische Schweber. Dementsprechend schwankt die Körpergestalt von spindelförmig zu mehr depressiform oder globos. Bei planktonischen kommen Trichterreduktion wie Armschirmbildung (durch Häute zwischen den Tentakeln) vor. Bewohner lichtarmer Regionen haben bisweilen sog. Teleskop- (= Fernseh-) Augen, solche aphotischer (= lichtloser) rückgebildete Augen, Tiefseeformen Leuchtorgane. Die meisten sind Räuber, welche anderen Mollusken, Krebsen, Fischen usw. nachstellen oder ihnen, in Sand oder Felshöhlen versteckt, auflauern; unter den Planktonten gibt es auch mikrophage. Einzelne Riesenformen erreichen 12 m Körperlänge und mehr, wovon etwa 2/3 auf die Arme (mit bis kaffeetassengroßen Saugnäpfen) entfallen können.

Vor allem nach der Armzahl werden die rezenten Dibranchiaten in 2 Gruppen geteilt. Die

Ordo: Decapoda oder **Decabrachia**

(gr. déka = 10) — die zweite, 1952 von C. R. BOETTGER vorgeschlagene Bezeichnung empfiehlt sich im Hinblick auf die Crustaceen-*Decapoda* (s. S. 102) — umfaßt Formen mit 10 Armen, wovon 2 die anderen an Länge übertreffen; Flossen und wenigstens Reste des (inneren) Gehäuses sind bei dieser rezent formenreicheren Gruppe die Regel. Ihr werden auch die meisten auf Dibranchiaten bezogenen Fossilfunde eingereiht, u. zw. die mit besser entwickelten Hartteilen größtenteils in die

Subordo: **Belemnoidea**

Bei den Belemniten (v. gr. bélemnon = Geschoß) sind 3 Hartteile unterscheidbar: der besonders dem gekammerten Teil des Tetrabranchiaten-Gehäuses entsprechende Phragmokon (gr. phragmós = Zaun), meist klein, mit dichtgestellten Septen und marginalem (v. lat. márgo = Rand), ventralem Sipho; das Proostracum (= Vorschale), seine vordere, dorsale Verlängerung (gleichsam ein Rest der Wohnkammer); das Rostrum (lat. = Schnabel), sein stachel-, zapfen- oder keulenförmiger hinterer Fortsatz. Der Phragmokon soll aus Aragonit, das Proostracum aus hornig-aragonitischer Substanz, das Rostrum aus Kalzitlagen mit dünnen Eisenoxyd-Zwischenlagen bestehen. In der Regel sind jene beiden zart; dieses hingegen ist meist kräftig und während sein zentraler Teil (Epirostrum) dem Phragmokon-Hinterende aufsitzt, umgreifen die peripheren Partien den Phragmokon weiter vorwärts (Abb. 37). Bau und Form des Rostrums zeigen artliche wie ontogenetische Verschiedenheiten. Man schloß daraus auf unterschiedliche Funktion bzw. wechselnde Lebensweise (Rostrum mehr gedrungen, evtl. mit kurzem Dorn an der sonst gerundeten Spitze = Grabstachel = benthonisch; Rostrum länglich-schlank = Stöberapparat = in Algenwäldern oder nektonisch usw). Einen Sonderfall bilden die zweiseitig abgeflachten Rostren bei *Duvalia* (J, Kr).

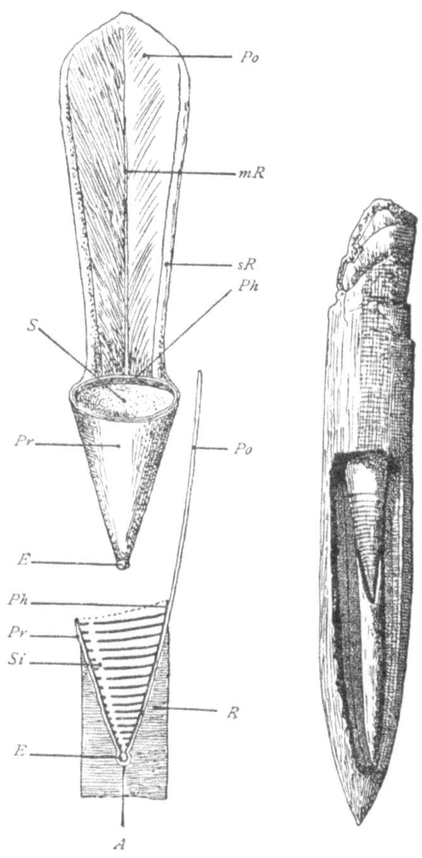

Abb. 37. Die Hartteile der Belemniten. Links Proostracum und Phragmokon eines Liasbelemniten in Ventralansicht (oben) und im Längsschnitt samt einem Teil des Rostrums unten; rechts Rostrum von *Belemnites excentricus*, ObJ WEur, aufgebrochen, im Inneren der Phragmokon. *Po* = Proostracum mit Mittelrippe (*mR*) und Seitenrand (*sR*); *Ph* = Phragmokon mit Embryonalblase (*E*), Phragmokonwand (*Pr*), Septum (*S*) und Sipho (*Si*); *R* = Rostrum mit Apikallinie (*A*). Aus ABEL 1924.

Alle Hartteile waren, wie Gefäßeindrücke und Flossen-Muskelansatzstellen außen am Rostrum andeuten (Abb. 38), vom Mantel umhüllt. So muß das Belemnitentier in der äußeren Form den rezenten Dibranchiaten ebenso geähnelt haben wie im hauptsächlich innen (ventral) vom Proostracum gelegenen Weichkörper (Abb. 39).

Gewöhnlich ist bloß das Rostrum, allenfalls mit dem umschlossenen (bloß in Bruch oder Schliff sichtbaren) Phragmokonteil überliefert. Nur bei Frühformen mit noch wohlentwickeltem und anfangs noch weitkammerigem Phragmokon ist die Erhaltung des Phragmokons häufiger als die des (jenen wohl noch nicht so fest und ausgedehnt

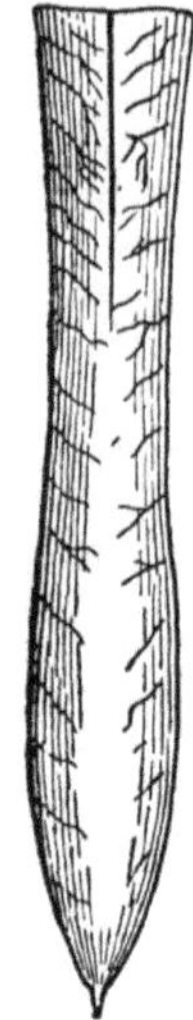

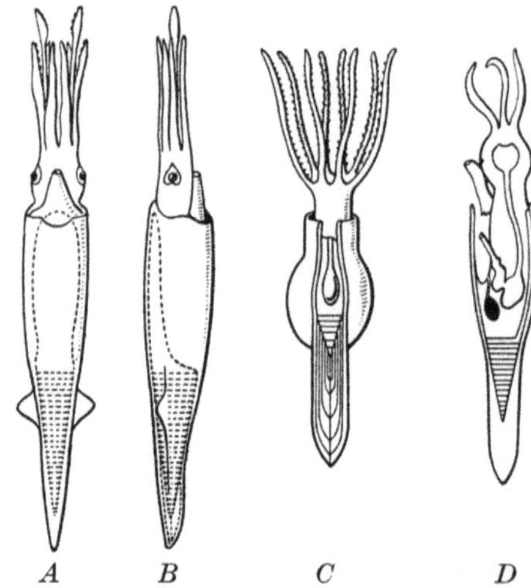

Abb. 38. Rostrum von *Belemnitella mucronata* SCHLOENB. (Ltf. d. sog. „Mucronatenkreide") mit dem Phragmokonende entsprechendem „Ventralschlitz" und oberflächlichen Gefäßeindrücken. Aus BEURLEN 1951.

Abb. 39. Verschiedene Rekonstruktionsversuche von *Belemnites giganteus* in Ventral- bzw. Lateralansicht (*A, C* bzw. *B, D*). Aus ROGER in PIVETEAU 1952.

umhüllenden) Rostrums; hingegen scheint das Proostracum (oder? eine richtige Wohnkammer) wenig erhaltungsfähig gewesen zu sein. Abdrücke von Weichteilen (Arme, Tintenbeutel) sind nicht ganz selten, auch der muskulöse Mantel war einer gewissen Petrifizierung fähig. Am Vorkommen ist eine gelegentliche Häufung längsparallel aneinandergereihter, sichtlich eingeregelter Rostren bemerkenswert (sog. „Belemnitenschlachtfelder", Lias, Schwaben).

Die oft einem kleinen Geschoß ähnlichen Belemnitenrostren spielten in Volksglauben und Volksmedizin eine Rolle. Viele wurden nach ihrer Form für „Albschosse", „Donnerkeile", „Teufelsfinger", „Ma(h)rezitzchen" [Ma(h)re = Trude], nach der honiggelben Farbe und dem beim Reiben entstehenden Geruch für versteinerten Luchsurin („Lynkurium") gehalten. Ein Ma(h)rezitzchen- (dann fälschlich Mohrenzitzchen-)Pulver sollte stillende Mütter gegen Ausbleiben der Milch infolge Schreckens schützen, das Lynkurium (schon von OVID erwähnt) gegen Augenleiden helfen.

Die Belemniten sind fast nur aus dem Mesoz bekannt und dort auch als Ltf von Bedeutung. Ihre Geschichte bedarf noch mancher Klärung, und so schwankt auch die Systematik. Mit hinreichender Deutlichkeit heben sich einstweilen folgende Gruppen voneinander ab:

Protobelemnitidae = Aulacoceratidae: mit großem (bis 1 m langem) Phragmokon, z. T. wie Übergangsformen von *Orthoceracea* (s. S. 78) erscheinend; Erstformen P NAm; *Aulacoceras* und *Atractites* (Tr Alp) weitkammerig, andere schon engkammerig; Letztformen J.

Chitinoteuthidae: Phragmokon ähnlich wie bei vorigen, Rostrum chitinös; UJ M&WEur.

Belemnitidae: typische Vertreter, mit reduziertem Phragmokon und kräftigem Rostrum; Hauptmasse der Belemniten; J, Kr; viele Ltf.

Belemnoteuthidae: Proostracum und Phragmokon gut entwickelt, Rostrum von abweichender Struktur und ± nur dünner Überzug auf Phragmokon; wenige, auch zu *Sepioidea* (s. unten) gezählte Formen; ? P, Tr-J; hierher einige der Funde mit Weichteilerhaltung.

Neobelemnitidae: Übergangsformen zu *Sepioidea* (s. unten), Kr-Olig; ob Formen wie *Beloptera* (Eoz, Rostrum mit 2 flügelförmigen Fortsätzen für Flossenansatz) noch den *Belemnoidea* zugerechnet werden sollen, mag fraglich scheinen.

Subordo: **Sepioidea**

Die *Sepioidea* (v. gr. sepía = Tintenfisch, eigentlich faulig) haben dieselben inneren Hartteile wie die Belemniten, doch in veränderter, bis zum bekannten Schulp umgestalteter Form, wo der parallel-schichtige Hauptteil im wesentlichen dem Phragmokon, seine blattförmige Verlängerung dem Proostracum und die Auflagerung hinten dem Rostrum entsprechen dürfte.

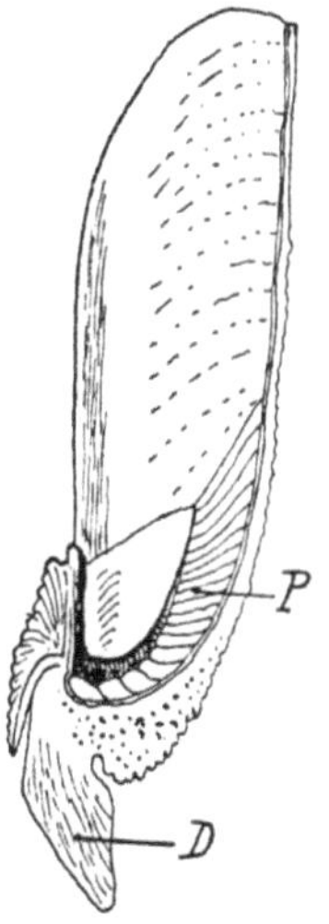

Abb. 40. Längsschnitt durch den Schulp von *Belosepia blainvillei* DESH., Eoz WEur. *D* = Dorn (Rostrum), *P* = Phragmokon. Fast nat. Gr. Aus ABEL 1924.

Spirulirostridae: mit cyrtoconem Phragmokon und an dessen Konvexseite ansitzendem Rostrum; Eoz — Mioz.

Spirulidae: mit cyrtoconem Phragmokon ohne Rostrum; ab Mioz.

Sepiidae: Bei *Belosepia* (Abb. 40), Eoz, Phragmokon noch kenntlich, cyrtocon, mit Rostrum wie bei Spirulirostriden; ab Mioz Schulpe wie bei *Sepia*, rez; „Sepieneier" (s. S. 72) aus Tert oder Quart von Bengasi.

Subordo; **Loliginacea**

(v. lat. loligo = Tintenfisch). Innere Hartteile meist bis auf ± schmalblattförmigen, chitinösen, fossil schwach kalzifizierten „Gladius" (lat. = Schwert) reduziert, der wohl Proostracum mit kleinem Phragmokonrest entspricht, oder völlig geschwunden. Fossilfunde ab J, z. T. mit Arm- und Tintenbeutelabdrücken, z. T. mit körperlicher Erhaltung (Mantelmuskulatur); bei einigen belemnitenartiger Phragmokon noch deutlicher erkennbar.

Ordo : Octopoda oder Octobrachia

Diese Ordnung — die Namensänderung in *Octobrachia* wurde sinn-
gemäß zu jener in *Decabrachia* vorgeschlagen (s. S. 84) — wird durch die
Achtzahl (gr. októ = 8) der ± gleichlangen Arme gekennzeichnet.
Hartteile rudimentär, meist aber ganz fehlend; nur *Argonauta*
mit sekundärer Schale als Brutapparat (s. S. 84). Wenige Fossilfunde mit scheinbar noch etwas differenzierteren Hartteilresten
wie *Palaeoctopus*, Kr Libanon; möglicherweise einige Armabdrücke
(„Sternspuren") aus ObKr NAm; *Argonauta*-Schalen, Tert SEur, Afr,
Neuseeld.

*   *

*

Die Geschichte der Dibranchiaten ist also durch die Einwärtsver-
lagerung und Rückbildung des gekammerten Gehäuses gekennzeichnet.
Sie zeigt so Ähnlichkeit in der Richtung, aber Verschiedenheit im Weg
gegenüber der jener orthoceren Nautiloideen, die mit Endosiphonalbildungen und Kalkausscheidungen den Gasauftrieb minderten. Hingegen scheinen nautilicone Nautiloideen und Ammonoideen den hydrostatischen Apparat durch seine Verlagerung bei der Gehäuseeinrollung
stabilisiert zu haben. Innerhalb der Gesamtheit der Cephalopoden zeichnen sich damit verschiedene Hauptentwicklungsbahnen ab, aus divergenten, parallelen und konvergenten Einzellinien wie mit mancherlei
Nebenwegen.

*   *

*

Nur mit Vorbehalt werden den Mollusken

inc. sed. Hyolithida und Tentaculitida

angereiht. Hyolithen: meist kleine, schlank-konische, einseitig etwas abge-
flachte, im Querschnitt annähernd elliptische Gehäuse aus Kambr und Sil
mit apikaler, an Cephalopoden erinnernder Kammerung und Deckel; bei
günstiger Erhaltung seitwärts der (einseitig vorgezogenen) Mündung paarige
Spuren von ? Flossen. Tentaculiten-Gehäuse: gleichfalls kalkig und schlank-
konisch, doch mehr rundlich, ungekammert und deckellos; bei *Novakia*
apikales, nach Art der Cephalopoden-Anfangskammer erweitertes Ende mit
kalkigem Dorn; bei *Tentaculites* Skulptur aus Querringen; paarige Furchen
auf der Gehäuse-Außenfläche an Pteropoden (s. S. 64) erinnernd, ebenso das
oft gehäufte Vorkommen (marines ObSil & Dev).

Subphylum: **Articulata**

Als *Articulata* = Gliedertiere werden jetzt[1] die *Annelida* oder
Glieder- bzw. Ringelwürmer (v. lat. ánnulus = kleiner Ring), die *Tar-
digrada* oder Bärtierchen (lat. tárdus = langsam, grádus = Schritt) und

---

[1] Der Name ist zwar treffend, doch, weil schon lange bei Brachiopoden
und Crinoiden in Gebrauch (vgl. S. 57, 132) nicht sehr glücklich.

die *Arthropoda* oder Gliederfüßer (gr. árthron = Glied, Gelenk) zusammengefaßt. Sie sind i. allg. durch die Segmentierung des Körpers, d. h. dessen Aufbau aus ± gleichartigen, aufeinanderfolgenden Teilstücken oder Metameren (gr. méros = Teil) gekennzeichnet. Fossil sind nur Anneliden und Arthropoden bekannt.

Cladus: Annelida

Die meist skelettlosen, wurmförmigen *Annelida* sind aus der Vorzeit nur spärlich beurkundet und manche der hierher gerechneten Reste werden auch, wie jetzt die „*Conodonta*" (s. S. 155) anders, oder als Dubiosa (lat. dubiōsus = fraglich) bewertet. Was nach deren Ausscheiden verbleibt, wird größtenteils der

Classis: Polychaeta

(gr. polýs = viel, chaité = Haar, Borste) zugezählt, die rez vornehmlich getrennt-geschlechtliche, marine Formen mit Metamorphose und zahlreichen Borsten an den beinartigen, aber ungegliederten Anhängen umfaßt. Die Fossilfunde sind verkalkte Chitin-Kiefer und Lebensspuren, besonders Wohnröhren, wie sie heute festsitzende, ihre Nahrung mittels Tentakeln herbeistrudelnde tubicole (lat. tūbus = Röhre, cólere = bewohnen) Polychaeten besitzen. Solche Reste kennt man seit dem Kambr. Sie bezeugen das hohe Alter der Klasse, das weite Zurückreichen heutiger Lebensarten und Lebensgemeinschaften (s. u.) also einen gewissen Konservativismus.

U. a. wurden bezogen: Kiefer und Exkremente (ObJ Solnhofen) auf *Eunicidae*, (d. h. Verwandte des Palolo-Wurmes, *Eunice viridis*); Zystenbildungen an Crinoiden, sog. „Lobolithen" oder „*Camarocrinus*" (gr. kamára = Kammer, Gewölbe, krínos = Seelilie), Sil, Dev, u. a. (vgl. S. 130)[1] auf *Myzostomidae* (rez. weitgehend umgestaltete, z. T. verkalkende Zysten erzeugende Ekto- wie Entoparasiten an Echinodermen, s. S. 130); vielerlei Röhren auf „*Serpula*", auch solche mit Röhrendeckel aus (wie bei Deckelkorallen, s. S. 47) umgewandelten Tentakeln; orgelpfeifenartig zu Riffen aneinandergereihte Röhren aus dem Mioz auf *Sabellaria*[2], aus dem Kambr („Pfeifen-Quarzit") auf *Scolithus*, eine wohl nahe verwandte Form. Vertikale, quergegliederte U-Röhren (z. B. Kr-Eoz-Flysch, Alp; Mioz Wiener Becken) wurden mit solchen von *Arenicola* (lat. arēna = Sand), horizontale Gänge mit den heute von *Polydora* in Molluskenschalen geätzten; agglutinierende mit jenen von *Terebellidae* (*Lanice* u. a.) verglichen usf.

---

[1] Da die Lobolithen Wurzelzysten sind, ab Dev dann Stiel- und Kelchzysten vorkommen, rez aber Armzysten vorherrschen, läßt sich ein primärer Befall an den Wurzeln durch Abkömmlinge freilebender benthonischer Myzostomiden-Vorfahren, dann ein allmähliches (vielleicht einer gleichgerichteten Verlagerung der Genitialorgane der Wirte folgendes) Emporrücken der Parasiten am bzw. im Crinoidenkörper mutmaßen.

[2] Solche Röhren baut rez *Sabellaria alveolata*, die „Sandkoralle" des Wattenmeeres; (*S. spinulosa*, der Austerntod, überwuchert dagegen mit knäuelförmig verschlungenen Röhren Austernbänke).

Noch dürftiger sind die übrigen Annelidengruppen belegt, z. B. die

Classis: Clitellata

(lat. clitéllae = Saum-, Packsattel), u. zw. die

Ordo : Oligochaeta,

heute zwittrige Land- und Süßwasserbewohner ohne Metamorphose, mit nur wenigen Borsten und ohne extremitätenartige Anhänge, durch Funde aus dem ATert (Balt, Bernstein).

Cladus: Arthropoda

Die *Arthropoda* sind Articulaten mit gegliederten Extremitäten und epidermalem, nur selten rückgebildetem Chitin-Außenskelett. Dieses hat Proteineinlagen und wird durch Calciumcarbonat- und Calciumphosphataufnahme oft fossilisationsfähig. Den Segmenten entsprechen ringförmige oder in Rücken-, Seiten- und Brust-(Bauch-) stücke gegliederte Elemente: die Tergite, Pleurite und Sternite (lat. térgum = Rücken, gr. pleurá = Seite, Flanke, gr. stérnon = Brust)[1]; die wechselnd geformten Teilstücke der Extremitäten heißen Podite. In der Regel sind sämtliche Skeletteile miteinander membranös-beweglich verbunden. Die seitlich, an den Pleuren, inserierenden Gliedmaßen treten an allen bis an nur wenigen Segmenten auf. Die vordersten dienen meist als Antennen (v. gr. anateínein = in die Höhe strecken) sinnlicher Wahrnehmung, die folgenden als Mundgliedmaßen oder Kieferbeine dem Ergreifen bzw. Zerkleinern der Nahrung, die übrigen der Lokomotion, z. T. auch der Respiration.

Das Chitinskelett ist weder als Ganzes noch in seinen Teilen wachstumsfähig. Daher wird der Panzer in der Ontogenese mehrmals gesprengt, als Exuvie oder Panzerhemd abgestreift und durch einen neugebildeten ersetzt (Häutung).

Die vordersten Segmente verschmelzen zum Kopf oder Cephalon, oft mit diesem noch weitere zu einem Kopfbrustpanzer oder Cephalothorax (gr. thórax = Brustpanzer); die folgenden sind meist in mehrere Abschnitte wie Brust oder Thorax, Hinterleib oder Abdomen (lat. = = Bauch, Hinterleib) gegliedert; die hintersten häufig wie die vordersten verschmolzen.

Von der Weichteil-Anatomie (gr. anatomé = Aufschneiden) seien erwähnt: Das Nervensystem aus Ganglienzellen und -knoten (s. S. 57) mit Bauchmark und dorsalem Gehirn; die verschiedenartigen Sehwerkzeuge (Punkt-, Fazettenaugen usw.) und Atmungsorgane [Kiemen an den Extremitäten; Tracheen (vgl. tráchea = Luftröhre) = durch Stigmata (gr. = Stiche, Punkte) nach außen mündende Röhrensysteme

---

[1] Auf die Kerben zwischen den Ringen bzw. Spangen beziehen sich die Bezeichnungen Kerbtiere und Kerfe wie das aristotelische *Entoma* (gr. entomé = Einschnitt) und, davon abgeleitet, Entomologie für die Gliedertiere und die Lehre von ihnen.

im Körper; in Kiemen eintretende „Tracheenkiemen"; Fächertracheen oder Lungen = sackförmige Hauteinstülpungen mit Stigmata und lamellenartigen Anhängen im Inneren]; die Nephridien in fast allen oder doch mehreren Segmenten; von der Fortpflanzung die gelegentliche Entwicklung durch unbefruchtete Eier (Parthenogenese = Jungfernzeugung) und die übliche Metamorphose. Die Lebensweise ist vielfältig. Alle großen Lebensbereiche wurden erobert, mancherlei Lebensgemeinschaften und einzigartige Formen von Gemeinschaftsleben (bei Insekten) entwickelt. Obwohl die Arthropoden scheinbar bis ins PrKambr zurückzuverfolgen sind, stehen manche Gruppen noch heute in voller Blüte.

Wo Imprägnation mit Kalksalzen körperliche oder Steinkern- bzw. Abdruck-Erhaltung ermöglicht, liegen zahlreiche auch als Ltf wichtige Funde vor. Andere Gruppen sind nur spärlich und dürftig belegt.

Subcladus: **Malacopoda**

Die *Malacopoda* (= Weichfüßer) sind rezent wie fossil nur durch wenige, in die

Classis: Onychophora

(gr. ónyx = Klaue, Kralle), — früher auch *Protracheata* — gereihte Formen vertreten. Die rezenten sind äußerlich sehr annelidenähnlich. Sie haben kurze, terminal doppeltbekrallte Stummelbeine, 1 Antennenpaar und aus Krallen gebildete Kiefer. „Büscheltracheen" sind über den ganzen Körper verstreut, Nephridien in fast allen Segmenten vorhanden. Onychophoren finden sich an feuchten Orten, unter faulendem Holz. Mit der nicht-aquatischen Lebensweise mögen das Fehlen einer Metamorphose wie die teilweise komplizierte „Brutpflege" unter Ausbildung einer Art Placenta (lat. = Kuchen; „Mutterkuchen") zusammenhängen. Man unterscheidet 2

Ordines: Protonychophora und Euonychophora

Diese umfaßt die rezenten Formen (*Peripatus* u. a.), jene die 2 bisher einzigen Fossilfunde: *Asheaya*, MKambr NAm; *Xenusion*, Abdruck auf Diluvialgeschiebe aus PrKambr oder Kambr, nMEur; beide durch Segmentzahl, geweihartige bzw. flächige Antennen, dieses auch durch ungleiche Segmentform von den rezenten abweichend. Zumindest *Asheaya* war vermutlich nicht-marin. Das hohe Alter wie die auf Herkunft von Anneliden weisende Körperform rechtfertigen die Reihung der *Malacopoda* in Wurzelnähe ihres Cladus.

Subcladus: **Diantennata**

Die *Diantennata* BOETTGERS (1952) entsprechen im wesentlichen den bisherigen *Branchiata*. Der Name zielt auf die 2 Antennenpaare bei typischen rezenten Vertretern; die Ein- bzw. Zuordnung der fossilen kann oft nur mit Vorbehalt erfolgen. Manche Autoren bevorzugen andere Gruppierungen.

Classis: Trilobita

Die *Trilobita* (=Dreilapper) sind nach der longitudinalen wie transversalen Dreiteilung im mehrschichtigen, bis 1 mm starken und mit Kalksalzen imprägnierten Chitin-Panzer (Abb. 41) benannt. Am Vorderabschnitt dem Cranidium (gr. kraníon = Helm, Schädel) unterscheidet man: median die Glabella oder Glatze (lat. gláber = glatt) und dahinter die von ihr wie untereinander durch die Glabellarfurchen getrennten Glabellarwülste; lateral beiderseits Genae (lat. = Wangen), jede durch

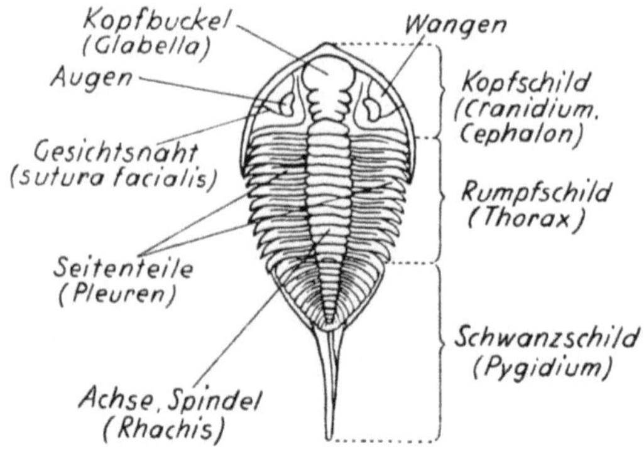

Abb. 41. Trilobitenpanzer (*Dalmanitina*) in Dorsalansicht. Nach BACHMAYER 1957.

eine Furche, die Gesichtsnaht, in die mediale feste und die laterale freie geteilt, und hinten-außen in einen verschieden langen Wangenstachel auslaufend. Vorne-median kann an einer Schnauzennaht noch ein Schnauzenschild (Epistom oder Rostrum) angefügt sein; ventral war das Cranidium auf einen „umgeschlagenen" Randsaum beschränkt, und hier standen mit ihm, nur selten erhalten, praeoral eine Hypostom- und postoral eine Metastom-Platte in Verbindung.

Auf den Wangen findet sich meist ein halbmond-, ring- oder eiförmiger, durch die Gesichtsnaht in eine Sehfläche außen und einen Palpebrallobus (Palpebralfläche, lat. pálpebra = Augenlid) innen geteilter Augenhügel. Die Augen sind Linsenaugen. Die Linsen (2—14 pro mm, bis 1500 pro Auge) stoßen bald dicht aneinander und sind von einer durchsichtigen Fortsetzung des Integumentes (lat. integuméntum = Decke, Hülle) überzogen: holochroale (gr. chróa = Haut) Facettenaugen; bald werden sie durch das Integument voneinander getrennt und von einer besonderen Deckschicht überzogen: schizochroaler Typ. Manchmal erfolgte ontogentisch Linsenrückbildung bis zu völligem Schwund. Ob auch ein unpaares Medianauge sowie Ventralaugen am Hypostom vorkamen, steht noch nicht fest.

Hinter dem Cranidum folgt, durch die Nackenfurche getrennt, der deutlich segmentierte Thorax oder Rumpfpanzer. Jedes Segment hat einen medianen Meso- und zwei laterale Pleurotergite; jene bilden zusammen die **Rhachis** (gr. = Rückgrat) oder Spindel, diese die **Pleuren** oder Seiten, die beide trennenden, nach rückwärts konvergierenden Furchen entsprechen den Verwachsungszonen zwischen Meso- und Pleurotergiten. Bei Einrollungsvermögen (s. S. 94) haben die Mesotergite vornemedian einen Artikulationsfortsatz, hinten einen Umschlag nach innen (unten). Die dorsale Thoraxwölbung wechselt, die Außenfläche der Pleuren kann glatt sein oder eine Furche bzw. einen Wulst aufweisen (Furchen- bzw. Wulstpleuren). Die Segmentzahl schwankt stark, nimmt meist ontogentisch zu und steht in reziprokem (lat. eigentlich vorwärtsrückwärts) Verhältnis zur Größe des Schwanzschildes.

Dieser, das **Pygidium** (gr. pygé = Steiß), geht ontogentisch aus der Verschmelzung thorakaler Segmente hervor. Er ist meist dreiteilig, doch kann der Rhachisteil reduziert sein. Hinten endet er breitgerundet, spitz oder in einen Stachel. Nach der Größe gegenüber dem Cranidium unterscheidet man mikro-, makro- und isopyge Ausbildung.

Die **Ventralseite des Körpers** war nur durch eine Membran, mit verkalkten Querbögen zum Gliedmaßen-Ansatz, abgeschlossen. Daher ist von ihr und ihren Anhängen wenig überliefert. Von diesen kennt man:

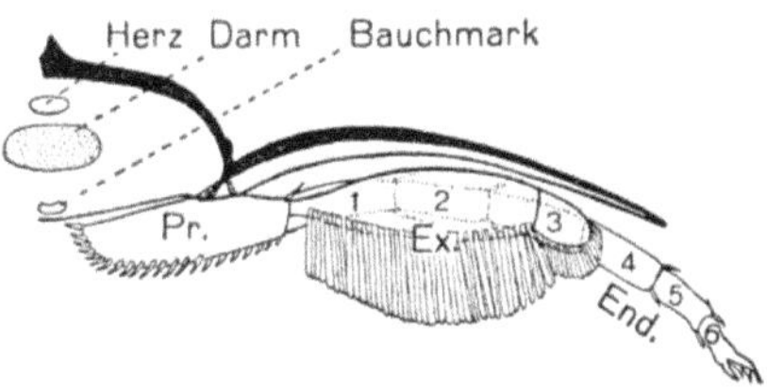

Abb. 42. *Neolenus serratus* ROËM. Querschnitt durch ein Rumpfsegment mit Gliedmaße. *End.* = Endopodit (6gliederig, Schreitbein, auch mehr nach unten stellbar); *Ex.* = Exopodit; *Pr.* = Protopodit. Aus RICHTER 1933.

vorne 1 Paar einfache Antennen (? bei einigen primitiven noch ein 2. Paar); an den folgenden Segmenten je 1 Paar nach dem basalen **Proto- (Sym-) podit** mit Epipodit-Fortsatz in den ±ventralen, mehrgliedrigen **Endopodit** (= Innenast) und den ±dorsalen **Exopodit** (= Außenast, v. gr. éxo = außen), gabelnde **Spaltfüße** (Abb. 42). Der Borstenbesatz am Exopodit deutet auf Schwimmbein- bzw. auf respiratorische (und ? Filter-) Funktionen. Die 4 Paar Kieferfüße sind kaum abweichend gestaltet.

Über die **sonstige Organisation** weiß man wenig. Eintiefungen an der Cranidium-Innenfläche werden auf Magen- und Darmausstülpungen („Wangenblinddarm") wie auf Blutgefäße bezogen. Vermutlich war ein Dorsalgefäß („Herz") vorhanden. Der behauptete Sexualdimorphismus (von ähnlichen Formen mehr längliche ♂, mehr breite ♀) ist umstritten, die vermeintlichen Trilobiteneier sollen Exkremente sein. Ein Fund von mit den Pygidialenden vereinigten Tieren (MKambr Mong) wurde als Copula-Stellung (v. lat. copuláre = verbinden, koppeln, paaren) gedeutet. Besser bekannt ist die **Ontogenese** (Abb. 43), wo ein **Protaspis-** (= Erstschild-)stadium mit einheitlichem, ±halbkugeligem Kopfschild und sich trennendem Endglied); ein mehrstufiges **Meraspis-** (= Teilschild-)stadium, mit Bildung thorakaler Segmente, Pygidium-Segmentierung, Verschmelzungen und Rückbildungen unter mehrfachen

Häutungen; und schließlich das Holaspis- (= Vollschild-)stadium, mit
endgültiger Segmentzahl, aufeinanderfolgten.

Die Lebensweise ist mangels rezenter Vergleichsformen schwer zu
beurteilen. Wahrscheinlich war der Lebensraum nach den Fundgesteinen
marin, bes. neritisch, nach dem meist flachgewölbten Panzer vorwiegend
das Benthos und die Bewegung nach Fährtenfunden kriechend am bzw.
schwimmend über dem Boden. Formen mit Pygidialstachel, mit gestielten
oder rückgebildeten Augen mögen sich in den Bodenschlamm eingewühlt
haben, solche mit wenig Segmenten und Makro- bis fast Isopygie bessere
Schwimmer, solche mit besonders großen Augen Notonektonten, solche
mit starker Fortsatzbildung an den Pleuren auch Planktonten oder Pseudo-
planktonten gewesen sein. Meist werden die Trilobiten als Aas-, Fleisch-

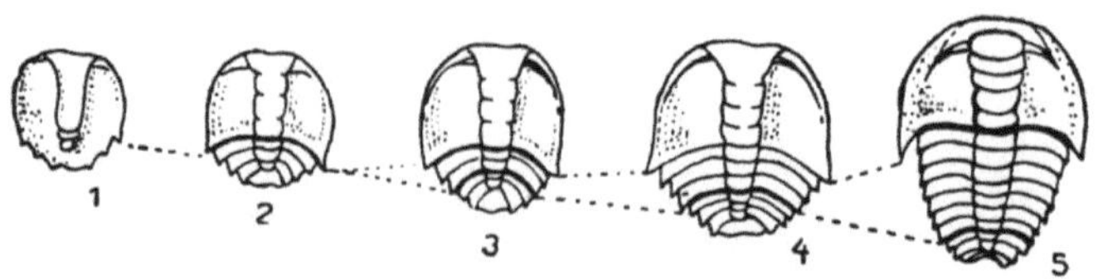

Abb. 43. Ontogentische Entwicklung bei *Sao hirsuta* BARR., MKambr WEur. *1* = Protaspis,
2—5 = Meraspisstadium. Die gestrichelten Linien bezeichnen bzw. umgrenzen die Thorakal-
region. $^{12}/_1$ nat. Gr. Aus MORET 1953.

oder Schlammfresser angesehen; auch eine Außenverdauung wurde
erwogen. Die These STORCHS, wonach die Gliedmaßen nach Phyllopoden-
Art (s. S. 96), d. h. mit einheitlich-rhythmischen Bewegungen, Ernährung
und Lokomotion dienten, fand anatomischer Bedenken wegen kaum Anklang. Auch die Unterschiede an Gestalt, Größe (Länge zwischen 1 und
75 cm) und Einrollungsvermögen (bald vorhanden, bald fehlend) deuten
auf biologische Verschiedenheiten. Vereinzelt wurden abnormale
(lat. nōrma = Regel) und pathologische Bildungen: u. a. Unregel-
mäßigkeiten in der Segmentbildung, Teilung von Stachelspitzen, Ver-
narbungen, (? parasitäre) Tumoren (lat. = Geschwülste) beschrieben.

Dank der (während der Fossilation oft noch vermehrten) Kalksalz-
Einlagerung im Panzer war körperliche wie Steinkern- oder Abdruck-
Erhaltung möglich; nur die Beine sind selten überliefert (s. S. 93).
Das Vorkommen erstreckt sich zeitlich von Kambr bis P, räumlich
auf die marinen Sedimente ± neritischer Fazies (kalkige, tonig-schieferige
und sandige) fast der ganzen Erde. Bisweilen ist es gehäuft (Häutungs-
plätze oder sekundäre Anhäufung von Panzerhemden). Die sog. „SAL-
TERsche Einbettung" (Cranidium gewölbt-unten, übrige Panzerteile
gewölbt-oben) weist nach R. RICHTER auf Exuvien, während die normale
Einbettungslage wie für alle ± schüsselförmigen Fossilanten (= Fossil-
anwärter) gewölbt-oben (vgl. S. 71) ist.

Die Geschichte der Trilobiten setzt im UKambr bereits mit unterschiedlichen, vom Südrand des kanadisch-baltischen Schildes bis nach

Afr bekannten Formen ein. Schon in MKambr ist die Verbreitung weltweit, mit je einer nordatlantischen, ost- und westpazifischen Faunenprovinz. In den folgenden Formationen wird der Entfaltungs-Höhepunkt erreicht, vom Dev an nehmen Kosmopoliten zu, mit der APaläoz/JgPaläoz-Wende Häufigkeit und Formenfülle stark ab.

Der Befund im UKambr setzt eine lange Vorgeschichte, also ein hohes Alter voraus. Urtümliche Züge (schwankende Segmentzahl, undifferenzierte Kieferfüße, wohl auch Trilobation) stimmen damit gut überein. Da sie bei Frühformen wie bei Jugendstadien von Cheliceraten (s. S. 102 ff.) ebenfalls auftreten, wurden die Trilobiten, die man systematisch bald nach der Segmentzahl, z. B. in *Mio-* und *Polymera*, bald nach dem Gesichtsnahtverlauf in *Pro-* und *Opistho-* bzw. in *Hypo-*, *Pro-* und *Opisthoparia* (gr. pareiá = Wange) gliedert, auch zum vorgenannten Subcladus eingereiht.

Viele Trilobiten sind, bes. für das APaläoz, wichtige Ltf. Zu den bekanntesten zählen:

Olenellidae, Paradoxidae, Olenidae: Segmente zahlreich, mikropyg, viele Ltf im Kambr. — *Conocoryphidae*: den vorigen ähnlich, aber blind, Augenverlust nach R. RICHTER in verschiedenen Linien erfolgt, so daß die *C*. polyphyletisch (= vielstämmig) wären; bes. USil. — *Proëtidae & Phillipsiidae*: Pygidium größer; bis ins JgPaläoz. — *Asaphidae*: Augen gestielt oder, *Cyclopyge* (*Aeglina*), bes. groß (s. S. 94); Sil. — *Scutellidae* (*Bronteidae*): Pygidium fast nur aus Pleuren und größer als Cranidium; Sil. — *Illaenidae*: weitgehende Segmentverschmelzung im Cranidium und im diesem fast größengleichen Pygidium; Sil. — *Lichadidae* (*Lichidae*): Cranidium und Pygidium bestachelt; Sil. — *Dalmanitidae*: Pygidium mit Endstachel; Sil. — *Phacopidae*: Facettenaugen hochentwickelt, oft eingerollt; Sil — Dev. — *Harpedidae*: Cranidium mit breitem Randsaum; Sil — Dev. — *Trinucleidae*: Cranidium mit gitterförmig-skulpturiertem Randsaum; Ltf. Sil, *Trinucleus*-Quarzit. — *Cheiruridae*: Glabella ± kugelig, Genae und Pleurite ± stachelartig; Sil — Dev. — *Agnostidae*: Cranidium & Pygidium fast größengleich, nur 2 bis 3 Thorakalsegmente; Kambr—USil.

inc. sed. Classis: Arthropleurida

Die einzige Gattung *Arthropleura* (Karb M- & WEur, Abb. 44) hat einen kräftigen, dorsal bestachelten und längs wie quer dreigeteilten Panzer. Auf den wenig bekannten Kopf mit einer Art Glabella folgen ca. 30 gleiche Segmente, sämtliche mit gleichartigen Spaltfüßen aus gleichgestalteten Exo- und Endopoditen; das kleine Hinterende (? Pygidium) ist unbekannt.

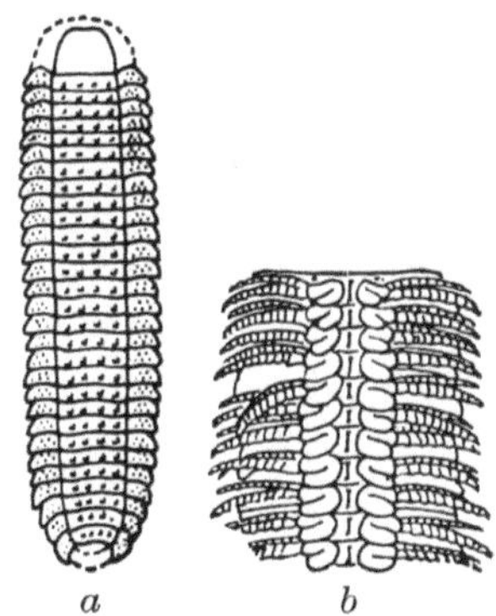

a   b

Abb. 44. *Arthropleura armata* JORDAN, Karb Eur; *a* von dorsal, fast $^1/_{33}$ nat. Gr., *b* Teilstück von ventral, fast $^1/_{20}$ nat. Gr. Aus MOORE in MOORE-LALICKER-FISCHER 1952.

Die doppelte Dreiteilung ist also trilobitenartig, die Gleichheit von Exo- und Endopoditen aber noch urtümlicher. Die Gesamtform ist fast wurmähnlichlänglich, die Größe — Körperlänge 1,5 m — beträchtlich. Nach den Fundstellen scheint *Arthropleura* im Süßwasser oder an feuchten Landstellen gelebt zu haben.

Classis: Cheloniellida

Schildkrötenkrebse. *Cheloniellon* (UDev, Bundenbacher- oder Hunsrück-schiefer). Körper fast scheibenförmig, 7 cm lang, mit breit-flachem Dorsal-schild und langer, zweiästiger Furca (lat. = Gabel) am Hinterende; 2 Augen; Körperanhänge (Antennen, Gliedmaßen) trilobitenähnlich, doch vordere Beine etwas zu Kauwerkzeugen modifiziert.

Classis: Crustacea

Die rezenten *Crustacea* oder Krebstiere haben einen Kopf aus 5 Seg-menten (primärer Kopf und 4 nachfolgende Segmente), mit denen meist noch weitere thorakale Segmente zu einem Cephalothorax vereinigt sind; einen Thorax aus an Zahl wechselnden, oft gleichfalls verschmolzenen Segmenten mit dorsaler, häufig auf Kopf und Hinterleib übergreifender Hautduplikatur (s. S. 53) bzw. einfacher oder zweiklappiger Schale; ein in eine zweiästige Furca oder ein Telson (gr. = Grenzstück) endendes Abdomen mit wieder oft verschmolzenen Segmenten; als Regel am Cephalothorax 2 Paar Antennen, 3 Paar Kieferbeine, an Thorax und Abdomen weitere Gliedmaßen, außer den Antennen sämtlich Spaltfüße, doch je nach der Funktion (Mund-, Schwimm-, Schreit-, Grabbeine, Kiementräger) verschieden geformt; am Proto- oder Coxopodit (lat. cóxa = Hüfte) mitunter einen bis mehrere Epipoditen als Kiementräger. Die meisten Crustaceen gehören zum vagilen marinen Benthos, manche leben im Sand oder Schlamm in gegrabenen Gängen und Bauen. Auch planktonische und nektonische fehlen nicht — zu den letzten zählen u. a. die Larvenstadien, der „*Nauplius*“ der „niederen“, die „*Zoëa*“ der „höheren“ Krebse — ebensowenig sessile, parasitische, Süßwasser, feuchte Festlands-Standorte und Höhlen bewohnende Formen.

Die Crustacea reichen mindestens bis ins Kambr zurück. Manche Fossilfunde schließen sich enge an rezente Formen(gruppen) an, andere weichen stark ab, nehmen z. T. auch eine Art Zwischenstellung zwischen jenen ein. So ist die Systematik schwierig und uneinheitlich.

Subclassis: Branchiopoda

Als *Branchiopoda* = Kiemenfüßer mit rezent meist langgestrecktem, deutlich segmentiertem Körper, z. T. wenig entwickelten Kieferbeinen und 4 bis zahlreichen ± blattförmigen Schwimmfußpaaren werden die

Ordines: Anostraca und Phyllopoda

(gr. phýllon = Blatt) zusammengefaßt, jene ohne, diese mit zweiklappiger Schalenduplikatur.

Auf *Anostraca* werden u. a. bezogen: *Opabinia*, Körper 8 cm lang, reich segmentiert, mit eigenartigen, ungegliederten Stirnfortsätzen und z. T. an Trilobiten erinnernden Beinen; MKambr Britisch-Kolumbien (Abb. 45a). — *Lepidocaris* (Dev Schttld) und einige Formen aus dem ATert.

Auf *Phyllopoda* u. a.: *Protocaris* mit breitem Schild über der Körper-Vorderhälfte (ÜKambr) und *Burgessia* (Abb. 45 b), mit gleichem Rückenschild und ? Darmdivertikeln (lat. divertículum = Abweg, Seitenweg) an dessen Innenfläche, mit trilobitenähnlichen Gliedmaßen und stachelartig zulaufendem Hinterleib (MKambr), beide im ganzen an *Apodidae* erinnernd. — *Apodidae* sicher ab P[1], nach SOERGEL schon in ÜTr (Buntsandstein) mit Lebenszyklus wie bei heutigen. — *Estheriidae*[2], Gehäuse zweiklappig, mit eigenartig netzförmiger Textur (lat. textūra = Gewebe), kurzem Vorder-, ± geradem Ober- und breit-gerundetem Unterrand (Abb. 46); ab Dev; auch (innen an der Schale befestigte, Windverfrachtung ermöglichende) „Dauereier" (gleich Gliedmaßen in etwas abweichender Form) fossil nachgewiesen. — *Daphnidae*, fossil nicht belegt.

Die *Branchiopoda* erscheinen mithin als eine alte und konservative Gruppe. Sie dürften, nach den Fundräumen, ursprünglich marin, doch schon ab Dev wie rez vorwiegend Süß- oder Brackwasserbewohner gewesen sein.

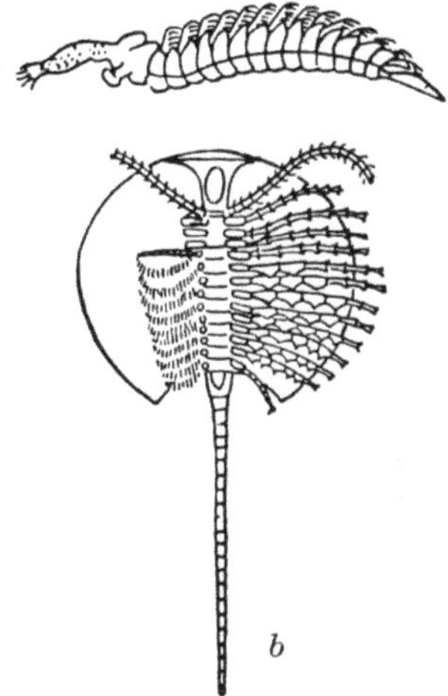

Abb. 45. *Opabinia regalis* WALC., MKambr NAm, in Seitenansicht (a), und *Burgessia bella* WALC., MKambr NAm, von ventral (b). a in fast ¹/₂, b in fast ⁵/₁ nat. Gr. Aus MOORE in MOORE-LALICKER-FISCHER 1952.

Subclassis: **Marriocarida**

(v. gr. káris = kleiner Seekrebs). Die Subklasse ist nur spärlich und unzureichend bekannt. Ihr besonderes Merkmal sind die den unterschiedlich geformten Körper an Länge um ein Vielfaches übertreffenden, meist mehrästigen Beine. Systematische Bewertung und Reihung wechseln.

Marria: Vorderkörper länglich, von einheitlichem Schild bedeckt; Hinterkörper ähnlich, aus wenigen Segmenten; Beine ästig-verzweigt; MKambr Britisch-Kolumbien. — *Paramarria*: Körper scheibenförmig, ungegliedert; 3 segmentierte Extremitätenpaare, das vordere 1-ästig, die anderen 2- und gleichästig mit gegenständigen Anhängen 2. Ordnung; ObSil NAm. — *Bostrichopus*: Beine ? unverzweigt; Karb Eur.

Abb. 46. Schalenklappe von *Estheria* (*Cyzicus*) in Seitenansicht. Aus BEURLEN 1951.

Subclassis: **Marellomorpha**

Auch diese Subklasse wurde für wenige, nirgends einreihbare Formen aus dem Paläoz geschaffen. Gemeinsam sind ihnen eine longitudinale (= Längs-) Dreiteilung sowie eigenartige Fortsätze am Kopf. Ob der sonst recht unterschiedlichen Gestaltung teilt man sie auf mehrere Ordnungen auf.

---

[1] Eine *Apus*-ähnliche Form, der aber ein Abdomen mit Furca fehlen soll, aus dem UDev (Bundenbacher Schiefer) wurde in eine eigene Ordo: *Acercostraca* (v. gr. ákerkos = schwanzlos) gestellt.

[2] *Estheria* wäre richtig *Cyzicus* zu nennen.

Ordo: Pygaspida.

Pygaspis (= Steißschild): Kopffortsätze hornartig, Thorax mit ? einfachen Gehfüßen (ohne Exopodit), Abdomen breit-plattenförmig; JgPaläoz SAm.

Ordo: Marellida.

Marella (Abb. 47): Kopfschild mit „Hörnern", Hinterleib in kurzes, stumpfes Telson endigend; Kambr, Britisch-Kolumbien, Burgess Schiefer. [Wegen der angedeuteten auch transversalen (Quer-) Dreiteilung war bei der Entdeckung an einen frisch gehäuteten Trilobiten gedacht worden].

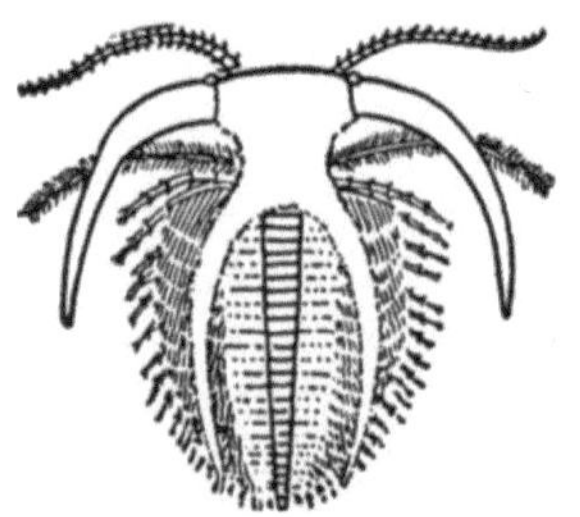

Abb. 47. *Marella splendens* WALC., Kambr NAm, Dorsalansicht, fast $^2/_1$ nat. Gr. Aus MOORE in MOORE-LALICKER-FISCHER 1952.

Ordo: Mimctasterida.

Mimetaster (gr. = Sternnachahmer): Kopf mit zahlreichen Fortsätzen an einen Seestern erinnernd, Thorax und Abdomen lang, Beine scheinbar trilobitenartig; UDev, Bundenbacher Schiefer.

Subclassis: Ostracoda

Die *Ostracoda* oder Muschelkrebse sind wie die meisten bisher betrachteten Crustaceen kleinwüchsig. Morphologisch kennzeichnet die rezenten in der Regel ein bilateral- (= rechts-links-) komprimierter Körper ohne Gliederung; 7 Extremitätenpaare, von denen die Antennen, besonders die zweiten, als Taster und als Kriech- bzw. Schwimmbeine fungieren; eine ventrad (= nach ventral) gekrümmte Furca und ein den ganzen Körper umhüllendes, zweiklappiges Gehäuse. Bald eury-, bald stenotherm (gr. = weit- bzw. engwarm) und meist omnivor (lat. = allesfressend), leben sie teils im Süßwasser, teils pelagisch oder benthonisch im Meer. Trockenresistenz (v. lat. resístere = widerstehen) ermöglicht Windverfrachtung der Tiere wie ihrer „Dauereier".

Abb. 48. Ostracoden-Schalenklappe (*Leperditia*) in Seitenansicht. Aus BEURLEN 1951.

Fossil ist fast nur das Gehäuse erhalten (Abb. 48); andere Reste, z. B. (verkieste) Extremitäten, sind selten. Von den 3 Gehäuse-Schichten ist vor allem die mittlere fossilisationsfähig. Wie bei den Muscheln sind die Klappen rechte und linke mit je einem dorsalen, ventralen, vorderen und hinteren Rand, mit Ligament-, Schloß- und Muskelverbindung, mit glatter oder skulpturierter (lat. = gemeißelter = nicht glatter) Außenfläche und vorne bis vorne-dorsal gelegenem, fossil meist wenig deutlichem Muskeleindruck. Beide Klappen sind nie völlig symmetrisch, die des ♀ hinten-unten etwas weiträumiger, aufgetriebener. Gesamtform und Größe wechseln wie die Skulptur. Bisweilen ist ein sog. „Augenfleck" kenntlich.

Die fossil nicht immer leicht von Bivalven-Gehäusen unterscheidbaren Schälchen sind seit Sil bekannt. Ihre systematische Einreihung ist, weil die rezenten Formen nach Weichteilmerkmalen geordnet werden, oft schwierig. Schon die paläozoischen dürften sich morpho- wie biologisch enge den rezenten anschließen. Die erst kürzlich erkannte Bedeutung als Ltf, besonders für die von der Öl-Geologie benötigte stratigraphische Feingliederung, hat zur Unterscheidung zahlreicher Arten und Gattungen geführt.

Subclassis: **Copepoda**

(gr. kópe = Ruder): Sichere Fossilfunde liegen noch nicht vor. Die Zugehörigkeit von *Euthycarcinus* (Tr Vogesen), für den eine eigene Gruppe „*Archicopepoda*" errichtet wurde, scheint fraglich.

Subclassis: **Cirripedia**

Die Rankenfüßer (lat. círrus = Locke, Ranke, pes = Fuß, Abb. 49) sind sessil gewordene Crustaceen mit undeutlich gegliedertem Körper, meist 6 rankenförmigen Beinpaaren und mantelförmiger Schale. Die Festheftung erfolgt am Vorderende mittels des Sekretes (lat. = Absonderung) einer an den Praeantennen ausmündenden Zementdrüse. Die Schale enthält bei der Häutung nicht gewechselte Kalkplatten: eine unpaare Carina (lat. = Kiel) dorsal, paarige Scuta (lat. = Schilder) und Terga (s. S. 90) an den Flanken, oft auch ein Rostrum ventral sowie kleinere Lateralia (lat. látus = Seite). Carina, Ro-

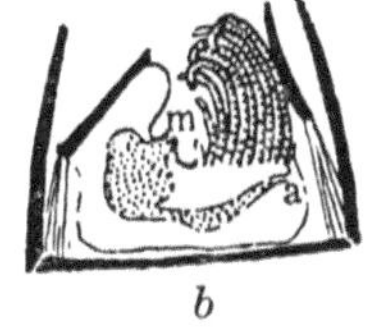

Abb. 49. Cirripediergehäuse (*Balanus*, rez), *a* schräg von außen, *b* Längsschnitt mit Weichteilen. In *b* schwarz die Kalkplatten (die inneren durch Muskel beweglich), zwischen *m* (= Mund) und *a* (= After) der Darm, rechts von *m* Rankenfüße. Aus LALICKER u. MOORE in MOORE-LALICKER-FISCHER 1952.

strum und Lateralia können sich zu einem festen Gehäuse, der Mauerkrone, zusammenschließen, Scuta und Terga einen damit beweglich verbundenen Deckel bilden.

Im Zusammenhang mit der Sessilität fanden mancherlei Umwandlungen statt. Die Praeantennen wurden (s. o.) zu Haftorganen, die Antennen rück-, die Kieferbeine umgebildet, die folgenden als Rankenfüße Strudel- und Fangapparate. Neben Zwittern treten mitunter an diesen haftende Zwergmännchen auf. Aus der Naupliuslarve geht ein „Cyprisstadium" hervor, wo die Schale an Ostracoden, der Körperbau an Copepoden erinnert und keine Nahrungsaufnahme erfolgen soll. Nach Festheftung und Häutung entsteht die bleibende Form.

Die *Cirripedia* sind marin. Sie leben einzeln oder in Kolonien, als Epizoen (auf Holz, Fels, leeren Muschelschalen u. dgl.), in allerlei Lebensgemeinschaften (auf wie in Tieren, auch richtig entoparasitisch). *Operculata* (s. unten) neigen zu Standortsformenbildung (breit-niedrige Mauerkronen in bewegtem, hohe in stillem Wasser und bei gedrängtem Wuchs). Bei Besiedlern von Korallenstöcken kann die sonst ± plane „Basalplatte" zu einem (mitunter durch Querböden unterteilten) Hohlkegel werden, bei Entoparasiten kommen u. a. Rück-bildung von Hartteilen und Festheftung vor.

Die fossilen Funde sind, wenn die früheren „*Palaeothoracica*" viel-leicht richtiger anderwärts (s. S. 120) gereiht werden, sämtlich der durch feste Kalkplatten gekennzeichneten

Ordo: Thoracica

zuzurechnen; wenige den *Pedunculata* (= Gestielten), mit stielförmig verlängertem, den eigentlichen Körper (das „Capitulum" = Köpfchen) tragendem Vorderende, zahlreiche den *Operculata* (= Gedeckelten), stiellos, mit Mauerkrone.

Zu den *Pedunculata* zählen: *Archaeolepas* (ObJ) mit gepanzertem, *Lepas* (ab Plioz) mit ungepanzertem („nacktem") Stiel, *Scalpellum* (ab Kr) usw.; zu den *Operculata* alle übrigen. *Eobalanus* (Sil) soll bereits zu den *Balanidae* mit standortsbedingt unterschiedlicher Mauerkrone (s. oben) gehören, Korallenstockbewohner waren u. a. *Palaeocreusia* im Dev, *Creusia* (*Para-creusia*), *Pyrgoma* im Tert, Bänke bildete die große *Tamiosoma* im Mioz NAm. *Coronulidae*, heute auf und in der Haut von Walen lebend, kennt man ab Plioz. usf.

So weisen die Fossilfunde auch die *Cirripedia* als alte Crustaceen-gruppe aus, die ihre besonderen Lebensgewohnheiten schon vor langer Zeit erwarb.

Subclassis: **Malacostraca**

Die *Malacostraca* (gr. malakós = weich), denen früher die anderen Crustaceen als *Entomostraca* oder „niedere Krebse" gegenübergestellt wurden, haben rezent konstante Segmentzahl: 1 primäres Kopfsegment, 13 cephale und thorakale sowie 7—8 abdominale. Meist folgen auf die 2 Antennen- und 3 Kieferbeinpaare mehrere auch als Mundfüße fun-gierende und entsprechend gestaltete thorakale, dann die lokomotorisch-respiratorischen Pereiopoden (gr. pereiōūn = hinübersetzen) und am Abdomen die Pleopoden (gr. plēīn = schwimmen). Das letzte Abdo-minalsegment ist meist plattig (Telson, s. o.) und beinlos. Die selten rückgebildete Schalenduplikatur läßt Thorakalsegmente in wechselnder Zahl frei oder bildet einen mit der Dorsalseite des Thorax verwachsenen Panzer, dessen Vorderende als Rostralplatte beweglich abgesetzt sein kann.

Ordo: Phyllocarida

Die *Phyllocarida* oder *Leptostraca* (gr. leptós = dünn, schwach), rez marin wie z. B. *Nebalia*, stehen mit 8 Abdominalsegmenten, Rostralplatte und zwei-ästiger Furca statt des Telsons etwas abseits von den übrigen Malakostraken.

Ihnen werden einige, auch als *Archaeostraca* zusammengefaßte Funde aus Paläoz und Tr eingereiht wie *Hymenocaris* (Kambr) u. a., während für weitere eine eigene

Ordo: Nahecarida

errichtet wurde. *Nahecaris* (UDev Rhld, Abb. 50).

Ordo: Syncarida

Die heute im Süßwasser, auch im subterranen (lat. = unterirdischen) lebenden *Syncarida* oder *Anomostraca* (v. gr. ánomos = gesetzlos), schalenlos und z. T. mit Augenrückbildung, scheinen nach ihrer jetzigen, disjunkten (lat. disiúnctus = getrennt) Verbreitung (SW- und OEur, WAfr, AustrFngeb) Reliktformen (Restformen) zu sein. Fossil sind sie aus dem JgPaläoz (*Palaeocaris, Uronectes* u. a.) und der Tr belegt.

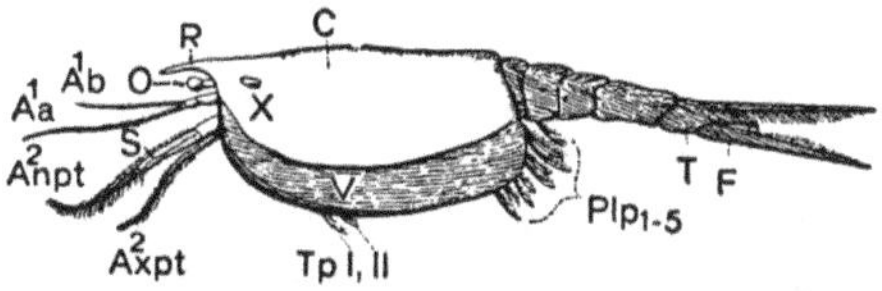

Ordo: Peracarida

Als *Peracarida* (gr. péra = Ranzen) wird jetzt ein Teil der früheren *Schizopoda* (*Mysidacea*) mit *Amphipoda, Isopoda* und anderen Gruppen zusammengefaßt, wo die ♀ aus Thorakalbeinen einen Brutraum bilden.

Abb. 50. *Nahecaris stürtzi* Jkl. (UDev Rhld) A^1a & A^1b = Geißeln der *1.* Antenne, A^2npt = Endopodit der 2. Antenne (mit Schaft *S*), A^2xpt = Exopodit der 2. Antenne, *C* = Panzer (Carapax), *F* = Furca, *O* = Stielauge, Plp_{1-5} = Pleopoden, *R* = Rostrum, *T* = Telson, *TpI, II* = Thoraxbeine, *V* = Rand der Schalenduplikatur (sog. Velum), *X* = Höcker. Aus Richter 1953.

Den *Mysidacea*, rez meist marin-bathypelagisch-planktonisch, seltener limnisch-boreal (v. gr. boréas = Norden), mit zarthäutigem, den kurzen Thorax verschieden weit überdeckendem Kopfbrustschild, werden etliche Funde aus dem Mesoz, ferner *Palaeopalaemon* (Dev-Karb) und ? *Anthracophausia* zugerechnet.

Die *Amphipoda* oder Flohkrebse, gleichfalls bilateral-komprimiert, aber schalenlos, haben einen fossilen Vertreter in *Palaeogammarus* (ATert, Bernstein); wahrscheinlich weitere in den mit *Corophoides* bis ins Kambr zurückreichenden Gängen und Gangkernen nach Art der horizontalen U-Röhren von *Corophium* (Schlickkrebs, rez).

Cumariacea sind fossil unbekannt. Zu den im Meeresschlamm grabenden, röhrenbewohnenden und oft augenlosen *Tanaidacea* oder Sche(e)renasseln wird *Palaeotanais* (Lias) gestellt.

Auf die echten Asseln oder *Isopoda* — marin, limnisch und terrestrisch; z. T. parasitär; mit dorsoventral abgeflachtem, schildlosem und einrollbarem Körper; die Landformen mit tracheenartigen Räumen in einigen Pleopoden — werden *Urda* (Kr), *Cyclo-, Palaeo-* und *Protosphaeroma* (alle J), *Archaeoniscus* (J), Bernsteinfunde (ATert) u. a. bezogen. Fraglich scheint die Zugehörigkeit von Resten aus dem Paläoz; *Oxyuropoda* soll eher den *Phyllocarida* (s. oben) einzureihen sein.

Ordo: Eucarida

Die *Eucarida* haben meist einen alle thorakalen Segmente umfassenden Cephalothorax und Stielaugen. Fossil scheinen die pelagisch-bathyalen *Euphausiacea*, da *Anthracophausia* jetzt anderwärts (s. oben) gereiht wird, nicht belegt. Hingegen sind die nach dem kopfähnlichen

Umriß des Hinterleibes benannten *Pygocephalomorpha* (gr. = Steiß-kopfgestaltige) eine nur fossil bekannte Gruppe (*Pygocephalus, Anthra-palaemon*, beide JgPaläoz). Die meisten fossilen *Eucarida* gehören indessen zur

Subordo: **Decapoda**

(vgl. S. 84). Diese haben in der Regel 5 thorakale, des Exopoditen entbehrende Beinpaare, von denen die vorderen oft in Sche(e)ren, die übrigen (Gehfüße) in Klauen endigen. Das Abdomen ist bald groß und sein letztes, flossenartiges Beinpaar bildet mit dem plattigen Telson einen Schwanzfächer: *Macrura* (= Großschwänze); oder es stellt eine $\pm$ dreieckige, nach vorne-unten umgeklappte Platte ohne Schwanz-fächer dar: *Brachyura* (= Kurzschwänze); oder es bleibt weichhäutig und wird asymmetrisch: *Paguridae* (Einsiedlerkrebse). Am Panzer können Furchen, Kiele und Dornen auftreten, die Kiemen verschieden gestaltet und befestigt sein. Rez formenreich, sind die *Decapoda* min-destens bis an die Mesoz-Basis zurückverfolgbar; Macrure sind ab Tr, brachyure und anomure (*Thalassinidae, Paguridae*) ab J bekannt. Die frühesten Funde stammen aus WEur, von der Kr an ist provinzielle Differenzierung festzustellen. Auch Biotop-Verschiebungen scheinen stattgefunden zu haben (Verwandte von rezenten Tiefseeformen in fossilen Litoralbildungen).

Neben Körperfossilien, vielfach Sche(e)ren, sind auch Lebensspuren auf vorzeitliche *Decapoda* zu beziehen: auf *Paguridae* (vgl. S. 37, 40, 52) Abscheuerungen und Mundrandbeschädigungen an den bewohnten Gehäusen, auf *Thalassinidae* Gänge und Gangkerne. Auch die *Rhizo-corallium*-Bauten, z. T. U-förmige, vertikale Gänge mit Spreiten-bildung, sollen von Decapoden herrühren.

Ordo: Hoplocarida

Die *Hoplocarida* (gr. hóplon = Waffe), auch *Stomatopoda* (gr. = Maul-füßer) geheißen — langgestreckte Malakostraken mit kurzem Rückenschild und Rostralplatte; mit Stielaugen, 5 thorakalen Mundbeinpaaren und mächtigem Abdomen; in den Tiefen warmer Meere, meist (nach planktonischem Larven-stadium) grabend und räuberisch — sind fossil nur spärlich ab J, vielleicht (? *Squillites*, ObKarb NAm) ab JgPaläoz bekannt.

Subcladus: **Chelicerata**

Als *Chelicerata* (gr. chéle = Klaue, Krebsschere), auch als *Arachno-morpha* (gr. aráchne = Spinne) werden Arthropoden zusammengefaßt, deren 1., meist mit den Praeantennen der Diantennaten gleichgesetztes Beinpaar sche(e)ren-, klauen-, seltener stilettartig endigt und darnach Cheliceren [Sche(e)rengreifer, Sche(e)renantennen, Kieferfühler] genannt wird.

? Classis: Arthrocephala

(gr. = „Gliederköpfer"). Fragmentäre, z. T. nur als Abdrücke erhaltene
Reste aus ? PrKambr Austr wurden auf gigantostrakenartige (s. u.) Cheliceraten bezogen, doch wegen der mit 4 getrennten Segmenten besonders
primitiven Kopfregion in eine eigene Klasse gereiht. Die Arthropodennatur
wird vielfach bezweifelt.

Classis: Gigantostraca

Die *Gigantostraca* (gr. gígas = Riese), ob ihrer z. T. beträchtlichen
(wohl über 2 m erreichenden) Größe wie wegen gewisser Krebs-Ähnlichkeiten früher als „Riesenkrebse" angesprochen, sind nur fossil bekannt.
Ihr Körper ist ± deutlich zweiteilig (Abb. 51 *A*). Das Prosoma [gr. = Vor-
(der)körper] entspricht wohl
der cephalen und thorakalen
Region der Diantennaten.
Sein einheitlicher, mit einem
„Umschlag" ventrad übergreifender Kopfbrustschild ist
antero-posterior kurz und
meist mit je 2 nierenförmigen
oder rundlichen Lateralaugen sowie medianen Punktaugen, sog. Ocellen (lat.
océllus = Äuglein) versehen.
Ventral befindet sich median
und postoral (lat. = hinter
dem Mund) eine Metastom-

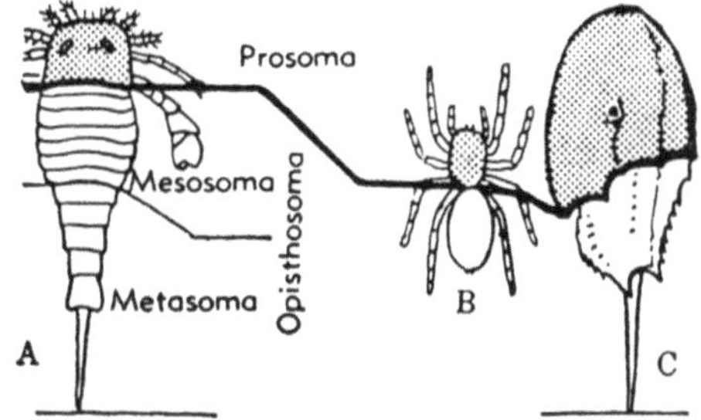

Abb. 51. Körpergliederung bei verschiedenen
Cheliceraten (*A* Gigantostraken, *B* Arachnoideen,
C Xiphosuren) in Dorsal- bzw. (*C*) Schrägansicht.
Aus MOORE in MOORE-LALICKER-FISCHER 1952.

Platte. Auf die praeoralen (lat. = vor dem Mund) Cheliceren folgen jederseits 5 einästige Beine, die ersten mitunter chelicerenartig, die anderen
in Krallen oder, als „Pinselfüße", in borstenförmige Anhänge endigend
und mit den basalen Gliedern („Kaubasen") als Mundwerkzeuge, im
übrigen bei wechselnder Form als Schreit-, Grab-, bzw. Schwimmbeine
fungierend.

Das Opisthosoma (Hinterkörper, Abdomen) zählt meist 12 Segmente. Die 6 oder 7 vorderen, bisweilen mit pleurenartigen Seitenteilen, bilden das Praeabdomen; ventral haben sie stets imbrizierende
(v. lat. ímbrex = Regen-, Hohlziegel, = einander dachziegelförmig überlagernde), wahrscheinlich bewegliche Platten. Als vorderste wird das
(auf das Prosoma gewanderte) Metastom angesprochen (s. o.); die Platte
des 2. Segmentes, das Operculum, liegt bei der Genitalöffnung und zeigt
sexuelle Unterschiede; die übrigen heißen Blattfüße und waren wohl
Kiementräger. Alle diese Platten werden meist als umgewandelte (aus
paarigen Anlagen verschmolzene) Extremitäten, von VERSLUYS und
DEMOLL aber als beweglich gewordene Sternite aufgefaßt. Vom Praeabdomen sind die nachfolgenden, im Querschnitt rundlichen Segmente
häufig, doch selten deutlich abgesetzt; sie bilden das gliedmaßenlose, in
ein stachel- oder plattenförmiges Telson endigende Postabdomen.

In der Ontogenese tritt ein Larvenstadium mit relativ größerem Pro-, kleinerem Opisthosoma und an Trilobiten erinnernder transversaler Dreiteilung auf. Frühjuvenil scheinen in beiden Regionen mehr Segmente als adult vorhanden.

Der Lebensraum der Gigantostraken war das Wasser; zunächst scheinbar das Meer, bald aber vornehmlich Brack- und Süßwasser, besonders Ästuarien. Die kräftigen Kauladen (s. S. 104) deuten auf räuberische, der dorso-ventral ± niedrig-flache, depressiforme (lat. depréssus = herabgedrückt, fórma = Gestalt) Körper, die laterale bis mehr dorsale Stellung (auch gelegentliche Rückbildung) der Seitenaugen, das spitzstachel- bis breit-flossenförmig auslaufende Hinterende, die länglichschmalen bis breit-schaufelförmigen Beine auf vorwiegend benthonische Lebensweise und, je nach Kombination dieser Eigenschaften, auf mehr schreitende, grabende oder schwimmende — vielleicht, wie bei *Limulus* (s. S. 105), unter Beihilfe der Blattfüße auch notonektonische — Bewegung.

Die Gigantostraken sind von USil bis P belegt; reichlich auf der Nordhemisphäre (gr. hēmi = halb), bsds. Dev (Old-Red-Bildungen, S-Rand des baltisch-kanadischen Schildes), wenig aus Afr und der Südhemisphäre. Das Erstauftreten in marinen Sedimenten mag einen Biotopwechsel anzeigen (s. o.), wurde aber auch anders (Allochthonie in den marinen Sedimenten) gedeutet. Verschieden wie diese Frage des Vorkommens wird auch die Homologie (Gleichwertigkeit) der Segmente und ihrer Anhänge interpretiert. Daher bedürfen Geschichte und Verwandtschaftsbeziehungen noch weiterer Klärung. Bisnun sind etwa 200 Arten und über 20 Gattungen unterschieden worden. Zu den bekanntesten gehören:

Eurypterus, ± semidepressiform (lat. sēmi = halb), Lateralaugen dorsal, letztes prosomales Beinpaar schaufelförmig, Telson mäßig lang und schlank; USil-P. — *Stylonurus,* Körper rundlich-schlank, Lateralaugen dorsal, letztes und vorletztes prosomales Beinpaar lang-stelzenförmig, Telson langer Stachel; USil-Karb. — *Pterygotus,* Körper ähnlich wie *Eurypterus,* Lateralaugen lateral, letztes prosomales Beinpaar schaufelförmig, Telson breit-flossenförmig; USil-Dev. — *Carcinosoma,* früher *Eusarcus,* Lateralaugen vorne marginal, letztes prosomales Beinpaar breit, Abdomen scharf abgesetzt, Postabdomen sehr schlank und mit Skorpion-Stachel; ObSil NAm. — *Mixopterus* ähnlich *Carcinosoma* und im Abdomen gleich skorpionartig (vgl. S. 106), aber 1. und 2. Beinpaar groß und am Praeabdomen Pleurite; USil-Dev.

Classis: Xiphosura

Die Schwertschwänze (gr. xíphos = Schwert, ourá = Schwanz) beurkunden durch die ± deutliche Zweiteilung in Pro- und Opisthosoma, (Abb. 51 C), die Lateralaugen und Ocellen, die präoralen Cheliceren und 5 weiteren prosomalen Beinpaare, das Abdomen mit Blattfüßen und einer meist mit 12 angegebenen Segmentzahl nahe Verwandtschaft mit Gigantostraken. Beide werden daher auch als *Merostomata* (gr. = Schenkelmünder) zusammengefaßt. Im allgemeinen sind die Xiphosuren von gedrungenerem Bau. Ihr breiteres Prosoma wie ihr stets in ein schlankes Telson endigendes Opisthosoma sind der Quere nach immer, wenn auch graduell wechselnd, dreigeteilt. Die abdominalen Segmente können weitgehend zu einem ± einheitlichen, vom Vorderkörper-Panzer gelenkig abgesetzten Schild verschmelzen. Statt des Metastoms finden sich paarige, Chilaria (v. gr. chēilos = Lippe) genannte Anhänge. Die Größe erreicht nie die Gigantostraken-Höchstwerte.

In der Ontogenese tritt bei *Limulus* (rez) die durch betonte Quer-Dreiteilung recht trilobitenähnliche „Limuluslarve" (Abb. 52, *1a*) auf, derentwegen er früher zu den Crustaceen gezählt wurde. Der „Pfeilschwanzkrebs" *Limulus* bewohnt seichte Gewässer, in deren feinsandigen bis schlickig-schlammigen Boden er sich mittels des Telsons rasch ein-zuwühlen vermag. Er läuft am Boden gewandt und schwimmt mit den Blattfüßen notonek-tonisch (=Rücken nach unten). Die Hauptnahrung bilden Würmer und dünnschalige Mollusken. Auch bei den fossilen Xiphosuren dürften Lebensraum und Lebens-weise kaum verschieden und damit auch ähnlich wie für die Gigantostraken angenom-men gewesen sein.

Die ältesten zu den Xipho-suren gestellten Funde sind schon aus dem Kambr bekannt; die obere Grenze des Paläoz hat scheinbar nur *Limulus* überschritten. Die systematische Gliederung ist wieder unterschiedlich. Immer-hin heben sich 3 ′Gruppen einigermaßen voneinander ab.

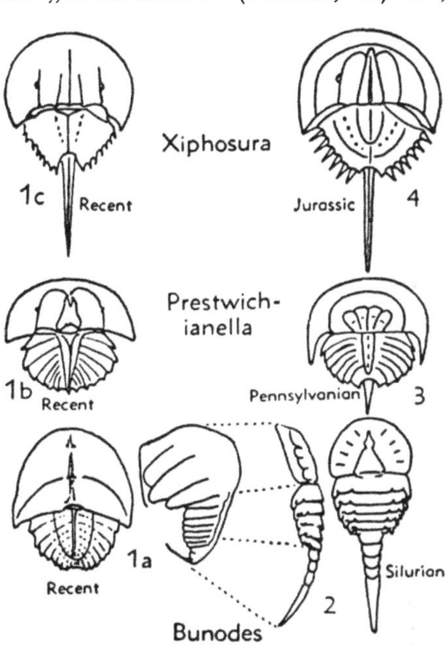

Abb. 52. Fossile adulte Xiphosuren und verschiedene ontogenetische Stadien rezenter. *1 Limulus (Xiphosura) polyphemus,* rez, *a b* aufeinanderfolgende Jugendstadien, *c* adult. *2 Bunodes,* Sil (Gotld). *3 Prestwichianella,* Pennsylvanian = ObKarb. *4 Limulus (Xiphosura),* J. *1a* und *2* in Dorsal- und Lateralansicht, übrige in Dorsalansicht. Aus Moore in Moore-Lalicker-Fischer 1952.

Aglaspida oder *Limulava* (gr. áglaos = glänzend, aspís = Schild, lat. āvus = Ahn): Prosoma kurz, gigantostrakenähnlich, 5 klauentragende Beinpaare, oft deutlich dreiteiliges Abdomen; *Strabops* u. a. (Kambr NAm); *Beckwithia* (Kambr NAm) mit Verschmelzung der letzten Abdominalsegmente (epizoischen oder epökischen Brachiopoden) und vielleicht von *Limulus* etwas abweichenden Exuvien.

Synxiphosura: Gesamtproportionen *Limulus*-ähnlich, aber 5 Paar Pinselfüße, trilobates Prae- und länglich-schmales Postabdomen; *Hemiaspis, Bunodes* (augenlos, Abb. 52, *2*), *Weinbergina* usw. (ObSil-Dev).

Euxiphosura: Vordere Beine mit Klauen oder Scheren, 6. Beinpaar pinselfußartig, Abdominalsegmente ±weitgehend verschmolzen, ohne Differenzierung in Prae- und Postabdomen; *Bellinuridae* (Dev-JgPaläoz, Abb. 52, *3*),

Limulidae (ab JgPaläoz), beide Eur, NAm; *Limulus* (ab Tr, Abb. 52, *1* und *4*), Fährten und Spuren des Todeskampfes im ObJ (Solnhofen), rez disjunkte Verbreitung (Reliktform).

Classis: Pantopoda

(= Ganz-, Allesfüßer). Die rezenten Asselspinnen, mit besonders langen Beinen und stummelförmigem Hinterleib, sind marine Küsten- wie Tiefseeformen und leben an bzw. in Hydroidstöcken, auf Algen u. dgl. Fossil bisnun nur vereinzelte Funde: *Palaeopantopus* und *Palaeoisopus*, beide UDev, Bundenbacher Schiefer, mit minder stummelförmigem Hinterleib und stärkerer Segmentierung.

Classis: Lingulatida

Die systematische Stellung der nach ihrer Gestalt trefflich benannten und infolge der parasitären Lebensweise weitgehend modifizierten Zungenwürmer [lat. língula = (Land-)Zunge] ist noch unsicher. Fossil sind sie bisher unbekannt.

Classis: Arachnoidea

Die Spinnentiere sind vorwiegend terrestrisch. Zu ihren kennzeichnendsten Merkmalen gehören: Ein stark reduzierter Vorderkörper; an ihm 6 Gliedmaßenpaare, von denen die Cheliceren und die Pedipalpen, d. h. die mit „Kaubasen" versehenen, meist kräftig-großen, oft in Klauen oder Sche(e)ren endigenden Maxillar- bzw. Kiefertaster (lat. palpāri = streicheln, tasten, maxílla = Kinnbacken), dem Nahrungserwerb, die anderen der Fortbewegung dienen; stets einfach gebaute Augen in wechselnder Zahl; Fächer- bzw. Röhrentracheen und ein fußloses Abdomen (Abb. 51 *B*).

Arachnoidea kennt man schon aus dem Paläoz. Doch ist die Überlieferung im ganzen spärlich und auf wenige Ablagerungen mit entsprechenden Erhaltungsbedingungen beschränkt. Die meisten fossilen schließen sich ± enge an rezente an; für andere mußten besondere Einheiten im System der heute ebenso formen- wie individuenreichen Klasse geschaffen werden.

Subclassis : Latigastra

(= Breitbauchige). Vorderkörper einheitlich, mit Abdomen breit verbunden oder verschmolzen.

Ordo: Scorpionida

(gr. skorpíos = Skorpion). Mächtige Pedipalpen und eine mediane, als Sternum (gr. stérnon = Brust, Brustbein) bezeichnete Platte am kurzen Prosoma; blattfußähnliche, doch unbewegliche Sternite mit schlitzförmigen, in Buch- oder Fächertracheen führenden Stigmata; ein scharf abgesetztes Postabolomen mit Giftstachel weisen auf Beziehungen zu den *Gigantostraca*, im besonderen zu den *Carcinosomidae* (s. S. 104). Älteste Funde (ObSil Eur, NAm) durch nicht-doppelkrallige Beine und deren Anordnung sowie (?) durch 8 praeabdominale Segmente etwas abweichend; unter *Palaeophonidae* (Abb. 53) auch blinde Formen. Ob diese „*Protoscorpiones*" (bis Karb) der Stigmata entbehrten und in den marinen Fundschichten autochthon, also Wasserbewohner waren, ist noch ungeklärt. „*Euscorpiones*" mit 7 praeabdominalen Segmenten und Doppelkrallen ab Karb (Eur NAm), u. a. auch im ATert (Bernstein).

Ordo: Pseudoscorpionida

„Afterskorpione" (z. B. Bücherskorpion) mit Cheliceren, Pedipalpen und 12 Abdominalsegmenten (11 gut entwickelt) an echte Skorpione erinnernd, doch Abdomen ohne Zweiteilung und Giftstachel. Ab Tert (Bernstein), wo bereits Transport durch fliegende Insekten dokumentiert ist.

Ordo: Opilionida

(Weberknechte, Afterspinnen): Hinterleib dem Prosoma breit angefügt, 4 Paar lange Gehfüße. Karb und ATert.

Ordo: Phalangotarbida

(gr. phálanx = runder Balken, Fingerglied, Spinne, tárbos = Furcht, Schrecken) oder *Architarbi*: Prosoma mindestens halb so groß wie Opisthosoma, beide breit verbunden; Tergite und Sternite teilweise unterteilt. Nur wenige Funde (Karb Eur, NAm).

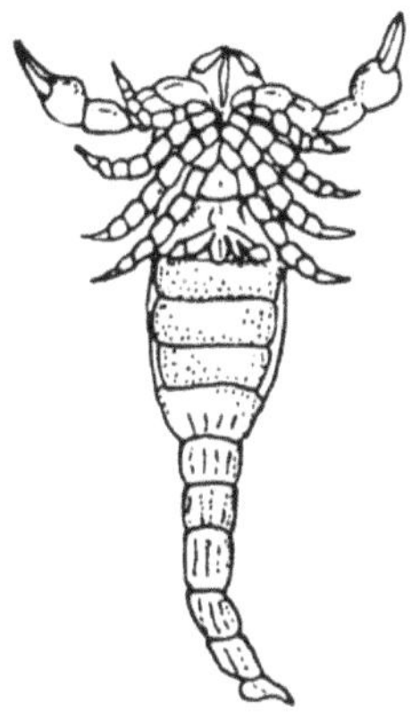

Abb. 53. *Palaeophonus caledonicus*, ein obersilurischer „Protoscorpion". Aus MORET 1953.

Ordo: Acarina

(gr. akárenos = ohne Kopf) oder Milben: Pro- und Opisthosoma zu einheitlicher Masse verwachsen; Pedipalpen Klauen bzw. Scheeren tragend oder zu Stilett umgeformt; freilebend oder parasitär. Foss nur Dev und ATert (Bernstein).

Subclassis: Stethostomata

(gr. stéthos = Brust). Prosoma, höchstens mit Segmentierungsspuren, mit 10- bis 11gliederigem Abdomen breit vereinigt, doch nicht verschmolzen; wohl Blätter- (Fächer-)tracheen bzw. -„lungen". Nur Paläoz.

Ordines: Haptopoda und Anthracomarti

Bisnun bloß Karb (Eur, NAm); *Anthracomarti* ca. 2 mm lang; Tergite und Sternite transversal mehrteilig.

Subclassis: Soluta

(lat. solūtus = gelöst, frei): Prosoma höchstens mit Segmentierungsspuren, Opisthosoma zu Reduktion letzter Segmente neigend; Verbindung beider wechselnd; Stellung der Cheliceren-Basalglieder verschieden von vorigen. Nur

Ordo: Trigonotarbi

Dev-Karb Eur, NAm.

Subclassis: **Caulogastra**

(gr. kaulós = Stengel, Stiel): Zwischen meist unsegmentiertem Pro- und wechselnd segmentiertem Opisthosoma stielförmige Einschnürung; Abdomen gelegentlich kleines Pygidium bildend; vornehmlich rez, wenig foss Formen bzw. Gruppen.

Ordo: **Palpigradi**

(= Palpenschreiter): Rez Körper mikroskopisch klein, in beiden Abschnitten länglich, segmentiert, hinten in langen Fadenanhang auslaufend; Pedipalpen lokomotorisch, taktile (v. lat. tángere = berühren, betasten) Funktion von Folgebeinpaar übernommen; lichtscheu und augenlos. Foss u. a. *Sternarthron* (ObJ Solnhofen), 2 cm lang und mit noch breiterer Verbindung zwischen beiden Körperhälften.

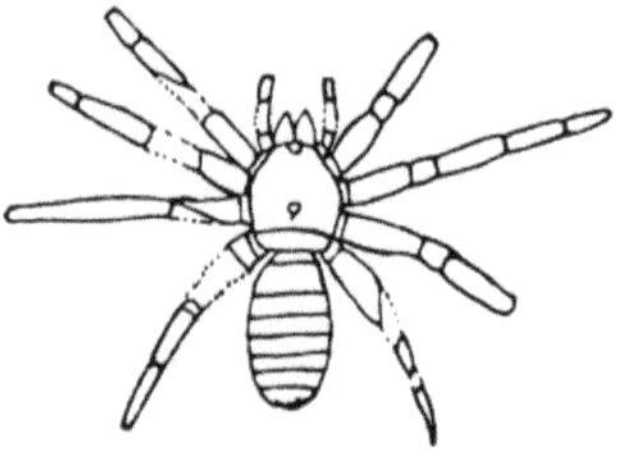

Abb. 54. *Arthrolycosa antiqua*, ObKarb NAm, eine Spinne mit erst wenig abgeschnürtem, noch deutlich segmentiertem Hinterleib. Aus MORET 1953.

Ordo: **Schizonotida**

(gr. nōton = Rücken): Körper gleichfalls in beiden Abschnitten länglich, segmentiert, doch Fadenanhang am scharf abgesetzten, dreigliederigen Postabdomen kurz; Pedipalpen scorpionid, Folgebeinpaar taktil. Fossilfunde aus JTert NAm.

Ordo: **Telyphonida**

Fadenskorpione: Auch mit den heute ebenfalls tropischen *Schizonotida* als *Uropygi* zusammengefaßt, doch mit einheitlichem Prosoma und langem Abdominalanhang. Fossilfunde aus Karb MEur, WEur, NAm.

Ordo: **Kustarachnida**

Nur *Kustarachne* (Karb NAm) mit breitem Pro-, segmentiertem Opisthosoma, kleinem Postabdomen.

Ordo: **Phrynichida**

oder *Amblypygi* (= Stumpfsteiße), Geißelskorpione: U. a. *Tarantula*, Prosoma breit-flach, gegliedert, Hinterleib wenig schmäler, segmentiert, ohne besonderes Postabdomen und ohne Anhänge; Pedipalpen kräftig, Folgebeinpaar extrem verlängert. Fossilfunde Karb WEur, NAm.

Ordo: **Arachnida**

= echte Spinnen: Körper dick, Prosoma unsegmentiert, Opisthosoma meist nicht mehr sichtbar segmentiert, 4 Paar Gehbeine; ab Karb (Eur, NAm), wo Abdomen noch deutlich gegliedert (Abb. 54); Mehrzahl der Fossilfunde aus Bernstein (ATert) u. zw. etliche in prachtvoller Erhaltung sowie Lebensspuren (Netze mit Beute u. dgl.); tertiäre sämtlich rezenten Familien einreihbar und seitherige Verschiebungen in der räumlichen Verbreitung anzeigend.

Ordines: **Ricinulei** und **Solifugae**

Blindspinnen wie Walzenspinnen, diese mit deutlicher Hinterleibsegmentierung, foss aus Karb belegt.

Subcladus: **Antennata**

Als *Antennata* oder *Eutracheata* werden Arthropoden mit einem (den Präantennen der Diantennaten gleichgesetzten) Antennenpaar und Tracheen, meist in metamere Stigmata ausmündenden Röhrentracheen, zusammengefaßt. Es sind die früher als *Myrio-* oder *Myriapoda* (gr. myríos = unzählig, viel) vereinigten Formen und die *Insecta* samt den jetzt als besondere Klasse abgetrennten *Apterygota*. Durch das eine Antennenpaar und den adult oder doch larval länglich-wurmförmigen Körper nähern sie sich ebenso den *Malacopoda* (s. S. 91) wie sie sich hierdurch wie durch die wohl abgesetzte Kopfkapsel (kein Cephalothorax) von den *Diantennata* und *Chelicerata* entfernen.

Vorwiegend Land- bzw. Flugtiere mit meist zartem, z. T. Kalkeinlagerungen entbehrendem Chitinskelett, eignen sie sich wenig zur Fossilisation. Sie sind daher nur von erhaltungsgünstigen Fundorten und im ganzen spärlich überliefert. Die meisten fossilen *Antennata* schließen sich rezenten enge an. So ist die

Classis: **Symphyla**

(gr. sýmphylos = stammverwandt) — kleine Antennaten mit Kopf, 12 je 1 Beinpaar tragenden Segmenten und Endsegment, unter Steinen, faulendem Laub und in der Erde lebend — aus dem Bernstein (ATert) durch der rezenten Gattung *Scolopendrella* zugezählte Reste belegt. Die

Classis: **Pauropoda**

(= Wenigfüßer) — ähnlich kleine Formen mit 10 Rumpfsegmenten — scheint fossil überhaupt noch nicht nachgewiesen. Von der formenreichen

Classis: **Diplopoda**

(gr. diplōūs = zweifach, doppelt) — Körper drehrund oder halbzylindrisch mit zahlreichen, je 2 Beinpaare tragenden „Doppelsegmenten" — liegen etwas mehr Funde [ab Dev, bes. JgPaläoz, ATert (Bernstein), Pleistoz] vor. Sie verteilen sich auf die beiden

Subclasses: **Pselaphognatha** und **Chilognatha**

(gr. pselaphān = betasten, gnáthos = Kinnbacke, Kiefer, Gebiß) — jene heute kleine Formen mit weicher, von Haarbüscheln besetzter Haut, diese die eigentlichen Tausendfüßer mit harter Körperbedeckung. Manchmal, bei *Pleurojulus* (JgPaläoz) und *Pseudojulus* (Känoz) ist es freilich ungewiß, welcher Subklasse die Funde zuzuzählen sind. Auch die jetzt in die

Classis: **Chilopoda**

gereihten Myriopoden — Körper meist flachgedrückt, Segmente einfach, je 1 Beinpaar tragend, davon 4 Paar als Mundgliedmaßen fungierend u. zw. 3 Paar insektenähnliche Kieferfüße und 1 Paar mit Endklaue und Giftdrüse, Lebensweise räuberisch — kennt man sicher ab Kr, rezente Gattungen ab ATert (Bernstein), Formen von fraglicher Zugehörigkeit wie *Eoscolopendridae* bereits ab Karb.

So sind auch die früheren *Myriopoda* alte ± konservative Arthropoden. Wesentlich geändert hat sich jedoch die regionale Verbreitung, denn aus dem ATert NEur (Bernstein) überlieferte Gruppen leben heute z. T. einerseits in SAfr, Ind, Insul und Austr, andererseits in Z- und SAm (disjunkte Verbreitung von Reliktformen, s. S. 101).

Classis: Apterygota

Die *Apterygota* (= Flügellosen), früher (s. S. 109) den *Insecta* zugerechnet, nehmen zwischen diesen und den übrigen Antennaten eine gewisse Mittelstellung ein. Ihr Körper ist ungeflügelt und länglich-wurmähnlich, doch der Rumpf in einen dreigliedrigen, beintragenden Thorax und ein höchstens Gliedmaßenreste aufweisendes, in borstenförmige Fäden auslaufendes Abdomen unterteilt. Die Mundgliedmaßen ähneln den Insekten, an die auch die Haar- und Schuppenbildung als Körperbedeckung gemahnt. Fossil sind die heute an dunklen Orten lebenden und sich von organischen Reststoffen nährenden *Apterygota* nur dürftig belegt. Einzelne Funde ab Dev, u. a. in der Tr und wieder im ATert (Bernstein).

Classis: Insecta

Die *Insecta* (v. lat. inséctus = eingeschnitten), nach den 3 Paar der Lokomotion dienenden Beinen auch *Hexapoda* (gr. = Sechsfüßer) geheißen, sind Antennaten mit in Kopf, Brust und Hinterleib gegliedertem Körper. Der Kopf trägt unterschiedlich geformte Antennen und beißend-kauende, stechende oder saugende Mundgliedmaßen; die aus 3 Segmenten: Pro-, Meso- und Metathorax bestehende Brust Geh-, Lauf,- Spring-, Grab- oder Schwimmbeine und Flügel, von denen die mesothorakalen auch stark chitinisierte Flügeldecken oder Elytren (gr. élytron = Hülle) bilden, die metathorakalen verkümmern können (Dipteren = Zweiflügler). Selten fehlen Flügel ganz; ursprünglich scheint auch der Prothorax flügelartige Anhänge gehabt zu haben. Nur wenige Insekten entwickeln sich direkt: ametabol (v. gr. a = un-, metábolos = veränderlich); die meisten sind hemi- bzw. holo-metabol mit Larven und Reifestadium = Imago (lat. = Bild) bzw. Larve (Raupe, Made usw.), Puppe und Imago. Sehr wechselnd ist auch die Lebensweise: Land-Wasser-, Flugtiere; Räuber, Aasfresser, kopro-, sapro-, phyllo-, xylophage [Kot-, organische Reststoffe (sog. Detritus = Zerreibsel-), Blatt-, Holz-Fresser], blutsaugende Schmarotzer usw.; bei manchen Staatenbildung mit Nestbau, Brutpflege, Symbiosen und Sonderindividuen für Ernährung, Fortpflanzung usf.

Heute sind die Insekten mit schätzungsweise 10 000 000 Arten die formen- und individuenreichste Metazoenklasse. Auch die fossilen sind eigentlich nicht spärlich (um 10 000 Arten oder mehr); aber die Reste sind meist dürftig, oft nur Flügeldecken oder Abdrücke. Die prächtige Erhaltung im Harz der „Bernsteinfichte" (ATert), von dem die Tiere umflossen und in einer noch nicht völlig geklärten Form konserviert wurden, ist einer der wenigen Ausnahmefälle.

Das Vorkommen ist nur selten ein gehäuftes [z.B. Kalke aus larvalen Gehäusen („Köchern") von *Phryganidae* (gr. phrýganon = Reisig), Olig WEur], hingegen oft ein allochthones. Auch die Bernstein-Inklusen (v. lat. inclúdere = einschließen) sind nicht eigentlich autochthon; weder die vielen, in der marinen blauen Erde des Samlandes, noch die anderen als Diluvialgeschiebe von dort durch das Inlandeis bis England, Schlesien und zum Ural verfrachteten.

Von den mangelhaft erhaltenen Funden sind viele kaum eindeutig beurteilbar. Die Geschichte der Insekten ist aus ihnen nur bruchstückweise abzulesen. Sie beginnt nachweislich mit dem Karb. Für einige Funde aus dem JgPaläoz wurde eine eigene

Subclassis: **Palaeodictyoptera**

(gr. = Altnetzflügler) errichtet. Ein drittes, prothorakales Paar flügelartiger Anhänge, die nicht zusammenfaltbaren Flügel und die (systematisch wichtige) Art ihres Geäders sowie die Pleuralbildungen am Ab-

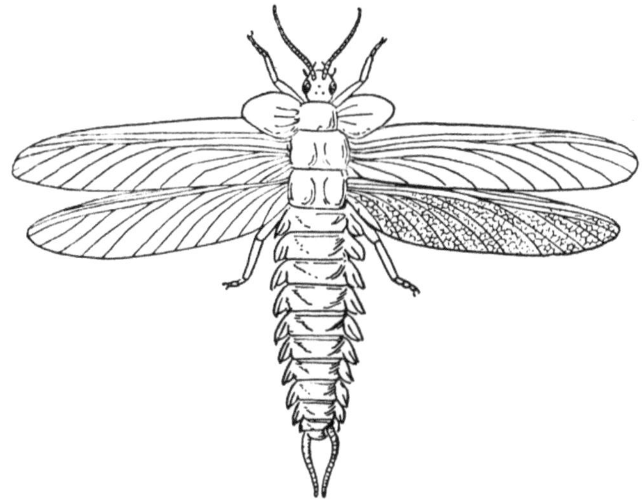

Abb. 55. *Stenodictya lobata* BROGN., ObKarb WEur, eine Palaeodictyoptere, fast nat. Gr. Aus MOORE in MOORE-LALICKER-FISCHER 1952.

domen sind ihre besonderen, als primitiv bewerteten Merkmale (Abb. 55). Die Mundgliedmaßen scheinen meist einfach gebaut, wenngleich saugende (statt der wohl ursprünglicheren beißend-kauenden) nicht fehlen sollen.

Die *Palaeodictyoptera* waren nur wenige cm groß. Ihre Bewertung als Stammgruppe aller Insekten wird jetzt bezweifelt; desgleichen die wegen der Pleuralanhänge vermutete Abkunft von Trilobiten, da transversale Dreigliederung nunmehr als primitive Eigenschaft vieler Arthropodengruppen erscheint.

* * *

Andere Funde aus dem JgPaläoz werden den für die rezenten Insekten geschaffenen Unterklassen eingereiht wie die *Protodonata* oder Riesenlibellen (Karb-UJ), z. B. *Meganeura* (Karb) mit bis über 60 cm Flügelspannweite; *Protorthoptera* (gr. = Erstgeradeflügler); *Protoblattoidea* (= Erstschaben); *Protocoleoptera* (Erstkäfer); *Proto-* und *Palaeohemiptera* (Erst- und Altschnabelkerfe); *Archaeo-*, *Palaeo-* und *Protohymenoptera* (Ur-, Alt- und Ersthautflügler) u. a. m. Inwieweit sie wirklich Vorläufer oder Stammformen der in den Namen angedeuteten Gruppen sind, scheint freilich z. T. noch umstritten. Die übrigen Formen aus dem JgPaläoz und alle späteren werden in rezente Ordnungen gestellt.

Derzeit sind Insekten im Karb nur von der Nordhemisphäre bekannt, doch verglichen mit heutigen sind sie von ± tropischem Habitus (lat. = Haltung, Aussehen). Im P sind NAm (Kansas), Rußld und Austr die Hauptfundräume; die Palaeodictyopteren gehen zurück und holometabole treten auf. Aus der Tr, wo SAm zu den Fundgebieten hinzukommt, sind die ersten Schmetterlinge belegt (welche zunächst gleich anderen Insekten den Pollen von Windblütern übertragen haben dürften). Der J (gut erhaltene Reste aus den Solnhofener Schichten) hat die ersten Hymenopteren geliefert und die nicht sehr reichen Kr-Funde (z. B. „kanadischer Bernstein" ObKr), deuten auf eine, wohl im Zusammenhang mit der Blütenpflanzenentfaltung, recht moderne Insektenfauna. Im ATert scheint diese bereits voll entwickelt. Aus dem MEoz (Geiseltal-Braunkohle) bei Halle a. S. sind eine *Anopheles*-Stechmücke und Käfer mit Farb- und Weichteilerhaltung bekannt; in den etwas jüngeren, mit Palmetto-Unterholz bestandenen Bernstein-Uferwäldern des fennoskandischen Festlandes lebten Schmetterlinge, Laufkäfer, (*Paussidae*, „Ameisengäste"), Flöhe (wie sie heute auf Insektivoren vorkommen) u. v. a. Eine Tsetsefliege (*Glossina*) wurde aus dem Olig NAm beschrieben. Die Insektenfunde aus dem JgTert sind im ganzen spärlich und vor allem tiergeographisch und biologisch interessant (z. B. Termitennest und Gallenbildungen im Plioz, Wiener Becken).

Phylum: Deuterostomia

Die *Deuterostomia* eint das von den Protostomiern verschiedene Verhalten des Urmundes (s. S. 17), der entodermale Ursprung aller 3 Darmabschnitte und die Entwicklung von Coelomsäcken durch Abfaltung vom Entoderm. Sie treten vom Beginn ihrer Überlieferung an in 3 Gruppen auf, die als Subphyla bewertet werden können.

Subphylum: Coelomopora

Hier ist der Körper in 3 Regionen mit ebensovielen, z.T. durch Poren nach außen mündenden Coelomabschnitten gegliedert. In der Entwicklung tritt eine bilateral-symmetrische *Dipleurula*- (gr. = Zweiseit-) Larve auf. Der frühere Name *Ambulacralia* hat auf das einer der beiden Hauptgruppen eigene Ambulakralgefäßsystem (s. S. 116) Bezug.

Cladus: Branchiotremata

Die eigentlichen *Branchiotremata*, welche in der Pharyngotremie (gr. phárynx = Schlund) und Notoneurie, d. h. in den Schlundwand-Kiemenspalten und in der Dorsallage des Nervensystems, auch im Subphylum *Chordata* (s. S. 148) vorkommende Merkmale besitzen, sind fossil nur spärlich belegt. Auf die

Classis: Enteropneusta

(v. gr. pnēīn = atmen) oder *Helminthomorpha* (v. gr. helmíns = Wurm) wurden bisher nur Lebensspuren auf die

Classis: Pogonophora

(v. gr. pógon = Bart) überhaupt keine und auf die

Classis: Pterobranchia

erst wenige Fossilfunde bezogen.

Die marinen *Pterobranchia* sind etwas bryozoenähnlich. Sie leben kolonienweise. Mittels eines kontraktilen Stieles sitzen die Einzeltiere in zooeciumartigen, oft verzweigten und von einer festen Hülle umkleideten Röhren. Diese Hüllen, zusammen das Coenoecium, bestehen aus elastisch-biegsamer Chitinsubstanz, die basal Halbringe mit Zickzack-Sutur, sonst ringförmige Segmente bildet. Nach Vorhandensein oder Fehlen eines gleichfalls umhüllten, dunkelgefärbten „Stolo", einer basalen Fortsetzung bzw. Verbindung der Stiele und damit der Einzeltiere (Zooide), unterscheidet man die

Ordines: Rhabdopleurida und Cephalodiscoidea

Beiden werden Funde aus Polen, jener aus ObKr, dieser aus dem untersten Sil (Tremadoc) zugerechnet. Der rezente *Cephalodiscus* wird schon aus dem Eoz (Frankr) erwähnt.

Zu den *Branchiotremata* dürften nach neueren, freilich nicht unwidersprochenen Untersuchungen auch die Graptolithen (v. gr. graptós = geschrieben, gemalt) gehören, die lange für Pflanzen, dann für Foraminiferen, vor allem aber für Coelenteraten oder Bryozoen gehalten wurden. So reihen wir sie hier an — einstweilen als

inc. sed. Classis: Graptolithida

Überliefert sind im häufigsten Muttergestein, dunklen, bituminösen Schiefern, seidig-glänzende, hauchdünne, wie geschrieben oder gemalt aussehende Gebilde. Laubsägeblattartig gefiedert, dabei gestreckt bzw. leicht bis spiralig gekrümmt, bilden sie oft gehäufte Vorkommen (Graptolithen-Schiefer). Ihre ursprünglich wohl chitinöse Substanz ist durch ein Silikat (Gümbelit) ersetzt. In Kalken hingegen sind sie von schwarzer Farbe, mit Pyrit oder Kalziumkarbonat infiltriert und bei entsprechender Erhaltung unter dem Mikroskop als ein dem Pterobranchier-Coenoecium (s. oben) ähnliches Außenskelett von Tierkolonien erkennbar.

Am Skelett einer solchen Kolonie, dem Rhabdosom (v. gr. rhábdos = Stab) werden Sicula (lat. = kleiner Dolch), Nema (gr. = Faden) und Theken unterschieden (Abb. 56a—c). Die Sicula oder „Embryonalzelle" besteht aus 2 Teilen, der erstangelegten Pro- und der Metasicula. Von jener entspringt das fadenförmige Nema, dessen weitere Fortsetzung auch Virgula (lat. Zweig, Stab) heißt. Am Nema sind die Theken, die Zellen für die Einzeltiere, ein-, zwei- oder mehrseitig angeordnet. Ihre Wände sol-

len Halbringe mit Zickzacksutur und eine besondere Außenschicht aufweisen (vgl. S. 113). Man kennt 2 Hauptausbildungsformen: Trimorphe
Theken, die Triaden (= Dreiergruppen) bilden, deren erste aus einer der
Sicula-Wand ensprossenen Theka, deren weitere aus einer Theka der vorigen Triade hervorgehen; ±uniforme =gleichgestaltete Theken, deren erste
der Sicula-Wand, deren zweite der ersten usf. entspringen u. zw. so, daß

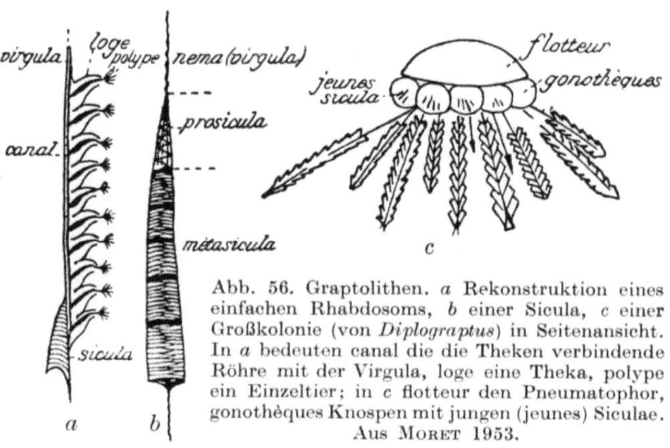

Abb. 56. Graptolithen. *a* Rekonstruktion eines
einfachen Rhabdosoms, *b* einer Sicula, *c* einer
Großkolonie (von *Diplograptus*) in Seitenansicht.
In *a* bedeuten canal die die Theken verbindende
Röhre mit der Virgula, loge eine Theka, polype
ein Einzeltier; in *c* flotteur den Pneumatophor,
gonothèques Knospen mit jungen (jeunes) Siculae.
Aus MORET 1953.

lineare oder alternierende Ordnung entsteht. Die Thekenmündungen sind
ursprünglich der Siculamündung gleichgerichtet. Oft bleiben sie es; bei
anderen aber werden sie durch Drehung der Theken gegengerichtet.

Die Rhabdosome sind bald buschförmig oder gabelig (dichotom) verzweigt und durch Fortsätze bzw. Anastomosen (v. gr. anastomōūn =
mit Mündung versehen, öffnen, durchstechen) miteinander verbunden;
bald einfach bzw. aus einfachen Zweigen zusammengesetzt; mitunter
auch zu Synrhabdosomen (Großkolonien) vereinigt. Manche entwickeln
vom Nema aus eine Art Haftscheibe oder wurzelförmige Anhänge. Diese
dienten wohl zur Festheftung; desgleichen die Haftscheibe, so sie sich
unter den Theken befand; bei umgekehrter Lage hingegen ist eine pseudoplanktonische Lebensweise anzunehmen. Großkolonien, bei denen
sich Fortsätze der Virgulae zu einem Funiculus mit einer Zentralkapsel und einem Pneumatophor (=Luftträger, Schwimmblase) am
freien Ende zusammenschlossen, dürften Planktonten gewesen sein.

Nach ihrem Lebensraum waren die Graptolithen marin, vorwiegend
neritisch-pelagisch. Man kennt sie vom Kambr bis ins Karb. Im Sil
(Ordov + Gotld), wo sie ihren Höhepunkt haben, sind sie bei raschem
Formenwechsel wichtige Zonen-Ltf (zahlreiche Graptolithen-Zonen im
Sil von Eur, NAfr, NAm, SAm und Austr).

Systematisch werden meist 2 Gruppen unterschieden: *Dendroidea*
(Stolo chitinisiert, Rhabdosom dichotom, buschförmig oder unregelmäßig
verzweigt, anastomosierend; Theken trimorph; mit Haftscheiben oder Wurzelanhängen; benthonisch bis pseudoplanktonisch; Kambr-Karb) und *Graptoloi-*

dea (Stolo ohne Chitinhülle, Rhabdosome einfach oder aus Zweigen zusammengesetzt, auch Synrhabdosome bildend; Theken uniform; mehr pseudoplanktonisch bis planktonisch; Sil). Unter den *Dendroidea* scheint *Dictyonema* (Dictyonemaschiefer, unterstes Sil, Abb. 57) z. T. graptoloid, unter den *Grapto-*

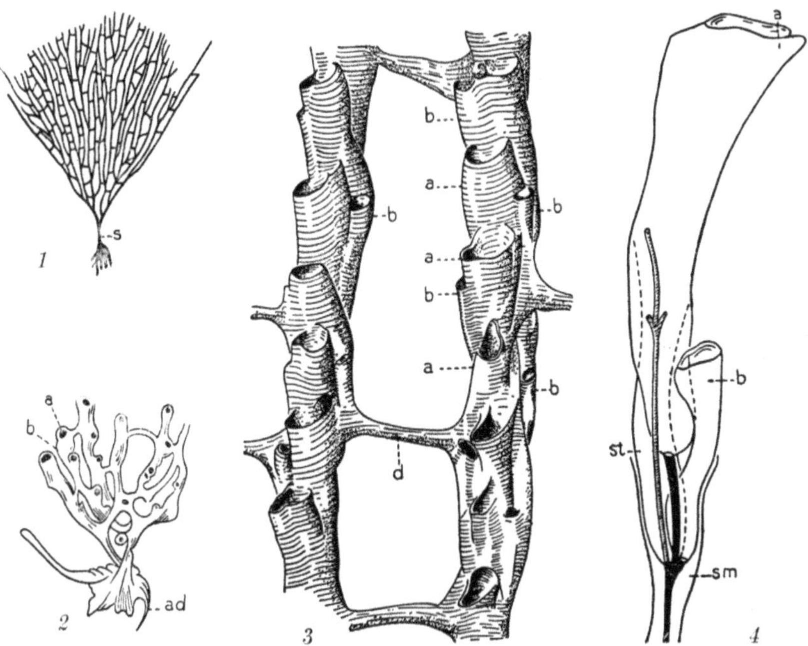

Abb. 57. Bau dendroideer Graptolithen. *1 Dictyonema flabelliforme* Eichw., var. *anglica* Bulm. (Ordov WEur), Rhabdosom mit faserigen Wurzelanhängen. Fast nat. Gr. — *2 Dictyonema cavernosum* Wiman (Ordov NEur), Teil des Rhabdosoms mit lamellenartigen Anhängen. Etwa 6,5fach vergr. — *3* wie *1*, Teilstück des Rhabdosoms, etwa 16fach vergr., um die Querverbindungen (Dissepimente) zwischen den Einzelrhabdosomen und die Ringstruktur der Thekenwände zu zeigen. — *4 Dendrograptus regularis* Kozlowski (Ordov OEur), Schema eines Rhabdosomfragmentes, etwa 55fach vergr., ohne Wandringe, zur Veranschaulichung von Lage und Ausdehnung der Stolonen. — *a, b, st* = Einzelformen der „Triaden": Autotheke, Bitheke, Stolotheke, [diese der Stolotheke der vorhergehenden Triade (*sm*) entspringend], *ad* = wurzelartige Anhänge, *d* = Querverbindungen zwischen den Rhabdosomen, *s* = Sicula. — Aus Waterlot in Piveteau 1953.

loidea Retiolites (lat. rēte = Netz) samt Verwandten durch Skelettreduktion zu einem Netzwerk abweichend. Die *Dendroidea* werden auch in *Dendroidea* i. eng. S., *Tuboidea, Camaroidea, Stolonoidea* aufgegliedert, die *Graptoloidea* auch in *Axonophora* und *Axonolipa* (gr. áxon = Achse, leípein = lassen, entbehren) unterteilt.

Ungleich den bisher genannten *Coelomopora* ist der

Cladus: Echinodermata

[v. gr. echīnos = (See-)Igel-(Stachel), dérma = Fell, Haut) mit seinem kennzeichnenden Unterhaut-Skelett fossil reicher und mannigfaltiger als in der Jetztzeit vertreten. Dieses mesodermale (außen von Haut überzogene) Skelett besteht aus meist tetraedrischen Kalknadeln ($CaCO_3$ und $MgCO_3$). Sie liegen selten lose in der Haut; gewöhnlich schließen sie sich zu Platten von netzförmig-gitteriger Struktur (Raumgitter) zusammen die, beweglich oder unbeweglich verbunden, einen $\pm$festen, die gruppenweise wechselnde Körperform bestimmenden Panzer bilden. Als äußere Anhänge an ihm treten oft recht unterschiedliche Stacheln auf, welchen der Cladus den Namen Stachelhäuter verdankt.

Der Plattenpanzer umhüllt $\pm$ vollständig die inneren Organe (Abb. 58). Von diesen hat der Darmkanal meist Schlingen- oder Spiralenform, seltener Sackform und Blindsäcke; mitunter ist er in einen auch Proboscis (gr. proboskís = Rüssel) genannten Analtubus verlängert. Die Lage des Anus wechselt gruppenweise; bald findet er sich $\pm$ peripher in einem der Interradien (s. S. 118), bald $\pm$ zentral, manchmal fehlt er. Zum Ergreifen bzw. Einbringen der Nahrung dienen oft Tentakel bzw. Wimperrinnen (Ambulakralrinnen, s. u.), zur Zerkleinerung mit Spitzen besetzte Platten bzw. mundnahe Zahn- und Kieferbildungen. Die Coelomsäcke (vgl. S. 112) erfahren ontogentisch Um-, die rechten meist weitgehende Rückbildung. Links geht aus dem vorderen Coelom, dem Axocoel, der Axialorgan (,,Herz") und Parietal- (v. lat. páries = Wand) oder Stein-Kanal umhüllende Axialsinus hervor; aus dem mittleren, dem Hydrocoel, das Wassergefäß- oder Ambulakral-System (s. u., v. lat. ambulācrum = Wandelbahn); aus dem hinteren, dem Somatocoel, das Pseud- oder Perihaemalsystem (v. gr. hāīma = Blut) mit dem Genitalsinus (v. lat. genitālis = zur Zeugung gehörig), bisweilen auch ein sog. ,,gekammertes Organ". Ferner sind ein z. T. lakunäres (v. lat. lacūna = Lache) eigentliches Blutgefäßsystem sowie 2 Nervensysteme (sog. Markstrangsysteme ohne Konzentration der Nervenzellen zu Ganglienknoten), ein zentrales (von der Oberfläche her eingefaltetes, außen oder innen vom Panzer verlaufendes) und ein apikales vorhanden, meist auch reichlich Sinneszellen, aber selten richtige Sinnesorgane. Besondere Exkretionsorgane scheinen zu fehlen. Beide Haemalsysteme, das zentrale Nervensystem und das Amb(ulakral)-System bilden je einen Schlundring mit meist perradial, d. h. den 5 Radien bzw. Ambulakren entlang, ausstrahlenden Strängen. Diese verlaufen innen vom Panzer wie in zwischen seine Platten eingelassenen oder über sie hinwegziehenden und dann als Regel von biserial-alternierenden Plättchen überdachten Amb-Rinnen oder

---

Abb. 58. Schematische Schnitte durch Echinodermen zur Veranschaulichung von Körperform, Skelettbau, Darm- und Ambulakralsystem in den verschiedenen Hauptgruppen. Sämtliche Schnitte entlang der antero-posterioren Achse, in *B — H* vom Beschauer links durch den vorderen Radius (*aR*, s. S. 126), rechts durch den hinteren Interradius (*pIR*, s. S. 126) gelegt. *A Holothurioidea* (s. S. 147), *B Ophiuroidea* (s. S. 135), *C Asteroidea* (s. S. 137), *D Echinoidea* (s. S. 140), *E Edrioasteroidea* (s. S. 123), *F Blastoidea* (s. S. 122), *G Cystoidea* (s. S. 121), *H Crinoidea* (s. S. 124). Skelett punktiert; Darmsystem gestrichelt; Ambulakralsystem weiß; sonstige Weichteile, Innenräume und äußere Hautbedeckung schwarz. Mouth = Mund, Podia or tube feet = Ambulakralfüßchen, Respiratory trees = Wasserlungen, Spines = Stacheln, Thecal pores = Poren(systeme) in den Thekalplatten, Tooth = Zähne (Kieferapparat); übrige Bezeichnungen s. Text. Aus Moore in Moore-Lalicker-Fischer 1952.

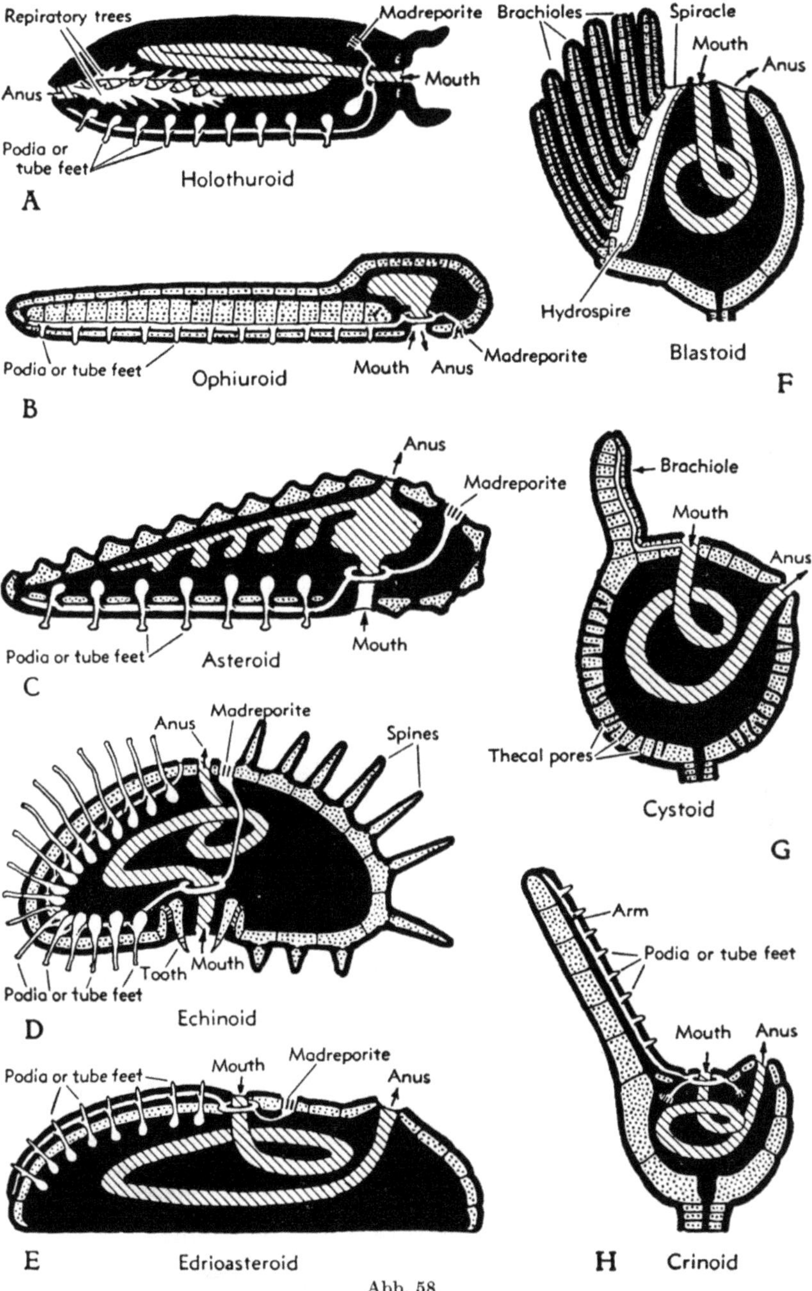
Repiratory trees
Madreporite
Anus
Mouth
Podia or tube feet
Holothuroid
A
Podia or tube feet
Ophiuroid
Mouth
Anus
Madreporite
B
Brachioles
Spiracle
Mouth
Anus
Hydrospire
Blastoid
F
Anus
Madreporite
Podia or tube feet
Asteroid
Mouth
C
Brachiole
Mouth
Anus
Thecal pores
Cystoid
G
Anus
Madreporite
Spines
Podia or tube feet
Tooth
Mouth
Echinoid
D
Arm
Podia or tube feet
Mouth
Anus
Crinoid
H
Podia or tube feet
Mouth
Madreporite
Anus
Edrioasteroid
E
Abb. 58

-Furchen. Von den Amb-Gefäßsträngen gehen beidseitig meist schwellbare Anhänge ab, die als Lokomotions-, Atmungs-, Tast- und Haftorgane fungierenden Amb(ulakral)füßchen. Das eine wässerige Flüssigkeit und amöboide Zellen enthaltende Amb-Gefäßsystem ist mit dem (nach den häufigen Kalkablagerungen in den Wänden benannten) Steinkanal verbunden. Er mündet meist durch den Hydroporus bzw. die stets dem gleichen Interradius (s. unten) zugeordnete Madreporenplatte nach außen.

Die meisten Echinodermen sind getrennt-geschlechtlich. Aus den Eiern gehen *Dipleurula*-Larven hervor, die in der weiteren Ontogenese verschiedene Gestalt annehmen. Sämtliche Stachelhäuter sind marin und gegen Änderung des Salzgehaltes wie Verunreinigungen des Wassers sehr empfindlich, manche makro-, manche mikrophag. Sie gehören vorwiegend zum Benthos u. zw. zum vagilen wie zum sessilen.

Fossile Echinodermen liegen in körperlicher Erhaltung wie als Steinkerne (z. B. SiO_2- = Kiesel-Kerne) und Abdrücke vor. Bei körperlicher Überlieferung sind die Platten fast immer zu massiven Kristallindividuen umgebildet, die nach Rhomboederflächen spalten. Pseudomorphosen (z. B. in Schwefelkies, sog. Verkiesungen) sind seltener.

Das Vorkommen ist bald ein vollständiges, bald infolge Skelettzerfalles ein fragmentäres; bald ein vereinzeltes, bald ein gehäuftes. Häufung kann dem Leben in Verbänden entsprechen wie durch Zusammendriften (ev. unter Frachtsonderungserscheinungen) erfolgt sein. Echinodermen sind seit dem Beginn des Kambr bekannt.

Neben Skelett, Fossilisation, ambulakralem und sonstigen Organsystemen gilt die pentamere Symmetrie als kennzeichnend. Sie gibt meist durch die je 5 Radien (Radial-, Amb-Zonen) und Interradien [Interradial-, Interambulakral-(IAmb-) Zonen] der Außenform ihr besonderes Gepräge; ebenso den Innenorganen (Genitaldrüsen, perradiale Stränge, s. S. 116 usw.). Diese Pentamerie folgt auf eine frühlarvale, (doch auch adult nie gänzlich schwindende) Bilateralität; sie kann mitunter, wenigstens äußerlich, von einer sekundären Bilateralität wieder überprägt werden.

Im Paläoz gab es Formen, die ein Plattenskelett mit Echinodermenmerkmalen hatten, doch weder in der Gesamtgestalt noch im am Skelett kenntlichen Amb-Furchenverlauf Fünfstrahligkeit zeigen. Manches, wie auch ihr z. T. kambrisches Alter, läßt vermuten, daß sie nie durch ein richtig pentameres Vorstadium gegangen sind. Mit BATHER möchte ich daher trotz noch offener Fragen diese *Echinodermata bilateralia* einstweilen den typisch pentameren *Echinodermata radiata* als systematisch gleichrangige Gruppe voranstellen.

Subcladus: **Echinodermata bilateralia**

Primär apentamere Echinodermen (s. o.) dürften vor allem jene sein, auf welche JAEKEL 1918 die von ihm 1900 geschaffene

Classis: Carpoidea

(v. gr. karpós = Frucht) beschränkt hat. Das allein bekannte Skelett läßt 2 Abschnitte unterscheiden: die dem eigentlichen Körper entsprechende Theka und deren schwanzähnlichen Anhang, den Stiel. Die Theka, ± stark depressiform, rund-scheibenförmig, länglich oder an den Ecken in Vorsprünge ausgezogen, zeigt je eine obere und untere Fläche aus ± irregulär-polygonalen Platten. Meist sind diese klein, zahlreich und die oberen imbrizierend; randlich liegt dann eine Reihe größerer, stärkerer Platten und manchmal quert eine solche auch die Thekalflächen. Selten bilden wenige große Platten die gesamte Panzerung. Am Vorderende ist eine Mundöffnung nicht immer sichtbar. Der durch eine Analklappe oder eine mehrplattige „Klappen- pyramide" verschließbare Anus hat wechselnde Lage. Amb-Furchen sind fast nur als kurze Rinnen und nie strahlig (pentamer) entwickelt. Ob Mund und Ambulacra bisweilen ganz fehlten oder hypothekal (= innen vom Skelett) verliefen, ist ungewiß. Tentakelartige Anhänge in Mund- nähe wie bei anderen gestielten Stachelhäutern sind selten und atypisch.

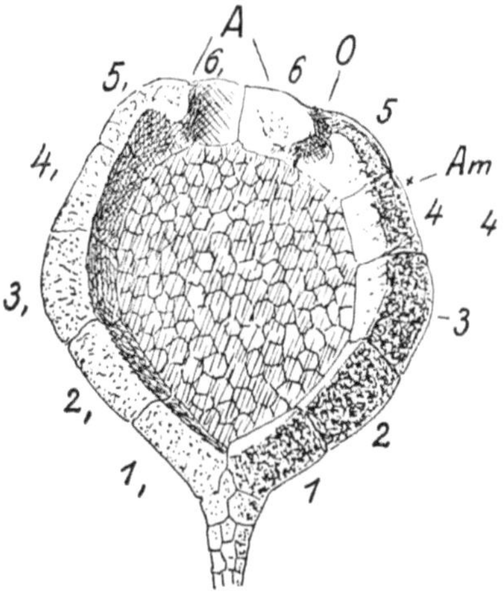

Der Stiel am Hinterende der Theka ist meist kurz. Er gliedert sich in 3 Abschnitte: den proximalen (v. lat. próximus = nächster) = Theka- nächsten mit weitem, wohl von inneren Organen erfüllt gewesenem

Abb. 59. *Trochocystites bohemicus* JAEKEL, eine Carpoidee aus dem MKambr MEur. *A* = Afteröffnung, *Am* = kurze Ambulakralrinne, *O* = Mundöff- nung, *1—6* und *1_1—6_1* = rechte und linke Randplatten. Ansicht von oben, doch ohne obere Zentralplättchen. (Die sicht- baren kleinen Platten des Mittelteiles sind die Zentralplatten der Unterseite von innen gesehen. Aus JAEKEL 1918.

Lumen und mehrreihig-irregulär beplatteter bzw. aus Halbring-Segmen- ten gebildeter Wand; den mittleren aus einer kegelartigen Platte, dem Styloconus (v. gr. stȳlos = Säule, Pfeiler, Stütze), oder einer halbseitigen, dem Styloid; den distalen (v. lat. distāre = abstehen, entfernt sein), ganz dünnen und zweiseitig beplatteten. Einigen Formen wurden in gleichen Schichten gefundene, flach-längliche und zweizeilig gepanzerte Gebilde als „Wurzeln" zugeordnet, doch scheint Sicheres über das Stielende nicht bekannt.

Die zweiseitige Abflachung, die Unterscheidbarkeit von vorne und hinten, rechts und links sind — wie auch die z. T. biseriale Stielbeplat- tung — Kennzeichen einer bilateralen Symmetrie. Sie ist bei den ältesten Formen am deutlichsten; bei den späteren scheint sie durch asymme- trische Züge überprägt.

Die meist nur wenige cm langen Carpoideen waren wohl benthonische Liegeformen, nicht fixisessil[1], aber nur wenig beweglich. Sie sind vom Kambr bis Dev bekannt. Zu den primitivsten dürften *Trochocystidae* (Abb. 59), zu den abgeleitetsten *Cerato-* und *Dendroycstidae* gehören.

inc. sed. Classis: Machaeridia

Die *Machaeridia* (gr. máchaira = Schlachtmesser, Schwert) sind unzureichend bekannt und werden daher unterschiedlich beurteilt. Was vorliegt, sind Skelettbildungen aus 2- bis 4reihig geordneten, imbrizierenden Kalkplatten, die einen wurmähnlich langgestreckten Körper ummantelt haben dürften, doch eine schmale, wohl ventrale Zone freiließen. Meist werden die *Machaeridia* als *Palaeothoracica* zu den *Cirripedia* gestellt (s. S. 100). Die bei einigen nach BATHER und WITHERS zu beobachtende kristalline Struktur mit Rhomboeder-Spaltflächen scheint aber nur von Echinodermen bekannt (s. S. 118). Als solche wären die vom USil bis Dev belegten *Machaeridia* nach den Symmetrieverhältnissen den *Echinodermata bilateralia* zuzuzählen und als kleine, wurmförmige, vagil-benthonische Typen könnten sie der hypothetischen „*Dipleurula*"-Urform weitgehend entsprechen.

Subcladus: Echinodermata radiata

Die strahlig-, meist 5strahlig-symmetrischen Echinodermen lassen sich weiter in 2, hier als Infracladi bewertete Hauptgruppen gliedern: in die *Pelmatozoa* und *Eleutherozoa* (gr. pélma = Sohle, Stiel, eleútheros = = frei).

Infracladus: Pelmatozoa

Die *Pelmatozoa* sind radiate Echinodermen mit ± kapselförmigem Körper, oralen (v. lat. os = Mund), d. h. mundseitigen und gewöhnlich mundnahen, tentakelförmigen Anhängen, sowie meist mit aboralem = = mundfernem Stiel. Die Kapselwände sind in der Regel mit polygonalen, miteinander an Suturen fast unbeweglich verbundenen oder auch verschmolzenen Platten gepanzert, die tentakelförmigen Anhänge bestehen aus Gliedern, die an der normal oralwärts schauenden Fläche für die Ambulakralrinne ausgenommen sind, der Stiel aus vom Axialkanal durchbohrten. Die an der Kapsel hypo-, endo- oder epithekal (einwärts der Platten, zwischen oder außen auf ihnen) verlaufenden, sich exothekal (= außerhalb der Kapsel) auf die tentakelartigen Anhänge fortsetzenden Amb-Rinnen dienen vornehmlich der Nahrungszufuhr zum Mund, die Amb-Füßchen, wenn vorhanden, der Respiration (nicht Lokomotion), der im Axialkanal von Blutgefäßen und Nervensträngen durchzogene Stiel der Erhebung des Körpers über den Boden und mit den Wurzelbildungen seiner Verankerung in oder auf ihm.

---

[1] Auch die vermeintlichen Wurzeln (s. S. 119) hätten nicht die Form von Organen zu dauernder Festheftung.

Classis: Cystoidea

Die *Cystoidea* (v. gr. kýstis = Blase) oder Beutelstrahler (Abb. 58 *G*) sind Pelmatozoen mit einer ± einheitlichen (nicht in je einen oralen und aboralen Abschnitt gegliederten) als Theka bezeichneten Körperkapsel; mit in der Regel kleinen, einfach-unverzweigten biserial beplatteten tentakelartigen Anhängen, sog. Brachiolen (=Ärmchen) sowie Poren- bzw. Faltensystemen in den Thekalplatten. Die apfel-, birnen- oder länglich-beutelförmige, bei Stiellosigkeit und aboraler Abflachung auch halbkugelige Theka besteht aus vielen kleinen oder wenigen großen Platten. Sie sind polygonal und dreischichtig, doch ist meist nur die Mittellage überliefert. Eine Ordnung zu Kränzen (Zyklen) bzw. in Radial- und Interradialzonen ist kaum je deutlich. Hingegen gehen die Amb-Rinnen gewöhnlich in Fünfzahl (oder Fünfergruppen) vom Mund aus. Sie verlaufen endo-, epi- oder hypothekal.

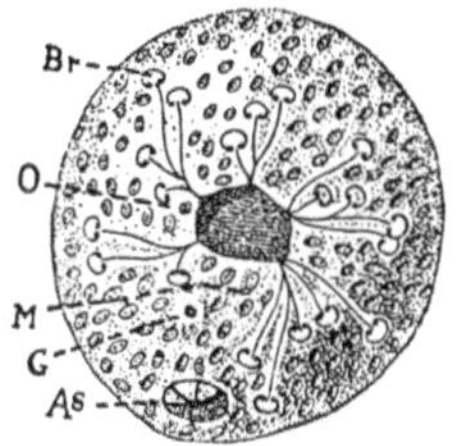

Abb. 60. *Proteocystites flava* BARR., eine diploporite Cystoidee aus dem UDev MEur. Von oral. *As* = After(verschlußplatten), *Br* = Ansatzstellen (Gelenkfacetten) für die Brachiolen am Ende der Amb-Rinnen, *G* = Genitalporus, *M* = Madreporit, *O* = Mundöffnung. Die Punkte in den kleinen ovalen Feldern sind die Diploporen. Aus ABEL 1924.

Abb. 61. *Cheirocrinus insignis* JAEKEL, Ordov Rußld, eine dichoporite Cystoidee mit gut entwickelten Brachiolen, großer Analregion (schwarz) und von den Plattengrenzen halbierten Porenrauten. Seitenansicht. Fast nat. Gr. Aus MOORE-LALICKER-FISCHER 1952.

Bald treten sie schon mundnah auf die nur hier entspringenden (von der Theka abstehenden oder ihr außen anliegenden) Brachiolen über; bald ziehen sie weiter gegen aboral, beiderseits von dichtstehenden kurzen Brachiolen flankiert.

Die Thekalplatten werden von zur Oberfläche senkrechten oder parallelen Kanälen durchzogen. Jene münden als Haploporen (gr. haplōūs = einfach) einzeln, häufiger als Diploporen in durch eine Furche verbundenen Paaren nach außen; diese treten bei Anwitterung der Platten in rhombischen (gr. rhómbos = Kreisel), von den Suturen halbierten Feldern zutage und sind oft mit Faltungen der Platten verbunden: sog. Porenrauten oder Dichoporen (v. gr. dícha = zweigeteilt).

Der Stiel, meist fragmentär erhalten, besteht aus niedrig-scheibenförmigen bis höheren, ± zylindrischen Gliedern und endet bald mit einer richtigen Wurzel, bald mit einer distalen Schlinge oder Spirale („Greifwurzel". Auch Verschmelzung distaler Glieder zu einer „Pfahlwurzel" ist beobachtet. Manche Cystoideen waren stiellos.

Die Pentamerie ist (s. o.) meist nur in den Amb-Rinnen deutlich. Den Gonaden (Geschlechtsdrüsen) z. B. scheint sie zu fehlen (? nur 1 Gonoporus). Auch Tri- und Hexamerie sowie bilaterale Abplattung (vgl. *Carpoidea*, S. 119) mit unterschiedlicher Beplattung von Ober- und Unterseite und bloß 2 Brachiolen sind beobachtet (z. B. *Pleurocystis*).

Die Cystoideen sind dem marinen Benthos zuzuzählen. Die meisten waren sessil, stiellose auf Fremdkörpern festgewachsen (z.B. *Aristocystis*; auch *Gomphocystis* mit im Uhrzeigersinne gekrümmten Amb-Furchen auf der breiten Oralfläche der länglichen Theka). Formen mit Greif- bzw. Pfahlwurzel (z. B. *Pleurocystis* mit bodenparalleler Normallage beider Thekenflächen, s. o. bzw. *Lepadocrinus*) konnten wohl die Verankerung wechseln.

Zeitlich sind die Cystoideen (ohne *Carpoidea* und *Eocrinoidea*, s. S. 131) von USil bis Dev, räumlich aus M-, S-, W-, N-Eur, Grönld, NAm, SAs, und SAfr bekannt. Die meisten werden in die Ordnungen *Diploporita* (Abb. 60) und *Dichoporita* (= *Rhombifera*, Abb. 61) gereiht. Als Ltf spielen nur wenige (z. B. *Echinosphaerites aurantium*, USil, Baltikum) eine Rolle.

Classis: Blastoidea

Die *Blastoidea* (gr. blástos = Sproß, Knospe) oder Knospenstrahler (Abb. 58*F*) könnte man auch als Cystoideen mit zyklisch-beplatteter,

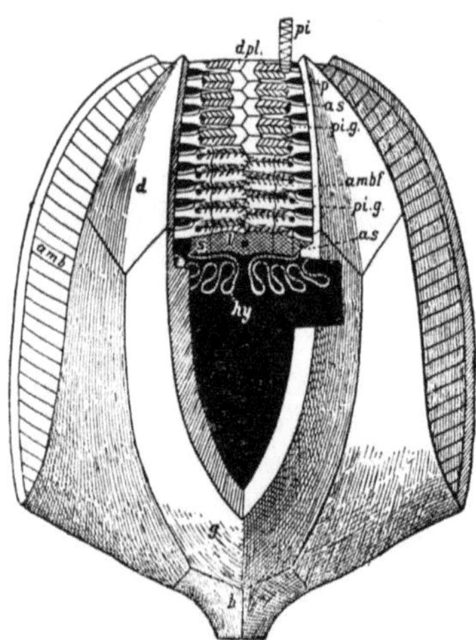

Abb. 62. Bauschema einer typischen Blastoideen-Theka (*Pentremites godoni* DEFR., UKarb NAm). Das dem Beschauer voll zugewandte Ambulakralfeld unten abgetragen, gegen oben zunehmend mit zugehörigen Skelettelementen versehen. *amb* = Ambulkralfeld, *ambf* = Ambulakralfurche, *as* = äußeres Seitenplättchen, *b* = Basalia, *d* = Deltoidea, *dpl* = Deckplättchen, *g* = Radialia (Gabelstücke), *hy* = Hydrospiren, *l* = Lanzettplatte mit axialem Kanal, *p* = Poren zwischen den äußeren Seitenplättchen, *pi* = Brachiole, *pig* = Gelenkfacette für eine Brachiole, *s* = Seitenplättchen. Aus ABEL 1924.

deutlich **pentamerer Theka** und abweichendem, als **Hydrospiren** bezeichnetem Kanal- bzw. Faltensystem auffassen. Meist sind ein 3-teiliger Basalkranz rings um den Stielansatz; darüber alternierend ein 5-teiliger Radialkranz; über diesem, wieder alternierend, 5 die Mundöffnung umschließende Deltoidplatten und zwischen diesen, in mediane Ausnehmungen eingelassen, noch 5 Lanzettplatten vorhanden. In Einkerbungen der Lanzettplatten verlaufen die Amb-Rinnen; sie haben biseriale Deck- wie Seitenplatten und werden von (den Seitenplatten aufsitzenden) Brachiolen eingesäumt. Die **Hydrospiren** sind in den Radialia und

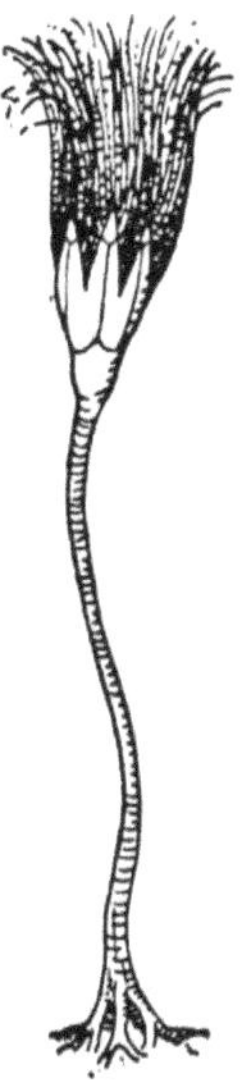

Deltoidea, weniger in den Lanzettplatten, entwickelt; sie treten als Faltenrinnen beiderseits der Amb-Zonen frei zutage oder sind unter diese verschoben und von außen nur durch Längsspalten bzw. rundliche Löcher in Mundnähe, die **Spiracula**, zugänglich. Über ihre Funktion weiß man nichts Sicheres; beiderseits des Analinterradius können sie fehlen.

Blastoideen kennt man von USil bis P, räumlich von Eur und NAm bis zum Sunda-Archipel. Zuerst treten Formen mit halbrauten-

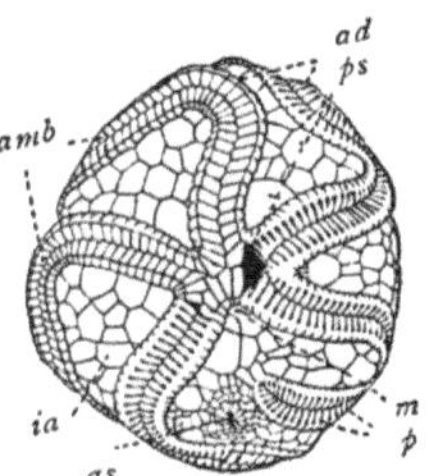

Abb. 63. Rekonstruktion einer Blastoidee (*Oropho-crinus*), Theka mit Brachiolen, Stiel und Wurzel. Aus MORET 1953.

Abb. 64. *Edrioaster bigsbyi* BILL., Ordov NAm, von der oralen Oberseite. *ad* = Randplatten der Amb-Zone (Adambulacralia), *amb* = Ambulacralia, *as* = Anus, von kleinen Plättchen umgeben, *ia* = Interambulacralia, *m* = Madreporit, *p* = Poren zwischen den Ambulacralia, *ps* = Mundfeld (Peristom). Aus ABEL 1924.

förmigen Schlitzen in den Deltoidea und irregulär bepanzerter Theka wie *Blastoidocrinus* auf. Im ObSil folgen die regulären mit reichster Entfaltung im JgPaläoz, wo besonders *Pentremites* (Abb. 62) häufiger ist. Festheftung am Meeresboden mittels des die Theka tragenden Stieles ist die Regel (Abb. 63). Selten ist dieser sockelartig oder ganz verschwunden bei abweichender Gestaltung eines Ambulakrums (*Eleutherocrinus*) bzw. äußerlicher Tetramerie (*Zygocrinus*).

Classis: Edrioasteroidea

Durch das Fehlen von Stiel und Brachiolen weichen die *Edrioasteroidea* (gr. hedrāíos = festsitzend, astér = Stern, Abb. 58 *E* und 64) oder *Thecoidea* ebensosehr vom Typus der *Pelmatozoa* ab wie sie sich hierdurch den

Eleutherozoa nähern. Ihre beutel- bis scheibenförmige **Theka**, in der Regel also der einzige Körperabschnitt, ist meist mit ± breiter Fläche festgewachsen. Die irregulär-polygonalen, vielfach imbrizierenden Plättchen weisen auf eine gewisse Biegsamkeit. Sie waren in der basalen Außenhaut wohl bes. zart und nur in der (sich bei stark abgeflachten Formen deutlich abhebenden) Randzone zwischen Ober- und Unterseite scheint das Skelett festgefügt. Vom zentralen, durch einige größere Platten verschließbaren Mund strahlen 5 Amb-Zonen aus mit biserialen, alternierenden Deckplatten und oft Flanken und Boden der Furchen bedeckenden weiteren Amb-Elementen. Poren zum Durchtritt wohl schwellbarer Füßchen finden sich zwischen den Amb-Platten bzw. zwischen ihnen und den angrenzenden Interamb-Platten. Selten ziehen die Ambulakren gerade über die Theken-Oberseite bis zur Randzone, meist sind sie gekrümmt, u. zw. die dem Analinterradius benachbarten gegeneinander, die übrigen so, daß im und gegen den Uhrzeigersinn gedrehte sich wie 1:4 oder 2:3 verhalten. Diese Krümmung bewirkte wohl eine Vergrößerung der ambulakralen Fläche. Der After, von kleinen Platten umgeben, liegt an der Oberseite, zwischen ihm und dem Mund gewöhnlich der Hydroporus (Madreporit).

Die Verbreitung reicht **vom Kambr bis Karb** mit scheinbarem Höhepunkt im USil. Aus dem Kambr werden sackförmige Theken mit geraden Ambulakren und nicht-imbrizierenden Platten wie scheibenförmige mit gekrümmten Ambulakren und imbrizierenden Platten angegeben. Sehr eigenartig ist *Pyrgocystis* (Sil O-, W-Eur und NAm, Dev Rheinld) mit bestachelter Theka und in Form wie Beschuppung tannenzapfenähnlichem Stiel.

Classis: Crinoidea

Die *Crinoidea* oder Seelilien (Abb. 58 *H*, 65) die einzigen bis in die Jetztzeit reichenden Pelmatozoen, sind auch die in Körperform und Skelettausbildung vielfältigsten. Der Theka samt den Brachiolen ent-

---

Abb. 65. Morphologie, Terminologie und Orientierung des Crinoidenskelettes. *1* = Krone, *2* = Stiel, *3* = Arm, *4* = isotome Verzweigung, *5* = Axillare, *6* = Strahl (= *R* + alle von ihm getragenen Platten), *7* = endotome Verzweigung, *8* = Pinnula, *9* = Pinnulaglied), *10* = Insertionsgrube für die Pinnula am Arm (Hinweisstrich fehlt in der Abb.), *11* = uniserialer Arm, *12* = Muskelgrube, *13* = Ligamentgrübchen, *14* = Querleiste (Artikulationsleiste zum benachbarten Armglied, *15* = Leisten an Stielgliedendfläche, *18* = Stiel, *19* = Nodalglied, *20* = Cirrus, *21* = Cirrenglied, *22* = Internodalglied, *23* = Cirrenansatzgrube, *24* = Infranodalglied, *28* = unverzweigter Arm, *29* = Ambulacrale (Amb-Plättchen), *30* = Ambulakrum (alle Ambulacralia eines Strahles), *31* = Interambulakralplättchen, *32* = Wurzel, *33* = heterotome Verzweigung, *34* = Brachiale, Armglied, *35* = Radiale, *36* = exotome Verzweigung, *37* = Basale, *38* = Infrabasale, *39* = biserialer Arm, *40* = monozyklische Basis, *41* = Gelenkfacette (zum nächsten Armglied), *43*, *44* = dorsale Ligamentgrube, *45* = Stielglied, *46* = Interradialplatte, *52* = Analtubus, *56* = Patina, *58* = Oralplatte, *59* = Analregion, *61* = Plättchen, *62* = Anal- (Ventral-) Sack, *63*, *64*, *66*, *67* = zusätzliche Analplatten, *65* = dizyklische Basis, *68* = Interbrachiale, *69* = „inkorporiertes" Brachiale, *70* = Axillare 2. Ordnung, *71* = Secundibrachiale, *72* = Axillare 1. Ordnung, *73* = Primibrachiale, *74* = Tergale (proximale Platte im pIR b. *Camerata*). — Orientierung (vgl. S. 126): *47* = aR, *48* = laIR, *49* = laR, *50* = lpIR, *51* = lpR, *75* = raIR, *76* = raR, *77* = rpIR, *78* = rpR, *79* = Mund, *81* = pIR. Übrige Termini s. Text. Radien u. Radialplatten schwarz. Aus MOORE in MOORE-LALICKER-FISCHER 1952.

1—crown
2—pelma
3—arm
4—isotomous branches
5—axillary
6—ray
7—endotomous branches
8—pinnule
9—pinnular
10—pinnule socket
11—uniserial arm
12—muscle fossa
13—ligament pit
14—transverse ridge
15—crenella
16—axial canal
17—lumen
18—column
19—nodal
20—cirrus
21—cirral
22—internodal
23—cirrus socket
24—infranodal
25—distal
26—calyx
27—proximal
28—atomous arm
29—ambulacral
30—ambulacrum
31—interambulacral
32—radix
33—heterotomous branches
34—brachial
35—radial
36—exotomous branches
37—basal
38—infrabasal
39—biserial arm
40—monocyclic
41—articular facet
42—central canal
43—fossa
44—dorsal ligament fossa
45—columnal
46—interradial
47—anterior ray
48—antero-left interray
49—left-anterior ray
50—postero-left interray
51—left-posterior ray
Orientation
anal tube—52
tegmen—53
ventral—54
tegminal—55
dorsal cup—56
dorsal—57
oral—58
anal area—59
anus—60
ossicle—61
anal sac—62
anal X—63
radianal—64
dicyclic—65
anal X—66
aniradial—67
interbrachial—68
cup-brachial—69
secundaxil—70
secundibrach—71
primaxil—72
primibrach—73
tergal—74
antero-right interray—75
right-anterior ray—76
postero-right interray—77
right-posterior ray—78
mouth—79
anus—80
posterior interray—81

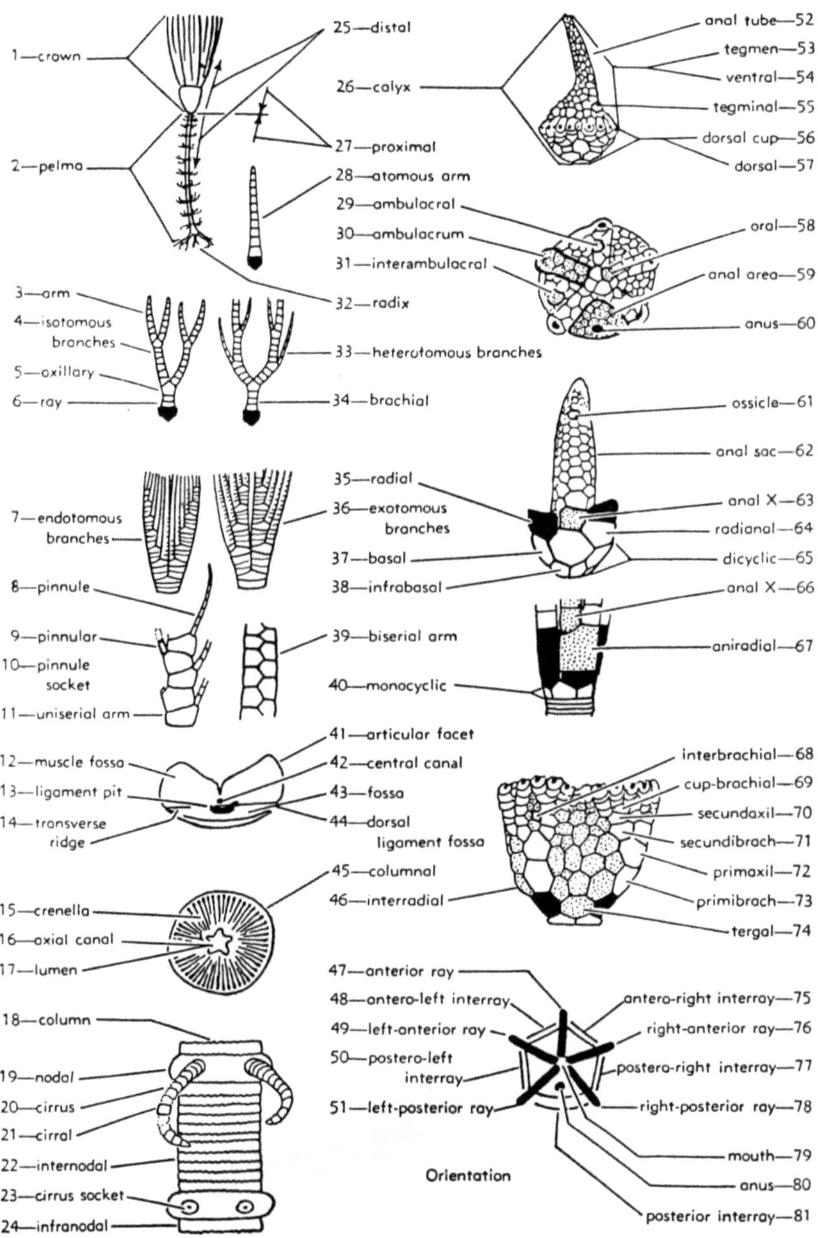

Abb. 65

spricht bei ihnen die Krone. Sie gliedert sich in den Kelch oder Calyx (gr. kályx = Kelch) und die normal aufwärts gerichteten Arme, aber die Grenze zwischen beiden findet sich in verschiedener Lage. Bei den rezenten ist der Kelch niedrig und seine Wand aus wenigen Plattenkränzen aufgebaut, ebenso bei manchen fossilen; bei vielen fossilen hingegen ist er höher, über den gleichen[1] Plattenkränzen folgen noch weitere Platten, die teils basalen Armteilen entsprechen, teils als diese verbindende Zwischenplatten erscheinen. Man hat deshalb vielfach von ,,inkorporierten (= einverleibten) Armbasen'' gesprochen; doch häufiger scheinen sich umgekehrt die ,,inkorporierten Armbasen'' erst allmählich unter Reduktion der Zwischenplatten aus der Kelchwand gelöst zu haben.

Am Kelch sind im Gegensatz zur Theka (s. S. 121) als Regel 2 Abschnitte unterscheidbar: die gewöhnlich einem Stiel aufsitzende Kelchkapsel oder Patina (gr. patáne = Pfanne) und die sie oben abschließende Kelchdecke, das Tegmen (lat. = Decke). Die Kelchkapsel beginnt über dem Stiel mit meist 2 bis 3 alternierenden Kränzen regelmäßig geformter Platten; die des obersten heißen Radialia, die darunter folgenden Basalia, bei 3 Zyklen Basalia und Infrabasalia (Symbole RR, BB, IBB, für die Einzelplatte R, B, IB). Eine Kelchbasis aus BB allein heißt mono-, eine aus BB und IBB dizyklisch (gr. mónos = = allein, einzig, kýklos = Kreis). Durch Reduktion der IBB kann eine dizyklische Basis pseudomonozyklisch, durch Reduktion der IBB und BB kryptodizyklisch werden; rezente pseudomonozyklische Formen zeigen einen zwischen di- und monozyklisch intermediären Nervenverlauf. In die Kelchbasis können andererseits auch Stielglieder einbezogen werden, z. B. als Proximale oder Centrodorsale und vielleicht sind die IBB teilweise gleicher Herkunft. Die Zahl der RR, BB und IBB beträgt normal je 5, doch sind Abweichungen (bei den IBB Verschmelzungen) nicht ganz selten.

Pentamerie und alternierende Plattenfolge (RR und IBB radial, BB interradial) werden durch den stets interradialen, meist am Rand zwischen Patina und Tegmen gelegenen Anus gestört, bzw. durch Unterteilung eines ihm benachbarten R, durch zusätzliche Analplatten, auch durch einen Analtubus oder einen sich weit über die Kelchdecke ausdehnenden ,,Ventralsack''. Die Analplatten ermöglichen so die Orientierung der Kelche. Gewöhnlich werden der Analinterradius als posteriorer = hinterer (pIR), die Radien beiderseits von ihm als rechter und linker hinterer (rpR, lpR), die restlichen dementsprechend als rechter und linker anteriorer = vorderer (raR, laR) bzw. als vorderer (aR) und die Interradien außer dem pIR als rechter und linker hinterer bzw. vorderer (rpIR, lpIR, raIR, laIR) unterschieden[2]. Außerdem dienen der Orientierung die Bezeichnungen dorsal, ventral, proximal und distal. Dorsal = aboral, ventral = oral (z. B. dorsale Patina, ventrales Tegmen, dorsale =

---

[1] Die Gleichwertigkeit in beiden Fällen ist angezweifelt, s. S. 131.

[2] Andere Zählweisen der Radien: Vom pIR aus mit I—V, vom aR aus mit A—E im Uhrzeigersinne.

äußere und ventrale = innere Armseite). Für proximal und distal ist i. allg. die Grenze zwischen Kelch und Stiel, bei Tegmen und Ambulakren jedoch der Mund Bezugspunkt; was diesem näher liegt, heißt proximal, was ferner distal.

Mit den RR erreicht die Patina oft (s. o.) ihre obere Grenze. Bei sog. „inkorporierten Armbasen" aber folgen über den RR radial noch Armplatten und interradial Zwischenplatten im Kelch (s. unten).

Im Tegmen finden sich 5 mit den RR alternierende Oralia (OO). Selten fungiert ein O als Madreporit (M); meist fehlt dieser wie der Steinkanal und es treten Poren in oder zwischen Platten an seine Stelle. Adult sind die OO oft rückgebildet. Wo OO vorhanden sind, strahlen die Amb-Rinnen zwischen ihnen aus. Diese werden meist von biserial-alternierenden Ambulacralia (Ambb) überdacht, deren zentrale, vergrößert, den Mund überlagern können. Den Ambb sind, ± lose in die Haut eingefügt, gewöhnlich Interambulacralia (IAmbb) zwischengeschaltet. So ist die Kelchdecke bei Reduktion der OO ± biegsam und die Ambb ziehen auf ihr suprategminal (lat. súpra = über, ober) dahin. Bei „inkorporierten Armbasen" liegen Mund und Ambulakralrinnen aber oft unter einem ± massiven Plattengewölbe, subtegminal (lat. sub = unter).

Die Arme sind nur bei frühen Formen und frühontogenetisch einfach, brachiolenähnlich; sonst komplizierter und unterschiedlicher gebaut. Ihre Grundzahl ist, da sie an den RR ansetzen, 5. „Inkorporierte Armbasen" sind radial aus plattigen Brachialia (Brr), interradial aus ebensolchen Interbrachialia (IBrr) zusammengesetzt, freie Arme bzw. Armteile bestehen aus niedrig-scheibenförmigen bis höher-länglichen, gegeneinander muskulär beweglichen Gliedern, die oft kleine, mehrgliederige Seitenästchen, die Pinnulae (lat. = Federchen) tragen. Die Anordnung der Brr ist uni- oder biserial. Ventral sind die freien Brr für die bis in die Armspitzen und Pinnulae ziehenden Amb-Rinnen ausgenommen, die Stränge der schlundringbildenden Systeme (s. S. 116) in voneinander durch Zwischengewebe getrennten Kanälen sowie Fortsätze der Leibeshöhle beherbergen. Das Nervensystem durchzieht den Zentralkanal. Den Ambb oder Deckplättchen (s. oben) können sich Adambulacralia (Adambb) oder Seitenplättchen zugesellen.

Die Arme sind selten atom (= ungeteilt). Häufig zeigen sie mehrfache Bifurkation (Zweigabelung), die oft schon über den RR beginnt und bei „inkorporierten Armbasen" die Äste fingerförmig aus dem Kelchrand hervortreten läßt. Es gibt iso-, endo-, exo- wie heterotome (gleich-, innen-, außen- wie ungleichteilige) Verzweigung. Bei Isotomie sind beide Gabeläste jeweils gleich stark, bei Endotomie geben immer äußere Hauptäste innere Nebenäste ab, bei Exotomie umgekehrt innere Hauptäste äußere Nebenäste; bei Heterotomie sind abwechselnd der innere und äußere Gabelast stärker bzw. schwächer. Extreme Heterotomie kann die kleinen Gabeläste zu pinnulae-artigen Anhängen an den größeren und bei starker Verkeilung der größeren (onto- wie phylogentisch) uniseriale Arme zu biseralen werden lassen.

Die Brr verzweigter Arme heißen bis zur ersten Gabelung Primibrachialia (I Brr), dann Secundibrachialia (II Brr) usf. Sie werden von proximal gegen distal gezählt (I Br 1 = proximalstes Armglied). Analog werden Primambulacralia (I Ambb) usw. unterschieden. Armglieder, über denen Verzweigung erfolgt, nennt man Axillaria (lat. áxis = Achse); sie tragen bei pinnulierten Armen keine Pinnulae.

Der Bau der Krone wird häufig durch ein Diagramm veranschaulicht. Es zeigt das Skelett in eine Ebene entrollt (meist mit dem laR am linken Ende vom Beschauer.)

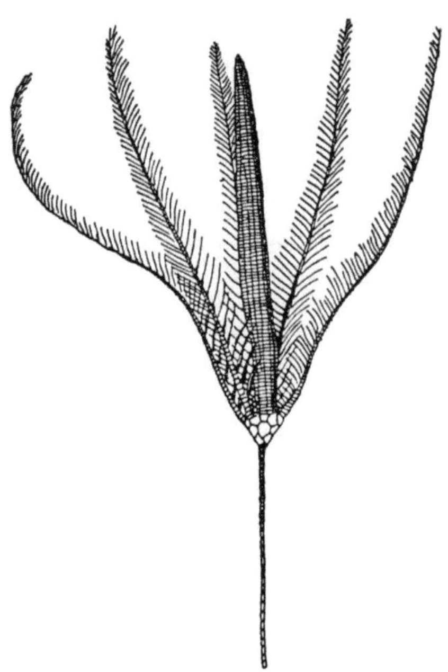

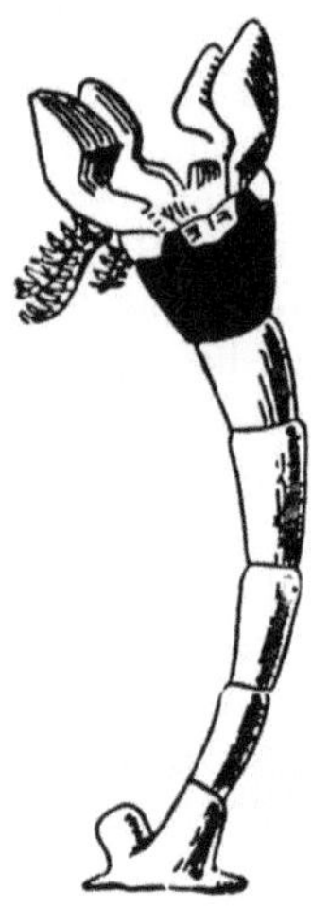

Abb. 66. Beispiel einer Crinoiden-Stillwasserform: *Rhenocrinus ramosus* Jkl., UDev Rheinld. Aus Abel 1924.

Abb. 67. Beispiel einer Crinoiden-Bewegtwasserform *Eugeniacrinites caryophyllatus*: Schloth., ObJ WEur., Schwarz = RR. Nicht ganz $^1/_3$ nat. Gr. Aus Moore in Moore-Lalicker-Fischer 1952.

Der Stiel besteht aus runden, ovalen oder pentagonalen (= fünfeckigen) Gliedern. Sie sind nur selten aus Segmenten zusammengesetzt, von wechselnder Höhe und ligamentär, manchmal freier beweglich = gelenkig-muskulär, oder durch sekundäre Kalkausscheidung an den Außenflächen starr verbunden. Die Bildung von Stielgliedern geht im Reifestadium weiter, u. zw. unmittelbar unter der Patina (bzw. unter allfälligen Proximalia, s. S. 126) oder durch Einschaltung von Internodal- zwischen Nodalgliedern. Bisweilen tragen die Stielglieder kurze, bewegliche Anhänge, in welche Fortsätze des bald weiten, bald engen Axial-(Zentral-, Stiel-)kanales hineinreichen. Diese Cirri treten am ganzen Stiel oder nur an bestimmten Abschnitten bzw. Gliedern (Nodalglieder) unregelmäßig oder regelmäßig (z.B. in Wirteln) auf.

Im Regelfalle endet der Stiel distal in einer Wurzel. Haupttypen sind die in weichem Boden ankernde Cirrenwurzel und die auf harten

Untergrund zementierte Scheibenwurzel; kriechende, inkrustierende Wurzelstöcke bilden eine Art Zwischenform. Statt einer richtigen Wurzel kann ein distaler Cirrenwirtel ankerförmig oder zu einer beweglichen Greifwurzel gestaltet sein. Auch das Stielende selbst hat, greifschwanzartig verjüngt oder lose bis knäuelförmig gewunden, ± temporärer Festheftung gedient. Für ganze Gruppen ist Reduktion bis zu ± völligem Stielverlust kennzeichnend.

Leistenförmige Skulpturen, Höckerbildungen u. dgl. kommen besonders an Patinaplatten vor, Dornen und stachelartige Fortsätze sind am ganzen Skelett selten.

Von den inneren Organen reicht auch das Axialorgan in Stiel und Arme. In der Kelchbasis wird es von einem „gekammerten Organ" umgeben, das mit dem apikalen Nervensystem Verbindung hat. Dieses versorgt Stiel, Patina und dorsale Armteile, das orale (zentrale) Tegmen und Ambulakralrinnen.

Der Kelch mit dem zu Öffnung wie Verschluß fähigen Armkranz, der Stiel mit der Wurzel, auch die räumliche Verbreitung weisen die Masse der fossilen Crinoiden zum marinen sessilen Benthos und als mikrophag aus. Die meisten sind klein, doch hat es bis 2 m lange Kronen (*Uintacrinus*, stiellos, ObKr Eur, NAm) wie mehrere Meter lange Stiele (*Pentacrinidae*, Lias) gegeben. Verbreitet sind Kolonien- (Crinoidenrasen) wie Standortsformenbildung. Trotz vieler Zwischentypen heben sich grazile, schlankwüchsige, langstielige Stillwasserformen mit langen (auch verzweigten) Armen, langem Analtubus oder Ventralsack (z. B. *Rhenocrinus*, UDev Rheinld, Abb. 66) und robuste, gedrungene Bewegtwasserformen, mit kurzem, ± dickem Stiel oder stiellos, mit Basis aufgewachsen (z. B. *Cupressocrinites*, Dev, M- und W-Eur, *Eugeniacrinites*, obJ MEur, Abb. 67) deutlich voneinander ab. Daneben gibt es Abweicher nach verschiedenen Richtungen. Äußerliche Bilaterialität der Krone durch Verstärkung bzw. Schwächung einzelner Radien und Interradien deuten auf Einstellung zu einseitiger Strömung (z. B. *Calceocrinidae*, Sil-Karb); vom Kelch herabhängende Arme (z. B. *Barrandeocrinus*, ObSil Eur); zu eine Art Schirm bildenden, flachen Tafeln umgeformte (z. B. *Petalocrinus*, ObSil, NEur, NAm); zu einer Schirmfläche mit einrollbaren Rändern und z. T. netzgitterförmiger Struktur verschmolzene (*Crotalocrinus*, Sil, und Verwandte) gleichfalls auf besondere Ernährungsverhältnisse; ebenso wohl Reduktion von Arm-Zahl und -Größe (P Timor). Wurzelverlust bzw. -ersatz durch Greifwurzeln, windende Stiele u. ä., auch Stielrückbildung sprechen für semisessile bis — bei häufiger Ortsveränderung — semi-vagile Lebensweise (lat. sessílis = seßhaft, festsitzend, vagílis = beweglich) wie bei rezenten, nur noch larval gestielten *Comatulida*. Auf pseudoplanktonische Drift weisen gestielte *Pentacrinidae* an Treibholz (Lias), auf planktonische die kleinen, langarmigen und stiellosen Kelche von *Saccocoma* (ObJ Solnhofen) mit Schwimm- bzw. Schwebeplatten. Zu den sonderbarsten Abweichern gehören die „Nebenformen", wo der wurzellose Stiel, um die Krone gewunden, sie mit seinen Fortsätzen (meist Cirren) wie in einem Gehäuse einschloß, das wohl etwas geöffnet, aber nicht völlig entrollt werden konnte (*Myelodactylus* = *Herpetocrinus*, Sil-Dev Eur. NAm; *Ammonicrinus*, Dev Eur; *Camptocrinus*, Karb-P NAm, Ural. Timor).

Nicht selten sind Anzeichen von Lebensgemeinschaften, so mit wohl koprophagen Schnecken (s. S. 60) wie mit zystenerzeugenden Polychäten (vgl. die als Lobolithen oder *Camarocrinus* beschriebenen Wurzelzysten von *Scyphocrinus*, Sil Eur, NAm, s. S. 89, u. v. a.). ± Pathologische Bildungen weisen auf Krankheiten und Verletzungen.

Die Erhaltung ganzer Skelette, ob der vielfach ligamentären bis muskulären Verbindung ihrer Elemente nur bei rascher Einbettung zu erwarten, ist demgemäß seltener als die von Teilabschnitten mit ± dislozierten Elementen oder von isolierten Platten und Gliedern. Weichteilspuren (z.B. sog. „Convoluted" = zusammengewickeltes „Organ", wohl verkalktes, den gewundenen Darm umgebendes Bindegewebe) sind Ausnahmen; Pseudomorphosen (Verkieselungen, Verkiesungen), Steinkerne und Abdrücke wie gehäufte Vorkommen in bestimmten Gesteinen nicht selten. Mitunter wurden sichtlich ganze Kolonien (Rasen) zugeschüttet, bei vagilen Formen vielleicht Sexualschwärme ans Ufer gespült und eingeregelt (*Uintacrinus*, s. S. 129). Häufiger treten lose Platten und besonders Stielglieder, die erst nach Skelettzerfall und -aufarbeitung einsedimentiert wurden, gesteinsbildend auf (Crinoiden- bzw., nach der Radform der Stielglieder, Trochitenkalke).

Die wahre Natur der Crinoiden blieb lange unerkannt und lange wurden Seelilien für Pflanzen, Stiele allein für Siphobildungen von Cephalopoden gehalten. In Volksglauben und Volksmedizin haben „Entrochi" (ganze Stielstücke) und Trochiten (einzelne, bei strahligen Rillen auf den Artikulationsflächen auch „Sonnenradsteine" genannte Stielglieder) eine Rolle gespielt (neolithische = jungsteinzeitliche Grabbeigaben; Amulette; pulverisiert als Heilmittel; Sagen um „Bonifaziuspfennige" in Mitteldeutschland; „Enastri" bzw. „Astroiten", sternförmig-pentagonale Pentacrinen-Stielglieder mit ebensolchen Leistensystemen auf den Gelenkflächen Vorbilder für Wappen in England usf.).

Crinoiden sind seit dem frühen Paläoz bekannt. Nach reicher, fast weltweiter Entfaltung, setzt mit dessen Ende Rückgang ein. Im Mesoz blühen wenige Gruppen neu auf, nur einzelne halten sich bis in die Jetztzeit, wo stiellose (Comatuliden) noch formenreich, gestielte bloß in wenigen, meist in großen Tiefen lebenden Arten vertreten sind.

Die Geschichte der Crinoiden ist zwar hinsichtlich mancher allgemeiner Leitlinien wie bestimmter Gruppen klar überschaubar, doch die Verbindung mit den übrigen Pelmatozoen, die Beziehungen der sich ± deutlich abhebenden großen Einheiten zueinander und andere Evolutionsfragen werden noch unterschiedlich beurteilt. Infolgedessen zeigen die in diesem Jahrhundert von BATHER, JAEKEL, SPRINGER, MOORE und LAUDON sowie UBAGHS entwickelten Systeme beträchtliche Differenzen.

An die Basis oder in Basisnähe wird man die

Subclasses: **Eocrinoidea** und **Paracrinoidea**

reihen dürfen, welche Crinoideen- und Cystoideenmerkmale vereinigen. Jene mit zyklisch geordneter Beplattung des thekaartigen Kelches und biserialen, brachiolenartigen Anhängen, doch ohne Poren in den Kelchplatten, gestielt bis stiellos, MKambr-MOrdov; diese ohne richtige zyklische Plattenordnung im gleichfalls thekaartigen Kelch sowie uniserialen und mit Seitenästen versehenen Anhängen bzw. ein Stück weit außen auf der Kapsel herabziehenden Amb-Zonen, mit rautenförmigen Porensystemen und Stiel, MOrdov NAm. ? Eur. Beide scheinen somit für basale Zusammenhänge zwischen *Crinoidea* und *Cystoidea* zu sprechen[1].

Eine sich ziemlich klar abhebende Einheit ist die

Subclassis: **Camerata** oder **Cladocrinoidea**

Kelch starr, primär und gewöhnlich (durch „inkorporierte Armbasen", Abb. 68) vielplattig, oft mit Spannleisten-Skulpturen und mit Analtubus; Mund und Ambulakren meist subtegminal; freie Arme pinnuliert und primär biserial. Sehr formenreich. Sonderentwicklungen: Armhaltung (*Barrandeocrinus*, s. S. 129); Nebenformen (*Camptocrinus*, s. S. 130); Wurzelzysten (*Scyphocrinus* s. S. 130) usw. USil-P.

Die übrigen Crinoiden wurden von JAEKEL in eine dritte

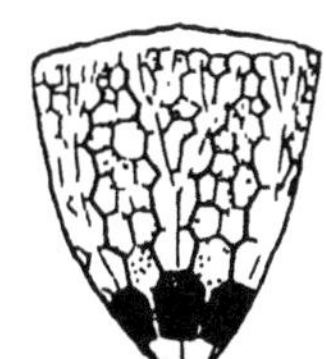

Abb. 68. Beispiel eines Cameraten-Kelches mit primär „inkorporierten Armbasen": *Glyptocrinus decadactylus* HALL, Ordov NAm. Schwarz = RR, weiß = BB und Brr, gepunktet = IBrr. Aus MOORE in MOORE-LALICKER-FISCHER 1952.

Subclassis: **Pentacrinoidea**

zusammengefaßt. Sie treten ± gleichzeitig mit den *Cladocrinoidea* auf und sind vom USil-rez bekannt. Kelch primär und gewöhnlich ohne (= nur sekundär mit) inkorporierten Armbasen; Arme primär uniserial, nur bei reicher heterotomer Verzweigung mit pinnulaartigen Seitenästchen (s. S. 127)[2].

Unter den *Pentacrinoidea* grenzen sich 3 Gruppen nicht scharf voneinander ab. Sie werden jetzt als Subklassen eingestuft, hier aber unter Beibehaltung der JAEKELschen *Pentacrinoidea* als deren Infraclasses gereiht.

Infraclassis: **Inadunata**

(v. lat. adunātus = vereinigt, also unvereinigt). Kelch starr, Patina auf 2 bis 3 Plattenkränze plus Analplatten beschränkt: Mund sub-, Ambulakren am Kelch suprategminal; bisweilen Ventralsack. Arme nicht-pinnuliert bis pinnuliert (Ramuli). Stielgliederneubildung nur proximal. Hierher *Rheno-*

---

[1] Den *Eocrinoidea* könnte vielleicht *Cymbionites craticula* (Kambr Austr) anzureihen sein (für den zweiten der von dort kürzlich durch WHITEHOUSE als urtümliche Echinodermen beschriebenen Funde, *Peridionites navicula*, scheint kaum die Zugehörigkeit zu den Stachelhäutern gesichert).

[2] Wegen des anderen und z. T. gegenläufigen Entwicklungsganges bei *Clado-* und *Pentacrinoidea* hat JAEKEL die Skelettelemente bei beiden z. T. morphologisch unterschiedlich bewertet und gesondert benannt, u. zw. bei den *Cladocrinoidea* die RR und die „inkorporierten" Brr als Costalia, die IBrr als Intercostalia, die freien Arme als Finger, die IBB dizyklischer als BB und ihre BB als Epibasalia; bei den *Pentacrinoidea* die Pinnulae als Ramuli.

crinus, Cupressocrinites, Calceocrinus, Petalocrinus samt Verwandten (s. S. 128, 129); *Encrinidae*, Ltf MTr (Muschelkalk); *Myelodactylus* (s. S. 130) u. v. a. USil-Tr.

Infraclassis: **Flexibilia**

(v. lat. flexíbilis = biegsam). Kelch nicht starr, dizyklisch, Armbasen z. T. sekundär inkorporiert, Tegmen aus OO, Ambb und kleinen IAmbb biegsam. Mund und Amb-Rinnen suprategminal, offen; Arme uniserial, nicht-pinnuliert. Stielglieder rund, proximalste niedriger (dünner) aber meist breiter als folgende. *Taxocrinida, Sagenocrinida; Ammonicrinus* (s. S. 130); ? *Edriocrinus* (UDev, Rheinld, NAm) stiellos, mit vielen Standortsformen. USil-P.

Infraclassis: **Articulata**

Patina aus 2—3 Plattenkränzen, di-, kryptodi- oder pseudomonozyklisch, ohne Analplatten; Tegmen meist adult ohne OO; Gelenke der Brr hochentwickelt. Bisweilen Proximale. Stiel auch pentagonal, mit Nodal- und Internodalgliedern sowie Cirrenwirteln, oft aber adult reduziert, im Extrem bis auf cirrentragendes, aus mehreren Gliedern (ev. auch IBB) verschmolzenes Centrodorsale. *Pentacrinidae* (Lias, s. S. 129) samt Verwandten; *Dadocrinidae, Millericrinidae* und — mit Proximale — *Apiocrinidae* (Tr-Kr); *Comatulida* (s. S. 129) mit adult zur „Rosette“ umgewandelter Basis und Centrodorsale (ab J); *Bourgueticrinina* mit eigenartigen Stielgelenken (ab Kr); *Uintacrinida* (s. S. 129, 130); *Roveocrinida* mit *Saccocomidae* (s. S. 129); *Cyrtocrinida*, meist plump-gedrungene Bewegtwasserformen mit ± kurzem Stiel, inkrustierender Wurzel wie *Eugeniacrinitidae* oder stiellos (Basisfestheftung) wie *Holopodidae* ab J.

Infracladus: **Eleutherozoa**

Die *Eleutherozoa* haben weder Stiel noch Festheftung. Der Mund ist unten oder vorne, der manchmal rückgebildete After oben, hinten oder hinten-unten gelegen. Die Nahrung wird unmittelbar per os (= durch den Mund) aufgenommen, nicht (Primitivformen vielleicht ausgenommen, s. S. 135) durch die Ambulakralfurchen zugebracht. Die Ambulakralfüßchen sind auch Lokomotionsorgane.

Classis: **Stelleroidea**

Die *Stelleroidea* (v. lat. stélla = Stern) oder *Asterozoa* haben meist einen depressiformen, scheibenförmigen Körper und von seiner Peripherie seitwärts ausstrahlende Arme. Beider Abgrenzung wechselt wie ihre Bepanzerung. Die Zahl der gewöhnlich einfachen Arme beträgt selten mehr oder weniger als 5. Durch die beträchtlichen Unterschiede zwischen erst kürzlich besser bekanntgewordenen Frühformen und den eigentlichen See- und Schlangensternen ergibt sich eine Dreigliederung mit freilich unscharfen Grenzen.

Subclassis: **Somasteroidea**

Bei diesen im ganzen ältesten und wohl primitivsten Formen (s. oben) läßt sich noch kaum von Scheibe und Armen sprechen, eher von einem Körper mit kurzen, breiten Wandvorstülpungen, und statt einer

deutlichen Differenzierung in Scheiben- und Armskelett ist nur eine
unterschiedliche Panzerung von Ober- und Unterseite feststellbar. Das
Skelett der Oberseite besteht, wenn vorhanden, aus einem weitmaschigen
Netzwerk 3-, 4- oder 5-strahliger Kalknadeln, ähnlich frühontogentischen
Stadien der Platten anderer Stachelhäuter (s. S. 116), und die obere

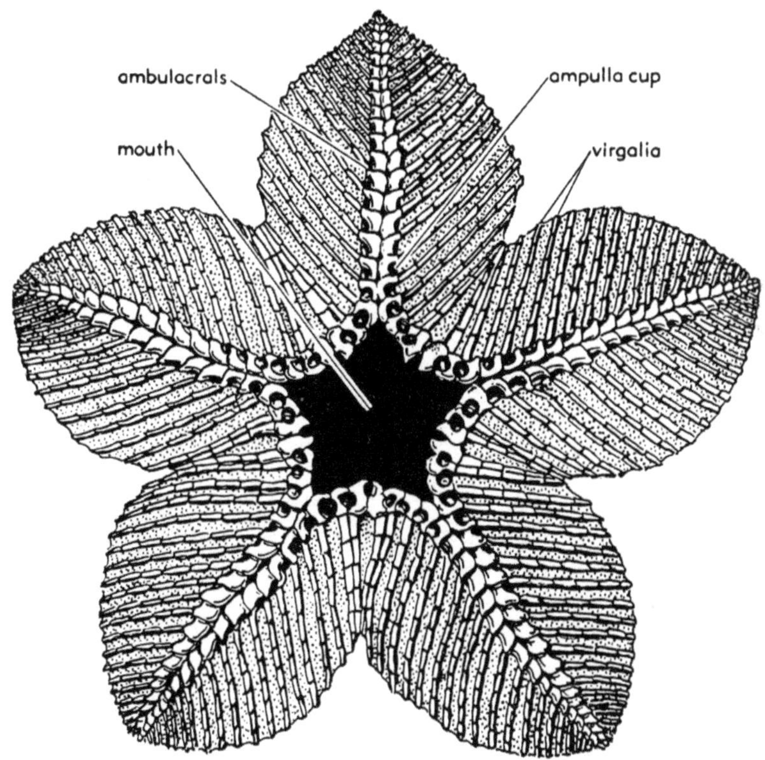

Abb. 69. *Villebrunaster thorali* SPENC., UOrdov WEur, von der oralen Unterseite. ampulla cup = Ausnehmung für das Amb-Füßchen [bzw. für dessen Ampulla (lat. = blasiges
Fläschchen) genannte kontraktile Anhangsblase], mouth = Mund, übrige Bezeichnungen
s. Text. Gegen $^3/_1$ nat. Gr. Aus FISCHER in MOORE-LALICKER-FISCHER 1952.

Körperwand muß wohl biegsam wie formveränderlich gewesen sein. Auf
der Unterseite (Abb. 69) gehen vom zentralen Mund mit perradialen gegen die „Armspitzen" gerichteten Inzisuren (lat. = Einschnitte) paarige
alternierende Ambb ab, die entweder hülsenförmig einen Amb-Kanal umschließen oder nur das Dach ventral offener Amb-Furchen bilden
(Abb. 70, 1). Schräg seitlich zu den Ambb gelagerte, ± stabförmige
Virgalia (v. lat. vírga = Stab, Rute) sind das Skelettgerüst der IAmb-
Zonen, zwischen ihnen war wohl unverkalktes Integument. Mitunter
fehlen Virgalia teilweise oder ganz; einzelne können zu Adambb, beiderseits der Inzisuren zu Scuta buccalia (v. lat. búcca = Wange) bzw. zu

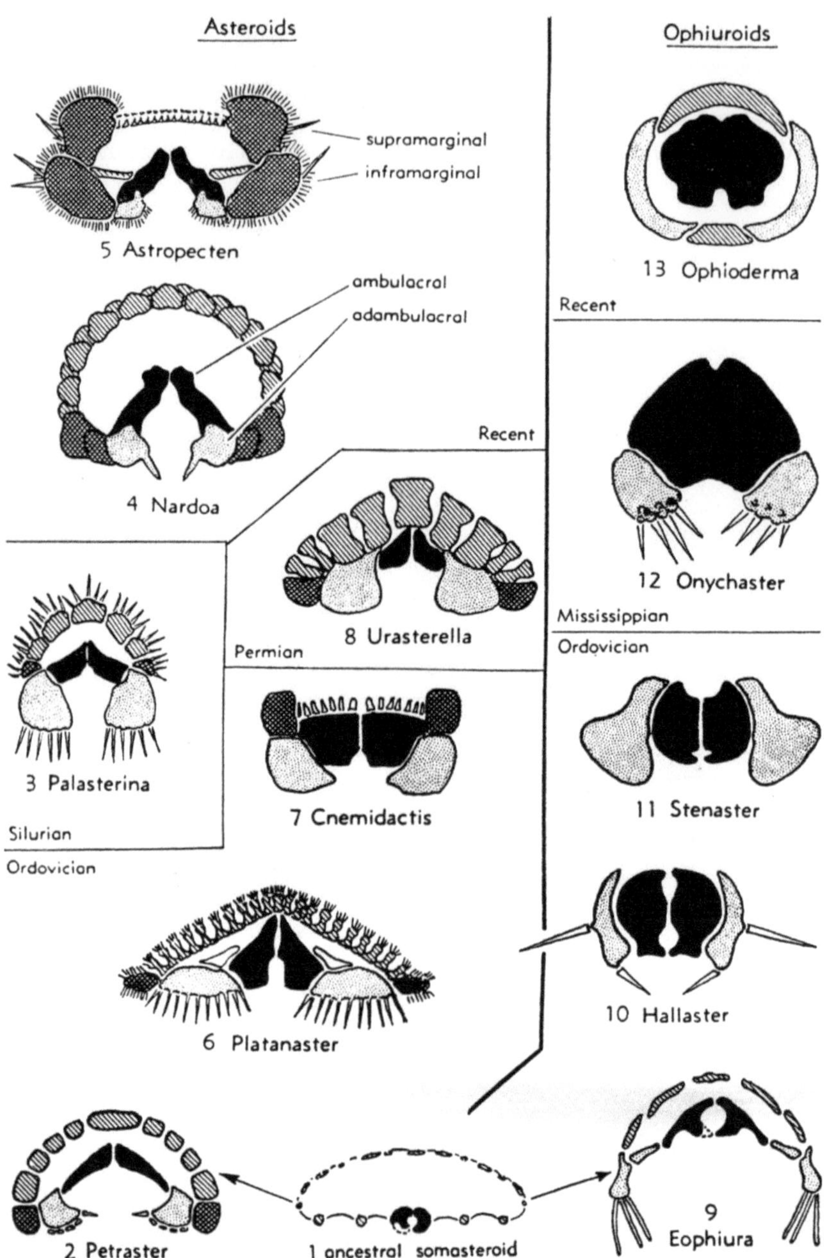

Abb. 70. Armbau und Armevolution bei *Stelleroidea*. *1* Somasteroider Ahnentyp, *2—5* ± typische Evolutionsstufen bei *Asteroidea*, *6—8* etwas in ophiuroide Richtung weisende Ausbildungsformen, *9—13* Evolutionsstufen bei *Ophiuroidea*. Weitere Erläuterungen s. Text. Aus FISCHER in MOORE-LALICKER-FISCHER 1952.

Marginalia umgestaltet sein. Der Madreporit ist oral wie apikal (auf der Ober- oder Unterseite) zu treffen.

Nach dem Bau der Ambb (Struktur, Verbindung, Ausnehmung für die Füßchen) sollen die Amb-Rinnen noch dem Transport von (entlang der Virgalia durch Wimperströmungen gesammelten) Nahrungspartikelchen gedient haben. Die Ernährung wäre dann pelmatozoenartig mikrophag gewesen. Für einzelne wird ein Graben im Schlamm und ein mehr aktiver Nahrungserwerb erwogen.

Die *Somasteroidea* reichen vom uUSil bis ObDev. Man kennt nur wenige Formen (*Villebrunaster*, *Archegonaster* usw.) aus MEur, WEur, NAm und Austr. In ihnen sollen die beiden anderen Subklassen wurzeln.

Subclassis: **Ophiuroidea**

Bei den typischen *Ophiuroidea* (v. gr. óphis = Schlange, Abb. 58 *B*) sind Scheibe und Arme scharf gegeneinander abgesetzt und im Skelett deutlich verschieden; die Arme sind schlank, lang, segmentiert und biegsam. Frühe hingegen zeigen Anklänge an *Somasteroidea*. Bei ihnen besteht das apikale Skelett der Scheibe und z. T. auch der Arme aus einem Stachelnetz oder aus imbrizierenden, schuppenartigen, nur randlich ein festeres Integument bildenden Plättchen, deren Zahl und Anordnung individuell wie altersmäßig zu schwanken scheinen. Bald aber differenzieren sich am Scheibenrande adradial, beiderseits der Arme, 10 weiterhin paarweise verschmelzende Scuta radialia oder adradialia wie 5 interradiale Stücke zu einer einheitlichen, ununterbrochenen Randzone. Auch zentral werden oft richtige, sich bis zyklisch um ein Dorsocentrale gruppierende Platten entwickelt. Da die Ausbildung größerer Platten wechselhaft und erst innerhalb der Ophiuren erfolgt, sind versuchte Gleichsetzungen, etwa mit Plattenkränzchen von Crinoidenkelchen, kaum berechtigt.

Oral (Abb. 71) umrahmen zunächst mehrere Paare Ambb die tiefen Inzisuren der Scheibe; dann werden die proximalsten größer und verschmelzen zu ± dreieckigen, mit ihren Spitzen mundwärts gerichteten Scutella oralia, denen sich, noch weiter mundwärts, zähnetragende Platten anschließen. Gleichzeitig verschwinden die Inzisuren. Interradial vervollständigen Scuta buccalia den durch Muskeln bedienten Kieferapparat. Unter ihnen liegen noch weitere Platten. Seitlich der Armbasen umranden paarige Genitalplatten und -schuppen die Schlitze der Bursae, d. s. Hohlräume mit respiratorischen Wandungen, in die sich die Genitalprodukte entleeren (vgl. S. 137). Endlich haben manche paläozoische Ophiuren oral eine Madreporenplatte; sonst öffnet sich der Madreporus in einer Oralplatte.

Weitgehende Umgestaltungen zeigt auch das Armskelett (Abb.70, *9—13*). Bei den Ältesten umschließen die Ambb wie bei *Somasteroidea* den Amb-Kanal ganz oder bis auf die ventrale Seite. Dann werden die Ambb dorso-ventral verdickt und zu einem Wirbel vereinigt. Diese Wirbel ummanteln bei vielen paläozoischen Ophiuren tunnelartig den Amb-Kanal, von dem Seitenkanäle zu den Amb-Füßchen abgehen: auluroider Typ

(v. gr. aulós = Röhre); bei den übrigen zieht die Amb-Rinne ventral der Wirbel dahin. Untereinander stehen die Wirbel durch in Ausnehmungen eingreifende Fortsätze und Muskel in gelenkiger Verbindung, die horizontale Bewegung begünstigt: zygospondyler Typ (v. gr. zygós = Joch, spóndylos = Wirbel), oder horizontale und vertikale sowie Einrollung gestattet: streptospondyler Typ. Das Armskelett der Ältesten, der

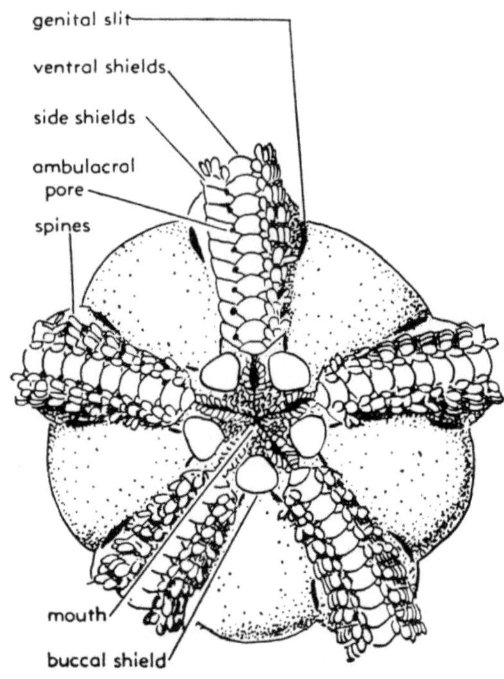

Abb. 71. *Ophioderma panamensis*, ein rezenter Schlangenstern, Scheibe mit Armbasen von oral (ventral). Genital slit = Genitalschlitz mit schuppenförmigen Genitalplatten seitlich der Armbasis, ventral shields = Ventralschilder (ventrale Abschlußplatten der Amb-Rinnen), side shields = Seitenschilder (Lateralia), ambulacral pore = Pore zum Durchtritt der Amb-Füßchen zwischen Ventral- und Seitenschild, spines = Stacheln, mouth = Mund mit Amb-Furchen, buccal shields = Scuta buccalia, zwischen ihnen (radial) Scutella oralia. Gegen $^3/_1$ nat. Gr. Aus FISCHER in MOORE-LALICKER-FISCHER 1952.

Stenurida (v. gr. stenón = Engpaß, eingeschlossenes Terrain), wird durch jederseits 2, vielleicht aus Virgalia hervorgegangene Reihen von Platten ergänzt, die, in gleicher Zahl wie die Ambb vorhanden und an ihnen beweglich inseriert, die unten offene Ambulakralrinne verschließen können. Später sind nur eine Serie von Lateralia, dafür aber dorsal wie ventral noch je eine Platte pro Segment vorhanden und zwischen Ventral- und Lateralplatten treten die Füßchen nach außen.

Weichteile, nur von rezenten Ophiuren bekannt, sind großenteils — so der ± sackförmige Verdauungstrakt ohne Anus, die in jedem Radius paarigen Genitalorgane — auf die Scheibe beschränkt. Nur die Schlundringe entsenden Stränge in die Arme. Ein richtiges Blutgefäßsystem scheint kaum entwickelt. Das Nervensystem hat außer dem Ringkanal mit 2 Strängen pro Radius noch einen genitalen Nervenring, das Wassergefäßsystem am Schlundring in den madreporitlosen Interradien meist je eine blasige Erweiterung. Die Ambulakralfüßchen sind keine Saugfüßchen, haben keine Ampullen (lat. ampúlla = bauchiges Fläschchen) und dienen vornehmlich der Respiration. Die Lokomotion erfolgt in der Regel durch rhythmische Bewegungen von 4 Armen, während der 5., vorne oder hinten in der Bewegungsrichtung, sich ± passiv verhält.

Die Ophiuren haben eine bemerkenswerte Regenerationsfähigkeit (v. lat. generāre = erzeugen); es können Arme ersetzt, auch verstümmelte Scheibenreste zu ganzen Tieren ergänzt werden. Die Ontogenese gleicht anfangs jener der Seesterne (s. S. 140), die sich entwickelnde Larve ähnelt jedoch dem *Pluteus* der Seeigel (s. S. 144). Im allgemeinen sind die rezenten Schlangensterne räuberische Seichtwasserformen, wenige leben in größeren Tiefen. Sie bevorzugen sandigen Grund, in den sie sich gewandt eingraben. Manche legen bis 2 m in der Minute zurück. Die Lebensweise der fossilen Ophiuren wurde wohl bald (mit der Ausbildung typischer, scharf abgesetzter, beweglicher Arme) ähnlich (vgl. z. B. die sichtlich während eines Überfalles auf Muscheln getöteten und mit ihnen fossilgewordenen Individuen von *Devonaster eucharis* aus dem MDev NAm).

Trotz der Begünstigung ± vollständiger Erhaltung durch die vielfach grabende Lebensweise sind Ophiuren im ganzen spärlich und vorwiegend in Einzelplatten überliefert. Die vollständigen Exemplare im Dev der Bundenbacher- (Hunsrück-) Schiefer sind Ausnahmen. Dort Vorkommen z. T. in „Gabellage" (2 Arme nach einer, 3 nach der Gegenseite), welche normaler Bewegungsstellung entsprechen mag; in „Schirmlage", „Quirllage", „Kipp-" oder „Wälzstellung", die auf Einregelung (Einsteuerung oder Einkippung) zurückgehen dürften. Ophiuren sind seit dem uUSil bekannt.

Man gliedert jetzt in *Stenurida* ohne typische Wirbel (uUSil-ObDev) und in *Ophiurida* mit ±typischen (mUSil-rez); diese weiter in *Oegophiurina* (v. gr. oígein = öffnen, mUSil-ObKarb), ohne Verschluß der Amb-Rinnen durch Ventralplatten, mit meist auluroiden Ambb, und in *Myophiurina* (v. gr. mýein = schließen, UDev-rez) mit durch Ventralplatten geschlossener Amb-Rinne und nichtauluroiden Ambulakren.

Subclassis: **Asteroidea**

Die *Asteroidea* oder Seesterne sind i. allg. von den Ophiuren deutlich verschieden, doch gibt es bei beiden, fossil wie rezent, Formen, die sich in diesem oder jenem Merkmal der jeweils anderen Subklasse nähern. Die dadurch unscharfe Grenze ist ein weiterer Hinweis auf die gemeinsame Herkunft.

Typische Seesterne (Abb. 58 *C*) haben ± ausgesprochene Sternform, ohne scharfe Sonderung in Scheibe und Arme. Sie erschienen so, von den wohl gemeinsamen Somasteroiden-Ahnen her gesehen, als Ergebnis einer

zu den Ophiuren gegenläufigen Evolution. Während sich dort die Arme
stark absondern, werden hier die basalen Armteile meist in die Scheibe inkorporiert und aus der Sternform kann selbst ein ± pentagonaler Körper
ohne eigentliche Arme hervorgehen. Solcher Grenzverwischung zwischen
Scheibe und Armen entspricht, daß bei rezenten Seesternen Fortpflan-
zungsorgane, Darmdivertikel (wohl den randlichen Ausbuchtungen des

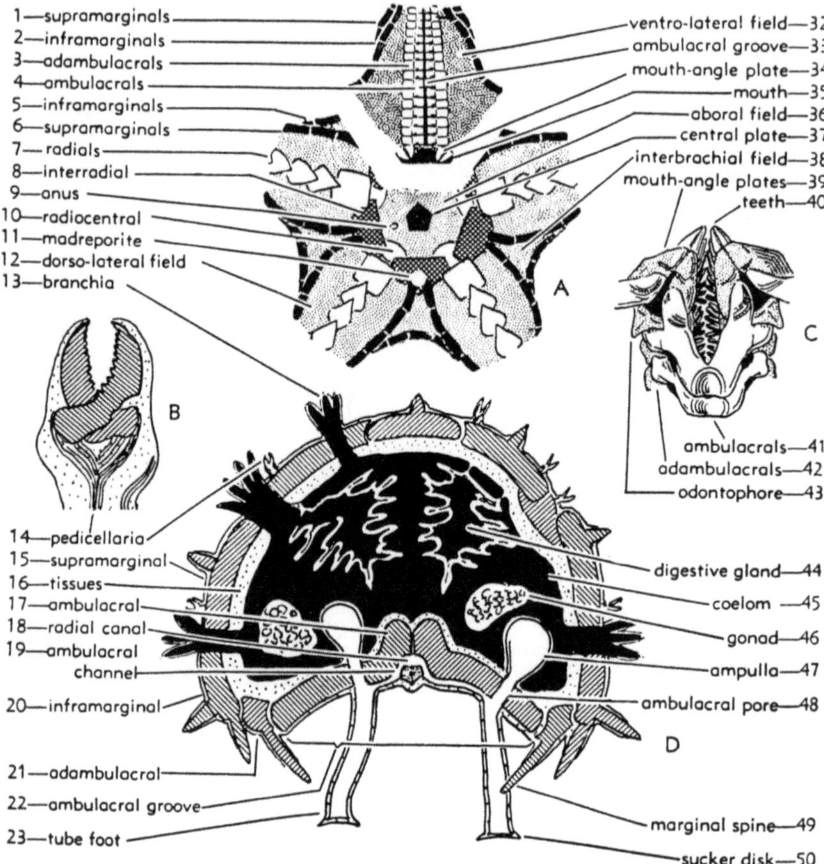

Abb. 72. Seestern-Morphologie. *A* Beplattung bei ± typischen Formen, oberes Segment
von ventral (oral), übrige von dorsal (aboral). *B* Pedicellarie. *C* Ausschnitt aus der Mundregion, stark vergrößert. *D* Querschnitt durch einen Arm von *Asterias*, rez. *1, 6, 15* = Supra-
marginalia, *2, 5, 20* = Inframarginalia, *3, 21, 42* = Adambb, *4, 17, 41* = Ambb, *7* = RR,
8 = IRR, *10* = Radiocentrale, *12* = dorso-laterales Feld, *13* = respiratorische Hauttaschen,
16 = Muskelgewebe, *18* = Wassergefäß in *19* = im Amb-Kanal, *22, 33* = Amb-Furche, *23* =
Amb-Füßchen, *32* = ventro-laterales Feld zwischen *2* und *3*, *34, 39* = etwas interradial
verlagerte Amb-Platte (Mundwinkelplatte) mit mundwärtigem, zahnartigen Fortsatz,
35 = Mund, *36* = Aborales (dorsocentrales) Feld, *37* = Dorsocentrale, *38* = Interbrachiales
Feld, *40* = Zähne, *43* = Zahnträgerplatte des circumoralen Plattenringes, *44* = Darmdivertikel, *46* = Geschlechtsdrüse, *49* = Randstachel, *50* = Saugscheibe am distalen Ende
des Amb-Füßchens, übrige Bezeichnungen s. Text. Aus FISCHER in MOORE-LALICKER-
FISCHER 1952.

Verdauungstraktes bei Schlangensternen vergleichbar) und Fortsätze der Leibeshöhle sich in die Arme erstrecken (Abb. 72 *D*) wie daß die Lokomotion nicht durch die Arme, sondern mittles der Amb-Füßchen erfolgt.

Das Skelett von Scheibe und Armen (Abb. 72 *AC*) ist, besonders dorsal, wenig verschieden. Hier ist nur bei einigen altpaläozoischen Formen ein ± geschlossenes Skelett aus um ein Dorsocentrale ± zyklisch geordneten Platten als Dauerzustand beobachtet; sonst werden diese rückgebildet bzw. in die Tiefe verlagert und durch eine lockere Pflasterung ersetzt. Sie besteht aus kleinen polygonalen Plättchen, die Hautpartien zwischen sich freilassen; oder aus einem Netzwerk sog. Paxillae (lat. paxíllus = kleiner Pfahl), Kalkplatten mit aufsitzenden, am freien Ende stacheltragenden Säulchen, und einem festen Integument als Füllung. In der Regel finden sich dorsal auch After und Madreporenöffnung, diese, gleich dem Steinkanal, in Ein- oder Mehrzahl. Entlang der Arme liegen sog. RR, zwischen den zentralsten (Radiocentrale, Primoradiale) IRR, peripherwärts Adradialia oder dorso-laterale Felder aus kleinen Plättchen.

Randlich zwischen dorsal und ventral entwickelt sich, wenn die Rundung der Arme mit der Vergrößerung ihres Lumens (für die Darmdivertikel usw.) zunimmt, je eine mehr dorsale und mehr ventrale Reihe von Platten entlang der nicht-inkorporierten Armteile, die Supra- (Supero-) und die Infra- (Infero-) marginalia. Manchmal treten noch sekundäre Zwischenplatten, aber auch, vermutlich in Zusammenhang mit der Ausbildung von Papulae (s. S. 140), Rückbildungen auf.

Ventral umgibt den zentralen Mund ein Plattenring. Bei den ältesten Formen, mit noch wohl entwickelten Inzisuren, sind nur wenige kleine Platten ± deutlich sichtbar. Bald aber tritt der circumorale (mundumgebende) Ring aus modifizierten Ambb und Adambb besser hervor, mit V-förmigen Mundwinkelplatten, kleinen Zähnen und Odontophoren (= Zahnträgerplatten). Der erste, früher auftretende Typ scheint mit einer gewissen Veränderlichkeit, der zweite mit einer Konstanz der Mundweite verbunden. Peripher vom Mund strahlen die Amb-Furchen aus, gegen ventral offen und von Füßchen in mehreren Reihen dicht besetzt. Das dorsale Furchen-Dach ist zunächst ein breit-niedriges Gewölbe opponierend (= gegenständig, von lat. oppónere = entgegenstellen) oder alternierend (= wechselständig) angeordneter Ambb, an das seitlich, fast in gleicher Ebene, die Adambb anschließen (Abb. 70, *2*). Bald aber werden die Rinne vertieft, das Amb-Gewölbe giebelartig und die Adambb bilden, mehr ventrad geneigt, die seitliche Mauer der (anfangs vielleicht von ihnen verschließbaren) Rinne (Abb. 70, *3—5*). Diese Veränderungen und andere, z. T. bzgl. der Ambb fast in ophiuroider Richtung (Abb. 70, *6—8*) verlaufende deuten eine Aktivitätssteigerung der Füßchen und damit wie bei Ophiuren (s. S. 135 ff.) einen Funktionswechsel an.

Die Platten der Seesterne sind vielfach (jene der Schlangensterne nur selten) mit zangenförmigen Stacheln zur Verteidigung wie zur Reinigung der Körperoberfläche von Fremdkörpern bewehrt. Diese Pedicellarien (lat. pédica = Fußfessel, Schlinge, Abb. 72 *B*) lösen sich postmortal meist rasch ab, sind daher kaum überliefert.

Von den **Weichteilen** nimmt der Verdauungstrakt, hier meist mit Anus, den größten Teil des Innenraumes ein. Neben dem Amb-Gefäßsystem können röhrenförmige Fortsätze der Leibeshöhle, die **Papulae** (lat. = Bläschen), der Respiration dienen. Ein richtiges Blutgefäßsystem scheint wieder (vgl. S. 137) kaum ausgebildet. Das Nervensystem ist dreiteilig. Intern vom Schlundring (samt seinen Strängen) liegt eine zweite Gruppe und dorsal eine dritte mit einem circumanalen (= afterumgebenden) Ring. Im terminalen Füßchen jedes Amb kommt ein Augenfleck vor, Geruchssinn scheint vorhanden, aber diffus (lat. diffūsus = ver-, zerstreut). Die Generationsorgane sind wieder paarig in jedem Radius. Asexuelle Fortpflanzung u. zw. Teilung in ± gleiche Hälften ist nicht selten; nach Verletzungen abgeworfene Arme können regenerieren. Die **Entwicklung** ist indirekt. Die typische Larvenform, nach Durchlaufung eines sog. *Auricularia*-Stadiums, ist die *Bipinnaria*.

Die Seesterne sind benthonische **Kriecher** wie die Schlangensterne, doch mit i. allg. langsamerer und durch die Füßchen erfolgender Lokomotion. Formen mit stark inkorporierten Armen sind nahezu seßhaft. Auch die Seesterne sind **Räuber**. Solche mit konstanter Weite der Mundöffnung (s. S. 139) stülpen den Magen aus und über die Beute (Außenverdauung).

Die fossile **Erhaltung** ist — vielleicht im Zusammenhang mit der mehr oberirdischen Lebensweise (vgl. S. 137) noch spärlicher und seltener als bei Ophiuren. Funde wie bei diesen **seit** dem uUSil und aus fast allen Erdteilen.

Systematisch werden jetzt 4 Ordnungen unterschieden: *Platyasterida*, Amb-Rinnen weit offen, Ambb und Adambb fast in einer Ebene; obUSil-UDev. *Hemizonida* (gr. zóne = Gürtel), Amb-Rinne mit adamb Mauer, Ambb und Adambb Hauptelemente des Armskelettes; mUSil-Karb. *Phanerozonida* (gr. phanerós = sichtbar, deutlich), mit adamb Mauer und gut entwickelten Marginalia; uUSil-rez. *Cryptozonida*, mit reduzierten Marginalia; UDev-rez.

Classis: Ophiocistoidea

Die Klasse wurde für einige, z. T. unvollständig bekannte, offenbar eleutherozoische Echinodermen aus Sil und Dev von W- und N-Eur errichtet. Körper ± depressiform bis helmförmig, oval bis rundlich im Umriß, wenige cm groß. Oberseite ± gewölbt, irregulär oder mit Plattenreihen gepanzert, ohne klare Sonderung in radiale und interradiale Elemente. Unterfläche teils unbekannt (? nur zarte Skelettbildungen), teils mit (? beweglichen) peristomalen sowie per-, ad- und interradialen Plattenreihen, alle uniserial. Anus (mit Klappenpyramide) und Madreporit nur vereinzelt bekannt. Keine Arme, keine biserialen Amb-Zonen, doch bepanzerte, scheinbar füßchenartige Anhänge von ungewöhnlicher Größe.

Classis: Echinoidea

Die *Echinoidea* oder Seeigel sind Eleutherozoen mit armlosem, bald mehr rundlichem, bald mehr flachem Körper und gleichgeformtem Gehäuse (Abb. 73). Ihre Mannigfaltigkeit ist beträchtlich und erhebliche Unterschiede bestehen vor allem zwischen den früheren und späteren, den *Pal(aeo)*- und *Euechinoidea* mancher Autoren.

Das Skelett der normal gegen oben gerichteten Apikalregion bilden zumeist 5 radiale Ocellarplatten, benannt nach den durch Poren austretenden, Augenfleck tragenden Fortsätzen, und 5 inter-

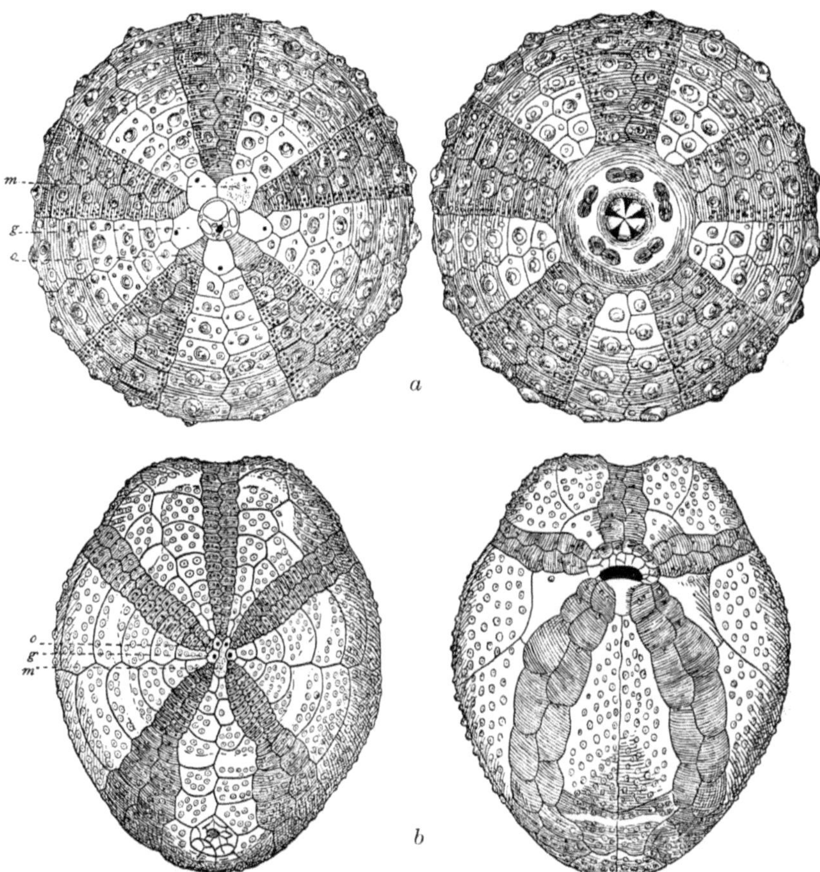

Abb. 73. Bau und Form des Gehäuses bei regulären (a) und irregulären (b) Seeigeln. a *Toxopneustes droebachiensis*, b *Brissopsis lyrifera;* beide junge Exemplare, vergr., und links in Apikal- (=Ober-), rechts in Oral-(=Unter-) Ansicht. g = Genitalplatte, m = Madreporit, o = Ocellarplatte. Die Radien (Amb-Zonen) dunkel, die Interradien (IAmb-Zonen) hell gehalten. In a links Periprokt und rechts Peristom mit Kieferapparat, zentral; in b links Periprokt randlich-hinten (im Bild unten), rechts Peristom (kieferlos) vorne (im Bild oben) und Ambulacra in vorderes Trivium und hinteres Bivium differenziert. Aus ABEL 1924.

radiale Genitalplatten, mit Gonoporen (gr. goné = Zeugung, Geburt) als Öffnungen der Gonaden, eine gleichzeitig Madreporit. Diese ± alternierenden Plattenreihen umschließen das membranöse (lat. membrāna = Haut), meist mit kleinen Plättchen getäfelte Periprokt. Abweichungen sind: bei frühen Formen nur 5 Platten und bloß (wie bei Cystoideen)

1 Gonoporus; bei den sog. irregulären Seeigeln das Abwandern des Afters aus dem Apikalpol nach hinten und weiter auf die Unterseite unter Streckung und Zerrung der Scheitelzone; ganz selten eine Ausdehnung des Periprokts über mehr als $^1/_3$ des Gehäuses (*Tiarechinus*, s. S. 147).

Dem Periprokt entspricht als Gegenpol oral das Peristom, auch membranös und mit nur zarten, fossil fast nie erhaltenen Plättchen versehen. Sein Umriß ist holostom oder glyphostom (gr. glýphein = einschneiden), d. h. zum Austritt der Mundkiemen (Leibeshöhlendivertikel) fünf-paarig eingeschnitten. Im Peristom hat der als Laterne des Aristoteles bekannte Kieferapparat seinen Platz. Er umfaßt 10 im Querschnitt dreieckige, innen hohle Stücke, mit nach unten vorspringenden Zähnen, die zu 5 untereinander muskulär verbundenen Pyramiden verschmelzen, sowie meist noch einige Ergänzungsstücke oder Epiphysen (gr. = Aufgewachsenes) mundeinwärts. Von Leisten der Randplatten des Peristoms bzw. von Pfeilern der interradialen und Bögen, den Auriculae (lat. = Öhrchen), der radialen, ziehen Kieferöffner, von den Ergänzungsstücken Schließmuskeln zu den Pyramiden. Man unterscheidet 4 Typen des Kieferapparates: aulodont (Abb. 74), Epiphysen kurz und getrennt, Zähne gerieft; stirodont, Epiphysen ebenso, Zähne gekielt (gr. stēīra = Vorderkiel); camarodont (Abb. 74), Epiphysen lang und vereinigt, Zähne gekielt; heterognath, Pyramiden ungleich entwickelt, Zähne gekielt. Irreguläre Seeigel haben den Kieferapparat z. T. bis ganz rückgebildet, wonach man sie in gnathostome (gr. = kiefermündige) und atelostome (gr. = unvollkommenmündige) unterschied; bei ihnen wandert bisweilen wie der After (s. oben) auch der Mund, u. zw. unten nach vorne, wobei er queroval wird. Die Ambulakralzone zwischen Mund und After kann dann auf der Ventralseite zu einem Sternum gewölbt werden.

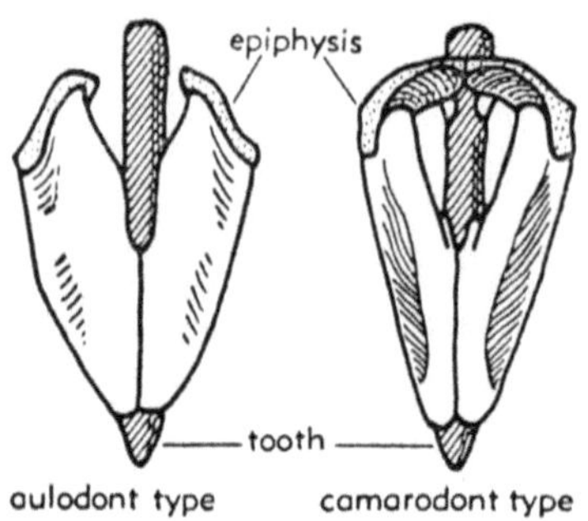

Abb. 74. Aulodonter und camarodonter Kieferapparat. tooth = Zahn, übrige Bezeichnungen s. Text. Aus FISCHER in MOORE-LALICKER-FISCHER 1952.

Das Gehäuse zwischen Scheitelregion und Mundfeld, die Corona (lat. = Krone) ist mit zweierlei Plattenreihen bepanzert: mit von den Ocellarplatten ausgehenden amb oder, nach neuerer Deutung, adamb und mit iamb, beide an Form und Größe verschieden oder ± gleich. Bei den paläozoischen Seeigeln sind die Amb-Zonen viel- bis zweireihig, die IAmb-Zonen viel-, zwei-, einreihig oder auch ohne seriale Ordnung. Oft weist imbrizierende Lagerung auf nicht-starre Gehäuse. Später sind Amb- wie IAmb-Zonen fast immer biserial; die Corona zählt 20 Reihen ± unbeweglich miteinander verbundener Platten und die Amb sind von paarigen Kanälen durchbohrt. Oft vereinigen sich mehrere Platten zu sog. zusammengesetzten Platten, wobei die Teilplatten wie Zwickelglieder erscheinen können; jede zusammengesetzte Platte hat soviele Porenpaare wie sie Einzelplatten umfaßt (Abb. 75).

Die Form der Corona bzw. des Gehäuses wechselt, u. zw. vielfach mit der Bewegungsart. Die frühesten, aber auch manche rezente Seeigel haben rundliche Gehäuse und bei der Lokomotion kaum eine bevorzugte Orientierung. Mit zunehmender oraler Abflachung erfolgt mehr und mehr Differenzierung in je eine physiologische Ober- und Unterseite, eine entsprechende Körperhaltung wird zur Norm und schließlich bei der Bewegung regelmäßig der gleiche Körperabschnitt vorwärts gewandt. Die Oberseite wird bald breit-niedrig-, bald hoch-gewölbt, bald ganz abgeflacht. Kegel- und Scheibenform sind die so erzielten Extreme, wobei Ober- und Unterseite gerundet oder gewinkelt ineinander übergehen. Hochgewölbte Gehäuse bilden gelegentlich im Inneren versteifende

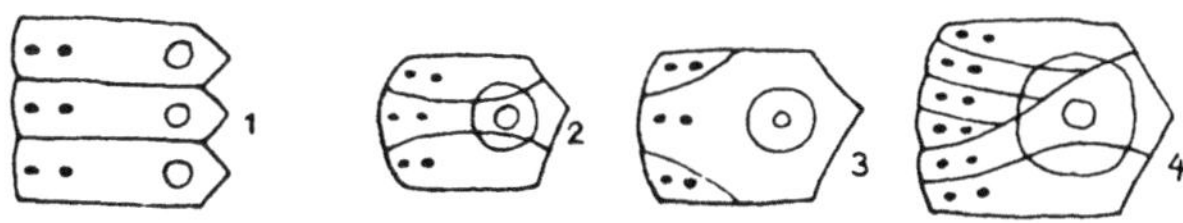

Abb. 75. Seeigel-Ambulakralplatten, einfach (*1*) und verschieden zusammengesetzt (*2—4*). Die Punkte bezeichnen die Durchtrittsstellen der paarigen Kanäle. (Zu- und Abflußporen für die Ambulakralfüßchen), die Kreise die Stachelwarzen. Aus MORET 1953.

Pfeiler, extrem-flache am Rand fingerförmige Lappungen, wobei Enden benachbarter Lappen sich beim Weiterwachsen wieder vereinigen und so die ganze Schale durchsetzende Spalten, die Lunulae, entstehen können. Nicht immer bleiben bei diesen Wandlungen die Amb ± bandförmig vom Periprokt zum Peristom verlaufende Zonen. Bei Zerreißung des Scheitelfeldes (s. S. 142) treffen sie dort nicht mehr zusammen. Die 3 jetzt, bei bestimmter Bewegungsrichtung, vorderen bilden das Trivium, die 2 hinteren, dem pIR benachbarten, das Bivium (lat. = Dreiweg bzw. Zweiweg, s. Abb. 73*b*) und die Corona wird ± bilateral-symmetrisch. Ferner erfolgt bei solchen Irregulären Differenzierung zwischen den Amb im oberen, scheitelnahen Bereich mit der Respiration, und im randlichen bzw. unteren mit der Lokomotion dienenden Füßchen. Vom Scheitel randwärts weichen die amb Porenreihen zunächst auseinander, um sich dann wieder zu nähern. So bilden diese meist eingetieften Zonen eine fünfblätterige Rosette um den Scheitel, die Petalodien (gr. pétalon = Blatt). Randwärts verschwinden bei solchen petaloiden Amb (s. Abb. 77) die Amb-Poren und ventral können sog. Amb-Porenfurchen auftreten. Eine Vorstufe sind subpetaloide Amb mit nur wenig auseinandergerückten Porenreihen im größten Teil des Gehäuses. Am Peristom kommt es zu starker Eintiefung der Amb, zu Phyllodien, und zu wulstförmigen Vorsprüngen zwischen diesen Furchen, den Floszellen (v. lat. flos = Blüte).

Ambb und IAmbb sind meist stark bestachelt (s. Abb. 58*D*). Die Stacheln sitzen mit ausgehöhlter Basis auf Stachelwarzen, mit ihnen gelenkig und verschiedengradig beweglich verbunden. Wie die Stachelwarzen sind auch die Stacheln von wechselnder Größe und Gestalt. Dicke

Keulen, feine Borsten, flache wie ein zweiter Panzer das Gehäuse um-
mantelnde, randlich gezähnte, am freien Ende löffelförmige sind besondere
Extremformen. Oft stehen feinere und gröbere Stacheln nebeneinander, oft
ist die Bestachelung zonenweise verschieden; bei Gräbern laufen um das
Gehäuse und schräg über die Plattengrenzen Streifen ganz feiner Stacheln,
die Fasziolen (lat. fascíola = kleine Binde, s. Abb. 77), welche Rinnen zur
Zufuhr von Atemwasser und Abfuhr von Schlammteilchen usw. umschließen. Größere Stacheln bestehen meist aus soliden Keilstücken mit
zwischengeschalteten Segmenten porösen Gewebes, zarte und feine nur aus
diesem. Die mit Giftdrüsen ausgestatteten Pedicellarien (s. S. 139) und
die kugeligen Sphaeridia (?Gleichgewichtsorgane) am Peristomrand
sind weitere Stachelformen.

Von den Weichteilen (s. Abb. 58 D) ist der Verdauungstrakt in einen
(bei Formen mit Kieferapparat dessen zentralen Hohlraum durchziehenden)
Schlund, einen kurzen Vorderarm, einen in Doppelspirale gewundenen
Mittelabschnitt und einen kurzen Enddarm gegliedert. Der Schlundring
des Amb-Gefäßsystemes hat 5 blasige Erweiterungen (vgl. S. 137); er
liegt bei Formen mit Kieferapparat dorsal von diesem und die radiären
Stränge ziehen außen an ihm herab zum Peristom, dann durch die Auriculae und innen von den Ambb scheitelwärts. Zu jedem Amb-Füßchen
führen entsprechend den Porenpaaren (s. S. 142) 2 mit Ampulle versehene
Kanäle. Die Füßchen, oft mit durch Kalkstückchen versteiften Wänden,
sind Sauger. Sie dienen der Lokomotion, auf der Oberseite von Formen
mit ± konstanter Körperhaltung (s. S. 143) als Greiforgane, daneben wohl
stets der Respiration. Besondere Spezialisationen treten im Bereich der
Amb-Porenfurchen auf (s. S. 143). Respiratorische Funktion haben ferner
die Mundkiemen der Glyphostomen. Haemal-, Perihaemal- und Nervensystem begleiten das Amb-Gefäßsystem; Nervenäste gehen durch die
Amb-Poren nach außen zu Füßchen und Stacheln. Gewöhnlich sind
5 Genitaldrüsen vorhanden; bei Abwanderung des Afters aus dem Scheitel-
schild kann ihre Zahl auf 2 sinken, wobei zunächst die Gonade des pIR
verschwindet. Auf die Weichteile kann bei fossilen Seeigeln bisweilen aus
Skelettmerkmalen rückgeschlossen werden.

In der Ontogenese tritt meist eine *Pluteus*-Larve auf. Als Ausnahme
gibt es Viviparie mit Brutpflege in von besonderen Stacheln geschützten
Vertiefungen der Petalodien.

Unterschiedlich wie Form, Bau und Bestachelung ist die Lebensweise. Formen mit ± rundlichen Gehäusen, kurzen und ± zarten
Stacheln leben heute in Rasen inkrustierender Algen; mehr brotlaibförmige
auf Felsgründen, in Spalten und Höhlen von Felsen und Korallenriffen, dort
vor Wellenschlag, durophagen Raubfischen und — in den Tropen — vor
intensiver Sonnenbestrahlung geschützt. Ihre spärlichen Bewegungen erfolgen ohne bevorzugte Orientierung (s. S. 143). Manche Felsbewohner
(*Cidaridae* z. T., *Strongylocentrotus*) können Wohngruben in das Gestein
nagen; andere sich auf steilen, glatten Felswänden aufhalten; solche mit
durch massive, lange oder keulen- bzw. plattenförmige Stacheln ver-
stärktem Panzer (*Heterocentrotus* bzw. *Colobocentrotus*) vertragen stärkere

Wasserbewegung. Formen mit differenzierter Ober- und Unterseite finden sich gerne auf Sand- und Schlammgrund, wie halb oder ganz in ihn eingegraben; wenige, wie *Clypeaster* mit gewölbter Oberseite und inneren Stützpfeilern, dürften bewegteres Wasser und festeren Grund lieben oder, wie die scheibenförmige *Scutella*, nicht meiden. Trotz exzentrischen Afters ist hier die Pentamerie kaum gestört, durch die Petalodien noch betont. Äußerlich bilaterale, mit Trivium und Bivium, mit feinen, dorsal spatelförmigen Stacheln, Fasziolen und Petalodien, ventral mit oft querer Mundspalte und Sternum, ohne Kieferapparat und mit bevorzugter Orientierung bei der Lokomotion sind grabende Schlammfresser (bes. *Spatangidae*).

Die ältesten Seeigel haben meist rundliche bis brotlaibförmige Gehäuse ohne auffällig geformte Stacheln; solche treten erst später auf, z. B. löffelförmige bei *Anaulocidaris* (Tr), keulenförmige bei *Hemicidaris* (J). Auch im J beginnt Schritt für Schritt die Ausbildung der Irregulären und von da an sind die Typen ziemlich die gleichen wie heute. So sind auch mancherlei Schlüsse auf Lebensweise und Lebensgeschichte (z. B. aus der regionalen Differenzierung der Stacheln bzw. Stachelwarzen auf den Grad des Eingegraben-Seins; aus dem Vorhandensein des Kieferapparates auf Makrophagie = Benagen von Bryozoen, Korallen, Balanen, Crinoiden, Verzehren von Muscheln, Tangen usw., aus dem Fehlen von Kiefern und Zähnen auf Mikrophagie) möglich.

Seeigel sind s e i t dem U S il bekannt. Ihre E r h a l t u n g ist unterschiedlich. Stacheln, die sich postmortal leicht und rasch ablösen, sind selten in situ [= in der (natürlichen) Lage], zarte nur spärlich überliefert; dünnplattige, wenig festgefügte, z. B. auch jugendliche Gehäuse nur fragmentär. Vor der Einbettung oder durch den Gebirgsdruck entstanden Gehäuse-Brüche bzw. Deformationen. Einzelne Gesteine führen vorwiegend Steinkerne, z. B. Kieselkerne. Bißspuren, verheilte Verletzungen, parasitäre Stachelanschwellungen, Wohngruben, Kerne von Grabgängen (z. B. nach *Echinocardium*-Art mit freigehaltenen Kanälen zur Atemwasser-Zufuhr und Fäkalien-Abfuhr, v. lat. faex = Hefe, Unrat) sind Beispiele für mancherlei L e b e n s s p u r e n.

Das V o r k o m m e n ist in der Regel ein vereinzeltes, doch sind Häufungen beobachtet; seltene örtliche Anreicherungen von Stacheln oder Kieferplatten werden auf Frachtsonderung, vereinzelte nicht-marine Vorkommen auf Verdriftung durch Wind, Verschleppung durch Seevögel oder andere Feinde zurückgehen.

Fossile Seeigel haben durch ihre auffällige Form schon früh die menschliche Aufmerksamkeit erregt und in V o l k s g l a u b e n und Volksmedizin lange eine Rolle gespielt. Seeigeln nachgebildete Spinnwirtel sind schon neolithisch, Seeigel selbst als bronzezeitliche Grabbeigaben bekannt. Als „Seelensteine" sollten sie Seelen beschwören oder festhalten können [worauf z. T. auch in die wissenschaftliche Nomenklatur übernommene Namen wie *Ananchytes* (v. gr. anánke = Zwang) oder *Synochites* (v. gr. synéchein = zusammen-, festhalten) hindeuten]; als „Ovum anguineum" (lat. = Schlangenei) der keltischen Druiden aus Speichel und Schleim sich zusammendrängender Schlangen entstehen; als „Siegsteine", wie PLINIUS berichtet, sieghafte Bedeutung haben, weshalb auch künstliche „geblasen" wurden. Stacheln aus Palästina waren

(männliche und weibliche) Lapides judaici (lat. = Judensteine) und Mittel
gegen Blasenleiden wie Geschlechtskrankheiten; Gehäuse gingen unter
Bezeichnungen wie Brontia (gr. bronté = Donner, Blitz), Ombria (gr. ómbros =
Regen), solche von *Galerites* als Scolopendrites lapis (lat. = Scolopender-
stein), auch als Knopfsteine (Nachbildungen noch heute bei alpiner Trachten-
kleidung).

Wenngleich mit den morphologischen Wandlungen wesentliche Geschehnisse der Geschichte bekannt sind und eine Entfaltung entlang
verschiedener (divergenter, konvergenter wie paralleler) Linien, vor allem
auch eine Mehrstämmigkeit der Irregulären, allgemein angenommen wird,
so liegt doch der Einzelverlauf dieser Linien ebensowenig klar wie die
Herkunft, die von Cystoideen, Thekoideen und anderen Echinodermen-
gruppen vermutet wurde. Diesen stammesgeschichtlichen Kenntnislücken und Unsicherheiten entspricht eine wechselhafte Systematik.

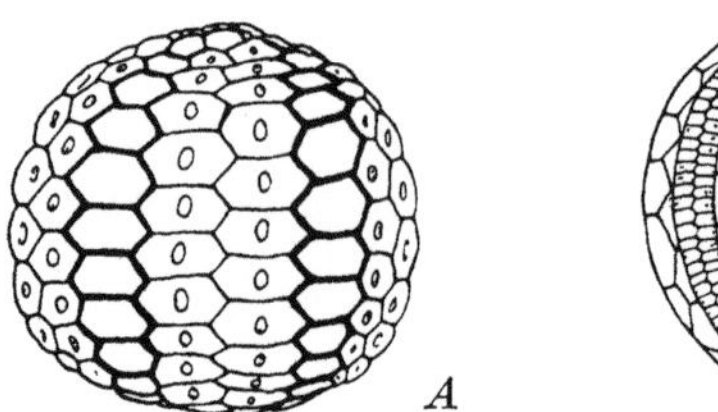
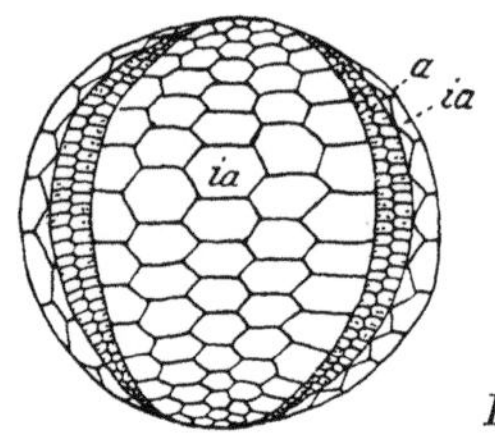

Abb. 76. Paläozoische Seeigelgehäuse. *A Bothriocidaris* (USil) mit biserialen Amb- und
uniserialen IAmb-Zonen; *B Palechinus* (Karb) mit biserialen Amb- (*a*) und multiserialen
IAmb-Zonen (*ia*). Aus MORET 1953.

So erfolgt eine Großgliederung bald in *Regulares* und *Irregulares*, bald in
Palechinoidea und *Euechinoidea* (s. S. 140), bald in *Pseudechinoidea* und
Echinoidea vera. Auch die weitere Gruppierung: reguläre (ohne *Pseudechinoidea*) in *Palaeoregularia* (= *Perischoechinoidea* v. gr. períschein =
umfassen, überragen), *Holostomata*, *Glyphostomata* und (allenfalls)
Plesiocidaroidea (v. gr. plesíos = benachbart); irreguläre in *Gnathostomata*
und *Atelostomata* ist nicht allgemein und gleichmäßig gebräuchlich. Nur
bei den niedersten Kategorien, die vielfach auf dem Kieferapparat basieren, herrscht ziemliche Übereinstimmung.

Unter den ältesten Genera nehmen 2 eine Sonderstellung ein: *Eothuria*
(USil Schottld) durch ? längliches Gehäuse, siebartig durchlöcherte Ambb,
10 peristomale „Mundklappen" usw., [auch als gepanzerte Holothurie (s. S.148)
gedeutet und auf basale Beziehungen der mitunter als *Echinozoa* zusammengefaßten Seeigel und Seegurken weisend]; *Bothriocidaris* (USil Balt, Abb. 76*A*)
durch uniseriale IAmbb bei biserialen Ambb und im ganzen regulärem Habitus. Für beide wurden auch Sondergruppen: *Megalopoda* bzw. *Bothriocida-
roidea* oder *Pseudechinoidea* (s. o.) errichtet.

Im ganzen regulär, doch durch oft mehr als zweireihige Ambb und IAmbb
abweichend, sind *Lepidocentroidea* (USil-P) mit imbrizierenden, und *Melon-
echinoidea* (Karb, z. B. *Palechinus*, Abb. 76*B*) mit festaneinandergefügten
Platten. Sie wurden als *Palaeoregularia* oder *Perischoechinoidea* von den übrigen regulären mit stets biserialen Ambb und IAmbb sowie festem Gehäuse aus-
gesondert (s. oben), den *Lepidocentroidea* auch die *Echinothuridae* (ab J) mit
meist biserialen Ambb und IAmbb sowie biegsamem Gehäuse angeschlossen.

Typische Reguläre sind: *Cidaroidea* (s. S. 144), holostom, Amb-Zonen schmal Stacheln kräftig, massiv; ab Karb, Vorform Dev. — *Aulodonta*, glyphostom, Amb-Zonen schmal; oft lang- und hohlstachelige Bewohner glatter Felswände, z. B. *Diadematidae*; ab Tr. — *Stirodonta*, glyphostom, Peristom groß, vielplattig, z. B. *Saleniidae, Pseudodiadematidae*; ab J; *Tiarechinus* (TrAlp) wegen extremer Periproktgröße (s. S. 142) und abweichender iamb Beplattung auch in besondere Gruppe (*Plesiocidaroidea*, s. S. 146) gereiht. — *Camarodonta*, glyphostom, Ambb stark zusammengesetzt, Stacheln glatt; z. B. *Toxopneustidae* (Abb. 73a), *Echinidae, Strongylocentrotidae* (*Strongylocentrotus, Heterocentrotus*, s. S. 144) u. a.; ab J.

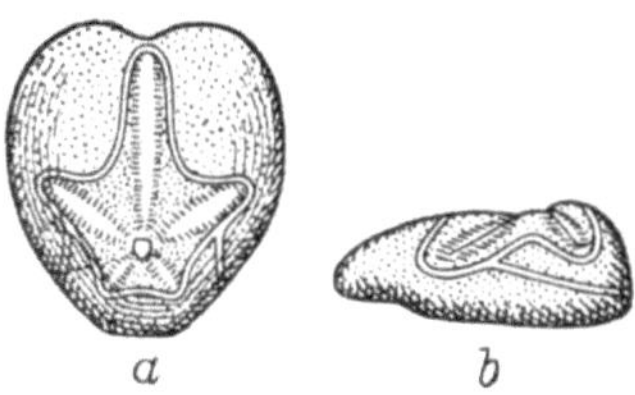

Abb. 77. *Schizaster*, ein känozoischer irregulärer (spatangoider) Seeigel, mit petalodienförmigen Ambulakren und bandförmigen Fasziolen. *a* = Ober-, *b* = Seitenansicht. Aus BEURLEN 1951.

An irregulären Seeigeln mit After außerhalb des Apikalpoles werden gewöhnlich 4 Gruppen unterschieden: *Holectypoidea*, Gesamtform meist noch recht regulär (bisweilen nur juvenil) gnathostom; ab J (bes. J, Kr). *Cassiduloidea*, atelostom, subpetaloid bis petaloid, mit Phyllodien und Floszellen; ab J. *Clypeast(e)roidea*, gnathostom, doch ohne Ergänzungsstücke, mit Petalodien, ohne Phyllodien und Floszellen; z. B. *Clypeast(e)ridae* (s. S. 145), *Scutellidae* (s. S. 145), z. T. mit Randlappen und Lunulae; ab Eoz. — *Spatangoidea*, atelostom, Gehäuse meist länglich bis herzförmig, feinbestachelt, mit Petalodien; oft mit Zerreißung des Scheitelfeldes, Trivium und Bivium, vorne gelegener, querer Mundspalte und Sternum; meist Gräber; *Collyrites*, *Echinocorys = Ananchytes* (s. S. 145), *Micraster, Toxaster, Schizaster* (Abb. 77), *Linthia, Echinocardium* (s. S. 145), *Brissopsis* (Abb. 73b) u. a.; ab J.

Classis: Holothurioidea

Die *Holothurioidea* oder Seegurken sind auch armlose Eleutherozoen; doch ihr Körper (Abb. 58A) ist meist walzenförmig-zylindrisch und äußerlich bilateral-symmetrisch, Mund und After liegen vorne bzw. hinten terminal und die Skelettentwicklung ist sehr gering. Bei den rezenten bildet eine dicke, bindegewebige Lederhaut, die Cutis (lat. = Haut), mit Epidermis und Cuticula die Außenbedeckung des Körpers. Unter der Cutis folgt eine in den Radien z. T. unterbrochene Ringmuskelschicht und in jedem Radius ziehen paarige Längsmuskel vom Mund zum After. Ein Schlundring aus 5 radialen und 5 interradialen Platten, an dem sie befestigt sind, ist die einzige geschlossene Skelettbildung. Sonst gibt es nur einzelne Spicula, Kalknadeln oder -scheibchen in den Amb-Anhängen (s. u.) und in der Steinkanalwand. Wassergefäß-, Nerven- und Blutgefäßring mit 5 Radiärgefäßen und Perihaemalsystem sind vorhanden. Hingegen fehlt ein Axialorgan. Der durch den Schlundring ziehende Darm beschreibt eine lange Schleife. In sein Ende münden paarige, verästelte Wasserlungen sowie Drüsenschläuche. Die Genitalorgane sind paarige oder unpaare Röhrenbüschel und münden mit einem Gonoporus nach außen. In der Ontogenese wird ein *Auricularia*-Larvenstadium durchlaufen.

Als Amb-Anhänge (s. o.) finden sich circumoral, pentamer angeordnet, retraktile Tentakel. Die Amb sind in ein dorsales Bivium und ein ventrales Trivium geschieden und haben oft sog. Papillae (lat. = Warzen), nur das median-ventrale Saugfüßchen. Die Holothurien leben heute am Boden des Seichtwassers wie der Tiefsee, füßchenlose in den Sand eingebohrt; wenige sind pelagisch. Mangels eines geschlossenen Skelettes ist die fossile Überlieferung dürftig und fast ganz auf isolierte Platten, Nadeln und Scheibchen beschränkt.

Auf verschiedene Gruppen, auch auf pelagische Formen, wurden Abdrücke aus dem Kambr bezogen, doch ist die Zugehörigkeit nicht unbestritten. Da *Eothuria* jetzt meist zu den Seeigeln gezählt wird (s. S. 146), kennt man sichere Reste erst ab Karb. Sie sind selten auf bestimmte Gruppen oder Formen beziehbar. Zwecks stratigraphischer Auswertbarkeit sucht man sie jetzt in ein rein formales System zu ordnen.

Subphylum: Homalopterygia

Cladus: Chaetognatha

Classis: Sagittoidea

Dem Subphylum *Homalopterygia* (gr. homalós = gleich, ptéryx = Feder, Flügel) gehört nur der Cladus *Chaetognatha* mit der Klasse *Sagittoidea* (lat. sagítta = Pfeil) an. Der erste Name nimmt auf den horizontalen Flossensaum um den Körper, der zweite auf die Mundbewehrung mit Fanghaken und zahnartigen Stacheln, der dritte auf die Körper-Gesamtform Bezug. Die wenigen rezenten Pfeilwürmer, Zwitter und meist marine Planktonten haben keine erhaltungsfähigen Hartteile. Auf diese einstweilen recht isolierte Deuterostomiergruppe wurde ein Abdruck von ähnlicher Körpergestalt (MKambr Britisch Kolumbien) bezogen.

Subphylum: Chordata

Die *Chordata* sind nach der entodermal angelegten, weich-gallertigen und von einer festeren Scheide umhüllten Rückensaite, der Chorda dorsalis (gr. chordé = Darmsaite) benannt, welche, wenigstens vorübergehend, als biegsame Stützstruktur den Körper der Länge nach durchzieht.

Cladus: Tunicata

Die *Tunicata* (lat. túnica = Unterkleid, Hemd) oder Manteltiere sind skelettlose Meeresbewohner, adult oft sessil, solitär oder in Kolonien lebend, mit umfänglichem, tonnenförmigem Filterapparat für Nahrung und Atmung. Meist nur im Larvenstadium haben sie einen Schwanzanhang (mit Chorda und dorsal von ihr verlaufendem Nervenstrang), was eine etwas kaulquappenähnliche Gesamtform ergibt. Fossil ist diese wohl alte und frühzeitig von der Masse der Chordaten abgezweigte Gruppe bisnun nicht bekannt. Es werden die

Classes: Copelata, Ascidiacea und Thaliacea

unterschieden.

Cladus: Acrania

Der Cladus *Acrania* (= Kopflose) umfaßt nur die

Classis: Leptocardia

mit *Amphioxus* (= *Branchiostoma*) und wenigen anderen Formen. Es sind kleine, fischähnliche, nach pelagischem Larvenstadium in marinem Sandboden lebende Tiere ohne Kopf und Gliedmaßen. Sie haben pulsierende Hauptgefäße, aber kein eigentliches Herz. Eine Chorda dorsalis, von einer dem skeletogenen (= skelettbildenden) Bindegewebe der

Vertebraten vergleichbaren Hülle umscheidet, durchzieht den ganzen Körper, dorsal von ihr liegt das vorne erweiterte Rückenmark mit je 1 Spinalnervenpaar pro Segment. Der Mund ist von Knorpelstücken umgeben. Vom Vorder- oder Kiemendarm führen Kiemenspalten in den sich durch einen Porus nach außen öffnenden und von einem Kiemenkorb aus Knorpelstäben gestützten Peribranchialsack. Fossile Funde, die — ? mit angeblich persistenter (v. lat. persístere = stehenbleiben, verharren) Chorda und ohne Skelettbildungen — auf *Amphioxus*-artige Chordaten hindeuten sollen, wurden kürzlich erstmalig gemeldet (ObSil Schottld).

Die Chorda, das Rückenmark, ein dem Vertebraten-Pronephros (= Vorniere) vergleichbares Exkretionsorgan (v. lat. excérnere = ausscheiden) und gewisse Ähnlichkeiten mit der Larve des Flußneunauges (s. S. 150) ließen früher *Amphioxus* als eine Art Urwirbeltier bewerten. Auch heute werden die Acranier als den Wirbeltieren nächstverwandt, doch als Angehörige einer vielleicht z. T. regressiven (lat. = rückschrittlichen), jedenfalls nicht gänzlich auf Urwirbeltierstufe verharrten Linie (vgl. z. B. die Vorderkörper-Asymmetrie) betrachtet. Statt von „*Vertebrata Acrania*" und „*Vertebrata Craniota*" zu sprechen, beschränkt man nun den Begriff Wirbeltiere auf die „*Craniota*".

Cladus: Vertebrata

Der Name Wirbeltiere wurde von LAMARCK in die Wissenschaft eingeführt. Doch schon ARISTOTELES hatte das in Wirbel gegliederte, axiale Innenskelett als gemeinsames Merkmal der von ihm als „blutführende Tiere" zusammengefaßten Vertebraten hervorgehoben.

Der Körper der Wirbeltiere ist fast immer bilateral-symmetrisch und in Kopf, Rumpf, Schwanz wie paarige Extremitäten gegliedert. Seine Bedeckung besteht aus Epidermis (Oberhaut), Cutis (Unterhaut) und Unterhaut-Bindegewebe. Die Haut ist drüsenreich und meist mit Schuppen, Federn, Haaren oder Knochen versehen. Die übrigen Weichteile: Die axiale Rumpf-, Kiemen- bzw. Kiefer- sowie Gliedmaßenmuskulatur; das Zentralnervensystem mit Hirn und Hirnnerven sowie Rückenmark und Spinalnerven; die Sinnesorgane; das Blutgefäßsystem; der Verdauungstrakt usw. sind durch die hohe Entwicklung und weitgehende Differenzierung gekennzeichnet.

Die Hartteile sind äußere wie innere, u. zw. Schuppen, Stacheln, Zähne, Knorpel und Knochen. Sie begründen die reiche Überlieferung, für die freilich Schuppen und Stacheln nur bei Verfestigung durch Knochen oder schmelzartige Substanz, der an sich ziemlich weiche und dehnbare Knorpel nur bei Verkalkung (Kalksalz-Einlagerung) geeignet sind. So sind die fossilen Wirbeltierfunde hauptsächlich Knochen und Zähne. Knochengewebe, das sich nicht ausdehnen und nur durch Apposition (lat. = Anlagerung) wachsen kann, besteht aus einer fibrösen (v. lat. fíbra = Faser), von unregelmäßig verzweigten Zellräumen und Blutgefäßkanälen durchzogenen Grundmasse, die mit Kalksalzen (phos-

phor-, weniger kohlensaurer Kalk mit Fluorcalcium und Magnesia) impräg-
niert ist. Man unterscheidet nach der Struktur Spongiosa, meist nur
im Knocheninneren, und Compacta (v. lat. compíngere = zusammenfügen, -drängen), welche lagenweise die Corticalis (v. lat. córtex = Rinde)
aufbaut; nach der Herkunft ektodermale, in den tiefen Hautlagen gebildete Haut- oder Deckknochen und mesodermale, knorpelig
präformierte (lat. = vorgebildete) Knorpel- oder Ersatzknochen.
Manche Knochen haben beiderlei Anteile: Mischknochen. Ähnlich
sind die Zähne meist aus mesodermalem, knochenähnlichem Dentin
oder Zahnbein und ektodermalem Schmelz zusammengesetzt, wozu
noch vom Alveolarperiost (= Zahnfächerbeinhaut) gebildetes knochen-
artiges Zahnzement kommen kann.

Durch die vorwiegend interne Lage stehen die Hartteile der Wirbeltiere mit den inneren Organen in engeren Beziehungen als die Außenskelette der „Evertebrata“ (Nicht-Wirbeltiere) und geben über sie mehr
Aufschluß. So sind aus der Hirnkapselwand, ihren Nerven- und Ge-
fäßlöchern (auch aus Hirnraum-Steinkernen oder künstlichen Ausgüssen)
Rückschlüsse auf den Hirnbau, aus den Gelenken und Muskelleisten
der Knochen auf die Muskelausbildung und Beweglichkeit, aus Kiefergelenk und Gebiß auf die Nahrung möglich usf. Infolgedessen kann
man auch die seit dem Sil beurkundete Lebens- und Stammesgeschichte im ganzen besser als bei Evertebraten überschauen.

Classis: Agnathi

Die *Agnathi* (gr. = Kieferlosen), die wohl tiefststehenden Vertebraten,
sind in der Jetztzeit durch die

Subclassis: Cyclostomata

(gr. = Rundmäuler) mit *Petromyzon*, dem Flußneunauge (Abb. 78*d*), und
Myxine als bekanntesten Formen vertreten. Ihre bemerkenswertesten
Eigenschaften sind: der wurmähnliche Körper ohne scharfe Grenze
zwischen Kopf und Rumpf; die nackte, schleimzellenreiche Haut; das
Fehlen von Knochen und paarigen Gliedmaßen (Flossen); die persistente
Chorda mit metameren, leisten- bis bogenförmigen (Wirbelbögen vergleichbaren) Knorpelbildungen im umgebenden skeletogenen Gewebe; die
knorpelig-häutige Schädelkapsel ohne Hinterhauptsteil; unpaare Nase
und nur 2 Bogengänge im inneren Ohr; mit dem Schädel verbundene
Knorpelspangen um Gaumen und Schlund bzw. das Fehlen eigentlicher
Kiefer; der Vorderdarm „Kiemendarm“ mit beidseitigen, von einem
knorpeligen Kiemenkorb gestützten Kiemenbeuteln (vgl. S. 149); Zähne
aus Hornsubstanz; Mesonephros (= Mittel- oder Urniere) als Exkretionsorgan.

Die Cyclostomen sind Meer- und Süßwasserbewohner, leben in Schlamm
und Sand, nähren sich von Würmern, anderen Kleintieren, auch von

Fischen, an die sie sich ansaugen (Saugmund). *Myxine* schmarotzt an und in Fischen. Petromyzonten haben *Ammocoetes*-Larve (mit funktionellem Pronephros).

Baumerkmale, Parasitismus und disjunkte Verbreitung (Eur, NAm, OAs, SAfr) deuten ebenso auf Primitivität und hohes Alter wie auf

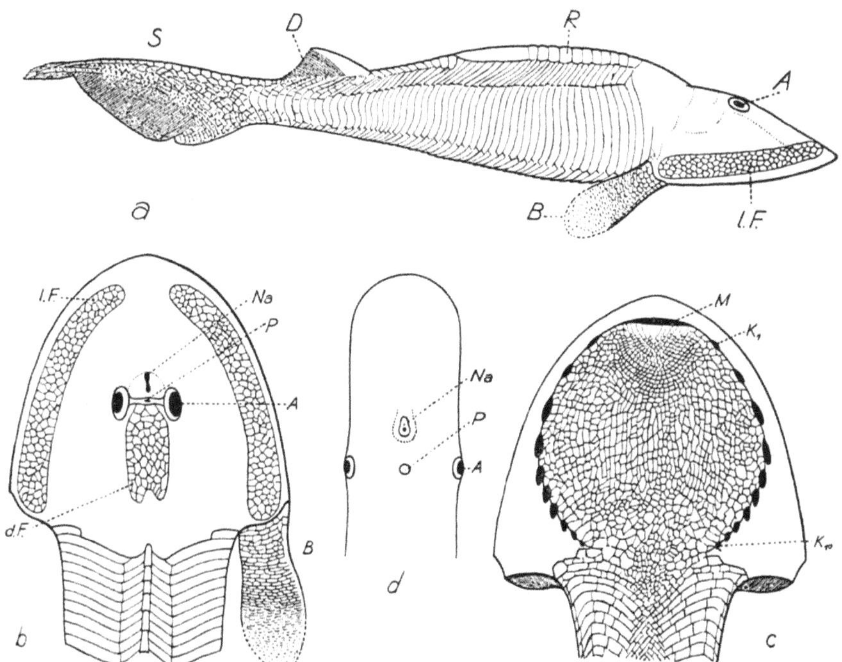

Abb. 78. *Hemicyclaspis murchisoni* (EGERTON), Sil WEur, *a* Rekonstruktion in Seitenansicht, *b* Knochenpanzer von oben und *c* von unten; *d Petromyzon fluviatilis*, rez, Kopf von oben. A = Auge, B = brustflossenartiger Hautlappen, D = Rückenflosse, $d.F.$ = dorsales elektrisches Feld, K_1, K_{10} = vorderste und hinterste der äußeren Kiemenöffnungen, $l.F.$ = laterales elektrisches Feld, M = Mundöffnung, Na = Nasen-Hypophysen-Schlitz, P = Öffnung für das Pineal- bzw. Parietalorgan, R = Rückenschuppe, S = Endflosse. Aus KUHN 1951.

einseitige, frühe Spezialisation. Diese Bewertung ist durch die (vor allen schwedischen und norwegischen Forschern zu dankenden) Erkenntnisse über die Beziehungen der Cyclostomen zu den bisher ältesten Wirbeltierresten voll bestätigt worden. (s. S. 153, 155).

Subclassis: **Ostracodermi**

Die nach ihrem Knochenpanzer benannten Ostracodermen sind die bisher ältesten Wirbeltiere. Die ersten Funde (USil NAm) sind recht dürftig; spätere aber aus Ob Sil und Dev sind besser überliefert und gestatten auch weitere Aufgliederung.

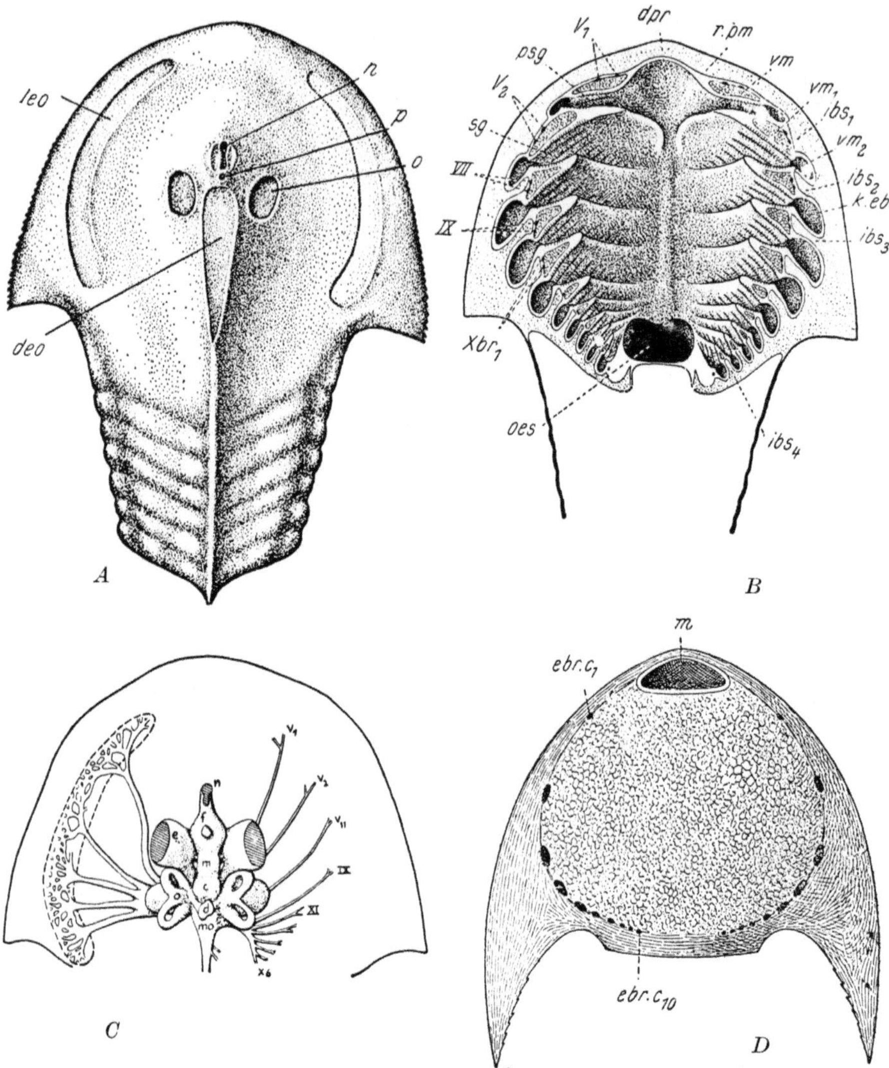

Abb. 79. Anatomie der Kopfregion von Cephalaspiden. *A—C*: *Kiaeraspis auchenaspidoides* Stensio (ObSil Spitzbergen), *A* Kopf- und Vorderrumpfschild von oben, *B* und *C* Horizontalschnitte durch den ventralen und dorsalen Teil des Kopfschildes. *D*: Kopfschild eines *Cephalaspis* von unten mit dem die oro-branchiale Kammer ventral abschließenden Plättchenmosaik. *c* = Kleinhirn (Cerebellum), *d* = Nerv zum dorsalen elektrischen Feld, *deo* = dorsales elektrisches Feld, *dpr* = Mundhöhlendach, *e* = Orb, *ebr. c₁* und *ebr. c₁₀* = äußere Kiemenöffnungen, *f* = Vorderhirn, *ibs₁, ₂, ₃, ₄* (richtig ᵦ) = vom Kopfschild ventrad vorspringende, die Kiemensäcke trennende Septen (Interbranchialsepta), *k.ebr* = Kanal vom 3. Kiemensack nach außen, *leo* = laterales elektrisches Feld, *m* in *C* = Mittelhirn, in *D* = Mundöffnung, *mo* = verlängertes Mark (Medulla oblongata), *n* = (unpaarer) Nasenschlitz, *o* = in *A* = Orb, in *C* = Ohrregion mit 2 Bogengängen (Ductus semicirculares), *oes* = Oesophagus, *p* = Pinealöffnung, *psg* = präspiraculärer (bei höheren Wirbeltieren verschwundener) Kiemensack, *r.pm* = präbranchiale Leiste, *sg* = dem Spiraculum höherer Vertebraten entsprechender Kiemensack, *vm, vm₁ vm₂* = viszerale Muskel der Kiemensäcke; die römischen Ziffern bezeichnen die Hirnnerven, die beigesetzten Indices (*V₁ Xbr₁* usw.) deren Äste. Aus Romer 1936 (nach Stensiós Rekonstruktionen).

Ordo: Osteostraci

Die *Osteostraci* (gr. ostéon = Knochen, Abb. 78a—c), meist nur wenige cm, selten bis ½ m lang oder länger, hatten einen breiten, dorso-ventral ± abgeflachten Vorderkörper mit ebensolchem Panzer und einen schmäleren Hinterleib mit hoch-schmalen, rechteckigen Schienenschuppen. Am Panzerhinterende besaßen sie meist paarige, beschuppte (wohl Fisch-Brustflossen vergleichbare) Hautlappen, an Stelle der Bauchflossen randlich vorspringende Schuppenreihen. Bei *Cephalaspis* u. a. scheint das aufwärts gebogene Schwanzende unten eine Endflosse oder Terminalis getragen zu haben.

Der Knochenpanzer hatte auf der Oberseite paarige Augenöffnungen, median eine unpaare Öffnung für das bei primitiven Wirbeltieren funktionelle Pineal- bzw. Parietal- (= Scheitel-)organ und einen unpaaren Nasenschlitz; Eintiefungen beiderseits dieser Öffnungen sowie hinter ihnen mit bisweilen erhaltenem Belag aus kleinen Knochenplättchen und basaler Verbindung zum Hirnraum durch ein Netz von Nerven- und Gefäß-kanälen, werden als elektrische Felder gedeutet. Schmale, seichte, nur bei Erhaltung der äußersten Knochenlage sichtbare Furchen zeigen ein Lateral- (= Seiten-) Liniensystem wie bei Fischen an. An der Unter-seite verschlossen größere oder kleinere Knochenplättchen eine Fenestra (lat. = Fenster) oro-branchialis bis auf die Mundöffnung vorne und seriale, kleine Durchbrüche, wohl Kiemenspalten, beiderseits; von diesen soll nicht die vorderste dem Spiraculum (lat. = Spritzloch) der Haie vergleich-bar sein.

Serienschnitte und nach ihnen angefertigte Wachsmodelle ergaben, daß der Panzer aus einem einheitlichen Kopfschild und einem anschei-nend ursprünglich segmentierten Vorderrumpfschild mit einem rückwärts bisweilen in einen Stachel ausgezogenen dorsalen und 2 in wechselnd geformte Hörner endenden lateralen Teilen besteht. Der Kopfschild zeigt oberflächliche, exoskeletale (= Dermalknochen-) und innere, endoskeletale (= Ersatzknochen-)Lagen, die an den Be-rührungstellen fest miteinander verbunden waren. Das Endoskelett war voll oder nur als perichondraler (gr. chóndros = Knorpel) Belag um die (nicht erhaltene) knorpelige Grundmasse verknöchert.

Durch die erwähnten Methoden wurden auch präzise Vorstellungen über die innere Organisation der Kopfregion möglich (Abb. 79). Vor-wölbungen und Ausbuchtungen im Dach der durch die Fenestra oro-bran-chialis zugänglichen, gleichnamigen Kammer ließen sich auf Ohr- und Nasenkapsel bzw. Kiemensäcke beziehen, Hirnform, Nerven- und Ge-fäßverlauf konnten weitgehend rekonstruiert werden. Auch Hinweise auf nur 2 Bogengänge und auf Persistenz eines Pronephros wurden gefunden; im ganzen also manche Übereinstimmung mit Cyclostomen (s. S. 151).

Die *Osteostraci* waren wohl Süßwasserformen und, nach dem Kiefer-mangel, mikrophag. Ob Sil-UDev, spärlich auch ObDev, bes. NEur. *Cephalaspis, Hemicyclaspis, Kiaeraspis, Tremataspis* u. e. a.

Ordo: Anaspida

Vorderkörper schmäler, Augen mehr seitlich als oben, Kiemenöffnungen z. T. geringer an Zahl, Panzer aus kleinen Platten mit vorne angefügtem Rostrum. In Brustflossengegend und weiter hinten vorragende Stacheln, aber nur beim späten, fast panzerlosen *Endeiolepis* (ObDev NAm) ventral beiderseits eine durch Schuppen versteifte Flossenfalte und eine lange Rückenflosse. Innere Strukturen nicht näher bekannt. Größe ähnlich wie bei *Osteostraci*. Wohl gleichfalls vornehmlich limnisch, doch nach Gesamtform, geringer Panzerung, Augenlage usw. bessere Schwimmer bzw. nicht so sehr Grundbewohner. ObSil-ObDev NWEur und NAm. *Lasanius, Birkenia* (Abb. 80 *A*), *Pterolepis* u. a.

Osteostraci und Anaspida werden auch als *Cephalaspidomorphi*, die beiden folgenden Ordnungen als *Pteraspidomorphi* zusammengefaßt.

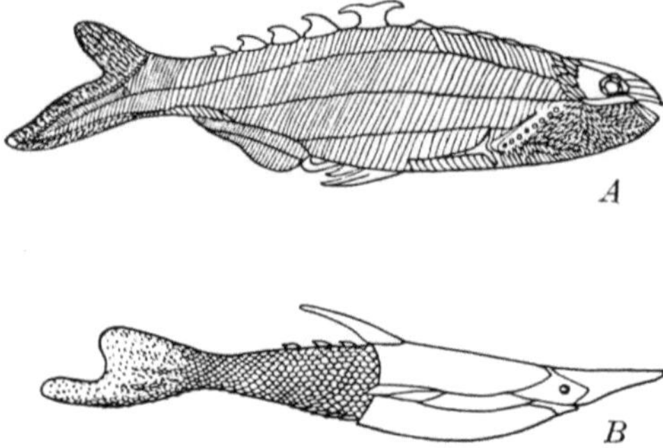

Abb. 80. Rekonstruktionen von *A Birkenia*, ObSil, und *B Pteraspis*, UDev. Aus Kuhn 1951.

Ordo: Heterostraci

Vorderpanzer zuerst aus dorsalem und ventralem Schild sowie einigen zwischengeschalteten Platten, später, vor allem dorsal, aus mehreren Knochenplatten bestehend. ± Typische wie *Cyathaspida* und *Pteraspida* (z. B. *Pteraspis*, Abb. 80 *B*) meist schlank und länglicher als vorige. Augen seitlich, Pinealöffnung und Nasenschlitz nur z. T. bekannt. Jederseits nur 1 Kiemenöffnung, Schuppen oft rhombisch, nur eine terminale Flosse nachgewiesen; an Stelle der dorsalen wie der paarigen Flossen Stacheln. Innenskelett wohl spärlich verknöchert, innere Organisation daher ungenügend bekannt. Mundöffnung endständig, mit offenbar beweglichen Platten. Nasensack ? abweichend = paarig. Eine gewisse Sonderstellung nehmen die *Psammosteida* oder *Drepanaspida* (gr. drépanon = Sichel, Sense) ein mit Kleinplattenmosaik zwischen großen Platten; nach ± rochenförmigem Körperumriß benthonisch. Sil-Dev NEur und NAm, z. B. *Drepanaspis*, UDev Rheinld.

Ordo: Coelolepida

(gr. lepís = Schale, Hülse, Schuppe) oder *Thelodonti* (gr. thelé = Zitze). Körper ziemlich rochenartig, nicht-imbrizierende Knochenschuppen, die strukturell der Hautknochen-Außenlage der übrigen Ostracodermen entsprechen sollen. Auch Hautzähne. Augen antero-lateral, Parietalforamen und Nasenöffnung unbekannt. Hinterende scheinbar ähnlich wie bei *Heterostraci* von Flosse mit größerem unterem Lappen umsäumt. ObSil-UDev.

* *
*

Nach dem Fehlen von Kiefern und knöchernen, axialen Skelettbildungen lassen sich die Ostracodermen nur in Cyclostomen-Nähe reihen. Was über Kiemenregion, Gehirn, Nase usw. bekannt ist, deutet in die gleiche Richtung (vgl. S. 153), wobei sich in Einzelheiten die *Cephalaspidomorphi* enger an die *Petromyzontia*, die *Pteraspidomorphi* an die *Myxinoidea* anzuschließen scheinen. Der wesentliche Unterschied: Besitz bzw. Fehlen eines knöchernen Außen- und wenigstens z. T. verknöchernden Innenskelettes im Vorderkörper, läßt bei den Cyclostomen Knochen-Rückbildung vermuten, wie sie auch die meist geringere endoskeletale und z. T. auch exoskeletale Ossifikation (= Verknöcherung) bei späteren Ostracodermen anzeigt.

Nach den Befunden an den Ostracodermen waren die ältesten Vertebraten aquatisch, mikrophag und zunächst limnisch (wofür auch Bau und Funktion der Exkretionsorgane sprechen sollen). In typisch marinen Sedimenten treten sie erst später auf. Schwer gepanzerte, bei denen nur der Hinterkörper die Lokomotion bewerkstelligen konnte, waren wohl wenig bewegliche Bodentiere; die schlankeren leichter gepanzerten bessere, doch nach der geringen Flossenentwicklung auch nur beschränkte Schwimmer.

Begreiflicher Weise haben diese ältesten Wirbeltiere Betrachtungen über ihre Herkunft ausgelöst. Man hat u. a. an Anneliden, wegen oberflächlicher Ähnlichkeiten mit Merostomen (s. S. 104) an Arthropoden gedacht; später wegen der als primär bewerteten Asymmetrien bei Acraniern und Carpoideen, an asymmetrische Ur-Echinodermen. Die Ableitung von Protostomiern ist indessen schwer vorstellbar und die erwähnten Asymmetrien dürften in beiden Fällen unabhängig (sekundär) enstanden sein. Basale Zusammenhänge zwischen den Subphyla der Deuterostomier sind gleichwohl wahrscheinlich — (gewisse Skelettbildungsvorgänge wie physiologische Eigenschaften sollen Echinodermen und Vertebraten gemeinsam sein, der Kiemenapparat verbindet diese mit den übrigen Chordaten wie den Enteropneusten) — aber wie und wo die verknüpfenden Linien zu ziehen sind, ist noch nicht feststellbar [1].

---

[1] Hier sei nochmals auf die *Conodonta* (s. S. 89) zurückgekommen. Diese kleinen (maximal 2 mm langen), zahnartigen, flachen Gebilde aus Kalziumphosphat, die man in Sandsteinen und Tonschiefern von Ordov — Tr findet (neuerdings ? auch Funde aus ObKr Afr) wurden auf Anneliden, Gastropoden (Radula-Zähnchen), Cephalopoden, Crustaceen und (als Zähne oder Kiemenreusenbestandteile) auf fischartige Wirbeltiere bezogen. Nach neuen histologischen Untersuchungen sollen sie weder Dentingebilde (Haut- bzw. Mundzähne) noch Reste des Endoviszeralskelettes (Kiemen usw.) sein, eher an Schuppen von Anaspiden, also an (exoskeletale) Hautknochen erinnern.

Classis: Aphetohyoidea

Die jetzt als *Aphetohyoidea* (gr. áphetos = gelöst, frei, Hyoidea = Zungenbeinknochen) zusammengefaßten, auch als *Placodermi* bekannten aquatischen Vertebraten nehmen in der Kieferbildung eine Art Zwischenstellung zwischen *Agnathi* und Fischen ein (Abb. 81). Während jene kieferlos sind, formen diese ihren vordersten Kiemenbogen zum Kieferbogen, der sich mit dem folgenden, dem Hyoidbogen, verbindet und durch dessen dorsalen Teil, das Hyomandibulare, gegen die Hirnkapsel abstützt; zugleich wird die Kiemenspalte zwischen beiden zum Spiraculum (s. S. 162) eingeengt (Haie), oder gänzlich rückgebildet (höhere Fische). Die *Aphetohyoidea* nun haben wohl ihren ersten, wahrscheinlich dem 3. der *Agnathi* homologen (v. gr. homología = Übereinstimmung) Kiemenbogen als Kieferbogen, den Hyoidbogen aber als Kiemenbogen ohne jene Verbindung entwickelt und die Kiemenspalte

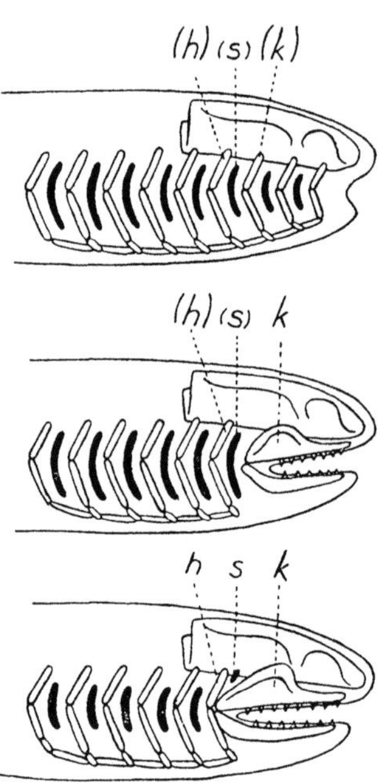

Abb. 81. Die verschiedenen Stufen der Kieferbildung bzw. Kieferaufhängung bei *Agnathi* (oben), *Aphetohyoidea* (Mitte) und *Pisces* (unten). *h* = Hyoid- (Zungenbein-) bogen, *k* = Kieferbogen, *s* = Spiraculum. Nähere Erläuterung s. Text. Aus Kuhn 1951.

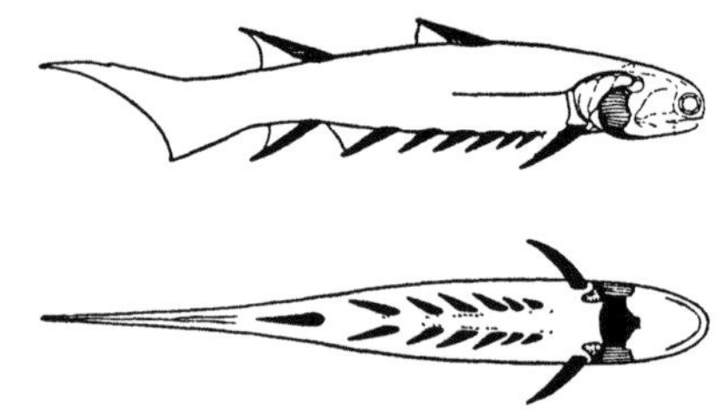

Abb. 82. Körperumriß bei Acanthodiern: *Euthacanthus* (UDev) mit 5 überzähligen Paaren von Flossen(stacheln), von der Seite und von unten. Gegen $^{1}/_{3}$ nat. Gr. Aus Romer 1953.

zwischen beiden hat die typische Schlitzform. Diese praegnathostome Stufe zeigen sonst recht verschiedene, daher in mehrere Ordnungen gereihte Formen.

Ordo: Acanthodii

Die *Acanthodii* (v. gr. ákantha = Stachel, Dorn), die älteste beurkundete Gruppe, waren klein und äußerlich fischähnlich (Abb. 82). Der meist ± fusiforme (v. lat. fūsus = Spindel), selten kurze und hohe Körper trug quadratische, in ihrem Aufbau an Ganoidschuppen (v. gr. gános = Glanz) echter Fische erinnernde Knochenschuppen, in der Schultergegend und am Kopf auch verschieden große Knochenplatten. Die Kiemenregion überdeckte ein von Knochenstäben gestütztes Operculum. Die Orbitae (lat. = Augenöffnungen, Augenhöhlen, Orb) waren groß, die Schnauze kurz, die Nares (lat. = Nase, knöcherne Nasenapertur = Nasenöffnungen) paarig und vorne gelegen, Ober- und Unterkiefer in mehreren Stücken verknöchert. Die Bezahnung der Mandibula [lat. = (Unter-)Kiefer, Mdb], wechselte, im Oberkiefer fehlte sie meist; Ersatzzähne waren oft in Spiralen angeordnet. Beim zahn- und z. T. schuppenlosen *Acanthodes* (P), von dem allein das Kopfskelett samt 5 Kiemenbögen bekannt ist, war die Hirnkapsel fischartig und weitgehend verknöchert. Vom postkranialen Innenskelett ist vereinzelt Wirbelbogen-Ossifikation beobachtet. Die Flossen waren — daher der Name — vorne an einem Stachel befestigt, mitunter (? ursprünglich) scheinen Stacheln ohne Flossenhaut als Stabilsatoren (v. lat. stábilis = fest standhaft) gedient zu haben. Vom Flossenskelett und der zarten Flossenbeschuppung kennt man nur Spuren. Zwischen Brust- und Bauchflossen bzw. -stacheln gab es anfangs 5, dann 3, schließlich keine paarigen Zwischenflossen. Die Funde entstammen limnischen Ablagerungen, einige späte scheinen marin. ObSil — P. Manche isolierte Stacheln und Knochen sind in ihrer Zugehörigkeit wohl fraglich.

Ordo: Arthrodira

Die *Arthrodira* (gr. deiré = Hals) sind nach dem ein Aufwärtsbiegen des Schädels gestattenden paarigen Gelenk zwischen Kopf- und Vorderrumpfpanzer benannt. Bei den *Euarthrodira* bestanden meist beide (bei *Synauchenia* verschmolzene) Panzerteile aus durch Nähte fest verbundenen Knochen, die Hautzähne trugen und von einem Lateralliniensystem durchzogen waren. Der Kopfpanzer mit nahe beieinander liegenden Nasengruben und häufig einen Sklerotikalplattenring (s. Abb. 83) aufweisenden Orb wurde vom Scheitelauge scheinbar nicht immer durchbohrt. Die kräftigen Kiefer hatten oft vorne fangzahnartige Vorsprünge (? richtige Zähne), hinten lange, schneidende Kanten, bei *Mylostoma* auf Durophagie weisende Reibplatten; ihre Verbindung mit dem Kopfpanzer ist selten beobachtet, wohl durch meist unverknöchert gebliebene endoskeletale Elemente erfolgt. Unverknöchert scheint auch, Frühformen ausgenommen, die Hirnkapsel; gelegentliche Belegknochenreste sollen Ähnlichkeiten mit *Chondrichthyes* (s. S. 161 ff.), bes. *Holocephali* (s. S. 165), anzeigen. Seitliche Panzerplatten fungierten als Operkularapparat (s. S. 166).

Der Vorderrumpfpanzer bestand aus dorsalen, lateralen und ventralen (bis in die Kehlregion reichenden) Platten und einem nach hinten gerichteten (bei Spätformen reduzierten) Brust- oder Seitenstachel. Während im Kopfpanzer die Knochenanordnung keinen Vergleich mit Deckknochen des Fischschädels erlaubt, erinnern hier die lateralen Elemente lagemäßig an dermale des Fischschultergürtels. Von *Coccosteus* sind Spuren beschuppter Brustflossen und Bauchflossen mit einem beckenartigen Element überliefert. Der Hinterrumpf war nackt bis beschuppt, die Wirbelverknöcherung auf die oberen und unteren Bögen beschränkt.

Der Hauptgruppe der *Euarthrodira*, den *Coccosteida* (Abb. 83), oder *Brachythoraci*, gehören neben vielen ± kleinen Formen auch Riesen mit ca. 1 m Schädel- und um 10 m Gesamtlänge wie *Dinichthys* und *Titanichthys* an. Man kennt sie aus limnischen, brackischen und marinen Ablagerungen. Sie waren meist Räuber, die harte Nahrung bevorzugten, z. T. vielleicht Aasfresser. M — ObDev Eur, NAm. Die Zeitlage bestimmter Merkmale deutet auf einen allgemeinen Entwicklungsgang von ± semidepressiform zu schlank; von vollständiger, massiver zu dünner, wenig ossifizierter Panzerung; von fest zu nicht fest eingefügten Wan-

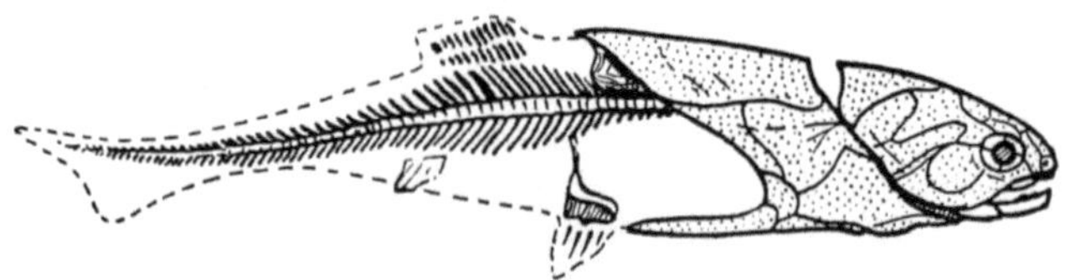

Abb. 83. Seitenansicht eines typischen Arthrodiren der Gattung *Coccosteus* (Dev). Punktiert Kopf- und Vorderrumpfpanzer, gestrichelt der Umriß des Hinterrumpfes mit den Flossen; Orbita von Sklerotikalplattenring umrahmt. Etwa $^1/_4$ nat. Gr. Aus MORET 1953.

genknochen; von in der Knochenoberfläche zu in den Weichteilen verlaufendem Lateralliniensystem; von geringerer zu gewandterer Bewegung.

Eine weitere Euarthrodirengruppe bilden die Formen um *Acanthaspis* und *Arctolepis* (*Jaekelaspis*) mit zunächst einheitlichem, gleich dem Kopfpanzer ziemlich depressiformen Vorderrumpfpanzer, langem, unbeweglichem Seitenstachel und scheinbar beschupptem Hinterkörper. Der Kieferapparat ist unbekannt. Bes. aus limnischen Ablagerungen. UDev, (? ObSil). Ein Nachzügler scheint *Groenlandaspis* (ObDev). *Homostius* und *Heterostius* waren stark depressiforme, z. T. ziemlich große Formen mit schwachen Kiefern, ohne Seitenstacheln; bes. in vermutlich brackischen bzw. Aestuar-Bildungen, ObDev Balt.

Neben den *Euarthrodira* werden noch unterschieden: *Ptyctodonta* (v. gr. ptyktós = gerieft) mit gerieften Kiefer- (Reib-)Platten (z. B. *Rhamphodopsis* mit typischem, aber reduziertem Panzer, Acanthodierähnlichem großen Dorsalstachel und Lateralstacheln, zartem Hyoidbogen, nacktem Hinterkörper, beschuppten Bauchflossen, 1—2 Rückenflossen sowie ungleichlappiger, einige Schuppen tragender Endflosse), Dev; *Phyllolepida* mit weitgehend, bis auf 1 große mediane Dorsalplatte reduziertem Kopfpanzer, unbeweglichem Seitenstachel am Vorderrumpfpanzer und konzentrischer Ornamentierung (v. lat. ornaméntum = Schmuck, Verzierung) der Panzerplatten. ObDev N- und W-Eur NAm, Austr.

Ordo: Petalichthyida

Die *Petalichthyida* (gr. ichthýs = Fisch) hatten einen scheinbar unvollständigen Kopfpanzer und, nach bei *Macropetalichthys* erhaltenen Resten, eine den *Chondrichthyes* (s. S. 161 ff.) ähnliche Hirnkapsel; ferner thorakale Panzerplatten mit großen Bruststacheln. Von *Lunaspis* kennt man fast den ganzen, beschuppten Körper. Marines Dev.

Ordo: Antiarchi

Auch die *Antiarchi* (gr. arché = Anfang, Herrschaft, Abb. 84) besaßen Kopf- und Vorderrumpfpanzer mit vertikaler Beweglichkeit des ersten gegen den zweiten; doch jener war relativ kürzer, unten breit und gegen oben stark verschmälert. Fast im Scheitel lagen die Pinealöffnung und die fast einheitliche, brillenförmige Augenöffnung, knapp davor dicht

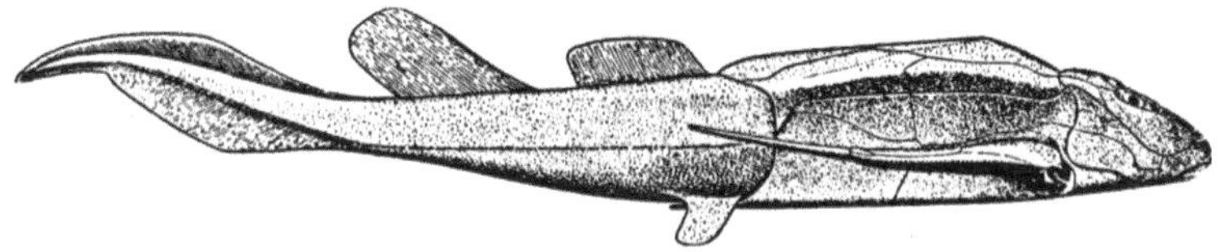

Abb. 84. Rekonstruktion des Antiarchen *Bothriolepis canadensis* (WHITEAVES), ObDev NAm, in Seitenansicht. Aus KUHN 1951.

beieinander die Nares. In die seitlichen Panzerplatten war ein an Holocephalen (s. S. 165) erinnerndes Lateralliniensystem eingelassen. Das Schädelinnenskelett blieb scheinbar unverknöchert. Hinten am Vorderrumpfpanzer gelenkten beiderseits die äußerlich mehr Arthropodenbeinen als Brustflossen ähnelnden „Seitenorgane" mit plattigem Außen- und in Resten erhaltenem Innenskelett sowie einem Quergelenk etwa in der Mitte. Der beschuppte bis nackte, fischartige Hinterrumpf trug 1—2 Dorsalflossen und 1 ungleichlappige Endflosse (Terminalis). Vereinzelt wurden Spuren einer elasmobranchierartigen Spiralklappe im Darm und von paarigen, vom Schlundboden abgehenden Säcken (? Lungen) gefunden.

Die *Antiarchi* waren eher kleine, wohl träge und vornehmlich limnische Bodentiere. Die schwachen Kiefer sprechen für weiche (? auch vegetabilische) Nahrung. Vor allem in den sog. Old Red-Bildungen, M- und ObDev der Nordhalbkugel; auch gehäufte Vorkommen, z. B. *Asterolepis, Bothriolepis, Pterichthyodes*. Das durch Panzer und „Seitenorgane" eigenartige Aussehen hat früher Fehldeutungen (Schildkröten, aquatische Koleopteren = Käfer, Korallen) geführt.

Ordo: Stegoselachii

Die *Stegoselachii* (gr. stégos = Dach, sélachos = Knorpelfisch, Hai) erinnern durch den Besatz von Haut, Schuppen und Deckknochen mit kleinen Zähnchen wie durch die Körperform an Haie und Rochen. Sie sind nur unvollständig und durch wenige Formen belegt. Vornehmlich marines UDev, Rheinld.

Stensiöella (Gruppe *Stensiöellida*) fast nur der leicht rochenförmige Körperumriß bekannt. *Gemündina* (Gruppe *Rhenanida*), bis 1 m lang, richtiger Rochentyp mit großen, durch radiäre Knochenstäbe gestützten Pectoralen

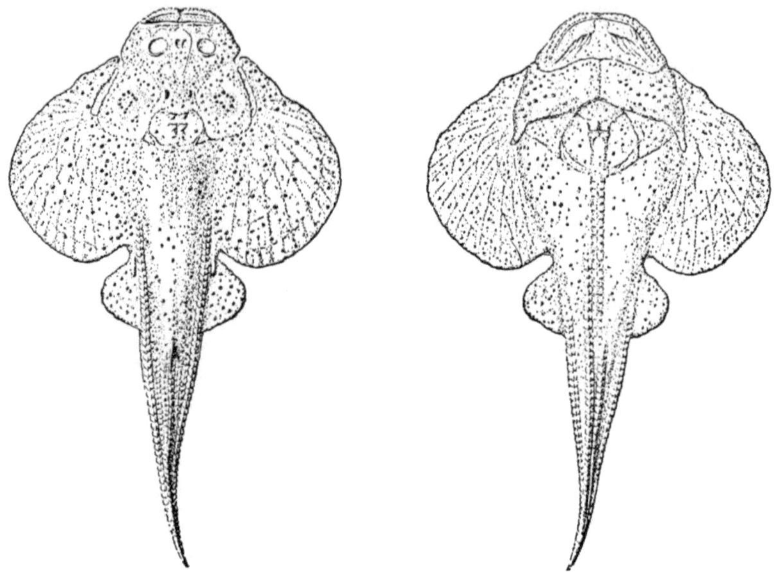

Abb. 85. *Gemündina* (UDev Rheinld), ein rochenartig-depressiformer Stegoselachier. Aus ROMER 1936.

(= Brustflossen v. lat. péctus = Brust), viel kleineren Ventralen (= Bauchflossen) und stark verschmälertem Hinterende. Nares und dicht beieinanderstehende Augen dorsal, Mund endständig, bezahnt. Hirnkapsel und z. T. auch Wirbel unverknöchert. Wenige größere Knochenplatten und Kleinplattenmosaik als Bepanzerung (Abb. 85).

inc. sed. Ordo : Palaeospondyloidea

Palaeospondylus (MDev Schottld) und einige weitere Formen sind in ihrer systematischen Stellung sehr unsicher. Man kennt vom Schädel nur die Hirnkapsel mit unvollständigem Dach, vorne sog. Rostralstücke und ventral paarige, als Kiefer- oder Kiemenbögen gedeutete Stäbe; vom Rumpf ringförmig verknöcherte Wirbelzentren, Neuralbögen und Schwanzflosse; von paarigen Flossen auf Extremitätengürtel bezogene Knochenstücke. Den nach dem kranialen Skelett vermuteten Beziehungen zu Ostracodermen bzw. Agnathen stehen Gürtelelemente und Wirbelverknöcherung entgegen, diese auch der Deutung als Larvenform. Ebenso ist die Auffassung als Placodermen mit reduziertem Außenskelett einstweilen nicht mehr als eine mögliche.

Der scheinbar intermediäre Kieferzustand und die sonstige Vielgestaltigkeit der *Aphetohyoidea* ließen denken, daß hier Angehörige verschiedener Evolutionslinien, aber von in jenem Merkmal gleicher Evolutionshöhe zusammengefaßt sind, von denen einige zu den echten Fischen weiterführten, andere blind endende Seitenlinien wären. Doch sicher lassen sich bisnun solche Linien nicht ausmachen.

Classis: Pisces

Die *Pisces* (lat. = Fische), von den *Aphetohyoidea* durch den Kieferaufhängeapparat abgegrenzt (s. S. 156), sind, wie diese aquatische, nur ausnahmsweise und vorübergehend außerhalb des Wassers lebensfähige Vertebraten. Ihr Körper ist unterschiedlich geformt: fusiform, compressiform (= hochkörperig), sagittiform, taenioform, depressiform usf.; die Gewandtheit ihrer teils hauptsächlich durch den Schwanz, teils mittels des ganzen Körpers erfolgenden Lokomotion dementsprechend wechselnd. Der Kopf (wie schon bei *Aphetohyoidea*) mit einer Hinterhauptsregion von verschiedener Ausdehnung ist vom Rumpf nicht abgesetzt. Die Körperbedeckung bilden meist Schuppen, z. T. auch Hautknochen; manche sind nackthäutig. Unpaare, aus einheitlicher Anlage hervorgehende Flossen (Rücken-, Schwanz- und Afterflossen), von basalen knorpeligen bis knöchernen Flossenträgern gestützt, sowie paarige Brust- und Bauchflossen sind in der Regel vorhanden. Die Mundhöhle ist gewöhnlich mit ± dauernd gewechselten Zähnen besetzt. Kleine Hemisphären am Cerebrum oder Telencephalon (Vor-, Großhirn), ein gut entwickeltes Mesencephalon (Mittel-, Zwischenhirn) und ein ebensolches Cerebellum oder Metencephalon (Klein-, Nachhirn); ein in die Epidermis eingelassenes Seitenliniensystem; ein einfach gebautes Blutgefäßsystem und Urnieren (Mesonephros) sind weitere allgemeine Organisationsmerkmale. Die Fische sind Kiemenatmer, einige haben auch Lungen, etliche als hydrostatischen Apparat paarige bis unpaare Schwimmblasen. Neben Getrenntgeschlechtlichen gibt es Zwitter. Die Fortpflanzung erfolgt meist ovipar, die Befruchtung der Eier (Laich) außerhalb des Mutterkörpers zur Laichzeit, wo sich ♂ und ♀ oft in Laichschwärmen zusammenfinden; doch kommt auch innere Befruchtung (Begattung) vor sowie Viviparie. Nach der Lebensweise gehören die Fische dem Nekton, Benthos und Plankton an; sie finden sich in fließenden wie stehenden Gewässern jeglicher Art und Tiefe. Viele sind Räuber, andere Pflanzen- oder Schlammfresser; Makro- und Mikro-, Malako- und Durophagie treten in gleicher Weise auf.

Recht verschieden ist die Ausbildung des Skelettes. Sowohl die die Außenbedeckung des Körpers bildenden Hartteile zeigen nach Bau, Form und Zahl der Elemente mancherlei Differenzen und noch mehr das Innenskelett. Dieses kann dauernd knorpelig bleiben oder verknöchern. Danach wie nach anderen Merkmalen sondern sich die Fische recht deutlich in 2 Gruppen: die Knorpel- und die Knochenfische. Beide sind fossil wie rezent bekannt.

Subclassis: Chondrichthyes

Die *Chondrichthyes* haben ein knorpeliges Innenskelett, das z. T. verkalken und so fossilisationsfähig werden kann. Es wurde lange als ur-

sprünglicher Zustand angesehen; erst die Erkenntnis von der sukzessiven
(v. lat. succédere = nachfolgen) Reduktion der Verknöcherung bei *Agnathi*
und *Aphetohyoidea* ließ es als abgeleitet betrachten. Dem würde auch
entsprechen, daß die *Chondrichthyes* sicher erst ab MDev belegt sind.
Direkte Vorfahren sind nicht bekannt, doch zeigen *Acanthodii* und *Stegoselachii*, wie eine Herkunft von *Aphetohyoidea* möglich wäre. Meist werden
2, wohl als Infraclasses bewertbare Gruppen unterschieden.

Infraclassis: **Elasmobranchii**

Die *Elasmobranchii* (gr. élasma = gehämmerte Platte) sind die ± typischen Knorpelfische. Sie haben meist Placoidschuppen mit knöcherner
Basis, Dentinstachel und Schmelzbelag (sog. Hautzähne); andere sind
nackthäutig. Schwimmblase oder Lungen fehlen. Die Kiementaschen
öffnen sich durch Kiemenspalten frei nach außen, der Kiemenspalte vor
dem Hyoidbogen entspricht das Spiraculum. Am Gehirn ist, außer bei
den frühesten, die Geruchsregion stark entwickelt. Begattung mittels
eines als Clasper (engl. clasp = anhaken, umfassen) bezeichneten Kopu-
lationsorganes ist die Regel. Die dotterreichen Eier haben oft pergament-
artige Hüllen (Eikapseln). Auch Viviparie kommt vor. Fast alle Elasmobranchier sind marin und Räuber. Fische, Krebse und Weichtiere sind die bevorzugte Nahrung der meist reich, aber unterschiedlich bezahnten Formen.
Das Schädelskelett besteht aus dem Primordialcranium (lat.
primórdium = Ursprung) und dem Viszeralskelett. Jenes umfaßt die einheitlich knorpelige Hirnkapsel, dieses Lippenknorpel, Kiefer- bzw. Kiefer-
gaumenbogen, Hyoidbogen und 5 Kiemenbögen. Die Bögen sind dorsoventral unterteilt, der Kieferbogen in Palatoquadratum [v. lat. palā-
tum = Gaumen und quadrātum = Quadrat(bein), Pqu] und Mandibulare
(Cartilago meckelii = Meckelscher Knorpel), der Hyoidbogen in Hyomandibulare (Hymdb) und Hyoid, die beiderseitigen Hyoid- und Kiemenbögen
ventral durch mediane Copulae verbunden. Die Aufhängung des Kiefer-
bogens ist embryonal ± aphetohyoid, dann hyostyl (Verbindung mit
Schädel durch Hymdb), amphistyl (Verbindung mit Schädel über Hymdb
und Quadratum) oder autostyl (Verbindung Kiefer-Hirnschädel unmittelbar, nicht durch Hymdb).
An den Wirbeln, die als Chordawirbel aus Verknöcherung der Chorda-
faserscheide hervorgehen, sind meist Körper und Bögen ausgebildet. Nach
den konkaven Endflächen, zwischen denen die im Wirbel eingeengte
Chorda erweitert ist, heißen sie amphicoel; nach dem Aufbau unterscheidet man cyclo-, tecto- (lat. téctum = Dach) und asterospondyle, d. h.
Wirbelkörper mit einem, mit mehreren Hohlzylindern um die Chorda und
mit einem sowie radiären Knorpelstrahlen. Rippen, u. zw. zwischen dorsaler und ventraler Rumpfmuskulatur gelegene, sog. dorsale Rippen,
sind wenig entwickelt.
Brust- und Bauchflossen sind an Schulter- bzw. Beckengürtel
angeheftet, deren paarige Elemente oft verschmelzen. Die Ventralen haben
beim ♂ einen rinnenförmig ausgehöhlten Anhang, den Clasper (s. oben).

Von den unpaaren Flossen besitzen die dorsalen häufig einen (? aus Hautzähnen hervorgegangenen) Stachel, die Endflosse ist mit größerem dorsalem und kleinerem ventralem Lappen heterocerk.

Das knorpelige Innensekelett ist für die fossile Erhaltung nicht günstig. Oft liegen nur isolierte Zähne oder Stacheln vor, beide meist nicht
sicher auf bestimmte Träger beziehbar; selten Abdrücke von Eikapseln.

Die ältesten auf Elasmobranchier bezogenen Funde — *Cladodus*-
Zähne mit ein oder mehreren Nebenspitzen vor und hinter der Hauptspitze — werden in die

Ordo: Cladoselachii

gereiht. Zu ihr zählt man oft ziemlich große Formen, vor allem aus Eur
und NAm.

Cladoselache (ObDev NAm, Abb. 86 *A*), ganzer Körperumriß, auch Spuren
von Muskeln usw. erhalten. 2, vorne bisweilen einen Stachel tragende Rückenflossen; Endflosse heterocerk, Brust- und Bauchflossen an der breiten Basis mit

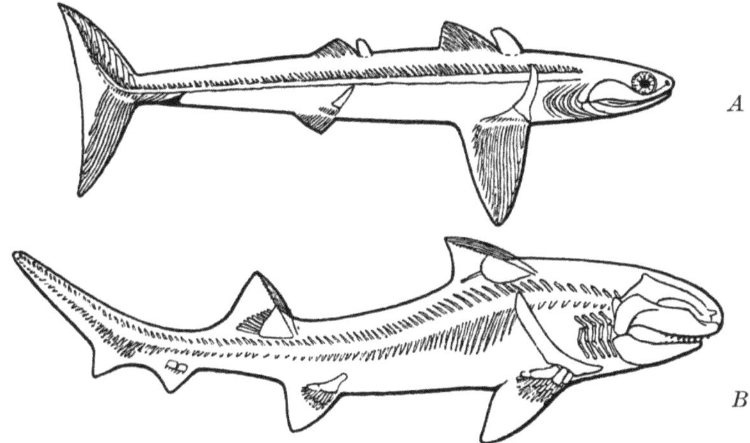

Abb. 86. Altertümliche Elasmobranchier: *A Cladoselache*, ObDev, *B Hybodus*, UJ. Aus
KUHN 1951.

einem oder mehreren Knorpelstrahlen; in der Analgegend mitunter ? eine
weitere paarige Flosse; Claspers nicht beobachtet; Kieferaufhängung amphistyl, Hymdb nicht sehr entwickelt. — *Ctenacanthus* (ObDev-UP), vorwiegend
Stacheln.

Ordo: Selachii

Die (manchmal auch mit den Rochen als *Euselachii* zusammengefaßten) *Selachii* sind gegenüber den Cladoselachiern durch schmalbasige
paarige Flossen, Claspers und vorne scharfspitzige, gegen hinten aber
stumpfer und niedriger werdende Zähne mit zahlreichen Zahnersatz-

reihen ausgezeichnet (Abb. 87). Eine gewisse Sonderstellung nehmen die im ObDev beginnenden, im Mesoz häufigen *Hybodontia* (gr. hybós = bucklig) ein. Durch gleichzeitiges In-Funktion-Treten von Zähnen benachbarter Ersatzzahnreihen wurde eine Art Kaufläche oder Kauebene geschaffen, was, wenn die Zähne mit Erreichen des Kieferrandes nicht ausfielen, eigenartige Zahnspiralen entstehen ließ.

Edestus und *Helicoprion*, JgPaläoz, fast nur Zahnspiralen. — *Hybodus* (Mesoz); Funde mit Körperumriß (Lias, Holzmaden, Abb. 86 *B*), einer mit ca. 250 Belemniten im Magen. — *Heterodontus = Cestracion* (ab J, rez Pazifik) ähnelt den *Hybodontia* in Gebiß (und Nahrungsweise).

Als altertümlich gelten ferner *Hexanchus = Notidanus* (ab J) und *Chlamydoselache* (ab Tert); ohne Flossenstacheln, mit mehr als 5 Kiemenspal-

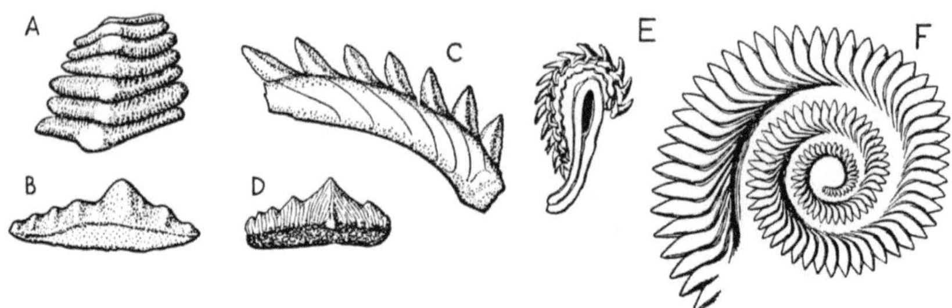

Abb. 87. Zähne bzw. Zahn- (Ersatz-) Reihen primitiver Selachier. *A B Orodus* (Karb) in Aufsicht und von der Seite, fast $^3/_4$ nat. Gr. *C Edestus* (Karb) von der Seite, verkl. *D Hybodus* (Tr) von der Seite, fast nat. Gr. *E* Schnitt durch den Kiefer eines rezenten Haies mit dichtgedrängter Ersatzzahnserie. *F* Zahnspirale, vermutlich aus der Unterkiefersymphyse von *Helicoprion* (P), verkl., in den inneren Windungen der Spirale die (hier scheinbar nicht wie bei typischen Haien ausgestoßenen) verbrauchten Zähne. Aus ROMER 1953.

ten, durchwegs scharf-spitzigen, dreizackig-sägeförmigen Zähnen. Wie *Hybodontia* $\pm$ amphistyl. Alle übrigen Selachier sind hyostyl: $\pm$ moderne Haie (ab J).

Galeoidea: fusiforme Räuber mit schmalem bis fehlendem Spiraculum und Analis (= Afterflosse). — Hundshaie (*Scylliorhinus = Scyllium* und Verwandte), Vorläufer vermutlich *Palaeoscyllium* (ObJ). — Menschenhaie wie *Carcharias* (*Odontaspis*), ab Kr, volle Entfaltung dieser und verwandter Formen wie *Isurus* (*Lamna*, *Oxyrhina*), Hammerhaie usw. im Tert; *Carcharodon* z. B. mit bis über 2 m Maulweite; Zähne schon frühzeitig als Glossopetren (versteinerte Zungen) bekannt.
Squaloidea (lat. squālus = rauh): Sägehaie (*Pristiophorus*) mit langem, bezahntem Rostrum, ab Kr. — Meerengeln (*Rhina*), ab J; mit flachem Vorderkörper, dorsalen Augen, vergrößerten Brustflossen den Rochen ähnlich, doch durch die laterale Kiemenlage von diesen verschieden.

Ordo: Batoidea

Die *Batoidea* (gr. bátis = Rochen) sind die typisch benthonischen Elasmobranchier. Körper depressiform, Augen dorsal, Kiemen ventral, Spiracula groß, Brustflossen sehr groß, bis ans Vorderende reichend und

mehr Schwimm- als (wie sonst) Steuerorgane; Schwanz ±peitschen-
förmig, Rücken- und Afterflosse reduziert bis fehlend, Gebiß meist flach-
bis ausgesprochen pflasterzähnig, durophag. Nur die ältesten mit noch
mehr rundlichem Körper und Dorsal- wie Analflosse.

Rhinobatidae, ab J. — *Pristidae* (Sägefische) mit oft langem, zweiseitig
bezahntem Rostrum, ab Kr; *Sclerorhynchus*, Kr Libanon; *Propristis* ObEoz
Ägypt, mit bis 2 m langem Rostrum. — *Rajidae*, mit rhombischem Vorderkörper, *Trygonidae*, mit Giftstachel, *Torpedinidae* (Zitterrochen), *Mylioba-
tidae*, mit Reibplattengebiß, ab Kr bzw. Eoz. — Zu den *Batoidea* vielleicht
auch *Ptychodus* (Kr), nur quergeriefte Zahnplatten.

Ordo: Pleuracanthodii

Die *Pleuracanthodii* oder *Ichthyotomi* (ObDev—Tr) waren bis 1 m
lange, ziemlich schlanke Süß- oder Brackwasserformen mit langem,
beweglichem Nackenstachel, langer Dorsal-, ±saumförmiger End- und
eigenartiger Afterflosse. Aus der Kopfregion sind mitunter verkalkte
Knorpelpartien, aber keine dermalen Hartteile überliefert. Amphistyl;
Zähne meist mit knopfförmiger Basis, kräftigen Vorder- und Hinter-
zacken bei schwächerem Mittelzacken. Paarige Flossen mit Skelett aus
Hauptachse und Seitenstrahlen, mit Clasper. Die Herkunft liegt noch im
Dunkel.

Infraclassis: Holocephali

Der Name bezieht sich auf die feste, autostyle Verbindung des Ober-
kiefers mit dem Schädel. Weitere Unterschiede gegenüber den Elasmobranchiern sind: die Überdeckung der Kiemenregion durch einen Hautlappen; bei den ♂ ein vorwärts in eine Grube einsenkbarer Stachel oben
am vorne bald abgestutzten, bald in ein Rostrum verlängerten Schädel;
das Fehlen des (bei Elasmobranchiern fast immer vorhandenen) Spiraculums; die Bezahnung aus meist 1 Zahnplatte pro Kieferast und zwischen
ihnen im Oberkiefer ein vorderes Plattenpaar; ein langer Stachel vorne
an der Dorsalis; die Bildung sog. Ringzentren um die nicht eingeschnürte
Chorda. Hingegen sind wie bei den Elasmobranchiern: die großen, fächer-
förmigen Brustflossen; die Bauchflossen (bei ♂ mit Clasper); die quere,
vorne-ventral gelegene Mundspalte, nach der beide Gruppen auch als
Plagiostomata vereinigt wurden.

Die rezenten Holocephalen, die *Chimaerae, Chimaerida* (gr. chímaira =
Ziege, auch ein aus Löwe, Ziege und Drache zusammengesetztes Fabeltier)
oder Seekatzen, sind durophag und benthonisch, doch ziemlich gewandte
Schwimmer und leben meist in größeren Tiefen. Fossil vor allem Zahnplat-
ten und Stacheln, seltener vollständigere Reste, vereinzelt Eikapsel-
Abdrücke; ab Tr.

Zu den Holocephalen werden noch die *Bradyodonti*, benannt nach den
scheinbar nur langsam gewechselten Zahnplatten, gestellt. Meist unvollständig überliefert, zeigen Stücke mit erhaltenem Körperumriß (bes. P
MEur, Kupferschiefer) auch Stachelbildung. ObDev—P, bes. Karb.

Cochliodontidae: lange, spiralig gekrümmte Zahnplatten und ? kleine Vorderzähne; Platten wohl aus verschmolzenen Einzelzähnen entstanden, da solche noch bei *Helodus* (Körperumriß bekannt) auftreten.

Petalodontidae: Pflaster aus rautenförmigen Zähnen mit langen auch geteilten Wurzeln; nach gelegentlich erhaltenem Körperumriß rochenartiger als vorige. — Andere Gruppen nur durch quadratische bis subquadratische Zahnplatten bekannt, oben und unten 2 median zusammenstoßende Reihen oder oben und unten je 1 Platte vorne median.

Von fraglicher Zugehörigkeit: *Chondrenchelys* (Karb Schottld), mit Cochliodontiden ähnelnder Bezahnung, langem, von der Dorsalis bis zur Terminalis reichendem Flossensaum, ohne Flossenstacheln; ebenso fraglich isolierte Stacheln.

Subclassis: Osteichthyes

Die *Osteichthyes* oder *Teleostomi* sind durch die weitgehende Verknöcherung von Dermal- wie Endoskelett; den Mangel von Placoidschuppen wie — primitive Formen ausgenommen — eines richtigen Spiraculums; einen die Kiemenöffnungen überdachenden Operkularapparat und die ± terminale Mundlage von den Knorpelfischen verschieden; ebenso durch einen ventral vom Darm entspringenden, dorsad verlagerten, zweilappigen Sack, die meist zur hydrostatischen Schwimmblase gewordenen Lungen.

Die Haut der Osteichthyer ist beschuppt, selten mit Knochenplatten versehen oder nackt. Die imbrizierenden Schuppen sind ursprünglich dick und rhombisch; über dichter Knochensubstanz basal folgt spongiöse und als Außenbelag zahnbeinähnliches Kosmin mit schmelzartigem Überzug: sog. Kosmoid- (v. gr. kósmos = Schmuck, Ordnung, Welt) bzw. bei stärkerem Schmelzbelag Ganoid-Schuppen[1]. Später wurden die Außenlagen reduziert, die Form gerundet und heute herrschen dünne, nur knöcherne Cycloid- bzw. bei Zähnelung Ctenoid-Schuppen vor.

Das Kopfskelett umfaßt Haut- und Ersatzknochen in fast immer großer Zahl (Abb. 88). Sie wurden in Anlehnung an die wenigeren Knochen des Säugerschädels benannt. Da aber nicht ausnahmslos feststeht, welche Knochen auf dem Wege von den Osteichthyern zu den Säugern verschwanden oder verschmolzen, ist die Homologie (= morphologische Gleichwertigkeit) z. T. fraglich und die Benennung bei jenen uneinheitlich[2]).

Auf einige nur anfangs vorhandene, dann meist modifizierte oder reduzierte rostrale Deckknochen folgen nach hinten beiderseits der Mittellinie: Nasalia (= Nasenbeine, Nas), Frontalia (= Stirnbeine, Fr), die Pinealöffnung umgrenzend Parietalia (= Scheitelbeine, Par), dann Postparietalia (Popar) oder Dermosupraoccipitalia (v. lat. ócciput = Hinterhaupt, Dsocc); randlich die zahntragenden Praemaxillaria und Maxillaria (= Zwischen- und Oberkieferbeine, Pmx, Mx). Um die Orbita sind mitunter Äquivalente (lat. āēquus = gleich, válens = wertig) der Praefrontalia, (Prfr), Postfrontalia (Pofr), Postorbitalia (Poorb), Jugalia (lat. = Joch-

---

[1] Aus solchen Schuppen könnten durch Rückbildung der Knochenlagen die Placoidschuppen hervorgegangen sein.

[2] So werden die hier mit ROMER als Parietalia bezeichneten Stücke auch als Frontalia aufgefaßt, was andersartige Bezeichnungen der Nachbarknochen zur Folge hat.

beine, Jug) und Lacrimalia (lat. = Tränenbeine, Lacr) der höheren Vertebraten; weiter hinten an der Seitenwand solche der Supratemporalia
(lat. = Ober- oder Überschläfenbeine, Stemp), Intertemporalia (lat. =
Zwischenschläfenbeine, Itemp) und Tabularia (lat. = Tafelbeine, Tab),
± darunter der Squamosa (lat. = Schuppenbeine, Sq) und Quadratojugalia
(Qujug) erkennbar. Die hier anschließenden Praeopercularia (Prop) und

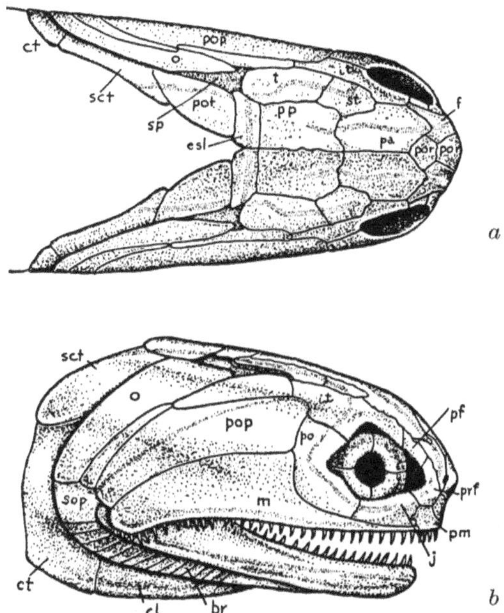

Abb. 88. Schädel und Schultergürtel von *Cheirolepis*, einem devonischen Palaeonisciden,
a von dorsal, b von lateral, in $^9/_{10}$ nat. Gr. Aus ROMER 1953.
br = Branchiostegalelemente (Gul), cl = Clav, ct = Cleithr, esl = laterales Exscap, f = Fr (nach
anderen, s. S. 166, Anm. 2. Nas), it = Itemp (Poorb, Dermosphenoticum), j = Jug, m = Mx,
O = Op, pa = Par (nach anderen Fr), pf = Pofr (Supraorbitale), pm = Pmx, po = Poorb,
pop = Praeoperculare, por = Postrostrale (Internasale), pot = Posttemporale, pp = Popar
(nach anderen Par), prf = Prfr, scl = Supracleithrum, sop = Sbop, sp = Spiraculum, st = Stemp
(Dermosphenoticum), t = Tabulare (Stemp, Itemp); in der Orb der Sklerotikalring.

die Extrascapularia (lat. = Außenschulterbeine, Exscap) am Hinterende
haben bei den höheren Wirbeltieren kaum Gegenstücke. Im Munddach
liegen vorne unter der Hirnkapsel das unpaare Parasphenoid (gr. = Neben-
keilbein, Pasph), davor die paarigen Pterygoidea (gr. = Flügelbeine, Pt),
Vomeres (lat. = Pflugscharbeine, Vo), Palatina (lat. = Gaumenbeine, Pal)
und Ectopterygoidea (Ecpt), alle bezahnt.

   Im Unterkiefer (Mandibula, s. S. 157) finden sich gewöhnlich an Dermalknochen: Außen das Dentale (Dent), Spleniale (Splen), Angulare
(lat. = Winkelbein, Ang) und Supraangulare (Sang), innen, meist wie das
Dentale bezahnt, das Praearticulare (Prart) und darüber die Coronoide
(lat. = Kronenbeine, Cor) bzw. das Complementare (v. lat. complemén-

tum = Ergänzung, Compl). Die Kiemenregion hat ein Operculum (Kiemendeckel, Op) mit Suboperculum (Sbop) sowie, in der Kehlgegend, die vielfach zu Branchiostegal- (gr. = Kiemendach-) Stäben umgestalteten Gularia (lat. = Kehlplatten, Gul).

Unmittelbar an den Schädel schließt der Schultergürtel an. Seine Deckknochen: Clavicula (lat. = Schlüsselbein, Clav) und Cleithrum (gr. clēïthron = Schloß, Cleithr) haben durch Supraclavicula (Sclav) und Posttemporale (Potemp) mit dem Schädeldach Verbindung.

Die Ersatzknochen des Hirnschädels — dorsal fest, lateral nicht unbeweglich mit den Deckknochen verbunden— sind bei den frühesten (adulten) Knochenfischen gering an Zahl; vermutlich infolge von Verschmelzungen, denn später werden bei abnehmender Verknöcherung (teilweisem Knorpelig-Bleiben) mehr Stücke durch sie trennende Suturen sichtbar. In der Regel sind dann hinten 1 Basioccipitale und 2 Exoccipitalia (basales und äußeres Hinterhauptsbein, Bocc, Exocc), manchmal auch 1 Supraoccipitale (Socc); in der Ohrregion mehrere „Otica" (v. gr. ous = Ohr) wie Pro-, Opisth-, Epi-, Sphen- und Pteroticum (Prot, Opot, Epot, Sphenot, Ptot); vor dem Bocc 1 Basisphenoid (v. gr. sphen = Keil, Bsph) und 1 Sphenethmoid (v. gr. ethmós = Sieb, Sphethm) vorhanden, ferner kaum sicher mit den paarigen Ali- (lat. āla = Achsel, Flügel, Asph) und Orbitosphenoidea (Osph) wie dem Ethmoid (Ethm) der Säuger gleichzusetzende Knochen.

Weitere Ersatzknochen sind: Das Quadratum (Qu) des (Ober-) Schädels und das Articulare (Art) des Unterkiefers, welche das Kiefergelenk bilden; einige suprapterygoidale Stücke, wovon eines (? = Epipterygoid der höheren Wirbeltiere, Eppt), mit dem Hirnschädel artikuliert; das bei der normalen Hyostylie gut entwickelte Hymdb und die wechselnd verknöcherten Elemente des Kiemenskelettes.

Das axiale Skelett ist bei (frühen) Formen mit festem Schuppenpanzer selten beobachtbar, wahrscheinlich waren die Wirbelcentra unverknöchert; später sind diese meist leicht amphicoel und mit oberen wie unteren Bögen versehen. Die Ossifikation erfolgt ohne Beteiligung der Chordascheide, doch ist ein Aufbau aus paarigen Elementen wie bei höheren Vertebraten (s. S. 179) selten erkennbar. Die Rippen setzen tiefer als bei den Knorpelfischen (s. S. 162) an und sind sog. ventrale Rippen; manchmal kommen dorsale und ventrale vor.

Im Schultergürtel sind knorpelig präformiert: die paarigen Scapularia (Schulterblätter, Scap), Coracoidea (Rabenbeine, Corac) und eventuell Praecoracoidea (Prcorac). Mit ihnen gelenkt das Brustflossenskelett. Wenig umfangreich und ohne feste Verbindung mit dem Achsenskelett ist der meist plattenförmige Beckengürtel (Pelvis). Brust- und Bauchflossen sind fast immer vorhanden, doch wechseln Bau, Form und Stellung. Ähnlich variabel, z. T. auch an Zahl, sind die unpaaren Flossen.

Für die Erhaltung liegen die Voraussetzungen z. T. günstiger als bei den Knorpelfischen. Von dickschuppigen sind ± vollständige Exemplare (Panzerschlauch-Erhaltung) häufiger als von anderen. Selten sind Spuren innerer Organe.

Knochenfische kennt man ab Dev. Auf dürftige Funde im UDev folgen schon im MDev zahlreiche und mannigfaltige, was auf eine lange Vorgeschichte, wohl in für die Überlieferung ungeeigneten Lebensräumen (?Flußoberläufe) deutet. Über die Vorfahren ist Sicheres nicht bekannt (?Acanthodier). Im Paläoz waren die Knochenfische vorwiegend — anfangs scheinbar ausschließlich — Süßwasserformen und von Anbeginn ± gewandte Schwimmer, dann wurden manche minder bewegliche Bodentiere. Rez sind sie in allen aquatischen Biotopen beheimatet und nach den wenigen ausgestorbenen Einheiten wohl noch in voller Blüte.

Schon zu Beginn der Überlieferung sind 2 Gruppen deutlich unterscheidbar. Das spricht für Zweistämmigkeit bereits während der Vorgeschichte und empfiehlt systematische Gliederung in 2 Infraclasses.

Infraclassis: **Actinopterygii**

Die heute vorherrschenden *Actinopterygii* sind aus dem Paläoz, besonders vom Beginn ihrer Überlieferung, spärlich belegt. Gleichwohl dürften sie, auch nach dem Fehlen gewisser auf höhere Vertebraten weisender Merkmale, die im ganzen primitivere Infraclassis sein.

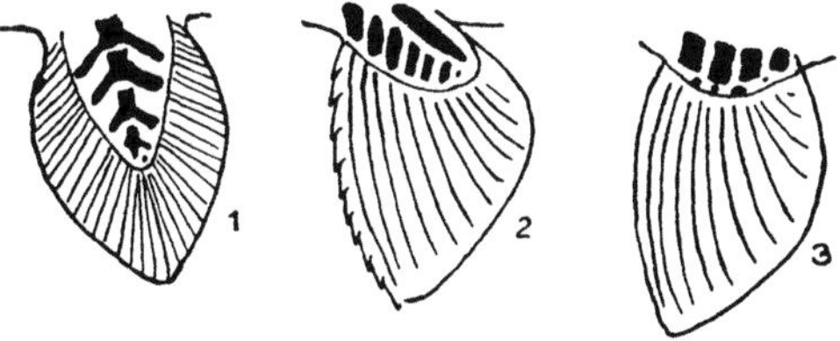

Abb. 89. Bauschemata paariger Osteichthyerflossen. 1 Crossopterygiertyp mit linear aneinandergereihten Knochenstücken, die biserial seitlich Nebenstrahlen abgeben (Archipterygium); 2 primitiver und 3 spezialisierter Actinopterygiertyp. Vollschwarz basales Flossenskelett, anschließend häutiger Flossenteil mit dermalen Strahlen. Aus MORET 1953.

Namengebend sind die paarigen Flossen (Abb. 89). Meist sitzen sie breit dem Körper an und haben in ihrer Basis ± parallele, kurze Knochenoder Knorpelstäbe, während der umfangreichere häutige Flossenteil durch dermale Strahlen geschützt wird. Die unpaaren Flossen: Dorsalis, Analis und Terminalis oder Caudalis (Rücken-, After-, End- oder Schwanzflosse[1]) wechseln an Form, die beiden ersten auch an Zahl. Dorsalis und Terminalis haben ursprünglich eine kielbildende Schuppenreihe an der Vorderkante. Die Terminalis besteht anfangs aus einem größeren, unteren Lappen und einem kleinen oberen mit dem aufwärts gebogenen, abweichend beschuppten Wirbelsäulenende als dorsalem Rand; da ein epaxialer (auf-, überachsiger) Flossenteil meist nicht nachweisbar ist, soll auch der Flossen-Oberlappen hypaxialen (unterachsigen) Ursprungs sein. Später

---

[1] Die Bezeichnung Caudalis wurde auf Grund bestimmter Vorstellungen über die Phylogenese der Endflosse auch auf deren als primär erachteten Teil eingeschränkt.

wird das Wirbelsäulenende samt seiner Beschuppung reduziert. Der erste Zustand heißt hetero-, der zweite homocerk[1]. Wie diese Flossenformen folgen Ganoid-, Kosmoid- und schließlich Cycloid- oder Ctenoid-Schuppen aufeinander.

Am Schädel mit selten nachweisbarer Pinealöffnung sind die Orb zunächst meist groß, was auf guten Gesichtssinn deutet, und von 4 Sklerotikalplatten umsäumt; der Mund steht wegen eines Rostrums nicht ganz terminal, die Nares liegen ziemlich hoch. Sukzessive Änderungen sind auch sonst festzustellen wie etwa in der Verstärkung der Kiefer-Hymdb-Verbindung durch einen Symplecticum (Symplect, v. gr. symplektízesthai = zusammenschlagen) genannten Knochen; in der Reduktion von Zahl und Verknöcherung der Schädelknochen; auch in der Lebensweise, denn die frühesten Actinopterygier waren Süßwasserformen, marine scheinen im Paläoz spärlich, ab Ende der Tr aber vorherrschend.

Die Änderungen in Bau, Form und Lebensweise gingen vielfach parallel. Die früheren Formen mit ± starrem Schuppenpanzer bewegten sich wohl hauptsächlich durch die Schläge der heterocerken Terminalis, während später der ganze Körper, in sich beweglicher geworden, an der Lokomotion teilhat. Daneben erfuhren Körper-, Flossenform, Flossenstellung usw. mannigfache Wandlungen entlang vieler paralleler, di- und konvergenter Entwicklungslinien, die mehrfach zu schnellsten Hochseeschwimmern, Flugfischen, Planktonten, aber auch zu trägen Benthonten führten. Dieser vielfältigen Evolution wird die übliche systematische Gliederung in 3 als Überordnungen bewertete Einheiten nicht voll gerecht; sie erfaßt nur die in vielen Einzellinien durchlaufenen Evolutionsstufen.

Superordo: Chondrostei

Auf dieser ersten Stufe (s. o.) verharren fast alle Actinopterygier aus dem Paläoz, viele aus der Tr, aber wenige spätere (bis rez).

Eine recht geschlossene Einheit scheinen die *Palaeoniscoidea*; ab MDev, höchste Entfaltung im JgPaläoz, spärlich im Mesoz. *Palaeoniscidae*: klein, vorwiegend fusiform, mit meist rhombischen Ganoidschuppen, ± heterocerker Endflosse, großen Orb, großer Mundspalte; Mx weit rückwärts reichend, Prop gut entwickelt, Hirnkapsel ebenso verknöchert; Wirbelcentra nicht (oder für Erhaltung nicht ausreichend) ossifiziert. *Cheirolepis*, Dev Eur, NAm; *Palaeoniscus*, P, bes. Eur, Kupferschiefer (Abb. 90), mit Panzerschlauch-Erhaltung u. a.; im Mesoz Schuppen mehr rundlich, Endflosse nicht typisch heterocerk. — *Amphicentridae* und *Platysomidae*. Mit zunehmender Hochkörperig-

---

[1] Die Termini hetero- und homocerk beziehen sich auf den Flossenbau; ebenso gephyrocerk (v. gr. géphyra = Brücke), worunter man eine (nach Verlust der primären Endflosse) aus dorsalen und analen Elementen gebildete sekundäre Endflosse versteht. Nach der äußeren Form unterscheidet man rückwärts spitz zulaufende und fächerförmig verbreiterte: oxy- und rhipidicerke (v. gr. rhipís = Fächer) Endflossen; nach der Funktion: epi-, iso- und hypobatische (aufwärts-, gleich- und abwärtsgängige), mit größerem Oberlappen, gleichgroßen Lappen bzw. größerem Unterlappen. Entgegen dem Namenssinne soll aber die epibatische eine Bewegung nach unten, die hypobatische nach oben begünstigen.

keit Schuppen höher als breit = Schienenschuppen oder rückgebildet, paarige
Flossen klein, Ventralen aus der abdominalen in thorakale, jugulare (v. lat.
júgulum = Kehle) oder mentale (v. lat. méntum = Kinn) Stellung gerückt,
auch verschwunden. Endflossen bis isobatisch, Dorsalis und Analis zu symme-
trischen Säumen geworden. Nach Hochkörperigkeit und niedrig-stumpf-
konischen Zähnen ± durophage Riffbewohner. Karb—PEur.

Als Palaeoniscidenabkömmlinge werden jetzt die *Polypterini* (*Polypterus*
und *Calamoichthys*, rez Afr) aufgefaßt; fluviatil, (v. lat. flúvius = Fluß) mit
Ganoidschuppen, vielteiliger Dorsalis, fast symmetrischer Terminalis, Gul
und stark verknöchertem Skelett. Auch in ihren ventralen Lungen wird ein

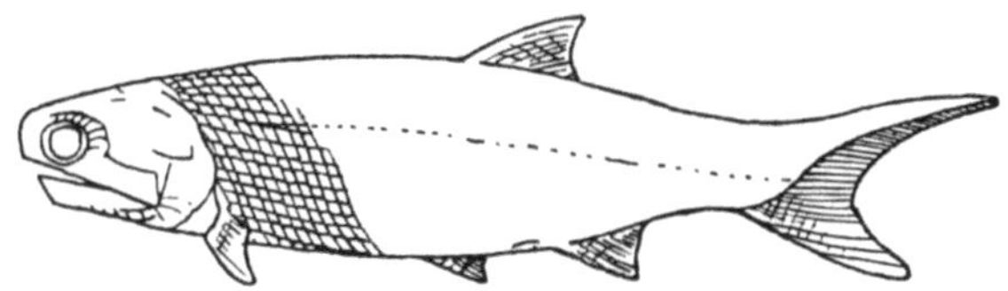

Abb. 90. *Palaeoniscus* (P) mit teilweise eingezeichneten rhombischen Schuppen.
Aus MORET 1953.

Erbe der wohl z. T. in temporär austrocknenden Biotopen (z. B. Kupfer-
schiefermeer) beheimateten Palaeonisciden vermutet.

Altertümlich sind trotz mehrfacher Spezialisationen auch die heute gleichfalls fluviatilen *Acipenseroidei*, die Störe und Löffelstöre. Schuppenkleid bei
Acipenser wie *Polyodon* stark reduziert, bei jenem statt dessen einige Knochen-
schilderreihen; Innenskelett wenig verknöchert; heterocerk; ab ATert. Vorformen mit reduzierter palaeoniscider Beschuppung im J (*Chondrosteus*, Lias,
Holzmaden, ziemlich groß).

In der Tr treten — als *Subholostei* zusammengefaßt, doch wohl verschiedenen Linien zugehörig — in vielem palaeonisciforme, aber schon
weiter entwickelte marine wie limnisch-fluviatile Actinopterygier auf.

Beschuppter Terminalisteil, häufig auch kosmoide Schuppen-Mittellage
und Strahlen der paarigen Flossen reduziert; Kiefergelenk weiter vorne als
bei Palaeonisciden. U. a.: *Cleithrolepis*, hochkörperig; *Dollopterus*, Pectoralen

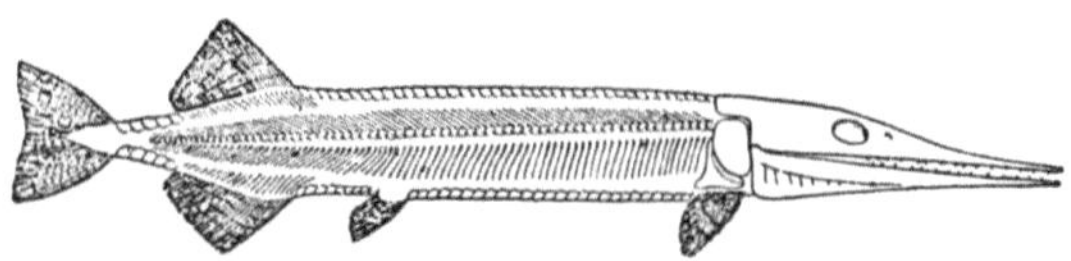

Abb. 91. *Saurichthys* (*Belonorhynchus*), ein triassischer, sagittiformer Subholosteer, Seitenansicht. Körperlänge gegen 60 cm. Aus ROMER 1936.

flugfischartig vergrößert; *Pholidopleurus* fusiform, nach Flossen- und Schienenschuppen wohl von compressiformen Ahnen herkommend; *Saurichthys* (*Belonorhynchus*, Abb. 91) hechtförmig-sagittiform, mit störartig reduzierter Beschuppung.

Superordo: Holostei

Zweite Stufe (s. S. 170); ObP — rez, größte Entfaltung in J und Kr.
Terminalis äußerlich, doch nicht im inneren Bau typisch homocerk. Die
kosmoide Schuppen-Mittellage geht ± ganz verloren, die ganoide Außen-

lage bleibt meistens erhalten. Die ursprünglich zahlreichen, zarten und segmentierten knöchernen Flossenstrahlen werden auf wenige, starre und ungegliederte reduziert und stimmen in den medianen Flossen meist an Zahl mit den sie tragenden Innenskelett-Elementen überein. Am Schädel Vergrößerung von Qu und Eppt, Reduktion von Prop, Neuauftreten eines Symplect, eines Supramaxillare (Smx) über dem verkürzten Mx sowie von Wangen- und Kehlknochen. Hirnschädel — soweit bekannt — bei früheren ziemlich vollständig verknöchert, Nähte i. allg. sichtbar. Wirbelcentra oft ossifiziert, Schultergürtel ohne Clav. Rezente mit dorsaler, auch respiratorischer Schwimmblase.

Semionotidea, P—Kr. Wahrscheinlich aus Palaeonisciden hervorgegangen, zunehmend hochkörperig mit dicker Ganoidlage und mit halbkugeligen hinteren, auf Durophagie weisenden Zähnen. *Semionotus* (Tr), gehäufte Vorkom-

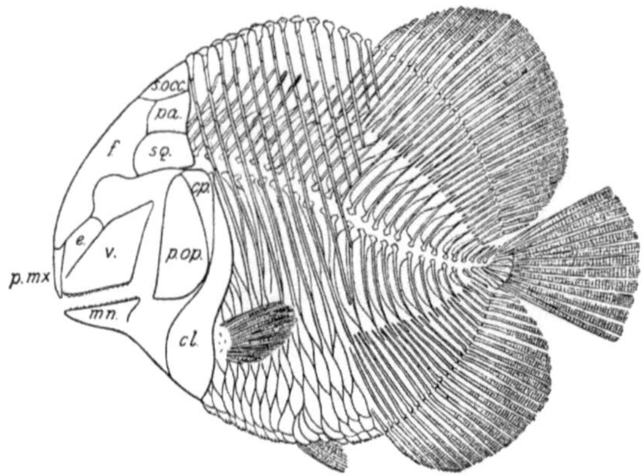

Abb. 92. *Macromesodon bernissartensis* TRAQU. (UKr WEur), ein Vertreter der hochkorperigen *Pycnodontoidea*, mit z. T. bis zu „Gitterstäben" rückgebildeter Beschuppung und „Verstärkungsblättern" an den oberen wie unteren Wirbeldornen. Über $^1/_2$ nat. Gr. *cl.* = Clav, *e.* = Ethm, *f.* = „Fr" (unten mit Ausschnitt für die Orb), *mn.* = Mandibel, *op.* = Op, *pa.* = „Par", *p. mx.* = Pmx, *p. op.* = Praeoperculare, *s. occ.* = „Socc", *sq.* = Ptot, *V.* = „Vo". Aus ABEL 1924.

men (Massensterben infolge Austrocknens der Wohngewässer); *Dapedius* und *Lepidotus* (bis 2 m lang) verbreitet im J. Neben *Semionotidae* hierher auch die ähnlich beschuppten *Lepidosteidae*, rez NAm, fluviatile, hechtartige Raubfische mit Analis und Dorsalis $\pm$ in Oppositionsstellung nahe dem Schwanzende, langkieferig und scharfzahnig; ab Eoz.

Aspidorhynchoidea, in Beschuppung und Körperbau den Lepidosteiden ähnlich, doch Rostrum minder lang und zahnlos sowie Unterschiede im Schädelbau; *Aspidorhynchus* (v. gr. rhýnchos = Schnauze), J; *Belonostomus*, Kr.

Pycnodontoidea (v. gr. pyknós = dicht, stark), J—Eoz. Hochkörperig, mit pflastersteinförmigen, durophagen Zähnen; Schuppen bis zu „Gitter" aus Stäben rückgebildet; an den Neur- und Haemapophysen (dorsalen und ventralen Wirbelfortsätzen) sog. „Verstärkungsblätter"; zumeist wohl Bewohner ruhigerer Riffzonen (Abb. 92).

Amioidea, ab Tr, bes. J, Kr; sehr verschiedene Formen. *Caturidae*, Homocerkie-Ausbildung, Ganoidbelag-Verdünnung, Schuppenrundung, Wirbelverknöcherung-Zunahme schrittweise verfolgbar. — *Macrosemiidae*, Entwicklung mehr gegen sagittiform. *Pachycormus*, J, ca. 1 m lang, mit flugfischähnlich vergrößerten Pectoralen; *Protosphyraena*, Kr, Rücken hochgewölbt, Rostrum verlängert. — *Amiidae*, ab J, ab Tert im Süßwasser, mehr länglich, Cycloganoidschuppen, Hirnkapselverknöcherung Reduktion zeigend. *Amia* = *Amiatus*, rez NAm, mit lungenartiger Funktion der Schwimmblase.

Pholidophoroidea, Tr — Kr, mit *Pholidophoridae* und *Oligopleuridae*, meist klein, Schuppen mit dünnem Ganoidbelag, fast homocerk, mit Socc; scheinbar zu Teleosteern überleitend.

Superordo: Teleostei

Dritte Stufe (s. S. 170); vereinzelt im J, dominierend ab Kr. Schuppen cycloid oder ctenoid; Terminalis äußerlich homocerk, innen Wirbelsäulenende nur leicht aufwärts gebogen, Stützung der Strahlen durch vergrößerte Haemalbögen (Hypuralknochen); Verknöcherung auch der Wirbelcentra gut; Socc vorhanden, Vo verschmelzen, einige Schädel- und Unterkieferknochen verschwinden schrittweise; Gul $\pm$ völlig durch Branchiostegalia ersetzt; Otolithen im inneren Ohr, artlich verschieden; Schwimmblase nur hydrostatischer Apparat, mit bis ohne Verbindung zum Darm.

Ursprünglich von geringer Größe und $\pm$ fusiform, haben die Teleostier Riesen und Zwerge, compressiforme und depressiforme, sagittiforme, globose und taenioforme Typen in vielerlei Abstufungen, ja selbst so sonderbare Gestalten wie Seenadel und Seepferdchen (*Syngnathus* und *Hippocampus*) hervorgebracht. Mit Form und Beweglichkeit wechselt die Körperhaltung von normal gastronektonisch (= Bauch unten) zu pleuronektonisch (rechte oder linke Flanke unten), hypsonektonisch (= Kopf oder Schwanz unten, v. gr. hýpsos = Höhe) usf.; erfahren die Medianflossen Vermehrung wie Verschmelzung zu Säumen; wandern die Bauchflossen bis in die Kinngegend und scheinbar — bei ligamentöser Verbindung mit dem Schultergürtel — wieder nach hinten zurück. Flossenstrahlen werden zu Stacheln, Schuppen reduziert, manchmal Panzerplatten ausgebildet. Makro-, Mikro-, Duro-, Malakophagie, tierische, pflanzliche Kost und besondere Nahrungsspezialisationen kommen vor. Der Lebensraum reicht vom Süßwasser bis zum Meer, von der Küste bis zur Hochsee, von geringer bis in größte Tiefe. Manche, wie Lachse und Aale, verbringen verschiedene Lebensabschnitte in festländischen und marinen Gewässern.

Die vielen Teleosteerreste sind i. allg. nicht gut erhalten. Der $\pm$ zarte Schuppenpanzer eignet sich kaum zur Fossilisation, vom wenig festgefügten Skelett sind meist nur $\pm$ dislozierte (v. lat. dis = auseinander, weg, locāre = stellen) Teile überliefert. Am widerstandsfähigsten sind die Otolithen; sie sind oft die alleinigen, auch gehäufte Vorkommen bildenden Reste („Otolithenpflaster") und für die stratigraphische Feingliederung bedeutsam.

Da die meisten Fossilfunde in rezente Familien einreihbar sind, scheinen die Teleosteer noch in voller Blüte zu stehen. Man hat bisher über 20 000 Arten beschrieben, deren systematische Gliederung in über 100

Familien und über 20 Ordnungen verschieden vorgenommen wird. An größeren Einheiten können mit ROMER unterschieden werden:

Isospondyli. Noch nicht voll teleosteid. Erstformen wie *Leptolepis* (J) mit Spuren eines Ganoidbelages und wenig entwickelten Hypuralknochen. Hierher neben diesen *Clupeoidea* (Heringsartigen) mit *Portheus*, (Kr), 5 m lang, auch *Salmonoidea*, mindestens ab Eoz, mit „Fettflosse"; *Stomatoidea*, ab Kr, rez großmaulige Tiefseeformen u. a.

Ostariophysi (gr. ostárion = Knöchelchen, phýsa = Blase) mit einer Kette kleiner Knöchelchen zwischen Schwimmblase und Ohr; meist im Süßwasser; ab Tert. *Cyprionoidea* (Karpfen); *Siluroidea* (Welse).

Apodes (Aale). Schlangenförmig; paarige Flossen, Operkularapparat und Schuppen reduziert; ab Tert, nicht-typische Vorläufer ab Kr.

Heteromi (gr. ómos = Schulter). Rez lang-niedrig, gephyrocerk, Tiefseeformen; ab Kr.

Mesichthyes. Mittelgruppe; ab Kr. Neben vielen anderen: *Esocidae* (Hechte); *Belone*-artige Flugfische; Röhrenschnauzer wie *Gasterosteus, Syngnathus, Hippocampus* (s. S. 173).

Acanthopterygii. Mit Stacheln an Rücken-, After- und manchmal auch paarigen Flossen; sehr vielgestaltig mit Spezialisationen in Beschuppung, Ventralenstellung usw.; wenige im Süßwasser, meist marin; ab Kr, bes. Känoz. Fossil belegt *Percoidea*; *Scombroidea*; *Carangoidea*; *Plectognathi*; *Heterostomata*, pleuronektonisch-asymmetrisch; *Scorpaenoidea*; *Gobioidea*; *Anabantoidea*, zeitweilig außer Wasser lebensfähig; *Echeneoidea*, Dorsalis-Vorderteil Haft- bzw. Saugapparat; u. v. a.

Infraclassis: **Choanichthyes**

Die *Choanichthyes* sind minder formenreich und mannigfaltig als die Actinopterygier, doch als offenbare Wurzelgruppe der Landwirbeltiere bedeutsam. Sie treten etwa gleichzeitig mit den Actinopterygiern auf. Anfangs ihnen in vielem ähnlich, erfuhren die Unterschiede bald Mehrung und Steigerung.

Auch bei den *Choanichthyes* geht die Evolution von heterocerk in Richtung homocerk. Doch hier (s. S. 169) bleibt stets ein epaxialer Anteil nachweisbar. Daher wird das Endstadium als diphycerk (wörtlich: zweiwüchsig-schwänzig) unterschieden. Rückenflossen sind anfangs 2 vorhanden. In den paarigen Flossen gelenkt ein kräftiger Knochenstab mit dem Gürtel und distad (= nach distal) reihen sich entweder weitere Knochenstäbe linear aneinander, die biserial seitliche Strahlen abgeben; oder auf das mit dem Gürtel gelenkende Stück folgen zunächst meist 2 nebeneinander, dann weitere ebenso in zunehmender Zahl. Einem solchen Archipterygium entspricht eine längliche, distal spitz zulaufende, oder, im zweiten Falle, bei abgekürztem Archipterygium, eine eher kurze, am Ende breit-gerundete Form der stets fleischigen, außen großenteils beschuppten paarigen Flossen. Die Schuppen sind zunächst kosmoid, dann einfache Knochenschuppen. Am Schädel ist ein Pinealforamen nur anfangs fast immer vorhanden. Die Ossifikation ist, bes. bei den früheren, gut, die Knochenzahl schwankt. Gegenüber den Actinopterygiern bilden die inneren Nasenöffnungen, die Choanen, den wichtigsten Unterschied. Durch sie werden die ursprünglichen Nasengruben mit dem Rachen verbunden, womit zur Riech- die Atemfunktion kommt. Meist

ist der Nasengang eine kurze, knöcherne Röhre, bisweilen sind Nares und Choanae auch bloß durch Haut und Knorpel getrennt. Vom Achsenskelett früherer Formen ist wenig bekannt. Obere und untere Bögen wie Rippen sind häufig überliefert; die Wirbelcentra scheinen wenig verknöchert gewesen zu sein, u. zw. bald in Form paariger Halbringe oder Ringe mit weitem Lumen für die Chorda (Ringzentren), bald als Pleuro- und Intercentra wie bei frühen Amphibien (s. S. 179).

Den Choanen entsprechen bei rezenten (? und fossilen) funktionelle Lungen. Die ersten waren wohl Süßwasserformen, vielleicht waren sauerstoffarme, zeitweise austrocknende Gewässer der bevorzugte Aufenthaltsort. Den Weg ins Meer scheinen nur wenige genommen zu haben. Systematisch gliedert man meist in 2 Ordnungen.

Ordo: Crossopterygii

Bei den Quastenflossern (gr. krossós =Quaste) kommen beide Archipterygium-Typen vor; beim abgekürzten heben sich die 3 proximalsten Stücke stets deutlich von den übrigen ab (wie die 3 Arm- bzw. Schenkelknochen von den Hand- bzw. Fußknochen der Landwirbeltiere).

Die Endflosse ist zunächst hetero-, dann diphycerk und mitunter dreiteilig. Die Schuppenform wechselt von rhombisch zu zyklisch. Am Schädel scheinen die Deckknochen auch individuell zu variieren, u. zw. infolge alters- oder jahreszeitlicher Unterschiede im Kosminbelag, indem dieser, bei stärkerer Ausdehnung, ganze Knochenreihen äußerlich zu Platten verbindet. Wo die Nähte zwischen den Deckknochen sichtbar sind, kann man ähnlich wie bei Landwirbeltieren dorsal beiderseits der Mittellinie Nas,

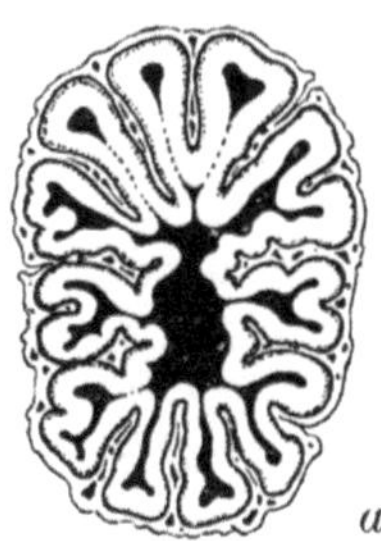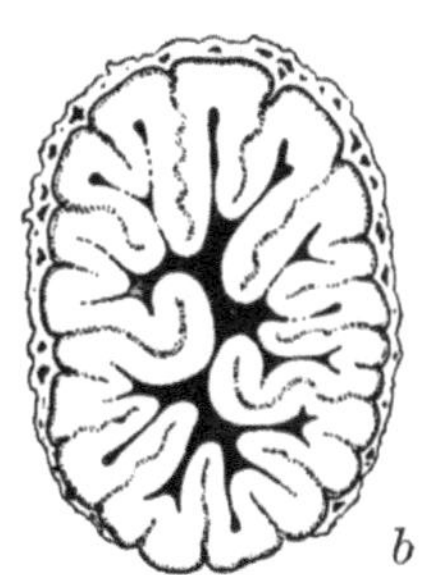

Abb. 93. Querschnitte durch „labyrinthodonte" Zähne von einem Crossopterygier [*Eusthenopteron*, ObDev, (*a*)] und einem labyrinthodonten Amphibium [*Benthosuchus*, UTr, (*b*)] Aus Kuhn 1951.

Fr, Par (um das Pinealforamen) und Popar unterscheiden, doch zwischen den vorderen liegen noch rostrale und postrostrale Elemente und hinten bildet eine Querreihe von Exscap den Abschluß des Daches. Lateral sind die Kieferknochen, die (gewöhnlich 5) circumorbitalen Stücke, Sq, Prop und Qujug, Itemp, Stemp und Tab; ventral Pasph, Pt und Pal mit Landwirbeltierknochen vergleichbar. Ebenso die Deckknochen des Unterkiefers, an die sich noch Op, Sbop und Gul anschließen. Viele Deckknochen sind von einem Seitenliniensystem durchzogen. Die meist gut verknöcherte Hirnkapsel besteht (wie allgemein embryonal bei Vertebraten) aus je einem vorderen und hinteren Abschnitt; zwischen beiden oft eine beschränkte Bewegungsmöglichkeit

wie auch im Dach durch Offenbleiben der Nähte zwischen Par und Popar.
Von den suprapterygoidalen Elementen tritt ein Eppt mit dem Hirnschädel in gelenkige Verbindung, ebenso das Hymdb. Die die Mundhöhle
begrenzenden Knochen tragen meist scharfspitzige, auf Raubfische
deutende Zähne mit infolge von Schmelzeinfaltungen oft „labyrintho-
dontem" Querschnitt wie bei manchen Amphibien (Abb. 93).

Crossopterygier sind ab UDev bekannt, im Dev bes. aus den Old
Red Bildungen im Norden der Nordhalbkugel. Die typischen, als *Rhipidistia* zusammengefaßten, reichen bis ans Ende des Paläoz, die als Seiten-
ast betrachteten *Coelacanthini* bis in die Gegenwart (bei Überlieferungs-
lücke im Tert). Größte Körperlänge ca. 1 m.

Rhipidistia mit 2 nach Schädelbau unterschiedenen Untergruppen: *Porole-
piformes*, z. B. *Porolepis* (U—MDev) und *Holoptychius* (ObDev); *Osteolepi-
formes*, z. B. *Osteolepis* (MDev, Abb. 94, 97 c), *Eusthenopteron* (ObDev,
Abb. 93, 97 a, b), *Rhizodus* (Karb), *Ectosteorhachis* (bis P).

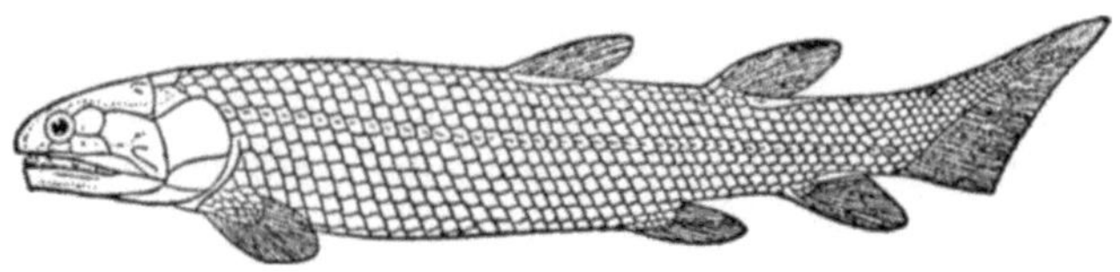

Abb. 94. *Osteolepis macrolepidotus* AG. (Dev Schottld), ein typischer Crossopterygier, mit
rhombischen Körperschuppen und beschuppter Basis der paarigen Flossen. Um $^1/_2$ nat. Gr.
Aus ABEL 1924.

Coelacanthini: Schuppen dünn; paarige Flossen schmalbasisch, mit ver-
kürztem beschupptem Teil und vergrößerter Randzone, dorsale und anale
fächerig, Terminalis dreilappig. Kein Pinealforamen. Schädelprofil zwischen
beiden Hirnkapselhälften geknickt; Reduktion der Schädelverknöcherung,
der lateralen Zahnreihen und (bei Ausbildung einer neuen Verbindung zur
Hirnkapsel) auch des Hymdb. Knochenplatten in Schwimmblasen- bzw.
Lungenwand. Übergangsformen von *Rhipidistia* im ObDev. Im JgPaläoz
limnisch (z. B. *Coelacanthus*, dann marin. *Undina* (J) vivipar, Schwimm-
fährten am Boden der Lagune von Solnhofen. *Macropoma* (Kr) gelegentlich
in Leichenwachs erhalten. *Latimeria* (rez, Tiefsee b. SAfr).

Ordo: Dipnoi

Die Dipneusten oder Lungenfische (gr. pnoé = Hauch) kennt man
ab MDev. Sie scheinen Abkömmlinge der Crossopterygier zu sein, denen
die frühesten mit heterocerker Terminalis, 2 Rückenflossen, länglich-
schlanken, beschuppten paarigen Flossen, mit Kosmoidschuppen und
kosmoider Außenschicht an den Schädelknochen wie mit ihrer ± fusi-
formen Gestalt weitgehend ähneln. Im JgPaläoz und in der Tr, der Zeit
ihrer größten Entfaltung, verschwindet die vordere Dorsalis, während
sich die hintere und ebenso die Analis schrittweise mit der diphycerken
Endflosse zu einem Flossensaum vereinigen (DOLLOS Dipneusten-Stu-
fenreihe, Abb. 95). Auch der Kosmoidbelag verschwindet und die Schuppen werden dünner. Im Schädel kommt es zu Um- und vor allem zu Rück-

bildung von Deck- wie Ersatzknochen und unter Reduktion des Hymdb entsteht eine Autostylie ähnlich wie bei Holocephalen (s. S. 165), wohl in Beziehung mit einer geänderten Kieferbeanspruchung und einer besonderen Spezialisation der Zähne. Von diesen sind die randlichen schon anfangs fast immer verschwunden; dafür treten vorne in beiden Kiefern verdickte Knochenleisten als eine Art Schneideapparat und an Praevomer (Prvo), Pt und Prart Zahnleisten, später große, mit solchen besetzte Platten als Quetsch- und Reibwerkzeuge auf, was einer Nahrung aus kleinen Mollusken, anderen Evertebraten (? und Wasserpflanzen) entsprechen dürfte. Die rezenten Dipneusten haben wie bei Landwirbeltieren funktionierende Lungen, was die Benennung als „Zweifach"-

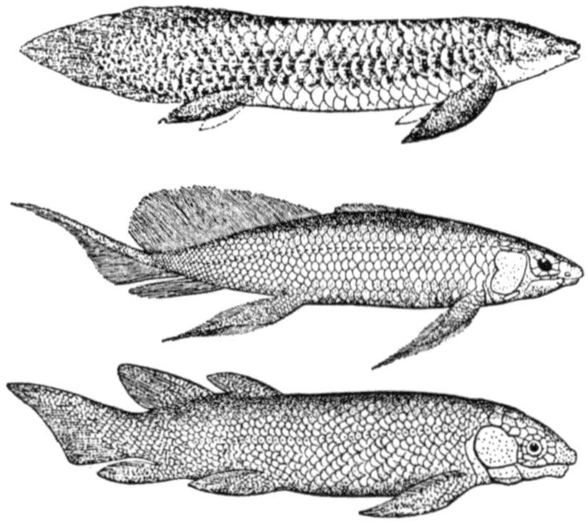

Abb. 95. Anfangs-, Mittel- und Endstufe aus DOLLOS vielgliedriger Dipneustenreihe. Unten: *Dipterus* (Dev), heterocerk, Medianflossen crossopterygierartig; mitte: *Scaumenacia* (ObDev), heterocerk, Medianflossen gegen hinten konzentriert; oben: *Epiceratodus* (rez), Medianflossen völlig mit Endflosse vereinigt. Aus ROMER 1953.

(= Kiemen- und Lungen-) „Atmer" veranlaßte. Sie leben, durch ihre disjunkte Verbreitung deutlich als Reliktformen ausgewiesen, in zeitweilig austrocknenden Flüssen. *Epiceratodus* (Austr) verträgt völliges Austrocknen nicht, vermag aber in O-armen, stagnierendem Wasser zu leben, aus dem er auftaucht, um Luft zu atmen; *Protopterus* (Afr) und *Lepidosiren* (SAm) — beide länglich-aalähnlich, mit Reduktion von Flossen und Zahnplatten — können, im Schlamm eingegraben, auch völlige Austrocknung überdauern. Die Lebensweise der fossilen Formen dürfte eher der von *Epiceratodus* geähnelt haben, doch wurden kürzlich auch „Übersommerungs-Kokons", denen von *Lepidosiren* und *Protopterus* vergleichbar, aus dem UP NAm beschrieben.

Dipterus (MDev), *Scaumenacia* (ObDev), *Phaneropleuron* (ObDev) u. a. Glieder obiger Stufenreihe. *Rhynchodipterus* (ObDev), langschnauzig mit Zahnreduktion. *Sagenodus* und *Ctenodus*, beide JgPaläoz, vor allem Zahnplatten. *Ceratodus* weitverbreitet (u. a. auch Alp) in Tr und schon fast ident mit *Epiceratodus*. Spätere Fossilfunde spärlich.

Classis: Amphibia

Die *Amphibia* oder Lurche nehmen schon durch ihren normalen Lebensbereich eine Mittelstellung zwischen Wasser- und Landwirbeltieren ein. Aber nicht nur das larvale Wasserleben, die Metamorphose, die mindestens vorübergehende Kiemenatmung, das Fehlen der (für Landwirbeltiere kennzeichnenden) Eihüllen, die Rückkehr ins Wasser zur Fortpflanzung, auch das besonders larval erkennbare Seitenliniensystem, die meist nackte, schlüpfrige Haut, der Blutkreislauf, die Urnieren zeigen, daß der Übergang vom Fisch- zum Landtiertyp bei den heutigen Lurchen noch nicht restlos vollzogen ist. Trotzdem zählt man sie ob des normalen Lebensraumes der adulten zu den Landwirbeltieren bzw. wegen der beinförmigen Gliedmaßen zu den *Tetrapoda* (gr. = Vierfüßern).

Noch deutlicher als die wenigen, in manchem spezialisierten rezenten Amphibien zeigen die fossilen, z. T. ventral mit Knochenschuppen bepanzerten jene Mittelstellung. Weichteile und Fortpflanzung sind hier freilich kaum beurteilbar, aber die Hartteile lassen ganz scharfe Grenzen zu den Nachbarklassen, bes. zu den Reptilien, nicht ziehen. Schon dies trägt zu einer schwankenden Systematik bei. Hinzu kommt, daß die Lurche bzw. die Tetrapoden scheinbar in 2 Hauptstämmen verschiedenen Crossopterygiergruppen entsprossen, wobei dem einen nur Lurche, dem anderen Lurche und die übrigen Tetrapoden zugehören, daß also die Amphibien keine phyletische Einheit, sondern eine diphyletisch (gr. = zweistämmig) durchlaufene Evolutionsstufe darstellen. Die volle Konsequenz daraus: Streichung der Amphibien als systematische Kategorie und Gliederung der Tetrapoden in *Urodelomorpha* oder *Urodelidia* (gr. dēlos = offenbar, klar) bzw. *Lepospondyli* (s. S. 189), und *Eutetrapoda* (übrige Amphibien, Reptilien, Vögel, Säuger) wird noch nicht allgemein gezogen, ihr vielmehr bloß — und nicht immer — durch Teilung der Lurche in 2 Subklassen Rechnung getragen.

Entscheidend für diese Diphylie sind der Schädelbau, nach dem die Urodelomorphen an porolepiforme, die Eutetrapoden an osteolepiforme Crossopterygier anzuschließen wären, und die Bildung der Wirbel. Wie diese bei den ältesten Wirbeltieren und den frühen echten Fischen vor sich ging, ist unzureichend bekannt. Hingegen lehrt die Ontogenese rezenter Osteichthyer, daß ihre Wirbel perichordal verknöchern, wobei sich in jedem Metamer 4 Spangen oder Bogenpaare, 2 dorsale (neurale) und 2 ventrale Arcualia (v. lat. árcus = Bogen), bilden. Man nennt die oralen Basidorsalia (BD, auch Basineuralia) und Basiventralia (BV), die kaudalen Interdorsalia (ID, auch Interneuralia), und Interventralia (IV). Aus ihnen gehen die knöchernen Wirbel samt oberen und unteren Bögen hervor, wobei jene, die Neuralbögen, vornehmlich von den BD, diese, die Haemalbögen, nur von den BV gebildet werden. Im ganzen aber ist der Anteil der einzelnen Arcualia am fertigen Wirbel verschieden, wohl weil bald die einen, bald die anderen rascher bzw. langsamer wachsen und so ganz, nur z. T. oder gar nicht verknöchern. Bei den Knochenfischen scheinen, selbst in der gleichen Wirbelsäule, verschiedene Kombinationen möglich; bei den Tetrapoden aber sind bestimmte, konstant auftretende Typen unterscheidbar (Abb. 96). Der vermutliche Urtyp: alle 4 Paar Arcualia ± gleich entwickelt, heißt holospondyl oder holomer; er ist von Tetrapoden unbekannt. Von ihm wird der embolomere (gr. émbolon = Keil) abgeleitet, wo BV und IV ein Doppelzentrum, jene vorne ein Hypo- oder Intercentrum (Hyc, Ic), diese hinten ein Pleurocentrum inferius (lat. = unteres, Pleuroc inf), formen, zwischen die sich von oben her keilförmig der Neuralbogen mit dem Processus spinosus (Proc spin, lat. = Dornfortsatz) einschiebt. Übergänge führen zu den basispondylen Typen: zum rhachitomen, wo die BV nur zu nach oben offenen Halbringen, die IV zu kleinen, ventrad verjüngten Keilstücken verknöchern, während zum Neuralbogen außer den BD noch kleine ID-Anteile [Pleuroc sup(erius) = oberes] hinzutreten; weiter zum

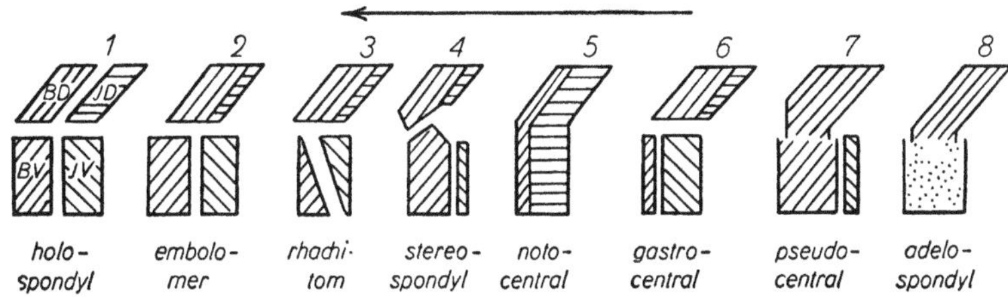

Abb. 96. Die 8 Typen des Wirbelbaues aus den 4 Wirbelbögen. Der Pfeil weist kopfwärts. BD, BV, ID, IV s. Text. Aus v. HUENE 1956.

stereospondylen (gr. stereós = starr(end), hart), wo die IV überhaupt nicht mehr verknöchern und die Neuralbögen sich von obenher an den Grenzen der Wirbelcentra (Wc) einschieben.

Aus dem embolomeren Typ scheinen weiter die interspondylen hervorgegangen zu sein. Einmal der notozentrale, wo hauptsächlich die ID das Wc aufbauen; die BV sind ganz geschwunden, daher fehlen auch im Schwanz die (bei den Tetrapoden auf ihn beschränkten) Haemalbögen. Dann der gastrozentrale, wo die IV das Wc bilden und die BV meist nur in den kaudalen Haemalbögen verknöchern, sonst bloß als Interkalar- (= Schalt-) Knorpel aufscheinen.

Diesen temno- oder apsidospondylen (gr. témnein = schneiden, apsís = Verknüpfung, Gewölbe) typischen Bogenwirbeln werden die lepospondylen gegenübergestellt, wo nur BD und BV verknöchern und miteinander verwachsen (pseudozentraler Typ) oder, ehe die BV ossifizieren, die Chordascheide verkalkt und „Hülsenwirbel" bildet, an denen beiderseits in Gruben die früher verknöchernden Neuralbögen eingelassen werden: adelospondyler Typ (v. gr. ádelos = verborgen, unbekannt).

Lepospondyle Wirbel sind nur bei den *Urodelomorpha* beobachtet;

die anderen Typen sind für die *Eutetrapoda* kennzeichnend, von denen
jedoch Reptilien, Vögel und Säuger fast ausnahmslos gastrozentrale
haben.

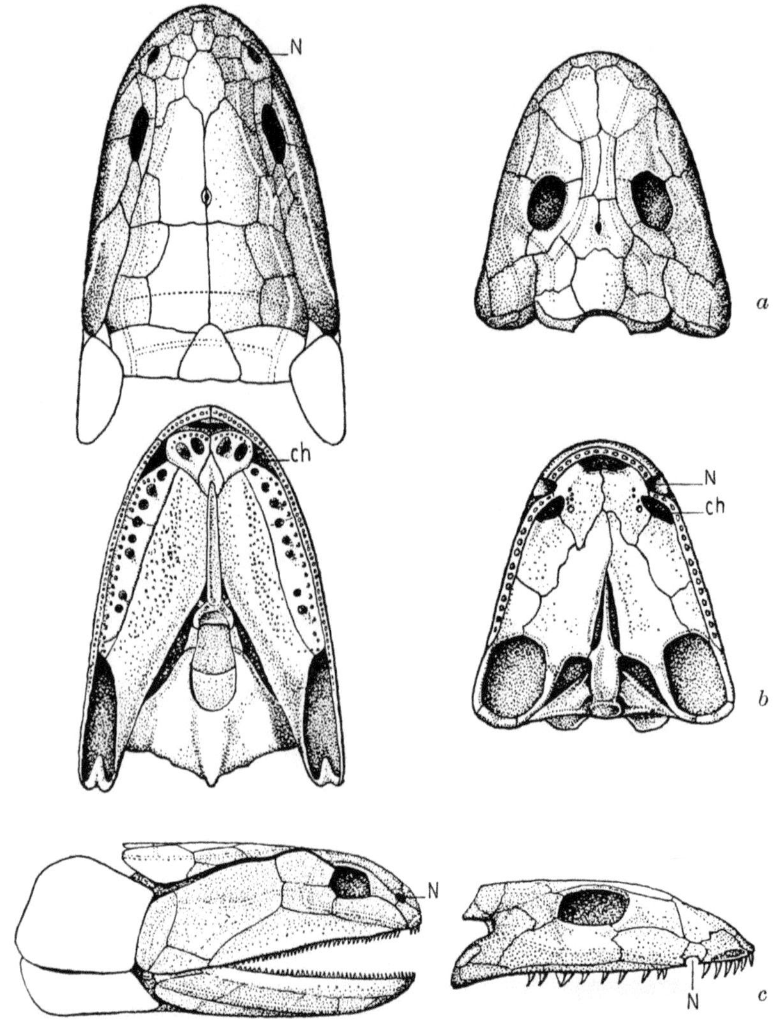

Abb. 97. Schädel von Crossopterygiern und urtümlichen Amphibien in Ober- (*a*), Unter- (*b*)
und Seitenansicht (*c*). Links *a* und *b* *Eusthenopteron* (ObDev), *c* *Osteolepis* (MDev); rechts
Ichthyostega (ObDev). *ch* = Choane, *N* = äußere Nasenöffnung. Aus KUHN 1951.

Der gegenseitigen Wirbelverbindung dienen gelenkbildende Fortsätze, die vorderen Prä- und die hinteren Postzygapophysen (Przyg und
Pozyg); mitunter kommen noch akzessorische (lat. = hinzutretende,

überzählige) Fortsätze bzw. Gelenke vor. Die Rippen, u. zw. wie bei
sämtlichen Tetrapoden dorsale, treten in allen Regionen der Wirbelsäule
auf. Sie scheinen primär zweiköpfig, das Capitulum artikuliert mit dem
Wirbelkörper, das Tuberculum (lat. = Höckerchen) mit dem vom Neuralbogen entspringenden Proc transv(ersus) = Querfortsatz; durch An-
einanderrücken von Capitulum und Tuberculum können sie (besonders
hinten, aber auch durchgängig) einköpfig werden. Die Verbindung mit
dem Beckengürtel besorgen modifizierte Sacral- (Sa = Kreuzbein-) Rippen
von einem, seltener von zwei Wirbeln.

Der Schädel ist ursprünglich stegal, d. h. die Deckknochen bilden
ein vollständiges Dach (Abb. 97a, rechts). Bei Lage dicht unter der Haut
oft außen skulpturiert, stimmen sie weitgehend mit jenen der Knochenfische (Crossopterygier) überein (Abb. 97a, links); doch sind die Proportionen z. T. andere, weil nicht der postorbitale, sondern meist der praeorbi-
tale Abschnitt ausgedehnter ist. Das Lacr hat einen Can(alis) lacr(imalis)
oder Tränengang. Adult ist mit dem Kiemenverlust das Op verschwunden,
die unbedeckte Kiemenöffnung ist zum dorsal vom Sq umgrenzten Ohrschlitz geworden. Auch das Munddach bilden die gleichen Knochen wie
bei jenen Fischen, alle mit — bei den Primitiven labyrinthodonten

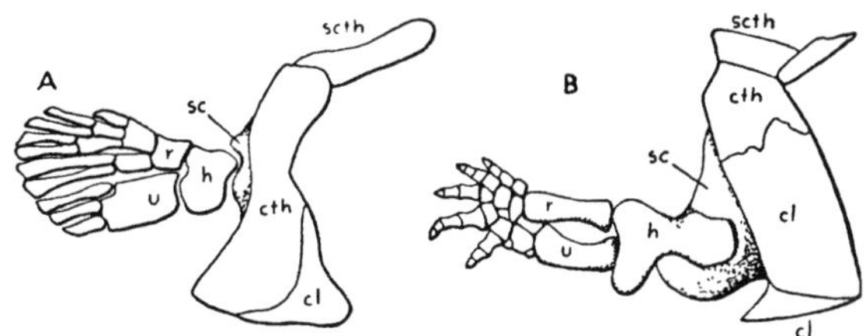

Abb. 98. Schultergürtel mit freier Vorderextremität eines devonischen Crossopterygiers (*A*)
und eines primitiven Tetrapoden (*B*); in *B* freie Extremität in Fischflossenlage gezeichnet,
d. h. ohne die auf dem Wege vom Fisch zum Vierfüßer anzunehmende Drehung, durch
welche der Radius nach unten-innen, die Ulna nach unten-außen gebracht und die Außenfläche der Flossenstrahlen zur Vola manus (lat. = Handinnenfläche) wurde. *cl* = Clav, *cth* =
= Cleithr, *h* = Hum, *r* = Rad, *sc* = Scap (Scapulo-Coracoid), *scth* = Supracleithrum, *U* = Uln.
Aus Romer 1936.

(Abb. 93b) — Zähnen. Zwischen dem Pasph und den Pt finden sich
an Größe zunehmende Interpterygoidallücken (Ipt-Lücken). Die Choanen
werden von Pmx, Mx, Vo und Pal umgrenzt.

Die bis auf die Nasenregion anfangs wohl verknöcherte Hirnkapsel
läßt wenige Nähte, das Schädeldach keinen Gelenksspalt erkennen
(s. S. 175/176). Prot und Opot (Paroccipitale, Paocc) umschließen das innere
Ohr. Zwischen Bsph und Pt besteht ein Basipterygoid-(Bpt-) Gelenk.
Der Verbindung mit der Wirbelsäule dient der anfangs scheinbar unpaare,
dann meist paarige Condylus occipitalis (Condocc), der Hinterhauptshöcker (gr. kóndylos = Faust, Beule, Höcker).

Mit der Lösung der bei Crosso- wie Actinopterygiern (s. Abb. 88)
vorhandenen Schädel-Schultergürtel-Verbindung verschwanden schon

bei den primitivsten Tetrapoden Poop und Potemp. Hingegen blieben Popar (= Dsocc = Interparietale, Ipar, v. HUENE) und Tab vorerst erhalten. Dieses hat bei breitem Popar keinen Kontakt mit dem Par, wohl aber bei schmalem Popar. Der erste Typ heißt lati-, der zweite angustitabular.

Auch der Unterkiefer ist primär recht crossopterygierähnlich. Das eigentliche Kiemenskelett ist wechselnd entwickelt. Die Zähne (s. auch S. 181) bestehen (wie bei Fischen) aus Dentin (= Zahnbein) und Schmelz; basal kommt noch eine Zementlage hinzu. Sie werden in ganzen Serien $\pm$ dauernd gewechselt (polyphyodontes Gebiß) und sitzen bald den Kieferrändern auf (akrondont, v. gr. akrós = Spitze, Rand), bald sind sie seitlich am Kieferrande befestigt (pleurodont), bald in seichten Gruben oder Rinnen eingepflanzt (pseudothekodont). Gewöhnlich sind alle Zähne $\pm$ gleichgestaltet und höchstens größenverschieden (homodont). Sekundäre Zahnlosigkeit ist selten.

Der Schultergürtel (Abb. 98), ohne Schädelverbindung (s. o.) gesondert beweglich, liegt noch schädelnah, der Hals ist also kurz. Die häufig skulpturierten Deckknochen, Cleithr und Clav, sind meist kleiner als bei Fischen, während der „primäre" = knorpelig präformierte Schultergürtel mit der stärkeren Entwicklung der zu den Extremitäten ziehenden Muskulatur vergrößert ist. Die blattförmige Scap trägt $\pm$ ventral die Cavitas glenoidalis (Cav glen), die Gelenkgrube für den Oberarmknochen, den Humerus (Hum). Die gleichfalls flachen Corac sind, meist knorpelig, selten überliefert, und stets knorpelig ist das Sternum (St, Brustbein). Eine mediane Interclavicula (Iclav) vervollständigt diesen (bei den Fröschen stark modifizierten) Brustschultergürtel. Zwischen ihm und dem Beckengürtel war bei fossilen Formen die Bauchhaut oft mit reihig geordneten Knochenschuppen gepanzert (s. S. 178).

Der Beckengürtel ist bei stärkerer Beanspruchung meist kräftiger als bei Fischen und mit der Wirbelsäule durch Sa-Rippen verbunden (s. S. 181). Zum plattenförmigen (vgl. S. 168), hier vorne von den Pubes (Schambeine, Pub), hinten von den Ischia (Sitzbeine, Isch) gebildeten ventralen Teil kommen dorsal die Ilia oder Ilea (Darmbeine, Il) hinzu. Wo diese 3 Knochen jederseits zusammenstoßen, bilden sie das Acetabulum (lat. = = Becher, Hüftpfanne, Acet), die Gelenkgrube für den Oberschenkelknochen.

In den freien Gliedmaßen (Abb. 98, 99) sind die für Landwirbeltiere typischen bzw. ursprünglichen Abschnitte und Elemente fast immer vollzählig vorhanden: in der Vorderextremität Hum als Ober-, Radius (Speiche, Rad, R) und Ulna (Elle, Uln) als Unterarmknochen; ein Carpus (Handwurzel) mit proximalem Procarpus aus Radiale (rad, r), Intermedium (int) und Ulnare (uln), distalem Mesocarpus aus Carpalia (c) in Fingerzahl sowie $\pm$ zwischen beiden Serien ursprünglich 4 Centralia carpi (cc); ein Metacarpus (Mittelhand) aus Metacarpalia (mc) in Fingerzahl; 4—5 freie Finger mit schwankender Zahl von Phalangen (Fingerknochen, ph). In der Hinterextremität: Femur (Fem) als Ober-, Tibia (Schienbein, Tib) und Fibula (Wadenbein, Fib) als Unterschenkelknochen; ein Tarsus (Fußwurzel) mit proximalem Protarsus aus Tibiale (tib), int und Fibulare (fib), distalem Mesotarsus aus Tarsalia (t) in Zehenzahl sowie ± zwischen beiden wieder ursprünglich 4 Centralia tarsi (ct); ein Metatarsus (Mittelfuß) aus gewöhnlich 5 Metatarsalia (mt); meist 5 Zehen von schwankender ph-Zahl. Von diesem Schema finden sich bei Lurchen selten größere Abweichungen. Bloß die Zahl der cc und ct, die gleich allen Wurzelknochen häufig knorpelig bleiben bzw. blieben, scheint stärker gewechselt zu haben.

Hum und Fem stehen primär ± horizontal seitwärts vom Rumpf ab, Rad und Uln bzw. Tib und Fib bilden mit ihnen annähernd rechte Winkel. Der kräftige Hum ist meist mehr plattig als länglich-rundlich und der Rumpf hängt in den Gliedmaßen, die ihn wenig vom Boden abheben. Die Schrittweite ist gering, die Bewegung ein langsam-unbeholfenes, durch sigmoide (= S-förmige) Rumpfkrümmungen unterstütztes Schieb- bzw. Stemmkriechen. Über diese Stufe sind nur wenige, vor allem die springbeinigen Frösche hinausgekommen.

Mit dem Übergang vom Wasser- zum Landleben waren außer in Bewegung und Nahrungserwerb auch in Atmen, Riechen, Hören Änderungen verbunden. Sie können für die fossilen Formen meist nur per analogiam erschlossen werden (so z. B. das Maß des Milieuwechsels aus dem Entwicklungsgrad des Laterallliniensystems), doch zeigt die Ausbildung der wohl aus

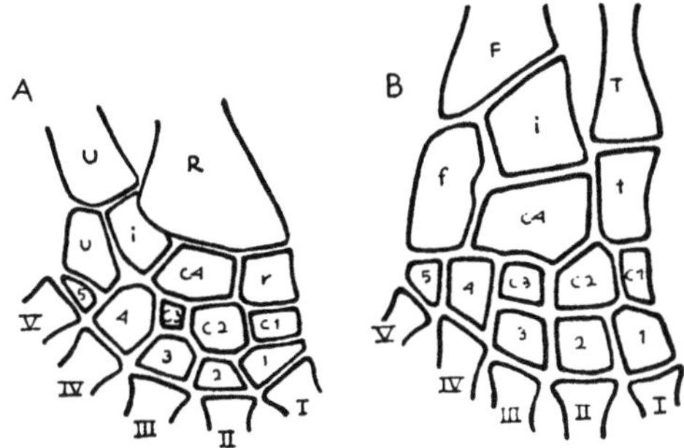

Abb. 99. Schema der Knochen im rechten Carpus (*A*) und Tarsus (*B*) samt den angrenzenden Skelettelementen eines primitiven Amphibiums. c_{1-4} = cc bzw. ct, *F* = Fib, *f* = fib, *i* = int, *R* = Rad, *r* = rad, *T* = Tib, *t* = tib, *U* = Uln, *u* = uln, 1—5 = c bzw. t, *I—V* = mc bzw. mt. Aus ROMER 1936.

dem Hymdb hervorgegangenen Columella auris (lat. = Ohrsäule) bzw. ihr verknöcherter Teil, der Stapes (lat. = Steigbügel), unmittelbar einen anderen Hörmechanismus an. Verhältnismäßig klein ist das Gehirn, besonders die Hemisphären. Das Parietalauge scheint anfangs regelmäßig vorhanden.

Den Amphibien zurechenbare Fossilien kennt man seit Dev. Die frühesten ähneln oft sehr Crossopterygiern (während sie sich durch die Zahn- und Schädelstruktur von den Dipneusten, durch die Choanen von den Acanthopterygiern unterscheiden). Wohl hauptsächlich ichthyophag, mögen sie sich in der Lebensweise von Crossopterygiern vor allem durch die Fähigkeit bei völliger Austrocknung der Wohngewässer nächstgelegene aufzusuchen unterschieden haben. Schrittweise scheinen die Lurche dann das Festland erobert zu haben und dort insecti- und herbivor (Insekten- und Pflanzenfresser) geworden zu sein. Außer körperlichen Resten dürften auch einige Fährten (bes. Paläoz NAm) auf sie zu beziehen sein.

Subclassis: **Apsidospondyli**

Die *Apsidospondyli* umfassen die Amphibien mit den typischen
Bogenwirbeln, also die eutetrapoden (s S. 179, 180). Man gliedert sie in die
nur fossil bekannten *Labyrinthodontia* (= Hauptmasse der sog. „Stegocephalen", s. S. 189) und in die bis in die Jetztzeit reichenden *Salientia*
(v. lat. salīre = springen), d. h. die *Anura* (Frösche) samt Vorformen.

Superordo: Labyrinthodontia

Die Gruppe ist nach der Bezahnung benannt (vgl. S. 176), die bei
mehrfachem Wechsel in den einzelnen Altersstufen verschieden scheint.
Sie umfaßt die meisten Lurche aus Paläoz und Tr. Aus ihr dürften die
Reptilien (und mit diesen Vögel und Säuger) hervorgegangen sein. Körper-
und Skelettbau zeigen meist die (S. 181 ff.) als ursprünglich bezeichneten
Verhältnisse, doch wechseln die Körperform von rundlich zu abgeflacht
mit kurzem Schwanz, der Schädel von hoch und schmal zu flach und
breit. Der Cond occ ist anfangs einheitlich, dann zweiteilig. Die Ipt-
Lücken werden größer, die Verbindung zwischen Pt und Hirnkapsel
wird eine feste, die Hirnkapselverknöcherung schließlich geringer. Es
entsteht ein richtiger Brustschultergürtel, die Gliedmaßen nehmen an
Größe und Stärke zu, später aber, bei wieder vorwiegend aquatischen
Formen, erfahren sie auch Reduktion.

Ordo: Ichthyostegalia

Älteste und urtümlichste Labyrinthodontier mit (vgl. Namen!) sehr
crossopterygierartigem Schädeldach. *Elpistostege* (ObDev, Kanada), bloß
Schädeldach bekannt, nur nach dem Fehlen des Gelenkspaltes in ihm

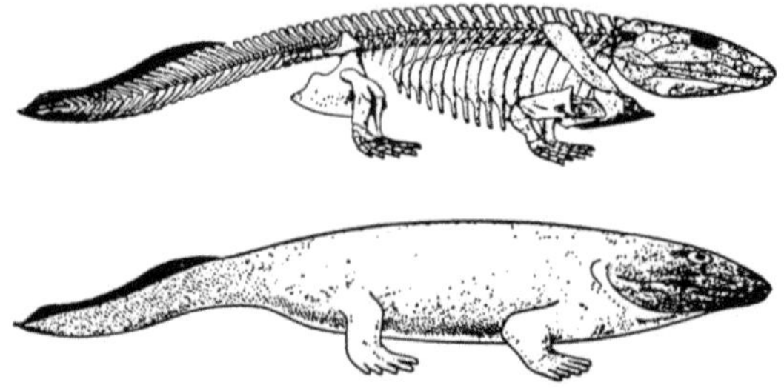

Abb. 100. Skelett und Lebensbild eines devonischen Ichthyostegiden. Aus ROMER 1955.

(s. S. 175 und 181) hier zuordenbar; Verhältnis des prä- und postorbitalen
Schädeldachteiles ± intermediär. Bei *Ichthyostega* (ObDev Grönld, Abb. 97 c,
rechts) Schädel ca. 20 cm lang, durch rostrales Element, Kiemendeckel-
reste, geringe Trennung von Nares und Choanen, schlitzförmige Ipt-
Lücken u. a. sehr primitiv, durch beginnenden Ohrschlitz usw. ± speziali-

siert. Wirbel mit Zügen osteolepiformer Crossopterygier, Schwanz (nach
Flossenstrahlen) mit oxy- und diphycerker Flosse (Abb. 100); Gliedmaßen
tetrapod. Ähnlich *Ichthyostegopsis* (unterstes Karb Grönld). Bisweilen
werden auch *Colosteus* und *Erpetosaurus* (beide Karb), fortschrittlicher
z. B. in der Ipt-Lückengröße, hierher gestellt.

Ob die wohl noch mehr aquatischen Ichthyostegalier als Übergangsformen zwischen Crossopterygiern und Amphibien oder bloß als Seitenlinie zu bewerten sind, scheint noch ungewiß. In jedem Falle aber zeigen
sie, wie etwa jener Übergang erfolgt ist.

Ordo: Embolomeri

Die *Embolomeri* werden jetzt nach Wirbel- und Schädelbau, einheitlichem Cond occ, Bpt-Gelenk usw. ziemlich allgemein für die primitivsten
der typischen Labyrinthodontier gehalten. Schädel und Hirnkapsel

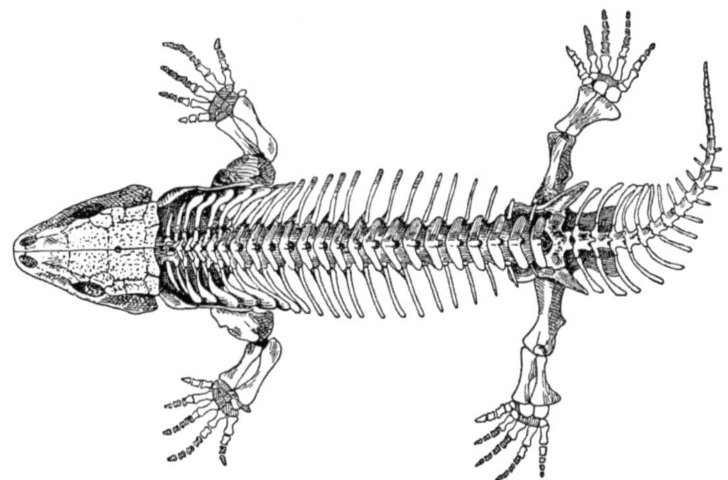

Abb. 101. *Seymouria* (*Conodectes*) *baylorensis* Broili (P NAm, Texas), eine „Grenzform"
zwischen „stegocephalen" Amphibien und urtümlichen Reptilien. Fast $^1/_2$ nat. Gr. Aus
Abel 1924.

(Neurocranium) konnten sich, ohne feste Verbindung, postmortal voneinander lösen. Der Schultergürtel mag bisweilen noch ligamentös mit horn-
ähnlichen Fortsätzen der Tab, der Beckengürtel erst locker mit der Wirbelsäule verbunden gewesen sein. Wo man den Körper kennt, hatte er einen
langen, kräftigen Schwanz, aber kleine Extremitäten. Wohl vorwiegend
aquatisch und ichthyophag. Nur JgPaläoz, bes. Karb WEur, Sudet,
NAm.

F. v. Huene unterscheidet latitabulare *Loxembolomeri* und angustitabulare *Anthrembolomeri*. Ob dieser und weiterer Unterschiede stellt er

jene [*Eogyrinus* (*Pteroplax*), *Loxomma* (s. unten) und andere mit vorwärts verlängerter Orb] an die Basis seiner *Batrachomorpha* (v. gr. bátrachos = = Frosch), diese, die in Ichthoystegaliern wurzeln sollen (langschädelige *Anthracosauridae* und *Palaeogyrinidae* sowie *Pholidogasteridae*), an den Beginn seiner *Reptiliomorpha* (v. lat. reptāre = kriechen). Ein Bindeglied zwischen den *Anthrembolomeri* und den nach v. HUENE gleichfalls reptiliomorphen *Seymouriamorpha* scheint *Diplovertebron* (*Gephyrostegus*, Ob-Karb) mit auf mondsichelförmige Stücke reduzierten Ic (BV). Es wird daher auch zur

inc. sed. Ordo: Seymouriamorpha

(UP Texas) gereiht. Diese bildet einen jener Grenzfälle, wo nur die Kenntnis der Fortpflanzung über die Zugehörigkeit zu Amphibien oder Reptilien entscheiden ließe (s. S. 178). *Seymouria* (*Conodectes*, Abb. 101) etwa 0,5 m lang, im Besitz eines (bei Reptilien fehlenden) Itemp und anderen Schädelmerkmalen vorwiegend amphibienartig, in den Gliedmaßen (Corac, Hum, Il, Sa-Rippen, ph-Zahl, auch in den wie aufgebläht wirkenden Proc spin ± weitgehend reptil- bzw. cotylosaurierartig. *Kotlassia* (ObP Rußld) scheint amphibienartiger (schwache Verknöcherung, vielleicht regressive Entwicklung, ? Rückkehr zu vorwiegend aquatischer Lebensweise).

Ordo: Rhachitomi

Die *Rhachitomi* sind wohl die typischesten Labyrinthodonten. ROMER erwägt, ob schon *Loxomma* (s. oben) und *Megacephalus* (*Orthosaurus*) aus dem UKarb — die entscheidenden Wirbel sind unbekannt — hierher-

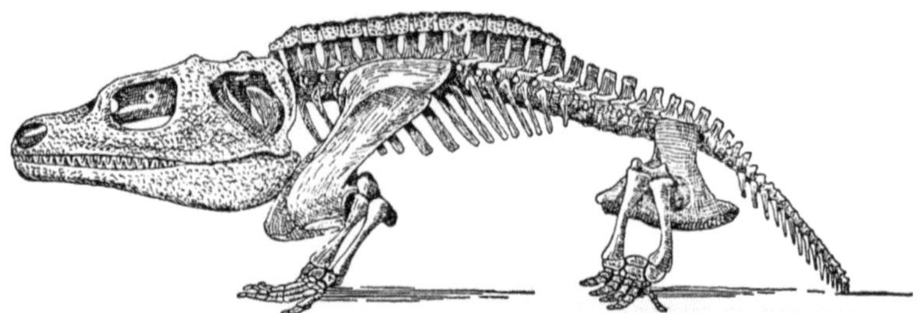

Abb. 102. *Cacops aspidephorus* WILL. (P NAm, Texas), ein Vertreter der *Rhachitomi*. Fast ¹/₅ nat. Gr. Aus ABEL 1924.

gehören könnten. Im ObKarb scheinen *Edops* und *Dendrerpeton* in vielem (Schädel nicht ganz flach, Ipt-Lücken klein, Bpt-Gelenk, Cond occ einfach, Itemp) primitiv. Im P sind fast alle größeren Amphibien *Rhachitomi*. So *Eryops* (bis 3 m lang) und *Cacops* (Abb. 102), beide NAm und vorwiegend terrestrisch; *Trimerorhachis* (NAm) und *Archegosaurus* (Eur, bis 1 bzw. 1,5 m lang, mit abgeflachtem Schädel und schwächeren Gliedmaßen, (? sekundär) mehr Wasser- als Landtiere; u. v. a. Letzte Vertreter aus Tr[1].

Ordo: Stereospondyli

Die *Stereospondyli* werden als Rhachitomenabkömmlinge betrachtet. Die Grenze zwischen beiden ist unscharf, z. B. werden die russischen *Dvinosauridae* bald hierher, bald, mit Vorbehalt, zu den Rhachitomen gerechnet. Abgesehen vom Wirbelbau sind ein großer flacher Schädel mit dorsalen Orb, ein breiter, flacher Rumpf (mit Brustplatte aus Iclav und Clav), ein kurzer Schwanz und schwache, zur Bewegung am Festland wenig geeignete Gliedmaßen kennzeichnend (Abb. 103). Auch die auf die Condylen tragenden Exocc beschränkte Verknöcherung der Hirnkapsel, die gelenklose Verbindung zwischen Pt und Pasph sowie große Ipt-Lücken sind ziemlich konstante Merkmale. Stark schwanken hingegen die sonstigen Ausmaße des Schädels. *Mastodonsaurus* (gehäuftes Vorkommen, wohl Massentod infolge Austrocknung des Wohngewässers, Tr MEur, Kappel bei Villingen), Proportionen des 1 m langen Schädels kurzschnauzigen Krokodilen ähnlich. *Cyclotosaurus*, Schädelumriß kreisbogenförmig (mit Hinterhaupt als Sehne). *Trematosauridae* langschnauzig, *Brachyopidae* (*Plagiosaurus* und Verwandte) kurzschnauzig. Die verschiedenen Schädelformen weisen auf Nahrungsunterschiede, die langschnauzigen wohl auf Ichthyophagie. *Stereospondyli* waren in der Tr fast weltweit verbreitet. Die Trematosauriden auf Spitzbergen scheinen marinen Schichten zu entstammen, doch mag, da rezente Amphibienlarven kein Salzwasser vertragen sollen, Allochthonie vorliegen. Bei Dvinosauriden (s. oben) beobachtete Kiemenbögen lassen an die Neotenie (v. lat. tenēre = halten), das Verharren bzw. Geschlechtsreifwerden im Larvenzustand bei rezenten Urodelen, denken.

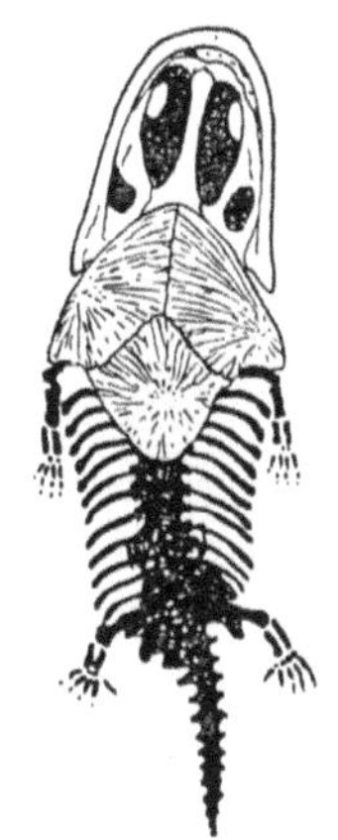

Abb. 103. *Metoposaurus* (*Metopias*) *diagnosticus* H. v. MEYER (ObTr Wttbg), ein größerer Stereospondyle (Schädellänge 45 cm); Ventralansicht, um neben den schwachen Gliedmaßen auch den mächtigen Brustschultergürtel zu zeigen. Aus MORET 1953.

Labyrinthodontia inc. sed.

Neuere, noch nicht sicher einreihbare Funde sind: *Intasuchidae* (UP Rußld), Schädel anthracosaurid, aber Ipt-Lücken groß, Pasph-Pt-Verbindung gelenklos; mitgefundene Wirbel für Schädel fast zu klein und cotylosaurierartig. — *Tupilakosaurus* (frühe marine Tr Grönld), Schädel trematosaurid,

---

[1] Vielleicht gehören auch die kleinen, zarten *Phyllospondyli* (ObKarb-P) mit kurzem Schädel, geringer Verknöcherung, bes. der (daher abweichend erhaltenen) Wirbel, und gelegentlichen Spuren von Kiemen als Larvenformen hierher; z. B. *Branchiosaurus*.

Zähne labyrinthodont, doch Wirbel embolomer, amphicoel, antero-posterior
kurz, scheinbar auf *Labyrinthodontia* wie auf *Ichthyosauria* (s. S. 199 ff.) beziehbar.

Superordo: Salientia

Die sich hauptsächlich springend bewegenden *Salientia* oder *Notocentrophori* sind notozentral; nur bei primitiven sind Reste ventraler Arcualia
nachweisbar. Die präsakralen Wirbel werden auf schließlich 8—6 verringert, die postsakralen verschmelzen zu einem Coccyx (Steißbein).
Richtige Rippen fehlen fast immer, statt ihrer finden sich kurze Querfortsätze. Im Brustschultergürtel, wo die Corac wie die rudimentären
Cleithr verknöchern, lassen eigenartige Form und Lageverhältnisse der
Elemente verschiedene Typen unterscheiden. Im Becken verbindet sich
das ± stabförmig verlängerte Il vorne mit dem Wirbel vor dem Coccyx.
Rad und Uln, Tib und Fib verschmelzen, tib und fib werden so verlängert,
daß, wie oft bei Springern, neben Ober- und Unterschenkel ein dritter
langer Beinabschnitt entsteht. Carpus und Tarsus, wie die Pub teilweise
knorpelig bleibend, zeigen Verschmelzungen.

Im dorso-ventral abgeflachten Schädel ist die Hirnkapsel unvollständig verknöchert, die Deckknochen werden ± auf eine Reihe beiderseits der Medianen und eine Randleiste entlang der Kiefer beschränkt.
Ein Pinealforamen fehlt. Ipt-Lücken und Pasph sind groß, die Pt mit der
Hirnkapsel unbeweglich verbunden. Das große Sphethm hat ± ringförmige Gestalt („os en ceinture"). Auch im Unterkiefer wird die Zahl der
Knochen verringert. Die Bezahnung ist gewöhnlich schwach, manchmal
fehlt sie ganz. Systematisch werden die *Salientia* jetzt in 3 Ordnungen
gegliedert.

Ordo: Eoanura

Kleine Formen wie *Amphibamus* und *Miobatrachus* (Karb NAm), ?
Vorfahren der eigentlichen *Salientia*, mit Resten ventraler Arcualia und
vollständigem, doch an Knochenzahl verminderten Schädeldach bei
labyrithodontoidem, nicht froschartigem Körper.

Ordo: Proanura

Protobatrachus (Tr Madag) 10 cm lang, im Schädel schon weitgehend
„modern". Beginnende Verkürzung der präsakralen Wirbelsäule; Il bereits verlängert, doch ± noch weit hinten. Kein Coccyx = freie Schwanzwirbel. Hintere Extremität erst wenig länger als vordere, Unterarm- und
Unterschenkelknochen unverschmolzen. Auch bei den Fröschen eilt also,
wie so oft, der Schädel, Rumpf und Gliedmaßen in der Evolution voraus.

Ordo: Anura

Typische Froschlurche (auch *Euanura*), ab J. *Notobatrachus* (MJ SAm)
soll noch an Proanuren gemahnen. Auch bei einigen der nur örtlich
(z. B. Geiseltal-Braunkohle, Eoz bei Halle a/S) häufigeren Funde aus dem
Tert noch primitive Züge (Bezahnung, kurzes Il usw.).

Subclassis: **Lepospondyli**

Formen mit adelospondylen und pseudozentralen Wirbeln. Ab Karb. Sie sollen anderer Herkunft sein als die *Apsidospondyli* (s. S. 178) und decken sich weitgehend mit den *Urodelmorpha* oder *Urodelidia*.

Ordo: **Aistopoda**

Klein, Gliedmaßen bis zu völligem Fehlen reduziert (gr. áistos = ungesehen, unsichtbar), oft äußerlich schlangenähnlich. Karb, bes. Kohlensumpfablagerungen. Neben Besonderheiten im Schädel wie bei Schlangen akzessorische Wirbelgelenke; u. zw. entweder ein medianer Fortsatz zwischen den Przyg, das Zygosphen, der in eine Zygantrum (gr. ántron = Höhle) genannte Grube zwischen den Pozyg eingreift; oder umgekehrt zwischen den Przyg ein Hypantrum und zwischen den Pozyg ein Hyposphen. Auch an der Wirbelunterseite können zusätzlich paarige Infrazygapophysen auftreten. Der rundliche (nicht wie bei Schwimmern seitlich komprimierte) Schwanz deutet auf den Boden als Lebensraum mit schlängelnder Bewegung auf bzw. wühlender in ihm. *Ophiderpeton, Dolichosoma* u. a.

Ordo: **Nectridia**

Auch mit kleinen, rückgebildeten oder völlig verlorenen Extremitäten und bisweilen mit akzessorischen Wirbelgelenken. Neurapophysen meist hoch und antero-posterior lange, am Oberrand gekerbte Platten bildend. An den Schwanzwirbeln gleichgeformte Haemapophysen. *Sauropleura* u. a. (JgPaläoz, bes. ObKarb-Kohlensumpfbildungen) klein, langkörperig, fast oder ganz gliedmaßenlos, aalähnlich, mit langem, vorne spitzem Schädel. *Diplocaulus* (P), bis über 0,5 m lang, Extremitäten klein, Schädel kurz, breit, sehr flach, mit vorne dorsal gelegenen Augen, kurzen Kiefern, großem Pasph, großen Ipt-Lücken; Hirnkapsel fast unverknöchert, Clav und Iclav große Platten. Meist ± aquatisch, am Boden von Gewässern.

inc. sed. Ordo: **Microsauria**

Die systematische Stellung der *Microsauria* wurde und wird verschieden beurteilt. Früher hatte man sie mit Nectridiern, Aistopoden und Labyrinthodonten nach dem geschlossenen Schädeldach (s. S. 181) als *Stegocephalia* (= Dachschädler) zusammengefaßt (s. S. 184), jetzt werden sie bald zu den Reptilien (Reptiliomorphen), bald zu den Lepospondylen gezählt. Typische wie *Microbrachis* (Karb Eur) klein, mit stark reduzierten bis verkümmerten Gliedmaßen. Im Schädel meist Reduktion von Knochen hinten-dorsolateral, die z. B. bei *Lysorophus* (P NAm) auch auf die Circumorbitalregion übergreift, so daß die Orb nicht mehr knöchern umschlossen ist[1]. Kiemenbögen groß und verknöchert (? dauernder Kiemenbesitz).

Ordo: Urodela

Auch bei den *Urodela* oder Schwanzlurchen ist es zu Schädeldach-Reduktionen gekommen und Hirnkapsel wie Extremitätengürtel sind z. T. dauernd knorpelig. Der dermale Schultergürtel fehlt. Die kleinen, schwachen Beine aber, mit 4—2fingeriger Hand und 5—2zehigem Fuß, und die Gesamtform des Körpers zeigen altertümliche Züge. Die rezenten Urodelen sind amphibiotisch, auch rein aquatisch, selten rein terrestrisch. Unter den ± aquatischen perennibranchiate Formen (lat. perénnis = durch Jahre, dauernd), die normaler Weise als Larven (ohne Verwandlung) geschlechtsreif werden (Neotenie, s. S. 187). Ab UKr, weiterer Anschluß nach unten ungewiß. Im ATert Einzelfunde von Molch-, Salamander- und Grottenolm-artigen Formen; u. a. bis über 1 m lange Riesensalamander (Mioz Eur), von denen *Andrias* (*Megalobatrachus*) *scheuchzeri* einst als das „betrübte Beingerüst von einem armen Sünder, so in der Sintfluth ertrunken" beschrieben wurde. Auf Urodelen werden auch jungpaläolithische (magdalenzeitliche) Darstellungen aus Frankreich bezogen.

Ordo: Apoda

Die *Apoda* oder *Gymnophiones*, beschuppte, wurmförmig-gliedmaßenlose, meist im Erdboden wühlende, vereinzelt auch aquatische Lurche, sind fossil noch unbekannt.

Classis: Reptilia

Den Reptilien oder Kriechtieren ist die völlige Lösung vom Wasser als Medium gelungen. Durch die zur Regel gewordene innere Befruchtung (s. S. 161), die feste, doch poröse Eischale und die als Amnion und Allantois (gr. ámnion = Schafhäutchen, Opferschale, allās = Wurst) bekannten Eihüllen, deren zweite dem Embryo auch als Lunge dient, konnten Fortpflanzung und Frühentwicklung außerhalb des Wassers vor sich gehen und damit der gesamte Lebenszyklus auf dem Festlande ablaufen. Diese Errungenschaften haben die Reptilien an Vögel und Säuger weitergegeben und so wurden alle 3 auch als *Amniota* den *Anamnia* (Fische und Lurche) gegenübergestellt.

Mit der fortschreitenden Lösung vom Wasser sind auch in Muskel- und Gefäßsystem, in den Sinnesorganen usw. Änderungen erfolgt. Das Gehirn wurde, trotz kleinbleibender Hemisphären, höher entwickelt, die Lungen

---

[1] Es soll sich hier nicht um eine den Schädel- bzw. Schläfenfenstern höherer Tetrapoden (s. S. 193) gleichwertige Bildung handeln; ebensowenig bei den Schädeldachreduktionen der *Salientia* (s. S. 188) oder einzelner Labyrinthodonten wie *Cacops* (s. Abb. 102), wo durch hinteren, knöchernen Abschluß des Ohrschlitzes (s. S. 181) eine Lücke im Schädeldach nur vorgetäuscht wird.

wurden das alleinige Atmungsorgan, an Stelle der Urniere trat die Nachniere (Metanephros) und ebenso erfuhren die Hartteile manche Umgestaltung.

Ähnlich wie die Amphibien in der Jetztzeit nur auf wenige Typen beschränkt, waren die Reptilien einst noch weit mannigfaltiger als jene. Mancherlei Entwicklungslinien führten vom Wasser auf alle Teile des Festlandes; führten vom Kriechen zu Schlängeln und Wühlen, zu Schreiten, Laufen und Springen, zu Klettern und Fliegen, auch zurück zu amphibischer und rein aquatischer Lebensweise; von Räubern zu Insekten- und Pflanzenfressern, zu Nahrungsspezialisten, aber auch wieder zu Fischfressern; und einige führten zu Vögeln und Säugern. Viele dieser Linien sind wohl an den Hartteilen gut verfolgbar und auseinanderzuhalten, weil mit Bewegung und Nahrung auch Knochen und Zähne sich änderten; doch die Grenzen gegen Lurche und Säuger sind schwer auszumachen, da die Hartteile gleitende Übergänge zeigen und wichtige Kriterien wie Fortpflanzung, Poikilo- oder Homöothermie (gr. poikílos = bunt, wechselnd, homōios = gleich, ähnlich, thermós = warm), Vorhandensein oder Fehlen von Behaarung usw. sich für fossile Formen nicht sicher ermitteln lassen.

Vielfältig sind auch Erhaltung und Vorkommen. Bald liegen Einzelknochen oder -zähne, bald ganze Skelette, gelegentlich Spuren von Weichteilen und Körperumriß, somatiforme Lebensspuren (z. B. Dinosauriereier, Kr Mong, WEur) und ichniforme, also Fährten, vor. Die zeitliche Verbreitung setzt mit dem JgPaläoz ein, erreicht im Mesoz, dem Zeitalter der Reptilien, den Höhepunkt, nach dessen Ende alle Gruppen außer den wenigen noch heute vorhandenen verschwinden; die räumliche erstreckt sich im Mesoz fast über die ganze Erde und neben Einzelvorkommen gibt es gehäufte. Die in mehreren Gruppen erreichten gigantischen Ausmaße, die oft eigenartige Gestaltung der Hartteile ohne Vergleichbarem in der Gegenwart, haben manche Reptilien einst als Drachen und Lindwürmer ansprechen lassen und so Volksglauben, Sage wie Mythos nachhaltig beeinflußt.

Gestaltliche Vielfalt wie Übergangs- bzw. Zwischenformen lassen die Gesamtheit kennzeichnende morphologische Merkmale kaum angeben. Daher soll eine Übersicht durch Gegenüberstellung der primitiven Zustände und ihrer hauptsächlichen Abwandlungen versucht werden.

An den stets gastrozentralen Wirbeln sind primär (auch bei *Seymouriamorpha*, s. S. 186) neben den Pleuroc (IV) noch mondsichelförmige Ic (BV) zu unterscheiden; Przyg wie Pozyg liegen weit auseinander, die Proc spin sind laterad (= nach lateral) vorgewölbt. Rippen fehlen fast nur im Schwanzende. Vorne sind sie zweiköpfig (s. S. 181) und gelenken mit dem Capitulum am Ic, mit dem Tuberculum am Proc transv. Nach hinten zu werden sie einköpfig, das Capitulum verschiebt sich aufwärts zur Basis des Neuralbogens. Bald verschwinden die Ic. Die Wirbelkörper neigen zur Verlängerung, die Amphicoelie (s. S. 162) weicht (wie bei späteren Lurchen) einer Pro- oder Opisthocoelie. Die zwei vordersten Wirbel, Atlas (Atl, gr. = Träger) und Epistropheus (Epistr, gr. = Wender) erfahren Differenzierung und durch Verkürzung (bis Verlust) der Rippen

hebt sich die ganze Halsregion (bei unterschiedlicher Länge und Wirbelzahl), durch Vermehrung der Sa-Rippen häufig die Sa-Region besser ab.
Auch in der Rippengelenkung treten Modifikationen auf.

Abdominal zwischen Schulter- und Beckengürtel erscheinen oft serial
geordnete Hautverknöcherungen, sog. Gastralrippen. Man erblickt in
ihnen abgewandelte Fischschuppen und vergleicht sie mit den ähnlich
gelagerten Knochenschuppen des Bauchpanzers fossiler Lurche (s. S. 182).
Die Hornschuppen, welche bei Reptilien ebenso wie Knochenplatten
als Körperbedeckung vorkommen, sind hingegen den Fischschuppen
nicht gleichwertig.

Die Gliedmaßen haben ursprünglich gleiche Form und Stellung
wie bei primitiven Lurchen (s. S. 183). Der Schultergürtel ist massiv,
liegt, bei noch kaum entwickeltem Hals, dicht hinter dem Schädel. Die
Iclav ist (mit der Weiterentwicklung der Muskulatur) gegen hinten
stielförmig verlängert, die Cleithr sind verkleinert; die gut verknöcherten
Corac grenzen median entweder aneinander oder an das knorpelige bis
verkalkte, fossil selten erhaltene St, das aus einer auch Prosternum
(Prost) genannten Platte mit einem Fortsatz, dem Meta- oder Xiphisternum (Mst, Xist) besteht. Im Beckengürtel mit Il, Isch, Pub ist das erste
(wegen stärkerer Muskelentwicklung) ausgedehnter. Am Hum kommt
innen, beim Unterrand, das bei Lurchen seltene For(amen) entepic(ondy-
loideum) zum Durchtritt von Nerven und Gefäßen bei primitiven Reptilien häufiger vor. Im Carpus sind höchstens 2 cc vorhanden, auch im
Tarsus ist die Knochenzahl verringert. 5 Finger und 5 Zehen mit der
ph-Formel 2, 3, 4, 5, 3 (4) vom 1. zum 5. Strahl sind die Norm. Später
verschwinden die Cleithr, z. T. auch weitere dermale Elemente im Schultergürtel, während ein 2. Paar Corac hinzukommen kann. Das For entepic
erfährt bisweilen Rückbildung, manchmal tritt ein For ectepic(ondy-
loideum) außen beim Hum-Unterende auf. In Manus und Pes (Hand
und Fuß i. eng. S.) verbleibt meist nur 1 cc bzw. ct, die äußeren Zehen
werden etwas abgespreizt, können auch verlorengehen. Neben Zehen-
verminderung (Hypodaktylie, gr. dáktylos = Finger) hat auch Zehenvermehrung (Hyperdaktylie) statt und die ph-Zahl kann auf 2, 3, 3, 3, 3
sinken wie über 2, 3, 4, 5, 3 (4) steigen (Hyperphalangie). Bedeutende
Umformungen sind bei Flug- und Schwimmformen zu verzeichnen,
völliger Gliedmaßenschwund z. B. bei Schlangen.

Auch der Schädel ähnelt ursprünglich sehr dem primitiver Lurche.
Er ist stegal, ziemlich hoch und schmal. Die Popar sind stark reduziert,
auf die Hinterhauptfläche verlagert oder ganz verloren. Rückgebildet
werden die Tab, Itemp fehlen immer, Stemp meist. Ein Pinealforamen
ist gewöhnlich vorhanden. Das Lacr reicht weit vorwärts, an Stelle des
± hinten-oben gelegenen Ohrschlitzes findet sich eine Grube weiter
unten, knapp über bzw. hinter dem Kiefergelenk. Die Gaumenregion
ist recht labyrinthodontierartig und aus schlanken, die Choanen trennenden Vo, Pal und Pt (mit Eppt) gebildet. Die Ipt-Lücken sind schmal,
das Pasph ist zart, das Qu groß und ± senkrecht gestellt. Die Gaumen-
knochen sind oft bezahnt. Die relativ hohe und schmale Hirnkapsel ist

gut verknöchert und aus occipitalen wie oticalen Elementen zusammengesetzt. Ein kräftiger Proc paroccipitalis (paocc) des Opot erstreckt sich von der Stelle, wo bei Lurchen der Otikalschlitz liegt, abwärts gegen die Kiefergelenkgegend. Der Cond occ ist typischerweise einheitlich. Weiterhin stellen sich verschiedene Spezialisationen ein. Im allgemeinen wird der Schädel (gegenläufig zu Amphibien) noch höher und schmäler. Stemp, Tab und Popar verschwinden oft ganz (s. o.), ebenso das Pinealforamen. Der circumorbitale Bereich wird unterschiedlich, die Gaumengegend auch als solide Platte ausgebildet. Die Choanen können nach hinten verlegt werden. Die kennzeichnendsten Abwandlungen aber ergeben sich durch Fensterbildungen in den seitlichen Teilen des Schädeldaches (Abb. 104). Wohl in Verbindung mit der stärkeren Entwicklung des Schläfenmuskels = Musc(ulus) temp(oralis), der ursprünglich unter den lateralen Deckknochen aus der Schläfengrube zum Unterkiefer zieht, kommt es zu Durchbrüchen im Schläfendach. Bald entsteht ein sog. oberes, unten von Sq und Poorb begrenztes Schläfenfenster; bald ein

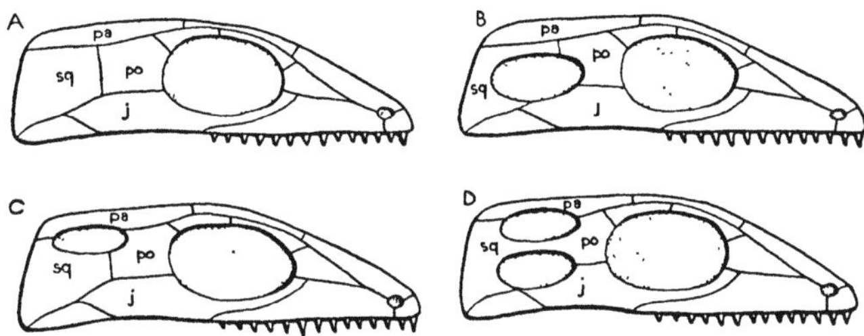

Abb. 104. Die verschiedenen Schläfenfenstertypen im Reptilschädel (schematisch). *A* anapsid = fensterloser Ausgangszustand, *B* synapsid = unteres Fenster, *C* parapsid = oberes Fenster, *D* diapsid = unteres und oberes Fenster. *j* = Jug, *pa* = Par, *po* = Poorb, *sq* = Squam. Aus ROMER 1936.

unteres, oberhalb dessen sich jene beiden Knochen treffen; bald werden beiderlei Fenster gebildet. Man nennt den ersten Zustand par-, den zweiten syn-, den dritten diapsid, den stegalen Ausgangszustand anapsid[1]. Wenn diese Durchbrüche besonderen Umfang erlangen und weitere (z. B. vor der Orb) hinzukommen, kann schließlich ein richtiger Traversenschädel entstehen.

Starken Wandlungen unterliegt auch der Unterkiefer. Ursprünglich ist er lang und das Kiefergelenk liegt weit hinten; die Zusammensetzung aus etlichen Elementen ist zunächst lurchartig, doch ist meist nur 1 Cor vorhanden. In einer Gruppe erfahren alle Knochen, das Dent ausgenommen, weitgehende Reduktion (vgl. S. 209 u. Abb. 113).

---

[1] Es wurden auch die beiden ersten Termini anders definiert und die einfenstrigen Typen in therapsid, metapsid und kathapsid weiter unterteilt. Noch früher waren für stegale Schädel stegokrotaph (gr. krótaphos = Schläfe), für einfensterige mono-, für zweifenstrige dizygokrotaph gebräuchlich, für den Extremfall ganz offener Schläfengruben (ohne Jochbogenbildungen) gymnokrotaph.

Bau, Form und Wechsel der Zähne zeigen anfangs analoge Verhältnisse wie bei Lurchen. Dann tritt größere Mannigfaltigkeit auf. Nicht nur Zahnzahl und -form unterliegen Spezialisationen, auch der Zahnwechsel wird beschränkter und die Implantation (Einpflanzung in den Kiefern) kann über ein prothekodontes Vorstadium schließlich thekodont werden, d. h. in richtigen Alveolen (Zahnfächern) erfolgen. In einigen Linien gingen die Zähne völlig verloren.

Über Umfang und Systematik bestehen — bei den unscharfen Grenzen gegen unten wie oben verständlicherweise — unterschiedliche Auffassungen. Früher wurde vornehmlich die Fensterbildung zur Großgliederung verwandt. Doch die Erkenntnis sekundärer Verschiebungen, auch sekundären Fensterverschlusses verlangten noch andere Kriterien und neuerdings scheint es, daß auch die Reptilien eine in mehreren Linien erreichte bzw. (zu Vögeln und Säugern hin) durchlaufene Evolutionsstufe darstellen. Nach v. HUENE wären nicht nur (s. S. 178) die *Tetrapoda* in *Urodelidia* und *Eutetrapoda*, sondern diese wieder in latitabulare *Batrachomorpha* und angustitabulare *Reptiliomorpha*, *Theromorpha* und *Sauromorpha* aufzugliedern, wobei die beiden ersten Lurche und Reptilien, die beiden letzten außer solchen eigentlich auch Säuger bzw. Vögel umfassen würden. Die herkömmliche Tetrapodengliederung in *Amphibia*, *Reptilia*, *Aves* (s. S. 228) und *Mammalia* (s. S. 237) wäre also aufzugeben. Soweit zu gehen mag schon heute richtiger, andererseits, solange nicht alle Hauptlinien hinreichend klar verfolgbar sind, Beibehaltung der alten Tetrapodenklassen zweckmäßiger scheinen. In diesem Sinne folgen wir auch hier im wesentlichen ROMER.

Subclassis: **Anapsida**

Die *Anapsida* haben ein stegales Schädeldach bzw. keine richtigen Schläfenfenster. Wenn man Angehörige der *Seymouriamorpha* und *Microsauria* den Reptilien zurechnen will (vgl. S. 186 und 189), wären sie hier einzureihen. Eine solche Gruppierung bringt v. HUENE, der *Anthracosauria* (*Anthrembolomeri*), *Seymouriamorpha* und *Microsauria* mit den Formen dieser Subklasse als *Reptiliomorpha* vereinigt.

Ordo: **Cotylosauria**

Die *Cotylosauria* (gr. kotýle = Höhlung, Napf, Pfanne) stellen eine Stammgruppe dar. Sie sind weder gegen die Amphibien noch gegen manche Reptilgruppen scharf abgrenzbar und durch primitive Züge wie stegalen Schädel, vollständigen Schultergürtel, oft große Cleithr, meist kurze und gedrungene Extremitäten gekennzeichnet. Sie haben gewöhnlich 2 Paar Sa-Rippen, nicht selten verdickte Neuralbögen bzw. Proc spin. Die Überlieferung reicht vom Karb — Tr. Die Abspaltung anderer Reptilstämme muß wohl schon am Ende des ObKarb eingesetzt haben. v. HUENE zerlegt die *Cotylosauria* in 4 Gruppen von Ordnungsrang: *Diadectomorpha*, *Procolophonia*, *Pareiasauria* und *Captorhinidia*. ROMER gliedert sie in 2 Unterordnungen.

Subordo: Captorhinomorpha

Gruppe in der bzw. in deren Nähe andere Reptilgruppen wurzeln sollen. Hierher u. a. vielleicht *Solenodonsaurus* (ObKarb Eur); *Limnoscelis* (P), recht primitiv; *Captorhinus* (P) und vor allem *Labidosaurus* (P), z. T. bis 2 m lang, fortgeschrittener, mit nach hinten gekrümmten Pmx-Zähnen. Im ObP scheint die Subordo bereits erloschen.

Subordo: Diadectomorpha

Vielfältiger; verschiedene, scheinbar blind endigende Linien. Am Hinterrande der Wangenregion oft eine deutliche Ohrgrube. *Diadectidae* (ObKarb—UPNEur, NAm, Abb. 105) bis 2 m lang; postkraniales Skelett robust, Schädel eher kurz und massiv; Tab, Popar und Stemp gut entwickelt; ebenso das an die Ohrgrube grenzende, Hirnkapsel und Kiefer verbindende Qu.Gebiß in meißelförmige Vorderzähne (Vz) und querverbreiterte, mehrhöckerige Backenzähne (Bz) differenziert. Vordere Rippen (ähnlich

Abb. 105. *Diadectes phaseolinus* Cope (P NAm), Skelettrekonstruktion in Seitenansicht. Fast $^1/_{20}$ nat. Gr. Aus Abel 1924.

wie bei *Seymouria*, s. S. 186 u. Abb. 101) z. T. verbreitert. Form und Abkauung der Backenzähne lassen in den Diadectomorphen die ersten herbivoren (lat. = pflanzenfressenden) Landwirbeltiere vermuten. *Pareiasauridae* M—ObP Eur, Afr) bis über 3 m lang, Extremitäten (mit Gewichtszunahme) unter den Körper — die vorderen nach vorne, die hinteren nach hinten — rotiert (v. lat rotāre = herumdrehen) und merklich umgeformt. Schädel mächtig, mit eigenartigen „Auswüchsen" oder Protuberanzen (v. lat. tūber = Bein, Höcker), Ohrgrube seitlich durch Ausdehnung der Wangenregion verdeckt. Neben kleinen Gaumen-Zähnen am Kieferrand blattförmige mit gezähnelten Kanten. Entlang des Rückens Knochenplatten. Vollständige Skelette z. B. von *Bradysaurus* (MP SAfr), gefunden in Leichendriftlage = Bauch oben. — *Procolophonidae* (P—Tr Eur) bis 0,5 m lang, zarter. Bz querverbreitert, Ohrgrube gut entwickelt; ohne Knochenplatten als Panzerschutz; u. a.

Ordo: Chelonia

Die *Chelonia* oder *Testudinata* (gr. chelóne, lat. testūdo = Schildkröte) werden bald zu den *Anapsida* gestellt, bald als eigene Subklasse (bei v. Huene als Ordnung der *Reptiliomorpha*) gereiht und verschieden umgrenzt. Die Bewertung ist wegen der besonderen Verhältnisse des Schädeldaches (s. S. 197), die Umgrenzung wegen der unzureichenden Beurteilbarkeit von *Eunotosaurus* (s. S. 198) unsicher.

Die echten Schildkröten kennzeichnet ihr **Panzer** (Abb. 106). Er besteht aus Carapax (Rückenschild) und Plastron (Bauchschild). Beide, meist fest miteinander vereinigt, sind aus Knochenplatten und Hornschildern zusammengesetzt. Jene haben ekto- und mesodermale Anteile, diese gelten als umgewandelte Schuppen. Platten und Schilder alternieren, die Grenzen der einen und der anderen decken sich nicht. Im **Carapax** sind zu unterscheiden: median ein Nuchale (Nackenplatte) über den vordersten Rumpfwirbeln, 8 Neuralplatten über dem 3.—10., sowie 1—3 meist verschmolzene Pygalia (Steißplatten), die alle mit den Wirbeln verwachsen und an deren Bildung die Proc spin beteiligt sind; beiderseits dieser medianen Reihe anfangs 9, sonst durch Verschmelzung der beiden hintersten 8, wohl aus verbreiterten Rippen und aufgelagerten Hautknochen

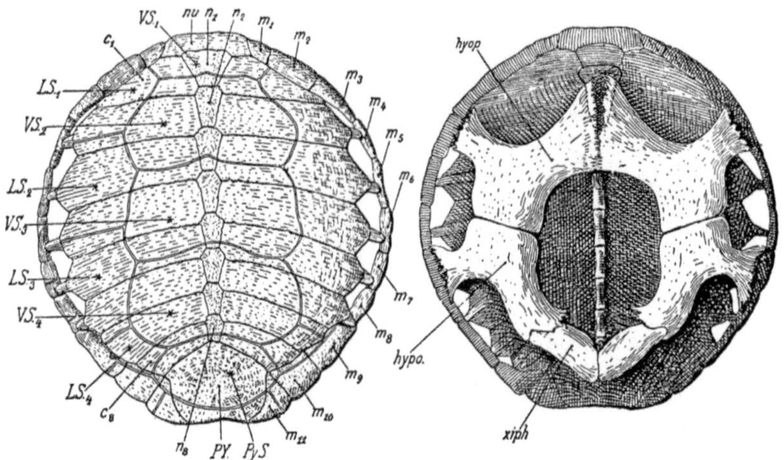

Abb. 106. *Thalassemys marina* FRAAS (ObJ MEur), Panzer. Links Carapax von oben, rechts Carapax (dunkel) und Plastron (hell) von unten. Stark verkl. Außer den Grenzen zwischen den knöchernen Elementen sind z. T. (mit doppelten Linien) auch jene zwischen den (nicht erhaltenen) Hornschildern eingetragen, deren Lage durch * bezeichnet ist. *nu* = Nuchale, n_{1-8} = Neuralia, *PY* = Pygale, c_{1-8} = Costalia, m_{1-11} = Marginalia, *hyop* = Hyoplastron, *hypo* = Hypoplastron, *xiph* = Xiphiplastron, $VS._{1-4}$ = Vertebralscuta, $LS._{1-4}$ = Lateralscuta, *PyS.* = Pygalscutum. Aus ABEL 1924.

zusammengesetzte Costalia (Rippenplatten); randlich meist noch Marginalia (Randplatten). Über diesem Knochenpanzer liegen die Hornschilder: median Vertebralscuta (Wirbelschilder); seitlich Lateralscuta (Seitenschilder); peripher Marginalscuta (Randschilder), die vorne und hinten in der Medianen befindlichen Nuchal- und Pygalscutum (Nacken- und Steißschild) geheißen. Zwischen Lateral- und Marginalscuta ursprünglich noch Submarginalscuta.

Das knöcherne Plastron besteht aus einem vorderen, medianen Entoplastron (? Iclav), 2 Epiplastra (? Clav) sowie 2 Hyoplastra im vorderen, je 2 Hypoplastra und Xiphiplastra im hinteren Abschnitt; zwischen beiden Hälften mitunter noch Mesoplastra. Die Platten, außer den vordersten (s. o.), dürften größtenteils aus Gastralrippen hervorgegangen sein. An Hornschildern werden hier Gularscuta (Kehlschilder), ev. auch 1 Intergularscutum, Brachialscuta (Armschilder), Pectoralscuta (Brustschilder), Femoralscuta (Schenkelschilder), Analscuta (Afterschilder) und bisweilen noch Caudalscuta (Schwanzschilder) und Intercaudalscuta unterschieden.

Die Wirbelsäule ist im Rumpfteil vom Carapax über- bzw. mit ihm verwachsen und so stark modifiziert; außerdem, mit 8 Hals- und 10 Rumpf-Wirbeln, verkürzt. Noch mehr in die Panzerbildung einbezogen sind Rippen (s. o.) und dermaler Schultergürtel; der primäre liegt innerhalb des Panzers, phylogenetisch muß auch er von den costalen Carapaxteilen überwachsen worden sein. Die Scap sind zweiteilig, ein Teil hat mit dem Plastron Kontakt; den „dritten Strahl" bildet jederseits das Corac. Ein St fehlt. Im Beckengürtel sind die 2 (oder mehr) Sa-Wirbel meist mit dem Il verschmolzen. Pub und Isch, voneinander fast ganz durch ein Fenster getrennt, können mit dem Plastron verbunden sein.

Die freien Extremitäten sind stämmig, plump, breitspurig gestellt und trotz mancher Abweichungen ± cotylosaurierartig. Sie treten seitlich aus dem Panzer aus. Das For entepic wird rückgebildet, die ph-Zahl meist auf 2, 3, 3, 3, 3 beschränkt. Schwimmformen haben Hände und Füße zu paddelruderartigen Flossen umgeformt und jene größer wie diese; die Knochen sind bilateral abgeflacht, die proximalen kurz und kräftig, die ph verlängert, z. T. auch vermehrt (Hyperphalangie).

Der Schädel ist anfangs stegal und hat nur an der Hinterwand eine schlitzartige Öffnung; meist ist diese aber gegen vorne erweitert, so daß eine (im Gegensatz zu richtigen Schläfenfenstern hinten nicht von oberflächlichen Dermalknochen umrandete) Öffnung im seitlichen Schädeldach entsteht; bisweilen fehlt ihr auch eine untere Umgrenzung und später ist sie manchmal, wohl sekundär, wieder verschlossen (pseudostegaler oder tegaler Schädel). In der Regel sind Popar, Tab, Pofr, Stemp, Itemp und das Pinealforamen verschwunden; in Gaumen- und Ohrregion kommt es zu Verschmelzungen, statt Prfr, Lacr und Nas findet sich gewöhnlich bloß ein (als Prfr bezeichneter) Knochen. Nur früheste Schädel haben noch kleine, ± rudimentäre Zähne, aber auch sie schon die Kiefer umkleidende Hornscheiden.

Es gibt und gab terrestrische, amphibiotische und aquatische, auch marine Schildkröten. Die terrestrischen, grabenden, scheinen die ältesten zu sein; heute sind sie herbivor, während die anderen Mollusken, Krebse und Fische fressen. Sichere körperliche Reste kennt man ab Tr; *Eunotosaurus* wurde im P SAfr gefunden, Schildkrötenfährten u. a. im P (Schottld, NAm) und in der Tr (Buntsandstein, MEur).

inc. sed. Subordo: **Eunotosauria**

Ob der bis nun einzige Vertreter, *Eunotosaurus* (auch *Eunnotosaurus*), ein Bindeglied zwischen Cotylosauriern und echten Schildkröten ist, oder nur den Weg zeigt, wie diese aus jenen entstanden sein können, muß, solange man sein Schädeldach nicht kennt, unentschieden bleiben. 8 Paar Rippen, ohne Auflagerung von bzw. Verschmelzung mit Dermalknochen, in ± normaler Lage zum cotylosaurierartigen Schultergürtel; doch dorsad (= nach dorsal) vorgewölbt und stark verbreitert, so daß die Proc spin der Rumpfwirbel wie zwischen ihnen eingesenkt liegen. Hals nicht kurz, Kiefer und Gaumen bezahnt. Gliedmaßen unvollständig bekannt. Für die Fundschichten (MP, Tapinocephalus Beds, SAfr) werden steppenartige, zeitweilig überschwemmte Flachgebiete angenommen, ein für „*Archichelonia*", da man die Entstehung schildkrötenartiger Panzer gerne mit einem Graben in Schuttböden in Beziehung bringt, passendes Biotop.

Subordo: **Amphichelidia**

Hierher — der Name wäre richtiger *Amphichelydia*, v. gr. chélys = Schildkröte, zu schreiben — werden die ältesten echten Schildkröten mit primitiven Merkmalen (selbständige Nas; nicht-retraktiler, mäßig langer Hals; Submarginal-, Gular- und Intergularscuta; Becken meist mit Panzer verschmolzen usw.) gezählt. *Triassochelys* (ObTr Eur, Halberstadt); stegal, Nas, Lacr und Prfr noch getrennt; bezahnt, aber schon mit Hornscheiden; Wirbel bikonkav (= amphicoel), Halsrippen vorhanden; dermaler Schultergürtel in Panzerbildung einbezogen, doch Clav und Iclav noch als solche kenntlich; Extremitäten und Schwanz z. T. bestachelt, noch nicht retraktil, Carapax ca. 0,5 m lang. — *Proterochersidae*, Rückenpanzer hochgewölbt (wie bei *Triassochelys*), mit Mesoplastra; ObTr Wttbg. — *Pleurosternidae*, Carapax flach, wohl bereits aquatisch, u. a., meist Mesoz. Fundgebiete u. a. M- u. WEur, NAm. — *Mio*- oder *Meiolaniidae* mit Stacheln am z. T. sehr großen, bis 0,5 m breiten Schädel; Eoz SAm, Pleistoz Austr.

Subordo: **Pleurodira**

Hals seitlich in den Panzer zurückziehbar. Wurzeln scheinbar in *Amphichelidia*. Wenige sichere Funde aus ObKr und Tert der Nordhalbkugel; rez auf die 3 Südkontinente beschränkt; aquatisch, mit Schwimmfüßen.

Subordo: **Cryptodira**

Hals (mit ? sekundären Ausnahmen) vertikal in S-förmiger Krümmung in den Panzer zurückziehbar; gleicher Herkunft wie vorige; Mesoplastra, Intergularscuta und feste Verbindung zwischen Panzer und Beckengürtel fehlen. Übergangsformen aus J. Ab UKr *Dermatemydidae* und

Emydidae, Amphibionten mit ziemlich flachem Panzer. *Testudinidae*, terrestrisch, Panzer hochgewölbt, mit vorigen wohl nahe verwandt; ab Tert; bis an 1 m lange Panzer z. B. im UOlig Ägypt, bis an 2 m lange im Plioz SOAs. — Schon früh auch Hochseeformen mit reduziertem Panzer: im Carapax vom Rand her gegen die Mitte fortschreitende Durchbrüche, sog. Fontanellen, zwischen den (wieder als solche sichtbar werdenden) Rippen; Bauchpanzer auf peripheren Ring beschränkt, feste Verbindung mit Carapax gelockert; Extremitäten zu Flossen umgeformt (s. S. 197). Verschiedene Stufen dieser Entwicklung bei *Thalassemydidae* (*Thalassemys* und *Eurysternum*, ObJ, Solnhofen), *Toxochel(yd)idae* u. a. *Archelon*, ObKr NAm, ca. 4 m lang, Schale schwach gewölbt, Paddelflossen, richtiger Flachboottyp.

Schon im frühen Tert Formen mit Mosaikpanzer aus kleinen Knochenplättchen über Resten eines normalen Panzers. Interpretiert als in die Bewegtwasserzone des Küstengebietes zurückgekehrte Abkömmlinge von Hochseeformen, und die Bildung eines sekundären (statt Wiederherstellung des primären) Panzers als entscheidender Beleg für die Irreversibilität (s. S. 22). *Dermochelys* (Lederschildkröte, rez) mit Resten eines primären und eines sekundären Panzers unter bzw. in der lederigen Haut, wird als neuerlich in die Hochsee gegangener Nachfahre solcher sekundärer Küstenformen angesehen.

Trionychidae, ab ObKr, rez limnisch, foss wie rez von allen Kontinenten außer SAm und Austr; ohne Hornschilder, Knochenplatten des marginal oft reduzierten Carapax oberflächlich skulpturiert; nehmen ± Sonderstellung ein.

<h2 style="text-align:center">Subclassis: Ichthyopterygia</h2>

Auch die Stellung der *Ichthyopterygia* wird verschieden beurteilt. Meist zählt man die einzige

Ordo: Ichthyosauria

zu den Reptilien, doch v. HUENE reiht sie jetzt als latitabular zu seinen *Batrachomorpha* (s. S. 186, 194), wo sie, über *Tupilakosaurus* (s. S. 187), an Formen wie *Trematosaurus* (s. S. 187) oder *Archegosaurus* (s. S. 186) anschließen sollen.

Die Ichthyosaurier (Abb. 107) sind sehr vollkommene Schwimmer und Hochseebewohner geworden. Ihr Körper, dessen Umriß durch vorzügliche Funde (bsds. Lias, Holzmaden, Wttbg.) genau bekannt ist, wurde äußerlich weitgehend fischähnlich und ± fusiform; der Schädel in eine richtige Schnauze verlängert; der Hals verkürzt und äußerlich fast unkenntlich. Die Haut verlor die Beschuppung. Am Rücken und am Schwanzende entwickelten sich je eine unpaare Flosse, die Gliedmaßen wurden zu paarigen gestaltet.

Im Schädel erfuhren Pmx und Nas mit der Schnauze Verlängerung, ebenso meist der Unterkiefer. Die Nares kamen weit hinten und höher oben zu liegen, was ein nur geringes Auftauchen zum (Luft-) Atmen ermöglichte. Die Augen (in großen Orb) wurden durch einen Ring sog. Sklerotikalplatten geschützt. Der Stapes war kräftig. An Stelle der normalen Vibrationsschalleitung mittels der (offenbar fehlenden) Membrana tympani (= Trommelfell, v. gr. týmpanon = Pauke) ermöglichten Lücken zwischen den Knochen des klobigen Hinterhauptes eine Molekularschallleitung über diese und ein Hören unter Wasser. Im cotylosaurierartigen inneren Ohr (Labyrinth) waren die Canales semicirculares (Bogengänge) gut entwickelt. Das Pinealforamen blieb erhalten. Hoch oben am Schädel findet sich eine „obere", doch nicht wie eine typische parapside umgrenzte

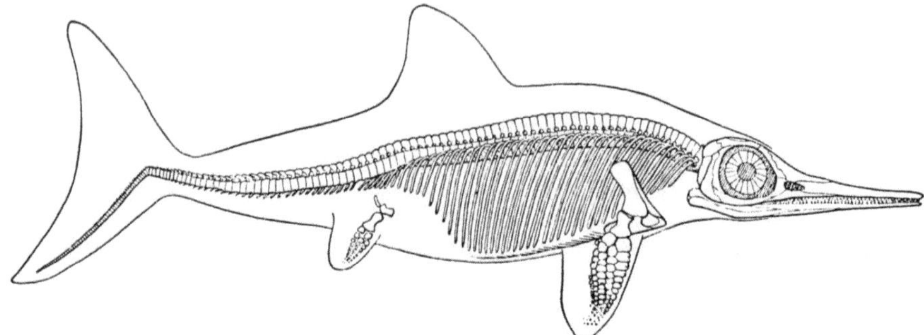

Abb. 107. Skelett und Körperumriß eines jurassischen Ichthyosauriers. Stark verkleinert. Aus ROMER 1936.

Schläfenöffnung. Man hat sie metapsid und die *Ichthyopterygia* auch *Metapsida* genannt.

Konische, gleichförmige Zähne sind die Regel. Zunächst in Alveolen, später auch nur locker in Rinnen implantiert, bilden sie ein richtiges Fanggebiß. Das Kiefergelenk ist — unter Wasser wird die Nahrung kaum zerbissen und zerkaut — schwach.

Die Wirbel sind amphicoel, antero-posterior kurz, die Neuralbögen eher klein. Teilweise noch Ic. Bei den Halswirbeln kommt es zu Verschmelzungen, die Schwanzwirbel setzen sich unter einem ± scharfen Knick in den Unterlappen der senkrechten Schwanzflosse fort. An den Rippen zeigt die Artikulationsart Besonderheiten; u. a. gelenken auch zweiköpfige nur mit den Wirbelkörpern.

Im kräftigen Schultergürtel wird die anfangs etwa dreieckige Iclav ± T-, im Beckengürtel das Il stabförmig (Schwächung der Beinmuskeln) bei Lockerung der Verbindung mit der Wirbelsäule. Arm- und Schenkelknochen werden verkürzt, bilateral abgeflacht und z. T. schließlich carpali- bzw. tarsaliform, unter Minderung der gegenseitigen Beweglichkeit. So dürften die paarigen Flossen, von denen die hinteren meist kleiner blieben, mehr im ganzen bewegt worden sein. Man unterscheidet longi- und latipinnate (v. lat. pínna = Flosse) d. h. mit in der Hand 1 bzw. 2 am int ansetzenden Strahlen; bei jenen ist es zu Hyperphalangie und Hypodaktylie, bei diesen zu Hyperphalangie und Hyperdaktylie gekommen.

Die Lokomotion erfolgte wie bei Fischen durch die Schwanzflosse und undulatorische (v. lat. únda = Welle) Bewegungen des Körpers, während die paarigen Flossen vornehmlich steuerten. Die Nahrung, nach überliefertem Mageninhalt hauptsächlich Fische und Cephalopoden, kam zunächst in einen Kehlsack. Auch Koprolithen sind bekannt. In und an adulten Ichthyosauriern gefundene Jungtierreste wurden als Embryonen, Aasfresser und im Sinne einer Stirpivorie, aus dem Bereich der Genitalöffnung vorragende Jungtiere im Sinne einer Viviparie gedeutet (u. zw., wie auch bei Walen beobachtet, „Steißgeburt").

Die Ichthyosaurier waren groß (Körperlänge ca. 1—17 m, Schädellänge bis 2 m), marin, meist pelagisch, oft wohl gute Taucher. Neben dem Umbau des Gehörapparates erscheinen auch Änderungen in der Gehirn-Blutversorgung als Anpassungen an gesteigerten Wasserdruck. Nur aus dem Mesoz; Blütezeit J.

Zu den primitivsten und ältesten zählt — neben dem unvollständig bekannten, nach den knopfförmigen Zähnen wohl einer durophagen Seitenlinie angehörigen *Omphalosaurus* (Tr NAm) — *Cymbospondylus* (Tr Eur, NAm), Hals und Schwanz noch lang; Endflosse ± länglich-niedrig; Vorderflossen größer als Hinterflossen; Körperlänge gegen 11, Schädellänge bis 1 m; Bewegung wohl etwas schlängelnd. — Ferner *Mixosaurus* (Tr Eur, NAm), Hals schon kurz, Rumpf gedrungen, Schwanz lang; Endflosse mit kleinerem Ober- und größerem Unterlappen; Gliedmaßen latipinnat, noch wenig spezialisiert; wohl nur mäßiger Schwimmer. — Typische, mit großer, ± symmetrischer Endflosse und ± fusiform sind: *Stenopterygius* und *Eurhinosaurus*, beide longipinnat, dieser mit über den Unterkiefer nach vorne (? als Stöberapparat) verlängerter Oberschnauze; *Eurypterygius*, latipinnat, u. v. a. aus dem Lias Eur. Bis in die Kr reicht u. a. *Ophtalmosaurus* mit sehr großen Orb und auf das Kiefervorderende beschränkten, in Rinnen implantierten Zähnen.

Subclassis: Synaptosauria

Auch die *Synaptosauria* (gr. synaptós = verbunden, zusammenhängend) haben ein hochgelegenes Schläfenfenster. Es scheint wieder anders als bei den Ichthyosauriern umrahmt und wohl auch anderer Entstehung. Man unterscheidet 2, von v. Huene zu seinen *Theromorpha* gestellte Ordnungen, die zusammen von P—Kr reichen.

Ordo: Protorosauria

Nur wenige, z. T. unvollständig bekannte Formen. *Araeoscelis* (UP Texas), ca. 0,5 m lang, zart, eidechsenartig. Schläfenfenster klein, Wirbel amphicoel; in der Halsregion ein-, in der Brustgegend zweiköpfige Rippen (mit einander stark genäherten Capitula und Tubercula); Pub und Isch Platte ohne größeren Durchbruch bildend. Gleiche Merkmale bei *Protorosaurus* mit etwa doppelter Körperlänge und wesentlich größeren Hinter- als Vorderbeinen; im Kupferschiefer (P Eur) Skelette als „Knochenkreise" = wohl nach Mumifizierung kreisförmig eingekrümmt. *Weigeltisaurus*,

früher *Palaeochamaeleo*, (ObP Eur), klein, mit Nackenschild hinten am
Schädel. *Trilophosaurus* (Tr NAm) kräftig, mit kurzem, hohen Schädel,
an Diadectiden (s. S. 195) erinnern den Bz und zahnlosem, wohl Hornscheiden
tragendem Schnabel. *Tanystropheus* (Tr MEur), Halswirbel sehr verlängert (lange als Flugfingerknochen von Pterosauriern, s. S. 219, bzw.
Schwanzwirbel mißdeutet); Länge von Kopf : Hals : Rumpf : Schwanz
wie 1:10:3:7 bei Gesamtlänge von ca. 4,5 m. *Pleurosaurus* (ObJ Eur),
Hals kurz, Rumpf lang, Schwanz sehr lang; 5 Hals-, 43 Rumpf-, bis 120
Schwanzwirbel bei 1,5 m Körperlänge; Extremitäten sehr klein, Zähne
lang, spitz. Die nach Körperproportionen und Gebiß also recht unterschiedlichen, wohl teils terrestrischen, teils amphibiotischen oder aquatischen Protorosaurier wurden als mögliche Vorläufer der Lepidosaurier
(s. S. 211) in Betracht gezogen; jetzt neigt man mehr dazu, diese von
diapsiden Reptilien herzuleiten und in den Protorosauriern einen blinden,
von (?) Cotylosauriern früh abgespaltenen Seitenzweig zu erblicken.

Ordo: Sauropterygia

Wenn man mit ROMER die oft als eigene Ordnung bewerteten *Placodontia* hier eingliedert, haben die (bei so weiter Fassung auch *Dranite-
sauria* genannten) Sauropterygier außer dem synaptosauriden Schläfenfenster etwa folgende Merkmale gemeinsam: Das Pinealforamen; das
Fehlen des Qujug; die Verlagerung der Nares gegen hinten-oben; die
Einengung der Ipt-Lücken bis zu völligem Verschluß durch Vereinigung
der Pt in der Medianen; die bikonkaven bis biplanen Wirbel; die Ausbildung eines Gastralrippengeflechtes; die Verkleinerung von Scap und Il
wie die Umgestaltung der Beine zu Paddelflossen. Alle haben das Landleben ± weitgehend mit dem Wasserleben vertauscht, viele sind rein
aquatisch und marin geworden. Über die Herkunft der einzelnen, mehrfach
verästelten Linien (? von primitiven, terrestrischen-amphibiotischen
Protorosauriern) weiß man Bestimmtes noch nicht.

Subordo: Nothosauria

Die *Nothosauria* (gr. nóthos = unehelich, unecht) sind ein früher, nur
mäßig aquatisch adaptierter Sauropterygierzweig (bsds. MTr Eur). Aufenthalt und Fortbewegung dürften am Festland noch möglich gewesen sein.
Schädel bald mehr kurz-breit, bald mehr länglich-schmal, Nares wenig
rückwärts verlagert, Ipt-Lücken aber ganz verschlossen; Zähne nur an den
Kieferknochen, mit spitz- bis stumpfkegeligen Kronen, untereinander
größen-, doch nicht formverschieden (sog. anisodontes Gebiß); Gliedmaßen
wenig flossenartig, ihre Knochen bis auf Verkürzung in Unterarm und
Unterschenkel kaum gegenüber Landformen verändert; Zehen (?) durch
Schwimmhäute verbunden. — *Nothosaurus*, an 3 m lang, wohl ichthyophag, u. a., alle mehr Küsten- als Hochseeformen. — *Trachelosaurus*
(UTr MEur), Hals ziemlich lang (20 Halswirbel), nach dem Becken noch
mehr terrestrisch; unvollständig bekannt, Zugehörigkeit fraglich.

Subordo: **Plesiosauria**

Die *Plesiosauria* sind die am weitesten an das Wasserleben angepaßten Sauropterygier. Bei Körperlängen bis zu 15 m ähneln sie in der äußeren Form schalenlosen Schildkröten und repräsentieren wie diese den Flachboottyp mit ventral flachem Rumpf, kurzem Schwanz und annähernd gleichgroßen, länglich-schmalen Paddelflossen. Schädel relativ klein, Nares hochgelegen, Ipt-Lücken klein; Zähne am Kieferrand, in Alveolen, konisch, auf der Außenfläche mit „Kammlinien". Hals von unterschiedlicher Länge. Scap dorsal schmal, Il nur lose mit Sa-Rippen verbunden; Scap ventral mit Corac und Pub mit Isch Platten bildend; zwischen beiden Gürteln dichtes Gastralrippengeflecht (Abb. 108). Hum und Fem kräftig, Unterarm- und Unterschenkelknochen verkürzt, Hand- und

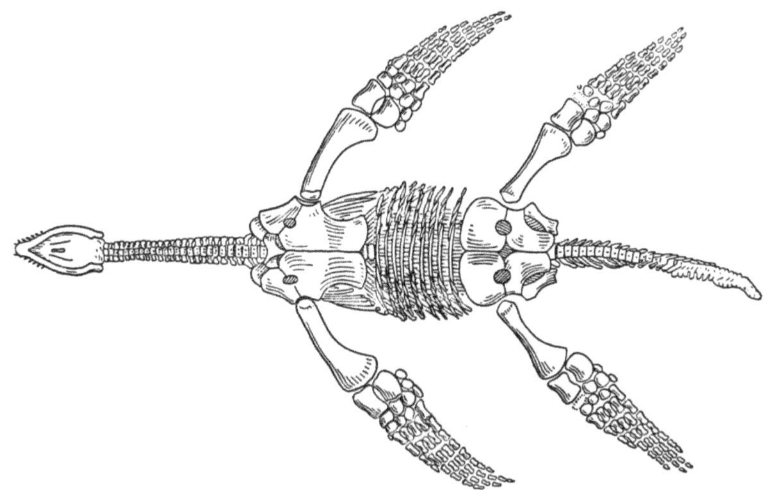

Abb. 108. Skelettrekonstruktion von *Thaumatosaurus* (UJ MEur), von unten, um bes. die ventrale Entwicklung der Extremitätengürtel und das Bauchrippengeflecht zu zeigen. Originallänge 4 m. Aus DE SAINT-SEINE in PIVETEAU 1955.

Fußknochen bis auf bilaterale Verflachung von normaler Form. Flossen spitz endend, 4. Strahl am längsten, in der Regel Hyperphalangie.

Plesiosaurier kennt man ab der Tr/J-Wende, aus dem Lias Eur, bes. Holzmaden, viele, sehr gut erhaltene Funde; aus UKr auch vom AustrFngeb, aus ObKr vor allem von NAm. Sie zerfallen in 2 Gruppen. Langhalsig-kurzschnauzig sind *Plesiosaurus, Muraenosaurus* (Abb. 109), *Cryptocleidus* (meist J Eur); *Elasmosaurus* (ObKr NAm) mit 7 m langem Hals (über 70 Halswirbel) bei 13 m Körperlänge. Kurzhalsig-langschnauzig *Pliosaurus* und *Thaumatosaurus* (J Eur), *Brachauchenius* (Kr NAm) u. a. Sämtlich ± Hochseeformen.

Subordo: **Placodontia**

Wohl gleich den Nothosauriern wenig gewandte Schwimmer und Bewohner des Litorals. Rumpf relativ hoch, im Querschnitt fast abgerundet-dreieckig, ventral durch das Gastralrippengeflecht, dorsal — verschieden dicht — durch Hautknochen gepanzert, daher wenig in sich beweglich. Schwanz ± lang, distal bsds. laterad beweglich. Extremitäten scheinbar wenig aquatisch adaptiert. Schädel hoch, massiv, Choanen gewöhnlich fast unter den rückwärts verschobenen Nares = Nasengang oft nahezu senkrecht. Gaumendach ausgedehnt, meist dicht mit Zahnplatten gepflastert, Pmx mit Greifzähnen oder zahnlos. Der als Regel kräftigen Bezahnung entsprechen ein ebensolcher Jochbogen und ein aufwärtiger Fortsatz des Cor als Ansatzflächen der starken Kiefermuskel. Nahrung wohl vornehmlich durophag. *Placodus* mit vorderem Greifgebiß (Abb. 110) mag Muscheln von Bänken losgebrochen haben, *Cyamodus* mit reduzierten Vorderzähnen

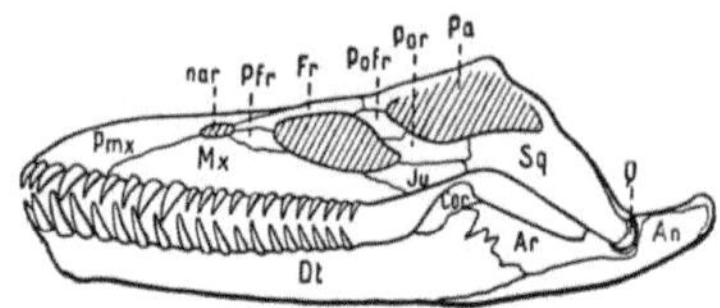

Abb. 109. Schädel von *Muraenosaurus* SEELEY (ObJ WEur) in Seitenansicht. Originallänge 390 mm. *An* = Ang, *Ar* = Art, *Dt* = Dent, *Ju* = Jug, *nar* = Nares, *Pa* = Par, *Pfr* = Prfr, *Por* = Poorb, *Q* = Qu, die übrigen Abkürzungen wie üblich. Aus DE SAINT-SEINE in PIVETEAU 1955.

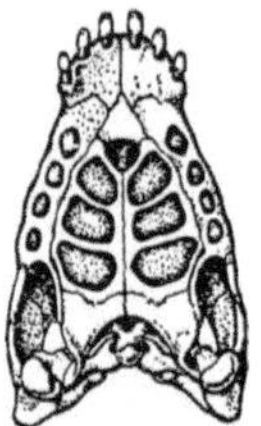

Abb. 110. *Placodus*-Schädel von unten, um das Gebiß (Greifgebiß und Pflasterzähne) zu zeigen. Stark verkleinert. Aus KUHN 1951.

und *Placochelys* mit zahnloser, in einen schmalen Fortsatz vorgezogener Schnauze mögen freie Schaltiere verzehrt haben. *Henodus*, fast zahnlos, Schnauze querverbreitert und ? mit Hornscheiden, sowie die nur spärlich bekannten *Helvetiosauridae* mit zahlreichen, spitzen Zähnen, ernährungsbiologisch abweichend. Alle nur aus Tr M- und OEur.

inc. sed. Ordo: Mesosauria

Die Stellung der *Mesosauria* ist noch immer unklar. Sie werden bald den *Ichthyosauria*, häufiger den *Synaptosauria* oder *Synapsida* angereiht, in deren Nähe sie wohl am ehesten gehören dürften[1]. Klein, langschnauzig, Nares weit hinten und oben; obere Zähne nach unten-außen, untere nach oben-außen gerichtet, zusammen Fangrechen bildend. Hals mäßig lang, Rumpf lang, Rumpfwirbel und (einköpfige) Rippen verdickt. Scap kurz und breit, Corac lang, Verknöcherung im Beckengürtel z. T. unvollständig.

---

[1] Völlig ordnen sie sich aber auch hier nicht ein; so scheint für die Zuordnung zu *Synapsida* der Schläfenbau, dagegen die Einköpfigkeit der Rippen zu sprechen usf.

Vorderbeine kleiner als Hinterbeine. Unterarm- und Unterschenkelknochen stark verkürzt, voneinander durch mäßiges Spatium interosseum
(lat. = Knochenzwischenraum) getrennt. Längenverhältnisse von Fingern
und Zehen verändert, (? nur) 5. Zehe mit leichter Hyperphalangie. Schwanz
lang, bilateral komprimiert. Nach diesen Merkmalen wohl vorwiegend
aquatisch und klinonektonisch.[1] Nur wenige Formen, ObKarb-UP
SAfr, SAm.

Subclassis: **Synapsida**

Die *Synapsida* haben ursprünglich eine kleine, mehr lateral als dorsal,
also tief gelegene Schläfenöffnung, über der sich Poorb und Sq treffen;
später wurde sie mitunter dorsad erweitert, wobei Poorb und Sq unter ihr
sekundären Kontakt fanden. Manche Autoren zählen auch die *Synaptosauria* hierher und v. HUENE reiht *Synaptosauria* und *Synapsida* als
Therapsida zusammen und seinen *Theromorpha* ein. In der hier gewählten
Umgrenzung ROMERS beginnen die *Synapsida* im ObKarb und gehen nur
in spärlichen, fraglichen Resten über die Tr hinaus. Neben der Synapsidie
gehören das Pinealforamen, die Lage des Trommelfelles knapp über dem
Kiefergelenk, die meist geringe Reduktion der Schädelknochenzahl, die
Amphicoelie, die Zweiköpfigkeit der Rippen, der wohl entwickelte dermale
Schultergürtel, die oft kräftig-stämmigen Gliedmaßen zu den ± typischen,
z. T. als primitiv zu bewertenden Skelett-Eigenschaften, während ein
zweites (hinteres) Cor und im Gebiß die Neigung zu Differenzierungen
innerhalb der Zahnreihe fortschrittliche Züge sind.

Die Synapsida waren meist terrestrisch und räuberisch, einige
wurden wohl amphibiotisch bzw. aquatisch, andere herbivor.

Ordo: Pelycosauria

Die (auch als *Theromorpha* i. eng. S. bezeichneten) *Pelycosauria* umfassen die ursprünglichsten, fast noch cotylosaurierartigen *Synapsida*.
Man kennt sie vor allem aus den Red Beds von Texas (ObKarb-UP), spärlicher aus anderen, meist altersgleichen Ablagerungen (Eur, Afr).

Subordo: **Ophiacodontia**

Hierher die am wenigsten spezialisierten Pelycosaurier. Bei *Varanosaurus* (UP NAm, Abb. 111) Schädel langschnauziger (länger) und niedriger als bei Cotylosauriern; Zähne zahlreich, an den Kieferrändern, ein
Zahn nahe dem Mx-Vorderende wie C(aninus) = Säugereckzahn („Hunds-
zahn") größer als seine Nachbarn. Wirbel noch mit Ic, Neuralbögen
schmäler als bei Cotylosauriern, etwas aufgetrieben, Proc spin wenig

---

[1] Klinonektonisches (gr. klínein = neigen) Schwimmen, d. h. Schwimmen
mit schräg gestellter Körperachse, ist vor allem bei sekundär aquatischen
Tetrapoden nicht selten (Molche, Krokodile und andere amphibiotische
Reptilien); ihm entspricht eine Lokomotion vornehmlich durch Hinterbeine
und Schwanz und damit eine starke Größendifferenz zwischen Vorder- und
Hintergliedmaßen.

länger als dort; Gliedmaßen länger und schlanker; Schwanz lang; Gesamtproportionen etwas eidechsenartig. *Varanosaurus*, 1 m lang, vielleicht semiaquatisch, ichthyophag; *Ophiacodon* (UP NAm) gegen 4 m

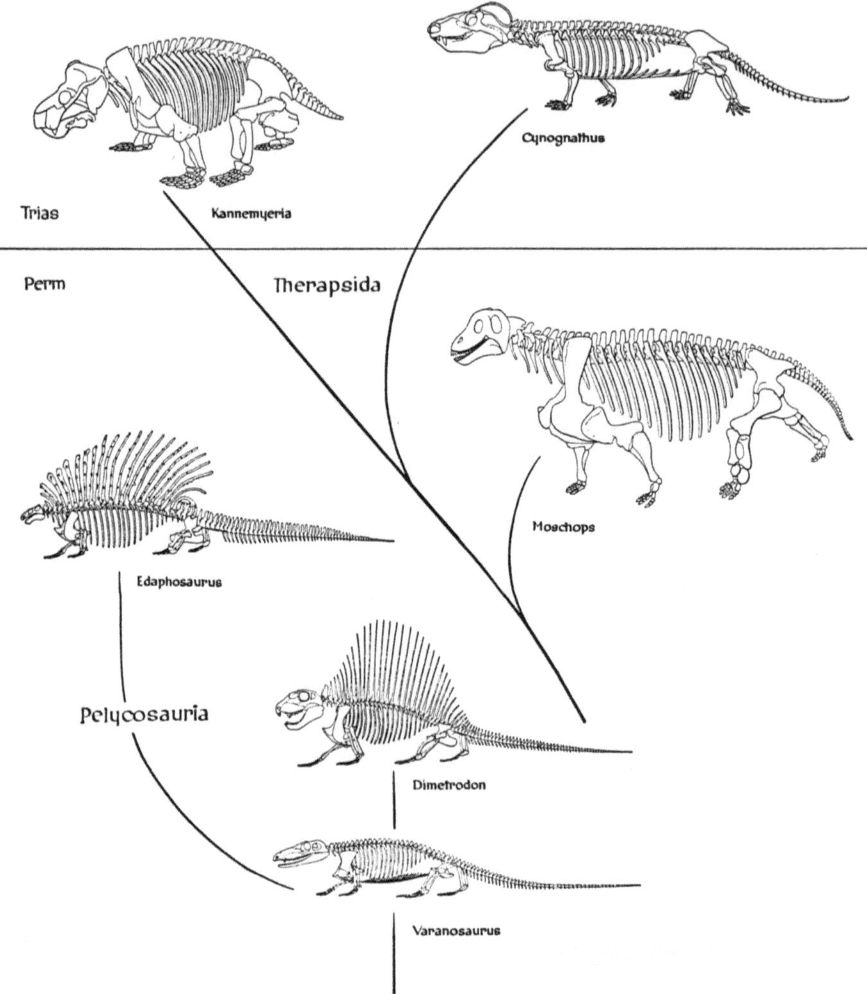

Abb. 111. Skelettrekonstruktionen verschiedener Pelycosaurier und Therapsiden in einer die zeitliche Verbreitung und die mutmaßlichen Evolutionslinien veranschaulichenden Anordnung. Größen nicht maßstäblich. *Varanosaurus* (Subordo *Ophiacodontia*), *Dimetrodon* (Subordo *Sphenacodontia*), *Edaphosaurus* (Subordo *Edaphosauria*), *Moschops* (Subordo *Dinocephalia*), *Kannemeyeria* (nicht *Kannemyeria*, Subordo *Dicynodontia*), *Cynognathus* (Subordo *Theriodontia*). Aus KUHN-SCHNYDER 1954.

lang; andere eher insecti- bzw. carnivor (Fleischfresser). ObKarb-P NAm, ?Eur.

Subordo: **Sphenacodontia**

Schädel hoch, schmal, langgesichtig. Zähne komprimiert, mit scharfen Kanten; deutlicher anisodont. Kiefergelenk tiefliegend (Abb. 113, 4), Unterrand des Hinterschädels entsprechend gegen unten-vorne abgebogen. Im Unterkiefer Ang mit flanschartigem, abwärts gerichteten Vorsprung. Körper und Gliedmaßen schlank; wohl gewandter bewegliche Räuber. Proc spin von Hals- und bes. Rumpfwirbeln z. T. verlängert, beim kurzschwänzigen *Dimetrodon* (P NAm, Abb. 111) bis auf das 25fache der Wirbelkörperhöhe, und wohl in vivo untereinander durch Haut verbunden.

Subordo: **Edaphosauria**

(Gr. édaphos = Boden). Teils ähnlich *Dimetrodon* (s. o.), doch verlängerte Proc spin mit Knoten und Stacheln. Schädel kürzer; Zähne mehr stumpf, kein caniniformer Zahn, z. T. Kauplatten. Klein bis über 2,5 m lang; Körper gedrungener, Rumpf tonnenförmig; wohl herbivor. *Edaphosaurus* (*Naosaurus*, Abb. 111) ?ObKarb-UP Eur, NAm; *Casea*, UP NAm; u. a. Vielleicht hierher auch kleinere, primitivere Formen (UP SAfr) wie *Galeopidae* (*Dromasauria*), wo ph-Formel 2, 3, 3, 3, 3 vorkommt.

Ordo: Therapsida

Innerhalb der *Therapsida* (gr. thérion = wildes Tier, Raubtier, Säugetier) hat sich die Wandlung vom Reptil zum Säugetier angebahnt. Da dies in wechselndem Grade geschah und schon früh mehrere Haupt- wie Seitenlinien mit z. T. auch ernährungsmäßig unterschiedlichen Differenzierungen feststellbar sind, ergibt sich eine stärkere Aufgliederung. MP-MTr bes. SAfr, Karroo Beds.

Subordo: **Dinocephalia**

(Gr. deinós = furchtbar, schrecklich, Abb. 111). Schädel in vielem pely-cosaurid bzw. dimetrodontid, doch Dach domartig gewölbt, Pt fest mit Hirnkapsel verbunden, Qujug reduziert. Übriges Skelett auch in manchem primitiv, z. B. Extremitätengürtel. Freie Gliedmaßen meist kräftig, vordere nach hinten, hintere nach vorne ± unter den oft massigen Körper hineingedreht, ihn, bei zunehmender Beschränkung ihrer Beweglichkeit auf die antero-posteriore Richtung über dem Boden dahintragend. ph-Formel scheinbar wie bei Säugern üblich (2, 3, 3, 3, 3.) Man unterscheidet die

Infraordines: Titanosuchia und Tapinocephalia

(gr. Títan = Riesengottheit, sōuchos = Krokodil, tapeinós = niedrig), jene mit caniniformem Zahn z. T. carni-, diese mit kleinen Zähnen vermutlich herbivor. Vorwiegend große Formen.

Subordo: **Dicynodontia**

Die *Dicynodontia* oder *Anomodontia* (gr. kýon = Hund, ánomos = gesetzlos, Abb. 111), hatten anfangs außer den C-förmigen Oberkieferzähnen noch kleinere; später nur jene u. zw. (?) nur die ♂, während die vorne herabgebogenen Kiefer wohl eine Hornscheide trugen. Durch Ausdehnung von Pmx, Mx und Pal begann sich unter dem primären Munddach ein sekundärer Gaumen zu bilden. Auch anderes, z. B. die ph-Formel 2, 3, 3, 3, 3, weist in Säugerrichtung, doch schließt schon die Gebißreduktion eine Reihung direkt in die Aszendenz (v. lat. ascéndere = aufsteigen) der *Mammalia* (v. lat. mámma = Brust, Zitze) aus. Gliedmaßen kurz und gedrungen, Bewegung auf dem Lande wohl

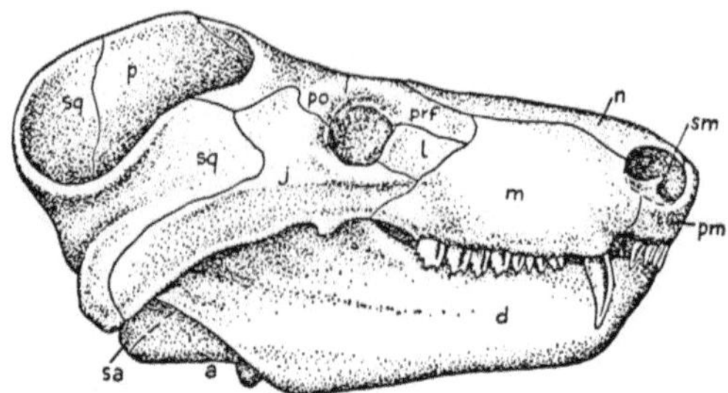

Abb. 112. Schädel samt Unterkiefer von *Cynognathus* (UTr SAfr), Seitenansicht. Schädellänge ca. 50 cm. *a* = Ang, *d* = Dent, *j* = Jug, *l* = Lacr, *m* = Mx, *n* = Nas, *p* = Par, *pm* = Pmx, *po* = Poorb, *prf* = Prfr, *sa* = Sang, *sm* = Septomaxillare (ein bei manchen Vertebraten verschiedener Gruppen vorkommender kleiner Deckknochen im Grunde der Nares), *sq* = Squam. Aus ROMER 1936.

schwerfällig. Vermutlich ± Sumpf- bis Wasserbewohner; *Lystrosaurus* wurde mit dem Sirenentyp der Säuger (s. S. 313) verglichen. Kleinste kaum über rattengroß, größte von den Ausmaßen kleiner Flußpferde. P-Tr Eur, OAs, NAm, SAm, bes. P SAfr und OAfr. Mehrere hundert Arten.

Subordo: **Theriodontia**

Säugerhafte Entwicklung betonter. Weniger bei der

Infraordo: **Gorgonopsia**

(gr. górgon = mythisches Ungetüm, ops = Auge, Gesicht), wo *Scymnognathus* (M-ObP) sekundären Gaumen, durch Verschmelzung unpaaren Vo bei ph-Formel 2, 3, 4, 5, 3 (mit kurzem 4. und 5. Strahl) hat; viel mehr bei der

Infraordo: **Cynodontia**

Formen wie der am besten bekannte *Cynognathus* (UTr, SAfr, Abb. 111, 112) leicht gebaut, räuberisch (insectivor bis carnivor). Pinealforamen verkleinert, Temporalöffnung bis zum Par vergrößert (s. S. 205); Itemp-

Region schmal, median eine Art Sagittalcrista (lat. crísta = Kamm), einen Scheitelkamm, bildend; Prfr, Qujug, Qu reduziert, Pofr verschwunden; Vo verschmolzen, sekundäres Gaumendach mit auch median aneinanderstoßenden Pt; Cond occ zweiteilig, Occiput (lat. = Hinterhaupt) eine solide Platte und weitere in **Mammalier-Richtung weisende Züge**[1], bes. in **Kiefergelenk, Unterkiefer und Gebiß.** Dent vergrößert, mit nach oben-hinten gerichtetem, fast das Sq berührendem Fortsatz, andere Mdb-Knochen reduziert (Abb. 113, 6); Stapes sich vom Qu gegen das innere Ohr erstreckend; Differenzierung in incisiviforme (= schneidezahnartige) Vz, caniniforme Zähne und meist mehrspitzige Bz. Gaumen und Mandibel-Innenfläche zahnlos. Gehirn noch klein und reptilartig.

Wirbel ohne Ic, amphicoel; Rippen vom Hals bis zur Schwanzwurzel zweiköpfig. Schultergürtel ohne Cleithr, aber mit 2 Corac (jederseits); Scap-Vorderseite nach außen gedreht, Clav mit beginnender Spina scapulae (s. S. 240) in Verbindung. Im Beckengürtel Il vorwärts ausgedehnt, Sa-Rippenzahl vermehrt, Pub und Isch dorsad verschoben, zwischen ihnen ein For obturat(orium), (lat. obturāre = verstopfen). Am Fem Caput (lat. = Kopf) mehr intern als terminal, extern (lat. intérnus = innen-, extérnus = außen befindlich) ein Troch(anter) maj(or) (= größerer Rollhöcker) zur Anheftung der vom Il kommenden Muskel. Bei *Cynognathus* ph-Formel noch 2, 3, 4, 5, 3, Zehen bis auf die erste fast gleichlang. Diese Umbildungen größtenteils mit **Änderung der Gliedmaßenstellung** bzw. der zugehörigen Muskulatur und Lokomotionsmechanik in Zusammenhang. Inwieweit auch die inneren Organe in Richtung auf die Säuger verändert waren, ferner Wärmehaushalt (Kalt- oder Warmblütigkeit, Körperbedeckung), Fortpflanzung usw., wissen wir noch nicht.[2]

Viele klein, andere bis etwa wolfsgroß. Früheste im ObP S u. OAfr, späteste MTr SAm.

Infraordo: **Therocephalia**

Die *Therocephalia* (MP-UTr) scheinen im ganzen älter als die Cynodontier, doch vor allem durch die ph-Formel 2, 3, 3, 3, 3 noch um einen Schritt den Säugern näher. Die *Bauriidae* (UTr) werden mitunter auch als den Therocephaliern gleichwertige Einheit aufgefaßt.

Ordo: **Ictidosauria**

Die *Ictidosauria* (ObTr-UJ Euras, SAfr, NAm) sind kleine, fast nur durch Schädel-, Kiefer-Fragmente und Zähne bekannte Formen, die man

---

[1] Z. B. eine, dem Sphethm der Amphibien und Reptilien entsprechende, wahrscheinlich dem Praesphenoid (Prsph) der Säuger gleichwertige Verknöcherung.

[2] Immerhin gibt z. B. der sekundäre Gaumen gewisse Hinweise, da er Atmen während des Fressens gestattete, was für normale Reptilien, die mit der Atmung aussetzen können, nicht, wohl aber für Säuger ohne diese Fähigkeit wesentlich ist.

noch zu Reptilien wie schon zu Säugern stellte. Ihre Beurteilung ist deshalb so schwierig, weil das osteologisch (knochenkundlich) entscheidende Kriterium: ob den Unterkiefer samt mandibularem Gelenkanteil schon, wie bei Säugern, allein das Dent bildete, während die ursprünglichen postdentalen Unterkieferknochen reduziert bzw. das Ang zum Ann(ulus) tymp(anicus) = Paukenring, das Art (? mit dem Goniale = Prart) zum Malleus und das Qu zum Incus (lat. = Amboß) wurden (Abb. 113)[1], bei diesen kleinen Formen noch schwerer als bei den größeren Theriodontiern zu beurteilen ist[2]. Bei einigen Formen aus SAfr, mit sekundärem Gaumen, ohne

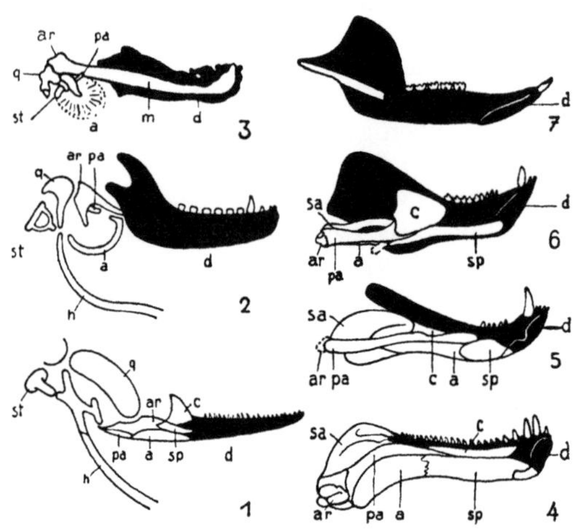

Abb. 113. Die Knochen in der Unterkiefer- und Ohrgegend bei Reptilien und Säugern, schematisch. *1* Normalzustand bei Reptilien und *2* bei Säugern; *3* Verhältnisse beim menschlichen Embryo und *4—7* bei synapsiden Reptilien u. zw.: *4* Unterkiefer von *Dimetrodon* (P NAm), *5* von *Cynarioides*, einem Gorgonopsier (P SAfr), *6* von *Cynognathus* (UTr SAfr), *7* *Tritylodon* (ObTr WEur). *a* = Ang bzw. Ann tymp, *ar* = Art bzw. Malleus, *C* = Cor, *d* = Dent, (schwarz), *h* = Zungenbein, *m* = Meckelscher Knorpel, *pa* = Prart (Goniale), *q* = Qu bzw. Incus, *Sa* = = Sang, *sp* = Splen, *st* = Stapes (Columella auris). Aus KUHN 1951.

Prfr, Pofr und Poorb (= ohne Orb und Schläfengrube trennende Knochenbrücke) scheinen noch kleine postdentale Knochen vorhanden; ebenso bei *Dromatherium* und *Microconodon* (ObTr NAm) mit 3 incisiviformen, 1 caniniformen und 10 einwurzeligen, aber dreispitzigen Zähnen (mit Haupt- sowie vorderem und hinterem Nebenhöcker) im Dent. Bei *Tritylodon* (ObTr Eur. SAfr, Abb. 113, 7), *Bienotherium* (ObTr OAs) und ihren Nächstverwandten, die mit nagerähnlichem vorderem Zahnpaar und in Längsreihen geordneten Höckerchen an den hinteren Zähnen an *Multi-*

---

[1] Hammer, Amboß und Steigbügel bilden bei den Säugern an Stelle der Columella auris (= unverknöcherte Extracolumella + Stapes der niederen Tetrapoden, s. S. 183) die Kette der „Gehörknöchelchen".

[2] Vor allem läßt die Kleinheit dieser Kiefer oft kaum ausmachen, ob ein Fehlen jener postdentalen Knochen primär oder bloß fossilisationsbedingt ist.

tuberculata (s. S. 254) wie an gewisse *Marsupialia* (s. S. 256 ff.) erinnern, werden von Schädel und Unterkiefer reptilhafte Züge angegeben; sie werden jetzt auch zu den *Cynodontia* gestellt.

Subclassis: Lepidosauria

Die *Lepidosauria* werden vielfach mit den *Archosauria* (s. S. 215) als *Diapsida* oder *Sauromorpha* vereinigt. Ursprünglich haben nämlich auch sie — wohl in Zusammenhang mit einer Teilung des Musc temp — 2, durch eine Spange aus Poorb und Sq getrennte Schläfenfenster, was eine mit den Archosauriern gemeinsame Wurzel wahrscheinlich macht. Als solche kommt besonders die

Ordo: Eosuchia

in Frage, die v. HUENE deshalb den Lepidosauriern und Archosauriern voranstellt. Die *Eosuchia* sind mit typischen Vertretern im ObP SAfr, die ältesten bisher bekannten diapsiden Reptilien. Im Schädel wären das Vorhandensein von Stemp, Popar, Tab, Pinealforamen, eine bewegliche Verbindung der Pt mit der Hirnkapsel sowie Gaumenzähne neben thekodonten am Kieferrande; an den Wirbeln Amphicoelie und Reste von Ic primitive Züge. Extremitäten mäßig schlank, typisch reptilhaft, in den Proportionen eidechsenartig. Am besten bekannt ist *Youngina* (P). *Prolacerta* (UTr SAfr) mit unvollständiger unterer Temporalspange dürfte den Weg der Entstehung der *Squamata* (s. S. 212) zeigen. ROMER rechnet noch die *Champsosauridae* (ObTr-UEoz Eur, NAm) hierher, kleine krokodilähnliche, vermutlich ichthyophage Süßwasserformen, die auch bereits zu den *Rhynchocephalia* gereiht (s. unten) werden. Recht unsicher scheint die Stellung der

inc. sed. Subordo: Thalattosauria

(v. gr. thálatta = Meer). Unzureichend bekannt. Schädel langschnauzig, Nares rückwärts verlagert, Sklerotikalring; vordere Kieferzähne ± spitz-, hintere und Gaumenzähne ± stumpfkronig; in Schläfenregion scheinbar nur ein unteres Fenster gesichert. Hals kurz, Rumpf lang, Armknochen (bes. Unterarm) verkürzt; wohl Litoralbewohner mit paddelförmigen Flossen. Bisher nur aus ObTr Kaliforniens.

Ordo: Rhynchocephalia

Die *Rhynchocephalia* haben meist eine schnabelartig nach unten gekrümmte Ober-Schnauze, die den vorne aufwärts gebogenen Unterkiefer übergreift und eine Bezahnung aus flachkuppigen Pflasterzähnen bzw. bilateralabgeflachten, dreieckigen Palisadenzähnen (Sägegebiß) an Gaumen und Kiefern, die z. T. verschwinden, vorne auch durch knöcherne Höcker verstärkt werden kann. Stemp, Tab und Lacr fehlen, ein Pineal-

foramen ist vorhanden. Die Wirbel sind ± amphicoel, die Rippen fast
einköpfig, aber an Zentren und Bögen gelenkend; gastrale kommen vor.
Der plattenförmige Ventralteil des Beckengürtels hat eine große Öffnung,
der Schwanz ist häufig bilateral komprimiert. Die Extremitäten zeigen
manchmal abweichende Proportionen, die hinteren sind oft sehr kräftig
bekrallt. Es dürfte sich teils um terrestrische, teils um amphibiotische
Formen handeln, die Nahrung mag bei jenen aus harten Pflanzenteilen,
bei diesen aus hartschaligen Wassertieren bestanden haben. Ab Tr, aus
allen Erdteilen außer NAm.

Claraziidae und *Rhynchosauridae*, diese mit stufenweise zunehmender
Größe und Schnabelkrümmung, bezeugen trotz spärlicher Funde eine reiche
Entwicklung in der Tr. — *Sphenodontidae*, fossil nur *Homaeosaurus* (J Eur),
ein gut erhaltenes Stück aus Solnhofen mit Spuren von Todeskampf oder
Leichenverrückung und ? mit Fischschuppen in der Magengegend; *Sphen-
odon = Hatteria* (Brückenechse, rez, Nsld) mit wohl entwickeltem Parietalauge und Chordaresten in den amphicoelen Wirbeln.

Ordo: Squamata

Zu den nach der Körperbeschuppung benannten *Squamata* (lat.
squāma = Schuppe) gehören die noch heute in Blüte stehenden Eidechsen
und Schlangen. Sie reichen weit in das Mesoz zurück, wo auch seither
erloschene Seitenlinien existierten.

Den Schädel kennzeichnet die Steigerung seiner Beweglichkeit.
Er ist primär bei Tetrapoden nicht akinetisch oder monimostyl (gr.
a = un, kinēin = bewegen, mónimos = bleibend, fest) sondern kinetisch,
d. h. in sich beweglich, u. zw. bald etwa in der Mitte: mesokinetisch
(vgl. z. B. S. 175/176); bald hinten (im Bpt-Gelenk): metakinetisch; bald an
beiden Stellen: amphikinetisch. Bei Lepidosauriern kam nun zur Beweglichkeit im Bpt-Gelenk mit dem Verschwinden des Qujug und der Reduktion
des Sq noch eine solche des Qu: Streptostylie. Dabei ging wohl dem unteren
Schläfenfenster meist die untere Begrenzung verloren und deshalb wurde
die Zugehörigkeit zu bzw. die Herkunft von diapsiden Reptilien in Zweifel
gezogen. Weitere Veränderungen (Verschwinden von Popar, Tab oder
Stemp, Reduktion bzw. Schwund des Lacr) führten im Extrem zu einem
richtigen Traversenschädel (s. S. 193); die nur ligamentöse Verbindung
der Mdb-Äste (s. S. 157) am Vorderende statt einer Mdb-Sy(mphyse)
sowie ein Gelenk in der Mitte jedes Kieferastes erhöhten bisweilen die
Kieferbeweglichkeit. Doch kam es sekundär auch zu Beweglichkeits-
minderung (Rückbildung der Streptostylie, z. B. Chamäleons). Demgegen-
über sind das häufig vorhandene Parietalauge, das ursprüngliche Verhalten des Gaumens wie die Akro- oder Pleurodontie primitive Züge.

Die amphi- bis procoelen Wirbel mit einköpfigen, nur an den Centra
gelenkenden Rippen haben bei Schlangen besondere Spezialisationen
(s. S. 215), die Gliedmaßen bei ihnen wie bei einigen Eidechsen Verkümmerung, aber auch Umbildung zu Greiffüßen (Chamäleons) oder zu
Flossen erfahren. Die bei Eidechsen aus Schieblaufen und Schlängeln
kombinierte Lokomotion wurde bei Gliedmaßenverlust zu bloßem Schlän-

geln, bei rein aquatischer Lebensweise zu Schlängeln und Paddeln. Die *Squamata* sind und waren vorwiegend Räuber, seltener herbivor. Die Schlangen sind zu (auch mit Giftzähnen bewehrten) Schlingern geworden. Von den beiden gewöhnlich unterschiedenen Gruppen ist die

Subordo: **Lacertilia**

(lat. lacérta = Eidechse) im ganzen die primitivere. Von manchen werden zu ihr schon hier mit ROMER den Eosuchiern zugezählte (s. S. 215) Funde aus der Tr gerechnet; im übrigen sind *Gekkota* nicht, *Rhiptoglossa* (Chamäleons) nicht sicher fossil belegt, *Iguania* und *Anguimorpha* (Blindschleichen) spärlich ab Kr, *Scincomorpha* ab Eoz bzw., wenn ihnen *Ardeosaurus* zugehört, ab J. Bis J müssen auch die ab Kr beurkundeten

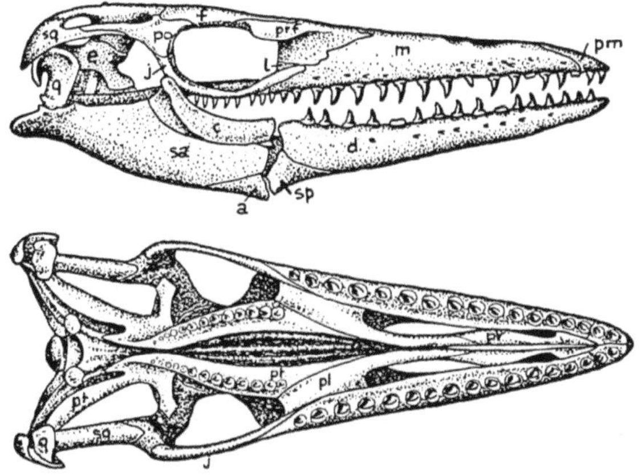

Abb. 114. Mosasaurierschädel, oben: *Clidastes* (samt Unterkiefer), Seitenansicht; unten: *Platecarpus*, Ventralansicht; beide ObKr NAm, Schädellängen um 60 cm. *a* = Ang, *c* = Cor, *d* = Dent, *e* = Eppt, *f* = Fr, *j* = Jug, *l* = Lacr, *m* = Mx, *pl* = Pal, *pm* = Pmx, *po* = Poorb, *prf* = Prfr, *pt* = Pt, *pv* = Vo, *q* = Qu, *sa* = Sang, *sp* = Splen, *sq* = Sq. Aus ROMER 1936.

Platynota zurückgehen mit den altweltlichen, heute bis 4 m, im Pleistoz bis etwa doppelt so langen *Varanidae*, da in ihnen wohl die Schlangen wie die nur aus der Kr bekannten *Dolichosauria* und *Mosasauria* wurzeln. Der Weg zu den 2 letzten wird durch die Galapagosechsen der Jetztzeit (*Conolophus* und *Amblyrhynchus*) veranschaulicht.

Die eher kleinen *Dolichosauria* (gr. dolichós = lang) hatten einen blindschleichenähnlichen Körper, aber wohlentwickelte, flossenartige Gliedmaßen. Schädel klein, Hals und Schwanz lang, Schwanzwirbel mit hohen Neur- wie Haemapophysen. Unterarm- und Unterschenkelknochen mit weitem Spatium interosseum (s. S. 205), Vorderbeine viel bis wenig kleiner als Hinterbeine. Bes. UKr Istriens und Dalmatiens; z. T. Knochenverdickungen im Rumpfskelett.

Noch weitgehender m a r i n adaptiert waren die in der ObKr weltweit verbreiteten, bis um 10 m langen *Mosasauria* (= Maasechsen, Abb. 114,

115). Im Schädel kam es zu Verwachsungen, bes. zwischen den Par wie
Fr; ferner, unter Reduktion der Streptostylie zu blasiger Auftreibung und
Einkrümmung des Qu, Verknöcherung des Trommelfells und der sonst
meist knorpeligen Columella auris, also wohl zum Ersatz der Vibrations-
durch Molekularschalleitung (vgl. S. 200), was auf Tauchen in größere
Tiefen weist. Im Unterkiefer gestattete ein Gelenk zwischen Dent und
Splen einer-, Ang, Sang und Compl andererseits, dem innen als Feder das
Prart anlag, ein seitliches Ausbiegen der Mandibeläste beim Schlingakt
(vgl. S. 215). Ein $\pm$ homodontes Fanggebiß, halbkugelige Zahnkronen
(*Globidens*) bzw. Zahnreduktion sprechen für Ichthyo-, Duro- bzw.
Teuthophagie. In der Wirbelsäule war der Halsabschnitt meist kurz;
die Schwanzregion weniger abwärts gebogen und mit minder hohen
Dornfortsätzen versehen als bei den Dolichosauriern; zum Becken
fehlte eine feste Verbindung. Der Schultergürtel war plattig, Vorder-

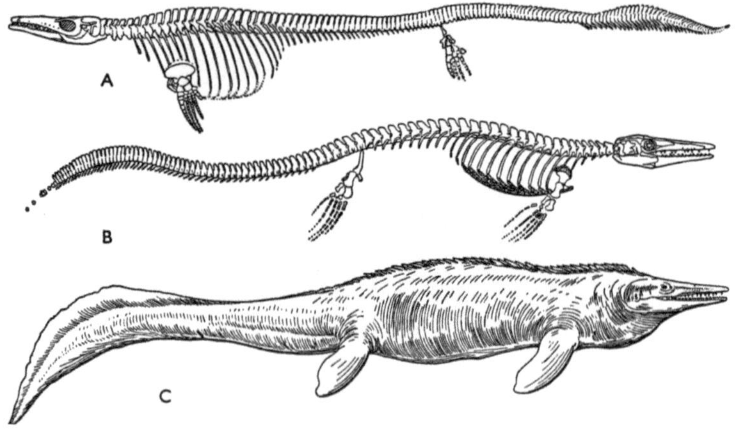

Abb. 115. Mosasaurier, Skelette und Lebensbild. *A Plotosaurus*, etwa $^1/_{95}$ nat. Gr., *BC
Tylosaurus dyspelor* COPE, etwa $^1/_{84}$ nat. Gr., alle ObKr NAm. Aus HOFFSTETTER in PIVE-
TEAU 1955.

und Hinter-Gliedmaßen hatten annähernd gleiche Größe. Unterarm-
und Unterschenkel waren verkürzt, bisweilen kamen Verschmelzungen
in Carpus und Tarsus wie eine geringe Hypodaktylie und Hyperphalangie
vor. Die Lokomotion muß ein Schlängeln und Paddeln gewesen sein.

Subordo: **Serpentes**

Die *Serpentes* (lat. sérpens = Kriechendes, Schlange) oder *Ophidia*
sind Schlängler und Schlinger. Die schon bei Fischen vorhandene,
bei schiebkriechenden Lurchen und schieblaufenden Eidechsen beibe-
haltene sigmoide Bewegungskomponente wurde hier (wie bei Blindschleichen, s. S. 213) zur $\pm$ ausschließlichen Lokomotionsart auf dem Boden,
in ihm (Wühlen) wie auf Bäumen oder im Wasser. Im Zusammenhang

mit dieser Bewegungsart, bei der Schuppen wie freier bewegliche Rippen
eine Drehung des Körpers um seine Längsachse verhindern, stehen außer
der Gliedmaßenrudimentation: die Ausbildung von Zygosphen, Zygantrum
und Hypapophysen (= unteren Dornfortsätzen), gelegentlich auch von
paarigen, flügelförmigen Pterapophysen an den Wirbelbögen; die große
Wirbelzahl und die unscharfe Abgrenzung der Wirbelregionen; mit der
Verlängerung und Verschmälerung des Körpers Umformungen und
Asymmetrien innerer Organe. Anpassungen an das Verschlingen großer
Beute sind die Steigerung der Beweglichkeit im Schädel durch Reduktion
von Knochen und die ligamentös-dehnbare Verbindung der Mdb-Äste
bzw. ihre alternierende Beweglichkeit; ferner die nach hinten gerichteten
Zähne. Endlich schirmen Verwachsungen und abwärtige Ausdehnung
der Par und Fr die Hirnkapsel gegen Druckwirkungen beim Schlingakt ab.

Schlangen sind ab Kr bekannt, wo in marinen Ablagerungen in
manchem noch primitive Vertreter mit Verdickungen an Wirbeln und
Rippen gefunden werden. Aus dem Eoz (Eur, NAfr, NAm, SAm) kennt
man u. a. pythonartige Formen, ab JgTert auch richtige Giftschlangen.
Auf Reste aus dem Eoz Ägypt dürfte HERODOTS Bericht über „geflügelte
Schlangen" zurückgehen.

Subclassis: **Archosauria**

Die *Archosauria* gelten als gut umgrenzte phyletische Einheit. Sie
wurzeln nächst oder an der Basis der *Eosuchia* (s. S. 211) und umfassen
die Masse der diapsiden Reptilien. Schon beim ersten Auftreten (Tr)
sind Ansätze jener divergenten wie parallelen Entwicklungen kenntlich,
die zu Land-, Wasser- und Flugtieren, zu Carni-, Herbivoren usw. führten.
Mehrfach kam es auch zu ± weitgehender Bipedie, wobei der Körper
± schräg aufgerichtet, nur von den Hinterbeinen getragen und der
Schwanz als Balancierorgan kräftig entwickelt wurde. Tiefgreifende Umgestaltungen in Skelett und Muskulatur gingen damit einher. Vor allem:
die Verstärkung der Verbindung Hinterextremität-Wirbelsäule (Vermehrung der Sa-Rippen bzw. -Wirbel); die Verlängerung von Il, Isch
und Pub, wobei die zwei letzten ± stabförmig und abwärts gerichtet
wurden; die Drehung der Hinterbeine nach vorne unter den (empor-
gehobenen) Körper (vgl. S. 207) und ihre Einstellung auf ± rein antero-
posteriore Bewegung; die häufige Entwicklung eines Troch quart(us) =
= 4. Rollhöcker zum Ansatz von Schwanzmuskeln am Fem; die Verlängerung von Tib und Metatarsus bei Schwächung der Fib und nur
teilweiser Verknöcherung des Tarsus bzw. enger Verbindung protarsaler
Elemente mit der Tib; die Verlängerung der 3. gegenüber der (sonst
längsten) 4. Zehe bei häufiger Reduktion der 5. und gelegentlicher Rück-
wärts-Rotation der 1.; der Übergang von der Plantigradie (Sohlengang
v. lat. plánta = Fußsohle) über Semiplantigradie (Halbsohlengang) und
Semidigitigradie (Halbzehengang) zur Digitigradie (Zehengang, v. lat.
dígitus = Finger, Zehe), wo nur Finger bzw. Zehen den Boden berühren.
Die Vorderextremität erfuhr Schwächung und Verkürzung. Im Schulter-

gürtel mit länglich-schlanker Scap verschwanden außer Cleithr bisweilen auch Clav oder Iclav, in der Hand neigten die lateralen Finger (4. und 5.) zu Verkümmerung. Mitunter folgte auf die Bipedie eine sekundäre Quadrupedie mit neuen Umgestaltungen im Becken und Vergrößerung der Vorderbeine, ohne daß diese freilich Ausmaße und Stärke der Hinterbeine erreichten.

Weitere Gemeinsamkeiten sind u. a.: Im Schädel die häufige Bildung einer Fen(estra) antorb(italis) (v. lat. fenéstra = Fenster, ánte = vor, orbitālis = zur Orb gehörig) zwischen Orb und Nares wie eines Fensters im Unterkiefer; das große, vom Kiefergelenk nach hinten-oben bis zur Ecke Schädeldach-Hinterhaupt reichende Qu; die Neigung der Pt zu Vereinigung und die Bildung einer Gaumenplatte mit paarigen Fenstern; der fast stete Verlust von Gaumenzähnen und Pinealforamen; die Thekodontie der primär spitzen, bei herbivoren auch modifizierten oder durch Hornscheiden ersetzten Kieferzähne; die fast immer zweiköpfigen Rippen mit geringem Abstand zwischen Capitulum und Tuberculum.

Von etlichen Archosauriern sind Fährten, aber auch somatiforme Lebensspuren (Eier, verheilte Verletzungen an Knochen und Zähnen usw.) überliefert.

Ordo: Thecodontia

Die *Thecodontia*, nur aus der Tr bekannt, umfassen ± kleine, wohl verschiedenen späteren Entwicklungslinien nahestehende Formen wie solche, die eine weitgehende Parallelentwicklung zu Krokodilen bezeugen. So ergibt sich eine Gliederung in 2 Unterordnungen.

Subordo: Pseudosuchia

Die *Pseudosuchia* waren meist klein und wohl vielfach eidechsenähnlich. Das Fehlen von Pinealforamen und Gaumenzähnen, das Vorhandensein antorbitaler und palatinaler Fenster, die scharfspitzigen, auf Räuber deutenden Zähne, das Längenverhältnis Hinter- : Vorderbeinen sind ± typisch archosaurid; der Beckengürtel ist noch plattig, doch sind Pub und Isch abwärts gerichtet und wie oft auch Metatarsus und 3. Zehe leicht verlängert. Nach diesen Merkmalen kann man die Pseudosuchier als die Stammgruppe der Archosaurier auffassen (vgl. Abb. 119 Mitte-unten). Doch kommen neben solchen „generalisierten" Formen[1] wie *Euparkeria* und *Ornithosuchus* andere mit gewissen Spezialisationen vor. So *Chasmatosaurus* mit abwärts gekrümmten Pmx, bezahntem Gaumen und (bei Archosauriern sonst fehlendem) Bpt-Gelenk; *Scleromochlus*, nach den Gliedmaßen wahrscheinlich ein Springer; *Aëtosaurus* mit Rumpfpanzer

---

[1] Der Terminus generalisiert (= verallgemeinert) für noch nicht einseitig bzw. in bestimmter Richtung spezialisierte Früh-, und daher mögliche Stammformen ist wenig glücklich; er erklärt sich daraus, daß solche Formen meist später als die spezialisierten bekannt und von diesen her gesehen, als „generalisiert" betrachtet wurden.

aus Knochenschildern (gehäuftes Vorkommen ObTr Stuttgart). Die
meisten Funde aus Eur und SAfr, weitere aus NAm und As. Auch die
Chirotherium-Fährten (Tr MEur, bes. UTr, Buntsandstein) dürften
nach W. Soergels klassischen Untersuchungen auf Pseudosuchier zu
beziehen sein.

Subordo: **Phytosauria**

Die *Phytosauria* oder *Parasuchia* waren größer und wohl weitgehend
crocodilid (s. S. 216). Pmx zu langer Schnauze ausgezogen, Nares weit
nach hinten-oben verlagert und oft kraterartig umwallt, Kiefer kräftig
bezahnt. Am Rücken Knochenplatten. Becken ziemlich primitiv, Extremitäten kurz, die hinteren nur mäßig länger als die vorderen. Wohl
amphibiotisch und ichthyophag. Wenige Funde aus UTr, mehr aus ObTr,
bes. aus Eur und NAm.

Phytosaurus (*Belodon*) mit Exostosen (Knochenauswüchsen, Knochen-
wucherungen) bzw. Tuberositäten (Höckerbildungen) auf der Schnauze und

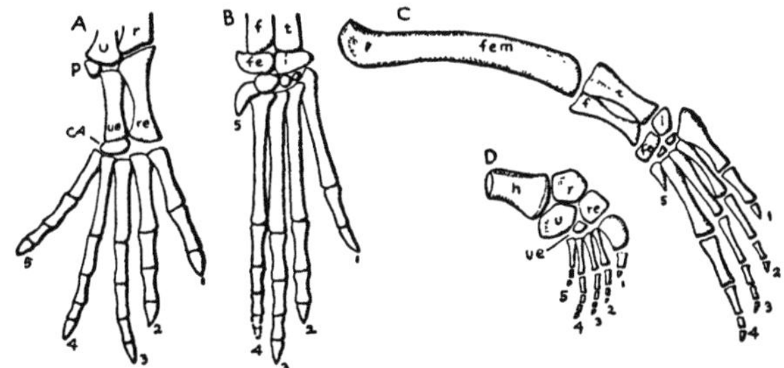

Abb. 116. Crocodilier-Gliedmaßen, *A* und *B* Hand und Fuß des Atoposauriden *Alligatorellus*
(ObJ Eur), *C* und *D* dgl. von *Geosaurus* (J Eur). $c_4 = $cIV, $f = $Fib, $fe = $fib, $fem = $Fem, $h = $Hum,
$i = $int, $p = $pi, $r = $Rad, $re = $rad, $t = $Tib, $u = $Uln, $ue = $uln, $1—5 = $Finger- bzw. Zehenstrahlen.
Aus Romer 1936.

Mystriosuchus aus den gleichen Schichten wurden auch als zusammengehörige
♂ und ♀ gedeutet, in dem jene „Wucherungen" auf verheilte, in Paarungs-
kämpfen erlittene Verletzungen bezogen wurden. — *Machaeroprosopus* mit
abwärts gekrümmter Schnauze (vgl. *Chasmatosaurus*, S. 216). — ? Ein
Schnauzenfragment ObTr, Opponitzer Schichten, Lunz Niederösterreich.

Ordo: **Crocodilia**

Die *Crocodilia* (gr. krokódilos) sind die einzigen bis in die Jetztzeit
reichenden Archosaurier. Im Mesoz waren sie jedoch vielfältiger und es
gab neben amphibiotischen auch rein marine. Die Körperform ist weitgehend eidechsenartig, doch durch die Massigkeit, die Kürze des Halses,
die proximale Verdickung und bilaterale Abflachung des zum Ruderorgan
gewordenen Schwanzes verändert. Auch der Schädel weist neben primitiven Zügen Besonderheiten auf: So skulpturierte Dachknochen; eine

stets längliche, oft richtig lange Schnauze, nicht wie bei Phytosauriern
von den Pmx, sondern von den (bei Tetrapoden auch Smx genannten)
Mx gebildet; eine Reduktion des oberen temporalen und des antorbitalen
Fensters; einen zunehmend entwickelten sekundären Gaumen (s. S. 208)
aus Pmx, Mx, Pal und schließlich auch Pt bei Rückverlegung der Choanen.
Hingegen bleiben die Nares terminal in Übereinstimmung mit der klino-
nektonischen Haltung (s. S. 205) beim Auftauchen zum Atmen, wo nur
die Schnauzenspitze über die Wasseroberfläche ragt. Das kräftige Gebiß
besteht aus konischen, bisweilen auch z. T. rundlichen Zähnen.

Die Wirbel sind anfangs amphi-, später procoel, die Rippen gelenken mit Capitulum und Tuberculum am Querfortsatz. Der Rumpf ist —
wohl als Erbe von Pseudosuchier-Ahnen — dorsal, oft auch ventral,
mit Platten bepanzert. Von den Extremitäten (Abb. 116) sind die vorderen immer kürzer, bei frühen Formen noch mehr als später. Die Iclav ist
vorhanden, Clav fehlen. Im Carpus sind Knochen-Verlängerung wie -Re-
duktion, bei Meereskrokodilen auch weitere Umformungen erfolgt, 4. und
5. Finger erfuhren Rückbildung. Bei manchen Meereskrokodilen wurde das
Pub reduziert und es traten (?gesonderte) Verknöcherungen (Prae- oder
Epipubis) auf. Der Metatarsus wurde verlängert, die 1. Zehe verstärkt
und leicht abgespreizt, die 5. rückgebildet; die 3. ist nur wenig länger
als die 4. Am Lande bewegen sich die Krokodile meist langsam und
quadruped; bei schnellerem Gang aber richten sie sich, die Hinterbeine
unter den Körper eindrehend, schräg auf. Aus dieser zeitweiligen Bipedie,
aus den Änderungen im Größenunterschied zwischen Vorder- und Hinterfüßen wie aus dem Beckenbau wird auf Herkunft von schon etwas bipeden
Vorfahren geschlossen. Ab Tr bekannt, werden die Krokodile in mehrere
Subordines gegliedert.

Subordo: **Protosuchia**

Unvollständig bekannte, kleine Formen mit ± primitiven Zügen, doch
schon typisch crocodilidem Becken. Tr NAm und ? anderwärts, z. B. SAfr.

Subordo: **Mesosuchia**

Richtige Krokodile, aber oberes temporales Fenster erst wenig verkleinert,
antorbitales vorhanden; sekundäres Gaumendach ohne Pt-Beteiligung, Wirbel
noch amphi- bis platycoel (= biplan). Hierher neben den kurzschnauzigen,
wenig oder nicht gepanzerten *Atoposauridae* (ObJ Eur) und *Notosuchidae*
(Kr NAfr, SAm) zu Aestuar- und Meeresbewohnern gewordene Formen:
Teleosauridae, langschnauzig, gepanzert, mit starker Vorderbein-Reduktion;
z. B. *Mystriosaurus* (Lias Holzmaden) 4 m lang, *Pelagosaurus* (zeitgleich) mit
Sklerotikalring und schwächerer Panzerung, im Wasser wohl gewandter
beweglich. — *Dyrosauridae*; *Dyrosaurus* (Eoz, NAfr, vielleicht nicht auf
primärer Lagerstätte). — *Metriorhynchoidea* (= *Thalattosuchia*), auch langschnauzig, gepanzert; mit Sklerotikalring, befloßtem, nach unten geknicktem
Schwanz, paddelförmigen Gliedmaßen, carpaliformen Unterarm- und gleichfalls kurzen, doch normaler geformten Unterschenkelknochen; z. B. *Metrio-
rhynchus* und *Geosaurus* (bes. ObJ Eur).

Subordo: **Eusuchia**

Moderne, vermutlich in kleineren Formen wie *Goniopholis* (Wealden =
= J/Kr-Grenzschichten WEur, Kr NAm) wurzelnde Krokodile. *Hylaeochampsi-
dae*, klein, langschnauzig; *Stomatosuchidae*, langschnauzig; *Aegyptosuchidae*
u. a. ObJ-Kr. — *Crocodilidae* und *Alligatoridae*, anfangs nicht leicht trennbar,
ab Kr oder Eoz. — *Gavialidae*, ab Kr.

inc. sed. Subordo: **Sebecosuchia**

Sebecus (Eoz Patag) mit hohem, schmalem Schädel und anderen Besonderheiten ist keiner der obigen Subordines einreihbar.

Ordo: **Pterosauria**

Die *Pterosauria* oder Flugechsen sind Archosaurier, die den Luftraum
als eigentliches Lebensgebiet erobert haben. Man kennt sie aus J und
Kr, z. T. in vorzüglicher Erhaltung und fast nur aus marinen Ablagerungen; doch dürften nicht alle Küsten- bzw. Meerestiere gewesen sein.
Mit dem Erwerb des Flugvermögens waren weitgehende anatomische
Umgestaltungen verbunden. Der Körper trug keine Schuppen, auch
keine Federn, doch sind Spuren haarähnlicher Gebilde nachgewiesen.
Warmblütigkeit ist wegen des hohen Energieverbrauches wahrscheinlich.
Ähnlich wie bei Vögeln (s. S. 228) war das Skelett durch teilweise Pneumatizität, d. h. durch lufterfüllte Hohlräume in den Knochen er-
leichtert. Auch der oft richtige Traversenschädel mit vergrößerten,
bisweilen auch mit den Nares und den unvollständig umgrenzten Orb
vereinigten Fen antorb trug zur Gewichtsminderung bei. Mitunter war
ein Sklerotikalring vorhanden. Hirnraumausgüsse zeigen für Reptilien
ungewöhnlich große Hemisphären an, mit besonders starker Entwicklung
der Seh-, aber schwacher der Riechregion. Wie bei Vögeln verstrichen
vielfach die Nähte der Schädelkapsel. Der Hals mit 7, verkürzte Rippen
tragenden Wirbeln war lang und beweglich, der Rumpf bei etwa 14 Brust-
und 2 Lendenwirbeln auffallend kurz und klein. Die Wirbel-Rippen-
gelenke waren krokodilähnlich, Gastralrippen waren vorhanden. Die
lange Sa-Region umfaßte bis 6 Wirbel, die Schwanzwurzel war schlank,
der Schwanz verschieden lang. Der kräftige Schultergürtel bestand nur
aus Scap und Corac, die Scap konnte in eine Grube der verschmolzenen
Rückenwirbel eingreifen: sog. Notarium oder Schulterbecken. Auch das
verknöcherte St war meist groß und ventral für den Ansatz der Flug-
muskulatur kräftig gekielt. Rad und Uln wurden bis doppelt so lang
wie der kurze Hum. Kurz und in sich wenig beweglich war der Carpus
mit einem Spannknochen für das zum Hals ziehende Propatagium,
die „Vorflughaut". Die eigentlichen Flügel wurden vom Plagiopatagium, der „Seitenflughaut", gebildet. Sie war von wechselnder Form
und Größe, faltbar oder nicht faltbar; von den Flanken des Rumpfes
entspringend, wurde sie durch den Flugfinger, den verlängerten
4. Finger, gespannt. Die ersten drei Finger waren bekrallt, der 5. fehlte;
die ph-Formel lautete 2,3,4,4,0. Im Becken war das Il fest mit dem

Sacrum (Sacr, Kreuzbein = verwachsene Sa-Wirbel) verbunden, ventral bildeten Isch (? und Pub) eine Platte, vorne schlossen sich als Praepubes (Prpub) bezeichnete, auch als Teile der Pub betrachtete Stücke an. Auffallend klein war der Beckenausgang, klein und zart waren die Hinterbeine. Das Fem blieb an Länge hinter den Tib zurück, die Fib war reduziert, im Tarsus kam es (wie im Carpus) zu Verschmelzungen. Von den 5 Zehen konnte die äußerste, nach hinten gewandt, als Spannknochen für ein kleines, zur Schwanzwurzel ziehendes Uropatagium (= Schwanzflughaut) dienen oder verkümmern. Zu einer normalen Bewegung auf dem Boden können die Hinterfüße nach der Gelenkung kaum befähigt gewesen sein.

Die *Pterosauria*, ohne Zweifel Flugtiere, ähnelten mit den Flughäuten z. T. mehr Fledermäusen als Vögeln. Das wie ein Segel am Mast gespannte, (? durch Bindegewebe versteifte) Plagiopatagium scheint einen Fallschirm- oder Drachenflug, mitunter auch einen Flatterflug ermöglicht zu haben. Formen des Festlandes ernährten sich wohl vorwiegend von Insekten, während über dem Meere jagende, bisweilen mit einem Kehlsack versehene, Fische verzehrten. Dem entsprach auch das meist kräftige Fanggebiß aus vielen, oft schräg vorwärts geneigten Zähnen. Seltene Modifikationen (Filterapparat aus borstenförmigen Zähnen, weitgehender bis gänzlicher Zahnverlust) deuten auf ebensolche in der Ernährung. Die Lebensweise der Pterosaurier, die nur sperlingsgroße

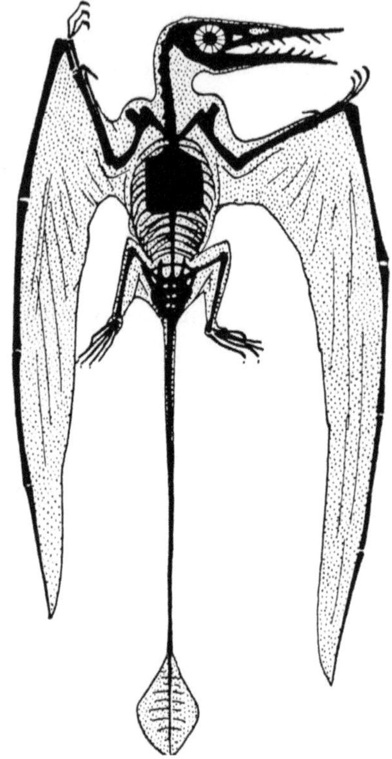

Abb. 117. *Rhamphorhynchus gemmingi* v. MEYER, Skelett und Körperumriß samt Flughäuten. Etwa $^1/_4$ nat. Gr. Aus MORET 1953.

wie gewaltige Formen umfassen, konnte erst Schritt für Schritt geklärt werden, wie die verschiedenen Rekonstruktionsversuche eindringlich dartun. Sie birgt auch noch jetzt offene Probleme, so hinsichtlich der Ruhestellung (z. T. wohl nach Fledermausart auf Bäumen, Felsvorsprüngen u. dgl.), der Möglichkeit bzw. Art des Auffliegens vom Boden u. a. m. Manche konnten vielleicht nur auf die Wasserfläche niedergehen.

Nach den bisherigen Funden treten uns die Pterosaurier schon am Beginn ihrer Entwicklung in 2 ± scharf voneinander getrennten Gruppen entgegen, die als

Subordines: **Rhamphorhynchoidea** und **Pterodactyloidea**

unterschieden werden. Die *Rhamphorhynchoidea* (gr. rhámphos = krum-
mer Schnabel, Abb. 117) sind die im ganzen frühere und in manchem primitivere Gruppe. Sie hatten einen langen, durch Ligamente und verknöcherte Sehnen versteiften Schwanz, mit einem senkrechten, rhombischen Hautlappen zur Steuerung am Ende; 5 Finger, mäßig verlängerte
Flugfinger-Mc und viele, schräg vorwärts gerichtete Zähne. *Dimorpho-
dontidae*, Flugfinger noch kurz, Lias Eur. — *Rhamphorhynchidae*, Flügel
lang und schmal (Drachenflieger), U-ObJ Eur (bes. Solnhofen).

Die *Pterodactyloidea* (Abb. 118) hatten Schwanz und Uropatagium

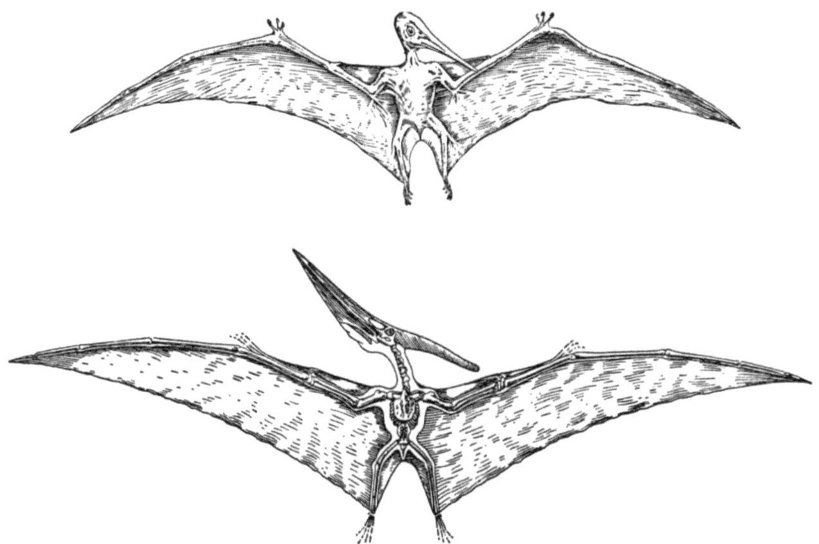

Abb. 118. Rekonstruktionen von *Pterodactyloidea*. Oben *Nyctosaurus* (*Nyctodactylus*); Körper
etwa taubengroß bei Flügelspannweite um 2 m. Unten *Pteranodon*, Skelett und Körperumriß mit Flughäuten, Flügelspannweite bis 8 m. Aus DE SAINT-SEINE in PIVETEAU 1955.

verkümmert, 4 Finger, stark verlängerte Flugfinger-Mc und faltbare
Flughaut, z. T. ausgesprochenen Traversenschädel und Notarium.
Pterodactylus, Flügel kurz aber breit (Flatterflieger), normal bezahnt,
ObJ Eur. — *Ornithocheirus*, Kiefer nur vorne bezahnt, Wealden Eur. —
Ctenochasma mit Seihapparat aus Borstenzähnen, ObJ Solnhofen. —
Nyctosaurus langflügelig, zahnlos, ObKr NAm. — *Pteranodon*, mit nach
hinten vorspringendem Schädelkamm, zahnlos, Flügelspannweite 8 m
(Drachen- bzw. Schwebeflug), größtes Flugtier aller Zeiten, ObKr NAm,
u. a.

Ordo: Saurischia

Die *Saurischia* (gr. ischíon = Hüfte, Hüftgelenk, Becken) und die ihnen
hier nachgereihten *Ornithischia* (gr. órnis = Vogel) wurden lange als

Dinosauria vereinigt. Da sie ihre Gemeinsamkeiten (Fen antorb, Fehlen des Pinealforamens, Thecodontie, Halslänge, Reduktion des dermalen Schultergürtels, Perforation = Durchlochung des Acet usw.) großenteils

Abb. 119. Darstellung der Evolution der „Dinosaurier" = *Saurischia + Ornithischia*, mit Hinweisen auf die allgemeinen Zusammenhänge innerhalb der *Archosauria*. Die beiden Ordnungen sind durch den Beckenbau, ihre Subordines durch Lebensbilder veranschaulicht. Der schraffierte Beckenknochen ist das Pubis. Aus KUHN 1951.

mit anderen Archosauriern teilen und diesen Gemeinsamkeiten durchgreifende Unterschiede im Beckenbau gegenüberstehen, werden sie jetzt meist als von Anfang an getrennte, wenn auch nahe verwandten Pseudosuchiergruppen entsprossene Einheiten bewertet.

Die *Saurischia*, nur aus dem Mesoz bekannt, haben einen ± typisch-echsenartigen Beckengürtel (Abb. 119, rechts-unten). Dieser ist also dreistrahlig, das Il bildet den ± kurz-plumpen dorsalen Balken, Pub und Isch sind mehr länglich und nach unten-vorne bzw. unten-hinten gerichtet. Ursprünglich waren die Saurischier biped und carnivor, mit kurzer, schwacher Hand; zweiseitig abgeflachten, stark bekrallten und gekrümmten Endphalangen; spitzkegeligen oder zu mediolateralen Schneiden komprimierten Zähnen. Später wurden sie z. T. quadruped und herbivor, bei Verlängerung und Verstärkung der Hand (s. S. 216), hufähnlichen oder reduzierten Endphalangen und Abstumpfung oder weitergehender Modifikation der Zahnkronen; vereinzelt bei Zahnverlust vielleicht auch ovivor. Solcher Vielgestaltigkeit entspricht reichere systematische Gliederung.

Subordo: **Theropoda**

Die *Theropoda* (Abb. 119, rechts-oben) waren terrestrisch und biped (mit oft verkümmerten 4. und 5. Fingern und zunehmend vogelähnlichen Hinterbeinen) und fast alle carnivor. Als Nachfolger räuberischer Pseudosuchier nahmen sie von Tr bis Kr ökologisch die Stellung der späteren Raubsäuger ein.

Infraordo: **Coelurosauria**

Primitivste Theropoden; ziemlich klein, leicht gebaut, mit z. T. hohlen Wirbeln und Gliedmaßenknochen (Name!). Schädel meist mit Mdb-Fenster und oft stark komprimierten, rückwärts gebogenen Zahnkronen. Wirbel amphi- bis platycoel, später auch, bes. vorne, procoel; etwa 10 Hals, 13—14 Rumpf- und gewöhnlich 4 Sa-Wirbel. Zarte Gastralrippen. Schwanz lang, durch vorwärts gerichtete Fortsätze der Przyg versteift; in Fährten nicht abgedrückt = bei Lokomotion wohl in der Balance getragen. Wie meist bei Dinosauriern Scap länglich, Corac eher von rundlichem Umriß. Vorderbeine stets kurz, wohl nur als Stütze in Ruhestellung und zum Ergreifen der Nahrung verwendet, 5., oft auch 4. Finger reduziert. Becken anfangs noch mit gedrungenem Il, Hinterbeine lang und schlank, wohl nur antero-posterior bewegt; Fem fast gleichlang wie Tib, mt II-IV verlängert und aufgerichtet, dicht aneinanderschließend, manchmal z. T. verschmolzen; mt I verkürzt, 3. Zehe etwas länger als 2. und 4., 5. reduziert; Fuß vogelähnlich, ± digitigrad, Lokomotion schnell, bei besonderer Verlängerung der mittleren mt vielleicht auch hüpfend-springend.

Früheste Coelurosaurier scheinbar gewissen Pseudosuchiern recht ähnlich und von ihnen schwer (vor allem durch das perforierte Acet, s. S. 222) unterscheidbar. Typische bes. in der Tr: *Procompsognathus* (Eur); *Podokesaurus*, ca. 1 m lang, NAm; *Compsognathus*, katzengroß, ObJ Eur (Solnhofen); *Ornitholestes* (Abb. 120, links), bis 2 m lang, u. a. J Am. In der Kr NAm und OAs (Mong) *Ornithomimus* und *Struthiomimus*, bis straußengroß, mit relativ längerer, funktionell dreifingeriger Hand, gegen 2. und 3. Finger opponierbarem Daumen (Greifhand), hochbeinigen Hinterfüßen, zahnlos, wahrscheinlich mit von Hornscheiden überzogenen Kiefern; nach einem Fund bei Dinosauriereiern (*Oviraptor*, s. S. 227) für Eierfresser gehalten.

Infraordo: **Carnosauria**

Die fast weltweit verbreiteten *Carnosauria* (lat. cáro = Fleisch,
Abb. 119, rechts-oben) haben sich teils in gleicher, teils in anderer Richtung wie die Coelurosaurier und noch höher spezialisiert. Anfangs,
in der Tr, klein bis mittelgroß, wurden sie in J und Kr mit Längen bis
zu 14 und Höhen bis zu 8 m zu den größten Raubtieren aller Zeiten.

Schädel wohl in Zusammenhang mit dem Verzehren großer Beute-
stücke in sich etwas beweglich. Fen antorb verlängert; Zahnkronen
schneidenförmig, rückwärts gekrümmt, oft sehr groß. Halswirbel opisthocoel, Wirbel und Gliedmaßenknochen z. T. hohl, Hände bald gewaltige
Enterhaken, bald winzige Rudimente. 5. Zehe stark rückgebildet, 1. rückwärts rotiert.

Zu den zahlreichen, oft auch durch Fährten bekannten Carnosauriern
zählen: *Teratosaurus* (=*Zanclodon*), Tr Eur und *Anchisaurus*, Tr NAm,
beide erst ± mittelgroß und noch nicht eigentlich plump; „*Megalosaurus*",
unzureichende Reste, J Eur; *Allosaurus* und, mit Nasenhorn, *Ceratosaurus*,
J NAm; *Spinosaurus* mit bis 2 m langen Wirbeldornen, Kr Ägypt; *Tyranno-
saurus*, ziemlich plump, sehr groß, vielleicht mit den winzigen Händen mehr
Aas- als Fleischfresser, Kr NAm u. v. a.

Infraordo: **Prosauropoda**

Die ersten Prosauropoden und Carnosaurier waren voneinander wenig
verschieden; daher wurden früher die primitiven Vertreter beider Gruppen
als *Pachypodosauria* zusammengefaßt. Heute sieht man in den scheinbar
auf die Tr beschränkten *Prosauropoda* Ausgangs- bzw. Übergangsformen zu den sekundär quadrupeden, herbivoren *Sauropoda* (s. u.).

Schädel klein, Zähne stumpf- und geradekronig; Vorderbeine wenig
verkürzt, vielleicht bei Lokomotion verwandt; Hinterbeine eher kurz,
plump, mt wenig verlängert; Zehen bis auf die 5. gut entwickelt, sämtlich
vorwärts gerichtet; Knochen z. T. kavernös (lat. cavérna = Höhle).
Yaleosaurus, um 2,5 m lang, Tr NAm; *Plateosaurus*, 6 m lang, Tr Eur
(gehäuftes Vorkommen bei Trossingen, Wttbg); u. a.

Subordo: **Sauropoda**

Aus den *Prosauropoda* hervorgegangen und mit ihnen auch als
Sauropodomorpha vereinigt, haben sich die *Sauropoda* (Abb. 119, rechts-
Mitte) in J und Kr zu ökologisch in manchem den „*Pachydermata*"
oder Dickhäutern früherer Systeme, also den Elefanten, Seekühen,
Nashörnern und Flußpferden vergleichbaren Typen entwickelt. Sie
waren meist plumpe, schwer bewegliche, sekundär quadrupede, viel-
fach amphibiotische Pflanzen-, z. T. vielleicht auch Allesfresser.
Ihre Größe erreichte die höchsten von Land- bzw. nicht rein aquatischen
Tieren bekannten Werte.

Schädel meist klein, leicht gebaut, mit kurzer Schnauze und 1—2
For antorb. Nares teilweise vereinigt, ± weit nach hinten-oben verlagert.
Kiefer schwach, Zähne stift- bis spachtelförmig und wie an einem

Rechen locker gestellt. Hals in der Regel ziemlich lang, Hals- und Rumpfwirbel opistocoel; Neuraldornen vorne oft distal gespalten, an Höhe
bis zum Becken zunehmend, wahrscheinlich mit angelagerten Ligamenten
bzw. Sehnengeflechten. Wirbelcentra mit Hohlräumen, u. zw. vordere mehr
als hintere. Schwanz lang und kräftig. Beckenknochen kurz, kräftig,
ventrale fast plattiger als bei primitiven Theropoden. Extremitätenknochen massiv, vordere schwächer und kleiner als hintere. Ober-
und Unterarmknochen annähernd gleichlang, im Ellenbogengelenk gegegeneinander gewinkelt. Fem länger als Tib und Fib, Hinterbein ein
elefantenartiger Säulenfuß. In Carpus und Tarsus Verschmelzungen
und Reduktionen, Metapodien (mtp = mc + mt) und ph kurz, mc ziemlich
steil gestellt und bogenförmig angeordnet, mt etwas schräger gelagert.
Nach den Fährten endeten beiderlei Gliedmaßen in rundlichen Polstern,
und nur die inneren Finger scheinen vorragende Krallen besessen zu
haben. Auffallend klein war der Hirnraum; hingegen der Rückenmarkskanal in der Beckengegend, wo die die mächtige Hinterextremität bedienenden Nerven abgehen, stark erweitert: „Sakralgehirn".

Gewöhnlich werden 2 Familien unterschieden: *Cetiosauridae*, J-Kr Eur,
NAfr, OAfr, Madag, SAs, NAm, SAm; z. B. *Diplodocus*, nur vorne bezahnt,
Hum 0,95, Fem 1,54 lang, Körperlänge bis 27 m, J NAm. — *Brachiosauridae*,
J-Kr Eur, OAfr, SAfr, Madag, SAs, Austr, NAm; *Camarosaurus = Morosaurus* und *Apatosaurus = Brontosaurus* plumper als *Diplodocus* und
schätzungsweise bis 50 t schwer; *Brachiosaurus*, ObJ NAm und OAfr, trotz
relativ kurzen Schwanzes über 25 m lang, bei normal emporgerecktem Hals
über 12 m hoch, Halslänge fast 9 m, Hum-Länge über 2 m, eine Art Giraffentyp mit vergleichsweise langen Vorderbeinen und ziemlich vorne gelegenen
Nares.

Ordo: Ornithischia

Die *Ornithischia*, gleich den *Saurischia* auf das Mesoz beschränkt,
haben ein vogelartiges Becken (Abb. 119, links-unten). Unter dem dorsalen Balken, dem länglich-schlanken Il, sind 2 Knochen nach hinten-unten
gerichtet; das meist ausgesprochen stabförmige Isch und gleich ventral von
ihm ein verschieden langer und dicker, wohl als Pub bewertbarer Knochen.
Nach vorne-unten erstreckt sich nicht wie bei Vögeln ein Proc pect(inealis)
ilii (lat. pécten = Kamm), sondern ein vom Pub ausgehender, anders geformter Fortsatz, der Proc pseudopectinealis (pspect) pubis. So ist das
Becken insgesamt ±vierstrahlig. Wahrscheinlich waren alle Ornithischier
herbivor. Das Pmx war fast immer unbezahnt, Mx und Dent trugen
mehrreihig-dichtgedrängte, oftmals gewechselte Zähne mit einfachen,
blattförmigen, randlich gekerbten Kronen. Vorne war dem Unterkiefer
ein besonderes Praedentale (Prdent) angefügt, meist gleich dem Pmx
zahnlos und wohl von einer Hornscheide umkleidet. Entlang der Wirbelsäule sind häufig verknöcherte Sehnenbündel erhalten. Der kräftige
Schwanz scheint (s. S. 223) in der Balance getragen worden zu sein. Die Verkürzung der vorderen Extremität ging nie so weit wie bei Saurischiern
und in verschiedenen Stämmen wurde die reine bis vorwiegende Bipedie
sekundär unter Ausbildung einer mächtigen Rumpfpanzerung oder

eines ebensolchen Nackenschildes am Schädel von einer Quadrupedie abgelöst. Das Fem bekam einen Troch quart, im Tarsus verknöcherten nur 2 protarsale Elemente, die sich fest mit der Tib verbanden. Im ganzen waren Gliedmaßen wie Schädel etwas massiver als bei gleichgroßen Saurischiern. Als Pflanzenfresser mögen die Ornithischier minder schnellfüßig gewesen sein. Primär waren sie terrestrisch; eine Gruppe wurde wohl aquatisch, eine Form scheinbar arboricol.

Die Ordnung ist aus der Tr nur spärlich belegt, der Anschluß nach unten, vermutlich an Pseudosuchier, ist unbekannt. Im J treten unterschiedliche Formen auf, die höchste Entfaltung fällt in die Kr.

Subordo: **Ornithopoda**

Vorwiegend bis ausschließlich biped (Abb. 119, links-oben).

Camptosaurus, J und Kr Eur, NAm, primitiv, recht vollständig bekannt; Schädel lang, niedrig, ziemlich massiv und bei Normalhaltung ±waagrecht dem Hals aufsitzend; Unterkiefer mit Fortsatz für die offenbar kräftigen Kieferöffner und -schließer; Zähne einreihig; Hals- und vordere Brustwirbel opisthocoel; Isch und Pub gleich lang, Proc pspect lang; Gliedmaßen etwas massiver und kürzer als bei gleich großen Saurischiern; Vorderbeine ca. um ⅓ kürzer als Hinterbeine; 4. und 5. Finger reduziert, 5. Zehe funktionslos, 1. rückgebildet; mtp wenig verlängert; Finger mit breiten, hufähnlichen Endphalangen, Zehen vermutlich mit stumpfen Krallen; Körperlänge bis 5 m. — *Hypsilophodon* (Wealden Eur), Pmx noch bezahnt, Rückenpanzerung schwach, Extremitäten etwas abweichend (Greiffuß); vermutlich arboricol (nach Art des Baum-Kängurus). — *Troodon*, ObKr NAm, Schädel mit bezahntem Pmx und domförmigem Aufbau aus fester Knochenmasse; sonstiges Skelett normal. — *Iguanodon*, Wealden WEur, Schnauze schmal, hoch, Zähne zahlreich, vermutlich Greifzunge; Daumen zu Stachel (? Waffe) umgeformt, 5. Finger opponierbar; bis 10 m lang, bis 5 m hoch; von Bernissart (Belgien) 29 Skelette. — *Hadrosauridae* (*Trachodontidae*), ObKr, weltweit; bis um 10 m lang; Schnauze entenschnabelförmig, zahnlos; rückwärts blattförmige, mehrreihig geordnete, eine „Kaufläche" bildende Zähne, deren Zahl im Laufe des Lebens bis 2072 betragen haben soll; Skelett etwas schwer gebaut, Pub stark verkürzt; dreifingerig und dreizehig, mit hufartigen Endphalangen; Schwanz in sich starr, mit hohen oberen und unteren Bögen an den Wirbeln. In feinkörnigem Sandstein (NAm) abgeformte Kadaver („Mumien") zeigen ein Mosaik kleiner Schuppen als Körperbedeckung; Schwimmhäute deuten auf amphibiotische Lebensweise. Einzelne Hadrosaurier hatten Knochenkämme am Schädel oder aus Pmx und Nas gebildete, wie Hörner nach hinten vorspringende hohle Knochenröhren, die mit besonderen Atmungs- oder Geruchsspezialisationen, auch mit sexuellen Differenzen, in Zusammenhang gebracht wie als Lautverstärker gedeutet wurden.

Subordo: **Stegosauria**

Sekundär quadruped, mit Knochenplatten und -stacheln (Abb. 119, links-Mitte). Schädel klein, Bezahnung schwach bis reduziert, Wirbel amphi- bis platycoel, Rückenprofil stark gewölbt; Il weit vorwärts reichend, Isch, Pub und Proc pspect kräftig, „Sakralgehirn" (s. S. 225) von etwa 20facher Hirngröße; Vorderbeine im Ellbogengelenk gewinkelt, mit ± rudimentären Außenfingern, kurz, Hinterbeine säulenfußartig, dreizehig, lang, Finger wie Zehen hufförmig endend.

Stegosaurus, ObJ NAm, bis 7 m lang, verhältnismäßig gut bezahnt; beiderseits der Wirbelsäule 2 alternierende Reihen ± dreieckiger, lotrecht stehender, beckenwärts an Größe zunehmender Knochenplatten, die Querfortsätzen wie Rippen aufruhten und mit ihnen ligamentär verbunden waren. An den Körperflanken und am Schwanzende Knochenstacheln. — *Kentrurosaurus*, J/Kr-Grenzschichten OAfr, etwas kleiner; Knochenplatten nur im Mittelabschnitt der Wirbelsäule, dafür auch vorne reichlich Stacheln; vielleicht noch gelegentlich biped. — *Scelidosaurus*, UJ WEur, 4 m lang; Plattenanordnung ?. — *Syrmosaurus*, UKr As, etwa gleich groß; ? nur mit Stacheln (an Hals, Rumpf, Schwanz wie an den Außenseiten der Beine); ? in einigen Merkmalen Ähnlichkeiten mit der nächsten Subordo.

Subordo: **Ancylosauria**

(V. gr. ankýlos = krumm). Sekundär quadruped, mit Knochenpanzer und Stacheln (Abb. 119, oben-Mitte). Schädel kurz, breit, mit oft reduzierter Bezahnung, von Knochenplatten überdacht, Schläfengruben meist verschlossen; Rumpf breit, abgeflacht, dorsal mit großen oder kleinen, mosaikartig aneinandergefügten Knochenplatten gepanzert (Glyptodontentyp, vgl. S. 279); Il ausgedehnt, auch mit Knochenplatten, Pub rudimentär; Schwanz mitunter in knöcherner Röhre, Gliedmaßen kurz, stämmig, außen bestachelt; Kr Euras, Nam.

Typische Vertreter dieser „Tank-Reptilien" oder „Kachelofen-Dinosaurier" sind: *Nodosaurus*, *Ancylosaurus* und *Palaeoscincus*; *Acanthopholis* und *Struthiosaurus* scheinbar (mit kleinen Temporalfenstern) primitiver, vermutlich aber ähnlich bepanzert.

Subordo: **Ceratopsia**

(V. gr. kéras = Horn). Sekundär quadruped, mit Nackenschild (Abb. 119, oben-Mitte). Schädel groß, hinten mit einreihigen Zähnen, vorne zahnlos, schnabelförmig, wohl von Hornscheiden umkleidet und mit dem Prdent des Unterkiefers entsprechendem Rostrale; auf Nas und präorbitalen Knochen oft knöcherne Hörner, Temporalöffnungen reduziert. Nackenschild aus Par und Sq; anfangs mit Durchbrüchen, in randliche Stacheln ausgezogen und vermutlich zur Vergrößerung der Ansatzfläche für die Kiefermuskeln dienend; dann ein Nackenschutz, der den Schädel bis auf $^1/_3$ der (bis zu mehr als 6 m ansteigenden) Körperlänge vergrößerte. Hals kurz, Wirbel platycoel, Rückenprofil bis zum Becken ansteigend. Pub verkürzt, Proc pspect gut entwickelt. Vorderbeine in etwas bulldoggenartiger Stellung, bei reduzierten äußeren Fingern schwächer und kleiner als die vierzehigen, meist hufartig endenden Hinterbeine. Ökologisch oft mit Nashörnern verglichen.

Protoceratopsidae, UKr OAs, NAm; kleinere Formen, Pmx noch bezahnt, auf Nas statt Hörnern Rugositäten (= Rauhigkeiten), Nackenschild mit Durchbrüchen; Ähnlichkeiten mit dem Ornithopoden *Psittacosaurus* geben Hinweis auf Herkunft; aus der Mong Funde von Eiern mit Embryonen (und neben ihnen *Oviraptor*, s. S. 223). Hierher auch *Montanoceratops*, ObKr NAm, mit Krallen, aber schon mit Nasenhörnern. — *Ceratopsidae*, ObKr As, NAm, ? SAm, typische Vertreter der Subordo. Etwas abseits steht *Pachyrhinosaurus*, ObKr NAm, mit flächig verdickter Nasengegend, zu mächtiger Knochenplatte umgestalteter postnasaler Region bei kurzem, schwachem Nackenschild.

Classis: Aves

Die *Aves* (lat. ávis = Vogel) könnten paläozoologisch auch als eine (ähnlich den Pterosauriern, doch weitgehender und vollendeter) an die Bewegung im Luftraum adaptierte Archosauriergruppe bewertet werden. Denn ihre ältesten fossilen Vertreter zeigen zwar im Federkleid richtigen Vogelcharakter; in den Hartteilen hingegen — sonstige Weichteile sind unbekannt — ein zwischen Reptil- und Vogeltyp intermediäres Verhalten (Abb. 120).

Die Federn werden als umgewandelte Schuppen aufgefaßt. Sie gliedern sich in Konturfedern (Flügel-Schwungfedern, Schwanz-Steuerfedern) mit steifer und in Dunen mit schlaffer Fahne. Jene sind meist in Federfluren oder Pterylae geordnet, zwischen denen sich unbefiederte oder nur mit Dunen besetzte Raine oder Apteria finden.

Mit Befiederung und Flug hängen die Homöothermie, die hohe, von der Außentemperatur unabhängige Körper- bzw. Blutwärme, der gesteigerte Stoffwechsel, der große Sauerstoffverbrauch, die Vervollkommnung des Gefäßsystemes bzw. völlige Trennung beider Kammern und Vorkammern des Herzens zusammen. Wandlungen erfuhren ferner: der Verdauungstrakt (kropfartige Erweiterung des Oesophagus, s. S. 51, Teilung des Magens in den vorderen Drüsen- und den nachfolgenden Muskelmagen); die Atemwege (Ausstülpungen von Bronchialröhren bis zwischen die Eingeweide = Luftsäcke, Absonderung eines unteren Kehlkopfes = Syrinx vom oberen = Larynx als Stimmorgan); der Genitalapparat (Verkleinerung bzw. Verkümmerung der rechtsseitigen Geschlechtsdrüsen); das Gehirn (Vergrößerung unter besonderer Entwicklung von Seh-, Gleichgewichts- und Muskelkoordinationszentrum doch ohne Oberflächen-Windungen der Hemisphären); die Fortpflanzung (harte Eischale, Nestbau, Brutpflege).

Am Skelett (Abb. 120, rechts) sind unmittelbar mit dem Fliegen verbundene Eigenschaften besonders kennzeichnend; die der Gewichtsminderung dienende Pneumatizität bis fast aller Knochen durch mit den Luftsäcken (s. oben) kommunizierende Lufträume im Inneren; die Wandlung der Vorderextremität zum Flügelträger. Die Scap ist lang und schmal, die Clav sind zur Furcula, dem Gabelbein, vereinigt und mit Corac und St verbunden. Das St bildet eine breite, bei flugfähigen Vögeln median kräftig gekielte knöcherne Platte zum Ansatz der mächtigen den Hum bewegenden Muskeln. Dieser ist relativ kurz, kräftig und bei Flugformen mit einem starken Fortsatz für die Brustmuskulatur nächst dem Caput humeri versehen. Von den Unterarmknochen ist die Uln als Schwungfedernträgerin der stärkere; von den 4 Carpalelementen sind die 2 distalen mit den verschmolzenen mc zu einem Carpometacarpus vereinigt; von den 3 gewöhnlich allein vorhandenen Fingern (1.—3.) besitzt der Daumen meist nur die proximale = Grund-ph. Fast immer fehlen Krallen. In der Hinterextremität ist das lange Il mit dem Synsacrum (s. S. 229) fest verbunden, das Acet perforiert. Pub und Isch sind rückwärts, der kleine Proc pect ilii vorwärts gerichtet. So ist das Becken recht ornithischierartig (s. S. 225), doch fehlt meist der ventrale Zusammenschluß der beiderseitigen Teile zu einem vollständigen Gürtel. Hingegen ist das

Isch in der Regel durch einen aufsteigenden Ast mit dem Il verbunden und oft auch distal mit dem Pub. Das Fem ist (vgl. Hum) relativ kurz und kräftig, die Fib bis auf das proximale Ende rudimentär, die längliche Tib mit dem Protarsus zum Tibiotarsus, der Mesotarsus mit dem Metatarsus zu einem einheitlichen Knochen, dem Tarsometatarsus, vereinigt. Zwischen Tibiotarsus und Tarsometatarsus befindet sich das Hauptgelenk des Fußes. Von den Zehen ist die 5. reduziert, die 1. nach hinten gewandt oder gleichfalls verschwunden. Die ph-Formel ist die für Reptilien übliche (s. S. 192), doch pflegt die 3. Zehe am längsten zu sein.

In der Wirbelsäule sind gewöhnlich Hals-, Rumpf-, Kreuzbein- und Schwanzregion gut unterscheidbar. Atl und Epistr sind typisch differenziert, auch die übrigen Halswirbel, dank ihrer Sattelgelenke, frei beweglich; gegenüber den 8—25, meist aber 14 oder 15 Halswirbeln sind die Rumpfwirbel geringer an Zahl; die vorderen bilden oft ein Notarium (vgl. S. 219), die hintersten mit dem

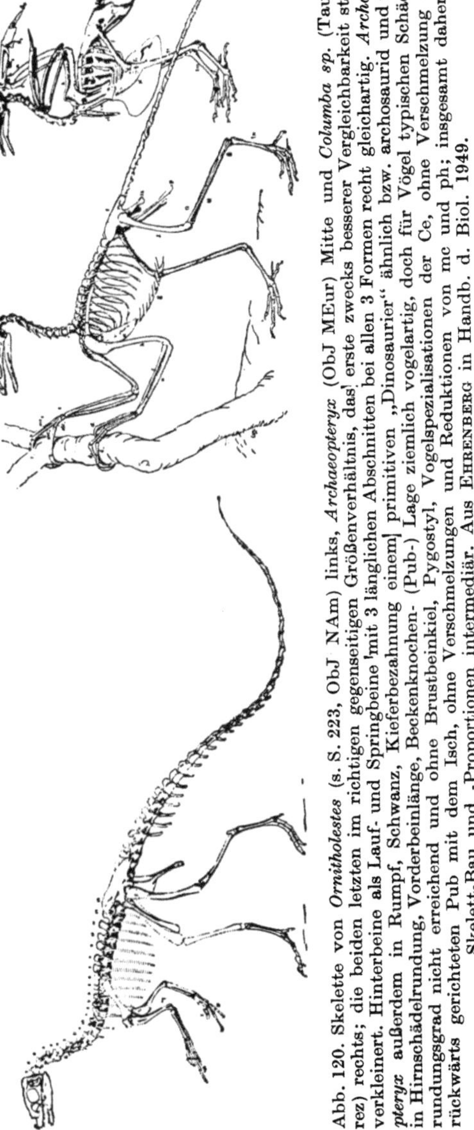

Abb. 120. Skelette von *Ornitholestes* (s. S. 223, ObJ NAm) links, *Archaeopteryx* (ObJ MEur) Mitte und *Columba sp.* (Taube, rez) rechts; die beiden letzten im richtigen gegenseitigen Größenverhältnis, das erste zwecks besserer Vergleichbarkeit stark verkleinert. Hinterbeine als Lauf- und Springbeine mit 3 länglichen Abschnitten bei allen 3 Formen recht gleichartig. *Archaeopteryx* außerdem in Rumpf, Schwanz, Kieferbezahnung einem primitiven „Dinosaurier" ähnlich bzw. archosaurid und nur in Hirnschädelrundung, Vorderbeinlänge, Beckenknochen- (Pub-) Lage ziemlich vogelartig, doch für Vögel typischen Schädelrundungsgrad nicht erreichend und ohne Brustbeinkiel, Pygostyl, Vogelspezialisationen der Ce, ohne Verschmelzung des rückwärts gerichteten Pub mit dem Isch, ohne Verschmelzungen und Reduktionen von me und ph; insgesamt daher in Skelett-Bau und -Proportionen intermediär. Aus EHRENBERG in Handb. d. Biol. 1949.

Sacr und den ersten Caudalwirbeln (Ca) ein Synsacrum. Auf wenige freie Ca folgt terminal in der Regel ein Pygostyl, eine senkrechte Platte zum

Ansatz der Schwanz- (Steuer-) Federn. Außer den postsacralen sind alle Wirbel berippt. Die Rumpfrippen haben besondere, nach hinten gerichtete Proc uncinati (v. lat. úncus = Haken, Klammer). Auch Gastralrippen kommen häufig vor.

Der leicht gebaute Schädel erhält durch die Auftreibung der adult ± nahtlosen Hirnkapsel mit dem einfachen, ventral gelegenen Cond occ sein besonderes Gepräge. Pinealformen, Prfr und Pofr fehlen. Die meist große Orb ist unvollständig knöchern umgrenzt und mit der einfachen (wohl durch Reduktion der Trennleiste aus einer diapsiden hervorgegangenen) Temporalgrube in offener Verbindung. Jug und Qujug erstrecken sich als dünne Knochenspangen vom Qu vorwärts, das mit Sq, Qujug und (s. u.) meist auch Pt locker verbunden ist (Streptostylie, s. S. 212). So ergibt sich die mitunter sehr merkbare Biegsamkeit des mit einer Fen antorb versehenen Vorderschädels (Schnabels), der manchmal (z. B. Papageien) noch mesokinetisch an einem Quergelenk beweglich sein kann. Am Gaumen, ohne sekundäres Dach, sind meist die Vo klein, während die Pal bis zur Hirnkapsel reichen und mit den Pt beweglich verbunden sind. Zwischen diesem neognathen Zustand und dem bei Reptilien normalen stellt der palaeognathe, wo die Vo breiter sind, die Pal keinen Kontakt mit dem Hirnschädel haben und mit den längeren Pt unbeweglich verbunden sind, gewissermaßen die Brücke her. Eine besondere Spezialisation kann der Zungenbeinapparat erfahren (Spechte). Der Unterkiefer hat die für Reptilien üblichen Knochen und wie bei den meisten *Archosauria* außen ein Fenster. In der Regel sind die *Aves* zahnlos, ihre Kiefer mit Hornscheiden überkleidet.

Die Vögel sind ausgesprochene Flugtiere, doch von verschiedener Flugart, Flügelform und Flugleistung. Flatter-, Drachen-, Segel-, Schwebe- und Schwirrflug, kurz-breite und länglich-schmale Flügel kennzeichnen nur extreme Typen. Fast alle *Aves* sind der bipeden Lokomotion auf dem Boden (mit nach Art der bipeden Dinosaurier halb aufgerichtetem Körper) fähig. Manche vermögen auf Bäumen zu klettern, andere sind oft unter Reduktion oder völligem Verlust des Flugvermögens, Läufer oder Schwimmer geworden. Dann fungieren die Hinterbeine, entsprechend adaptiert, als Lauf- oder Schwimmfüße. *Alcidae* und *Cinclidae* schwimmen mit Flügeln und Hinterbeinen, Pinguine nur mit den zu Flossen gewordenen Flügeln. Mit den verschiedenen Biotopen wechselt die Nahrungsweise und mit ihr die bei Insekten-, Frucht- und Körnerfressern, Raubvögeln, Aas- und Fischfressern, Gründlern usw. verschiedene Schnabelform. In der Jetztzeit sind Stand-, Strich- und Zugvögel, Nestflüchter und Nesthocker, mono- und polygame (v. gr. gamēin = sich paaren) weitere ökologische Varianten.

Obwohl seit dem J bekannt, umfassen die Vögel nur wenige ausgestorbene Gruppen und Typen. Schon zu Beginn des Tert besaß die Avifauna ein sehr rezentes Gepräge, was, richtiger, besagt, daß die rezente einen nur wenig veränderten tertiären Habitus hat. Die regionale Verbreitung allerdings war damals, wohl mit dem andersartigen Klima, verschieden, denn viele wärmeliebende Formen und Gruppen sind noch im

JgTert aus weiten Teilen der heute gemäßigten Zone nachgewiesen (vgl. S. 235).

Bei dem meist zarten Skelettbau ist die Erhaltungsfähigkeit gering, das fossile Vorkommen daher spärlich; den ca. 20000 rezenten Arten stehen kaum 4000 bis 5000 fossile gegenüber. Gewöhnlich sind nur die festesten Knochen, vor allem die Tarsometatarsen, überliefert; vollständige Skelette, Reste von Federn, Eier usw. sind selten.

Durch die Fähigkeit sich in die Luft zu erheben, haben die Vögel schon früh seitens des Menschen Beachtung gefunden. Die paläolithische Kunst wie Gebräuche heutiger Primitivvölker und weit zurückreichende Vorstellungen unserer Sagen- und Märchenwelt geben davon beredtes Zeugnis. Systematisch werden 2 Unterklassen unterschieden.

Subclassis: Archaeornithes

oder *Saururae*. Nur die

Ordo: Archaeopterygiformes

mit nach neuen Untersuchungen nur einer Gattung (und Art) *Archaeopteryx*, ObJ Solnhofener Plattenkalke (Abb. 120, Mitte). Von ihr liegen jetzt (vgl. HELLER 1959) 3, z. T. sehr vollständige, auch Abdrücke des Gefieders umfassende Funde vor, außerdem (als Erstfund) ein Federabdruck.

Tauben- bis rabengroß. Schädel mit großer Hirnkapsel, vielfach obliterierten (v. lat. oblitterāre = ausstreichen, tilgen, vergessen machen), d. h. verstrichenen Nähten schon recht vogelartig. Augen durch Sklerotikalplattenringe geschützt, Kiefer bezahnt. Wirbel (wie bei rezenten Vogelembryonen) amphicoel, bis auf das eigentliche Sacr ohne Verwachsungen, postsacrale einen langen, pygostyllosen Schwanz bildend. St wohl kurz und zum Ansatz nur mäßiger Muskulatur geeignet. Skelett der Vorderextremitäten mit unverschmolzenen mc sowie 3 freien, nach vorne gerichteten und bekrallten Fingern, mehr einem normalen Hand- als einem Flügelskelett gleichend; die 3 Finger schon nach den ph-Zahlen 2, 3, 4 dem 1.—3. einer fünffingerigen Hand entsprechend, wie bei Saurischiern der 1. der stärkste, der 2. der längste, der 3. der schwächste. Hinterextremität archosaurid, Unterschenkel wie Schwanz zweizeilig befiedert. Flügelfedern mit Handskelett nur locker verbunden, wenig zahlreich; Flugfähigkeit — auch nach Fehlen pneumatischer Knochen — gering, wohl hauptsächlich Fallschirm- bzw. Flatterflug.

Durch den langen Schwanz und die geringe Handskelett-Modifikation weicht *Archaeopteryx* von allen, durch die Bezahnung von fast allen übrigen Vögeln ebenso ab wie sie sich den Reptilien, besonders den Archosauriern, nähert. Ihre Ahnen sind wohl im Kreise der *Pseudosuchia* zu suchen, aber die unmittelbare Vorform ist unbekannt. So ist auch über den Erwerb des Flugvermögens keine ganz sichere Aussage möglich[1].

---

[1] Von den beiden Haupt-Hypothesen zum „*Proavis*"-Problem dürfte jene, die als Vorstufe ein Hüpfen und Springen von Ast zu Ast annimmt, eher zutreffen als die andere, nach der laufende bzw. springend-hüpfende Bodenformen die Fähigkeit sich in die Luft zu erheben erlangt haben sollen.

Wie an die Reptilien ist auch an die übrigen Vögel kein unmittelbarer Anschluß möglich. Doch kann die enge Verbindung mit diesen nicht zweifelhaft sein. Auch die 6 Paare segmentaler Steuerfedern im Schwanz rezenter Vogelembryonen weisen nach H. STEINER deutlich auf eine *Archaeopteryx*-artige Vorstufe.

Subclassis: **Neornithes**

oder *Ornithurae*. Für sie sind Reduktion des knöchernen Schwanzes, Verschmelzung der mc, Pneumatizität ± umfangreicher Teile des Skelettes und ein gut entwickeltes, meist gekieltes St ausnahmslose oder vorherrschende Regel. Nach dem Verhalten des St — nicht-gekielt oder gekielt — hat man die Neornithes früher in *Ratitae* (v. lat. rátis = Floß) und *Carinatae* geteilt. Da die *Ratitae* aber sekundär flugunfähig gewordene Endformen verschiedener ± konvergenter Evolutionslinien sein dürften, gliedert man jetzt meist nach Zahn- und Kieferentwicklung in 3 Überordnungen.

Superordo: Odontognathae

Nur aus Kr und Eoz Eur und NAm. Bis auf die Bezahnung der Kiefer richtig neornithid.

Ordo: Hesperornithiformes

(v. gr. hespéra = lat. vésper = Abend), früher *Odontolcae*. Vorderextremität bis auf Hum-Rest reduziert, St nur schwach gekielt = flugunfähig. Hinterextremität mit geringem Acetabularabstand, kurzem Fem, vergrößerter Pat(ella) = Kniescheibe, 4. Zehe als längster sehr an Taucher (s. S. 234) erinnernd; wohl wie diese mit nach hinten gerichteten Füßen schwimmende, tauchfähige und gesellig lebende Wasservögel, am Lande höchstens unbeholfen beweglich.

Hesperornis, ObKr NAm, bis gegen 1 m lang; Zähne in Alveolarrinne, Pmx zahnlos, vielleicht daher schon Hornschnabel in Bildung; mehrere ziemlich vollständige Skelette. — *Enaliornithidae* (Kr Eur), *Baptornithidae* (Kr NAm, Eoz Eur).

Ordo: Ichthyornithiformes

früher *Odontormae*. Flügelskelett normal, St gekielt, Hinterextremität ohne hesperornithiforme Spezialisationen; Zähne in Alveolen[1]; auch Wasser- bzw. Seevögel, doch nicht von taucherartigem Habitus.

Ichthyornis, etwa taubengroß, Wirbel amphicoel, ObKr NAm. — *Apatornithidae*, ebda.

*   *

*

---

[1] Die Zugehörigkeit der Schädelteile und damit der Zähne zum übrigen *Ichthyornis*-Skelett, ja zu *Aves*, wurde allerdings kürzlich in Zweifel gezogen.

Von den *Archaeornithes* und *Odontognathae* abgesehen sind alle bekannten Vögel zahnlos, haben vorne verschmolzene Mdb-Äste und eine hintere Verbindung des Isch mit dem Il. Daß auch sie von bezahnten Vorfahren herkommen, zeigen die embryonalen Zahnanlagen der Strauße. Wege und Ursachen des Zahnverlustes sind noch unbekannt; als Zeit kommt vor allem die Kr in Betracht.

Superordo: Palaeognathae

Palaeognath (s. S. 230); Flugvermögen gering, oft ganz verloren, meist (in mehreren Linien, s. S. 232) zu großen Laufvögeln geworden. Systematik (wie auch bei der 3. Superordo) schwankend, hier nach ROMER.

? Ordo: Caenognathiformes

Caenognathus (ObKr NAm), bald als Vogel, bald als zahnloser Dinosaurier bewertet.

Ordo: Struthioniformes

Strauße (v. gr. strouthíon = Strauß). Sicher erst ab Plioz (Euras, Afr); Flügelskelett (mit 2—3 Flügelkrallen) wie Proc uncinati reduziert; St ratit; Pneumatizität gering; zweizehig; Schädel und Hals wenig befiedert; große Laufvögel; Fossilfunde vielfach Eier.

Ordo: Rheiformes

Südamerikanische „Nandu-Strauße“, von den echten Straußen durch geringere Größe, Fehlen eines Pygostyls, Dreizehigkeit, Befiederung von Kopf und Hals, zerschlissenes Gefieder usw. verschieden; ab Plioz, SAm.

Ordo: Casuariformes

Ratite Laufvögel, Austr Fngeb; ohne Pygostyl, mit 1 aus dem haarähnlichen Gefieder vorragenden Finger; dreizehig; ab Pleistoz. Von *Genyornis* (Schädellänge gegen 30 cm) neben zahlreichen Knochen (Pleistoz Austr, Lake Callabonna) angeblich auch Felszeichnungen.

Ordo: Dinornithiformes

Neuseeländische Moas; große, bis über 2,5 m Höhe erreichende Laufvögel; ratit, ohne Notarium und Pygostyl; Vorderextremität verkümmert; Hinterextremität verschiedengradig plump, Längenrelationen zwischen Fem, Tibiotarsus und Tasometatarsus verschieden = unterschiedliches Bewegungstempo bei den einzelnen Formen. Skelettreste, Gastrolithen, Eier und Weichteile. Pleistoz — Holoz.

Ordo: Aepyornithiformes

(v. gr. aipýs = hoch, steil). Ebenfalls große, straußenartige, flugunfähige Laufvögel. *Aepyornis*, Höhe bis 5 m, Eidurchmesser 35 cm; Pleistoz —

? historische Zeit, Madag, ? Vogel Ruck oder Rock arabischer Märchen. — Hierher wahrscheinlich auch *Eremopezus* und *Stromeria* (Olig NAfr); vielleicht ferner *Psammornis* (Eoz NAfr), Eifunde.

Ordo: Apterygiformes

Neuseeländische Kiwis oder Schnepfenstrauße. Reste im Pleistoz Nsld und Austr.

Ordo: Tinamiformes

Südamerikanische Steißhühner. Schlechte Flieger, terrestrisch, pygostyllos, aber carinat; auch erst ab Pleistoz (und nur spärlich); vielleicht Primitivstufe der *Palaeognathae* repräsentierend.

Superordo: Neognathae

Neognath (s. S. 230); typische Vogelmerkmale meist voll entwickelt; Hauptmasse der Vögel. Die meisten der zahlreichen Ordnungen ab ATert belegt. Flugunfähige Formen selten, doch aus verschiedenen Gruppen, u. zw. oft insulare Riesenformen.

Ordines: Gaviiformes und Colymbiformes

Die mit Schwimmhäuten versehenen Seetaucher, die *Gaviidae* (früher *Colymbidae*, v. gr. kolymbís = Wasservogel, Taucher), und die nach den Schwimmlappen Lappentaucher geheißenen *Colymbidae* (früher *Podicipidae*) wurden auf Grund der Hinterbeinstellung auch als *Pygopodes* (= Steißfüßer) zusammengefaßt. Sie verkörpern einen ähnlichen Typ wie die *Hesperornithiformes* (s. S. 232), nur haben sie wohlentwickelte Flügel und dementsprechende Flugfähigkeit. *Gaviidae* ab Eoz Eur, ab Olig NAm, rez As. — *Colymbidae* ab Olig NAm, ab Plioz Eur, ab Pleistoz As und SAm, rez auch Afr und Austr.

Ordo: Procellariiformes

Sturmvögel (v. lat. procélla = Sturm). Flügel weit ausladend, sehr gut fliegende Seevögel mit röhrig verlängerten Nares und reduzierter Großzehe; ab Olig Eur, ab Pleistoz Am und AustrFngeb. — ? *Gigantornis*, Eoz, Afr.

Ordo: Sphenisciformes

Pinguine. Flügel zu Flossen geworden, Arm- und Handknochen bilateral abgeflacht, stark modifiziert, mit Versteifungen im Ellbogengelenk (durch Sehnenverknöcherungen: Patellae ulnares), in Carpus und Metacarpus; Tarsometatarsus nicht völlig verwachsen, 4 Zehen nach vorne gerichtet, 2.—4. durch Schwimmhaut verbunden. Federkleid dicht anliegend, an den Flügeln (Flossen) fast schuppenförmig. In SAm ab Olig; im Mioz der Seymour-Inseln (Südliches Eismeer) z. T. Riesenformen. Tarsometatarsus bei fossilen teilweise stärker verwachsen, rezenter Zustand (s. o.) wohl sekundär wie die geringe Verwachsung der Schädelknochen und die schwache Pneumatizität. Flugunfähige, gesellig lebende Seevögel.

Ordo: Pelecaniformes

Tölpel (*Sulidae*), Kormorane (*Phalacrocoracidae*), Pelikane, Schlangenhalsvögel (*Anhingidae*), Fregattvögel (*Fregatidae*) u. a. Meist uferbewohnend, ichthyophag; früher nach den 4 durch eine Schwimmhaut verbundenen Zehen auch als Ruderfüßer oder *Steganopodes* (gr. steganós = bedeckt, bedeckend) zusammengefaßt; vorwiegend schon ab Eoz. — Etwas abweichend und in ihrer Zugehörigkeit fraglich u. a. *Protoplotus* (? Mioz Sumatra), nach Gastrolithen in der Magengegend nicht ichthyophag wie die echten Schlangenhalsvögel, und *Elopteryx* (ObKr und Eoz Eur), ? ältester Vertreter der *Neognathae*.

Ordo: Odontopterygiformes

Mit gezähnelten, Zähne vortäuschenden Kiefern; „Zähne" wahrscheinlich wie übrige Kiefer von Hornscheiden überzogen. *Odontopteryx* (Eoz Eur); *Pseudodontornis* (Alter ?, SAm ?,); *Osteodontornis* (Mioz NAm) kurzbeinig, mit ca. 5 m Flügelspannweite ein Seevogel von Riesengröße.

Ordo: Ciconiiformes

Reiher, Störche (lat. cicōnia = Storch), Flamingos usw. Heute meist ± wärmeliebende, langschnabelige und langbeinige Watvögel; ab Eoz, z. T. schon ab ObKr und auch weit jenseits der jetzigen Verbreitungsgebiete (z. B. Flamingos im Tert MEur).

Ordo: Anseriformes

Von den *Anseriformes* sind die *Anseres* (lat. ánser = Gans), heute vor allem nördliche Breiten bewohnende Gründler mit schwachem Schnabel und kräftigen Schwimmfüßen, sicher ab Eoz, ? ab Kr belegt.

Ordo: Falconiformes

Tagraubvögel. Mit kräftigem Schnabel und ebensolchen Krallen an den Füßen; ab Eoz. Zahlreiche Reste aus dem Pleistoz der Erdwachssümpfe vom Rancho La Brea (Kalifornien), so von *Teratornis*, dem größten bekannten Raubvogel mit fast 1 m Höhe und ca. 3 m Flügelspannweite. Tiergeographisch bemerkenswert *Eocathartes*, ein Vertreter der heute auf Am beschränkten *Catharthidae*, aus dem Eoz Eur (Geiseltal-Braunkohle b. Halle a. S.).[1]

Ordo: Galliformes

Hühnervögel (lat. gállus = Hahn). Vorwiegend terrestrisch, schlechte Flieger; ab Eoz. Auch häufig im Pleistoz vom Rancho La Brea (s. o.), dort z. B. von *Parapavo* mehrere Hundert Exemplare. Im Pleistoz Eur *Lagopus* und *Tetrao* (Schnee- und Auerhuhn), bes. in Höhlenablagerungen. *Opisthocomi* (SAm), deren Junge noch mit freien Flügelkrallen zu klettern vermögen, fossil bisnun unbekannt.

---

[1] Von diesem durch häufige Weichteilerhaltung ausgezeichneten Fundorte liegen auch andere Vogelreste vor, u. a. scheinbar auf heute tropische Gruppen weisende Federn.

Ordo: Gruiformes

Kraniche (lat. grus = Kranich), Rallen und andere, vorwiegend tropische Sumpf- und Watvögel sowie die terrestrischen, flugunfähigen *Otidea* (gr. otís = Trappe). Ab Eoz; fossile Formen meist ± enge an rezente anschließend, so *Palaeotis* und *Palaeogrus* (Eoz Geiseltal, s. S. 235), von *Palaeotis* ganzes Skelett mit Gastrolithen und sonstigem Mageninhalt); andere etwas abweichend wie der etwa mannshohe *Phororhacus* (Mioz Patag), mit großem, mächtigem Schädel und Schnabel, langen Beinen und reduziertem Flügelskelett, wohl flugunfähig.

Ordo: Diatrymiformes

Diatryma (gr. trýma = Schlaukopf), Riesenvogel von über 2,5 m Höhe, Schädel fast 0,5 m lang; mit mächtigem Schnabel, reduziertem Flügelskelett, kräftigen Beinen; Eoz NAm. — Ähnlich *Gastornis* aus etwa gleichalten Bildungen WEur. — *Eleutherornis*, Eoz (Schweizer Bohnerze), auch zu den *Struthioniformes* gerechnet.

Ordo: Charadriiformes

Regenpfeifer (gr. charadriós) und Schnepfen, sumpfbewohnend, lang-schnabelig und langbeinig; Möwen und Alke limnisch-marin, mit Schwimm-füßen, Möwen lang- und schmalflügelig, ausgezeichnete Flieger, Alke kurz-flügelig, minder fluggewandt. Alle 4 Gruppen ab Eoz. Der in historischer Zeit ausgerottete Riesenalk ist fossil nicht nachgewiesen.

Ordo: Columbiformes

Tauben (lat. colúmba = Taube). Heute herbivor, vornehmlich Waldbe-wohner, Kosmopoliten; wenige Funde aus dem Tert. *Didus*, die flugunfähige große Dronte, und *Pezophaps*, mit eigentümlichen, einem Wundkallus (lat. cállus = Schwiele) ähnelnden Verdickungen an den reduzierten Flügelknochen schon bei juvenilen Tieren, sind von einigen Inseln im Indischen Ozean nur aus historischer Zeit (bis ins 17. bzw. 18. Jahrhundert) belegt.

Ordo: Psittaciformes

Papageien (gr. psíttakós). Schnabel kräftig, mesokinetisch (s. S. 230); Zunge dick, fleischig, Kletterfüße mit 2 nach vorne, 2 (1. und 4.) nach hinten gewandten Zehen; ab Mioz, damals auch in Eur. Bisweilen mit der folgenden Ordnung vereinigt.

Ordo: Cuculiformes

Kuckucke (lat. cúculus). Fuß mit „Wendezehe" gleichfalls ein zygodak-tyler Greiffuß; sicher ab Olig (Eur), ab Pleistoz weit verbreitet.

Ordo: Strigiformes

Nachtraubvögel (lat. strix = Eule). Mit scharfem, hakig-gekrümmtem Schnabel und kräftigen Krallen an den (Wendezehen-) Füßen den Tagraub-vögeln ähnlich, doch von ihnen u. a. durch die vorwärts gerichteten Augen verschieden; ab Eoz aus NAm, ab Olig aus Eur, ab Pleistoz weitverbreitet.

Aus Eulengewöllen stammen vielfach die Kleintierreste pleistozäner Höhlen-ablagerungen, und die Komponenten dieser Gewölle lassen Schlüsse auf die erzeugende Eulenform zu.

Ordo: Caprimulgiformes

Ziegenmelker (lat. cápra = Ziege, mulgēre = melken). Nächtliche Vögel mit kurzem, basal breitem Schnabel und schwachen Füßen; dürftige Reste ab Plioz aus Eur, ab Pleistoz aus SAm; heute weit verbreitet.

Ordo: Micropodi

Von den äußerlich schwalbenartigen Seglern mit nur zum Anklammern fähigen Füßen wenige Reste aus dem Olig Eur und dem Pleistoz As und Am; von den als eigene Subordo angeschlossenen *Trochili* (Kolibris, SAm) keine Fossilfunde.

Ordo: Coliiformes

Fossil unbekannt, rez Afr.

Ordo: Trogoniformes

Rez tropische Waldvögel mit kurzem, meist randlich gezähntem Schnabel und Kletterfüßen (3. und 4. Zehe vor-, 1. und 2. rückwärts gerichtet); fossil im Olig und Mioz Eur, erst ab Pleistoz in Teilen des heutigen Verbreitungs-gebietes.

Ordo: Coraciiformes

Rackenartige: *Coracias*, Blauracke oder Mandelkrähe (gr. kórax = Rabe), Eisvögel, Bienenfresser und Nashornvögel. Spärlich ab Olig; zu den indo-australisch-afrikanischen Nashornvögeln ? *Geiseloceros* (Eoz-Geiseltal, s., S. 235).

Ordo: Piciformes

Pici (lat. pīcus = Specht), mit meißelförmigem Schnabel, dünner, weit vorstreckbarer Zunge und stark bekrallten Kletterfüßen; ? Eoz Eur, NAm, ab Mioz Eur, ab Pleistoz Am. — *Galbulae* (Tukane, Pfefferfresser) erst ab Pleistoz (SAm).

Ordo: Passeriformes

Sperlingsartige (lat. pásser = Sperling). Umfänglichste Vogelordnung, bei-nahe die Hälfte der heutigen Ornis (= Avifauna) gehört dieser anscheinend spät entfalteten und noch jetzt in voller Blüte stehenden Gruppe an. Bei meist geringer Größe schlechte Fossilanten. Wenige Funde aus dem ATert, wohl ab Eoz; etwas mehr aus dem JTert, wo schon Raben, Drosseln und andere Singvögel nachgewiesen sind, und aus dem Pleistoz.

Classis: Mammalia

Die *Mammalia* oder Säugetiere sind, gewisse Alt- und wohl auch Früh-formen ausgenommen, durch die lange Ontogenese und die Ernährung der aus schalenlosen Eiern hervorgegangenen Embryonen (gr. émbryon = Leibesfrucht) mittels Placenta (lat. = Fladen, Kuchen), der Neonaten (lat. = Neugeborenen) mittels eines Milchdrüsen-Sekretes besonders gekennzeichnet. Weiter zählen das (seiner Herkunft nach dem Vogelgefieder ähnliche) Haarkleid, die Homöothermie, die völlige Trennung der Herzkammern, die zunehmende Gehirnentwicklung, ein von Rippen- und Bauchfell überzogenes Diaphragma (gr. phrágma = Zaun); am Skelett (Abb. 121) die Zweizahl der Cond occ, der nur aus dem Dent bestehende, mit dem Sq artikulierende Unterkiefer, die Gehörknöchelchen samt dem Paukenbein (s. S. 210), das regelmäßige Auftreten von Epiphysen (s. u.) und Sehnenverknöcherungen (Sesambeinen); am Gebiß

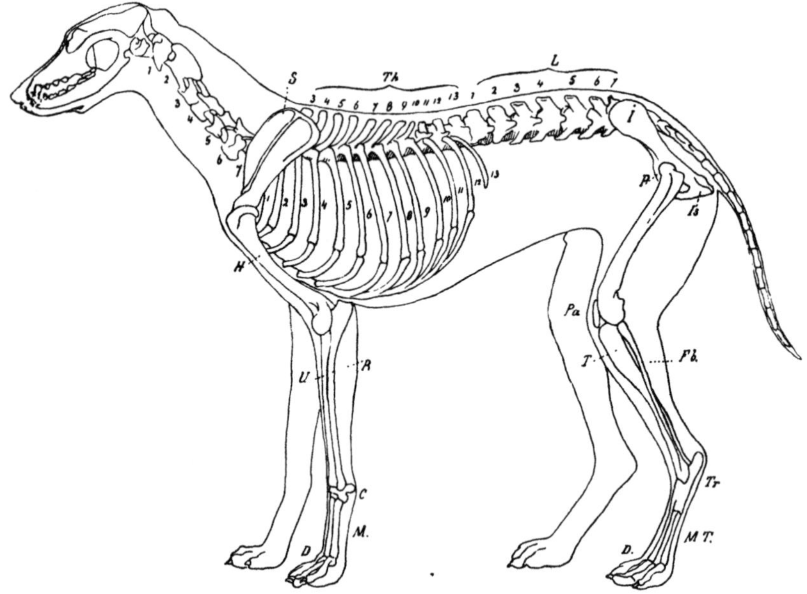

Abb. 121. Skelett eines Hundes (mit Körperumriß) als Beispiel eines typischen Säugerskelettes. C = Carpus, D = Finger bzw. Zehen, Fb = Fib, H = Hum, I = Il, Is = Isch, L_{1-7} = 1.—7. Lendenwirbel, M = Metacarpus, M.T. = Metatarsus, P = Pub, Pa = Pat, R = Rad, S = Scap, T = Tib, Th_{3-13} = 3.—13. Brustwirbel (einschl. Brust-Lendenwirbel), Tr = Tarsus, U = Uln, 1—7 = Halswirbel, 1—13 = Rippen. Aus WEBER 1927.

Thekodontie, Heterodontie und Diphyodontie, d. h. ein (fast immer nur) einmaliger Zahnwechsel, zu den als allgemeine Kennmale gewerteten Eigenschaften.

Die stets gastrozentralen Wirbel verknöchern in 3 Stücken: den paarigen Wirbelbögen und dem Wirbelzentrum. Rechter und linker Bogen verschmelzen terminal zum Dornfortsatz und bilden Dach wie Seitenwände des Rückenmarkskanales, ferner Przyg und Pozyg. Die basalen „Bogenwurzeln" vereinigen sich mit dem Wirbelzentrum zum eigentlichen Wirbelkörper. Ihm sitzen vorne und hinten ± scheibenförmige

Epiphysen auf. Bei noch jugendlichen Tieren durch das Eingreifen leisten-
förmiger Vorsprünge ihrer Innenfläche in entsprechende Vertiefungen der
Epiphysen-Aufsatzfläche am Wirbelkörper mit diesem nur locker verbunden (und so postmortal meist abfallend), verwachsen sie mit ihm bei
Wachstumsabschluß.

Die Wirbelsäule ist fast immer in Regionen gegliedert. Die
Hals- oder Cervicalregion (lat. cérvix = Hals) trägt in wechselnder Neigung den Schädel. Sie beginnt cranial (= beim Kopf) mit dem ringförmigen
Atl, dessen Zentrum zum Proc odont(oideus), zum Zahnfortsatz des Epistr
wird. Auf die beiden „atypischen" Halswirbel folgen fast ausnahmslos
5 typische (Ce 3—7)[1] (Abb. 122). Alle Ce haben mit den reduzierten Rippen

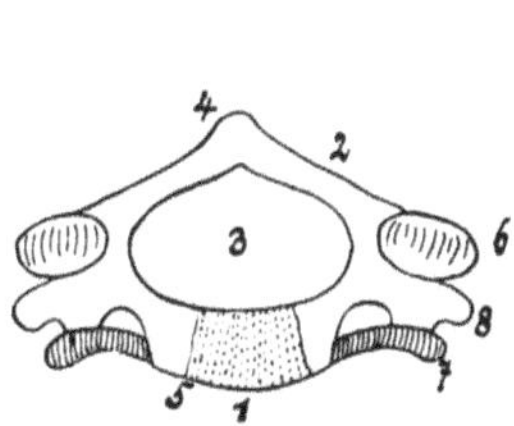

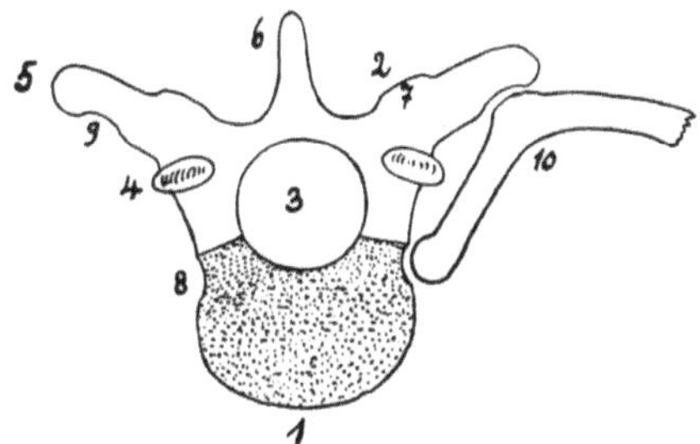

Abb. 122. Schema eines Säuger-Halswirbels.
1 Wirbelzentrum, *2* Wirbelbogen (Neuralbogen), *3* Vertebralloch (Rückenmarkskanal),
4 Dornfortsatz, *5* Grenze zwischen Zentrum
und Bogenteil (neuro-zentrale Naht), *6* Zygapophyse (Proc articularis), *7* und *8* Querfortsatz [*7* Rippenrest (Proc costarius),
8 diapophysärer Teil, zwischen beiden das
For costo-transv]. Aus WEBER 1927.

Abb. 123. Schema eines vorderen Säuger-
Brustwirbels. *1* Zentrum, *2* Neuralbogen,
3 Wirbelloch, *4* Zygapophyse (Proc articularis), *5* Proc transversus, Querfortsatz,
6 Proc spin, *7* Proc mammilaris, *8* und
9 Gelenkflächen für das Capitulum und
Tuberculum costae (Parapophyse und
Diapophyse), *10* Rippe. Aus WEBER 1927.

verschmolzene Querfortsätze. Bei Ce 1—6 werden diese von einem For
transv(ersarium) oder costo-transv für die Arteria vertebralis durchbohrt.
Ce 7 hat hinten eine Halbfacette für Co 1.

Die Brust- (Rücken-, Dorsal-)wirbel tragen als einzige wohlentwickelte Rippen. Etwa den 2 vorderen Dritteln der 9—25, meist 12—15, T
(s. Fußnote [1]) gehören zweiköpfige, mit dem gewöhnlich gut entwickelten
St unmittelbar verbundene Co(stae) verae (lat. vērus = wahr) oder vertebro-
sternales zu. Diese vorderen T (Abb. 123) haben vorne und hinten am Körper je eine Parapophyse mit Halbfacette für das Rippenköpfchen (= Capitulum costae) und am Bogen eine Diapophyse für das Rippenhöckerchen
(= Tuberculum costae). Der Abstand beider Apophysen verringert sich

---

[1] Zur Bezeichnung der Wirbel werden folgende Symbole verwandt: Ce =
Vertebra cervicalis (Halswirbel); T = V. thoracalis = Brustwirbel; L = V.
lumbalis (Lendenwirbel); Sa = V. sacralis (Kreuzbeinwirbel); Ca = V. caudalis (Schwanzwirbel). Die nachgesetzte Ziffer zeigt die Position innerhalb der
Region, von cranial aus gezählt, an. Analog werden die Rippen mit Co (lat.
cósta = Rippe) und nachgestellter Ziffer bezeichnet.

mit dem zwischen Capitulum und Tuberculum, d. h. mit der Länge des
Collum costae (= Rippenhals) caudad (= schwanzwärts). Die hinteren T
haben einköpfige, nicht bis zum St reichende Co spuriae (lat. = Bastarde),
sternales oder fluctuantes (lat. = schwankende) und daher nur eine Rippen-
facette jederseits; in der Gesamtgestalt und in der ± vertikalen Zyga-
pophysenstellung — bei vorderen T und Ce stehen diese ± horizontal —
ähneln sie den L. Daher werden sie auch als Brust-Lenden- oder
thorakolumbale (lat. lumbus = Lende) Wirbel unterschieden. Ihr vorderster, an dem mit der Zygapophysenlage auch die Neigung des Dornfort-
satzes (von rück- nach vorwärts) wechselt, heißt antiklinischer (= gegen-
geneigter) oder Wechsel-Wirbel.

Die Lendenregion zählt 2—9, meist 6—7 Wirbel. Sie haben Querfortsätze wie die Ce, doch ohne Rippenreste und ohne Foramina, ± vertikale Zygapophysen und oft am Bogenteil noch als Ana- und Metapophysen
bezeichnete Fortsätze. Auf die L folgt das Kreuzbein (Sacr) aus 1—2
echten, durch die zu Querfortsätzen gewordenen Co mit dem Il verwachsenden Sa und bis 11 mit ihnen vereinigten Pseudosacralwirbeln (Pssa);
auf das Sacr die Schwanzregion. An den Ca sind Co, Bogendach,
Dornfortsätze und Rückenmarkskanal meist weitgehend reduziert, dafür
aber oft Haemapophysen wohl entwickelt. Die Zahl der Ca schwankt
zwischen 3 und 49; doch auch bei großer Länge ist der Schwanz Anhang,
nicht wesentlicher Bestandteil des Körpers (wie bei Reptilien).

Die Gliedmaßen (s. Abb. 121) sind meist ± ganz unter dem Körper
(s. S. 207). Damit ergeben sich andere Bewegungs-, Gelenks- und Muskel-
verhältnisse als bei Kriechtieren. So kommt es im Schultergürtel zur Reduktion der mehr ventralen und zu starker Entwicklung der dorsalen Teile. Es
fehlt die Iclav, von den Corac bleibt meist nur der Proc corac(oideus) der
Scap übrig, welche dorsal in der Regel mit einem Grat, der Sp(ina) sca-
p(ulae), versehen ist. Gut entwickelt wie die Scap ist oft auch die Clav, doch
geht sie, wenn die Arme nur mehr antero-posterior bewegt werden, verloren.
Sie artikuliert einerseits mit der Sp scap, andererseits im Sternoclavicular-
gelenk (wo besondere, als „Praeclavium" bezeichnete „Episternalgebilde"
auftreten können), mit dem St. Dieses, wie bei allen Tetrapoden aus den
paarigen, knorpeligen Sternalleisten hervorgehend, verknöchert in mehreren Stücken, den Sternebrae; das vorderste heißt Praesternum (Prst) oder
Manubrium (lat. = Handgriff) sterni (Man st), das hinterste Xiphisternum
(Xist), auch Proc ensiformis = Schwertfortsatz, die übrigen bilden das
Mesosternum (Msst).

Auch der Beckengürtel zeigt gegenüber den Reptilien Form- und
Lageänderungen. Das Il findet sich vorne und dorsal als oft umfangreiche
Darmbeinschaufel, Isch und Pub hingegen liegen hinter und unter der
Hüftpfanne, in der ein besonderes Os acet(abuli) auftreten kann. Gele-
gentlich kommen (bei ♂ und ♀) paarige Ossa marsupialia (lat. = Beutel-
knochen) vor.

Von den Armknochen hat der Hum meist einen länglichen Schaft
(Mittelteil) von rundlichem Umriß, doch wechseln seine Proportionen je
nach der Lebensweise bzw. Lokomotionsart nicht unerheblich. Ein For

entepic ist bei Säugern ein als primitiv zu bewertendes Merkmal. Die beiden Unterarmknochen sind, soferne die Uln nicht weitgehende Reduktion erfährt, meist in Pronation überkreuzt, d. h. die Uln liegt nicht rein hinter dem R, sondern ihr proximales Ende ist mediad (= mittwärts) verschoben. Auch die **Schenkelknochen** zeigen unterschiedliche Gestaltung. Oft ist die Fib, selten die ganze Hinterextremität rückgebildet.

In **Hand** und **Fuß** (lat. Manus und Pes) treten die gleichen Elemente wie bei Reptilien auf. Im Procarpus kommt lateral noch ein Pisiforme (pi) oder Erbsenbein hinzu, während r und int häufig verschmelzen. Im Protarsus sind stets nur 2 Knochen: Astragalus (astr) oder Talus (gr. astrágalos, lat. tālus = Knöchel) und Calcaneus (calc, lat. calcāneum = Ferse) vorhanden. Der Calc entspricht dem fib; ob der astr dem tib + int gleichzusetzen ist, scheint eine noch offene Frage. Verschmelzungen kommen auch sonst in Carpus und Tarsus wie bei mtp vor, besonders bei Finger- und Zehenreduktion. Ganz selten ist eine Finger- oder Zehenvermehrung. (Praepollex, Postminimus)[1]. Die ph-Formel lautet in der Regel 2, 3, 3, 3, 3.

Im Bereiche des Gliedmaßenskelettes finden sich recht regelmäßig Sesambeine, bes. an den Metacarpo- bzw. Metatarso-Phalangealgelenken die Fabellae (lat. = kleine Stücke). Zu den Sehnenverknöcherungen zählt ferner die Pat (ella). Manchmal treten auch im äußeren Genitale Knochenbildungen auf (Os penis bzw. Os clitoridis).

Die langen Gliedmaßenknochen haben an beiden Enden Epiphysen. Das Längenwachstum erfolgt in den Epiphysenfugen zwischen Epiphyse und dem als Diaphyse bezeichneten Hauptteil; beide verschmelzen erst

---

[1] In der Säugetier-Osteologie finden für Hand- und Fußknochen unterschiedliche, meist aus der menschlichen Anatomie übernommene Bezeichnungen Anwendung, u. zw. vor allem:

Für das r	: Scaphoid, Naviculare (gr. skáphos = Wanne, Kahn, lat. navícula = Kahn) = Kahnbein.
Für das int	: Lunatum, Semilunatum = Mondbein.
Für das uln	: Triquetro-Cuneiforme, Pyramidale (lat. tríquetrus = dreieckig, cúneus = Keil) = Pyramidenbein.
Für das cc	: Intermedium (bei CUVIER).
Für das c I	: Trapezium, Multangulum maius (= größeres Vielwinkelbein).
Für das c II	: Trapezoid, Multangulum minus (= kleineres Vielwinkelbein).
Für das c III	: Capitatum, Magnum (lat. cáput = Haupt, mágnus = groß).
Für das c IV + V	(stets vereinigt): Hamatum, Uncinatum, Unciforme (lat. uncinātus u. hamātus = hakig) = Hakenbein.
Für das ct	: Naviculare.
Für das t I	: Entocuneiforme = inneres Keilbein.
Für das t II	: Mesocuneiforme = mittleres Keilbein.
Für das t III	: Ectocuneiforme = äußeres Keilbein.
Für das t IV + V	(stets vereinigt): Cuboid (lat. cúbus = Würfel) = Würfelbein.
Für die Finger	: I = Pollex (Daumen), II = Index (Zeigefinger), III = Medius (Mittelfinger), IV = Annularis (Ringfinger), V = Minimus (kleiner Finger).
Für die Großzehe	: Hallux.

nach Wachstumsabschluß[1]. An pi, calc, mtp und ph tritt jeweils nur eine Epihyse (an einem Ende) auf.

Das Kopfskelett (Abb. 124) zeigt gegenüber den Reptilien stärkere Veränderungen vor allem in Zusammenhang mit der Entwicklung von Gehirn und Kaumuskeln, ferner in Gehörregion und Nasengegend. So ist die Hirnkapsel oft merklich aufgetrieben, mitunter auch median mit einem Scheitelkamm, der Cr(ista) sagitt(alis), versehen, bis zu dem dann beiderseits das Ursprungsfeld des Musc temp, eines der Hauptkiefermuskeln, her-

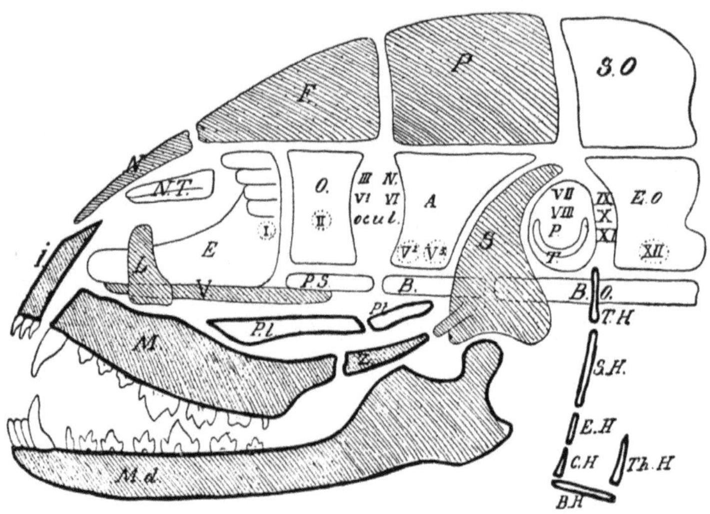

Abb. 124. Aufbau des Säuger-Kopfskelettes samt Zungenbeinapparat, schematisch. Gestrichelt: Deckknochen, weiß: Knorpelknochen, stark umrandet: Visceralskelett. A = Asph. B. = Bsph, B.O. = Bocc, E = Ethm, E.O. = Exocc, F = Fr, I = Pmx, L = Lacr, M = Mx, Md = Mdb, N = Nas, N.T. = Naso-Turbinale (dahinter die Ethmo-Turbinalia), O = Osph, ocul. = Auge, P = Par, P über T = Petr, P.l = Pal, P.S. = Prsph, Pt = Pt, S = Sq, S.O. = Socc, T. = Tymp, V = Vo, Z = Jug.—Zungenbeinapparat: B.H. = Basihyale (Copula); C.H. E.H., S.H., T.H. = Cerato-(Hypo-)hyale, Epi-(Cerato-)hyale, Stylohyale, Tympanohyale, zusammen das vordere; Th.H. = Thyreohyale, das hintere Zungenbeinhorn bildend. — I—XII, Austrittsstellen der Kopfnerven. Aus WEBER 1927.

anreicht. Der vorne vom Mx, in der Mitte vom Jug und hinten vom Proc zygom(aticus) des Sq gebildete Jochbogen, an dem sich der zweite große Kiefermuskel [Musc mass(eter), v. gr. mássesthai = kneten][2] anheftet, ladet weit laterad aus, so mehr als Anhang denn als Teil des Schädels wirkend. Im Unterkiefer sind der Ram(us) ascend(ens) (lat. = aufsteigender Ast) mit dem Proc cor(onoideus) (lat. = Kronenfortsatz), meist auch der Proc ang(ularis) (v. lat. ángulus = Ecke, Winkel) unten beim Hinter-

---

[1] Das Wachstum erfolgt daher anders als bei Reptilien, wo ein schrittweiser Ersatz von Knorpel durch Knochen statthat und die Gelenkenden ± dauernd knorpelig bleiben (so ein dauerndes Längenwachstum ermöglichend, doch feste Gelenkführung behindernd).

[2] Dritter Heber der Mdb ist der Musc pterygoideus, ihr Senker der Musc digastricus (Musc biventer mandibulae).

ende als Muskelinsertionsstellen wohl entwickelt. An Stelle des Prot und Opot finden sich ein Petrosum (Petr, lat. = Felsenbein) und ein meist nur als seine Pars mastoidea (lat. pars = Teil, gr. mastós = Brustwarze, Zitze) oder als Proc mast(oideus) erscheinendes Mastoideum. Hinten und ventral mit dem Occipitalkomplex in Kontakt und oberflächlich großenteils vom Sq überlagert, tritt das Petr nur hinten-außen mit der Mastoidpartie (Proc mast) frei zu Tage. Es vereinigt sich weiter meist schon ontogenetisch früh mit dem ursprünglich ringförmigen Tymp(anicum) = Paukenbein bzw. der von diesem allein oder unter Mitbeteiligung eines Entotympanicum gebildeten, Mittelohr samt Gehörknöchelchen (s. S. 210) umschließenden Bulla tympanica (lat. bulla = Blase) zum Periot(icum). In der Nasengegend sind die Nares zu einer Öffnung verschmolzen. Im Grunde derselben liegt hinten, aus dem medianen, knorpeligen Mesethmoid hervorgehend, das Ethm oder Siebbein mit der Lamina cribrosa (lat. lámina = Platte, Blatt, cribrum = Sieb), der Lamina perpendicularis (lat. = lotrecht) und den Turb(inalia) oder Nasenmuschelknochen.

Ferner seien erwähnt: Vom Hinterhaupt die häufige Verschmelzung des Bocc, der mit den Proc parocc versehenen Exocc und des Socc zu einem einheitlichen Occipitale (Hinterhauptsbein); die vielfache Ausbildung einer Cr lambdoidea (dem gr. Lambda = L ähnlich, s. S. 263) für die Nackenmuskulatur beim Oberende der Hinterhauptfläche; die mitunter embryonale Nachweisbarkeit von Popar (Dsocc). Vom Dach und den angrenzenden Seitenflächen des Schädels die seitlich weite Abwärtserstreckung der Par; das Fehlen von Pinealforamen, Prfr, Pofr und Poorb; die gegen hinten primär nicht knöchern umgrenzte Orb; an derem Rande das meist kleine, vom Duct(us) lacr(imalis), dem Tränenkanal, gequerte Lacr; das ±freie Vorspringen der Nas über die Nares; der bis zum Nas auf- und rückwärts reichende Fortsatz des Pmx; die beträchtliche Ausdehnung der Mx.

Starke Veränderungen gegenüber den Reptilien haben die Unterseite und die basalen Flanken des Schädels erfahren. An das Bocc mit der Sella turcica (lat. = Türkensattel, Hypophysengrube) schließt vorne das Bsph an, zu dessen Seiten die (vielleicht aus den Eppt herzuleitenden) Asph emporstreben. Vor dem Bsph liegt das Prsph, jederseits von ihm je ein (mit dem Sphethm der Reptilien in Beziehung gebrachtes) Osph. Davor grenzt das Ethm die Hirnkapsel gegen den Nasenraum ab. Pmx, Mx und Pal bilden einen sekundären Gaumen; er überdeckt auch den vom Vorderteil der Hirnkapsel vorwärts ziehenden, unpaaren Vo, dessen Herkunft von den paarigen Vo der Reptilien noch immer nicht völlig sichergestellt scheint[1]. Die Pt verbinden den sekundären Gaumen mit der Basis cranii. Ein Ecpt fehlt.

Zum Visceralskelett oder Splanchnocranium (gr. splánchnon = Eingeweide) gehören außer den schon erwähnten Kiefer-Gaumenknochen noch

---

[1] Der fast immer paarige Vo der niederen Vertebraten wurde auch mit bei einigen Therapsiden und primitiven Säugern vor dem (unpaaren) Vo auftretenden kleinen Verknöcherungen, den Praevomeres von BROOM, gleichgesetzt.

die Mdb mit gewöhnlich kräftigem Gelenkfortsatz (vgl. auch S. 238 und 242) sowie der Hyoid- (= Zungenbein) apparat[1].

Am Säugerschädel sind auch die in ihrem Auftreten bei den einzelnen Formen und Gruppen recht konstanten Foramina für Nerven, Gefäße usw. morphologisch wie taxionomisch von Bedeutung. Außer dem For magn(um), dem großen Hinterhauptsloch zwischen Bocc, Exocc und Socc als Eintrittsstelle des Rückenmarks in den Schädel, sind die wichtigsten:

Das For condyloideum oder hypoglossi im Exocc, durch das gewöhnlich und ursprünglich der 12. Hirnnerv, der N(ervus) hypoglossi (Unterzungennerv), nach außen tritt;

das For lacerum (lat. = zerrissen) posterius = postjugulare = otooccipitale = opisthoticum zwischen Bocc und Ohrkapsel, durch welches gewöhnlich der 11., 10. und 9. Hirnnerv [N accessorius, vagus (lat. = umherschweifend), glossopharyngeus], meist auch der Can caroticus verlaufen;

das For stylo-mastoideum an der hinteren Ecke des Schädels, in der Regel Austrittsstelle des 7. Hirnnerven (N facialis)[2];

Das For lacerum anterius oder medium = sphenoideum zwischen Periot und Asph, Eintrittstelle der das Gehirn mit Blut versorgenden Carotis ins Schädelinnere[3];

Das For ovale (lat. = eiförmig) und vor ihm das For rotundum (lat. = rund) im Asph für den Austritt des 3. bzw. 2. Astes des 5. Hirnnerven, des N trigeminus = Drillingsnerv;

das For sphenorbitale (lacerum anterius) zwischen Asph und Osph für den 1. Ast des N trigeminus und den 6., 4. und 3. Hirnnerven (Augenmuskelnerven: N abducens, lat. = wegführend, trochlearis, v. lat. tróchlea, Kloben, Winde, Rolle und oculomotorius, lat. = augenbewegend);

das For opticum im Osph für den 2. Hirnnerven, den N opticus (Sehnerv);

das For lacrimale im Lacr für den Duct lacr;

das For infraorb(itale) mit dem Can infraorbitalis im Mx für Gefäße und Nerven;

das For incisivum zwischen Pmx und Mx vorne, das For palatinum für Blutgefäße hinten im Gaumen.

Wegen seiner in den einzelnen Gruppen unterschiedlichen und für sie kennzeichnenden Gestaltung kommt paläozoologisch dem Gebiß mit gewöhnlich 2 Zahngenerationen, der lactealen (v. lat. lac = Milch), oder Milch-, und der permanenten oder Ersatz- bzw. Dauer-Dentition, (v. lat. dens = Zahn), besondere Bedeutung zu. Beide umfassen nor-

---

[1] Der aus dem 2. und 3. Kiemenbogen hergeleitete Zungenbeinapparat läßt ein vorderes Zungenbeinhorn aus Tympanohyale (ligamentär am Periot befestigt), Stylohyale, Epi- (oder Cerato-)hyale, Cerato- (oder Hypo-)hyale und ein hinteres, allein aus dem Thyreohyale (gr. thyreós = Türstein, Schild) bestehendes (mit dem Schildknorpel = Cartilago thyreoidea verbundenes) unterscheiden sowie als Bindeglied beider Hörner das Basihyale (= Copula). Paläozoologisch spielt der Hyoidapparat, weil seine Elemente sich vom Schädel post mortem leicht ablösen und, bei kleineren Formen schon wegen ihrer Zartheit, nur selten erhalten sind, eine geringe Rolle. Die Überlieferung der nur knorpeligen Derivate (lat. derivāre = ableiten) weiterer Kiemenbögen (Epiglottis = Kehldeckel und Kehlkopfknorpel) kommt praktisch kaum in Frage.

[2] Der 8. Hirnnerv (N acusticus, v. gr. akúein = hören) zieht vom Gehirn in das Innere Ohr und tritt nicht nach außen; der 1. (N olfactorius, v. lat. olfáctus = Geruch) geht durch die Ethmoidalregion nasenwärts.

[3] In diesem Bereiche verläuft auch die vom Mittelohr in die Kehlgegend ziehende Eustachische Röhre (Tuba Eustachii).

malerweise Schneide-, Eck- und Backenzähne; die 2 ersten bilden das
Greif-, die Bz das Kaugebiß. Im Dauergebiß werden Schneidezähne
oder Incisivi (v. lat. incídere = einschneiden) mit dem Symbol I, der
in jeder Kieferhälfte stets in der Einzahl vorhandene Eck- oder Hunds-
zahn (Caninus, v. lat. cánis = Hund) mit C, die vorderen Bz oder Prae-
molares (v. lat. móla = Mahlstein, Mühle) mit P, die hinteren oder Molares mit M bezeichnet. Obere und untere Zähne macht man durch oben
bzw. unten beigefügte Ziffern (z. B. I^1, M_3) oder von s bzw. i (lat. sú-
perior = oberer, ínferior = unterer, also C^s, C_i usw.) kenntlich. Die Zäh-
lung erfolgt von vorne nach hinten[1]. Die Milchzähne (dentes decidui =
ausfallende, hinfällige) werden mit di, dc, und dm bezeichnet. Lacteale
P gibt es nicht. Die M entwickeln sich an der Milch-Zahnleiste. In beiden
Dentitionen sind die Zähne des Greifgebisses in der Regel einwurzelig
und einspitzig, oder nur mit kleinen Nebenspitzen neben dem Hauptzacken versehen. Die Bz sind, die vorderen P ausgenommen, normaler-
weise mehrwurzelig und mehrspitzig bzw. von komplizierterem Kronen-
bau. Ursprünglich ist die Zahnreihe geschlossen, später treten in ihr
Lücken, sog. Diasteme (gr. diástema = Zwischenraum, Intervall) auf.

Die Zahnzahl wechselt sehr. Für die Mehrheit der Säuger, die *Eutheria*
oder *Placentalia* (s. S. 260), ist der Primärzustand ein permanentes Gebiß von 44, ohne Diastem aneinandergereihten Zähnen u. zw. 3 I, 1 C,
4 P und 3 M in jeder Kieferhälfte. Reduktionen sind häufig, ein völliger
Zahnverlust wie ein Mehr an Zähnen selten. Die Zahnzahl wird in der
Zahnformel angegeben. Sie wird in Bruchform geschrieben, im Zähler werden die oberen, im Nenner die unteren Zähne, mit den I bzw.
di beginnend, verzeichnet[2].

Der Aufbau der Zähne erfolgt auch bei den Säugern durch das Zahnbein oder Dentin, die Substantia eburnea (lat. ébur = Elfenbein) und
den Schmelz- oder Emailbelag der Krone, die Substantia adamantina
(gr. adamántinos = unbezwingbar, stählern). Doch kommt es bei bestimmten Spezialisierungen der Kronen nicht selten zu An- oder Ein-
lagerungen von Zement, einer auch nach ihrer Entstehung knochen-
ähnlichen Substanz, an schmelzlosen Teilen der Ober- bzw. Außenflächen. Mitunter hat auch Schmelzverlust statt.

In weiten Grenzen wechselt die Gestalt der Zähne. Weniger bei I
und C mit ihren an sich einfach gebauten Kronen — obgleich auch da
[vgl. incisiviforme C, Stoß- und Nagezähne mit Dauerwachstum und
daher persistierender Wurzel- (Pulpa-)öffnung usw.] nicht nur Größen-
unterschiede vorkommen — viel mehr bei den komplizierter gebauten
Bz, bes. den M. Diese sind bei *Eutheria* (s. S. 260) ursprünglich niedrig-

---

[1] Nur die P werden von manchen Autoren in umgekehrter Richtung, von
den M gegen den C, gezählt.

[2] Die Zahnformel für das primitive Placentaliergebiß (s. o.) lautet daher
$\frac{3\ 1\ 4\ 3}{3\ 1\ 4\ 3}$. Bei Angabe beider Dentitionen werden die Ziffern für das Milchgebiß in Klammer im Zähler über, im Nenner unter die Zahlen für das Dauergebiß gesetzt.

kronig = brachyodont. An den M^s bildet der Kronenumriß ein Trigon (gr. trígonon = Dreieck), dessen Basis nach außen = buccal, dessen Spitze nach innen = lingual (lat. língua = Zunge) sieht. Es sind 3 Haupt- oder Primärhöcker vorhanden: ein vorderer Außenhöcker, der Paracon (Pac), ein hinterer Außenhöcker, der Metacon (Mc) und ein Innenhöcker, der Protocon (Prc); ferner 2 kleinere Neben- oder Sekundärhöcker: am vorderen Dreiecksschenkel ein Protoconulus (Prcl), am hinteren ein Metaconulus (Mcl). Solche M heißen trituberculär nach der Zahl der Haupthöcker, bunodont (gr. bunós = Hügel) nach der Höckerform, nach Zahl und Form auch oligobunodont. Oft tritt zum Trigon hinten-innen ein aus dem Basalwulst oder Cingulum (lat. = Gürtel) an der Kronenbasis entsprossener Talon (lat. Knöchel, Ferse) hinzu, der in einem vierten Haupthöcker, dem Hypocon (Hyc), gipfelt; dann wird der Umriß quadratisch: quadrituberculärer = Vierhöckerzahn. An den M_i entspricht dem Trigon ein Trigonid mit umgekehrter Lage von Basis und Spitze und einem Protoconid (Prcd) buccal, einem Paraconid (Pacd) vornelingual sowie einem Metaconid (Mcd) hinten-lingual[1]; dem Talon ein Talonid mit einem buccalen Hypoconid (Hycd) und einem lingualen Entoconid (Entcd), denen sich noch, ± am Hinterrande, ein Hypoconulid (Hycld) zugesellen kann. Derartige M_i mit mehr spitzhöckerigschneidendem Trigonid und niedrigerem, mehr stumpfhöckerigem Talonid heißen tuberculosectorial.

Von diesem trituberculär—tuberculo-sectorialen oder tribosphenischen (v. gr. tríbein = zerreiben) M-Typ lassen sich weitere Kronenmuster ableiten. Häufig entstanden durch Schwächung des Pacd M_i mit 4 Haupthöckern; selten durch weitere Höckerreduktion sekundär haplodonte M; bisweilen durch Höckervermehrung polybunodonte. Andererseits wurden aus bunodonten oder Höcker-Zähnen durch Ausbildung von die Höcker verbindenden Leisten und Kämmen Joch-Zähne (Abb. 125), u. zw. lophodonte (v. gr. lóphos = Kamm) mit je einem bucco-lingualen Proto- und Metaloph(id) (Prl, Prld, Ml, Mld) sowie an den i. allg. stärker spezialisierten M^s noch einem buccalen, meist W-förmig geknickten Ectoloph (Ectl). Auch zusätzliche Schmelzpfeiler, Styli(de), an den Außenwänden traten auf (Parastyl, usw.) und schließlich Komplikationen durch Nebenkämme und -leisten wie durch Faltungen des Schmelzes. Zähne mit nur wenig Jochen heißen oligolophodont. Neben ihnen gibt und gab es polylophodonte mit vielen ± geraden Querjochen, ferner selenodonte (v. gr. seléne = Mond), wo die Haupthöcker beiderseits je einen schwach gekrümmten Kamm abgeben und mit diesen Kämmen V- bis halbmondförmige Joche bilden. Nicht immer

---

[1] Das Prcd dürfte seinen Namen zu Recht tragen, d. h. dem im einspitzigen Vorstadium allein vorhandenen Zacken entsprechen; hingegen scheint an den M^s nach embryologischen Befunden der „Ersthöcker" nicht der Prc, sondern der Pac zu sein. Im übrigen ist die Frage, wie aus dem haplodonten (einzackigen) Zahn der dreihöckerige wurde, noch ungeklärt; die Theorie, daß vor und hinter der „Hauptspitze" je eine Nebenspitze entstand und beide Nebenspitzen dann nach buccal bzw. lingual rotierten, hat sich bisnun nicht sicher belegen lassen.

erstreckt sich die Jochbildung gleichmäßig über die ganze Krone, woraus bunolophodonte, bunoselenodonte und lophoselenodonte Zwischentypen resultieren; dabei können auch Unterschiede zwischen den M^s und M$_i$ bestehen. Mit der Jochbildung geht in der Regel eine Höhenzunahme der Höcker bzw. Leisten Hand in Hand. Die Zähne werden hochkronig = h y p s o d o n t (hypselodont, v. gr. hýpsos = Höhe, hypselós = hoch) und die dann tiefen Täler zwischen den Leisten oft durch Zement aufge-

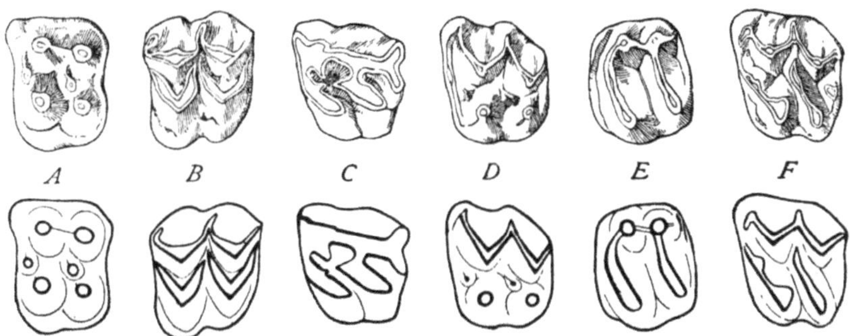

Abb. 125. Höcker- und Jochzahntypen bei „Ungulaten" (s. S. 297). Linke M^s in Kauflächenansicht. *A* (oligo)bunodont (*Hyracotherium*, s. S. 320), *B* selenodont (*Protoceras*, s. S. 334), *C* (oligo)lophodont (*Rhinoceros*, s. S. 326), *D* bunoselenodont (*Palaeosyops*, s. S. 323), *E* bunolophodont (*Tapirus*, s. S. 325), *F* lophoselenodont (*Anchitherium*, s. S. 320), alle auf gleiche Größe gebracht. Aus ABEL 1924.

füllt, so daß am Einzelzahn eine fast plane Kaufläche, in der Zahnreihe eine ± einheitliche Kauebene entsteht.

Die P-Kronen sind im ganzen weniger spezialisiert, doch kommen auch molariforme bzw. molarisierte P vor. Für die Höcker der P ist ein gleicher Entwicklungsgang wie bei den M nicht gesichert; daher bevorzugen manche Forscher eine gesonderte Benennung der P-Haupthöcker, nämlich: Proto-, Deutero-, Trito- und Tetartocon(id) (gr. = 1., 2., 3. und 4. Höcker).

Den verschiedenen Zahnformen — außer den genannten gibt es noch andere — und den einzelnen Gebißtypen sind verschiedene Stellungen der Bz-Reihen, verschiedene Formen der Kieferbewegung und damit des Kiefergelenkes zugeordnet. So greifen die Antagonisten, die oberen und unteren Gegenzähne (gr. antagonistés = Gegner), bei der Occlusion (lat. = Schließen, d. h. Kieferschluß) bald — zum Kauen — aufeinander, bald — zum Schneiden — aneinander vorbei[1], sind rechte und linke Backenzahnreihen in Ober- und Unterkiefer ± gleichweit voneinander entfernt (I s o g n a t h i e) oder die unteren einander stärker genähert (A n i s o g n a t h i e, v. gr. ánisos = ungleich); ist die Kieferbewegung, die nur durch die Mdb (nicht wie bei anderen Wirbeltieren durch Heben des Schädels) erfolgen kann, o r t h a l, d. h. vertikal, p r o p a l i n a l (gr. vor-rückwärts), t r a n s v e r s a l, d. h. seitwärtig, bzw. eine

---

[1] In der Regel ist übrigens die Oppositionsstellung bei Kieferschluß nur eine partielle. indem etwa das M$_1$-Talonid auf den M^2-Trigon trifft usf.

zwischen diesen Haupttypen verschieden kombinierte; endlich ist der Gelenkfortsatz des Unterkiefers bald länglich-quergestellt-walzenförmig, bald mehr rundlich-knopfähnlich, bald ±in, bald über der Zahnreihe gelegen und entsprechend unterschiedlich ist die Cav(itas) glen-(oidalis) am Sq gestaltet.

Gebiß- und Kieferentwicklung stehen in unverkennbarer Beziehung zur sehr unterschiedlichen Nahrungsweise. Ursprünglich wohl insecti- und carnivor, wurden viele Säuger herbivor (Weich-, Hartpflanzenfresser) sowie omnivor; andere gingen zu Myrmecophagie (gr. mýrmex = Ameise), Ichthyophagie, Planktonophagie und weiteren speziellen Ernährungsarten über. Gleiche Vielfalt zeigt die Lebensweise auch sonst. Anfangs terrestrisch bis arboricol, sind manche Säuger halb oder ganz aquatisch, ja selbst pelagisch geworden. Am Festland haben sie wohl alle Lebensräume von den Tropen bis zur Arktis, von den Niederungen bis zum Hochgebirge, vom feuchten Sumpfwald bis zur trockenen Steppe erobert (und eine weitgehende Anpassungsfähigkeit auch an ungünstige Verhältnisse — vgl. z. B. den Winterschlaf — erwiesen). Vorerst Schreiter und Krallenkletterer wandelten sie sich ebenso zu Läufern, Springern, Gräbern wie zu Greif- und Schwingkletterern, zu Flugtieren und vollendeten Schwimmern (Abb. 126). Einzelne haben die quadrupede Lokomotion mit einer bipeden vertauscht. Hinsichtlich der Fortpflanzung bezeugen die rezenten Formen verschiedene Stufen der für die Klasse typischen Viviparie, ja sogar das Noch-Vorhandensein oviparer Urzustände.

Den meisten, bisweilen auch mehrfach die Richtung wechselnden Änderungen der Lebensweise gingen solche in Skelett und Gebiß parallel. Dank der schon weitgehenden Kenntnisse über die Hauptzüge und Hauptlinien der Säugerevolution vermögen wir sicherer als in manchen anderen Tiergruppen zu beurteilen, welche Ausbildung jeweils als ursprünglich, welche als abgeleitet zu bewerten ist. In den wichtigsten Belangen ergibt sich so folgendes Bild:

Merkmal (Eigenschaft)	Primitivzustand	Spezialisationen
Allg. Körpergröße	klein	groß
Kopfskelett		
Hirnkapsel	klein, schmal	groß, breit, gewölbt
Schnauze	lang	verkürzt oder extrem verlängert
Nares	terminal	nach oben-hinten verschoben
Knochennähte	sichtbar bleibend	obliterierend
Jochbogen	vollständig	unvollständig
Orb	hinten offen	durch Proc postorbitalis des Fr (Proc poorb Fr) bzw. durch postorbitale Spange (poorb Sp) eingeengt, dann durch Knochenwand abgegrenzt

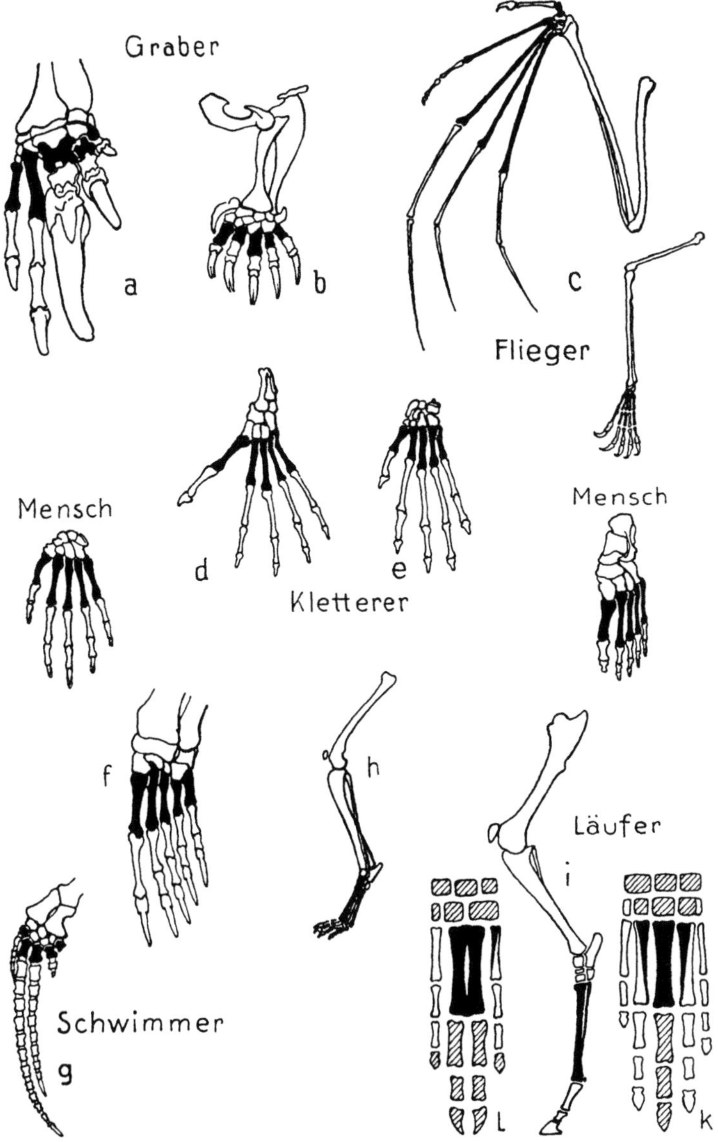

Abb. 126. Die Umformung der Säugergliedmaßen in Zusammenhang mit dem Wechsel von Funktion und Lebensweise. *a* Hand des Gürteltieres (*Priodontes*, s. S. 278), *b* Vorderextremität des Maulwurfs (*Talpa*, s. S. 264), *c* Vorder- und Hintergliedmaße eines Flughundes (*Pteropus*, s. S. 265), *d* und *e* Fuß und Hand eines fossilen Lemuren (*Notharctus*, s. S. 269), daneben links Menschenhand und rechts Menschenfuß (s. S. 273), *f* Hand eines Seehundes (*Phoca*, s. S. 297), Vordergliedmaße eines Zahnwales (*Globicephala*, s. S. 288), *h* Hintergliedmaße eines Hundes (*Canis*, s. S. 293), *i* Hintergliedmaße eines Pferdes (*Equus*, s. S. 321), *k* mesaxone und *l* paraxone Extremität (s. S. 317, 327) schematisch, die der Reduktion verfallenden Knochen weiß gelassen. Die mtp (bis auf die für *k* und *l* genannten Ausnahmen) stets schwarz. Aus KUHN 1951.

Merkmal (Eigenschaft)	Primitivzustand	Spezialisationen
Fr	ohne	mit Hohlraumbildung (sinus frontales)
Schädeldach	ohne	mit Protuberanzen
Schädeldach	± horizontal	gegen hinten-oben ansteigend
Schädelprofil	niedrig	hoch
Nas	lang, schmal	reduziert
Schläfengrube	groß	klein
Tymp	unten offen, ringförmig, frei	geschlossener Ring, dann Bulla (mit)bildend und mit Petr zu Periot verwachsen
Mastoidpartie	frei	Teil des Periot bzw. mit Bulla verwachsen, ev. verlängert oder verkürzt
Unterkiefer		
Symphyse	ligamentös	synostotisch
Proc cor	gut entwickelt	reduziert
Kieferbewegung	orthal	propalinal oder transversal
Achsenskelett		
Wirbelkörperepiphysen	vorhanden	rudimentär
Zygapophsen	gut entwickelt	i. hint. Abschnitt rudimentär
Halswirbel	7	6 oder 9
Halswirbel	biplan	opisthocoel
Halswirbel	an Größe den vorderen T-ähnlich	verlängert oder verkürzt
Brust- und Lendenwirbel	frei	(teilweise) verwachsen
Kreuzbein	1—3 Wirbel	größere Wirbelzahl oder Reduktion
Schwanzabschnitt	lang	kurz
vordere Rippen	zweiköpfig	(auch vord. Rippen) einköpfig
Gliedmaßenskelett		
Clav	vorhanden	verschwunden
Hum	mit	ohne For entepic
Rad und Uln	voll entwickelt	Uln reduziert
Beckenknochen	wohl entwickelt	rückgebildet
Il	schmal, niedrig, schlank	breit, hoch, schüsselförmig
Hinterfuß	voll entwickelt	rückgebildet
Tib und Fib	voll entwickelt	Fib reduziert
Hand und Fuß	fünffingerig bzw. fünfzehig	Finger- bzw. Zehenzahl geringer
Hand und Fuß	± plantigrad	± digitigrad, pseudoplantigrad usf.
Carpalia und Tarsalia	frei	teilw. verwachsen
Metapodien	frei	teilw. verwachsen
Ph-Formel	2 3 3 3	Hypo- oder Hyperphalangie

Merkmal (Eigenschaft)	Primitivzustand	Spezialisationen
Krallen	vorhanden	fehlend bzw. Huf- oder Nagelbildungen
Gebiß		
Zahnzahl (bei *Placentalia*)	44	weniger oder mehr
Zahnreihe	geschlossen	mit Diastem(en)
Zahnwechsel	vertikal	horizontal
Dauergebiß	entwickelt	unterdrückt
Zahnkrone	mit Schmelzkappe	Schmelz reduziert
Zahnpulpa	früh	spät oder nicht verschlossen
Zähne	zum Ergreifen und Zerkleinern der Nahrung	als Waffen dienend
M	zwei- bis dreiwurzelig	mehr- oder einwurzelig
M	tribosphenisch	nicht tribosphenisch
M	oligobunodont; brachyodont	polybunodont, lophodont, selenodont usw. oder haplodont; hypsodont
P	± einfach	molariform (u. a.)
Bz	nach Beendigung des Zahnwechsels gleichzeitig funktionell	nacheinander funktionell, dauernder Zahnwechsel
Gegenseit. Stellung der oberen und unteren Bz	deutlich alternierend	minder deutlich alternierend
Gegenseit. Stellung der oberen und unteren Bz-Reihen	isognath	anisognath

Die Säuger sind relativ gute Fossilanten. Wegen der leichten und raschen postmortalen Lösung des Skelettverbandes ist die Erhaltung meist eine unvollständige, wobei eine Selektion nach Größe und Festigkeit deutlich wird. Auch Spurerhaltung (Fährten, seltener Abdrücke oder Steinkerne, bes. Hirnraum-Steinkerne) sind bekannt; ebenso somatiforme Lebensspuren (Koprolithen, Anzeichen von Krankheiten, Verletzungen u. a.). Das Vorkommen ist meist ein vereinzeltes, seltener ein gehäuftes (durch Massentod; allmähliche Häufung an Sterbeplätzen, z. B. in Höhlen und Spalten, wo auch größere Tiere durch Absturz immer wieder verunglückten, wo Raubvögel Kleinsäugerknochen u. a. als Gewölle ausspien usf.).

Großsäugerknochen wurden früher vielfach für Gebeine von Drachen und Lindwürmern, auch von menschlichen Riesen gehalten, und es wurden ihnen wie Zähnen Heilkräfte zugeschrieben. Beide spielen so in Sage, Brauchtum und Volksmedizin noch heute eine gewisse Rolle.

Die Geschichte der Säugetiere ist, da die Reste aus der Tr jetzt teils den *Therapsida* zugezählt werden (s. S. 210), teils nicht völlig gesichert scheinen, einstweilen kaum über die J-Formation zurückzuverfolgen. Aus dem Mesoz (J WEur, Afr, NAm; KrEur, NAm, Mong) liegen nur spärliche, meist völlig erloschenen Gruppen zugehörige Reste vor, fast ausschließlich Zähne und Kieferstücke. Diese dürftige Überlieferung mag durch die in der Regel geringe Körpergröße der damaligen Säuger mitbestimmt sein; aber trotzdem scheint es, daß das Aufblühen erst im Tert begann, wo auch die höchste Entfaltung erreicht wurde. In der Jetztzeit stehen, z. T. wohl als Folge menschlicher Eingriffe, nur mehr wenige Gruppen in voller Blüte.

Die systematische Groß-Gliederung in Sub- und Infraclasses wird ziemlich einheitlich vorgenommen; die weitere unterliegt noch Meinungsverschiedenheiten, ebenso die Einordnung der Reste aus dem Mesoz. In der Hauptsache folgen wir dem heute wohl besten Kenner der Materie, G. G. SIMPSON.

Subclassis : **Prototheria**

Die *Prototheria* oder „Erstsäuger" zeigen trotz mancher weitgehender Spezialisationen in wesentlichen Belangen ein sehr urtümliches, z. T. noch reptilhaftes Verhalten. Sie sind ovipar, ohne Placenta und ohne Zitzen am Milchdrüsenapparat; Harn- und Geschlechtswege münden auch postembryonal mit dem Darm in eine gemeinsame Höhlung, die Kloake; die Homöothermie ist unvollkommen. Sie haben ein wohlentwickeltes Corac (aus Epi- und Metacoracoid), eine Iclav, eine Scap ohne Spina, ein Ectpt und ein Tymp, das einen offenen Ring (keine Bulla) bildet, usf. Trotz dieser und anderer ihre Primitivität bezeugender Eigenschaften sind sie erst ab Pleistoz und nur in wenigen Formen bekannt, die sämtlich dem AustrFngb angehören und in die einzige

Ordo: Monotremata

oder Kloakentiere gereiht werden.

Ornithorhynchus und *Tachyglossus* (*Echidna*) mit Schwimm- und Grabfüßen, kleinem Fr, reduziertem Jug, ohne Lacr, mit 2 kleinen, problematischen Knöchelchen am Gaumenvorderende und früh verwachsenden Nähten auf der relativ großen Hirnkapsel; mit Ossa marsupialia; adult beide zahnlos, beim jungen *Ornithorhynchus* vorübergehend noch [z. T. oberflächlich an *Multituberculata* (s. S. 254) erinnernde] nach ihrem Ausfallen durch Hornplatten ersetzte Zähne. *Ornithorhynchus* mit entenartigem Schnabel semiaquatisch, Gründler; *Tachyglossus* mit Röhrenschnauze, wurmförmiger Zunge und Stachelkleid myrmecophag. Fossil nur diese beiden in dürftigen Resten.

Subclassis : **Allotheria**

Auch die *Allotheria* umfassen nur eine Ordnung, die

Abb. 127. *Ptilodus montanus* (Paleoz NAm); oben: Schädel mit Unterkiefer in Seitenansicht, unten: Schädel in Gaumenansicht. *A.P.F.* = vorderes Gaumenfenster, *BO* = Bocc, *BS* = Bsph, *Con.* = Hinterhauptshöcker, *G.F.* = Gelenkgrube für den Unterkiefer, *I.F.* = For infraorb, *Na.* = Nas, *Oc* = Hinterhaupt, *Pa.* = Par, *P.V.* = Gaumenfenster; andere Bezeichnungen wie üblich. Etwa $2^1/_2$ nat. Gr. Aus SIMPSON 1937.

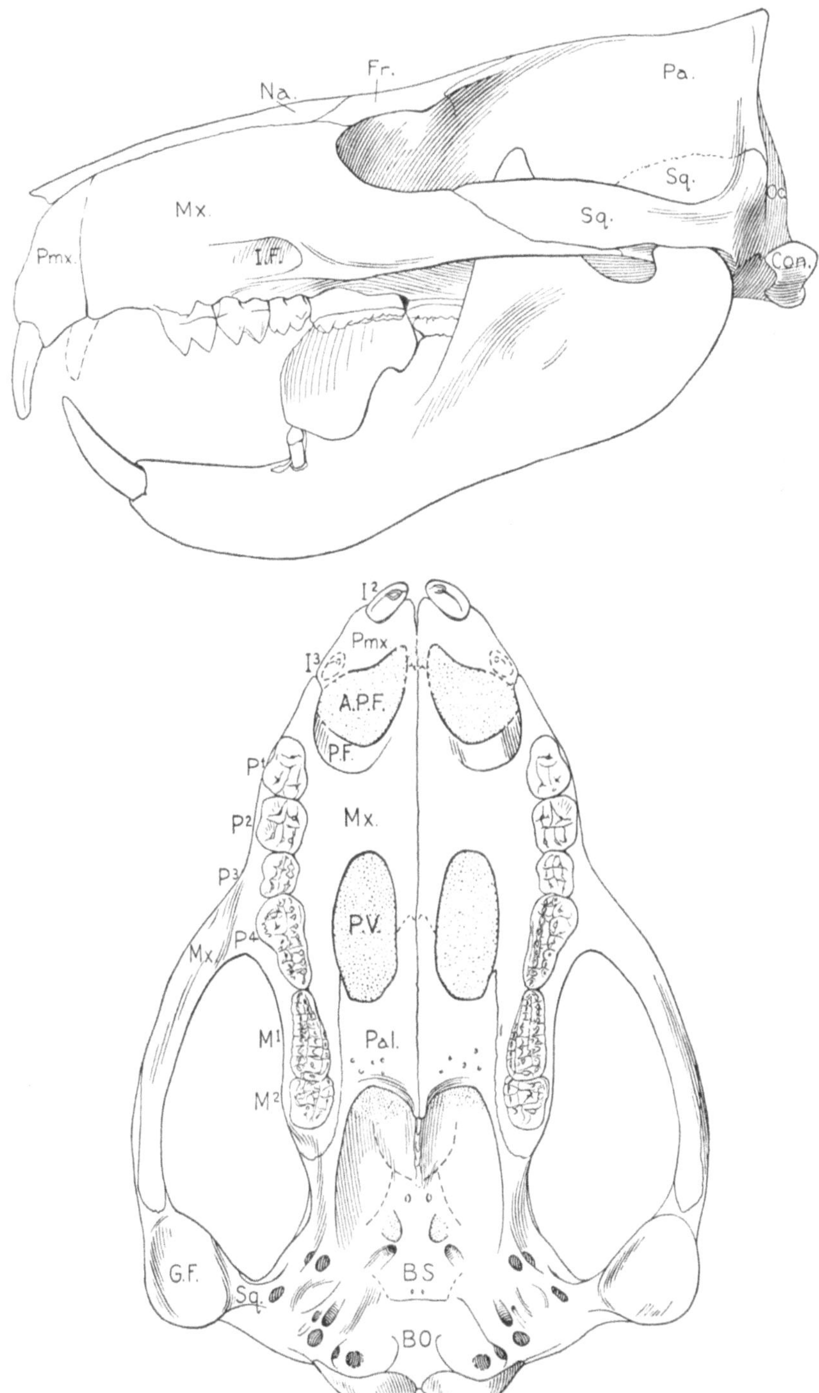

Ordo: Multituberculata

Die *Multituberculata* (ObJ-Eoz NAm, ObJ-ObPaleoz Eur, ObKr As) sind für eine so frühe Säugergruppe ungewöhnlich gut bekannt. Schädel kräftig, Jochbogen weit ausladend, doch ohne Jug, Gaumen vorne und hinten bisweilen mit umfänglichen Fenstern; Riechhirn für Säuger gut entwickelt; Schädelbasis eigenartig, Gehörregion z. T. primitiv; Unterkiefer ohne Proc ang. Gebiß oben wie unten durch ein Diastem zweigeteilt: Vordergebiß oben aus einem großen I (oder aus einem großen I und beiderseits von ihm noch je einem kleinem I), unten aus einem großen I gebildet, ohne C; Bz-Gebiß aus P und M. P unterschiedlich, teils paucituberculat (lat. paúci- = wenige), die vorderen oft reduziert, der letzte P_i fast immer mit großer, beilförmiger und geriefter Krone; M_i mit 2, M^i mit 2 bis (später) 3 Höcker-Längsreihen (namengebend für die Ordo). Gebiß zusammen mit der aus der Jochbogenweite zu erschließenden kräftigen Kiefermuskulatur auf mit den großen P zerschnittene und mit den M zerkaute härtere Pflanzenkost weisend. Postcraniales Skelett von normalem Säugerbau. Vermutlich arboricol bis terrestrisch.

Plagiaulax (ObJ Eur); (*Ptilodus* Paleoz NAm, Abb. 127); *Taeniolabis* (= *Polymaston*) ebda., mit stark reduzierten P, relativ groß (Schädellänge ca. 15 cm); u. v. a[1].

Inc. Subclassis Ordo: Triconodonta

Welcher Subklasse die *Triconodonta* zugehören, ist unklar[2]. Fast nur Unterkiefer bekannt, ohne Proc ang, meist mit 4 einfachen I, 1 C, 4 P und 5 M. Bz, bes. M, triconodont (d. h. Kronen mit 3 Zacken in einer Längsreihe, der mittlere häufig die anderen überragend, Abb. 128, *1A* und *2A*) und beim Kieferschluß aneinandervorbeigreifend; Gelenkfortsatz walzenförmig, in Zahnreihenhöhe. Schädel unvollständig bekannt, mit Gaumendurchbrüchen, Gehirn scheinbar klein und primitiv. Höchstens bis katzengroß, vermutlich mehr carni- als insectivor.

Amphilestes (? Tr Eur, J Eur und NAm), *Triconodon* (ObJ Eur), *Priacodon* (ObJ NAm) u. a.; bis UKr NAm.

Subclassis: Theria

In dieser Subklasse werden alle übrigen „echten" Säugetiere vereinigt. Man verteilt sie auf 3 Infraclasses: *Panthotheria*, *Metatheria* und *Eutheria*.

---

[1] Die oft hier eingereihten *Microcleptidae* — nur isolierte Zahnfunde, ObTr Eur — sind nach SIMPSON von ganz unsicherer Stellung.

[2] W. G. KÜHNE will jetzt (1957) in ihnen Übergangsformen zwischen *Therapsida* (s. S. 207 ff.) und *Pantotheria* (s. S. 255) erblicken.

Infraclassis: **Pantotheria**

Fast nur Zähne und Kieferreste, sämtlich J.

Ordo: Pantotheria (= Trituberculata)

Unterkiefer niedrig, bisweilen mit Proc ang. Zahnreihe geschlossen; bis 4 einfache I, 1 mitunter zweiwurzeliger C, bis 4 P mit gewöhnlich 1 Hauptzacken und 2 Nebenspitzen, bis 8 M; M_i $\pm$ tuberculo-sectorial

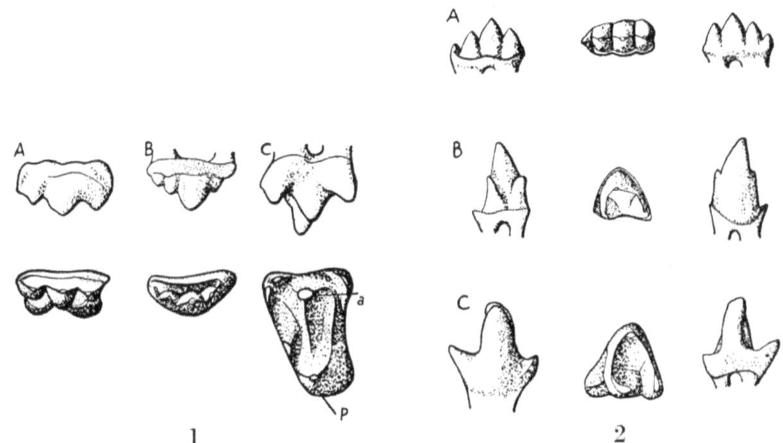

Abb. 128. *1* Rechte M^s und *2* linke M_i jurassischer Mammalier. In *1* oben von buccal und unten in Kauflächenansicht: *A Priacodon, B Eurylambda, C Melanodon,* alle ObJ NAm; *A* über $^4/_1$, *B* über $^6/_1$, *C* über $^7/_1$ nat. Gr.; in *C a* = Amphicon, *p* = vermutlich homolog dem Prc der Placentalier. — In *2* links von lingual, Mitte in Kauflächenansicht, rechts von buccal: *A Priacodon, B Spalacotherium* (ObJ Eur), *C Dryolestes* (ObJ NAm); *A* über $^3/_1$, *B* fast $^5/_1$, *C* über $^{10}/_1$ nat. Gr. Aus ROMER 1936.

mit symmetrischem Trigonid und einhöckerigem Talonid. Von solchen Formen [*Amphitherium,* J Eur; *Dryolestes* (Abb. 128, 2*C*), J NAm, *Melanodon,* ObJ NAm (Abb. 128, 1*C*) u. a.] *Paurodontidae* (J Eur, Afr, NAm) durch geringere Zahnzahl, *Docodontidae* (J Eur, NAm) durch mehr viereckige M_i etwas abweichend; hier M^s trigonal, mit großem Innenhöcker und als Amphicon bezeichnetem (Pac + Mc gleichgesetzten) großem Höcker intern vom buccalen, kleinhöckerigen Kronenrand. Maus- bis rattengroß, vorwiegend wohl insectivor, vielleicht arboricol und nächtlich.

Ordo: Symmetrodonta

Unzureichend bekannt, nur mit Vorbehalt hier einzureihen, klein. M betont symmetrisch (Name!), fast nur aus Trigon bzw. Trigonid bestehend. Vielleicht mehr carnivor, sonst in Lebensweise ähnlich wie Vorige.

Spalacotherium (J Eur, Abb. 128, 2*B*), *Tinodon* (J NAm), *Eurylambda* (ObJ NAm, Abb. 128, 1*B*), *Amphidon* (J NAm) mit reduzierten Innenhöckern an den M_i u. a.

Infraclassis: **Metatheria**

Die *Metatheria* sind vermutlich aus den *Pantotheria* hervorgegangen und ab Kr bekannt. Die rezenten sind vivipar; doch werden die Jungen unreif geboren und machen fast immer eine nachembryonale Entwicklung im Beutel (bzw. Beutelfalten) der Mutter durch. Für die fossilen ist, da schon aus der Kr bis heute fast unverändert fortlebende Typen belegt sind, eine gleiche Fortpflanzungsweise und daher auch ein gleicher Genitalapparat wahrscheinlich. Bei den rezenten ♀ sind ein vollkommen zweigeteilter Uterus (lat. = Mutterschoß, Gebärmutter) und 2 Vaginae (lat. = Scheiden) vorhanden, die bisweilen noch in eine ganz seichte Kloake münden. Eine gewisse Placentabildung ist selten, die Milchdrüsen haben richtige (oft und ursprünglich zahlreiche) Zitzen. So bilden die *Metatheria* eine Art Vorstufe der *Eutheria* (*Placentalia*) (vgl. aber S. 261) bzw. eine Zwischenstufe zwischen diesen und den *Prototheria*; darauf beziehen sich die früheren Bezeichnungen *Ornithodelphia* (gr. delphýs = Mutterschoß) für die *Proto-*, *Didelphia* für die *Meta-* und *Monodelphia* für die *Eutheria*. Im Skelett sind die Ossa marsupialia (bei ♂ und ♀), das Fehlen einer richtigen Bulla bei Überdeckung des Mittelohres durch einen Fortsatz des Asph (ev. unter Beteiligung des Sq); das Fehlen einer Iclav, die Reduktion der Corac und die Entwicklung einer Sp scap Merkmale, welche jene Zwischenstellung weiter unterstreichen.[1]

Die *Metatheria* umfassen nur die

Ordo: **Marsupialia**

oder Beuteltiere (v. gr. mársipos = Beutel). Außer den schon als Subklassencharaktere angeführten Merkmalen sind am Skelett beurteilbare weitere u. a.: der im Vergleich zu den Placentaliern kleine Hirnraum; die rückwärts nicht ganz geschlossene Orb; das große Jug; die häufigen Fen pal(atinales) = Gaumenfenster; der fast immer einwärts gerichtete Proc ang (Abb. 129 *F*); am Gebiß die oft und ursprünglich große Zahl von I (bis 5 I^s, 4 I_i) und M (bis 4) sowie der auf 1 Bz beschränkte Zahnwechsel[2].

Eigenartig sind Verbreitung und Geschichte. Gegenwärtig sind 2 Gruppen, *Caenolestoidea* und *Didelphoidea*, auf SAm bzw. SAm bis sNAm beschränkt. Beide gehen in SAm bis ins frühe Tert (Eoz bzw. Paleoz) zurück, beide haben scheinbar keine vielfältige Evolution erfahren. Während aber die *Caenolestoidea* wohl immer südamerikanisch waren, sind die *Didelphoidea* schon in der ObKr in NAm aufgetreten und dort bis zum Mioz, dann wieder ab Pleistoz bekannt, vermutlich also — nach Wiederherstellung der fast im ganzen Tert unterbrochenen Landverbindung zwischen N- und SAm — aus diesem in jenes neu zugewandert. Außerdem haben *Didelphoidea* vom Beginn des Tert bis ins Mioz in Eur

---

[1] Hingegen soll die vorübergehende Beutelbildung bei *Tachyglossus* (s. S. 252) nicht näher mit dem Beutel der *Metatheria* vergleichbar sein.

[2] Es wird vermutet, daß die vorderen Zähne der lactealen Dentition zugehören.

existiert. Von den übrigen Beutlergruppen sind die *Borhyaenoidea* völlig erloschen und nur aus SAm nachgewiesen; *Dasyuroidea, Perameloidea* und *Phalangeroidea* allein aus dem AustrFngeb, u. zw. die beiden ersten ab Pleistoz, die dritten ab Plioz. Die weitere Vorgeschichte ist ungewiß; man darf aber annehmen, daß sie von didelphoiden Vorfahren abstammen und im ab ObKr isolierten australischen Raum, wo placentale Säuger kaum hingelangt waren, diesen ähnliche ökologische Typen hervorbrachten. Bei solcher Verbreitung und Überlieferung sind die verwandtschaftlichen Beziehungen innerhalb der Ordo nicht leicht beurteilbar und daraus resultiert Unsicherheit in der Systematik. Lange hat man die Beutler

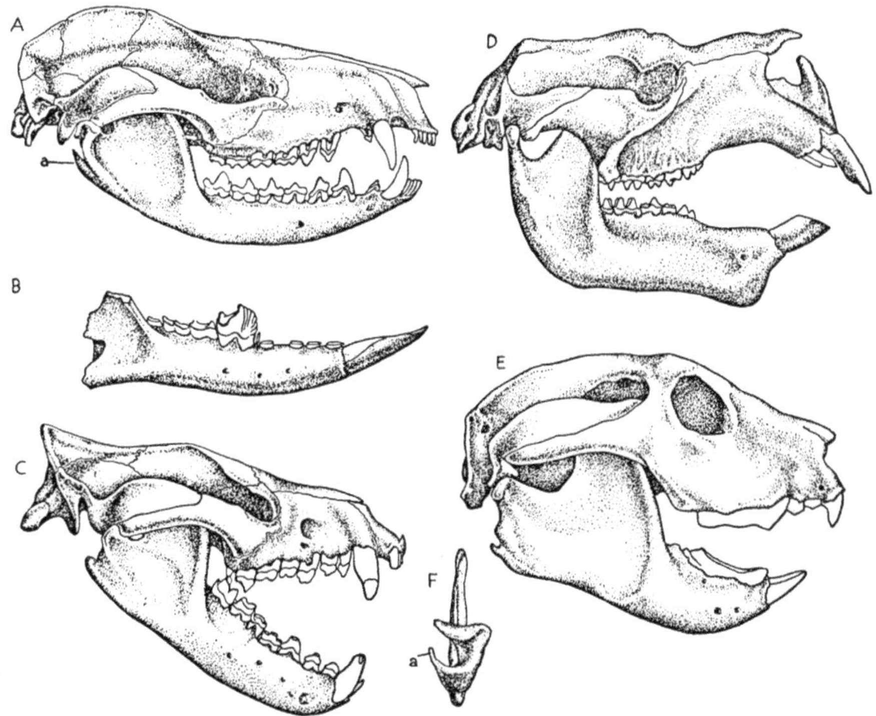

Abb. 129. Schädel und Unterkiefer von Marsupialiern. *A Didelphis* (rez NAm), Seitenansicht, *B Abderites* (Mioz SAm), Unterkiefer von außen, etwas verkleinert, *C Borhyaena* (Mioz SAm), Seitenansicht, Schädellänge gegen 30 cm, *D Diprotodon* (Pleistoz Austr), Seitenansicht, Schädellänge über 1 m, *E Thylacoleo* (Pleistoz Austr), Seitenansicht, Schädellänge um 30 cm, *F Didelphis*, Unterkiefer von hinten. *a* = der einwärts gerichtete Proc ang. Aus ROMER 1936.

in 2 Einheiten, die im ganzen urtümlicheren *Polyprotodontia* und die abgeleiteteren *Diprotodontia* zusammenfassen wollen. Zwischen ihnen stehen aber, sich da wie dort nicht zwanglos ein- oder anfügend, die *Caenolestoidea* und auch die *Perameloidea*. SIMPSON verzichtet auf solche Zusammenfassung und reiht die 6 Gruppen als Überfamilien aneinander.

Superfamilia: Didelphoidea

Körpergröße gering. Gehirn klein, Jochbogen und Clav kräftig. Fast stets 5 wohlentwickelte Finger und Zehen, Großzehe opponierbar, d. h. zur Bildung eines Greiffußes den anderen gegenüberstellbar. Oft ein Greifschwanz. Ursprünglich 5 I^s und 4 kleine I$\cdot$, 1 großer C, 3 einfache P und 4 M; die M^s primär mit trigonaler Krone, die Außenhöcker etwas einwärts vom Rand und gegen buccal von kleinen, marginalen Höckerchen gefolgt, bisw. auch quadrituberculär; die M$_i$ tuberculo-sectorial. Meist insectivor, auch carni- oder omnivor; arboricol, vereinzelt aquatisch (Schwimmer). Unter den *Didelphidae* (ObKr-UMioz, Pleistoz-rez NAm; ?Paleoz-Mioz Eur; Paleoz-rez SAm, Abb. 129*A*, *F*, 152*B*) waren die fossilen von den rezenten wenig verschieden; die *Caroloameghiniidae* (Eoz SAm) hatten minder scharfspitzige Höcker und gerundeteren Kronenumriß an den Bz.

Superfamilia: Borhyaenoidea

Die südamerikanischen *Borhyaenoidea* (v. gr. borá = Fraß, hýaina = Hyäne) oder *Sparassodonta* (v. gr. sparássein = zerreißen) sind wahrscheinlich Didelphiden-Abkömmlinge. Anfangs noch klein und primitiv wie *Patene* (Paleoz, Eoz), dann bärengroß wie *Proborhyaena* (Olig) und *Borhyaena* (Olig-Mioz, Abb. 129*C*) sowie wolfsähnlich wie *Prothylacinus* (*Prothylacynus*, UMioz). Ökologisch den *Carnivora* (s. S. 289 ff.) vergleichbar. Körper eher langgestreckt, Beine eher kurz, Schädel kurz, Bz zunehmend secodont (= mit schneidenförmigen Kronen) und andere Sondermerkmale. Ähnlichkeiten mit australischen Raubbeutlern werden jetzt nicht auf eine enge Verwandtschaft, sondern nur auf ähnliche Lebensweise zurückgeführt. Letzter Vertreter *Thylacosmilus* (Plioz) mit stark vergrößertem C^s und ihm gleichsam als Führung dienender Flansche vorne am Unterkiefer an Machairodonten (s. S. 296) erinnernd, doch mit relativ schwachen Bz; kaum Hart-, vielleicht bes. Aasfresser. Das Erlöschen der Gruppe wird mit der Ablösung ihrer Beutetiere durch höhere Ungulaten (s. S. 297 ff.) wie mit dem Einwandern placentaler Raubtiere zu erklären versucht.

Superfamilia: Dasyuroidea

(v. gr. dasýs = dicht behaart). Einige mausgroß, insectivor und bis auf die für alle charakteristische Reduktion der opponierbaren Großzehe den Didelphiden ähnlich; sonst ausgesprochene Raubtiere mit auch ± weitgehend *Carnivora*-artigem Gebiß wie *Dasyurus*, der Beutelmarder; *Sarcophilus*, der dachs- bis vielfraßgroße Beutelteufel; *Thylacinus*, der Beutelwolf, u. a. Seitenlinien repräsentieren *Myrmecobius*, Schnauze und Krallen lang, Gebiß reduziert, myrmecophag (vergleichbar *Myrmecophaga*, s. S. 277); sowie der maulwurfsartige *Notoryctes*. Die beiden letzten nur rez, die anderen ab Pleistoz.

Superfamilia: Perameloidea

Beuteldachse (gr. péra = Sack, Beutel, lat. méles = Dachs); in Größe und Aussehen dachs- bis kaninchenähnlich, teils insectivor, teils omnivor, teils auch herbivor; vielfach Gräber mit langen Hinterbeinen; 2. und 3. Zehe zur Verwachsung (Syndaktylie) neigend bei Vergrößerung der 4.; Jochbogen schwach, M dreihöckerig-bunodont bis vierhöckerig-quadratisch und hypsodont, dann richtige Mahlzähne. Ab Pleistoz.

Superfamilia: Caenolestoidea

Fam(ilia) *Caenolestidae*, Subfam. *Caenolestinae*. *Caenolestes* (gr. lestés = Räuber) rez, klein, terrestrisch, Nacht- bzw. Dämmerungstier; ohne Syndaktylie, Großzehe nicht opponierbar; I^s einfach, gleichförmig, I_1 vergrößert, C klein, Bz einfach. Ähnliche Formen ab Eoz.—Subfam. *Palaeothentinae*. *Palaeothentes* = *Epanorthus* (Olig, Mioz), beginnende Verlängerung des M_1-Vorderteiles zu beilförmiger Schneide. — Subfam. *Abderitinae*. *Abderites* (Olig, Mioz, Abb. 129 *B*), I_1 groß, M_1-Krone beilförmig, davor ein sie gleichsam stützender, stiftförmiger Zahn, dahinter 3 kleine M mit normalem Trigonid und Talonid. Zahnformel nach SIMPSON 3, 0, 2, 4; Obergebiß weniger bekannt, hinterster P scheinbar mit ähnlicher Krone wie M_1.

Fam. *Polydolopidae* (Paleoz und Eoz). *Propalaeomastodon* I_1 groß, nach Diastem Bz mit nach hinten abnehmender Kronenhöhe. *Polydolops* ähnlich, doch vor dem beil-sägeförmigen M_1 ein stiftförmiger Zahn und an den kleineren M_2 und M_3 2 marginale Vielhöckerleisten; auch letzter P^s und M^1 mit beilförmiger Schneide; M^{2-4} mit vielen, 2reihig geordneten Spitzen. Diese und andere Formen ratten- bis hasengroß.

Superfamilia: Phalangeroidea

Meist herbi- bis frugivore australische Beutler. Vordergebiß $\frac{3-1}{1}$ I; I^s sämtlich klein oder I^1 vergrößert, $\pm$ senkrecht abwärts gerichtet und je nach Stellung der (etwas gegeneinander beweglichen) Mdb-Äste auf die fast horizontal vorwärts sehenden I_1 treffend oder sie vorne übergreifend; M-Kronen gewöhnlich quadratisch mit 4 $\pm$ stumpfen, auch 2 Querjoche bildenden Höckern. Im Hinterfuß 2. und 3. Zehe meist syndaktyl, zu „Putzzehe" reduziert.

Fam. *Phalangeridae*, wohl primitivste Gruppe mit geringer Reduktion von $I^{2,3}$, vorne gegeneinander beweglichen (unverwachsenen) Mdb-Ästen, zahlreichen Bz und langem Schwanz. *Phalangerinae*, Beutelhörnchen, mit $\pm$gleichlangen Vorder- und Hinterbeinen, Syndaktylie und leicht verlängerter 4. Zehe; ab Plioz; hierher auch die Flugbeutler *Petaurus* und *Acrobates*. — *Phascolarctinae*, Beutelbären, mit stärkerer Reduktion von $I^{2,3}$, Bz-Zahl und Schwanz; ab Pleistoz; zu ihnen auch *Schoinobates* (= *Petauroides*), mit Flughäuten.

Fam. *Thylacoleonidae*. Nur *Thylacoleo*, Beutellöwe (Pleistoz, Abb. 129 *E*). I ähnlich *Phascolarctos*, C^s praemolariform, C_i fehlend, Zahl der Bz reduziert, 1 je Kieferhälfte groß, länglich und bes. die unteren mit konkaver Schneide; löwengroß; früher für Raubtier gehalten, nach Gebiß Nahrung aus schneidbaren Früchten oder Wurzeln wahrscheinlicher.

Fam. *Phascolomidae*, ab Pleistoz, laterale I^s ähnlich reduziert; *Phascolomis* (*Phascolomys*), der Wombat, Wurzelgraber.

Fam. *Macropodidae*, ab Pleistoz; wohl von arboricolen Ahnen herkommende, biped gewordene Bodenspringer mit kurzen Vorderbeinen bei starker Verlängerung von Hinterbeinen und 4. Zehe, Reduktion des Hallux und der vorderen P. *Dendrolagus*, Baumkänguru, sekundär arboricol; *Bettongia*, Kängururatte, und *Hypsiprimnodon* mit *Thyla-*

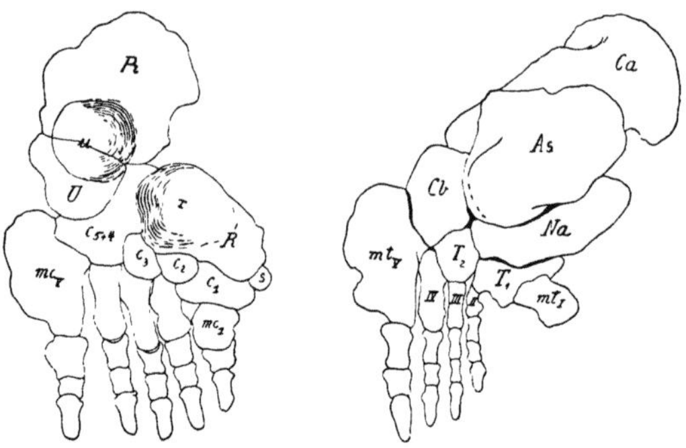

Abb. 130. Hand- und Fußskelett von *Diprotodon australe* (Pleistoz SAustr). *As* = astr, c_{1-5} = c I—V, *Ca* = calc, *Cb* = t IV + V, *Na* = ct, *Pi* = pi, *R* = r, *r* = Gelenkfläche für den *R*, *s* = Sesambein, $T_{1,\,2}$ = t I, II, *U* = uln, *u* = Gelenkfläche für die Uln, *II—IV* = mt II—IV; sonstige Bezeichnungen wie üblich. $^1/_3$ nat. Gr. Aus ABEL in Handwörterb. d. Naturwiss. 2. Aufl.

coleo-artigem Bz-Paar (doch Schneiden nur leicht konkav und hintere Bz besser entwickelt).

Fam. *Diprotodontidae*, Pleistoz. *Diprotodon*, etwa nashorngroß (vollständige Skelette aus den Lake Callabonna-Salzsümpfen, SOAustr, Abb. 129 *D*, 130). Vordergebiß wie *Phascolomis*, Bz bilophodont (wie *Macropodidae*). Laterale Hand- und Fußknochen (bes. pi, mc V, astr, calc, mt V) unverhältnismäßig groß und stark, mt I kräftig, abgespreizt, ohne ph; offenbar sekundär plantigrad bei Hauptlast-Verlagerung auf Fuß-Außenseite. Beinspezialisation geringer bei *Nototherium* (Ansätze hierzu auch bei *Phascolomis*). Von *Diprotodon* auch Nahrungsreste (Halophyten) bekannt[1].

Infraclassis: **Eutheria**

Zu den *Eutheria* oder *Placentalia* zählen die meisten und die typischesten *Mammalia*. Die rezenten haben eine wohlentwickelte Placenta, ein Urogenitalsystem mit mehr oder weniger einheitlichem Uterus,

---

[1] Neuerdings wird von Diprotodontiden-Funden zusammen mit menschlichen Knochenresten sowie Stein- und Knochenwerkzeugen berichtet.

einfacher Vagina, aber ohne Kloake und Beutel; und für rezente wie fossile sind das Fehlen von Beutelknochen, der fast nie einwärts, sondern rückwärts gerichtete Proc ang, die zunehmende Vergrößerung des Hirnraumes und die nahezu ausnahmslose Beschränkung des Gebisses auf $\frac{3\ 1\ 4\ 3}{3\ 1\ 4\ 3}$ als Maximalzahl kennzeichnend.

Die Geschichte der *Eutheria* ist wie jene der *Metatheria* bis in die ObKr oder (s. Anm. 1) bis in den ObJ zu verfolgen. Eine Herkunft von diesen ist so wenig wahrscheinlich. Viel eher dürften die *Eutheria*-Ahnen in der Ordo *Panthotheria* zu suchen sein.

Die ObKr-Formen lassen trotz ihrer spärlichen und unvollständigen Überlieferung den Bau der ursprünglichen *Placentalia* erkennen. Diese waren klein, semiplantigrad, hatten Clav, For entepic und Troch tert, ein selbstständiges cc, eine gewisse Opponierbarkeit von Pollex wie Hallux und um 20 T + Tl + L. Das Gehirn war noch klein und wenig entwickelt, nur das Riechhirn relativ groß, ebenso ziemlich groß im Vergleich zur Gesamtlänge der ±niedrige Schädel mit länglichem Fazialteil. Die Zahnzahl betrug 44 (4 × 3 1 4 3), sog. ,,vollständiges'' Gebiß, die M waren tribosphenisch, an den trigonalen M$^\text{s}$ standen Pac und Mc einwärts vom buccalen Kronenrand.

Die ursprüngliche Lebensweise war arboricol und terrestrisch, wahrscheinlich ± nächtlich, der Lebensraum wohl der Wald. Neben Insekten mögen Würmer, weiche Pflanzen und Früchte verzehrt worden sein. Im ganzen werden die ältesten Placentalier gewissen rezenten *Insectivora* geähnelt haben und diesen werden sie auch allgemein eingereiht.

Mit Tert-Beginn setzte rasche und vielfältige Entfaltung ein. Bereits im Paleoz sind die meisten größeren Gruppen nachweisbar und zu Ende des Plioz war die Hochblüte bereits vorbei. Demgemäß sind fast alle Hauptlinien weit zurück gut zu verfolgen und auseinanderzuhalten. In der Basiszone aber, wo eine Vielzahl von Linien zusammenläuft, wo ,,generalisierte'' Ausprägungen die späteren Spezialisationen überwiegen, ist weder die Zahl der Hauptlinien leicht erkennbar, noch die Zuordnung zu ihnen immer eindeutig durchführbar, noch auch ihre sicher unterschiedlich enge Verwandtschaft gradmäßig klar erfaßbar. Das wirkt sich auch auf die Systematik aus. Die Zahl der als Ordnungen bewerteten Hauptlinien schwankt um 20 bis 30, einzelne Formen werden bald zu dieser, bald zu jener gereiht und die Zusammenfassung zu supraordinalen Verbänden ist noch nicht befriedigend gelungen.

Ordo: Insectivora

Die *Insectivora* (= Insektenfresser) nehmen im ganzen die basalste Stelle ein[1]. Auch die rezenten haben, trotz ihrer steten Spezialisationen,

---

[1] Nach neuen Funden (*Endotherium*) sollen sie auch bereits im ObJ As belegt sein (s. W. G. Kühne, 1958).

viel Ursprüngliches bewahrt. Geringe Größe; ein länglicher, niedrig-
gestellter (= kurzbeiniger) Körper; ein flacher, länglich-niedriger Schädel
mit kleinem Gehirn; ein „vollständiges", scharfspitziges Gebiß mit
tribosphenischen M; ein Schultergürtel mit Praeclavium; ein For entepic
wie ein Troch tert; die Trennung von r und int, ein cc, aber auch partielle
Verschmelzung von Tib und Fib sind ebenso regelmäßige bis häufige
Merkmale wie die Semiplantigradie, die nächtliche Lebensweise, die
Insecti- bis Omnivorie, die nicht ganz vollständige Homöothermie u. a. m.

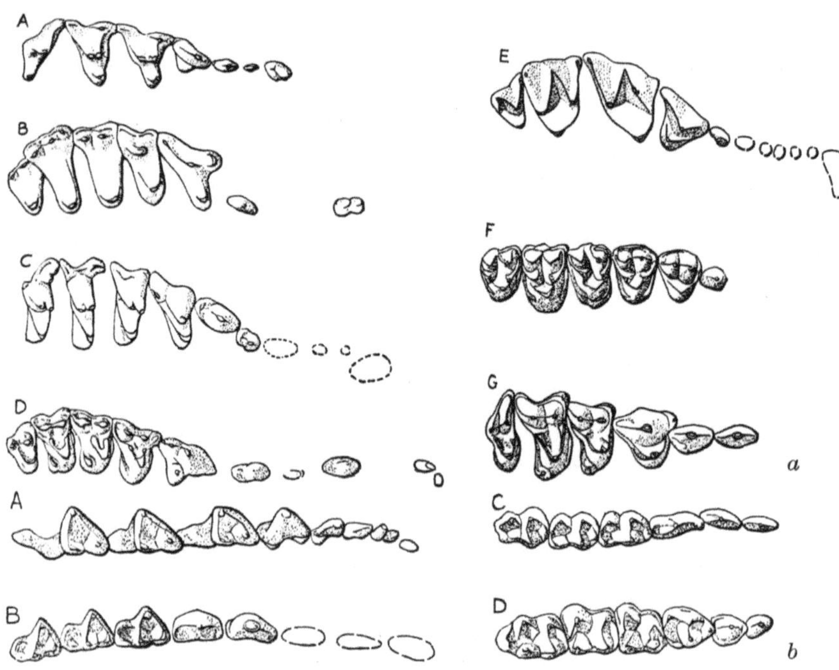

Abb. 131. Gebißtypen fossiler *Insectivora*, *a* obere rechte, *b* untere linke Backenzähne, z. T.
mit Vorderzähnen; (wo nur die Alveolen erhalten sind, sind diese gestrichelt). In *a*: *A Del-
tatheridium* (ObKr, fast 2,5 nat. Gr.), *B Zalambdalestes* (ObKr, fast ³/₁ nat. Gr.), *C Palaeoryctes*
(Paleoz, fast ³/₁ nat. Gr.), *D Diacodon* (Lepticide, Eoz, fast ⁵/₄ nat. Gr.), *E Proscalops* (Talpide,
Olig-Mioz, um ⁴/₁ nat. Gr.) *F Elpidophorus* (Paleoz, um 3,5 nat. Gr.), *G Bessoecetor* (Paleoz,
fast ³/₁ nat. Gr.); in *b*: *A* wie in *a*, *B Diacodon*, *C Elpidophorus*, *D Bessoecetor*. Aus ROMER
1953.

Weiter seien erwähnt: die Ringform des Tymp; die offene, bis z. T.
von Nachbarknochen umrahmte Paukenhöhle; die gelegentlichen Gaumenfenster; die seltene, leichte Einwärtskrümmung des Proc ang;
die bisweilen etwas bewegliche Verbindung der Mdb-Äste in der „Symphyse" (vgl. S. 259); die mitunter schräg vorwärts gerichteten I_i; die
nicht großen, auch I- oder P-förmigen und manchmal zweiwurzeligen C;
die meist einfach-dreispitzigen P; die seltenen Spuren einer „praelactea-

len" oder einer „postpermanenten" Dentition und Beschränkung (Reduktion) des normalen Zahnwechsels. Im Extremitätenskelett bei Gräbern besondere Spezialisationen.

Die *Insectivora* wurden in 2 Unterordnungen: *Meno-* und *Lipotyphla* oder, in etwas anderer Gruppierung, *Za-* und *Dilambdodonta*[1] geteilt. SIMPSON, der wie andere einige *Menotyphla* (*Tupaioidea*) den Primaten zurechnet (s. S. 269), bevorzugt eine Gliederung in mehrere Überfamilien.

Superfamilia: Deltatheridioidea

(v. gr. großen D, dem Delta, von der Form eines gleichschenkeligen Dreieckes). Nur 1 Familie: *Deltatheridiidae*. Als ursprünglichste Gruppe betrachtet. Schnauze nicht verlängert, Jochbogen schwach, C caniniform, M^s zalambdodont, Pac und Mc randfern und voneinander nur an den Spitzen getrennt (vgl. Amphicon, S. 255); M_i tuberculo-sectorial. *Deltatheridiinae* (ObKr Mong, *A* in Abb. 131), *Didelphodontinae* (Paleoz — Eoz NAm); u. a.

Superfamilia: Tenrecoidea

früher *Centetoidea*. Vielleicht unmittelbare Abkömmlinge von Vorigen.

Palaeoryctes (Paleoz NAm, *C* in Abb. 131a), zalambdodont, mit randfernen Außenhöckern an den M^s. *Solenodon* (Olig NAm, rez Haiti, Kuba), rattenähnlich, langschwänzig. *Tenrec* oder *Centetes* (rez Madag), schwanzlos, ziemlich groß (Länge um 60 cm). *Potamogale* (rez WAfr), Fischfresser mit kräftigem Schwimmschwanz; u. a. Aus dem JgTert bisher anscheinend keine Funde: disjunkte (Relikt-)Verbreitung.

Superfamilia: Chrysochloroidea

(v. chrysós = Gold, chlorós = gelbgrün). Nur aus Afr, ab Pleistoz; mit maulwurfsähnlichen Anpassungen und entsprechender Lebensweise.

Superfamilia: Erinaceoidea

Zu den *Erincacoidea* (= Igelartigen) kann man schon die *Zalambdalestidae* (ObKr Mong, *B* in Abb. 131a) zählen. Schnauze lang, schlank; 1 I-Paar (? $I^3{}_1$) vergrößert, I_i schräg vorwärts gerichtet, C^s klein, C_i incisiviform, $P^{3,4}{}_4$ molariform, M^s mit randlichen Außenhöckern, M_i mit kurzem Trigonid. Ferner gehören hierher: *Lepticidae* (ObKr-Olig NAm, Paleoz-Olig Eur, *D* in Abb. 131a, *B* in Abb. 131b), M^s mit orimentärem Hyc = nicht mehr richtig zalambdodont-trigonal; *Erinaceidae* (ab Eoz Eur, ab Olig As, Eoz-Plioz NAm, rez Afr), die Igel und ihre nächsten Verwandten, mit schwachem Jochbogen, bisweilen etwas vergrößerten I, Randlage

---

[1] Zalambdodont (gr. za = ganz, sehr, Lambda = L, das als Großbuchstabe einem verkehrtem V gleicht) sind M^s mit „V-Muster", also dreihöckerig-trigonale; dilambdodont solche mit 2 V-, also „W-Muster", d. h. mehrhöckerige mit wohlentwickeltem Talon.

von Pac und Mc an den quadratisch werdenden M^s und z. T. mit Stachelkleid; *Dimylidae* (Olig-Mioz Eur) mit stark vergrößerten M^1_1 (und z. T. P_4) sowie an *Talpa* (s. u.) erinnerndem Hum.

Superfamilia: Macroscelidoidea

(gr. skelís = Keule, Schenkel). Nur rez Afr.

Superfamilia: Soricoidea

Die *Soricoidea* (= Spitzmausartigen) umfassen *Soricidae* (Spitzmäuse) und *Talpidae* (Maulwürfe). Ob auch die ungenügend bekannten *Nyctitheriidae* (Paleoz-Eoz Eur, Eoz NAm) hierhergehören, scheint fraglich. Spitzmäuse wie Maulwürfe haben quadratische M^s mit von Pac und Mc gebildeter W-förmiger Außenwand.

Soricidae, in Aussehen und Lebensweise den Mäusen vielfach ähnelnd; Jochbogen unvollständig, Mdb-Äste vorne etwas beweglich; I^2_2 verlängert, C_i und meiste P reduziert; ab Olig Eur und NAm, ab Plioz As, rez Afr. — *Talpidae*, ohne verlängerte I, Jochbogen vollständig, Extremitäten-(Knochen) z. T. infolge grabender Lebensweise stark umgestaltet (s. Abb. 126*b* und *E* in Abb. 131*a*); ab Eoz Eur, ab Olig NAm, rez As.

Superfamilia: Pantolestoidea

Paleoz-Eoz NAm, Eoz Eur.

Pantolestes (Eoz), Schädel kurzgesichtig, Kiefer etwas massig, Lebensweise vermutlich z. T. aquatisch, etwa otterngroß. *Bessoecetor* (Paleoz, *G* in Abb. 131a, *D* in Abb. 131b) etwas kleiner.

Superfamilia: Mixodectoidea

Wie bei vorigen Zugehörigkeit zu *Insectivora* nicht völlig sicher (doch nirgends besser anschließbar). 1 I-Paar vergrößert, übrige I reduziert, P z. T. molariform, M^s mit V-förmigem Prc, kleinem Hyc und (z. B. *Elpidophorus*, *F* in Abb. 131*a*, *C* in Abb. 131*b*) buccalen Styli. M_i scharf- und hochspitzig, Pacd leistenförmig, Prcd wie Hycd V-förmig und manchmal von Mcd und Entcd an Höhe übertroffen. Paleoz und Eoz NAm.

* *
*

Meist nur mit ? den *Insectivora* angereiht werden *Zanycteris* (Paleoz NAm) mit sehr an gewisse *Chiroptera* (s. S. 265) erinnernden Bz u. a. unzureichend bekannte Formen.

Ordo: Dermoptera

Die *Dermoptera* oder Hautflügler, mit ihren vom Hals bis zu Schwanz und Zehen reichenden Patagien (s. S. 219), werden auch als Subordo zu

Insectivora oder *Chiroptera* gereiht, scheinen aber durch I-Spezialisationen und Flughaut bzw. Flughaut-Spannung von beiden verschieden.

Rez nur *Cynocephalus* (früher *Galeopithecus*), Insul; foss wenige Funde aus Paleoz und Eoz NAm: *Plagiomene* und *Planetetherium*.

Ordo: Chiroptera

Die *Chiroptera* (v. gr. cheir = Hand) oder Fledermäuse sind zu richtigen Flugtieren gewordene *Insectivora*-Abkömmlinge. Da ihre Abspaltung mindestens im frühen Tert und unter mancherlei Umgestaltungen erfolgt sein muß, ist die Bewertung als eigene Ordo allgemein.

Mit der Umstellung auf den Flug als Lokomotionsart und den Luftraum als wesentlichen Lebensbereich stehen die Ausbildung von Flughäuten: eines durch 4 Finger nach Art eines Regenschirmes spannbaren Chiropatagiums sowie kleiner Pro- und Uropatagia; die Verlängerung der „Flugfinger" (2.—5.) und besonders deren mc und ph (s. Abb. 126c); der Verlust von Krallen, z. T. auch Krallen-ph bis an fast allen Fingern; dann der zarte Knochenbau in unmittelbarem Zusammenhang; ebenso die Steigerung von Gehör- und Tastvermögen. Durch die Aufhängeart in Ruhestellung (kopfabwärts) haben sich ferner Veränderungen vor allem in Becken und Hinterbeinen ergeben. Weitere Hartteil-Merkmale sind u. a.: die hinten selten geschlossene Orb; das ringförmige, bisw. mit einer selbständig („entotympanal") verknöcherten Bulla verbundene Tymp; die M¹ mit trigonalem bis quadratischem Umriß, W-förmigem Ectl, großem Prc und kleinem Hyc; besondere Gebißmodifikationen bei von der insectivoren zu Frucht- oder Fischnahrung bzw. zu Blutsaugen übergegangenen Formen und Gruppen.

Ökologisch ähneln die Fledermäuse den Pterosauriern (s. S. 219); doch bestehen, über das Anders-Sein von Reptil und Säuger hinausgehende Unterschiede in der Spannung der Flughaut, im Flug (die Fledermäuse sind ± ausschließlich Flatterflieger) und wohl auch in der Nahrungsweise.

Zartheit der Knochen und meist geringe Größe machen die Fledermäuse zu schlechten Fossilanten. Ihre Überlieferung ist daher spärlich und lückenhaft. Nur in Spalten- bzw. Höhlenablagerungen findet man ihre Reste manchmal häufiger. Sie hatten wohl schon immer Höhlen als Schlaf- und Ruheplätze benützt, vermutlich auch mit ihrem Guano zur Bildung von Spalten- und Höhlenphosphaten beigetragen.

Systematisch lassen sich die Fledermäuse gut in 2 Gruppen gliedern, welche, bis Eoz bzw. Olig zurückverfolgbar, frühe Gabelung bezeugen.

Subordo: Megachiroptera

oder Großfledermäuse. Primitiver als Kleinfledermäuse (s. u.) im gestreckten Vorderschädel, im Fehlen einer Bulla, in der Bekrallung des 2. Fingers; spezialisierter durch Frugivorie und entsprechende Gebißmodifikationen.

Pteropus (s. Abb. 126c) u. a. rez, tropisch, altweltlich; foss nur *Palaeopteropus* (Olig Ital).

Subordo: **Microchiroptera**

oder Kleinfledermäuse. Vorwiegend insectivor geblieben und auch durch geringe Größe, kurze Schnauze mit großer Nasenöffnung, Bulla und unbekrallten 2. Finger, vollständigeres Gebiß, einfache P, insectivorenähnliche M von vorigen verschieden. Fossilfunde (Abb. 132) ab Eoz, fast nur aus Eur; nahezu sämtlich in rez Familien einreihbar, daher kaum Einblick in Geschichte gewährend.

Ordo: **Primates**

Die *Primates* oder Herrentiere wurden früher wegen der Zugehörigkeit der Menschen mit ihrer alle anderen tierischen Organismen weit übertreffenden Gehirn- und Geistesentwicklung meist als letzte Säugerordnung gereiht. Doch diesen Sonderspezialisationen stehen auch primitive Züge und den *Hominidae* (lat. hómo = Mensch) 17 andere Primatenfamilien gegenüber, die jene Sonderspezialisationen nicht oder nur in viel geringerem Grade, um so deutlicher aber Ähnlichkeiten mit Insectivoren zeigen. Diese gehen bei den nur rez bekannten *Tupaiidae*, vor allem aber bei gewissen frühen Funden aus dem ATert, so weit, daß die Einreihung bald bei Primaten, bald bei Insectivoren erfolgt. So kann es heute kaum mehr zweifelhaft sein, daß die Primaten in oder nächst den *Insectivora* wurzeln und in deren Nähe zu stellen sind.

Ursprüngliche Züge hat, wohl mit der fast steten Beibehaltung weitgehender Arboricolie, vor allem das Skelett der Gliedmaßen bewahrt (s. Abb. 126 *d, e*). Hierher zählen: das Vorhandensein der Clav, das Getrenntbleiben von R und Uln, Tib und Fib, meist auch von r und int; die fast ausnahmslose Pentadaktylie und allseitige Beweglichkeit der Extremitäten. Beim Übergang vom Krallen- zum Greifklettern werden durch Wechselmöglichkeit zwischen Pronation (s. S. 241) und Supination = Parallellagerung von Rad und Uln) wie durch Opponibilitätssteigerung von Pollex und Hallux Kletter- und Nahrungs-Greifhände geschaffen, auch die Krallen größtenteils oder ganz durch Nägel ersetzt. Beim Übergang vom Greif- zu Schwing- bzw. Hängeklettern kann die Greiffähigkeit der Hand, bei Übergang zur terrestrischen Lebensweise jene des Fußes verlorengehen; aber tiefergreifende Umgestaltungen sind auch da selten.

Im Achsenskelett ist die Verkürzung der T-, Tl- und L-Region ziemlich allgemein. Von ihr wird auch der Thorax (Brustkorb) betroffen. Doch erfährt er dafür bei sich mehr aufrichtenden Formen — und ein Sitzen als Ruhestellung ist häufig — Erweiterung; im Extrem geht er

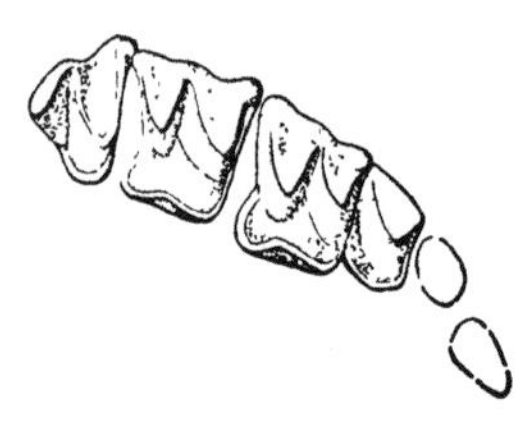

Abb. 132. Obergebiß (oben) und Untergebiß (unten) der Gattung *Tadarida* (= *Nyctinomus*) aus dem Mioz Eur, etwa $^6/_1$ nat. Gr. Die Gattung reicht bis in die Gegenwart. Aus ROMER 1936.

so von der sich vorne konisch verjüngenden Kegel- zur Faßform über, während gleichzeitig S-Krümmung der Wirbelsäule und schaufelförmige Verbreiterung (Erhöhung) der Il erfolgt, denen bei aufrechter Haltung die Eingeweide aufruhen.

Der Schädel hat manchmal noch niedrig-längliche Form und ein ringförmiges, an der Bulla unbeteiligtes Tymp; gewöhnlich ist er aber in Zusammenhang mit Gehirn- und Gebißentwicklung stärker verändert. Das Gehirn wird bis auf das beim Baumleben minder wichtige Riechhirn sehr vergrößert, bes. mit der Vervollkommnung des Gesichtssinnes bis zur Stereoskopie (wörtlich Starr- oder Festsehen) wie der geistigen Fähigkeiten die Hemisphärenpartie. Damit erfährt der Hirnschädel rundliche Hochwölbung und fällt zum niedrigeren Gesichtsschädel ± steil ab; gleichzeitig werden Hinterhauptsloch und Condylen von hinten gegen unten verlagert, bis schließlich die Schädellängsachse, statt in der Fortsetzung der Wirbelsäule zu liegen, mit ihr einen ± senkrechten Winkel bildet. Vorne aber rücken die Orb mediad, werden von der Schläfengrube durch eine Spange, dann völlig getrennt und oben mit Tori supraorbitales (= Überaugenwülste) versehen. Muskelkämme sind an Schädel und Hinterhaupt, große Formen mit kräftiger Muskulatur ausgenommen, wenig entwickelt. Der Gesichtsschädel bleibt gegenüber dem Hirnschädel zurück; wird, wo das Ergreifen der Nahrung ± ganz auf die Hände übergeht, auch stark reduziert. Die Mdb sind ursprünglich niedriglänglich und stoßen in der Symphyse spitzwinkelig zusammen; selten werden sie sekundär verlängert, meist vielmehr verkürzt unter Erhöhung des Ram(us) horiz(ontalis) wie der Symphyse. Diese wird gleichzeitig stumpfwinkelig bis breit-gerundet und verknöchert. Auch der Proc cor ändert seine Form und kann mit der Kaumuskulatur Schwächung erfahren.

Viel Primitives bewahrt das fast stets omnivore Gebiß. 3 I und 4 P finden sich selten, aber unter $\frac{2\ 1\ 3\ 2}{2\ 1\ 3\ 2}$ bzw. $\frac{2\ 1\ 2\ 3}{2\ 1\ 2\ 3}$ sinkt die Zahnformel kaum ab. Stärker veränderlich ist nur das Vordergebiß (I oft meißelförmig, I^1 größer als I^2; mitunter ein vergrößertes Zahnpaar bzw. Angleichung des manchmal zweiwurzeligen C an die Nachbarn). Die Bz sind nahezu immer einfach und stumpfhöckerig, die P oft bicuspid, d. h. mit 2 annähernd größengleichen Höckern versehen; die M^s selten noch ±trigonal, sonst vierhöckerig mit Hyc [1]. An den M_i wird schon früh der Höhenunterschied zwischen Trigonid und Talonid ausgeglichen und das Pacd (wie in vielen Säugergruppen) reduziert. Ein 4. Haupthöcker und ein kleines, etwas lageveränderliches Hycld sind die Regel. Gelegentlich kommt zusätzliche Sekundärhöckerbildung vor (Tuberculum sextum neben dem Hycld). Hypsodontie ist auch in Anfängen kaum zu beobachten.

---

[1] Der 4. Höcker scheint bald aus dem Cingulum, bald aus einer Abspaltung vom Prc hervorzugehen (vgl. Abb. 137 *A* and *B*); manche Forscher haben im 2. Falle von einem Pseudhypocon gesprochen und dem unterschiedlichen Verhalten erhebliches Gewicht beigemessen, doch scheint man gegenwärtig diesen Unterschied für minder belangreich zu halten.

Die Lebensweise ist zwar unterschiedlich, doch meist innerhalb
bestimmter Grenzen geblieben. Nur selten wurde von der Omnivorie,
vom Wald- und Buschleben abgegangen, das mehrfach abgewandelte
Klettern in Felsgebiete verlagert, das Klettern vom begleitenden Springen
verdrängt oder durch terrestrische Lokomotion (meist Bipedie) ersetzt.

Die Überlieferung ist fast nur auf Hartteile beschränkt und in Anbe-
tracht von deren durchschnittlicher Größe eher spärlich. Das mag z. T.
aus dem Hauptlebensraum zu verstehen sein — Waldgebiete scheinen der
Fossilisation nicht günstig — kann aber kaum erklären, daß aus dem
frühen Tert doch etliche, aus dem späten einige, aus dem mittleren aber
am wenigsten Funde vorliegen.

Wie die Umgrenzung (s. S. 266) schwankt auch die Systematik
wegen wechselnder Bewertung von rez kaum und foss unzureichend be-

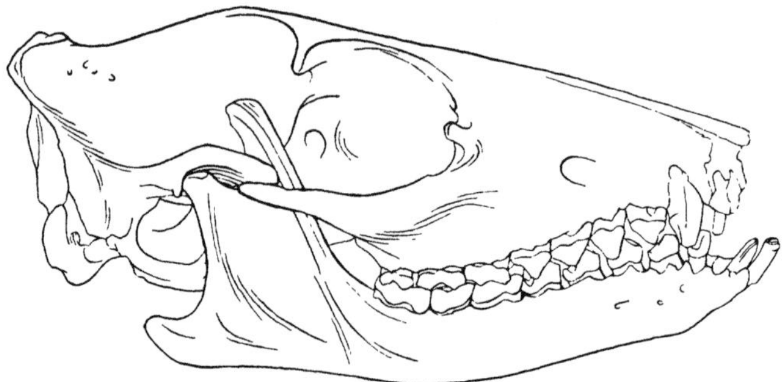

Abb. 133. *Anagale gobiensis* SIMPSON (Olig Mong), Schädel mit Unterkiefer in Seitenansicht.
Fast $^3/_2$ nat. Gr. Aus SIMPSON 1931.

kannten Gruppen. Im Sektor der Paläo-Anthropologie, wo die meisten
Funde erst in der jüngsten Vergangenheit anfielen, ist sie noch sehr im
Flusse, auch durch rangmäßige Überbewertungen von Unterschieden wie
durch den Nomenklaturregeln widersprechende Benennungen bzw. Um-
benennungen belastet. SIMPSON unterscheidet nur 2 Subordines, während
andere seine erste in mehrere aufgliedern.

Subordo: **Prosimii**

Die *Prosimii* (lat. sīmia = Affe, von sīmus = plattnasig) oder Halb-
affen umfassen die deutlich an *Insectivora* erinnernden, in Aussehen wie
Gehaben nicht ganz äffisch wirkenden Primaten mit stets bekrallter 2.
Zehe. Diese insgesamt urtümlichere und nach dem belegten zeitlichen
Auftreten ältere Subordo setzt sich aus (mindestens) 3 Einheiten zusam-
men.

Infraordo: **Lemuriformes**

(v. lat. lemūres = Geister der Abgeschiedenen, Gespenster). Schädel oft
noch länglich; Orb verschieden weit vorwärts gerichtet, gegen Schläfen-

grube meist unvollständig abgeschlossen; Tymp mitunter noch ringförmig, an Bulla unbeteiligt. Mdbsy selten verwachsen. Gehirn im Riechabschnitt ziemlich gut entwickelt, sonst meist klein, Hemisphären wenig gefurcht. Rumpf und Thorax verkürzt, Schwanz gewöhnlich lang, Hinterbeine in der Regel länger als Vorderbeine. Os penis und Os clitoridis vorkommend. Fast immer klein, arboricol; Dämmerungs- bis Nachttiere.

Superfamilia: Tupaioidea

Rez *Tupaiidae*, „Baumspitzmäuse", oft zu *Insectivora* gerechnet (s. S. 263). — Foss *Anagalidae*, Olig Mong.

Nur *Anagale* (Abb. 133), mit poorb Sp (s. S. 248), vollständigem Gebiß, ± zalambdodonten M, rückwärts vorspringendem Hycld am M_3, gespaltenen End-ph in der Hand, doch abgeplatteten = nageltragenden im Fuß; Opponibilität von Pollex und Hallux beträchtlich.

Superfamilia: Lemuroidea

Tymp ringförmig. Hierher:

als älteste *Plesiadapidae*, Paleoz-Eoz NAm, nach Gebißspezialisationen (I^1_1 meißelförmig, vergrößert, übrige I und C z. T. rückgebildet) wohl Seitenlinie; dann *Adapidae*, Eoz Eur, NAm, zahlreiche Funde wie *Pronycticebus* (Abb. 137 *B*) und *Notharctus* (Abb. 126*d, e*, Abb. 137*A*), z. T. auch ±vollständige Skelette, mögliche Wurzelgruppe für *Anthropoidea* (s. S. 270); ferner *Lemuridae* mit *Hadropithecinae*, *Archaeolemurinae* und *Megaladapinae*, alle ab Pleistoz Madag, (*Megaladapis*, fast ganzes Skelett bekannt, mit reduziertem Pmx, ohne I, etwa schweinsgroß); endlich *Indridae*, ab Pleistoz Madag.

Superfamilia: Daubentonioidea

Nur *Daubentonia*, früher *Cheiromys* (*Chiromys*), Fingertier, rez Madag.

Schädel betont rundlich, Gebiß auf $\dfrac{1\ 1\ 1\ 3}{0\ 1\ 1\ 3}$ oder $\dfrac{1\ 1\ 1\ 3}{1\ 0\ 1\ 3}$ reduziert, Vordergebiß mit dauernd wachsendem, nur labial (von lat. lábia = Lippe) schmelztragendem Nagezahnpaar von Beißzangenform; 3. Finger sehr dünn, mit Sonderverwendung bei Nahrungssuche.

Infraordo: **Lorisiformes**

Tymp an Bulla beteiligt. Rez As und Afr; foss nur eine Gattung im Plioz As.

Infraordo: **Tarsiiformes**

Rez nur *Tarsius*, Insul bis Philippinen;

Rattengroß; Schädel rundlich, kurzschnauzig, Orb groß, dicht beieinanderliegend, rückwärts fast völlig geschlossen; Vordergebiß aus 2 I^s, 1 I_i und C, darunter ein beißzangenartiges Paar mit nur labialem Schmelzbelag und Dauerwachstum; P einfach, nur P^4 molarisiert, M^s trituberculär, M_i

tuberculo-sectorial; Schwanz lang, mit Endquaste; Tib und Fib z. T. verschmolzen; calc und ct dritten länglichen Fußabschnitt bildend; Fingerbeeren scheibenförmig; Bewegung springend-hüpfend auf Ästen und im Wurzelgeflecht; Nahrung Insekten, Reptilien usw.

Vor die *Tarsiidae* werden die *Anaptomorphidae*, Paleoz-Eoz NAm, Eoz Eur, ? Olig As, gereiht; vorwiegend Zahn- und Kieferreste, z. T. in Stellung der Orb wie durch 4 P_i primitiver.

Hierher: *Anaptomorphus*, ? UEoz, MEoz NAm; *Necrolemur*, M-ObEoz WEur, sowie etliche weitere, z. T. in ihrer Zugehörigkeit fragliche Formen.

Prosimii infraordinis inc.

Apatemyidae, Paleoz-ObEoz NAm, Eoz Eur; 1 I-Paar vergrößert bei sonst $\pm$ weitgehend reduziertem Vordergebiß und eigenartiger Spezialisierung im P-Abschnitt; z. B. *Stehlinella* (Abb. 134), mit ?z. T. *Tarsius*-artigen Fußanpassungen.

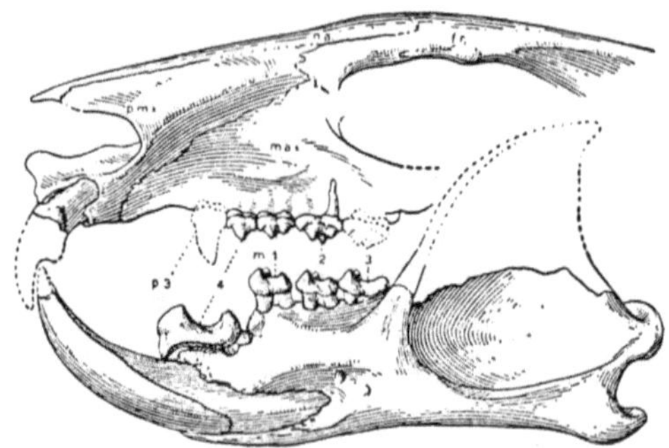

Abb. 134. *Stehlinella uintensis* MATTHEW (ObEoz NAm), Schädel mit Unterkiefer in Seitenansicht. Vergrößert. Aus ABEL in Handw. d. Naturwiss., 2. Aufl.

Carpolestidae, Paleoz NAm; hintere P^s mit mehreren Höckerreihen, P_4-Krone eine nach Multituberculaten-Art gekerbte Schneide, vor P_4 mitunter 2 stiftförmige Zähne (Abb. 135).
Bei weiteren Formen wie *Ceciliolemur* (MEoz, Geiseltal/Halle) und anderen von ebda. wie aus Paleoz-Eoz NAm und Eoz oder Olig OAs ist selbst die Prosimier-Zugehörigkeit noch strittig.

Subordo: **Anthropoidea**

Die *Anthropoidea* umfassen die Affen im landläufigen Sinne, die Menschenaffen und Menschen. Von den *Prosimii*, in denen sie wurzeln (s. S. 269), scheiden sie u. a.: die stets ganz vorwärts gerichtete, gegen die Schläfe vollständig abgegrenzte Orb; die starke Reduktion des Riechhirns; die meist kurze Schnauze; die Nagelbildung an allen Fingern und Zehen. Früher wurden die *Anthropoidea* in die neuweltlichen *Platyrrhina* oder Breitnasen und die altweltlichen *Catarrhina* oder Schmalnasen gegliedert; doch SIMPSON hält eine Teilung in 3 Superfamilien für richtiger.

Superfamilia: Ceboidea

Entspricht den *Platyrrhina* anderer Autoren (s. o.). Knorpelige Nasenscheidewand breit, Nasenlöcher daher fast immer etwas auswärts sehend; Zahnformel $\frac{2\ 1\ 3\ 3}{2\ 1\ 3\ 3}$ bis $\frac{2\ 1\ 3\ 2}{2\ 1\ 3\ 2}$; häufig mit Greifschwanz. Nur SAm und ZAm. Foss bloß *Homunculus*, Mioz Argent, sowie *Alouatta* (*Mycetes*) und *Cebus* aus dem Pleistoz.

Superfamilia: Cercopithecoidea

(v. gr. píthekos = Affe). Schmalnasenaffen mit schmaler Nasenscheidewand, abwärts gerichteten Nasenlöchern und (gegenüber Platyrrhinen)

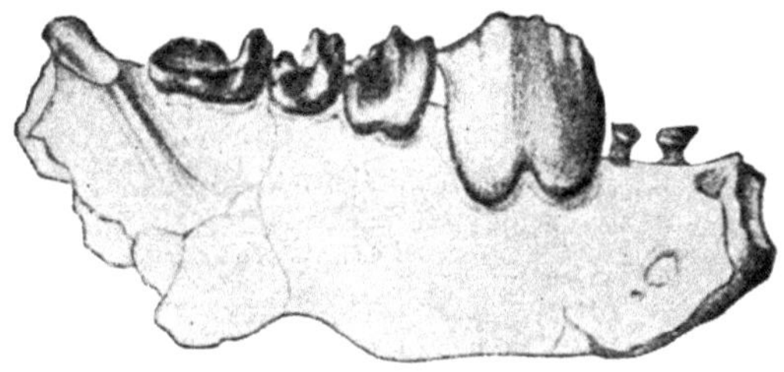

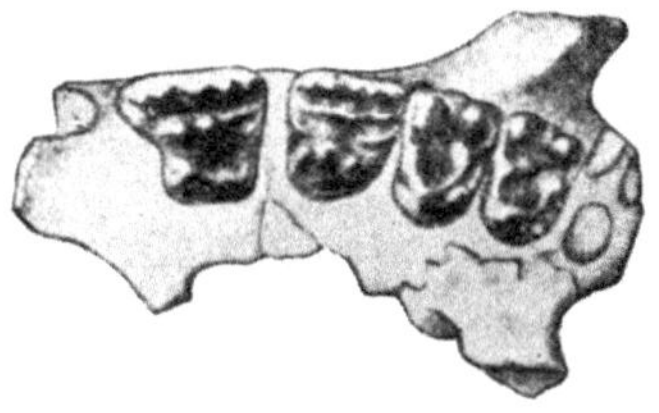

Abb. 135. *Carpolestes dubius* Jepsen (Ob Paleoz NAm), unten: linkes Oberkieferfragment in Gaumenansicht mit P³—M² und M³-Alveole, oben: rechtes Unterkieferfragment von außen mit P_2-M_3. Über $^4/_1$ nat. Gr. Aus Abel, Handw. d. Naturwiss., 2. Aufl.

kleineren Nares. Schwanz nie Greifschwanz, auch reduziert. Gehirn groß, Gesichtsschädel mitunter sekundär verlängert; Tymp (mit Sq) an Bildung des röhrenförmigen Meat(us) audit(orius) ext(ernus) = äußerer Gehörgang beteiligt. Zahnformel als Norm $\frac{2\ 1\ 2\ 3}{2\ 1\ 2\ 3}$, M im wesentlichen vierhöckerig, Hycld nur an M_3, M-Höcker gewöhnlich durch Leisten verbunden; St lang-schmal, Thorax ziemlich kielförmig; Vorderbeine kürzer als Hinterbeine, Pollex und Hallux meist wohlentwickelt und opponibel. Rez Behaarung dünn, Backentaschen, Gesäßschwielen u. a. Spezialisationen; z. T. Übergang vom Baum- zum Felsklettern (bei ±plantigradem Gang) und von Omni- zu Herbivorie. Fossilfunde spärlich, u. a.:

Moeripithecus und *Apidium*, Olig Afr; *Libypithecus* und *Simopithecus*, Plioz Afr; *Mesopithecus* (Abb. 136) und *Dolichopithecus*, Plioz Eur, dem rezen-

ten *Presbytis* (*Semnopithecus*) nahestehend; *Macaca* ab Plioz Ind, APleistoz
Eur, rez Gibraltar, NAfr, SOAs, Philippinen; *Cercopithecus* Plioz Ind, rez Afr;
Paviane (*Papio*, früher *Cynocephalus*, mit schneidenförmiger P_3-Krone)
APleistoz Ind, ab Pleistoz Afr; ? *Oreopithecus* Plioz Ital, Bessarabien (jetzt von
HÜRZELER zu *Hominoidea* gerechnet, s. u.).

Superfamilia: Hominoidea

Menschenaffen und Menschen. Catarrhin wie *Cercopithecoidea* und mit
gleicher Zahnformel. Kennzeichnende Merkmale u. a.: Zunahme von
Körpergröße; Verkürzung von Gesichtsschädel und Mdb unter Rundung
der Symphyse und Übergang von mehr V- zu
mehr U-förmigen „Zahnbögen" bei Höhenzunahme des Ramus horizontalis; Neigung zu
Vergrößerung der M, schwache Entwicklung des
Hyc, gute des Hycld an allen M., mitunter auch
eines Tuberculum sextum (s. S. 267); starke
Verbreiterung und Verkürzung von St und Thorax, Verbreiterung (Erhöhung) der Il bis zu
Darmbeinschaufeln mit konkaver Innenfläche;
Verlängerung der Arme über die Beine. Funde
ab Olig, Abspaltung von *Cercopithecoidea* oder
einer mit ihnen gemeinsamen Wurzel (vgl.
S. 269) wohl im frühen Tert.

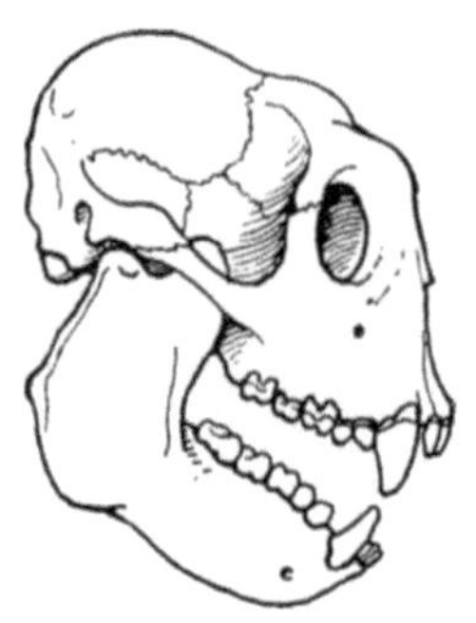
Abb. 136. Schädel und Unter-
kiefer von *Mesopithecus* (Plioz
Eur), Seitenansicht.
Aus KUHN 1951.

Parapithecidae. Nur *Parapithecus*-Mdb, Olig
Ägypt; noch klein; Symphyse stumpfwinkelig,
Condylen der Mdb wenig über den noch V-förmigen Zahnreihen; C die Nachbarn nicht überragend, P_4 nur mit 1 Hauptspitze, M_i mit
mehr alternierender Anordnung der 4 Haupthöcker (Abb. 137, 2*C*). Insgesamt
nicht vollhominoid, doch an Basis der *Hominoidea* reihbar.

Pongidae. Rezente Menschenaffen und nächstverwandte fossile Formen. —
Hylobatinae oder Gibbons; nach Körpergröße (Höhe aufgerichtet bis ca. 1 m),
Gehirn (Oberfläche glatt, Volumen ca. 90 cm³) und kleinen Gesäßschwielen
wohl primitivste Pongiden; doch Arme zunehmend, rez extrem, verlängert,
ebenso Finger außer dem verkümmerten (bei reinem Schwing- bzw. Hängeklettern bedeutungslosen) Pollex. *Propliopithecus* UOlig Ägypt (Abb. 137, 2*D*);
Limnopithecus UMioz Afr; *Pliopithecus* Mioz-Plioz M und WEur; ? *Paido-
pithex* UPlioz MEur; *Hylobates* rez SOAs, Insul; *Symphalangus* rez Insul.

Dryopithecinae. Meist Zahn- und Kiefer-, selten Gliedmaßen-Reste; alle
bald mehr an diese, bald mehr an jene Gruppe der *Hominoidea* erinnernd,
und eine Zeit lebhafter Differenzierung der Superfamilie anzeigend. *Pro-
consul* Mioz Afr; *Dryopithecus* Mioz-Plioz M u. WEur (Abb. 137, 1*C*, 2*E*);
Austriacopithecus Mioz MEur (b. Wien), nur Gliedmaßenreste; *Sivapithecus*
UPlioz Ind; *Palaeosimia* UPlioz Ind u. a.; vielleicht auch *Oreopithecus*
(s. oben).

Ponginae. „Echte" Pongiden; rez *Pongo* (=*Simia*, Orang-Utan) Insul,
Gorilla Afr, *Pan* (= *Anthropopithecus*, Schimpanse) Afr, alle ± groß, arbo-
ricol, nur Gorilla sich oft auch am Boden (meist vierbeinig) bewegend; Gehirn-
volumen bis ca. 600 cm³ erreichend, Hirnschädel groß, oft mit Kämmen und
Supraorbitalwülsten. Foss *Pongo* APleistoz Ind; *Gigantopithecus* Pleistoz
SOAs, nur große, auch als hominid angesprochene Zähne.

Einreihung bei *Pongidae* oder als basaler Seitenzweig der *Hominidae:
Australopithecinae.* A Pleistoz SAfr. Teils, z. B. im Schädel, pongide Züge,

teils (Gebißeinzelheiten, Gehirnvolumen, $\pm$ aufrechter Gang) hominide. *Australopithecus* (Abb. 138e) einschl. „*Plesianthropus*"; der scheinbar zeitlich etwas spätere „*Paranthropus*" mit über 700 cm³ Gehirnvolumen vielleicht als eigenes Subgenus bewertbar.

Hominidae. Kennzeichnendste Merkmale: Spezialisierung und Größenzunahme des Gehirns (bis auf etwa 1500 cm³ im Durchschnitt), Vergrößerung der Hirnkapsel, Aufrichtung der Stirn, Änderung von Form und Stellung des For magn, Verschwinden von Schädelkämmen und Supraorbitalwülsten; extreme Verkürzung des Gesichtsschädels (Verschwinden einer Schnauze) und Heraustreten der Nase als isolierter Gesichtsvorsprung; Verkürzung und bogenförmige Krümmung der Zahnreihen, Verkleinerung der C und andere Zahncharaktere; Übergang zur Bipedie mit Aufrichtung des Körpers und

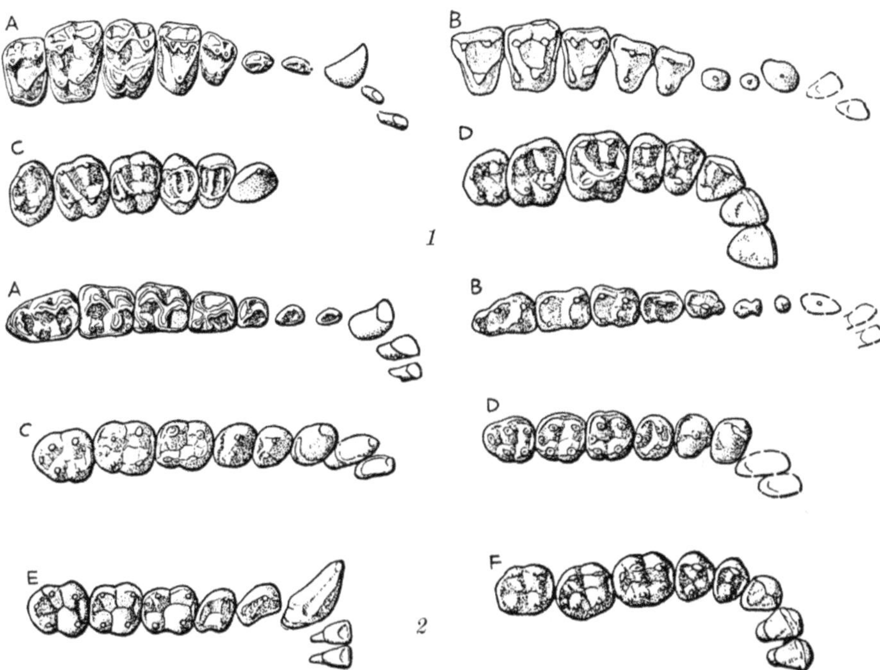

Abb. 137. Verschiedene Typen von Primatengebissen. *1* Rechte obere Zähne von *A Notharctus* (Eoz NAm), *B Pronycticebus* (Eoz Eur), *C Dryopithecus* (Neog Eur), *D* Moustiermensch (Neandertaler) juvenil; *A* gegen ³/₂, *B* gegen ⁵/₂, *C* gegen ²/₃, *D* gegen ¹/₃ nat. Gr.; (Hyc in *A* aus Prc, in *B* aus Cingulum hergeleitet, s. S. 267). *2* Linke untere Zähne von *A Notharctus, B Pronycticebus, C Parapithecus* (Olig Ägypt), *D Propliopithecus* (Olig Ägypt), *E Dryopithecus, F* Moustiermensch (Neandertaler) juvenil; *A* und *D* gegen ³/₂, *B* und *C* gegen ⁵/₂, *E* gegen ²/₃, *F* gegen ¹/₃ nat. Gr. Aus Romer 1936.

S-Krümmung der Wirbelsäule; Schaffung einer leichten Bein-Überlänge wie des pseudoplantigraden Fußgewölbes unter Verlust der Opponibilität des Hallux und Proportionsänderungen in den Zehen, doch unter Beibehaltung der Greifhand (s. Abb. 126).

Fossile Funde ab Pleistoz aus weiten Gebieten von Euras und Afr; systematisch noch recht wechselnd bewertet. Durch Primitivität (Gehirnvolumen kaum um 1000 cm³, „fliehende" Stirn, schräg gestellte Hinterhauptsfläche, starke Tori supraorbitales, oft noch postorbitale Einschnürung des Schädeldaches, fehlende Kinnbildung, bedeutendere Zahngröße, Kiefermassigkeit usw.) hebt sich *Pithecanthropus* (Java, Abb. 138*a*), samt dem von ihm kaum subgenerisch zu trennenden „*Sinanthropus*" (Abb. 138*b*), dem Pekingmenschen aus Höhlen und Spalten von Chou-Kou-Tien, ab. Alle übrigen Funde: Heidelberger Unterkiefer, Neandertaler (Abb. 137, 1*D*, 2*F*, 138*c*) im weitesten Sinne (also *Protanthropus, Africanthropus, Javanthropus, Atlantanthropus* usw.) rechtfertigen nach zoologischen Maßstäben kaum generische Selbstständigkeit gegenüber *Homo*. Sie zeigen teils, verschiedengrädig abgeschwächt, noch

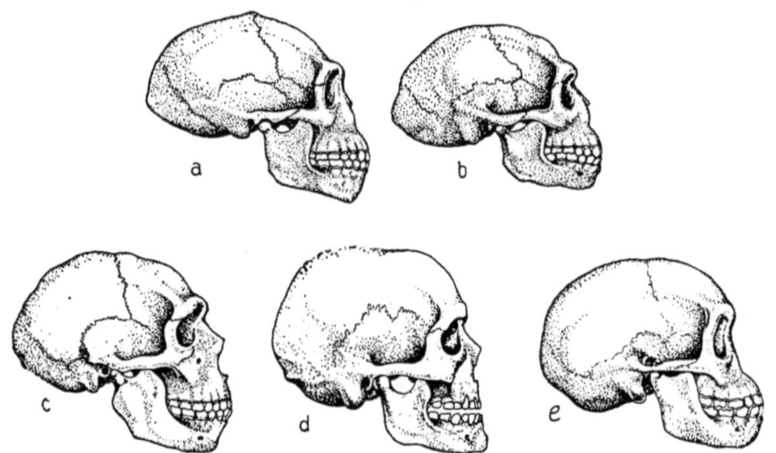

Abb. 138. Schädelrekonstruktionen (mit Unterkiefer) in Seitenansicht von *Pithecanthropus* (*a*), „*Sinanthropus*" (*b*), Neandertaler (*c*), vom späteiszeitlichen Cro-Magnon-Typ (*d*), von *Australopithecus* (*e*). Aus KUHN 1951.

Pithecanthropus-artige Züge, teils — u. zw. relativ schon früh — starke Annäherung an die Merkmalsprägung bei *Homo sapiens*, der als Träger der jungpaläolithischen (= jung-altsteinzeitlichen) Kulturen erstmals aus dem JgPleistoz belegt erscheint (Abb. 138*d*).

Ordo: Tillodontia

Die *Tillodontia* (v. gr. tíllein = rupfen) sind eine recht isolierte, nur in wenigen Formen aus dem Paleoz von NAm und dem Eoz von Eur und NAm bekannte Gruppe. Schädel raubtierähnlich, Hirnraum klein; $I^2{}_2$ zunehmend vergrößert, meißelförmig und wurzellos werdend, dann nur mehr labial mit Schmelzbelag; C schwach, kaum caniniform, M brachyodont, mit Nebenhöckern bzw. Leistenbildungen; wohl omni- bis herbivor. Extremitäten bekrallt, auf bärenähnliche Plantigradie deutend. *Tillotherium*, Eoz NAm, braunbärengroß, Formen aus dem Paleoz wesentlich kleiner.

Ordo: Taeniodonta

Gleichfalls isoliert stehend und nur aus Paleoz und Eoz, u. zw. bloß aus NAm[1], bekannt. Beziehungen zu *Tillodontia* wurden vermutet, Herkunft von „*Proto-Insectivora*" ist, wie bei diesen, wahrscheinlich, doch nicht sicher.

Conoryctes, Paleoz, Schädel länglich-niedrig, M tribosphenisch, Extremitäten schlank; i. g. primitiv-insektivorenähnlich, doch mit Reduktionen im I-Abschnitt. *Stylinodon*, Eoz, Schädel mehr kurz und hoch (bei bis 30 cm Länge), Unterkiefer hoch und kräftig; I^3_3 einzige I, nagerartig; C groß; Bz hyposodont, wurzellos, $\pm$ stift- bis säulenförmig, ihr (scheinbar schon im Paleoz dünner) Schmelzbelag auf seitliche Bänder reduziert (Ordnungsname!); Extremitäten kurz, kräftig; u. a.

Ordo: Edentata

Die Bezeichnung *Edentata* (Zahnarme, eigentlich Zahnlose) ist in sehr verschiedenem Umfange gebraucht worden. Sie hat zeitweilig auch *Pholidota* (s. S. 279), *Taeniodonta* wie *Tubulidentata* (s. S. 304) umschlossen. Hier werden mit SIMPSON nur die Ameisenfresser, Faultiere und Gürteltiere samt nächstverwandten Fossilgruppen darunter verstanden, also ausschließlich neuweltliche, besonders südamerikanische Formen, die rez nur die Tropen bewohnen und nicht ganz homöotherm sind. Die weitgehende Gebißreduktion ist für alle, das Auftreten xenarthraler (= fremdgelenkiger) Wirbel für die meisten kennzeichnend.

Subordo: Palaeanodonta

(gr. an wie a, s. S. 11). Nur Paleoz — Olig und bloß aus NAm bekannt, wohl basaler Seitenzweig der Edentaten. Hintere Rumpfwirbel „nomarthral" (= normalgelenkig); doch in allen Skelettabschnitten an typische Edentaten erinnernd, bzw. Ansätze zu Entwicklung in deren Richtung erkennen lassend; bes. in den Extremitäten, die, obgleich noch primitiv, schon komprimierte Grab-(Scharr-)krallen besaßen und auf gleiche Grabart (gegen innen) hindeuten. Gebiß ganz edentatenartig, Nahrung wohl ergrabene Insekten.

Metacheiromys, Eoz, oben mit 2, unten mit 4 Zähnen, davon nur der C groß und vollkommen schmelzbedeckt; der einzige I(ein I_i)klein, Bz meist $\pm$ stiftförmig, bloß mit Schmelzresten. — *Palaeanodon*, Paleoz, Zähne noch etwas zahlreicher, doch vielleicht auch schon Hornplatten im Kiefer.

Subordo: Xenarthra

Benannt nach den überzähligen Gelenken an den Tl und L, sind die *Xenarthra* auch sonst durch osteologische Besonderheiten ausgezeichnet. So kommen an den Ce z. T. Verschmelzungen, auch Abweichungen von der 7-Zahl vor, artikulieren die Co zweiköpfig mit dem St, hat das Isch oft mit den zahlreichen Pssa Verbindung. Ebenso können sich das Acro-

---

[1] Nach DEHM (1958) scheinbar auch aus MEoz As.

mion (= höchster Punkt) der Sp scap und der Proc corac spangenförmig vereinigen. Der Beckengürtel hat vorne z. T. einen sehr großen Durchmesser. Die langen Extremitätenknochen sind meist kräftig und mit starken Muskelfortsätzen versehen, der Hum besitzt ein For entepic, R und Uln sind frei, Tib und Fib manchmal z. T. verwachsen. Ein cc ist adult selten nachweisbar, r und int bleiben meist getrennt, doch kommt es in Manus und Pes auch zu Knochenverwachsungen, in der Hand ferner zu Reduktion seitlicher Strahlen. Hier sind die Krallen oft gewaltige Grabwerkzeuge; sie werden dann beim Schreiten nach innen eingeschlagen und die Hände mit der Außenkante aufgesetzt.

Der Schädel ist bald lang, bald kurz, die Paukenhöhle wechselnd umgrenzt; dem kleinen, wenig entwickelten Gehirn entspricht eine mitunter länglich-röhrenförmige Hirnhöhle. Der Gaumen kann rückwärts unter Beteiligung der Pt verlängert, der Jochbogen unvollständig sein, wobei das Jug hinten fächerförmig verbreitert endet. Das Gebiß schwindet bisweilen bis auf Zahnanlagen völlig. Immer aber ist das Vordergebiß ganz reduziert und damit oft auch das Pmx; vorhandene Bz sind wurzel-, meist auch schmelzlos, einfach gebaut und von Zement ummantelt. Der Unterkiefer hat vorne oft eine eigenartige, einem liegenden V ähnliche Kontur und einen niedrig gelegenen Condylus. Verbreitet sind (ontogenetisch aus Hornschuppen entstehende) Hautknochen, die sich auch zu einem Panzer vereinigen können.

Soweit die Überlieferung zurückreicht, heben sich 2 Gruppen deutlich voneinander ab: die *Pilosa* und die *Cingulata*.

Infraordo: **Pilosa**

Die *Pilosa* (lat. pilōsus = behaart) oder *Anicanodonta* (gr. an s. S. 11), hikanós = hinreichend) sind normal-behaarte, panzerlose, aber z. T. einzelne Knochenplättchen in der Haut aufweisende *Xenarthra* mit kleinem bis fehlendem Pmx, unvollständigem Jochbogen, oft Verschmelzungen in der Wirbelsäule wie zwischen Tib und Fib und mit Knochenspange vom Acromion zum Proc corac. Die Zahl der Zähne beträgt $\frac{5}{4}$ oder weniger.

Superfamilia: Megalonychoidea

oder *Gravigrada* (lat. grávis = schwer). Die Riesen- (im englischen Sprachraum Boden-) Faultiere erinnern mit dem kurzen Schädel und dem vorne V-förmigen Unterkiefer (s. oben) sehr an die *Bradypodidae* oder Faultiere. Die Mdbsy ist koossifiziert (= knöchern verwachsen), die Wirbel sind sämtlich getrennt. Hingegen ähneln die einwärtsgedrehten, beim Schreiten mit eingeschlagenen Fingern auf der Außenkante aufgesetzten Hände, die mächtigen Scharr- bzw. Grabkrallen an den Fingern, die Hauptbelastung der Fußsohlen auf der Außenkante usw. den *Myrmecophagidae* oder Ameisenfressern. Die Gravigraden, deren größte Elefantenausmaße noch überschritten, waren terrestrisch, tetrapod bis z. T. biped, wahrscheinlich phyllo-, z. T. (nach Nahrungsresten und Koprolithen) auch xylophag. Vermutlich hatten sie vorne in den Kiefern Hornplatten und oft eine Greifzunge. In Haut- bzw. Fellresten wurden Knochenplatten, wie vereinzelt mikroskopisch kleine Gebilde festgestellt, die eine Symbiose mit Algen (wie bei *Bradypodidae!*) möglich scheinen lassen. Eoz-Pleistoz SAm, MPlioz-Pleistoz NAm, Pleistoz WInd Ins; einzelne noch Zeitgenossen des Menschen und ? bis Holoz.

Megalonychidae, Eoz-Pleistoz. Noch relativ schlank, katzen- bis bärengroß (z. T. insulare Zwergformen); tetrapod, pentadaktyl; vorderster Zahn z. T. caniniform und durch Diastem von übrigen getrennt; diese quadratisch-querelliptisch mit vertieften Kauflächen. *Hapalops*, Mioz SAm; *Nothrotherium*, Pleistoz N u. SAm (Abb. 139), vollständiges Skelett, Haarreste, Koprolithen, ? Algen-Symbiose, ? Fährten; u. v. a.

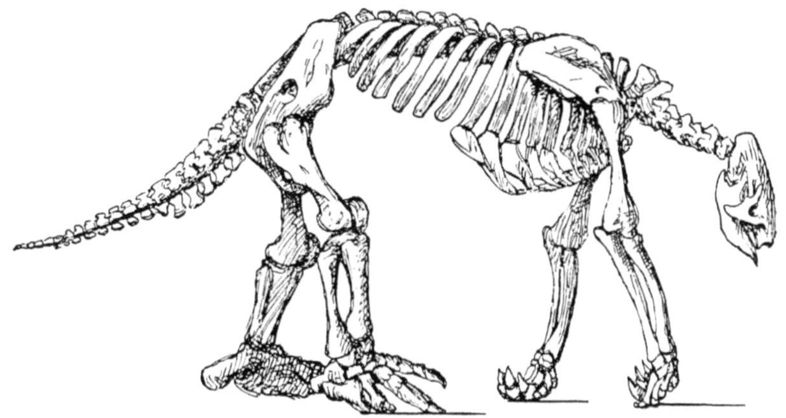

Abb. 139. Skelett von *Nothrotherium shastense* SINCLAIR (Pleistoz NAm). Stark verkleinert. Aus ABEL, Handw. d. Naturwiss., 2. Aufl.

Megatheriidae. Bis über 6 m lang, massig-plump; biped, 1. und 5. Finger, 1. und 2. Zehe reduziert; Zähne sämtlich vierseitig-queroval mit 2 Kauleisten; vornehmlich xylophage Steppentiere. *Megatherium*, Plioz-Pleistoz SAm, ? vom Menschen gejagt; *Eremotherium*, Pleistoz SAm; u. v. a.

Mylodontidae. An Größe etwa zwischen den beiden vorigen; tetrapod bis biped, Hand meist pentadaktyl, im Fuß 1. Zehe ganz reduziert; z. T. 1 caniniformer Zahn, übrige Zähne von ±dreieckigem Umriß bzw. untere rautenförmig; zahlreiche Knochenplatten in der Haut. *Scelidotherium*, Mioz-Plioz SAm; *Glossotherium*, Plioz-Pleistoz SAm; *Paramylodon*, Pleistoz NAm; *Mylodon* = *Grypotherium*, Pleistoz SAm (Abb. 140) u. a.; „*Grypotherium*" nach patagonischen Höhlenfunden (Fellreste mit Brandspuren u. a.) vom Menschen gejagt.

Superfamilia: Myrmecophagoidea

Von *Myrmecophagidae* (Ameisenfresser) mit gravigradenartigen Beinen und zahnloser, röhrenförmiger Schnauze foss nur dürftige Reste, ab Mioz SAm; *Bradypodidae* (Faultiere) arboricol, phyllophag, foss unbekannt.

Infraordo: **Cingulata**

Die *Cingulata* = Gürteltiere oder *Hicanodonta* sind meist spärlich behaart. Knochenplatten (samt Hornschildern) schließen sich zu verschiebbaren Halbringen oder einem starren Rückenpanzer aneinander. Auch Schädeldach und Schwanz werden durch solche Panzerung geschützt. Das Pmx ist gut entwickelt, der Jochbogen vollständig. In der Halswirbel-

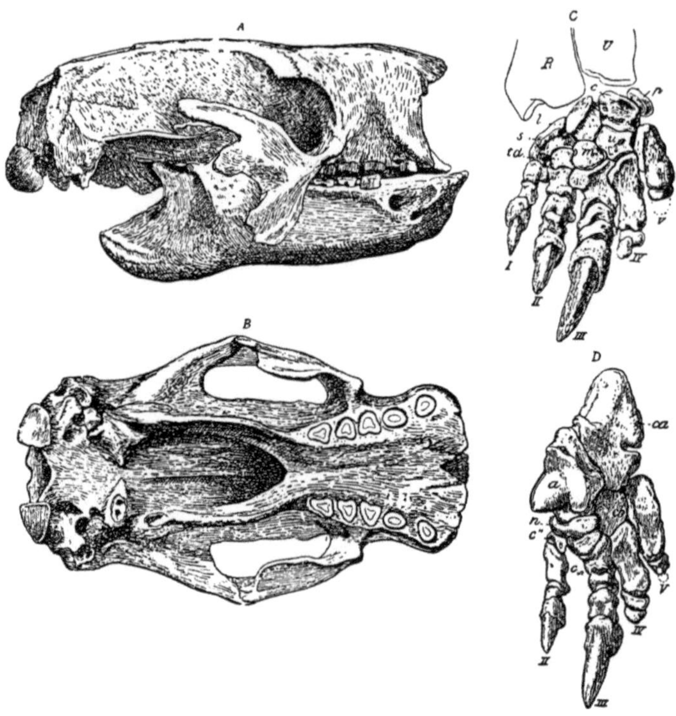

Abb. 140. *Mylodon robustus* (Pleistoz SAm). *A* Schädel mit Unterkiefer in Seitenansicht, *B* Schädel in Gaumenansicht, *C* Hand-, *D* Fußskelett, alle etwa ¹/₃ nat. Gr. *a* = astr, *c* = u, *c II* und *III* = t II und III, *ca* = calc, *cb* = t *IV + V*, *l* = int, *m* = c III, *n* = ct, *p* = pi, *s* = r, *td* = c II, *u* = c IV + V, *I—V* bzw. *II—V* = Finger- bzw. Zehenstrahlen. Sonstige Bezeichnungen wie üblich. Aus ABEL 1924.

säule wie zwischen Tib und Fib kommt es zu ±ausgedehnten Verwachsungen. Die Zahnzahl beträgt bei den heute meist in Sand- oder Schuttböden grabenden Gürteltieren (Handbau s. Abb. 126a) mindestens 7 je Kieferhälfte.

Superfamilia: Dasypodoidea

Cingulata mit Neigung zur Bildung je einer festen Panzerplatte in Schulter- und Beckengegend, und dazwischen beweglichen Panzerringen. Schädel gewöhnlich lang; 8—10, ausnahmsweise bis 25, ± prismatische, brachyodonte Zähne pro Kieferhälfte. Insekten- und Aasfresser. Meist mäßig-, im Pleistoz vereinzelt bis nashorngroß. Ab Paleoz SAm, ab Plioz NAm.

Utaetus, Paleoz-Eoz, Zähne noch mit Schmelzresten (Abb. 141); *Proeutatus*, Olig-Mioz; *Stegotherium*, Mioz; *Chlamy(do)therium*, Pleistoz SAm; *Peltephilus*, Olig-Mioz, mit hörnerartigen Bildungen am ausgedehnten Kopfpanzer; u. v. a.

Superfamilia: Glyptodonta

Cingulata mit selten noch in sich beweglichem, meist aber nicht mehr segmentiertem, starrem Panzer aus Knochenplattenmosaik. Schwanzpanzerung mit vorspringenden Dornen. Schädel meist kurz und hoch,

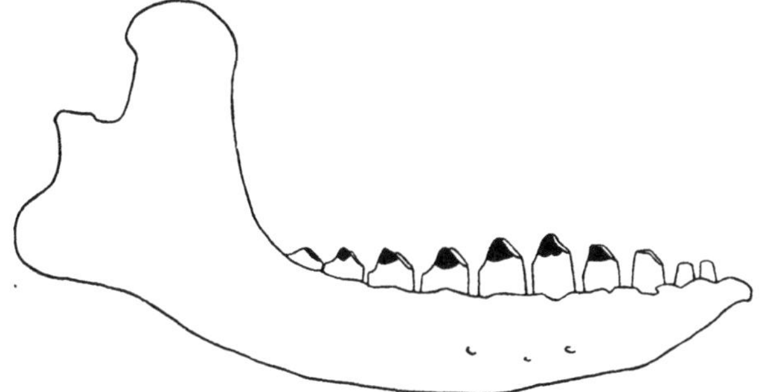

Abb. 141. *Utaetus buccatus* AMEGHINO (Eoz SAm), Unterkiefer von außen. Schmelzreste an den Zähnen schwarz. Etwa $^5/_4$ nat. Gr. Aus SIMPSON 1932.

Jochbogen mit langem, abwärts gerichtetem Fortsatz und (sonst bei *Xenarthra* fehlender) poorb Sp. Meist $\frac{8}{8}$ Zähne mit dreilappiger, wühlmausähnlicher und hypsodont werdender Krone; vermutlich Übergang zu Rhizophagie. Zehen oft kurz, Krallen breit, etwas hufartig. Vorwiegend von beträchtlicher Größe. Eoz-Pleistoz SAm, Plioz-Pleistoz NAm. Frühformen noch in Panzer, Bezahnung usw. primitiver und kleiner; ab Plioz typisch.

Propalaeohoplophorus, Olig-Mioz; *Palaeohoplophorus*, Mioz; *Hoplophorus*, Pleistoz SAm; *Brachyostracon*, Pleistoz NAm; *Panochthus*, Pleistoz SAm; *Doedicurus*, 4 m lang, Pleistoz SAm; *Glyptodon*, Pleistoz SAm, ? NAm (Abb. 142, 143); u. a.

Ordo: Pholidota

Die *Pholidota* oder Schuppentiere sind früher oft den *Edentata* zugezählt und den *Xenarthra* als *Nomarthra* gegenübergestellt worden. Trotz gewisser Ähnlichkeiten ist eine nähere Verwandtschaft aber nicht erweisbar und eine gemeinsame proto-insectivore Stammgruppe kaum mehr als eine mögliche Annahme. *Manis*, ab Pleistoz As, rez auch Afr, und die wenigen dürftigen Manidenfunde aus dem Olig, Mioz und ? Pleistoz Eur nehmen eine recht isolierte Stellung ein. Langschnauzigkeit, Zahnlosigkeit, wurmförmige Zunge, unvollständiger Jochbogen (ohne Jug), ein gewöhnlich langer Schwanz (bisweilen Greifschwanz), eine funktionell tridaktyle Hand mit Grabkrallen, ein pentadaktyler Fuß und die namengebende Körperbedeckung aus imbrizierenden Hornschuppen sind die wesentlichen Merkmale dieser nur mäßig großen, myrmecophagen Tiere.

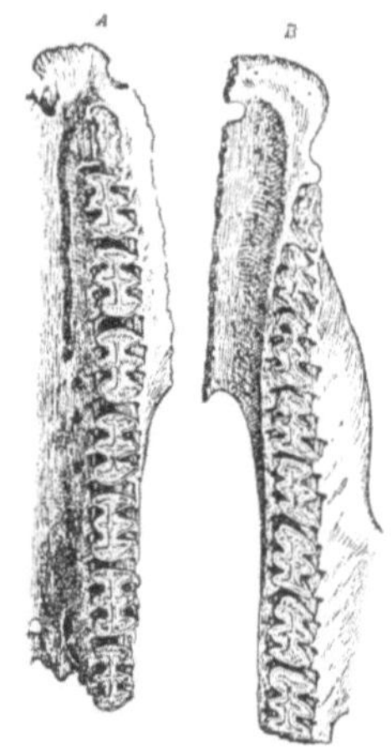

Abb. 142. Linke obere (*A*) und rechte untere (*B*) Zahnreihe von *Glyptodon reticulatus* (Pleistoz SAm). ²/₃ nat. Gr. Aus ABEL in Handw. d. Naturw. 2. Aufl.

*　　*

*

Von den bisher besprochenen *Eutheria* scheinen (vgl. S. 264, 265, 266) *Insectivora*, *Dermoptera*, *Chiroptera* und *Primates* an der Basis besonders enge zusammenzuhängen. Ob auch *Tillodontia*, *Taeniodonta*, *Edentata* und *Pholidota* der gleichen pro- oder protoinsectivoren Gruppe entsprossen, ist (vgl. S. 275, 279) ungewiß. So ist SIMPSONs Zusammenfassung aller dieser Ordnungen als Cohors *Unguiculata*, wie er selbst meint, noch problematisch.

Ordo: Lagomorpha

Die *Lagomorpha* (gr. lagós = Hase) sind bis in die letzte Zeit als Subordo *Duplicidentata* den *Rodentia* (s. S. 282) zugezählt worden. Jetzt bezweifelt man mehr und mehr, daß die Ähnlichkeiten zwischen ihnen und den *Simplicidentata* (lat. símplex = einfach), d. h. den „echten" Nagern, auf enger Ver-

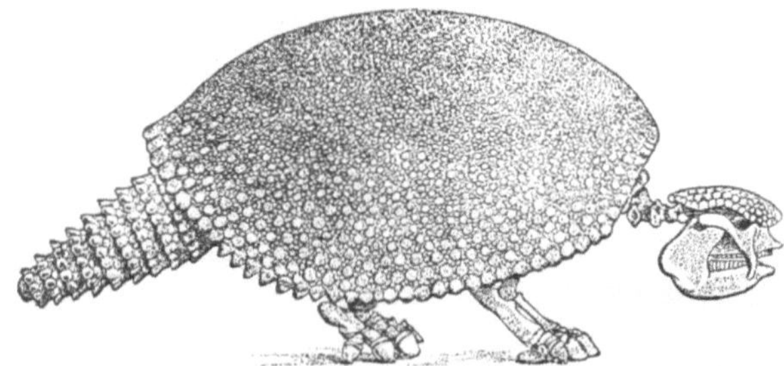

Abb. 143. Rekonstruktion von *Glyptodon clavipes* (Pleistoz SAm). Länge etwa 2 m. Aus ABEL in Handw. d. Naturwiss. 2. Aufl.

wandtschaft basieren, weil beide Gruppen, gewisse primitive Züge ausgenommen, ohne Annäherung bis ins Paleoz zurückgehen. Auch SIMPSON will an seiner Zusammenfassung beider als Cohors „*Glires*" (lat.

glis = Haselmaus, Siebenschläfer) nun nicht mehr festhalten. Beziehungen zu anderen Placentaliern sind weder für *Lagomorpha* noch für *Rodentia* erweisbar.

Namengebend für die „*Duplicidentata*" waren die stets 2 I^s pro Kieferhälfte, von denen der stiftförmig-kleine lingual vom großen steht. Dieser ist gekrümmt und allseits von Schmelz bedeckt wie sein Gegenzahn, der einzige I_i. Die großen I^s wie die I_i beider Kieferhälften stehen unmittelbar nebeneinander, und die Gegenzahnpaare treffen beim Kieferschluß wie die Hälften einer Beißzange aufeinander. Die Kieferbewegung hat neben der orthalen eine starke laterale, aber kaum eine propalinale Komponente. C^s_i und P^1_1 fehlen, nach einem Diastem folgen oben meist 6, unten meist 5 ± gleichförmige Bz (Abb. 144 *C*, *D*). Sie sind hypsodont, wie die I wurzellos, lassen von normalen Höckern kaum noch etwas erkennen, sondern be-

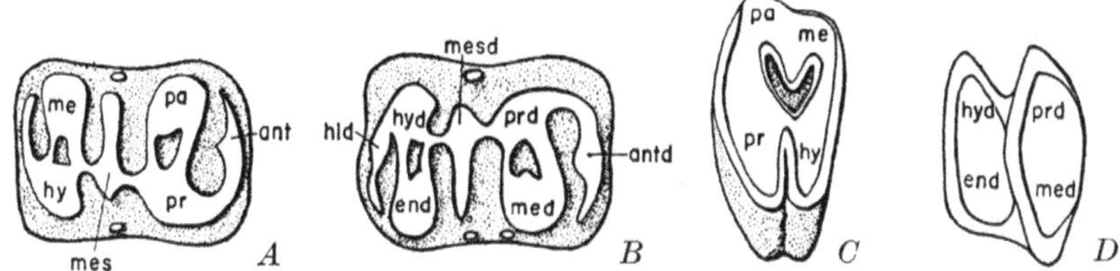

Abb. 144. Molaren-Schemata von Rodentiern und Lagomorphen. *A* und *B*: rechter oberer und linker unterer M eines besonders bei myomorphen Rodentiern häufigen Typs; *C* und *D* rechter oberer und linker unterer M von Lagomorphen. *ant.* = Anterocon, *antd* = Anteroconid, *end* = Entcd, *hld* = Hycld, *hy* = Hyc, *hyd* = Hycd, *me* = Mc, *med* = Mcd, *mes* = Mesocon, *mesd* = Mesoconid, *pa* = Pac, *Pr* = Prc, *prd* = Prcd. Aus ROMER 1953.

stehen aus von Schmelz umkleideten Dentinzylindern, die durch tiefe, quere, von Zement ausgefüllte Schmelzfalten unterteilt erscheinen. Schmelzränder und Schmelzfalten treten bei der Usur (lat. = Abnützung), weil härter als das Dentin, als — oben meist 3, unten meist 2 — Querleisten oder -kämme in Erscheinung. Die oberen Zahnreihen sind voneinander etwas weiter entfernt als die unteren, und die Nahrungszerkleinerung ist mehr ein Zerkauen als ein Zerreiben. Im Schädel tritt vor der Orb eine gitterförmige Knochenstruktur auf. Das For infraorb ist stets von normaler (geringer) Größe. An der Wirbelsäule tragen die L große, gekrümmte Querfortsätze und Hypapophysen. Der Schwanz ist meist kurz. Es bleiben r, int und cc selbständig; hingegen verschmelzen Tib und Fib distal. Meist gute Läufer, auch Springer, Hinterbeine ±länger als Vorderbeine. Herbivor. Fossile Formen bis auf gewisse primitive Züge den rezenten sehr ähnlich.

Eurymylidae, Paleoz Mong, älteste Funde. — *Ochotonidae*, ab Olig Euras, Mioz u. ab Pleistoz NAm, Mioz Afr; Beine ±gleichlang; kurzohrig. — *Leporidae*, ab Eoz NAm, ab Olig Euras, ab Pleistoz Afr, SAm, rez (eingeführt) auch Austr; Hinterbeine sehr lang, Springer; langohrig; noch heute in Blüte.

Ordo: Rodentia

Die *Rodentia* (lat. ródere = nagen) haben als „*Simplicidentata*" (s. S. 280) nur 1 I in jeder Kieferhälfte, der wurzellos, groß, gekrümmt, nur labial mit Schmelz versehen ist und im Kiefer weit nach hinten reicht. Im Ruhezustand übergreifen die I^s die I_i, doch beim Nagen können ob der starken propalinalen Bewegungskomponente der Mdb diese vor jene gebracht werden. Dementsprechend hat der Condylus Mandibulae (Cond Mdb) eine ±antero-posteriore Längsachse und die Cav glen keine hintere Begrenzung = keinen Proc postglen(oideus). Gewöhnlich ist der Musc temp eher schwach, der Musc mass um so stärker entwickelt. Dieser greift an Ober- wie Unterkiefer weit vorwärts, dort bis vor die Orb, u. zw. oft durch das dann sehr vergrößerte (sonst nur für Nerven- und Gefäße be-

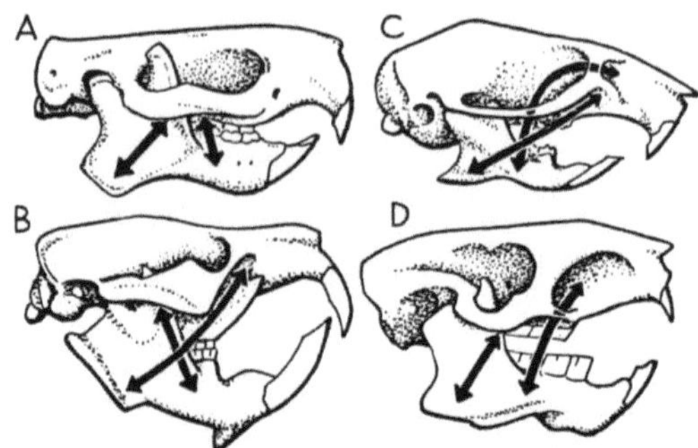

Abb. 145. Rodentierschädel samt Unterkiefer mit durch Pfeile veranschaulichtem Verlauf des Massetermuskels. *A* ursprüngliches Verhalten bei primitiven Sciuromorphen: Der Musc mass entspringt hauptsächlich vom Jochbogen-Unterrand; *B* Verhalten bei spezialisierteren Sciuromorphen: Die oberflächlichen Partien des Musc mass nehmen ihren Ursprung vor der Orb; *C* Verhalten bei Myomorphen: oberflächliche Partien des Musc mass ähnlich wie in B, tiefere bis in die Orb und das For infraorb vorgreifend; *D* Verhalten bei Hystricomorphen: oberflächliche Partien des Musc mass unspezialisiert, tiefere das sehr vergrößerte For infraorb erfüllend. Aus ROMER 1936.

stimmte) For infraorb (Abb. 145). Auch anderweitig ist die Schädelgestalt (vgl. z. B. die stark abwärts gebogene Pmx) durch die Funktion stark beeinflußt.

Im Gebiß folgen auf das Nagezahnpaar jederseits nach einem bis in die P-Region reichenden Diastem die Bz. Sie waren ursprünglich und sind z. T. noch heute ±normale Placentalierzähne, bunodont bzw. bunolophodont und brachyodont (bei noch vorwiegend orthaler Kieferbewegung). Meist aber sind sie durch Schmelz-Falten und -Schlingen, durch ein- bzw. zweiseitige Einschnürung weitgehend und verschieden umgeformt (Abb. 144 *A B*) und bisw. bestehen sie aus etlichen, nur durch Zement zusammengehaltenen Querlamellen und bilden richtige Reibplatten. Alle diese umgestalteten Bz sind ± hochkronig, die Wurzeln sind kurz und bleiben, Dauerwachstum ermöglichend, offen. Die Stellung der Zahnreihen ändert sich umgekehrt wie bei Lagomorphen (s. S. 281), d. h. die oberen rücken näher zusammen und ihre Kauflächen wenden sich ab- und auswärts, jene der unteren auf- und einwärts.

In der oft auch bei der Nahrungsaufnahme verwandten Vorderextremität bleiben die Clav erhalten, das cc oft selbstständig, während r und int bisweilen verschmelzen; von den Fingern erfährt fast nur der Daumen Reduktion. In der Hinterextremität ist die Beweglichkeit etwas mehr auf antero-posteriore Richtung eingeschränkt; Tib und Fib sind distal mitunter vereinigt. Bei Ausbildung eines Springfußes kann die Zehenzahl verringert werden.

Die *Rodentia* sind heute fast weltweit verbreitet und leben auf der Erde, im Boden, auf Bäumen, am Wasser und im Wasser, einzelne haben sogar ein gewisses Flugvermögen. Vorwiegend klein, erreichen sie vereinzelt beträchtliche Größe. Sie sind meist herbi-, seltener omnivor. Heute noch in voller Blüte, stellen sie mehr als die Hälfte der rezenten Säuger. An dieser Fülle gemessen sind die fossilen Funde (im Tert weniger als 10 % des bekannten Säugerbestandes) spärlich. Viele kann man zwanglos den rezenten Formen anreihen; andere stehen ± isoliert und nur wenige geben Einblick in die Geschichte. Daher wie wegen der schwierigen Interpretation der Bz bzw. ihrer mit der Usur oft stark ändernden Kronenmuster ist auch die Systematik noch unbefriedigend und schwankend.

Subordo: **Sciuromorpha**

Die *Sciuromorpha* (lat. sciúrus = Eichhörnchen) sind wohl die ursprünglichste Rodentiergruppe. Nur sie haben noch bis 2 P^s und $1P_i$, die Bz sind z. T. brachyodont, buno- bis bunolophodont und bewurzelt, der Can infraorb ist nie vergrößert, der Proc ang entspringt vom Unterrand der weit rückwärts reichenden I-Alveole.

Aplodontoidea (*Haplodontoidea*), sehr primitiv, klein. *Ischyromyidae*, Paleoz-Mioz NAm, Eoz Eur, Olig As, mit *Paramys*, dem ältesten Rodentier; Bz bewurzelt, brachyodont, Leisten usw. erst in Bildung. — *Aplodontidae*, ab Eoz NAm, Plioz As; *Aplodontia* primitivster rezenter Rodentier, klein terrestrisch, mit kleinem Gehirn. — *Mylagaulidae*, Neog NAm, mit vergrößertem P^4, aber reduzierten M, z. T. mit hornartigen Protuberanzen (= Auswüchsen) in der Nasengegend. Viele andere tertiäre Formen.

Sciuroidea. *Sciuridae*, ab Mioz Eur, NAm, rez auch As, Afr, SAm; Eichhörnchen, meist arboricol; Murmeltiere, sekundär terrestrisch, von *Marmota* = *Arctomys* auch Baue, Koprolithen u. a. Lebensspuren in pleistozänen Höhlenablagerungen; ferner Ziesel (*Citellus* = *Spermophilus*) und Flughörnchen wie *Petaurista* (= *Pteromys*); u. v. a.

Geomyoidea, ab Olig NAm, rez auch SAm; anfangs brachy-, später hypsodonte bis wurzellose Bz. *Geomyidae* (Taschenmäuse), Gräber mit Backentaschen; *Heteromyidae* („Kängururatten"), kleine Wüstenspringer mit verlängerten Hinterbeinen.

Castoroidea. *Castoridae* (Biber), ab Olig Eur, NAm; ab Mioz As. $\frac{4}{4}$ Bz, hypsodont werdend; grabend, amphibiotisch, ? fossile Baue Mioz NAm; *Trogontherium*, Plioz-Pleistoz Eur, Pleistoz As, sehr groß; *Castoroides*, Pleistoz NAm, bis bärengroß; u. v. a.

Sciuromorpha inc. sed. *Pseudosciuridae*, Eoz-Olig Eur. — *Theridomyidae*, Eoz-Olig Eur, ? Olig Afr, ? Olig As. — *Anomaluridae*, rez Afr, mit Flughaut, und *Pedetidae*, ab Mioz Afr, mit vergrößertem Can infraorb.

Subordo: **Myomorpha**

Die *Myomorpha* (gr. mys = Maus) sind die an Umfang größte und vielfältigste, wohl auch die am spätesten entfaltete Nagergruppe. Wenig erloschene Typen, die meisten fossilen stehen rezenten sehr nahe. Nur einige primitive haben noch brachyodonte, bewurzelte Bz, sonst sind diese hypsodont, wurzellos, vielfach nur M, wobei der erste die folgenden an Größe übertreffen kann. For infraorb vergrößert, Proc ang wie bei *Sciuromorpha*.

Muroidea (= *Myoidea*). *Cricetidae*, ab Olig Euras, NAm; ab Plioz SAm, ab Pleistoz Madag, rez Afr; *Cricetinae* (Hamster), *Microtinae* (Wühlmäuse wie *Lemmus, Dicrostonyx, Dolomys* u. a.) häufig im Pleistoz, und weitere Subfamilien. — *Spalacidae*, ab ObPlioz Eur, rez auch WAs, Afr, maulwurfsartig. — *Rhizomyidae*, Olig Eur, ab Mioz As, ab Pleistoz Afr, den vorigen nächstverwandt. — *Muridae* (Mäuse), ab Plioz Eur, rez kosmopolitisch.
Gliroidea (= *Myoxoidea*). *Gliridae* (Siebenschläfer, Haselmäuse), ? Eoz u. Olig, sicher ab Mioz Eur, rez auch As, Afr; klein, arboricol, frugivor, Bz brachyodont, bewurzelt, P^4_4 vorhanden, aber klein; u. a.
Dipodoidea. Zapodidae, Olig u. ab Pleistoz Eur; ab Plioz As, NAm, mit *Sicista = Sminthus* u. a. — *Dipodidae*, ab Plioz As, ab Pleistoz Eur, rez Afr, mit *Dipus, Allactaga* usw., kleine Wüsten- und Steppenformen, meist mit spezialisierten Springfüßen (Verschmelzungen von mt, Zehenreduktion); P_4 vorhanden, sehr klein.

Subordo: **Hystricomorpha**

Über Einheitlichkeit und Umfang der *Hystricomorpha* (= Stachelschweine) obwalten noch Zweifel. Vor allem zoogeographische Erwägungen lassen Mehrstämmigkeit bzw. durch ähnliche Lebensweise ausgelöste konvergente Entwicklungsreihen nicht ganz ausschließen. Als Norm sind 4 Bz pro Kieferhälfte, häufig vom Lamellentyp, vorhanden. Das For infraorb ist sehr vergrößert. Der Proc ang entspringt von der Seitenwand der I-Alveole.

Hystricoidea, altweltliche Stachelschweine, ab Olig Eur, ab Plioz As, rez Afr; rez plump, gedrungen, dorsal bestachelt, grabend.
Erethizontoidea, neuweltliche Stachelschweine, ab Olig SAm, ab Plioz. NAm; rez ähnlich den vorigen, aber arboricol und mit Greifschwanz.
Cavioidea, ab Olig SAm, ab Pleistoz NAm. *Caviidae* (Meerschweinchen), ab Plioz SAm. — *Hydrochoeridae* (Wasserschweine), ab Plioz SAm, ab Pleistoz NAm. — *Dinomyidae*, rez SAm. — *Heptaxodontidae*, Mioz-Plioz SAm, Pleistozsubfossil WestIndIns, mit *Phoberomys*, Plioz SAm, dem größten bekannten Nager. — *Dasyproctidae*, rez SAm; u. a.
Chinchilloidea, ab Olig SAm, Pampashasen, terrestrisch, langschwänzig.
Octodontoidea, ab Olig SAm, ab Pleistoz WestIndIns, altweltlich *Thryonomyidae*, ab Mioz Afr, Plioz As, und *Petromyidae*, rez Afr.
? *Hystricomorpha. Bathyergoidea*, ? Mioz, ab Pleistoz Afr, maulwurfsartig; *Ctenodactyloidea*, ? Plioz As, rez Afr.

Ordo: Cetacea

Die *Cetacea* (gr. kētos = Seeungeheuer) oder Wale sind — schon vom bekannten Beginn ihrer Geschichte an — ausschließlich Wasserbewohner. Trotzdem muß nach Skelettbau und Gesamtorganisation die aquatische

Lebensweise sekundär sein; wie und von welcher Placentaliergruppe her die Wale entstanden, ist aber bei einzelnen Anklängen an Raubtiere, Huftiere und Protoinsectivoren, ungewiß[1].

Äußerlich sind die Wale fischförmig (vgl. den Vulgärnamen „Walfisch"!). Der Körper ist meist ±fusiform, der Kopf geht ohne sichtbare Halsregion in den Rumpf, dieser allmählich in den Schwanz über; die Behaarung ist ganz reduziert und eine horizontale, etwas asymmetrische Schwanzflosse bildet das Hauptlokomotionsorgan. Oft ist auch eine Rückenflosse entwickelt, gleich jener ein nicht durch Hartteile gestützter Hautlappen. Hinterbeine fehlen äußerlich vollkommen; die Vorderbeine sind Flossen.

Erheblich sind die inneren Umgestaltungen am Weichkörper wie am Skelett. Eine dicke Fettlage dient als Kälteschutz, auch die Knochen sind fettreich und stark spongiös. Der Schädel (Abb. 146) ist bei kurzem Cranial- und langem Fazialteil im ganzen stets länglich und kann $1/3$ der Körperlänge erreichen. Das Gehirn wird groß und rundlich, nur das Rhinencephalon (Riechhirn) erfährt beim Wasserleben Rückbildung. Die Nares werden weit rück- und aufwärts verlagert, so daß zum Atemholen — die Wale sind Lungen- und Luftatmer geblieben — nur der oberste Teil des Schädels über die Wasseroberfläche gebracht werden muß. Die Nares-Verlagerung wird von einer Ausdehnung der Pmx und Mx nach hinten-oben begleitet, wobei sich die Mx über wie unter die Fr schieben können. Gleichzeitig greift das Socc vorwärts auf das Schädeldach hinauf, die Par seitlich abdrängend. Wenn diese Verschiebungen rechts und links etwas verschieden erfolgen, ergibt sich eine gewisse Asymmetrie. Die Orb ist nach hinten offen, der Jochbogen schmal, der Tränengang im kleinen Lacr rudimentär. Die Bulla hingegen wird sehr groß und massiv. Sie ist samt dem Petr mit dem übrigen Schädel nur ligamentär verbunden, was Molekularschalleitung begünstigt (vgl. S. 200)[2]. Im Unterkiefer erfährt der Ram ascend Rückbildung; beide Äste, mit verwachsener oder ligamentärer Symphyse, laden bisweilen stark seitwärts aus.

Das Gebiß (Abb. 146) ist anfangs noch ± vollständig und heterodont; in der Regel sind die Kronen der Bz vereinfacht, gleichgestaltet, oft alle Zähne einwurzelig und bisweilen schmelzlos. Mehrere Dentitionen werden angelegt, doch findet kein Zahnwechsel statt. Bei einer Gruppe werden die rückgebildeten embryonalen Zahnanlagen durch vom Gaumenepithel entwickelte, hornige Barten ersetzt.

In der Wirbelsäule kommt es zu starker Verkürzung und Verschmelzung der Ce, zu Minderung der Wirbelverbindung, Schwächung der Zygapophysen und Verzögerung des Epiphysenverschlusses. Be-

---

[1] Ob dieser isolierten Stellung hat SIMPSON für die Wale eine eigene Cohors *Mutica* vorgeschlagen. So lange jedoch nicht alle Placentalierordnungen zu Cohortes zusammengeschlossen werden können (vgl. S. 280), mag auch die Kategorie *Mutica* noch entbehrlich sein.

[2] Der äußere Gehörgang ist reduziert und von abgestoßenem Epithel erfüllt, das Trommelfell kaum beweglich.

sondere Modifikationen zeigen die Rippen, von denen die einköpfigen und fluctuantes auf Kosten der zweiköpfigen zunehmen, sich mit den Wirbeln verschieden und mit dem (später reduzierten) St nur noch vereinzelt, schließlich nur noch Co 1, verbinden. Ein Zusammenhang mit der Atmung, die, wie bei Atemnot, mit großer Kraft und Geschwindigkeit erfolgen soll, scheint naheliegend.

Vom Schultergürtel ist nur die umgestaltete Scap übrig. In der kurzbreiten bis lang-schmalen Vorderflosse (s. Abb. 126 g) sind Hum, R und Uln kurze, flache, gegeneinander kaum bewegliche Knochen, r, int und uln bleiben getrennt. Die Zahl der c kann vermehrt (selbständiges c V) wie vermindert sein, auch freie cc kommen vor. An mtp und ph können statt einer zwei Epiphysen auftreten. Hyperphalangie ist nicht selten.

Die Hinterbeine sind fast völlig geschwunden, ebenso das Sacr. Übrig bleiben gewöhnlich nur frei in den Weichteilen eingebettete Beckenrudimente als Stützen für die Corpora cavernosa (lat. córpus = Körper, cavérna = Höhle) der äußeren Genitalien; selten auch Reste von Fem und Tib.

Die Wale sind meist marin, vielfach Hochseebewohner und ausgezeichnete Schwimmer. Ursprünglich wohl ichthyophag, sind später manche teutho- oder planktonophag geworden. Da die Neugeborenen — die Geburt erfolgt scheinbar nicht selten als „Steißgeburt" (vgl. S. 201) — unter Wasser nicht saugen können, wird ihnen die Milch von den 2 (ganz nahe der Vulva gelegenen) Zitzen ins Maul gespritzt.

Die Cetaceen haben sich offenbar sehr rasch entfaltet und alle Meere erobert. Man kennt sie ab Eoz. Systematisch lassen sie sich in 3 Gruppen von unterschiedlicher Evolutionshöhe gliedern; doch sind deren Zusammenhänge nicht völlig geklärt und vermeintliche Bindeglieder werden nicht allgemein als solche anerkannt.

Subordo: **Archaeoceti**

Primitivste, sog. Ur-Wale (Abb. 146 A). Schädel relativ klein, niedrig, ohne Asymmetrien und Knochenüberschiebungen; Nares etwa auf halbem Wege zwischen normaler und später erreichter Lage, usw. Gebiß ± vollständig, heterodont, Bz bilateral komprimiert, mehrspitzig und mehrwurzelig; z. T. mit gewissen Anklängen an Urraubtiere (s. S. 289ff). Auch Wirbelsäule und Vordergliedmaßen mit primitiven Zügen, im ganzen beide schon durchaus typisch. Hinterbeine bereits reduziert, äußerlich nicht mehr sichtbar.

Protocetidae, MEoz Afr, NAm. — *Dorudontidae*, ObEoz Eur, Afr, NAm, UMioz Nsld; Bz vereinfacht und mit z. T. verschmolzenen Wurzeln. — *Basilosauridae* (= *Zeuglodontidae*), ObEoz Afr, NAm, UOlig Eur; Körper bis extrem langgestreckt, bei *Basilosaurus* (*Zeuglodon*) bis 20 m lang (Mosasauriertyp, s. S. 213ff.). — Unter *Archaeoceti inc. sed.* wird jetzt *Patriocetus* (ObOlig Eur, Linz) gereiht mit vollständigem Gebiß, siebenspitzigen Bz mit bloßliegenden Wurzeln und mit bartenwalähnlicher Lagebeziehung zwischen Mx und Fr (s. S. 288); darnach auch als Übergangsform von *Archaeo-* zu *Mysticeti* bewertet.

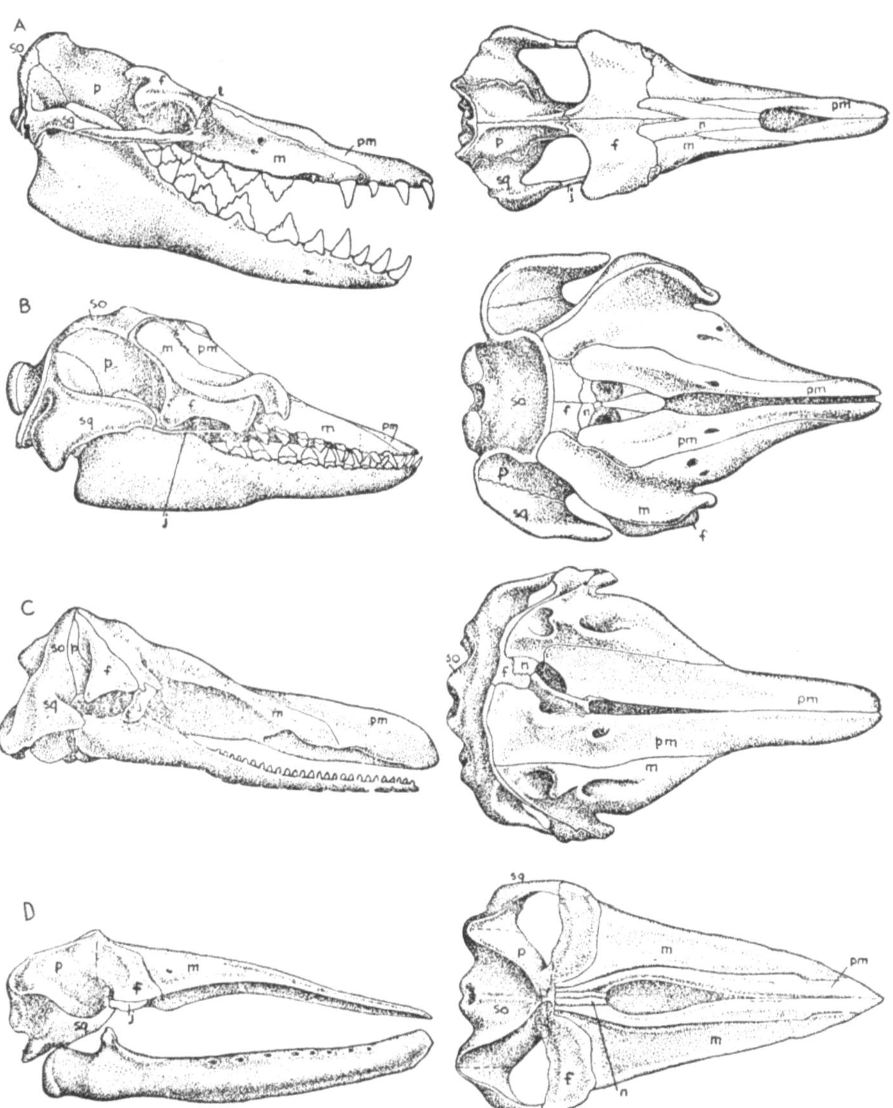

Abb. 146. Schädel und Gebiß bei Cetaceen, links Schädel samt Unterkiefer in Seitenansicht, rechts Schädel von oben. *A Prozeuglodon atrox* (ObEoz Ägypt), ein Basilosauride (Urwal) mit noch primitivem Schädelbau und deutlich heterodontem Gebiß, Schädellänge etwa 60 cm; *B Prosqualodon* (UMioz SAm, Neuseeld), ein Squalodontide (Zahnwal) mit erst mäßigen Überschiebungen im Schädeldach und noch nicht ganz homodontem Gebiß, Schädellänge gegen 60 cm; *C Aulophyseter* (MMioz NAm), ein Physeteride (Zahnwal) mit starken Überschiebungen im Dach des deutlich asymmetrischen Schädels und reduziertem Obergebiß, Schädellänge gegen 1,20 m; *D Cetotherium samarinense* (ObMioz Eur), ein Cetotheriide (Bartenwal) mit symmetrischem, zahnlosem Schädel und (wie in *B* und *C*) aufwärts verlagerten Nasenöffnungen, Schädellänge gegen 70 cm. *f* = Fr, *j* = Jug, *l* = Lacr, *m* = Mx, *n* = Nas, *p* = Par, *pm* = Pmx, *sq* = Sq, *so* = Socc. Aus ROMER 1936.

Subordo: **Odontoceti**

Zahnwale (Abb. 146 *B, C*). Schädel meist relativ groß, z. T. stark asymmetrisch, stets mit Überschiebung von Mx über Fr; Nares hochgelegen, von den kleinen Nas nicht überdacht. Gebiß homodont, Zähne stift- oder keilförmig, an Zahl oft vermehrt oder bis auf wenige reduziert. Mdb langgestreckt, nicht seitwärts ausladend, Mdbsy meist lang, Cond mdb nach hinten gerichtet. Einzelne Co zweiköpfig, bisweilen Collum costae mit Parapophyse zu Merapophyse vereinigt, an welcher übriger Rippenteil mit Tuberculum artikuliert.

Agorophiidae, ObEoz NAm, Knochenüberschiebung erst beginnend. — *Squalodontidae*, ObOlig-ObMioz Eur, UMioz SAm, Austr, Nsld, M-ObMioz NAm; Knochenüberschiebung stärker, Nares bereits über bzw. hinter den Orb, Bz zahlreich, meist einwurzelig, Kronen ± dreieckig, haifischähnlich. — *Platanistidae*, ab UMioz SAm, MMioz-Pleistoz NAm, ObMioz Eur, rez As; rez fluviatil, foss marin; *Pachyacanthus*, ObMioz Wien, mit pachyostotischen Wirbeln. — *Ziphiidae*, UMioz-Plioz Eur, UMioz SAm, ObMioz NAm, rez weltweit; Zähne fortschreitend bis auf 2 oder 1 vergrößerten in der Mdb reduziert; Übergang zu Teuthophagie. — *Physeteridae*, UMioz-MPlioz Eur, U-ObMioz SAm, MMioz-Pleistoz NAm, UPlioz Austr, rez Atlantik, Pazifik, Indik; Schädel groß, stark asymmetrisch, Obergebiß zunehmend reduziert, Mdb gut bezahnt; Verschmelzung von Ce; sehr groß. — *Eurhinodelphidae*, Mioz Eur, OAs, NAm, SAm, mit z. T. weit über die Mdb verlängertem Oberschnabel; — *Hemisyntrachelidae*, MMioz NAm, UPlioz Eur; — *Acrodelphidae*, Mioz Eur, Mioz-Plioz NAm; alle mit zahlreichen, ± kleinen Zähnen. — *Monodontidae*, Pleistoz Eur, NAm, rez Nordmeere, Weißwal und Narwal, mit 1 sehr verlängertem Stoß-Zahn. — *Delphinidae*, ab Mioz Eur, NAm, rez kosmopol [mit *Globicephala* (*Globicephalus*, s. Abb. 126 *g*) u. v. a.]. — *Phocaenidae*. ObMioz Eur, Pleistoz Nsld, rez nicht-arktische Meere.

Subordo: **Mysticeti**

Mysticeti oder *Mystacoceti* (v. gr. mýstax = Schnurrbart), Bartenwale (Abb. 146 *D*), Körper (bis um 30 m) und Schädel extreme Größe erreichend, ohne wesentliche Asymmetrie, Mx das Fr nur wenig umgreifend, bzw. unterschiebend; Nares hoch oben, Socc weit auf Schädeldach ausgedehnt; statt Zähnen querstehende, befranste Barten als Filterapparat; planktonophag; Mundhöhle und Zunge vergrößert, Mdb weit seitwärts ausladend, Mdbsy kurz, ligamentär, Cond mdb schräg aufwärts gerichtet; Co artikulieren an Wirbeln nur mit Tuberculum. Mögliche Ahnenform s. S. 286.

Cetotheriidae, MOlig-UPlioz Eur, UMioz SAm, Nsld, M-ObMioz NAm, noch primitiv, Schädellänge etwa ¹/₄ der Körperlänge. — *Rhachianectidae*, rez NPazifik. Grauwale. — *Balaenopteridae*, U-MPlioz Eur, ObMioz-Pleistoz NAm, rez kosmopol., Furchenwale (mit Kehlfurchen). — *Balaenidae*, UMioz, Pleistoz SAm, Plioz Eur, rez Arktik, Atlantik, Pazifik, Glattwale (ohne Kehlfurchen).

*   *
*

Die restlichen *Eutheria*, die Raub- und Huftiere im üblichen Sinne, wurden von SIMPSON in eine weitere Cohors, die *Ferungulata* (v. lat. féra = wildes Tier, úngula = Huf) zusammengefaßt. Diese Cohors wäre wohl die am besten fundierte, denn trotz der erheblichen Unterschiede zwischen typischen Raub- und Huftieren hängen beide an der Wurzel

so enge zusammen, daß gewisse Urhuftiere bestimmten Urraubtieren
außerordentlich ähneln (Abb. 147). Von dieser gemeinsamen Wurzelregion
her scheint aber nicht eine bloße Gabelung, sondern in rascher Folge eine
Aufspaltung in etwa 5 Hauptlinien erfolgt zu sein; u. zw. in eine Raubtier-
und in vier Huftierlinien, die alle demnach als ± gleichrangig zu bewerten
wären. Hinsichtlich der Huftiere ist die systematische Folgerung bereits
mehrfach gezogen, d. h. die Kategorie *Ungulata* durch 4 supraordinale
Gruppen ersetzt worden. Für die Raubtiere hat SIMPSON 1945 die

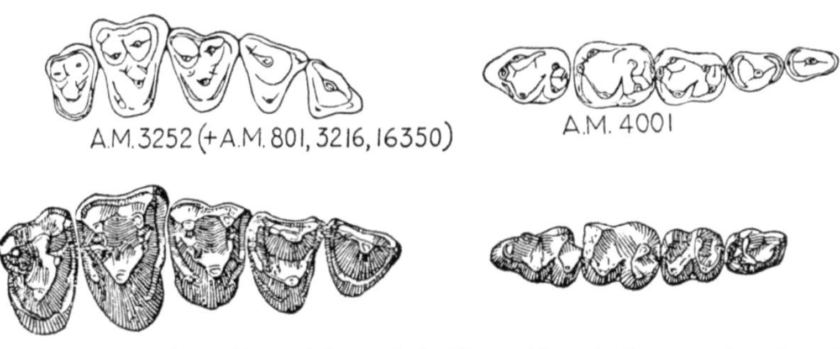

Abb. 147. Teile des Obergebisses (links) und des Untergebisses (rechts) von alttertiären Urraubtieren und Urhuftieren, um deren weitgehende Ähnlichkeit zu zeigen. Obere Reihe:
hintere rechte Backenzähne von *Oxyclaenus cuspidatus* COPE (Paleoz NAm), rechts von *Tri-
centes subtrigonus* COPE (Paleoz NAm), 2 Vertretern der *Creodonta* (*Arctocyonoidea*); untere
Reihe (links und rechts): hintere rechte Backenzähne von *Litaletes disjunctus* SIMPSON (Paleoz
NAm), einem Angehörigen der *Condylarthra* (*Hyopsodontidae*). Obere Reihe $^1/_1$ nat. Gr.,
untere Reihe linkes Bild $^3/_1$, rechtes $^2/_1$ nat. Gr. Aus EHRENBERG in Handb. d. Biol. 1949.

Superordo: Ferae

geschaffen, die sich weiter in die typischen, im ganzen ± ausgesprochen terrestrischen *Carnivora* und in die aquatisch gewordenen, einen
stark abgesonderten Seitenzweig bildenden *Pinnipedia* (lat. pínna =
Flosse) gliedert.

Ordo: Carnivora

Die *Carnivora* sind — ± gleichzeitig mit der Entwicklung der meist
herbivoren „Huftiere" — zu den Raubtieren unter den *Eutheria* geworden. Bei den frühesten ist der Schädel noch länglich-niedrig, die
Hirnkapsel klein, die Bulla bei annähernd halbringförmigem Tymp
unverknöchert. Später bzw. bei Spezialisierteren wird der Schädel größer,
mit der Entwicklung des Hirnraumes höher, bisweilen auch kürzer, die
Orb wird gegen hinten oft durch den Proc porb Fr z. T. abgegrenzt und
die Bulla verknöchert entweder vom Tymp aus oder unter Beteiligung eines
besonderen Os bullae (Entotympanicum). Bei kräftigem Gebiß und ± rein
orthaler Kieferbewegung werden eine kräftige Sagittalcrista, walzenförmi-
ge, wenig über den Zahnreihen gelegene Cond mdb mit rein queren
(nicht wie bei *Insectivora* vorwärts konvergierenden) Längsachsen, und
hohe Proc cor die Regel.

Das Gebiß (Abb. 148), ursprünglich vollständig, erfährt Reduktion fast nur an Vor- und Hinterende der Bz-Reihe. Im kräftigen Greifgebiß sind die oft recht großen C die eigentlichen Reißzähne. Von den Bz ist gewöhnlich ein Paar merklich größer als die übrigen und die Außenhöcker im

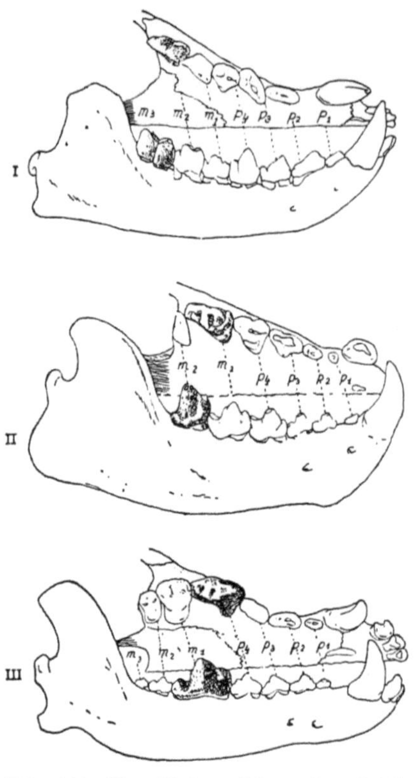

Abb. 148. Verschiedene Wege der Gebiß-spezialisation bei creodonten und fissipeden Carnivoren. *I Hyaenodon, II Oxyaena, III* Wolf (*Canis lupus*). Brechscherenzähne dunkel. Aus ABEL 1924.

oberen, die Trigonidhöcker im unteren Paarling sind zu aneinander vorbeigleitenden Scherenblättern umgeformt. Fälschlich werden diese Zähne oft als „Reißzähne" statt als Brechscherenzähne oder Sectorii bezeichnet. Sie wurden von $\dfrac{M^2}{M_3}$, $\dfrac{M^1}{M_2}$ wie von $\dfrac{P^4}{M_1}$ gebildet, doch nur Formen mit $\dfrac{P^4}{M_1}$ als Brechschere haben sich bis in die Jetztzeit gehalten; die anderen Brechscherenbildungen waren offenbar minder günstig, „inadaptiv" (fehlgeschlagen, s. S. 23). Die restlichen P und M sind formverschieden, meist aber ziemlich einfach-primitiv und oligobundont. Hypsodontie kommt nicht vor.

Rumpf- und Gliedmaßenskelett (s. Abb. 126h) zeigen weniger Spezialisationen. Die Clav fehlt oft, hingegen sind Os penis bzw. Os clitoridis häufig entwickelt. Am Hum findet sich nur mehr selten (auch als individuelle Variation) ein For entepic, gelegentlich weist sein Unterende ein For supratrochleare auf. R, Uln, Tib und Fib sind meist gut entwickelt, am Fem findet sich anfangs ein Troch tert. Manus und Pes sind planti-, semiplanti- oder digitigrad. Bei den ältesten kommen ein vom r getrenntes int, ein selbständiges cc sowie gespaltene oder etwas hufähnlich verbreiterte End-ph vor. Die mtp werden nie besonders verlängert. Pollex und Hallux, anfangs noch etwas opponibel, unterliegen meist ± starker Rückbildung.

Schon die frühesten Carnivoren scheinen bis auf wenige, wohl ± omnivore Formen richtige Raubtiere gewesen zu sein. Auch später sind nur wenige zu anderen Nahrungsweisen übergegangen. Arboricole, grabende und aquatische Lebensweise treten fast nur in Kombination mit terrestrischer auf; viele wurden gewandte Läufer.

Carnivoren sind in Eur und NAm ab Paleoz, in As sicher ab Eoz, in Afr ab Olig, in SAm erst seit Tert-Ende bekannt; Austr haben sie wohl nur durch den Menschen vereinzelt erreicht.

Subordo: **Creodonta**

(v. gr.kréas = Fleisch). Älteste und urtümlichste Carnivoren. Meist und anfangs klein. Schädel länglich-niedrig mit kleinem Hirnraum, $\pm$ ringförmigem Tymp und unverknöcherter Bulla. Gebiß vollständig oder fast vollständig; kein Bz-Paar oder $\dfrac{M^2}{M_3}$ bzw. $\dfrac{M^1}{M_2}$ zu Brechschere entwickelt. Clav, For entepic und Troch tert meist vorhanden, r und int meist getrennt, cc z. T. selbständig. Pentadaktyl, kurzbeinig, mit gespaltenen oder abgeflachten Krallen-ph.

Superfamilia: Arctocyonoidea

(gr. árktos = Bär) oder *Procreodi*; UPaleoz-UEoz NAm, ObPaleoz — ?Eoz Eur, ? ObPaleoz As. Stammgruppe der Creodontier und vermutlich

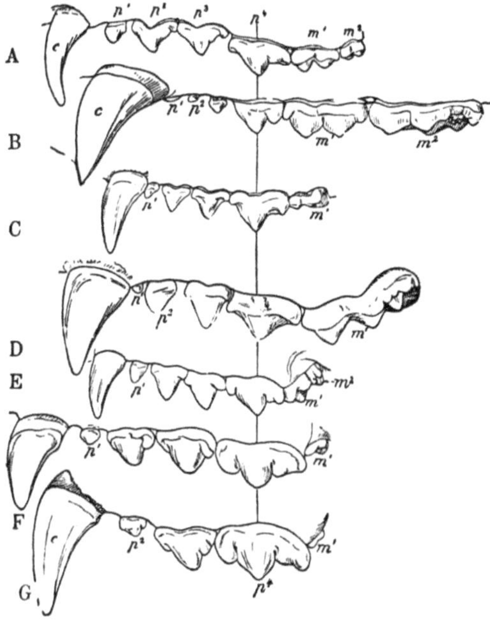

Abb. 149. Linksseitige Oberkieferbezahnung rezenter fissipeder Carnivoren. *A* Hund, *B* Bär, *C* Marder, *D* Dachs, *E Herpestes*, *F* Hyäne, *G* Löwe. c = C, p = P, m = M. Aus WEBER 1928.

auch der Fissipedier (s. S. 292). Ohne Brechschere; Bz (s. Abb. 147) einfach, M $\pm$ tribosphenisch, scharfspitzig bis stumpfhöckerig, M_i z. T. schon mit reduziertem Pacd. Klein bis etwa bärengroß (*Arctocyon, Claenodon*); z. T. wohl $\pm$ omnivor.

Superfamilia: Mesonychoidea

oder *Acreodi*; MPaleoz-ObEoz NAm, ObPaleoz-UEoz Eur, Eoz As. Ohne Brechschere; Beine, bes. Hand, paraxon (s. unten), End-ph gespalten oder abgeflacht.

Synoplotherium, Schädellänge 15 cm, und *Mesonyx*, Schädellänge ca. 30 cm, beide Eoz NAm. *Andrewsarchus*. Schädellänge über 80 cm, ObEoz As, vielleicht Aasfresser; u. v. a.

Superfamilia: Oxyaenoidea

oder *Pseudocreodi*. Mit Brechschere; Beine mesaxon (s. S. 317), End-ph gespalten.

Oxyaenidae, ObPaleoz-MEoz NAm, Eoz Eur, ObEoz As. Körper lang, Beine kurz, Zehen gespreizt, $\pm$ plantigrad. $\dfrac{M^1}{M_2}$ als Brechschere, selten auch $\dfrac{P^4}{M_1}$ ähnlich gestaltet; nachfolgende M klein bis fehlend (s. Abb. 148 *II*).

Patriofelis, MEoz NAm, etwa bärengroß; *Sarkastodon*, ObEoz Mong, mit Reduktionen im Vordergebiß; u. a., auch kleine Formen.

Hyaenodontidae, MEoz-MOlig Eur; ObEoz-UOlig, UPlioz As; UOlig, UMioz Afr. Hochbeiniger und mehr digitigrad als Vorige, auch Kiefer und Schädel länglicher und weniger robust. $\dfrac{M^2}{M_3}$ als Brechschere (s. Abb. 148 *I*).

Sinopa, Eoz Eur, NAm, klein, schlank; *Dissopsalis*, Eoz NAm; *Hyaenodon*, ObEoz-Olig Eur, NAm, Olig As, Afr, größer und plumper; *Limnocyon*, Eoz NAm, vielleicht etwas aquatisch; *Machairoides*, Eoz NAm, klein, mit *Machairodus*-ähnlichem Mdb-Vorderende (s. S. 296); u. v. a.

Subordo: **Fissipeda**

meist *Fissipedia* (v. lat. físsum = Einschnitt, Spalt). Moderne Carnivoren. Anfangs noch Creodontier-artig, doch mit $\dfrac{P^4}{M_1}$ als Brechschere (Abb. 148 *III*, 149); später mit spezialisierterem Gehirn, wohl entwickeltem Geruchssinn und verknöcherter Bulla. Oft ohne For entepic, r und int meist verschmolzen, gewöhnlich tetradaktyl, häufig langbeinig, Hand und Fuß $\pm$ paraxon = 3. und 4. Finger bzw. Zehe annähernd gleich groß und stark. End-ph bilateral komprimiert.

Superfamilia: Miacoidea

oder *Eucreodi*, MPaleoz-ObEoz NAm, ObEoz Euras, ? UOlig As. Bis auf $\dfrac{P^4}{M_1}$-Brechschere creodontierartige, oft zu *Creodonta* gestellte Stammgruppe der Fissipedier.

Miacidae mit *Miacinae* und *Viverravinae*; meist klein, ungenügend bekannt; wahrscheinlich $\pm$ arboricole Waldformen.

Superfamilia: Canoidea

oder *Arctoidea*. Gewöhnlich Bulla allein vom Tymp aus verknöchert und Krallen nicht retraktil.

Canidae (Hunde), ab ObEoz Eur, NAm, ab UOlig As, ab Pleistoz Afr, SAm, rez (? eingeführt) auch Austr. Älteste *Canoidea*. Meist Schädel lang, Bulla groß, Gebiß vollständig oder nur $\frac{M^3}{M_3}$ verschwunden; hinter

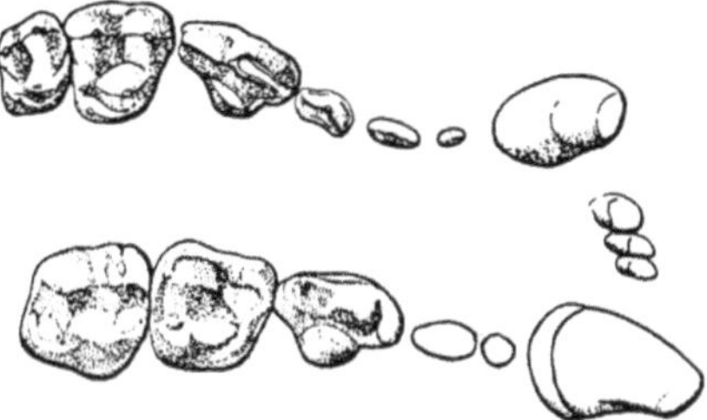

Abb. 150. Oben: Rechtes Obergebiß von *Hemicyon* (Neog Euras, NAm), einem bes. im Gebiß recht bärenartigen Caniden, in fast $^1/_2$ nat. Gr.; unten: Rechtes Obergebiß von *Agriotherium* = *Hyaenarctos* (Plioz Eur, NAm, Plioz-Pleistoz As), einem im Gebiß noch nicht völlig bärenartigen Ursiden, in fast $^3/_8$ nat. Gr. Aus ROMER 1936.

Brechschere also (an Größe nach hinten abnehmende) Kau-Zähne (s. Abb. 148 *III*). Meist terrestrisch und Läufer mit reduziertem Pollex und Hallux. Sehr formenreich; bei vielen unvollständigen Funden weitere Aufgliederung noch recht uneinheitlich.

Älteste und primitivste Formen wie *Cynodictis* u. a. noch kurzbeinig, im Habitus etwas mustelid bzw. viverrid (s. S. 294, 295), vorwiegend ATert.

± Typische Formen ab Neog, rez Genera wie *Canis* (ab Jungsteinzeit domestiziert; s. Abb. 121, 126 *h*, 148 *III*, 149A), *Alopex*, *Vulpes* u. a. nur z. T. ab JgTert, meist erst ab Pleistoz.

Seitenlinien: *Alopecocyon* = *Alopecodon*, Mioz Eur, und *Simocyon*, Plioz Eur, mit zunehmender Reduktion hinten im M- und vorne im P-Abschnitt bei etwas plump werdendem $\frac{P^4}{M_1}$ und langem M_2. *Cephalogale*, Olig-Plioz Eur,

Abb. 151. *Ursus spelaeus* ROSENM. U. HEINR., M^1 und M^2 von links in Kauflächenansicht. Besonders die größere M^2-Krone ist durch die starke Sekundärhöckerentwicklung ausgesprochen polybunodont. Fast nat. Gr. Aus ABEL 1924.

Hemicyon, Neog Euras, NAm (Abb. 150 oben). *Dinocyon*, Neog Eur, mit ursiden (s. u.) Gebißmodifikationen, auch plumper werdend und z. T. Bärengröße erreichend. *Amphicyon*, Olig-Plioz Eur u. NAm, Neog As, gleichfalls plump und bis bärengroß, pentadaktyl, doch Gebiß ± canid. *Tomarctus*, Neog NAm und bes. *Borophagus*, Plioz-Pleistoz NAm, mit hyäniden Zügen (s. S. 295) in Gebiß und Schädel. *Thaumastocyon*, Mioz NAm, mit etwas felidem Gebiß (s. S. 295). *Cuon*, ab Pleistoz Euras, *Lycaon*, rez Afr, *Speothos*, rez SAm, mit gleichsinniger Gebißabänderung in $\pm$ felider Richtung, doch verschiedenem Extremitätenbau. *Otocyon*, rez Afr, mit kleinen, spitzhöckerigen Bz und überzähligen M sowie viele andere.

Ursidae (Bären). Schädel mit z. T. verkürzter Schnauze, flacher (nur juv gewölbter) Bulla. C plump werdend, vordere P klein bis fehlend, $\frac{P^4}{M_1}$ kaum bis nicht brechscherenartig; meist 2 M^3 und $3M_i$, $\pm$polybunodont, stumpfhöckerig, M^2 größer als M^1. Abkömmlinge primitiver *Canidae* (*?Cephalogale*) mit Adaptation an Omnivorie, vereinzelt (Höhlenbär, Abb. 151) vorwiegend Herbivorie. Mittelgroß bis groß und plump, $\pm$ plantigrad; 5. Finger und 5. Zehe am stärksten und längsten. Z. T. arboricol, selten (Eisbär) amphibiotisch-ichthyophag.

Ursavus, Mioz-Plioz, Eur, ? Mioz NAm, älteste, noch primitive Form. *Agriotherium* = *Hyaenarctos*, Plioz Eur, NAm, Plioz-Pleistoz As (Abb. 150 unten) und *Indarctos*, Plioz Euras, NAm, groß, im Gebiß noch weniger ursid als *Ursus*; wahrscheinlich Seitenlinien wie die „Arctotherien" (*Arctodus*, Pleistoz NAm und verwandte Formen, Pleistozän-rez SAm). *Ursus*, Hauptlinie, ab Plioz (Abb. 149 *B*), mit den (z. T. auch als Genera bewerteten) Subgenera *Helarctos*, ab Plioz, *Melursus*, *Euarctos*, *Selenarctos* und *Thal(ass)arctos*, ab Pleistoz. Im A-MPleistoz *U. deningeri*, im JgPleistoz *U. spelaeus* (Höhlenbär, s. Abb. 151) wichtige Ltf, von diesem zahlreiche Funde in Höhlenablagerungen (von Neugeborenen aufwärts, auch Fährten, Schliffe, Krankheiten u. a.; Jagd- und Kulttier des Paläolithikers).

Procyonidae, ab UMioz NAm, ab Plioz As, SAm, Neog Eur. Caniden-Abkömmlinge mit kleiner Bulla, nicht-typischer Brechschere, gut entwickelten, höchstens um 1 Paar verminderten P, z. T. polybunodonten M; i. allg. M^1 größer als M^2, M^3 und oft auch M_3 fehlend. Meist klein, arboricol, semiplantigrad und pentadaktyl, selten bis bärengroß und terrestrisch. Wenig Fossilfunde.

Procyoninae, $\pm$typische Formen. *Phlaocyon*, Mioz NAm, wohl wurzelnah. *Procyon* (Waschbär) ab Plioz NAm, ab Pleistoz SAm; *Nasua* (Nasenbär), ab Pleistoz SAm, rez auch ZAm; u. v. a., z. T. etwas abweichende Formen.— *Ailurinae*. Mit besonders entwickelten, z. T. bärenähnlichen M. *Sivanasua* = *Ailuravus*, Mioz Eur, Plioz As; *Parailurus*, Plioz Eur; *Ailurus* = Katzenbär, rez As; *Ailuropoda*, ab Pleistoz As, bärengroß, terrestrisch, M^2 größer als M^1, auch zu *Ursidae* gestellt.

Mustelidae (Marder), ab UOlig Euras, NAm; ab MPlioz Afr; ab Pleistoz SAm. Älteste sehr ähnlich (und schwer trennbar von) zeitgleichen Caniden (und Viverriden, s. S. 295), klein, langkörperig, kurzbeinig; vielfach auch spätere so. Meist Bulla klein, Gebiß bis auf $\frac{M^3}{M_3}$ und manchmal M^2 sowie ein P-Paar vollständig; $\frac{P^4}{M_1}$ vorwiegend typisch; M^1 quer-verbreitert, bisweilen vergrößert; bei stärkerer Zahnreduktion Schnauze etwas verkürzt; Diastem selten; als Regel pentadaktyl, semiplantigrad, terrestrisch-arboricol, Waldformen, räuberisch; einige sekundär omnivor oder amphibiotisch-ichthyophag.

Mustelinae, $\pm$typisch; doch anfangs M^2 und M^1 noch ohne die charakteristische Form. *Plesictis*, Olig-Mioz Eur; *Mustelavus*, OligNAm; *Megalictis* Mioz NAm; *Plesiogulo*, Plioz As, NAm; u. v. a. Rezente wie *Mustela Martes*, (Abb. 149 *C*). *Gulo* (Vielfraß) z. T. wohl schon ab Neog. — *Mellivorinae* (Honigdachse) etwas größer, mit kräftigen Zähnen. *Eomellivora*, Plioz As, NAm; ? *Hadrictis*, Plioz Eur, bis leopardengroß; *Mellivora*, ab Plioz Euras,

rez Afr. — *Melinae* (Dachse) $\frac{P^4}{M_1}$ nicht-typisch, M^1 groß, omnivor (Abb. 149 *D*).
Trochictis, Neog Eur; *Meles*, ab Pleistoz Euras; u. a. — *Mephitinae* (Stinktiere, Skunke), Neog Euras, UPlioz As, ab UPlioz NAm, ab Pleistoz SAm. *Leptarctinae*, Neog NAm, stärker abweichend. — *Lutrinae* (Ottern), ab Olig Eur, ab Mioz NAm, ab Plioz As, Afr, rez SAm. Semiaquatisch, ichthyophag mit Modifikationen in Skelett und Gebiß. Hierher ? auch *Semantor*, Plioz NSibir, mit (im allein bekannten hinteren Körperabschnitt) lutrinen wie pinnipedierartigen Zügen (s. S. 297).

Superfamilia: Feloidea

Katzenartige (lat. fēlis = Katze), auch *Aeluroidea* oder *Herpestoidea*. Bulla von Tymp und selbständig verknöcherndem Os bullae (Entotympanicum) gebildet.

Viverridae (Schleichkatzen), ab (? ObEoz), UOlig Eur, ab UPlioz As, rez Afr, Madag. Klein, langkörperig, langschnauzig, kurzbeinig; Schädel niedrig, mit aufgetriebener Bulla; i. g. ähnlich primitiven Caniden wie Musteliden und älteste davon schwer trennbar (s. S. 293, 294). Gebiß gewöhnlich bis auf $M^3{}_3$ vollständig, bisweilen nur $\frac{3}{3}$ P. Penta- bis tetradaktyl, planti- bis digitigrad, Krallen nicht-retraktil bis retraktil. Stammgruppe der übrigen *Feloidea*. Rez tropische Waldformen, Fossilfunde spärlich.

Stenoplesictinae, ? ObEoz-Mioz Eur; mit gewissen feliden Merkmalen, vielleicht Stammgruppe der *Felidae*. — *Viverrinae*, ab Mioz Euras, rez Afr, Madag; typische Viverren. *Viverra*, ab Neog, u. a. — *Paradoxurinae*, rez As, Afr. — *Hemigalinae*, rez As, Madag. — *Galidiinae*, rez Madag. — *Herpestinae*, ab Olig Eur, rez As, Afr. *Herpestes*, ab Olig (Abb. 149 *E*); u. a. — *Cryptoproctinae*, rez Madag, mit feliden Zügen.

Hyaenidae. Zunehmend plump und groß, Abkömmlinge von *Viverridae*. Schädel kurz und plump werdend, mit wohl entwickelter Bulla und kurzen Meat audit ext. P (außer $P^1{}_1$) vergrößert, stumpfhöckerig, M hinter $\frac{P^4}{M_1}$ reduziert. Vorderbeine länger als Hinterbeine, unter Herausbildung eines rückwärts ±steil abfallenden Rückenprofiles. Penta- bis meist tetradaktyl, digitigrad, stumpfkrallig. In der Regel ±Aasfresser. Altweltlich (1 Fund ObPlioz NAm?).

Ictitheriinae, UPlioz Euras. ±Übergangsformen zwischen *Viverridae* und *Hyaenidae*, bald zu jenen, bald zu diesen gestellt. — *Hyaeninae*, ab ? ObMioz As, UPlioz-Pleistoz Eur, rez Afr (Abb. 149 *F*). *Crocuta spelaea* (Höhlenhyäne) in „Hyänenhöhlen" Pleistoz Eur. — *Protelinae*, rez Afr. Seitenlinie; ±zart gebaut, mit reduziertem, stark uniformem Gebiß, wohl mehr Insekten- als Aasfresser.

Felidae (Katzen). Größe unterschiedlich. Schädel kurz und hoch, Bulla gewölbt, Meat audit ext lang. C kräftig, meist vorne und hinten zugeschärft; vordere P und M hinter $\frac{P^4}{M_1}$ reduziert bis fehlend, vorhandene Bz ±secodont; extrem carnivores Gebiß, ohne Kau-Zähne. Beine schlank, bei großen Formen lang; digitigrad, meist fünffingerig und vierzehig, Krallen retraktil. Körper sehr biegsam, gewandte Springer und Kletterer, weniger gute Läufer. Phylogenie unterschiedlich beurteilt, Systematik schwankend; oft nur *Felinae* und *Machairodontinae* als Subfamilien und restliche auf jene beiden, früh und stark divergierenden Gruppen aufgeteilt.

Proailurinae, ? ObEoz-Mioz Eur, Plioz As. Primitiv mit musteliden und viverriden Zügen; vielleicht frühe Seitenlinie. — *Nimravinae*, ObEoz-Mioz Eur, Olig-Plioz NAm, Mioz Afr, Plioz As. Stammgruppe der beiden folgenden Subfamilien mit entsprechenden Anklängen an beide bei gewissen primitiven Zügen (vordere P und M^2_2 vorhanden, Hallux noch funktionell). *Dinictis*, *Nimravus*, u. a. — *Felinae*, Katzen i. e. S., ab Plioz Euras, ab ? Plioz NAm, ab Pleistoz SAm, rez Afr bzw. durch Menschen weltweit. C^s eher kleiner als C_i; $\dfrac{P^4}{M_1}$ gekerbt, P^4-Innenhöcker kräftig, P^3 groß, $P_{3,\,4}$ von gleicher Größe. Meist vierzehig; Zehen aneinanderschließend. *Felis* mit vielen Subgenera. Als eigene Gattungen u. a. meist *Panthera* (Löwe, Tiger usw., Abb. 149*G*); *P. spelaea*, Pleistoz, „Höhlenlöwe"[1]. — *Machairodontinae*, Säbelzahntiger, Olig-Pleistoz NAm; Plioz-Pleistoz Eur; Plioz As, Afr; Pleistoz SAm. C^s sehr groß, C_i kleiner werdend; $\dfrac{P^4}{M_1}$ ungekerbt. P^4-Innenhöcker schwach, P^3 klein, P_3 reduziert bis fehlend. Proc mast bis sehr groß, Hinterhaupt hoch, Mdb vorne mit „Flansche". Beine stämmig, pentadaktyl, Zehen gespreizt. *Eusmilus*, Olig Eur, NAm; *Hoplophoneus*, Olig-Mioz NAm, beide primitiv. *Machairodus* (und von ihm generisch abgetrennte Formen) in der Alten, *Smilodon* in der Neuen Welt; beide Neog-Pleistoz, Großformen; über den Grad der sicher weiten Maul-Öffnungsmöglichkeit und die Nahrung (Aasfresser, Blutsauger, richtige Räuber) bestehen Meinungsunterschiede.

Ordo: Pinnipedia

Die *Pinnipedia* sind (vgl. S. 289) vorwiegend bis ausschließlich aquatisch gewordene *Ferae*. Sie haben sich früh, in 1 oder 2 Linien, von den *Carnivora* abgesondert, wo sie abzweigten, ist ungewiß. Oft werden sie bloß als Carnivoren-Subordo bewertet.

Mit dem Übergang zum limnischen und marinen Lebensraum wie zur Ichthyo- bzw. Molluscophagie haben Körperform, Lokomotionsorgane und Gebiß auffällige Modifikationen erfahren. Bei Typischen nähert sich der Körper der Spindelform und bei Rezenten ist das Fell dicht anliegend, die Haut mit einer Speckschichte versehen. Zur Fortbewegung dienen fast nur die zu Flossen umgeformten Gliedmaßen (s. Abb. 126*f*) mit verkürzten, z. T. unter der Rumpfhaut verborgenen Arm- und Schenkelknochen sowie langen distalen Abschnitten (ohne Hyperphalangie). In den ± als Steuerorgane fungierenden Vorderflossen sind r und int vereinigt; ein selbständiges cc fehlt. Die durch Schwimmhäute verbundenen Finger nehmen vom 1. gegen den 5. an Länge ab. In der Hinterflosse, gleichfalls mit Schwimmhäuten, sind 1. und 5. Zehe länger als die mittleren; nach hinten gewandt und aneinandergelegt, bilden sie mitsammen das eigentliche, funktionell einer Schwanzflosse vergleichbare Ruderorgan. Die Nicht-Verwendung des Schwanzes zur Lokomotion ist unter sekundär aquatischen Säugern einzigartig und wohl mit dessen Reduktion schon bei den Vorfahren zu erklären.

Der Schädel mit kurzer Schnauze ist relativ klein und hinter den Orb,

---

[1] Prähistorische Darstellungen weisen jedoch auf Löwe wie Tiger, die am Skelett schwer und nicht immer sicher unterscheidbar sind.

ähnlich wie auch bei Ottern, eingebuchtet. Die Gehörknochen sind ziemlich massiv, das äußere Ohr unterliegt der Rückbildung. Im Gebiß sind die I schwach, die C meist gut entwickelt; die Bz werden an Zahl reduziert, manchmal aber auch vermehrt (Fluktuieren funktionslos werdender Organe) und sind alle ± uniform, oft einspitzig und einwurzelig. Es besteht Neigung zur Unterdrückung des Milchgebisses und ein Teil der Zähne kann frühzeitig ausfallen.

Sieht man von *Semantor* ab (s. S. 295), der mit ziemlich langem Schwanz, relativ langem Fem, fast gleichlangen Zehen usw. im Plioz nur als persistente Primitivform den Pinnipediern zurechenbar wäre, so bleiben 3 Gruppen zu unterscheiden.

Otariidae, Ohrenrobben, ab Mioz wNAm, ab Plioz SAm, ab Pleistoz AustrFngeb und Japan, rez Pazifik und Antarktis. Hinterbeine zur Bewegung auf dem Lande nach vorne bringbar; Bz einspitzig und meist einwurzelig. *Allodesmus*, Mioz wNAm, u. a. ausgestorbene Gattungen, rezente z. T. ab Pleistoz.

Odobenidae (= *Trichechidae*), Walrosse, ObMioz-Pleistoz oNAm, MPlioz-Pleistoz Eur, rez Arktik. Ohne äußeres Ohr; Hinterbeine wie bei Vorigen. Meist größer und plumper. C^s wurzellos, Hauer; übrige Zähne klein, großenteils früh ausfallend. Nahrung Wurzeln von Meerespflanzen und Muscheln, die mit den C^s aufgestöbert bzw. losgebrochen und mit oder ohne Schale verzehrt werden. *Prorosmarus*, Mioz oNAm, älteste, noch etwas primitive Form, u. e. a.

Phocidae, Seehunde. Ohne äußeres Ohr; Hinterbeine nicht mehr nach vorne bringbar; Bz mit Nebenspitzen, meist zweiwurzelig. *Miophoca*, Mioz Eur (Wiener Becken). *Phoca* (s. Abb. 126*f*), ab Mioz, u. a. Bei manchen pachyostotische Erscheinungen.

*   *
*

Der Begriff „*Ungulata*" ist zwar nicht mehr als systematischer beizubehalten, weil die verschiedenen Hauptlinien der Huftiere einander kaum näher als den Raubtieren stehen (s. S. 289); aber, da sie sämtlich von primitiven Placentaliern zu ± großen und herbivoren führen, sind in ihnen doch weitgehend gleichartige Umformungen erfolgt, besonders hinsichtliche Gebiß, Horn- oder Geweihbildung und Bewegungsapparat.

Im Greif-Gebiß verlieren die C meist ihre caniniforme Gestalt. Sie werden oft incisiviform, verschwinden auch ganz; eine Vergrößerung ist selten. Die I^s werden häufig durch Greiflippen, Greifzunge oder Rüsselbildungen ersetzt, einzelne auch zu Stoßzähnen umgeformt, während die I_i als untere Hälfte des Greifapparates ganz oder doch z. T. erhalten bleiben. Hinter dem Greifgebiß entsteht oft ein Diastem. Von den Bz bekommen die M^s gewöhnlich große, ± vierseitige Kronen, an den M_i, wo das Pacd verschwindet, wird das Talonid auf gleiche Höhe mit dem Trigonid gebracht und ebenfalls eine richtige Kaufläche geschaffen. Der oligobunodonte Kronentyp mit niedrigen stumpfen Höckern wird selten zu einem polybunodonten, meist zu einem lophodonten, selenodonten oder selenolophodonten, gelegentlich auch zu einem bunolophodonten oder bunoselenodonten umgestaltet. Zementeinfaltung, Hypsodontie und Molarisierung der P sind häufig.

Solche Gebißformen entsprechen gut der Beanspruchung bei vorwiegend kauend-mahlender Zerkleinerung pflanzlicher Nahrung. Weniger geeignet sind sie zur Verteidigung. Dieser dienen nur selten Hauer oder Stoßzähne, viel öfter Horn- oder Geweihbildungen sowie die Gliedmaßen; diese freilich ermöglichen noch mehr die Flucht vor als den Kampf mit Feinden.

Die Evolution der Gliedmaßen führt fast immer zu Hochbeinigkeit und Digitigradie; unter ± völligem Verlust von Greiffähigkeit und Seitwärts-Beweglichkeit werden sie zu vollendeten Schreit- oder Laufbeinen. Mit der Beschränkung auf antero-posteriore Bewegung geht die Clav verloren, so daß die Vorderextremität mit dem Rumpf nur Muskelverbindung hat. Ein cc fehlt, r und int bleiben getrennt. Die weiteren Veränderungen lassen 2 Haupttypen unterscheiden. Bei der Entwicklung zu Schnellfüßigkeit (Abb. 152C) werden Hum und Fem kurz, R, Tib und die mtp lang, Uln und Fib bis auf für Gelenkbildung bzw. Muskelanheftung wichtige Enden reduziert. Die Digitigradie wird zur Unguligradie, wo nur mehr die hufförmigen End-ph der mittleren Finger bzw. Zehen den Boden berühren, während die seitlichen funktionslos und rudimentär werden. Die c- (und t-) Elemente erhalten alternierende Anordnung, d. h. sie werden gegeneinander verkeilt, was die Gefahr einer Dislokation (Verschiebung, „Verstauchung") mindert. Im Fuß werden gut gleitende Gelenkflächen mit fester Führung bes. am astr geschaffen. Bei den plumper und schwerer werdenden Formen entwickelt sich hingegen der graviportale Typ (v. lat. portāre = tragen, Abb. 152A). Hum und Fem werden länger als R und Tib, die mtp erfahren nur wenig Verlängerung, Uln, Fib wie seitliche Finger und Zehen kaum Reduktion. Bei halbkreisförmiger Anordnung der kurzen ph und digitigrader Stellung entsteht durch Ausbildung eines elastischen Sohlenpolsters der pseudoplantigrade Säulenfuß. Veränderungen erfolgen hier auch im Becken. Die Il laden laterad aus, die Fem kommen mehr unter als seitlich vom Pelvis zu liegen. Die Anordnung der c und t ist serial, ohne Verkeilung.

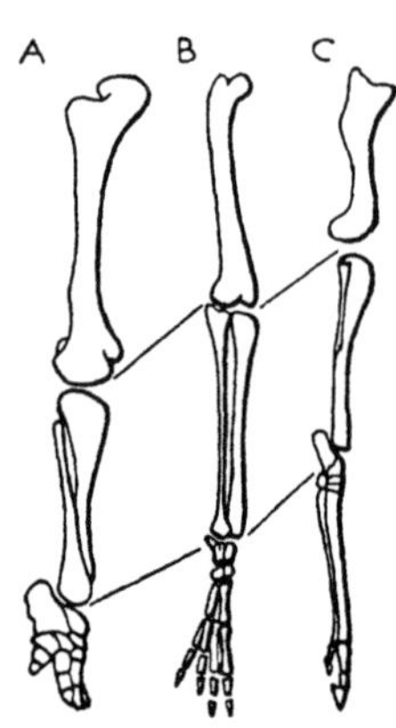

Abb. 152. Schematische Darstellung der Haupt-Evolutionsrichtungen in den Hinterbeinen der Huftiere von einem primitiven Ausgangszustand ähnlich wie etwa bei *Didelphis* (*B*) zum Lauftyp (z. B. Pferd, *C*) und zum graviportalen Säulenfuß(z.B. Elefant,*A*). Aus ROMER 1936.

Superordo: Protungulata

Der Name *Protungulata* wurde unterschiedlich gebraucht. SIMPSON rechnet mit den primitiven *Condylarthra* weitere Gruppen hierher, für die jene großenteils die ancestrale (v. lat. antecédere = vorhergehen, also Vorfahren-) Gruppe sein dürften.

Ordo: Condylarthra

Die *Condylarthra* wurden früher als die primitivsten bekannten Huftiere, die Urhuftiere schlechtweg, angesehen. Eine so zentrale Stellung wird ihnen jetzt nicht mehr zuerkannt; doch müssen auch die übrigen Linien in ihrer Nähe bzw. in ähnlichen Formen wurzeln. Fast alle waren klein, nur wenige haben Wolfs- oder Tapirgröße erreicht. Ein länglich-niedriger Schädel mit Sagittalkamm und hinten weit offener Orb, mit kleinem Gehirn und glatten, das Kleinhirn nicht überlagernden Hemisphären; ein langer Schwanz, kurze, pentadaktyle Beine, meist mehr Krallen als Hufe an den End-ph; ein vollständiges Gebiß mit typischem C, einfachen P und brachyodont-bunodonten, $\pm$ sechshöckerigen M muß

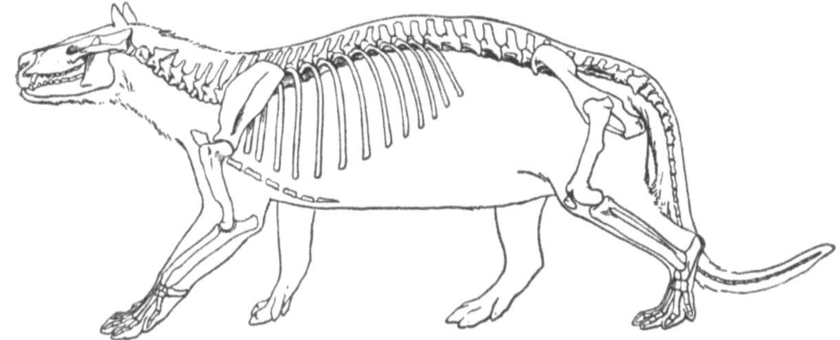

Abb. 153. *Phenacodus primaevus* COPE, UEoz NAm, Skelett mit Körperumriß. Fast $^1/_{15}$ nat. Gr. Aus LAVOCAT in PIVETEAU 1958.

ihnen ein weit mehr raub- als huftierartiges Gepräge gegeben haben; einzelne sind auch von Creodontiern schwer unterscheidbar. For entepic und Troch tert kommen vor, der Carpus ist serial. Paleoz-Eoz Eur, NAm, SAm und ? As, (in SAm ? bis Mioz).

Hyopsodontidae. UPaleoz-ObEoz NAm, ? MEoz As. *Mioclaeninae*, Paleoz, fast nur creodontierähnliche Bz (s. Abb. 147) bekannt. — *Hyopsodontinae*, UPaleoz-ObEoz. *Hyopsodus*, etwa igelgroß, in Schädel und Gebiß an gewisse Insectivoren erinnernd, früher auch dorthin gestellt, doch C klein, alle Zähne $\pm$ gleich hoch, M bunodont mit Ansätzen einer Jochbildung; kein Diastem. Zehen kurz, gespreizt, wohl bekrallt. Andere z. T. mit Anklängen an erste *Artiodactyla* (s. S. 328ff.).

Phenacodontidae, UPaleoz-UEoz NAm, UEoz Eur. *Phenacodus* (Abb. 153, 164 *B*), ObPaleoz-UEoz, bis tapirgroß, R und Tib $\pm$ gleichlang wie Hum und Fem, Uln und Fib reduziert, mtp wenig verlängert, 3. Strahl etw. länger und stärker als übrige; Hufe; Schädel w. o. angegeben; Gebiß vollständig, mit großem C, kleinem Diastem, bis auf etwas molarisierte P_4 einfachen P und sechshöckerigen, bunodonten M (M^3 schon mit Hyc, Mi noch mit Pacd). *Tetraclaenodon = Euprotogonia*, ObPaleoz-UEoz, mit „sublophodonten", etwas perissodaktylenähnlichen (s. S. 317) Zähnen; u. a.

Didolodontidae = Bunolitopternidae. Unvollständig bekannt. *Phenacodus*-ähnlich, mit kleinem C, ohne Diastem. Einzige Condylarthren aus SAm, ObPaleoz-Eoz. ? Ahnen der *Litopterna* (s. S. 300).

Periptychidae, U-ObPaleoz NAm. Auch *Phenacodus*-ähnlich, z. T. aber kleiner, kurzbeiniger. P vergrößert, M mit zusätzlichen Höckern. Vielleicht nahe der Wurzel der *Paenungulata* (s. S. 304 ff.) wie auch

Meniscotheriidae, ObPaleoz-UEoz NAm, ObPaleoz Eur. Klein; Beine kurz, kräftig, mehr Krallen als Hufe; M ± selenodont.

Ordo: Litopterna

Die *Litopterna* (gr. litós = glatt, ptérna = Ferse) werden jetzt als Zweig der *Condylarthra* aufgefaßt, der in SAm, wo lange keine Konkurrenz durch höher spezialisierte Huftiere gegeben war (s. S. 256), vom Paleoz bis zum Plioz bzw. Pleistoz weiterlebte. Sie traten schon anfangs in 2 Gruppen auf: in den sich stark pferdeähnlich entwickelnden *Proterotheriidae* und in den schließlich in manchem kamelartig werdenden *Macraucheniidae*.

Proterotheriidae, ObPaleoz-UPlioz. Bereits im Mioz *Diadiaphorus* tri- und *Thoatherium*, etwa wolfsgroß, monodaktyl. End-ph richtige Hufform erreichend, Reduktion der Seitenzehen zu Griffelbeinen sogar weiter als bei Pferden gehend; hingegen Uln und Fib trotz Reduktion stets freibleibend und Umformungen im Carpus minder günstig als bei Equiden (s. S. 318 ff.). Fazialteil des Schädels mäßig lang, Orb wurde hinten durch Knochenspange abgeschlossen. I-Zahl bis auf 1 I^s und 2 I$_j$, alle zunehmend meißelförmig, verringert; Bz, 7 pro Kieferhälfte, dicht aneinanderschließend und brachyodont bleibend; an den M^s mit 2 Innen- und 2 Zwischenhöckern wurde ein W-förmiges Ectl gebildet, die M$_j$-Kronen erfuhren Umformung zu 2 Halbmond-Jochen (Abb. 154).

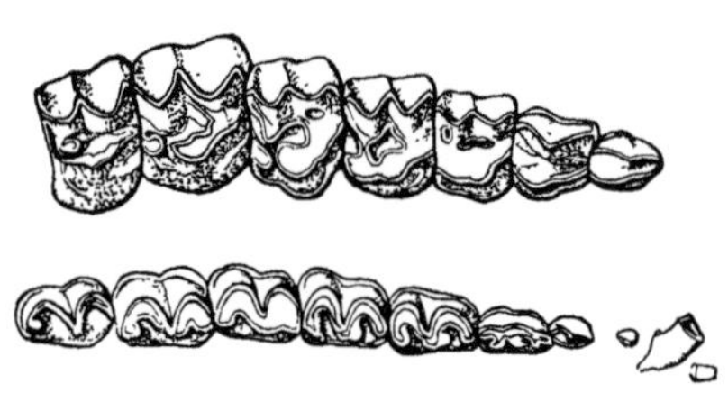

Abb. 154. Rechtes Oberkiefergebiß und linkes Unterkiefergebiß von *Diadiaphorus* (Mioz SAm). Etwa $^1/_1$ nat. Gr. Aus ROMER 1953.

Macraucheniidae (v. gr. auchén = Hals), ObPaleoz-Pleistoz. Seitenzehenreduktion über funktionelle Tridaktylie nicht hinausgehend. Zunehmend plump bis kamelgroß und kamelähnlich in Proportionen, doch mit Sonderspezialisationen in Schädel, Hals und Gebiß. Frühere wie *Theosodon*, Mioz, kleiner und schlank, mit noch wenig aufwärts verlagerten Nares und erst leicht reduzierten Nas; mit ± caniniformen C und brachyodonten Bz. *Macrauchenia*, Pleistoz, groß, plumper; Nares hoch oben, Nas rudimentär; Gebiß vollständig, I^s meißelförmig, C klein, M^s wie bei Protherotheriiden; zwischen Vorder- und Hintergebiß kaum scharfe Grenze. Hals giraffenartig, Schwanz kurz. Beine ziemlich hoch, Arm- und Schenkelknochen lang, Unterarmknochen gleichstark, Carpus serial, mtp I und V rudimentär. Ob die circumnasale Grube dem Ansatz eines Rüssels diente oder die Nares-Verlegung mit einer semiaquatischen Lebensweise in Beziehung stand, ist ungewiß.

Ordo: Notoungulata

Von einigen frühen Formen abgesehen, sind die *Notoungulata* (gr. nótos = Süden) gleichfalls auf SAm beschränkt und die dort formenreichste fossile Huftiergruppe. Zur Zeit, da das Alter der Tert-Faunen von SAm oft zu hoch angesetzt wurde, hat man in einigen von ihnen Vorfahren von Säugern anderer Kontinente sehen wollen; jetzt scheint es, daß sie, im ATert in SAm heimisch geworden, schon im Olig und Mioz den Höhepunkt ihrer Entfaltung erreichten, im JgTert, nach Wiederherstellung der Landverbindung mit NAm (vgl. S. 256) und dem Einströmen überlegener Konkurrenten, rasch zurückgingen und im Pleistoz ohne Nachkommen erloschen.

Trotz vielfältiger Evolution ist den Notoungulaten eine Reihe von Merkmalen gemeinsam. Dazu zählen: ein meist kurzer Schädel mit breiten Nas, breiter Stirn und ebensolchem Hinterhaupt; mit kräftigem Jochbogen, rückwärts nicht abgeschlossener Orb, großer Bulla, langem äußerem Gehörgang usw. Ein häufig vollständiges, diastemloses Gebiß, z. T. mit allmählichem Übergang von den meist meißelförmigen vorderen Zähnen zu den oft hypsodonten, wurzellosen hinteren; M^s mit länglichgeradem Ectl, schräg von diesem nach hinten-innen ziehenden Prl und kurzem, rein einwärts verlaufendem Ml als (durch zusätzliche Höcker bzw. Leisten noch kompliziertem) Grundtyp; M_i mit kürzerem vorderem und längerem hinteren Mondsicheljoch und von diesem meist getrennt bleibendem Entcd. Gewöhnlich mesaxone (s. S. 317), penta- bis tridaktyle, nie unguligrade Gliedmaßen von carnivoren- oder lagomorphenartigen Proportionen mit For entepic, Troch tert, häufig gekreuzten, unverwachsenen Unterarmknochen, alternierendem Carpus und krallen- bis hufförmigen End-ph. Diese Gemeinsamkeiten lassen auch Ähnlichkeiten in der durchwegs herbivoren Ernährungsart wie im allgemeinen Lebensraum (Halbwüsten, Steppen) vermuten.

Subordo: **Notioprogonia**

In dieser Subordo (gr. nótios = feucht, südlich, prógonos = Stammvater) vereinigt man meist $\pm$ kleine, frühe Formen mit primitiven Zügen, mit brachyodonten, im Kronenumriß dreieckigen, doch schon lophodonten Bz usw.

Arctostylopidae, einzige nicht-südamerikanische Notoungulaten. *Palaeostylops*, ObPaleoz Mong; *Arctostylops*, UEoz, NAm. — *Henricosborniidae*, Paleoz-Eoz. — *Notostylopidae*, Eoz, mit vergrößerten I^1_1 und reduzierten übrigen I.

Subordo: **Toxodonta**

Nach SIMPSONs erweiterter Fassung eine recht mannigfaltige Gruppe mit primitiven, kleinen und in verschiedenen Richtungen spezialisierten, oft großen Formen; die frühesten aus dem Paleoz, die letzten aus dem Pleistoz.

Oldfieldthomasiidae, ObPaleoz—Eoz; *Archaeopithecidae*, UEoz, *Archaeohyracidae*, ? Paleoz, Eoz—Olig, alle klein, primitiv, vielleicht auch den *Notioprogonia* zurechenbar. — *Isotemnidae*, Paleoz—UOlig, möglicherweise Vorfahren der *Homalodotheriidae* und *Toxodontidae*. — *Homalodotheriidae* (*Homalodontotheriidae*), Olig—Mioz, früher auch in eigene Subordo *Entelonychia* gereiht; Schädel bis über 0,5 m lang, nach den etwas aufwärts verlagerten

Nares wohl mit Greiflippe oder tapirartigem Rüssel; Gebiß vollständig,
C caniniform, M bewurzelt, Entcd in Jochbildung einbezogen. Ce ähnlich
Ancylopoda (s. S. 324). Vorderbeine lang, kräftig, mit starken Muskelleisten
am Hum, Hinterbeine kurz, plantigrad, 5zehig; Krallen groß, Scharren bzw.
Graben im Boden nach Nahrung wahrscheinlich. — *Leontiniidae*, Olig, etwa
gleichgroß; Pmx vorne aufgetrieben, einzelne I vergrößert. — *Notohippidae*,
ObEoz—Mioz, im Gebiß Anklänge an Pferde (Abb. 155). — *Toxodontidae*, I_3
vergrößert und schräggestellt, M^3 zunehmend hypsodont, schließlich wurzellos und eigenartig gekrümmt (namengebendes Merkmal, v. gr. tóxos = Bogen),

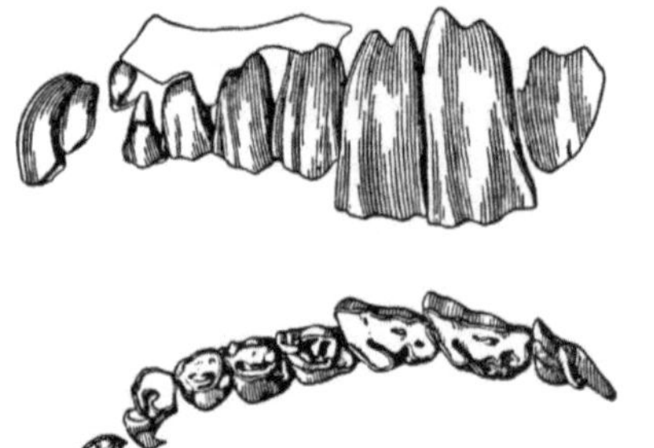

mit teilweiser Schmelzreduktion und
Bildung einer Zementlage. Clav und
For entepic verschwindend, Beine
tridaktyl werdend; bei Größen- und
Gewichtszunahme scheinbar sekundär
plantigrad bzw. pseudoplantigrad. Im
Eoz klein, im Mioz *Nesodon* tapir-,
im Pleistoz *Toxodon* nashorngroß.

Abb. 155. Linkes Obergebiß (Seitenansicht
und Aufsicht) des Notohippiden *Rhynchip-
pus pumilus* AMEGHINO (Olig SAm). $^7/_{10}$
nat. Gr. Aus LAVOCAT in PIVETEAU 1958.

Subordo: **Typotheria**

Die *Typotheria* [gr. týpos = Schlag
(Ab)druck, Gepräge] entwickelten
sich wohl in manchem lagomorphen-
bzw. rodentierartig. Die Vorderzähne wurden bis auf die großen,
meißelförmigen und dauernd wach-
senden I^1_1 stark reduziert, die gekrümmten Bz hypsodont und gleichfalls wurzellos. Hingegen blieben
der Rumpf langschwänzig, die Glied-
maßen pentadaktyl, die End-ph schmal, also recht primitiv, eher raub-
als huftierartig. Im Jochbogen ist das starke Übergreifen von Mx, Sq
und Jug eigenartig. Größte etwa von den Ausmaßen kleinerer Bären.
Interatheriidae, UEoz—MPlioz; *Mesotheriidae* = *Typotheriidae*, UOlig—
Pleistoz.

Subordo: **Hegetotheria**

Die *Hegetotheria*, ObEoz—Pleistoz, zeigten außer im Gebiß auch im
stummelförmigen Schwanz, den langen Hinterbeinen und der Gesamtgröße Lagomorphen-Merkmale. Mit *Typotheria*, denen sie früher zugerechnet wurden, sollen sie nicht näher verwandt sein.

Ordo: **Astrapotheria**

± Typische wie *Astrapotherium* (gr. astrapé = Blitz), ObOlig—Mioz,
hatten bei bis 3 m Länge eigenartige Schädel- und Gebißspezialisationen
(Abb. 156). Es waren die Schnauze stark verkürzt, die Pmx ganz reduziert,
die Nares aufwärts verlagert und von den kurzen Nas nur z. T. überdacht.
In den Fr fanden sich reichlich Luftzellen. Die Mdb ragte über die verkürzte
Schnauze vor, ihr horizontaler Ast war relativ niedrig. I^s fehlten, der wur-

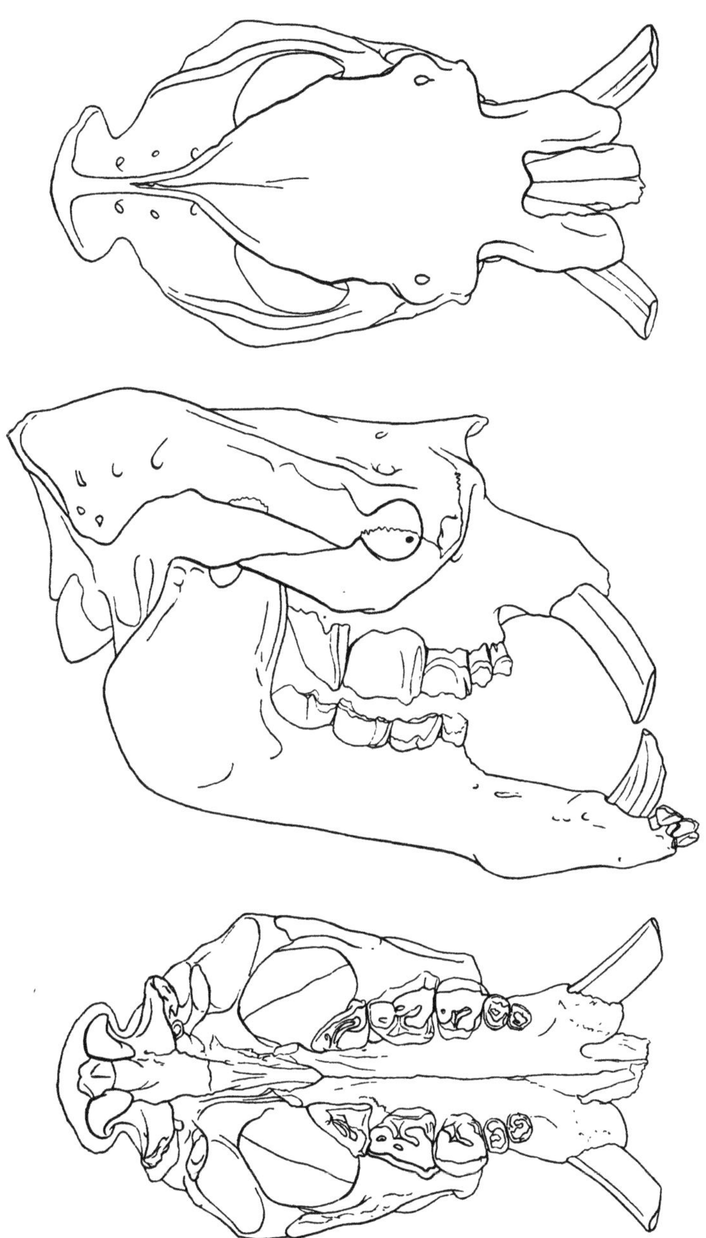

Abb. 156. *Astrapotherium magnum* (OWEN), oben: Schädel von oben, Mitte: Schädel mit Unterkiefer von rechts, unten: Schädel in Gaumenansicht. Fast $^1/_6$ nat. Gr. Aus SIMPSON 1933.

zellose, dauernd wachsende C^s war ein großer, vor- und auswärts vorspringender Hauer. Als Antagonist des unteren Greifgebisses aus den I_{1-3} und dem (gegenüber C^s minder großen) C_i mag ein Rüssel gedient haben. Hinter den C folgten nach Diastemata kleine P(2 P^s, 1 P_i) und — bes. im Oberkiefer große — hypsodonte M mit Ectl, Prl und Ml, bzw. Halbmondjochen. Vorderrumpf und Vorderbeine waren kräftiger als der Hinterkörper. Die Ähnlichkeiten in den C, auch in der Orb-Form, mit Flußpferden ließen eine amphibiotische Lebensweise vermuten. Bei älteren Formen wie der tapirgroßen *Albertogaudrya*, UEoz, waren die C-Entwicklung bereits angebahnt, die M aber noch nicht so vergrößert. Einer basal abgezweigten Linie scheint *Trigonostylops*, Eoz, anzugehören. Darnach werden die

Subordines: **Trigonostylopoidea** und **Astrapotherioidea**

unterschieden.

Ordo: Tubulidentata

Die *Tubulidentata* (= Röhrenzähner) sind heute nur durch *Orycteropus*, das Erdferkel aus SAfr, vertreten. Es wurde lange, vor allem der geringen Bezahnung wegen, den *Edentata* zugezählt (s. S. 275), scheint aber den Protungulaten zumindest nahezustehen. Bei schweineähnlichem Körper mit geringer, borstenartiger Behaarung, langen Ohren und langem, an der Wurzel breitem Schwanz, zeigt es in der Ohrregion, im For entepic, in der leichten Pro- und Supinationsfähigkeit, in der Trennung von r und int, im Troch tert, in der tetradaktylen Hand und dem pentadaktylen Fuß, in der Semiplantigradie, den gespaltenen End-ph und ihrer zwischen Kralle und Huf vermittelnden Hornbekleidung, manche für Huftiere wie für *Eutheria* recht primitive Züge, ebenso aber mit Myrmecophagie und Graben zusammenhängende Spezialisationen in den kräftigen, zum Aufreißen von Termitenhaufen wie zum Graben von Wohnhöhlen gleich dienlichen Hand-„Krallen", in der röhrenförmigen Schnauze mit schwachen Kiefern und vor allem in der höchst eigenartigen Bezahnung. Embryonal bilden sich mehr Zähne als normal, die aber nur z. T. durchbrechen und hinfällig sind. Das Dauergebiß umfaßt bloß Bz, nach Ausfall einiger schwächerer vorderer 4—5 pro Kieferhälfte, sämtlich säulenförmig, schmelz- wie wurzellos, doch zementummantelt und aus Dentinprismen mit je einem zentralen Hohlraum bestehend. Sichere Fossilfunde nur spärlich, ab UMioz OAfr, Plioz Euras; frühere Funde (*Tubulodon*, Eoz NAm, u. a. dürftige Reste) bzgl. Zugehörigkeit ungewiß, doch eigentlich zu erwarten.

Superordo: Paenungulata

Als *Paenungulata* (lat. $p\bar{a}\bar{e}ne$ = fast, beinahe) hat SIMPSON 1945 die *Pantodonta, Dinocerata, Pyrotheria, Proboscidea, Embrithopoda, Hyracoidea* und *Sirenia* zusammengefaßt. Die 4 letzten zeigen, bes. bei Frühformen, auffällige Gemeinsamkeiten, welche schon lange gleiche Abstammung vermuten ließen; sie bilden den Kern der Subordo und ihre Vorfahren dürften in primitiven Protungulaten oder diesen nächstverwandten Urhuftieren zu suchen sein. Auch die übrigen sind wahrscheinlich derselben oder einer ähnlichen Urhuftiergruppe wie jene entsprossen. Ab MPaleoz bekannt, reichen die *Paenungulata* mit *Proboscidea, Hyracoidea* und *Sirenia* bis in die Gegenwart.

Ordo: Pantodonta

Die *Pantodonta*, früher auch mit *Periptychidae* (s. S. 300) als *Taligrada* oder mit diesen und *Dinocerata* (s. unten) als *Amblypoda* (gr. amblýs = schwach, stumpf, träge) vereinigt, sind z. T. große Huftiere. Schädel mit Sagittalcrista, hinten offener Orb und kleinem Gehirn; Gebiß voll-

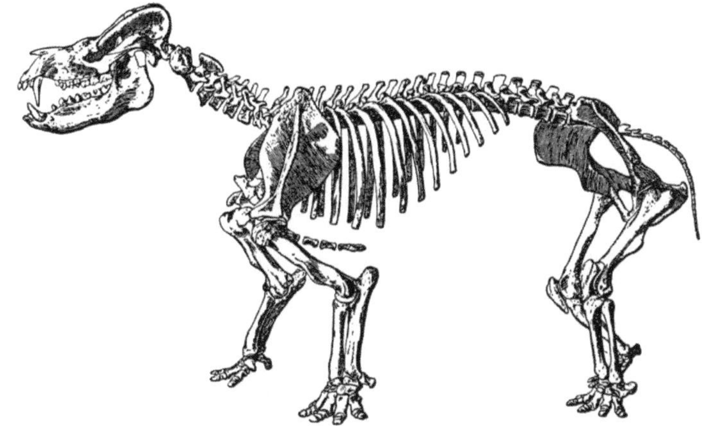

Abb. 157. Skelett von *Coryphodon testis* COPE (UEoz NAm). $^1/_{25}$ nat. Gr. Aus LAVOCAT in PIVETEAU 1958.

ständig; C caniniform, oft groß; P einfach, M^s mit V-Höckern, später auch mit zusätzlichen Leistenbildungen; M_i ± selenodont. Rumpf zunehmend länglich, Beine kurz, plump und in vielem primitiv.

Coryphodontidae, MPaleoz—UEoz NAm, UEoz Eur, ObEoz—MOlig As. *Pantolambda*, MPaleoz NAm, etwa schafsgroß, kurz-plumpbeinig, pentadaktyl; älteste Form. *Coryphodon*, ObPaleoz—UEoz NAm, UEoz Eur, bis 2,5 m lang, bei breitschnauzigem Schädel u. langem, kurzbeinigem Körper von flußpferdartigen Proportionen; Fr über Orb buckelförmig aufgetrieben; C groß, an M tiefe Täler zwischen Höckern bzw. Leisten; graviportal (Abb. 157); u. a. — *Barylambdidae*, ObPaeloz NAm, Schädel und C kleiner, Beine ± bekrallt. — *Pantolambdidae*, ObPaleoz As, unzureichend bekannt.

Ordo: Dinocerata

Der Name kommt von den meist vorhandenen, wohl (wie bei Giraffen s. S. 336) von Haut überkleideten Knochenzapfen auf Nas, Mx und Fr

(Abb. 158). Gewöhnlich groß, schwer, wohl im Gesamthabitus *Pantodonta*-ähnlich. Schädel lang, niedrig, mit breitem, oben konkavem Dach; Pmx und I^s meist völlig reduziert, C^s bes. bei ♂ sehr lang und kräftig, I_i und incisiviformer C_i klein, Mdb vorne in eine Art Flansche abwärts verlängert; P^s den M^s ähnelnd, diese mit 2 gegen innen V-förmig konvergierenden

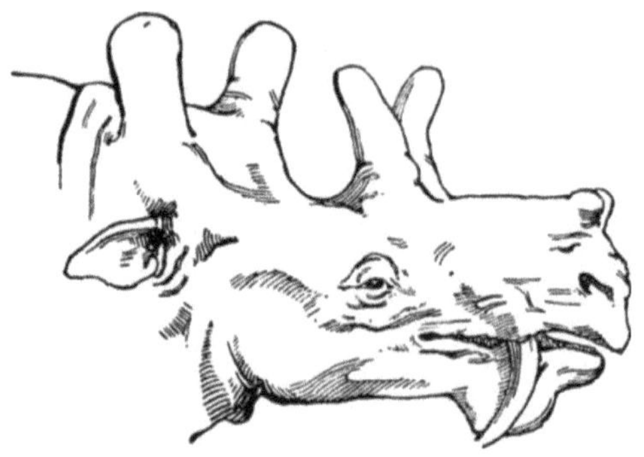

Querleisten, M_i mit 2 schrägen Querjochen. Beine kurz, graviportal. ObPaleoz—ObEoz NAm, As.

Prodinoceras, Paleoz Mong, und *Probathyopsis*, ObPaleoz—UEoz NAm, älteste Formen. *Uintatherium*, MEoz NAm, nashorngroß. *Eobasileus*, M—ObEoz NAm (Abb. 158), noch spezialisierter. *Gobiatherium*, ObEoz As, (? fast) ohne Knochenzapfen, ohne großen C^s; u. a.

Abb. 158. Schädelrekonstruktion (mit Weichteilen) von *Eobasileus* (ObEoz NAm). Stark verkleinert. Aus ABEL 1924.

Ordo: Pyrotheria

Die *Pyrotheria* (gr. pyr = Feuer) sind nur aus SAm, Eoz—Olig, bekannt. So wollte man sie zunächst den *Notoungulata* eingliedern. Dann wurde Zugehörigkeit zu *Proboscidea* (s. S. 307) vermutet. Doch den Ähnlichkeiten mit diesen stehen (s. u.) so zahlreiche Sonderspezialisationen gegenüber, daß bloß gleiche Herkunft denkbar scheint.

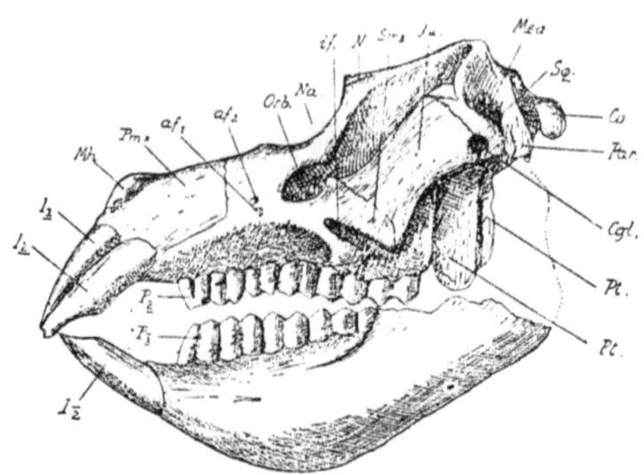

Abb. 159. *Pyrotherium sorondoi* AMEGHINO (Olig SAm), Schädel mit Unterkiefer von links. $a/_{1,\,2}$ = Antorbitalforamina, Cgl = Cav glen, Co = Cond occ, $I_{1,\,2}$ = $I^{1,\,2}$, $I_{\bar 2}$ = I_2, if = For infraorb, Ju = Jug, Mea = Meat audit ext, Mh = Mittelhöcker der Pmx, N = Nas, na = Nares, P_2 = P^2, $P_{\bar 3}$ = P_3, Smx = Mx, sonstige Bezeichnungen wie üblich. Aus ABEL in Handw. d. Naturw., 2. Aufl.

Pyrotherium (Abb. 159), UOlig, Schädel bis 72 cm lang, Hirnraum klein, von Luftzellen umgeben; Schädelbasis gegen Gaumenregion nach oben geknickt; Nares hoch gelegen, wohl Rüssel. Neben diesen z. T. elefantenartigen

Zügen aber: Jochbogen hoch, medio-lateral schmal, hinter kleiner (rückwärts offener) Orb aufsteigend und mit Sq an Gelenkfläche für hochgelegenen Cond mdb beteiligt; Pt zu abwärts gerichteten Platten ausgezogen; Can infraorb von Mx spangenförmig überbrückt; koossifizierte Mdb-Sy bis in M_2-Gegend reichend, u. a. — 2 I^s (lateraler größer als medialer) und 1 I$_i$ miteinander (vgl. *Hyracoidea*, s. S. 313, *Toxodon*, S. 302, *Diprotodon*, S. 260) fast 90 gradigen Winkel bildend, dauernd wachsend und nur vorne mit Schmelz; hinter Diastem oben 6, unten 5 Bz, bilophodont (zweiquerjochig, vgl. *Hyracoidea*, *Diprotodon* und *Deinotherium*, S. 312); rechte und linke Bz-Reihen ganz nahe beieinander. Hinterbeine länger als Vorderbeine, Hum vorne und hinten breit, lateral schmal, Unterarm- und Unterschenkelknochen nur etwa halb so lang wie Oberarm- und Oberschenkelknochen. Als Rohrstengel bevorzugender Flußbewohner wie als Wurzeln oder Gramineen (Gräser) verzehrende Wüsten- oder Halbwüstenform angesprochen. — Primitiver, z. B. noch bunodont, *Carolozittelia*, Eoz. Wenige andere, z. T. unvollständig bekannte Gattungen.

Inc. sed. hat SIMPSON 1945 hier *Ctalecarodnia* und *Carodnia*, beide Paleoz SAm, angereiht. Bei *Carodnia* Gebiß vollständig, I meißelförmig, C kräftig, scharfspitzig; Bz brachyodont, $P^1{}_1,{}^2{}_2$ einfach, $P^3{}_3,{}^4{}_4$ mit Ansätzen zu Jochbildung, $M^1{}_1,{}^2{}_2$ bilophodont, $M^3{}_3 \pm$ bunolophodont; Beine relativ kurz und schlank, digitigrad, pentadaktyl. Jetzt beide auch in eigene Ordo *Xenungulata* gestellt.

Ordo: Proboscidea

Die *Proboscidea* (= Rüsseltiere) sind durch die schon bald erreichte gewaltige Größe, die Rüsselbildung mit Aufwärts-Verlagerung der Nares, die Reduktion des Vordergebisses bis auf vergrößerte $I^2{}_2$ bzw. I^2, die zunehmende Unterdrückung der P bei Übergang von normalem, vertikalem zu horizontalem Zahnwechsel und die Entwicklung graviportaler Gliedmaßen gekennzeichnet. Nach dem Mangel typischer Hufbildung wurden sie mit *Embrithopoda*, *Hyracoidea* und *Sirenia* zu einer (ursprünglich noch weiter gefaßten) Gruppe „*Subungulata*" vereinigt.

Die Geschichte der Probosidier ist ab Eoz, zunächst aus Ägypt, bekannt. Zahlreiche, wohl auch der größenbedingt guten Erhaltungsfähigkeit zu dankende Funde lassen eine vielfältige Evolution erkennen und verfolgen.

Sie alle hat H. F. OSBORN samt dem umfänglichen Schrifttum in einer 1936—1945 erschienenen Monographie gesichtet. Er unterschied 352 Arten, die er nach ungewöhnlichen Gesichtspunkten und ohne Bedachtnahme auf die Nomenklaturregeln systematisch ordnete. SIMPSON versuchte dieses System sozusagen in eine dem üblichen entsprechendere Form und die Benennungen mit jenen Regeln in Einklang zu bringen; dabei erhielten leider auch längst verwandte Namen einen anderen Inhalt, was, um Mißverständnisse zu vermeiden, oft die Beifügung des alten Namens zu dem jetzt gültigen erforderlich macht.

Subordo: **Moeritherioidea**

Älteste *Proboscidea*, ObEoz—UOlig Ägypt, nach dem Fundgebiet benannt. Einzige Gattung, *Moeritherium*, tapirgroß; Schädel (Abb. 160 *A*) länglich, hat Ähnlichkeiten mit *Hyracoidea* und *Sirenia*. Nares leicht aufwärts

verschoben, wohl tapirähnlicher, kurzer Rüssel; Orb weit vorne. $\dfrac{3\;1\;3\;3}{2\;0\;3\;3}$;
I^2_2 vergrößert, M brachyodont und bilophodont. Beine primitiv, doch schwer gebaut. Gesamthabitus eher flußpferdartig. Wahrscheinlich basaler Seitenzweig.

Subordo: **Elephantoidea**

Nach SIMPSON außer „echten" Elefanten (gr. eléphas) auch OSBORNS *Stegodontoidea* und *Mastodontoidea* umfassend und in 3 Familien gegliedert; 2 davon den „Mastodonten" (= Zitzenzähnern) im herkömmlichen Sinne entsprechend. Bei diesen Vordergebiß aus I^2_2. I^2 (samt Pmx-Alveolarteil) an Größe zunehmend, wurzellos werdend und dauernd wachsend, mit unvollständigem bis bloß bandförmigem Schmelzbelag; I_2 mit ähnlichen Spezialisationen; anfangs beide I_2 median eng aneinanderschließend und zusammen verschieden löffel- bis schaufelähnlich; später auseinanderweichend, so daß der Rüssel in ganzer Länge frei zwischen ihnen herabhängen konnte; endlich auch rudimentär bei gleichzeitiger Reduktion der ursprünglich langen Mdb-Sy. Diastem zwischen I und P. Diese zunehmend unterdrückt. Zahl der gleichzeitig in Funktion stehenden Bz bis auf 3 oder 2 pro Kieferhälfte sinkend, indem hintere erst nach Abnutzung und Ausstoßung der vorderen von hinten her in die Kauebene einrückten. Höcker zitzenförmig, auch zu durch Täler getrennten Querjochen vereinigt, deren Zahl von 2 oder 3 auf 4—5 bei M $\dfrac{3}{3}$, dann bei allen M noch weiter anstieg. Schließlich auch leichte Hypsodontie und Zementeinlagerung, in den Tälern z. T. auch akzessorische Höcker („Sperrhöcker")[1]. Gesamtgröße, Form und Haltung des Schädels, Hals- und Ce-Verkürzung wie Gliedmaßen zunehmend elefantenähnlich; ebenso wohl Lebensweise, doch nach Unterschieden in der Bezahnung (s. o.) wohl auch solche in der (stets pflanzlichen) Nahrung und im Lebensraum. Ob schon die Mastodonten ± haarlose „Pachydermen" waren, ist fraglich, da noch das Mammut im Pleistoz ein dichtes Wollkleid besaß.

---

[1] Da die Abkauung solcher Zähne ein ähnliches Bild wie bei polybunodonten Bz von Suiden (s. S. 330) ergab, nennt man diesen Typ auch den suiden, während der andere, mit höckerfreien Tälern, aus analogen Gründen tapiroid heißt.

Abb. 160. Schädel und Unterkiefer von Proboscideern. *A Moeritherium* (ObEoz—Olig Ägypt), Schädel niedrig, Gebiß ziemlich vollständig, Bz brachyodont, fast $^1/_7$ nat. Gr.; *B Phiomia wintoni* (UOlig Afr), Schädel höher, Nares etwas aufwärts verlagert, Mdb-Sy ziemlich lang, Bz brachyodont und alle gleichzeitig funktionell, fast $^1/_{14}$ nat. Gr.; *C Gomphotherium* (*Bunolophodon*) *angustidens* (ObMioz Eur), typisch longirostrin, Bz wie in *B*, fast $^1/_{10}$ nat. Gr.; *D* und *E Mammuthus primigenius* (JgPleistoz Euras, NAm), Schädel kurz und hoch, I^2 sehr groß, Mdb kurz, Bz hypsodont und nacheinander funktionell (Einrücken in *E* durch Entfernung der Alveolarwand und Pfeil kenntlich gemacht), fast $^1/_{20}$ nat. Gr. *F* Unterkiefer von *Platybelodon* (Mioz As, Plioz NAm), fast $^1/_{25}$ nat. Gr.; *G* Unterkiefer von *Amebelodon* (Plioz NAm), fast $^1/_{28}$ nat. Gr.; *A—E* Seitenansicht, *F* und *G* von oben gesehen. Aus ROMER 1936.

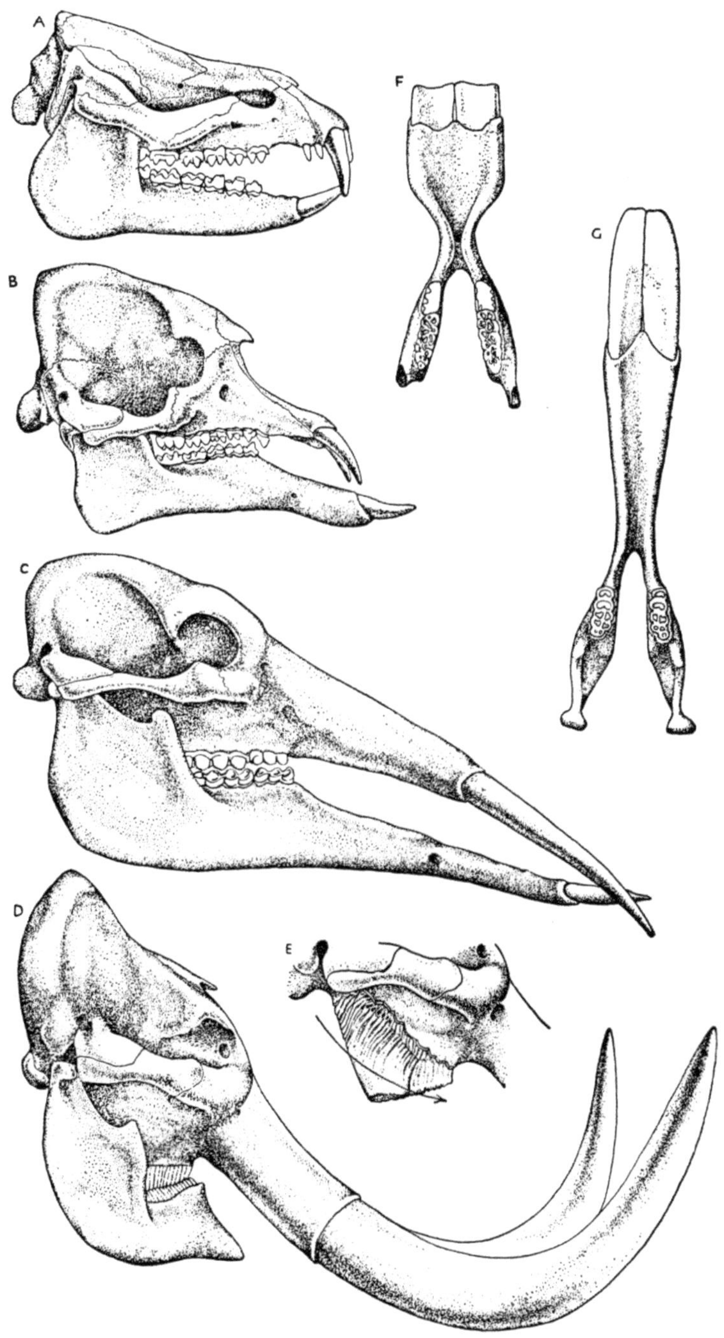

Gomphotheriidae (früher *Bunomastodontidae* oder *Trilophodontidae*). *Palaeomastodon*, UOlig Ägypt, und *Phiomia* (Abb. 160 *B*), UOlig (? ObOlig) Afr, einander recht ähnliche Frühformen, erst z. T. elefantengroß; Hirnkapsel kürzer und höher als bei *Moeritherium*, Nares schon weit oben und hinten, Vorder-schädel und Mdb-Sy lang; $\frac{1\ 0\ 3\ 3}{1\ 0\ 2\ 3}$, I^2 leicht ab- und auswärts gekrümmt, I$_2$ ± schaufelförmig; alle P und M gleichzeitig in Funktion, M bi- bis trilophodont. *Palaeomastodon* vermutlich Ausgangsform der *Mammutidae* (früher *Mastodontidae*) und damit auch der *Elephantidae* (echten Elefanten); wie diese beiden ohne Sperrhöcker. *Phiomia* mit bes. langer Symphyse wohl Stammform der übrigen *Gomphotheriidae* und wie sie mit Sperrhöckern. Weitere typische Gomphotheriiden („suide Mastodonten") Neog Eur, Afr, Neog-Pleistoz As, NAm, SAm[1], u. zw. „longirostrine" (= mit langer Mdb-Sy) wie *Gomphotherium* (*Bunolophodon*, *Tetrabelodon* mit dem Subgenus *Choero-*

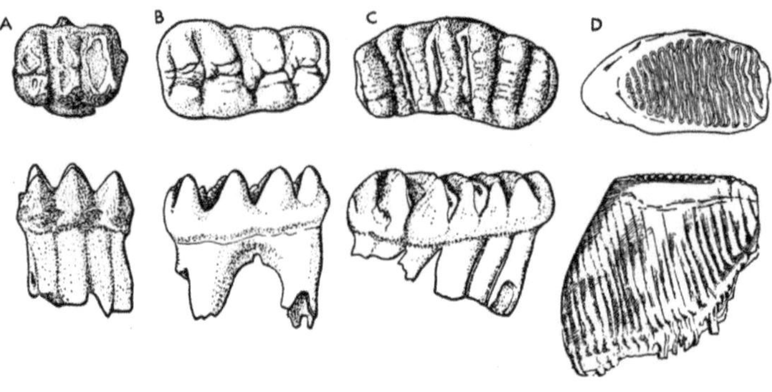

Abb. 161. Proboscideer-Molaren, oben in Kronen-, unten in Seitenansicht. *A Mammut* (*Mastodon*) *americanum* (Pleistoz NAm), brachyodont, ohne „Sperrhöcker", fast $^1/_8$ nat. Gr.; *B Tetralophodon longirostris* (UPlioz Eur), brachyodont, mit „Sperrhöckern", fast $^1/_4$ nat. Gr.; *C Stegodon* (MPlioz—Pleistoz As), noch kaum hypsodont, Zementfüllung der Täler beginnend, fast $^1/_4$ nat. Gr.; *D Mammuthus primigenius* (Jg Pleistoz Euras, NAm), hypsodont, polylopho-dont, Täler ganz mit Zement gefüllt, fast $^1/_{10}$ nat. Gr. Aus ROMER 1936.

lophodon, u. a.), *Serridentinus*, *Tetralophodon* im Mioz und UPlioz; „brevirostrine" (mit kurzer Mdb-Sy und reduzierten I$_2$) wie *Anancus*, *Stegomastodon* (= *Cuvieronius* part.) später dominierend. Z. T. longirostrine allmählich in brevirostrine übergehend, wohl Ahnenreihen wie in Eur *G.* (*B.*) *angustidens*, ObMioz (Abb. 160 *C*), *Tetralophodon longirostris*, UPlioz (Abb. 161 *B*) und *Anancus arvenensis*, MPlioz. Viele Ltf. *Stegomastodon*, ObPlioz-Pleistoz NAm, Mdb-Sy bes. stark verkürzt, Bz bis 7- oder 8jochig.

Seitenlinien zugehörig: *Gnathabelodon*, MPlioz NAm, ohne I$_2$, doch mit langer Mdb-Sy. *Cuvieronius* (= *Cordillerion*, nicht der zu *Stegomastodon* zu zählende „*Cuvieronius*" s. o.), ObPlioz-Pleistoz NAm, Pleistoz SAm; ohne I$_2$, I^2 ± spiralig gekrümmt, M ziemlich primitiv. *Rhynchotherium*, Mioz Afr, Plioz As, NAm, I$_2$ mit Mdb-Sy abwärts gekrümmt. *Platybelodon*, Mioz As, Plioz NAm (Abb. 160 *F*), und *Amebelodon*, Plioz NAm (Abb. 160 *G*). mit kurz-breiten bzw. länglich-schmalen, ± betont schaufelförmigen I$_2$; u. a.

Mammutidae (früher *Mastodontidae*), 2. „Mastodonten"-Familie, s. S. 308[2].

---

[1] Für SAm wurde auch ein Überleben von „Mastodonten" bis in frühgeschichtliche Zeit angegeben.

[2] Die aus Prioritätsgründen erfolgte Umbenennung der *Mastodontidae* in *Mammutidae* ist wegen der fast unvermeidlichen Verwechslungen mit richtigen Mammuten (s. S. 311) besonders bedauerlich.

Ohne Sperrhöcker, vermutlich von *Palaeomastodon* herkommend, s. o. Nur
Mammut (= *Mastodon*) mit mehreren Subgenera (*Zygolophodon* = *Turicius*,
Miomastodon, *Pliomastodon* usw.); Neog Eur, Mioz Afr, UPlioz As, Neog-
Pleistoz NAm. *M. tapiroides*, Mioz Eur, *M. borsoni*, Plioz Eur, und *M. ameri-
canum*, Pleistoz NAm (Abb. 161*A*), aufeinanderfolgende Stufen einer zur mit
G. angustidens beginnenden Reihe (s. o.) weitgehend parallelen Evolution.

    Elephantidae. Wohl aus den *Mammutidae* (*Mastodontidae*) hervorgegangen,
s. S. 310, unter schrittweiser Fortentwicklung in deren Evolutionsrichtung.
Schädel (für Ansatz von Rüssel- und Kiefermuskulatur) weiter vergrößert,
u. zw. unter Pneumatisierung (Luftzellenbildung), also bei geringer Hirn-
raum- bzw. Hirngrößenzunahme; Cranium hochgewölbt, Par und Socc den
größten Teil des Schädeldaches bildend. Cav glen zunehmend walzenförmig,
zusammen mit querovalem Cond mdb Schaukelbewegung der kurzsymphysi-
gen Mdb ermöglichend. I^2 schmelzlos, bis extrem vergrößert, I_2 verloren-
gehend; nur 3 dm und 3 M, davon 2, später nur 1 bzw. 2 Halbe gleichzeitig
funktionell; M-Kronen — bei Zunahme von Hypsodontie, Zementauffüllung
der Täler, Jochzahl (bis auf maximal um 30), verzögertem Wurzelverschluß —
bis zu gewaltigen, an manche Rodentier erinnernden Kau- bzw. Reibplatten
umgestaltet. Ce weiter verkürzt. Beine ganz graviportal (s. Abb. 152*A*),
richtige pentadaktyle Säulenfüße mit steilgestelltem, bei Lokomotion leicht
luxuriierendem (lat. luxuriäre = üppig wachsen, auf Abwege kommen, sich
verrenken) Ellbogengelenk, außer der Bauchdecke = frei bleibendem Knie-
gelenk, ± serialem Carpus, metapodiformem c I, digitigrader Stellung, stützen-
dem Sohlenpolster, nagelförmigen Hufen.

    Stegolophodon, ObMioz-Pleistoz As, MPlioz Eur, und *Stegodon*, MPlioz-
Pleistoz As (Abb. 161*C*), Frühformen; 2 Bz gleichzeitig funktionell, Zementfüllung unvollständig, höchstens 14 Joche; auch in Schädel, Hals usw. primitivere Züge. — *Loxodonta*, Pleistoz Euras, Pleistoz-rez Afr. M ziemlich schmal,
mit relativ wenigen, ± rhombische Abkauungsbilder ergebenden Jochen;
I^2 lang, wenig gekrümmt; Schädel nicht ganz so kurz und hoch wie bei den
folgenden. *L. antiqua*, der „Altelefant", mit geraden I^2, Ltf im älteren Pleistoz
Eur u. Afr; etwa schweinegroße Zwergformen, Inseln Medit[1]; afrikanischer
Elefant, rez. — *Elephas*, ab Pleistoz As, M breiter, höher, engjochiger; Schädel
kürzer, höher, oben rundlicher als bei vorigen; I^2 mäßig lang, gerade, vom
Alveolarrand mehr ab- als vorwärts gerichtet. Hierher auch der heutige indische
Elefant. — *Mammuthus* (*Mammonteus*), Pleistoz Euras, Afr, N- u. SAm. M
bis über 30jochig, Schädel noch kürzer, höher, oben ± spitz zulaufend; I^2
oft sehr lang, stark gekrümmt und vom Alveolarrand abwärts gerichtet.
M. planifrons, APleistoz As, noch mit P, primitiv; *M. meridionalis*, der „Süd-
elefant", Medit, dem vorigen nahestehend; *M. imperator*, das Columbus-
mammut des heute gemäßigten NAm, M nicht sehr groß, aber hoch entwickelt;
M. trogontherii, MPleistoz Eur, bis 5 m Rückenhöhe; *M. primigenius*, sein
Nachfolger, JgPleistoz Euras u. nNAm, der als Mammut bekannte „Woll-
haarelefant" (Abb. 160*D*, *E*, 161*D*); Kaltsteppenform, auch durch Eis-
mumien (Bodeneis Sibir) und prähistorische Darstellungen in Höhlen bekannt.
Jagdtier des Eiszeitmenschen[2].

Subordo: **Deinotherioidea**

(= *Curtognathidae*), Dinotherien. Nur *Deinotherium* (*Dinotherium*) Neog
Euras, Neog-Pleistoz Afr. Hinterhaupt schräg, mit großen Condylen; Rüs-

---

[1] Häufige Schädelfunde in Höhlen; mit ihnen vielleicht — die hochgelegenen Nares können wohl für die Höhlung eines unpaaren Stirnauges gehalten
worden sein — die Polyphemsage in Verbindung zu bringen.
    [2] Bei der Fossilisation mitunter durch Trennung der einzelnen Joche
entstandene M-Lamellen früher als Chiriten (Handsteine) oder versteinerte
Affenhände bezeichnet.

selgrube vorne am Schädel, tief; ohne I²; I₂ wie Mdb-Sy stark abwärts gebogen, einander sehr genähert; 2 P^s_i, molariform, M brachyodont, M¹₁ tri-, übrige M bilophodont, Joche oben gegen vorne, unten gegen hinten konkav. Sonst wohl Elefanten ähnlich, doch spätere Arten (*D. giganteum* bzw. *gigantissimum*) noch größer. Funktion der I₂ und damit Nahrungsweise nicht ganz geklärt[1].

Subordo: Barytherioidea

(v. gr. barýs = schwer). Unvollständig bekannt. Mdb mit vorwärts gerichteten I₂ und oligolophodonten Bz läßt Grad der Verwandtschaft mit Proboscidiern nicht sicher beurteilen. Einzige Gattung *Barytherium*, Olig Ägypt, bisweilen auch in eigene Ordo gestellt.

Ordo: Embrithopoda

(v. gr. embrithés = wuchtig). Nur *Arsinoitherium*, UOlig Ägypt, gut nashorngroß, Schädel bis 1 m lang. Auf durch Verknöcherung der Nasenscheidewand verstärkten Nas große, basal verschmolzene Hornzapfen, auf Fr kleineres Hornzapfenpaar; Orb hinten offen, Occiput ähnlich schräg wie bei Proboscidiern, Cond occ wie Fortsätze nach hinten vorspringend. Gebiß vollständig, I-Größe laterad abnehmend; Zähne dicht gedrängt, Bz hypsodont, M mit 2 kräftigen (an den M₁ scheinbar aus V-förmigen Kämmen herleitbaren) Querjochen, P einfacher. Hals kurz, Beine graviportal. Nach Hinweisen auf Greiflippe wie nach Gebiß vermutlich härtere Pflanzennahrung (? auch Holzstücke von Zweigen oder Xerophyten = Trockengewächsen). Stellung bei obiger Merkmalskombination recht isoliert, Beziehungen zu *Proboscidea*, noch mehr zu *Hyracoidea* (s. unten) vermutet.

Ordo: Hyracoidea

Die *Hyracoidea* oder Klippschliefer erinnern in Gestalt und Vordergebiß an Nager. Ursprünglich wurden sie zu den *Caviidae* (s. S. 284), dann (wegen gewisser Nashornähnlichkeit der Bz) zu *Perissodactyla* (s. S. 317) gereiht, ferner wurden Beziehungen zu *Notoungulata* als möglich erachtet. Jetzt werden sie meist als *Paenungulata* aufgefaßt.

Rez nur *Procaviidae: Dendrohyrax, Heterohyrax* und *Procavia* (= *Hyrax*), alle im afrikanisch-arabischem Raum. Schnauze kurz, Kieferteil massiv, Occiput senkrecht stehend, Gehirn recht primitiv; Orb hinten mit Spange, Pmx durch ± rhombische Form auffällig; Pt, Bulla und Zungenbeinapparat mit Besonderheiten. Mdb vorne niedrig, hinten etwas perissodaktylen-ähnlich; Cond mdb eine quere, nach innen verschmälerte und so seitliche Bewegungen ermöglichende Walze, auch am Jochbogen artikulierend. Schwanz kurz,

---

[1] Vielleicht dienten neben Blättern und Zweigen, auf welche der M-Bau hinwiese, auch Wurzeln und mit den I₂ losgebrochene Baumrinde als Nahrung, wie vermutet wurde.

Beine mäßig lang, funktionell vierfingerig bzw. dreizehig; R und Uln, z. T. auch Tib und Fib in späterem Alter ankylosierend; Carpus mit cc. Finger wie Zehen subungulat, mit Sohlenballen-Haftpolster. Milchgebiß vollständig, dc klein und hinfällig; im Ersatzgebiß ($\frac{1\ 0\ 4\ 3}{2\ 0\ 4\ 3}$) I^1 dauernd wachsend, mit 2 vorwärts gewandten, schmelztragenden und einer schmelzlosen Fläche; I$_{1,\ 2}$ schräg vorwärts geneigt, mit I^1 eine Art Meißelgebiß bildend. Vordere P rasch abgenützt und früh ausfallend, hintere M-ähnlich; M z. T. hypsodont, nur allmählich einrückend; M^s mit Ectl, Prl und Ml, M$_i$ mit Doppel-V- (= W-) Leisten. Herbivor, gesellig in Felsgebieten, z. T. auch arboricol.

Fossile *Procaviidae*: *Pliohyrax*, UPlioz Pikermi, Griechenland, *Prohyrax*, UMioz Afr, *Pachyhyrax*, UOlig Ägypt, *Sagatherium*, UOlig Ägypt; poorb Sp

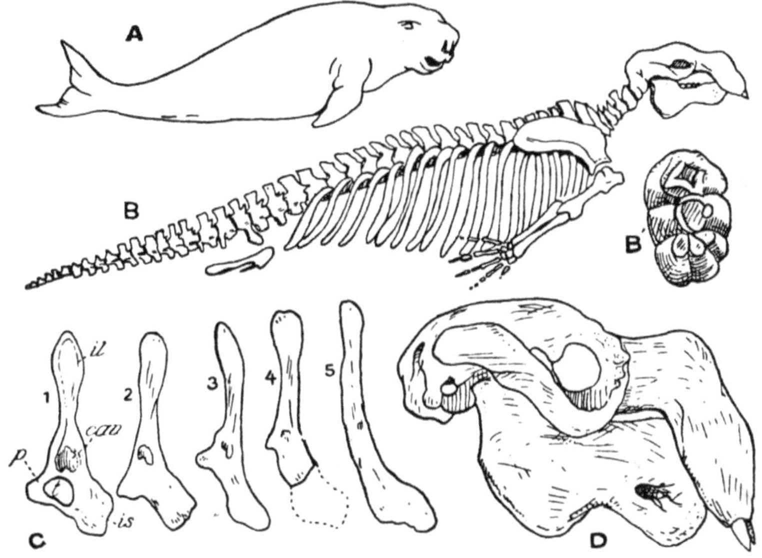

Abb. 162. *A* Körperumriß und *D* Schädel von *Dugong* (rez); *B* Skelett und *B'* unterer Bz von *Halitherium schinzi* (Olig), *C* schrittweise Beckenreduktion: *1 Eotheroides* (MEoz), *2 Eotheroides* (*Eosiren*, ObEoz), *3 Halitherium* (Olig), *4 Halianassa* (*Metaxytherium*, Mioz), *5 Dugong* (rez). cav = Acet, il = Il, is = Isch, p = Pub, t = For obturat. Aus MORET 1953.

unvollständig, P nicht molarisiert, später fehlende Zähne, z. T. noch, wenn auch klein, vorhanden. — *Geniohyidae*, UOlig Ägypt, mit bald brachy-, bald hypsodonten, bald buno-, bald seleno- bzw. selenolophodonten M im vollständigen Gebiß; *Megalohyrax* bis löwengroß. — *Myohyracidae*, UMioz Afr, noch stärker abweichend.

Ordo: Sirenia

Die *Sirenia* oder Seekühe (gr. seirén) sind und waren vom bekannten Beginn ihrer Geschichte an Meeressäuger. Dem entsprechen der annähernd spindelförmige, doch ziemlich plumpe Körper ohne deutliche Halsregion, die Reduktion von äußerem Ohr und Behaarung, die dicke Specklage unter der Haut, die flossenförmigen Vorderbeine und die horizontale Schwanzflosse (Abb. 162 *A*). Von Hinterfüßen ist äußerlich nichts sichtbar. So ähneln die Sirenen in gewissem Grade den *Cetacea*, und in deren Nähe wurden sie auch anfänglich gestellt. Doch scheinen sie nie so gewandte Schwimmer wie die Wale geworden, stets auf das Litoral beschränkt geblieben zu sein und fast immer pflanzliche Nahrung bevorzugt zu haben. Weichteile (u. a. Gehirn, Verdauungs- und Genitalapparat) wie Hartteile bezeugen Verwandtschaft mit Huftieren, u. zw. am meisten mit *Paenungulata*. Sie wurzeln wohl nahe der Basis der *Proboscidea*. Als Säuger müssen die Sirenen sekundär zu Wassertieren geworden sein.

Das Skelett zeigt gewisse Besonderheiten. Die Knochen sind vielfach durch periostale (= rings um den Knochen erfolgende) Auflagerung verdickt, die Markräume verschwunden. An den Epiphysen sind der Fugenverschluß verspätet, die Verknöcherung unvollständig. Die zwei ersten Erscheinungen sind anfangs stärker und ausgedehnter, später fast auf den Rumpf beschränkt; mit den anderen verhält es sich umgekehrt[1]. Im übrigen sei von den Hartteilen hervorgehoben:

Kopfskelett (Abb. 162*D*): Im $\pm$ länglichen Hirnraum (mit für aquatische Säuger nicht kleinem Riechhirn), in der Schnauzenregion mit kräftigen, meist leicht abwärts gekrümmten Pmx elefantide Züge. Auch Nares aufwärts verschoben, doch häutige Nasenöffnungen rez weit vorne. Nas und Lacr reduziert, knöcherner Gaumen vorwiegend von Mx gebildet. Petr und das mit ihm $\pm$ vereinigte, halbringförmige Tymp mit übrigem Schädel nur ligamentär verbunden; Gehörknöchelchen massiv, Labyrinth cetaceenähnlich; da rez Trommelfell $\pm$ normal, dünn, wohl neben Molekular- noch Vibrationsschalleitung möglich. Mdb massig, Proc cor vorwärts gerichtet, Cond mdb kräftig, Mdb-Sy analog wie Pmx fast immer leicht abwärts gekrümmt.

---

[1] Für diese eigenartigen Erscheinungen hat SICKENBERG im Anschluß an NOPCSA eine sehr ansprechende Erklärung versucht. In der Annahme, daß es sich bei den Sirenen um die aus der menschlichen Pathologie bekannte Pachyostose (= Knochenverdickung) und Osteosklerose (= Knochenverhärtung, mit Schwund der Markräume wie der Haversschen Kanäle) handle, die bei — auch durch Sauerstoffmangel ausgelösten — Störungen des endokrinen Systems auftreten, hat er auf die Möglichkeit ähnlicher Zusammenhänge bei den Sirenen hingewiesen, für die beim Übergang zum Wasserleben ein Sauerstoffmangel (Atemnot) denkbar scheint. Knochenverdickungen sind übrigens auch von anderen sekundär-aquatischen Vertebraten bekannt (z. B. S. 204, 215, 288), vor allem von Frühformen der betreffenden Gruppen. Das verzögerte Abklingen derselben bei den Sirenen wäre durch die Tangnahrung (neben Seegräsern) verständlich, deren Jodgehalt das endokrine System (bes. die Schilddrüse) mit derartiger Wirkung affizieren könne. Daraus würden auch jene anderen und weitere Besonderheiten (gewisse Proportionsänderungen, infantile = kindliche Züge u. dgl.) erklärlich. Neuerdings (1959) will nun SPILLMANN (wie THENIUS schon 1956 ankündigte) durch histologische Untersuchungen (1959) festgestellt haben, daß bei Sirenen wohl die Markräume, nicht aber die Haversschen Kanäle verschwunden sind und daß weder eine Osteosklerose, noch eine Pachyostose vorliege; hingegen eine von Wundernetzbildung begleitete Verdichtung des Knochengewebes, welche als „Ponderosität" (v. lat. póndus = Gewicht) bezeichnet und als Anpassung an das sekundäre Wasserleben (Kompensation des durch die Lungenvergrößerung vermehrten Auftriebes zur Erleichterung des Tauchens und Verweilens unter Wasser) bewertet wird und phylogenetisch im ganzen zugenommen haben soll.

Rumpfskelett: Wirbelkörperepiphysen-Verknöcherung zunehmend spät und unvollständig, Zahl der mit dem verkleinerten St verbundenen Co bis auf 3 sinkend, Sacr mit Beckenreduktion (s. u.) verschwindend (Abb. 162 B).

Gliedmaßenskelett: Vorderextremität ohne Clav, infolge minder starker Verkürzung der Langknochen (Abb. 162 B) und Erhaltung gewisser Beweglichkeit im Ellbogengelenk weniger umgebildet als bei Walen, hingegen Verschmelzungen in Pro- wie Mesocarpus und z. T. ph-Reduktion im 1. der 5 Finger. Epiphysenverschluß auch im Handskelett verzögert. Becken zuerst normal, dreiteilig, mit typischem Acet und wohl noch (kleiner) Hinterextremität; dann schrittweise Reduktion (Abb. 162 C) bis auf Beckenrudimente, die rez als Regel bei *Dugong* (*Halicore*) ± stabförmig, bei *Trichechus* (*Manatus*) viereckig-plattig und sehr variabel sind, mit der Wirbelsäule nur Ligament-Verbindung und, wie bei Walen, zu Corpora cavernosa Beziehung haben.

Zähne: Verhältnisse nicht ganz klar. Zuerst 3 I, 1 C und über 7 Bz; I^1 meist größer als übrige I^s; I^s, C und vordere P z. T. dreispitzig, an 6 hinteren Bz Höcker z. T. zu 2 Querjochen vereinigt. Überzählige Bz teils als dm, teils als M aufgefaßt. Später an Bz auch „Sperrhöcker" oder halbkugelige Kronen; z. T. Unterdrückung des Zahnwechsels, Schwund der Vorderzähne bis auf I^1, auch totaler Zahnverlust. Rez *Dugong* (*Halicore*, Abb. 162 B') 1 I^s und 5—6 Bz je Kieferhälfte; I^s bei ♂ wurzellos, dauernd wachsend, „Stoßzahn", doch über Lippen bzw. eigenartigen Gaumenfortsatz kaum vorragend; Bz schmelz- und wurzellos, rasch zu stiftförmigen Gebilden abgenützt und vorzeitig ausfallend; an Pmx und Mdb-Sy Hornplatten, Rez *Trichechus* (*Manatus*) adult nur Bz, rasch abgenützt, vorne ausgestoßen und durch von hinten in horizontalem Zahnwechsel nachfolgende ersetzt; insgesamt bis 20 Bz je Kieferhälfte, doch meist nur 5—6 gleichzeitig funktionell; überzählige Bz vermutlich M.

Die Unterschiede zwischen *Dugong* und *Trichechus* (Beckenreduktion, Gebiß, s. o.) deuten auf 2 Entwicklungslinien; doch nur die Dugonglinie ist bis an den bekannten Beginn der Sirenengeschichte zurückverfolgbar.

Prorastomidae — nur *Prorastomus*, Eoz Jamaika, Schnauze wenig abwärts gebogen — und *Protosirenidae* — nur *Protosiren*, MEoz Ägypt, WEur, Schnauze nicht abgebogen — den beiden Hauptgruppen nicht sicher zurechenbar; *Prorastomus* z. T. als Frühform der *Trichechidae* betrachtet.

Dugongidae (*Halicoridae*). *Eotheroides* (= *Eotherium* + *Eosiren* + *Archaeosiren*), M—ObEoz Ägypt, ca. 2 m lang, Becken (Abb. 162 C 1, 2) wohl entwickelt (wie auch bei vorigen), Hinterextremität ? noch funktionell; I_1-P_1 im abwärts gekrümmten Mdb-Vorderende, von P^2 durch Diastem getrennt. Nas und Lacr noch unreduziert. Ähnlich *Prototherium*, ObEoz Eur. *Halitherium*, UOlig – UMioz Eur, Olig Madag (Abb. 162 B), in der Jugend eotherioid, Beckengürtel in Reduktion (Abb. 162 C 3) und sehr variabel. *Halianassa* (einschl. *Metaxytherium*) und *Felsinotherium*, jenes Mioz Eur, ObMioz NAm, dieses U—MPlioz Eur, UPlioz NAm, weitere Evolutionsstufen (Abb. 162 C 4) in Richtung auf *Dugong* (*Halicore*, Abb. 162 A, C 5, D), rez, Rotes Meer, Indik, WPazifik. Seitlich der Hauptlinie stehen wohl *Miosiren*, UPlioz Eur, mit z. T. halbkugeligen, durophagen Bz, und *Hydrodamalis* (= *Rytina* oder *Rhytina*), die erst im 18. Jahrhundert ausgerottete, zahnlose und bis 8 m lange Stellersche Seekuh, NPazifik.

Trichechidae (*Manatidae*). Nur *Trichechus* (*Manatus*), rez, atlantische Küste Am, Afr, Pleistoz öNAm, öSAm; nur 6 Ce.

Die Geschichte der Sirenen zeigt gut das Entstehen heutiger disjunk-
ter Verbreitung durch Verschwinden früher im Zwischengebiet vorhandener Formen. Jene der *Dugongidae* ist ein Beispiel für stetige, langsame
Evolution, im Gegensatz etwa zur Geschichte der Wale, welche, im gleichen
Zeitraum und vielfach gleichgerichtet, mit stark wechselndem Tempo
ablief.

inc. sed. Ordo: Desmostyliformes

Einstweilen — über einen angeblichen Skelettfund scheint bisnun Sicheres
nicht bekannt — nur durch Schädel und Zähne belegt. *Cornwallius*, ObOlig
wNAm, und *Desmostylus*, Mioz ebda. und OAs, voneinander wenig ver-

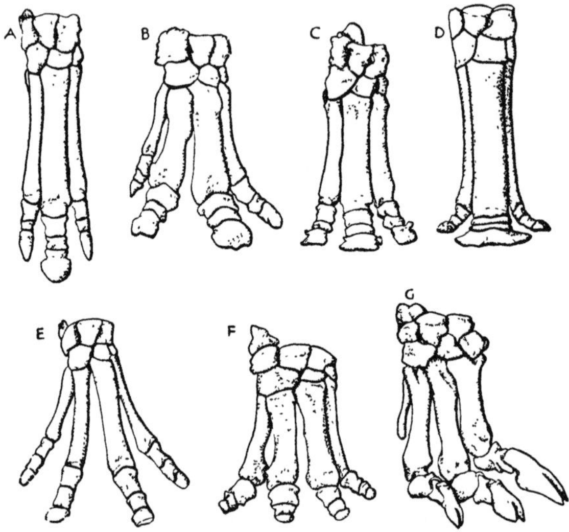

Abb. 163. Handskelette verschiedener Perissodaktylen, um den meist ± deutlich mesaxonen
Bau — am wenigsten ausgeprägt in *B* und *F* —, die zueinander alternierende Anordnung der
pro- und mesocarpalen Knochen sowie die mannigfaltige Einzelgestaltung zu zeigen. Alle
Bilder auf annähernd gleiche Größe gebracht. *A Hyracodon* (U-MOlig NAm, S. s. 326),
B Trigonias (UOlig NAm, s. S. 326), ein vierfingeriger Rhinocerotide, *C Diceratherium* (ObOlig—
UMioz NAm, s. S. 326), ein dreifingeriger Rhinocerotide, *D Baluchitherium* (ObOlig—UMioz
As, s. S. 326), ein Paraceratheriine, *E Protapirus validus* (Olig, s. S. 325), *F Menodus* (*Tita-
notherium*, UOlig NAm, ? Eur, s. S. 324), *G Moropus* (U—MMioz NAm, s. S. 324). Aus
ROMER 1936.

schieden. Bei diesem Schädel niedrig, Schnauze entenartig verbreitert und
ganz leicht abwärts gebogen; Nas nicht an Umgrenzung der vorne gelegenen
Nares beteiligt; Jochbogen mit nur kleinem Jug und für *Eutheria* ungewöhn-
lichem Verhalten. Gebiß noch eigenartiger. 1 oberer und 2 untere, als C^s, I_i
und C_i angesprochene, vorwärts gerichtete „Stoßzähne" und 6—8 Bz, aus
dicht aneinanderstoßenden Pfeilern bestehend; ? horizontaler Zahnwechsel.
Wohl marin-litoral, vielleicht malakophag. Ob des mehrfachen Abweichens
von allen bekannten Säugern Stellung unsicher; auch Beziehungen zu *Multituberculata* (s. S. 254) vermutet; meist bei Sirenen bzw. nächst ihnen bei
Paenungulata angereiht.

Superordo: Mesaxonia

Der Name kommt vom Bau der Gliedmaßen; dieser heißt mesaxon, wenn die Längsachse durch den 3. Finger- bzw. Zehenstrahl verläuft, der hier in der Regel als stärkster, bisweilen auch als alleiniger, die Last des Körpers vornehmlich bzw. ausschließlich zu tragen hat (Abb. 126 *i, k,* 163). Den *Mesaxonia* sind aber auch weitere Merkmale gemeinsam. So in den Gliedmaßen das Fehlen der Clav, der meist kurze, kräftige Hum, der Troch tert(ius) am Fem, die zunehmende Reduktion von Uln und Fib, der alternierende Carpus (Abb. 163), das Rollgelenk für die Tib am astr (Abb. 164*A*); im Rumpf die Opisthocoelie der Ce und vorderen T; im Schädel die häufige Verlängerung des Gesichtsteiles, die rückwärts ver-breiterten, die Nares oft frei über-ragenden Nas, die hinten meist offene Orb, die kleine Bulla; in der Mdb die verwachsene Symphyse, der hochgelegene, antero-posterior kurze und konvexe, medio-lateral längliche Condylus, die (mit der Verstärkung des Musc mass zusam-menhängende) kräftige Entwicklung des hinteren Abschnittes; vor allem aber im Gebiß (Abb. 165) die bis auf P^1_1 vollständig blei-bende Bz-Zahl, die Molarisierung

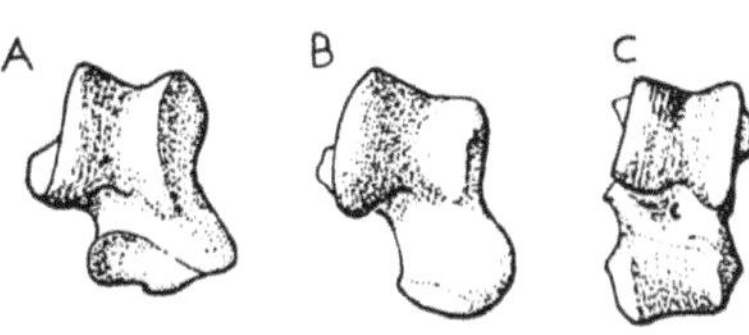

Abb. 164. „Ungulaten"-Astragali. *A Hept-odon* (Eoz NAm), ein Helaletide (s. S. 325), *B Phenacodus* (s. S. 299), *C Homacodon* (MEoz NAm), ein Dichobunide (s. S. 329). Bei *A* und *B* nur proximal (für die Tib) ein Gelenkrolle, bei *C* proximal und distal Rollgelenke. Aus ROMER 1936.

der P, das verschiedentlich modifizierte Grundmuster der oft hypsodont werdenden M-Kronen (M^s mit höckerförmigem Prc und Hyc oder mit unter Styli-Bildung W-förmiger Außenwand sowie Prl und Ml, M_i mit Doppel-V-förmigen oder in den hinteren Schenkeln schräger gestellten Leisten). Man zählt hierher nur die

Ordo: Perissodactyla

(gr. perissós = ungerade) oder Unpaarhufer. Ihre allgemeinen Merkmale sind die der Superordo; doch haben sich die oben angedeuteten Abwand-lungen verschieden vollzogen und bei gleich unterschiedlichen Differen-zierungen hinsichtlich der (stets pflanzlichen) Nahrung, des Lebensraumes und der Beweglichkeit voneinander oft stark abweichende Formen und Gruppen entstehen lassen. Da die Geschichte vieler Linien ungewöhnlich gut belegt ist, ergibt sich eine reiche weitere Gliederung der Ordo, die ab Eoz beurkundet, schon im Palaeog die höchste Entfaltung erreichte und rez nur mehr spärlich vertreten ist.

Subordo: Hippomorpha

Als *Hippomorpha* werden *Equoidea, Brontotherioidea* und *Chalicothe-rioidea* vereinigt. In ihren ältesten Vertretern einander sehr ähnlich, müssen sie wohl von einer gemeinsamen Ahnenform herkommen. Diese

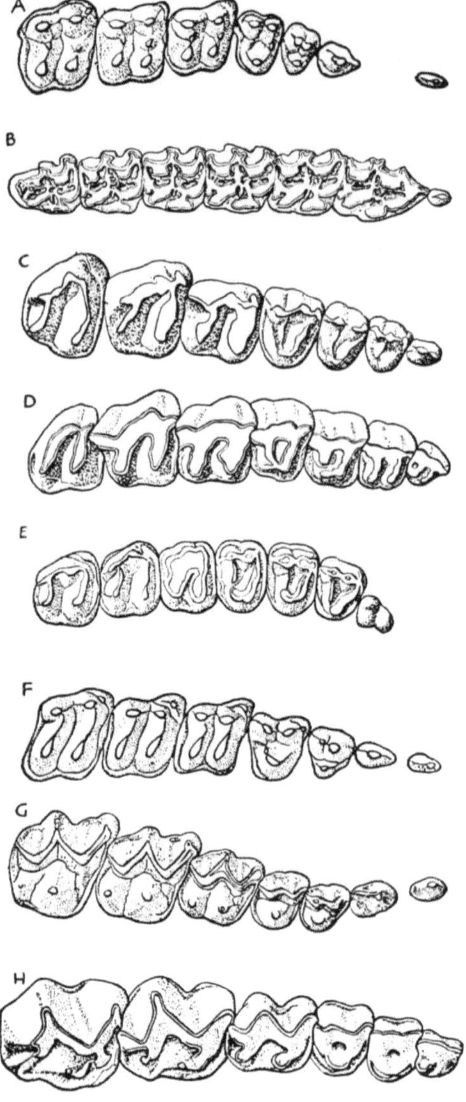

kann kaum anders als *Hyracotherium* (s. S. 320) ausgesehen haben. Da nahebei auch die Loslösung der 2. Subordo anzunehmen ist, ergibt sich eine basale Gabelung der *Perissodactyla*.

Superfamilia: Equoidea

oder Pferdeartige (v. lat. équus = Pferd). Perissodactylen mit der am längsten und besten bekannten Geschichte; diese gekennzeichnet durch (Abb. 165 *A*, *B*, 166, 167): Zunahme von etwa Fuchs- bis Pferde- und vereinzelt Nashorngröße; Verlängerung des Schädels vor der Orb, die so mehr und mehr hinter die Schädelmitte zu liegen kommt, allmählich durch den Proc poorb Fr eingeengt und schließlich durch eine poorb Sp hinten völlig abgeschlossen wird[1]; zunehmende Komplikation des (bis auf die meist verschwindenden bzw. hinfällig werdenden P^1_1 vollständig bleibenden) Gebisses durch Jochbildung, dann auch durch sekundäre Styli, Leisten, Hypsodontie, Zementeinlagerung und Schmelzfältelung an

Abb. 165. Rechte obere Backenzahnreihen von Perissodaktylen. *A Hyracotherium* (*Eohippus*, U Eoz Eur, NAm, s. S. 320, *B Equus occidentalis* (Pleistoz, s. S. 321), *C Hyrachius* (Eoz NAm, ? As, s. S. 326), *D Caenopus* (Olig NAm, s. S. 326), *E Protapirus validus* (Olig, s. S. 325), *F Homogalax* (U Eoz NAm), ein Isectolophide (s. S. 325), *G Palaeosyops* (M Eoz NAm, s. S. 321), *H Moropus* (U—MMioz NAm, s. S. 324); *A* und *F* fast $^1/_1$, *B* fast $^1/_2$, *C* fast $^5/_3$, *D* fast $^2/_5$, *E* fast $^5/_9$, *G* fast $^5/_{12}$, *H* fast $^1/_3$ nat. Gr. Aus ROMER 1936.

[1] Mit dem Schädel wandelten sich auch Hirnraum und Gehirn. Dieses soll anfangs (bei *Eohippus*, s. S. 320) nicht von einem „generalisiertem" Ungulatentyp, sondern dem von *Didelphidae* ähnlich gewesen sein.

den M wie den molarisierten P, geringe Einfaltung und Zementeinlagerung auch an den I; zunehmende Hochbeinigkeit, Reduktion von Uln und Fib, Verstärkung des 3. Finger- wie Zehenstrahles bei
schrittweiser Rückbildung der seitlichen bis zu funktioneller Monodactylie,
unter Übergang zu Digitigradie und Unguligradie mit Verbreiterung
der behuften End-ph (s. Abb. 126 *i*, 167); bio- (ökö-)logisch durch Wandel

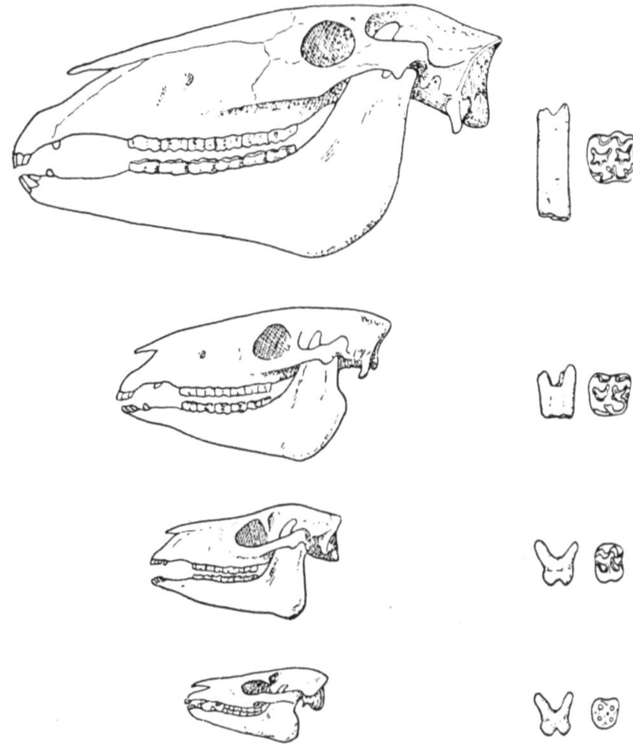

Abb. 166. Hauptevolutionsstufen von Schädel und Backenzähnen bei *Equidae*. Von unten
nach oben: *Hyracotherium* (*Eohippus*, UEoz), *Mesohippus* (Olig), *Merychippus* (Mioz),
Equus (ab Pleistoz). Verkleinert. Aus RENSCH 1956.

von kleinen laubfressenden, mäßig beweglichen Waldtieren zu großen,
grasfressenden, schnellfüßigen Freilandformen. Diese Evolution erscheint heute zwar nicht mehr als einfach-lineare wie zur Zeit, da Gegner
der Abstammungslehre sie als „Paradepferd der Paläontologie" be-
spöttelten; aber die zum rezenten *Equus* führende, im ganzen als Stufen-,
in Teilen als Ahnenreihe bewertbare Hauptlinie darf wohl auch weiter
als ein phylogenetisches Standardbeispiel (mit in vielem geradlinig-ortho-
genetischer Fortentwicklung, s. S. 22/23) gelten.

   Palaeotheriidae. Verschiedene basale Seitenäste der Hauptlinie. Anfangs
— z. B. *Propachynolophus*, UEoz Eur, *Pachynolophus*, M—ObEoz Eur, —

kaum über fuchsgroß; Vorderschädel kurz; Gebiß vollständig; P einfach,
P^s mit ± dreiseitigem Kronenumriß; M bunodont, M^s 6-, M$_i$ 4höckerig,
mit Ansatz zu Jochbildung; Finger 4, behuft; von Zehen 3 mittlere funktionell, seitliche rudimentär. Schließlich — *Propalaeotherium*, M—ObEoz
Eur, U- oder MEoz As, bzw. *Palaeotherium*, ObEoz—UOlig Eur — tapir-,
ja selbst nashorngroß mit molarisierten P und lophodonten M; M^s mit W-
Außenwand und 2 schrägen Querjochen, M$_i$ mit 2 halbmondähnlichen Jochen;
tridactyl. Aber alle *Palaeotheriidae* brachyodont, mit primitiv-konvexem
Rückenprofil, niedrig-beinig, ohne Reduktion von Uln und Fib und, bes.
die großen, im Gesamthabitus mehr tapir- als pferdeartig.

    Equidae, Hauptlinie, mit 3 nicht scharf abgrenzbaren Etappen. *Hyraco-
theriinae*, Frühformen; fuchsgroß bis etwas größer; Vorderschädel kaum
oder wenig verlängert; Orb in oder nahe bei Schädelmitte; Gebiß vollständig,
brachyodont, mit ganz kurzem Diastem vor den nicht, bzw. kaum molarisierten P; M bunodont, oben 6-, unten 4höckerig, mit anfänglicher Jochbildung; Rückenprofil konvex; Beine mäßig lang, schlank, mtp wenig verlängert, Mittelfinger und Mittelzehe kaum verstärkt; 4 Finger, 3 funktionelle
und 2 schon etwas rückgebildete (randliche) Zehen. Hierher: *Hyracotherium*

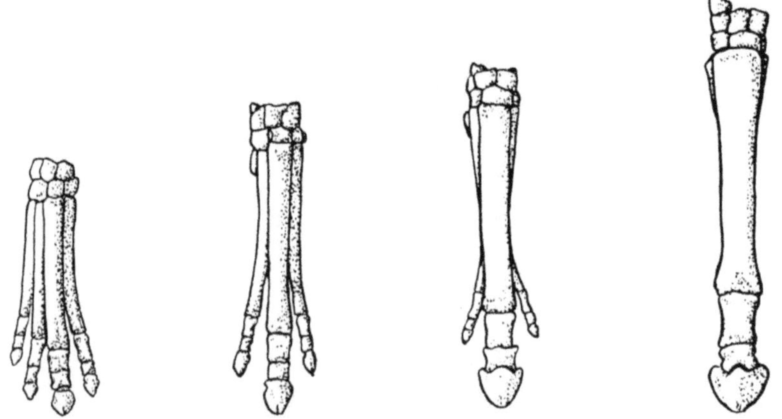

Abb. 167. Hauptevolutionsstufen des Vorderfußes (Carpus, Metacarpus, Phalangen) bei
Equidae. Von links nach rechts: *Hyracotherium* (*Eohippus*, UEoz), *Mesohippus* (Olig,
Merychippus (Mioz), *Equus* (ab Pleistoz). Verkleinert. Aus RENSCH 1956.

einschl. *Eohippus* (s. Abb. 125A, 165A, 166, 167), UEoz Eur, NAm; auch als
Übergangsform an die Basis der Palaeotheriiden reihbar, mit 13 cm Schädel-
länge und 25 cm Schulterhöhe. *Orohippus*, MEoz NAm, und *Epihippus*, ObEoz
NAm, wohl aufeinanderfolgende Glieder der in diesem Abschnitt einstämmigen
Hauptlinie; vermutlich Waldbewohner und Laubfresser.
    Anchitheriinae. Mittelformen. Wolfs- bis schafsgroß oder größer; Vorder-
schädel weiter verlängert, Abtrennung der Orb von Schläfengrube durch
Proc poorb Fr beginnend; zunehmende Molarisierung der P und Jochbildung
an den M; M^s mit W-Ectl, sowie Prcl und Ml, M$_i$ mit 2 Halbmondjochen und
Doppelhöcker aus Mcd und Metastylid (Mstd) an deren Verbindungsstelle;
mtp III weiter verlängert, 5. Finger bis auf Rest von mc V geschwunden;
funktionell tridactyl bei zunehmender Digitigradie. Hierher: *Mesohippus*,
U—MOlig NAm (s. Abb. 166, 167), *Miophipus*, MOlig—UMioz NAm, *Para-
hippus*, U—ObMioz als weitere Stufen der Hauptlinie; *Archaeohippus*,
U—ObMioz NAm, ziemlich klein, *Anchitherium* (s. Abb. 125F), U—MMioz
NAm, M—ObMioz Eur, Mioz As, ponygroß, *Hypohippus* einschl. des bis

nashorngroßen „*Megahippus*", UMioz—UPlioz NAm, UPlioz As u. a., Vertreter z. T. primitiver bleibender Seitenäste. Alle vermutlich Wald- und Waldlichtungsformen (bei gespreizten Zehen auf weichem Grund) und sich von weichen Pflanzenteilen ernährend.

Equinae. Endformen. Gesamtgröße und Schädellänge weiter ansteigend; poorb Sp schließlich vollständig; Entstehung von „Marken" an den I durch Kronen-Einfaltung und Zementeinlagerung; Reduktion des ♀ C, Hinfällig-Werden des P^1 hinten im vergrößerten Diastem; an den oberen Bz Verstärkung der Außenwand-Styli, Abriegelung des Tales zwischen Prl und Ml durch gegeneinander wachsende Querleisten (Crochet, Antecrochet) zur Vordermarke oder Präfossette sowie Bildung der Postfossette zwischen Ectl, Ml und einer diese mit der Hyc-Gegend verbindenden Hypostyl- (Hyst-)Leiste; zunehmende Schmelzfältelung, Zementauffüllung der Täler und Marken sowie Hypsodontie; sich steigernde Hochbeinigkeit bei starker Reduktion von Uln und Fib; Verstärkung bzw. Verlängerung der mtp III und fortschreitende Schwächung der Seitenfinger und -zehen bis zu funktioneller Monodactylie und Unguligradie; mehr und mehr schnellfüßige Graslandformen, vorwiegend Hartpflanzen- (Gras-)fresser. *Merychippus* (s. Abb. 166, 167), M—ObMioz NAm, Frühstufe dieser (schon bei *Parahippus* beginnenden) letzten Evolutionsphase. Von ihm Weiterentwicklung entlang verschiedener Linien zu *Hipparion*, U—ObPlioz Euras, Afr, NAm, ponygroß, mit isoliertem, rundlich-ovalem Prc und noch z. T. funktioneller Tridactylie; zu *Neohipparion*, U—ObPlioz NAm, dem vorigen ähnlich, aber mit länglichem Prc; zu *Nannippus*, U—ObPlioz NAm, bzw. *Calippus*, ObPlioz NAm, beide etwas kleiner; zu *Pliohippus*, U—MPlioz NAm, mit minder extremer Schmelzfältelung als Hipparionen, aber stärkerer Seitenzehenreduktion; und von da zu *Hippidion, Onohippidium* und *Parahipparion*, alle Pleistoz SAm, mit bes. langen und schlanken Nas sowie relativ plumpen Beinen (Gebirgspferde) wie zu *Equus*, ab Plioz-Pleistoz-Grenze, mit funktioneller Monodactylie bei bis auf Griffelbeine reduzierten 2. und 4. Finger- wie Zehenstrahlen (s. Abb. 126*i*); von *Equus* (s. Abb. 165*B*, 166, 167) im Pleistoz mehrere Subgenera wie *Asinus, Hippotigris, Onager, Hemionus* und leichter wie schwerer gebaute Typen als Stammformen der Hauspferde.

Das Evolutionszentrum scheint also vornehmlich NAm gewesen zu sein. Von dort haben wohl immer wieder Auswandererwellen der bald zu Herdentieren gewordenen *Equoidea* den Weg nach den übrigen Kontinenten (außer Austr) genommen. Mit dem Ende des Pleistoz sind jedoch die Pferde aus Am verschwunden und erst im Holoz durch den Menschen wieder dorthin gebracht worden.

Superfamilia: Brontotherioidea

(v. gr. bronté = Donner)[1] oder *Titanotherioidea*, UEoz-MOlig, durch Osborns große Monographie gut bekannt (Abb. 168). Ihre Erstformen, wie *Lambdotherium*, UEoz NAm, waren klein und von frühesten *Equoidea*, bes. *Palaeotheriidae*, kaum verschieden. Bei den *Palaeosyopinae*, U—MEoz NAm u. ? MEoz As (Abb. 165*G*), die schon Tapirgröße erreichten, sind

---

[1] Der Name geht auf die nordamerikanischen Indianer zurück, welche, weil die z. T. in weichen, tonigen Gesteinen eingelagerten Brontotherien-Knochen bes. durch heftige Gewitterregen freigespült wurden, meinten, die „Donnerpferde" kämen unter Blitz und Donner vom Himmel, um Bisons zu jagen.

Schnauzenverkürzung, Schädelprotuberanzen und gedrungener Bau bereits in Anfängen bzw. Orimenten erkennbar. Aus ihnen gingen in verschiedenen Linien bis nashorn- und elefantengroße, graviportale Formen (Schulterhöhe bis 2,5 m) mit scheinbar bes. bei den ♂ großen, in vivo wohl von Haut überkleideten paarigen Knochenzapfen hervor, die den Nas des niedrig-länglichen, oben konkaven und im Facialteil verkürzten Schädels

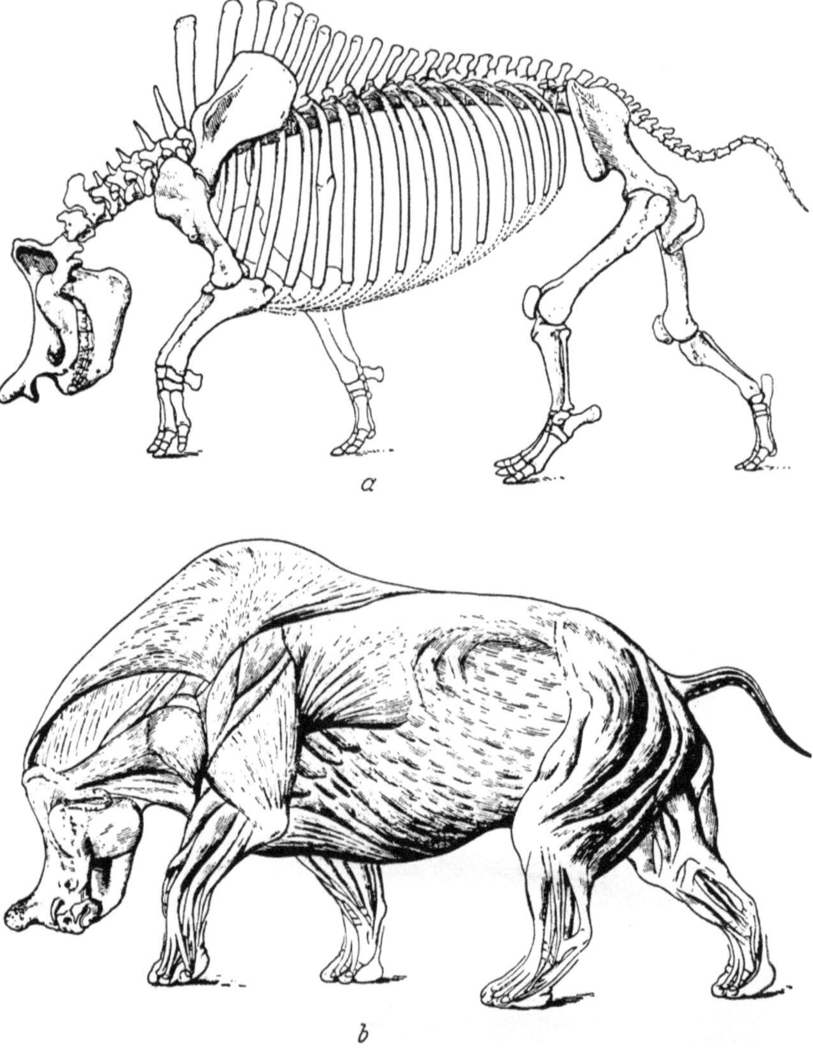

Abb. 168. *Brontops cf. B. robustus* MARSH (Olig NAm). *a* Skelettrekonstruktion (Rippen nur von linker Körperseite, 5. sichtbare von vorne mit verheilter Bruchverletzung); *b* und *c* Rekonstruktion des Muskelkleides bzw. der oberflächlichen Lage desselben; *d* Rekonstruktion

aufsaßen. Doch blieben das Gehirn klein, die Orb hinten offen, Uln und Fib selbständig, die Hand tetra- (Abb. 163 *F*), der Fuß tridactyl. Im Gebiß wurden die I reduziert, die P nur z. T. molarisiert und weniger vergrößert als die M; die M^s wurden unter Bildung einer W-Außenwand, aber Beibehaltung isolierter Innenhöcker bunolopho- bzw. bunoselenodont (s. Abb. 125 *D*, 165 *G*), die M_i entwickelten Doppel-V-Joche (aber ohne Höcker-

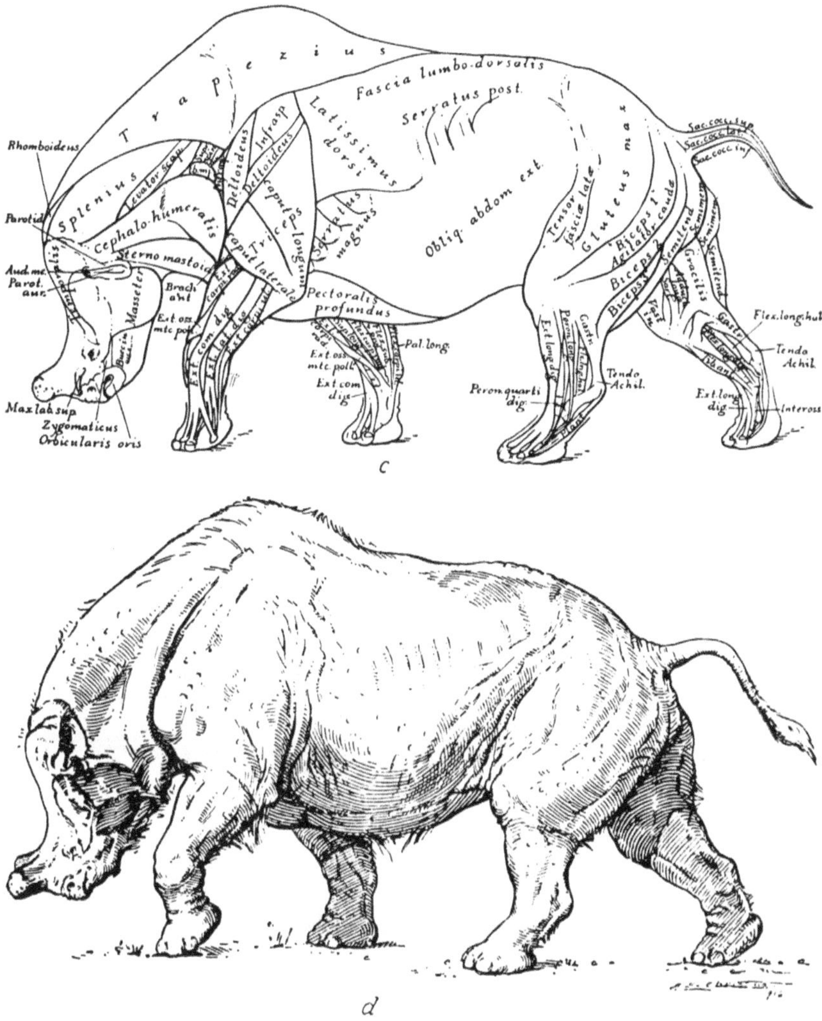

des Lebensbildes (auf Grundlage von *a* nach *b* und *c*). Alle Bilder fast $^1/_{33}$ nat. Gr. Nach OSBORN 1929 aus EHRENBERG in Handb. d. Biol. 1949.

verdoppelung an der Verbindungsstelle, vgl. S. 320). Die Nahrung bestand wohl aus weichen Pflanzen(teilen). Die Brontotherien verharrten so in manchem auf primitiver Stufe. Dies wie die funktionell vielleicht nicht sehr günstige, nur halbseitige Jochbildung an den M^s mag ihr Aussterben erklären.

Lambdotheriinae u. *Palaeosyopinae*, s. o. — *Dolichorhininae*, M—ObEoz NAm. Schädel länglich, Zapfenbildung auf den langen Nas schwach, Gebiß vollständig, P einfach. — *Telmatheriinae*, M—ObEoz NAm, ObEoz—MOlig As, Schädelzapfen schwach. — ±Typische Formen: *Brontopinae*, MEoz— UOlig NAm, ObEoz—MOlig As, ObEoz Eur. — *Embolotheriinae*, ObEoz— MOlig As, Knochenzapfen zu plattenförmigem Gebilde verwachsen. — *Menodontinae*, ObEoz—UEoz NAm, ? UOlig Eur[1]. — *Brontotheriinae*, UOlig NAm.

Superfamilia: Chalicotherioidea (Ancylopoda)

(v. gr. chálix = Kalk, Mörtel). Der basale Zusammenhang mit den übrigen Hippomorphen (s. S. 317) kommt in manchen Ähnlichkeiten mit *Equoidea* (z. B. Schädelproportionen) wie mit *Brontotherioidea* (M-Kronenbau) zum Ausdruck. Doch von beiden haben sich die *Chalicotherioidea* durch besondere Spezialisationen zunehmend entfernt, ja in ihren kräftig bekrallten Fingern (s. u. und Abb. 163 *G*) ein so huftierfremdes Verhalten entwickelt, daß, solange nur isolierte Funde vorlagen, wohl die Zähne zu den Perissodactylen, die Gliedmaßenreste aber zu den Edentaten gezählt wurden.

Am Schädel Nas lang-schlank, Orb hinten offen, Schnauze keilförmig, vorne abgestutzt. Vordergebiß reduziert, schließlich samt P_1 völlig geschwunden. P stets ±klein und einfach, M gegen hinten an Größe zunehmend, M^s bunoselenodont (Abb. 165 *H*), M_i doppel-V-jochig. Vordere Wirbel durch Vergrößerung der Zygapophysen und Reduktion der Centra z. T. ganz ungewöhnlich proportioniert. Hand und Fuß tetradactyl, Arme bis stark verlängert, Uln und Fib nicht mit R und Tib vereinigt; Handskelett bis weitgehend umgestaltet, im Extrem Schäfte von mc II-V abgeflacht, einen konkaven Handrücken bildend, gegen den die nach den tiefgespaltenen, bilateral komprimierten End-ph mächtig bekrallten Finger zurückgeschlagen werden konnten; Hand also Grabwerkzeug, wohl, bei z. T. Nashorngröße, nur zum Nahrungserwerb, da Gebiß auf Weichpflanzenkost weist, vermutlich nach Knollen oder Zwiebeln. Eoz-Pleistoz.

Frühformen wie *Eomoropus*, ObEoz NAm, As, schafsgroß; Gebiß noch vollständig; Hand wenig modifiziert, funktionell tetradactyl mit rudimentärem Pollex und schwach komprimierten End-ph. *Macrotherium*, Olig— UPlioz As, MMioz NAm, ObMioz Eur; *Chalicotherium*, UPlioz Eur; *Nestoritherium*, ? Plioz, Pleistoz As u. a.: M^s mit niedrigen, quadratischen Kronen, Arme merklich länger als Beine, tridactyl. *Schizotherium*, Olig Euras; *Metaschizotherium*, ObMioz Eur; *Moropus*, U—MMioz NAm (Abb. 163 *G*, 165 *H*); *Ancylotherium*, UPlioz Eur; *Postschizotherium*, Pleistoz Eur; u. a.: M^s-Kronen höher und länglich, Arm-Überlänge geringer, 4 Finger, 3 Zehen. — Inc. sed. *Pernatherium*, Eoz Eur.

---

[1] *Menodus* (Abb. 163 *F*) ist der dem Prioritätsgesetz gemäße Name für *Titanotherium*.

Subordo: **Ceratomorpha**

Einst zu den „*Pachydermata*" gezählt (s. S. 308), werden die *Cerato-morpha* oder *Tapiromorpha* heute als 2. Teilstamm der *Perissodactyla* betrachtet (s. S. 318). Ihre Evolution ging eigene Wege und erreichte im ganzen kaum gleiche Spezialisationshöhe wie beim ersten. So wurden an den M^s, wo die Hippomorphen bes. den Ectl kräftig, Querjoche aber spät, kaum oder gar nicht entwickelten, fast umgekehrt diese stärker ausgebildet, während das Außenjoch relativ einfach blieb (Abb. 125 *C*, *E*, 165 *C—F*); sind Hypsodontie, Schmelzfältelung und Zementauffüllung der Täler seltener und geringer; erreichten die Gliedmaßen (Abb. 163 *A—E*) nie Monodactylie. Auch die Lebensweise der schon früh in Tapir- und Nashorn-artige aufgespaltenen *Ceratomorpha* scheint sich in etwas anderen Richtungen wie minder weit vom Perissodactylen-Urzustand entfernt zu haben.

Superfamilia: Tapiroidea

Die *Tapiroidea* sind ab Eoz bekannt, doch — wohl weil sie immer Waldformen blieben (vgl. S. 268) — spärlich überliefert. Sie sind ungewöhnlich konservativ, schon im ATert $\pm$ fertig, die rezenten Tapire ragen wie lebende Fossilien in die Jetztzeit hinein. Mit der heutigen disjunkten Verbreitung sind sie gleichsam das festländische Gegenstück zu den Sirenen (s. S. 316).

Urformen: *Isectolophidae*, U—MEoz NAm, ObEoz As (Abb. 165 *F*). Sehr primitiv. In oder nahe bei ihnen sollen die übrigen *Tapiroidea* und, kaum weit davon, auch die Nashörner wurzeln.

Sonderlinien: *Helaletidae*, UEoz—MOlig NAm, MEoz—UOlig As, (Abb. 164 *A*) und *Lophiodontidae*, U—ObEoz Eur, ? M—ObEoz As. Ebenfalls meist noch klein; z. T. pferdeartig schlank oder an Plumpheit und Größe nashornartig wie *Lophiodon*, M—ObEoz Eur; bei Lophiodontiden M^s mit eigenartigem Mc, M_i mit schrägen Querjochen, Hand tetra-, Fuß tridactyl.

Echte Tapire: *Tapiridae*, UEoz—Pleistoz NAm, UOlig—Pleistoz Eur, Pleistoz—rez SAm, Mioz—rez As. Auch sehr primitiv. Orb hinten offen, Tymp ringförmig, Gebiß bis auf P_1 vollständig, C wohlentwickelt, Bz brachyodont, ohne Zementeinlagerung. M^s mit W-Außenwand und 2 Querjochen, doch Pac und Mc noch als Höcker kenntlich (s. Abb. 125 *E*), M_i bilophodont. Beine kurz, Uln und Fib frei, Hand tetra-, Fuß tridactyl. Spezialisiert nur in nach oben verlagerten Nares, kurzen, hinten stark verbreiterten Nas, kurzem Rüssel und Molarisierung von $P^2{}_2$—$^4{}_4$. Plump, nächtliche Laubfresser. Schon *Protapirus*, UOlig Eur, MOlig—ÜMioz NAm (Abb. 163 *E*, 165 *E*) u. a. kaum von *Tapirus*, ? ObMioz, Plioz—Pleistoz Eur, UPlioz—rez As, Pleistoz NAm, Pleistoz—rez SAm, verschieden.

Superfamilia: Rhinocerotoidea

Die *Rhinocerotoidea* (v. gr. rhís = Nase) sind die Perrisodactylen mit der bisher am wenigsten gut überschaubaren Geschichte. Die Ursache mag sein, daß die Verzweigung nicht in Stammform (Hauptlinie mit in

verschiedener Höhe bzw. zu verschiedenen Zeiten abgehenden Neben-
linien), sondern in Busch- oder Strauchform (viele ± gleichwertige bzw.
gleichzeitige Linien) erfolgte. Die Folge aber ist eine noch unterschiedliche
Systematik.

Wohl primitivste und basisnächste Gruppe: *Hyrachyidae*, U—ObEoz NAm,
? Eoz As (Abb. 165*C*). Schädel kurz, hornlos, Vorderzähne unspezialisiert,
P einfach; M^s mit wenig W-förmigem Ectl und zueinander parallel, schräg
nach innen-hinten ziehenden Prl und Ml; M_i mit etwas asymmetrischen Halbmondjochen; Körper länglich, Beine grazil, 4fingerig, 3zehig; wolfs- bis pferde-
groß; Aussehen wohl mehr wie alttertiäre Equiden oder Tapire denn wie
Nashörner.

Scheinbar ± aberrante Seitenzweige: *Hyracodontidae*, MEoz—ObOlig NAm,
? M—ObEoz As. Von Vorigen durch Molarisierung der P wie durch betont
lange und schlanke, tridactyle Beine (Abb. 163*A*) verschieden; Entwicklung
also ± equidenähnlich zu Läufern. — *Amynodontidae*, ObEoz—MOlig NAm,
ObEoz—MOlig As, MOlig Eur, P nicht molarisiert; bei späteren I, z. T. auch
P reduziert, C und M verstärkt und vergrößert; Beine kurz, 4 Finger, 3 Zehen;
nach Gesamtform und Größe flußpferdartig, wohl Sumpf- oder Flußbewohner.

Nashörner i. eng. S.: *Rhinocerotidae*, MEoz—Pleistoz Eur, ObEoz—UPlioz
NAm, ObEoz—rez As, Mioz—rez Afr. Bei ihnen werden u. a. Proc postglen und
posttymp am äußeren Gehörgang beteiligt. Als primitivste gelten *Caenopinae*, MEoz—UPlioz Eur, ObEoz—UPlioz NAm, und *Aceratheriinae*, MOlig—
UPlioz Eur, UMioz—UPlioz As. Größenzunahme und Verplumpung stark;
Streckung des Schädels, Vergrößerung von I^1_2 bei teilweiser Reduktion der
anderen Vorderzähne; rasche Molarisierung der P; 4—3 Finger (selten noch
Reste des 5.) und 3 Zehen; bei *Caenopinae* (Abb. 163*B*, *C*, 165*D*) Molarisierung
von P^2 zu P^4 fortschreitend, nicht wie gewöhnlich von P^4 vorwärts.

Weitere Linien: vor allem *Paraceratheriinae* und *Teleoceratinae*. *Paraceratheriinae* (= *Indricotheriinae* = *Baluchitheriinae*), ? ObEoz, ObOlig—UMioz As,
Tert Eur. Vordergebiß bis auf I^1_2 reduziert, Mdb-Sy etwas abwärts gekrümmt,
Hals lang, Beine lang — auch mtp, doch ph kurz — säulenfußartig, tridactyl,
mit stärker als sonst reduzierten Seitenstrahlen (Abb. 163*D*). Schädellänge bis
1,28 m, Schulterhöhe bis 6 m, größte Landsäuger; wohl Laubfresser. *Teleoceratinae*, ObOlig—UPlioz Eur, ObMioz—UPlioz NAm. Sehr niedrigbeinig, bes.
Unterarm, Unterschenkel, Manus und Pes kurz; Anzeichen schwacher Horn-
bildung; Zehen gespreizt, wohl amphibiotisch.

Typische Nashörner: Hörner (aus modifizierten Haaren) bzw. „Hornpolster" = knöcherne, buckelförmige Basis der Hörner stark entwickelt, Vordergebiß bis vollkommen schwindend; Bz oft hypsodont, mit zusätzlichen Leisten (Crochet, Antecrochet, Crista, s. Abb. 125*C*), bisweilen auch mit Schmelzfältelung und Zementauffüllung; vermutlich mindestens 3 gesonderte Linien.
Rhinocerotinae, UPlioz—rez As, mit I^1_2 und 1 Horn; rez (SAs-Java) indisches
Nashorn (wohl „Einhorn" der Sage) und *Rhinoceros sondaicus*. — *Dicero-
rhinae*, ObOlig—Pleistoz Eur, UOlig As, Pleistoz—rez Afr; z. T. mit reduzierten I^1_2 und mit 2 hintereinander stehenden Hörnern. Hierher: *Dicerorhinus.*
D. sansaniensis, Mioz, *D. schleiermacheri*, UPlioz, *D. etruscus*, APleistoz, alle
Eur; *D. sumatrensis*, rez. *Coelodonta* = *Tichorhinus*, Pleistoz Euras; mit verknöcherter Nasenscheidewand, hypsodonten Bz und nach Eis- bzw. Salzmu-
mien wie prähistorischen Höhlenmalereien mit Wollkleid, „Wollhaarnashorn"
(also nicht nackthäutig-„pachyderm" wie die rezenten Nashörner). *Ceratothe-
rium*, Pleistoz—rez Afr, mit dem rezenten *C. simum* (Breitmaul-, Stumpf- oder
Weißnashorn, bis 4,4 m lang). *Diceros*, mit *D. pachygnathus*, UPlioz Euras,
und *D. bicornis*, Spitz- oder Schwarznashorn, rez Afr. — *Elasmotheriinae*,
UPlioz—Pleistoz As, Pleistoz Eur; Vordergebiß und vordere P fehlend, vorhandene P nicht ganz molariform, M hypsodont, ohne deutlich abgegrenzte
Wurzelregion, mit gekräuseltem Schmelz, starker Zementauffüllung der
Täler; mit 1 großen Hornpolster, meist mehr auf den Fr.

Superordo: Paraxonia

Auch die *Paraxonia* sind nach dem Gliedmaßenbau benannt. Hier tragen (vgl. S. 292) 3. und 4. Finger- bzw. Zehenstrahl die Körperlast gleichmäßig u. zw. meist ganz oder fast allein; beide sind daher ungefähr gleich lang und stark (s. Abb. 126 *l*). Sonst kennzeichnen die Extremitäten: das nahezu stete Fehlen von Clav und Troch tert; die häufige Reduktion von Uln und Fib sowie ihre Verschmelzung mit R bzw. Tib; das Getrennt-Bleiben von r, int und uln; oft auch Verkeilungen, Verschmelzungen (cII +III, ct + tIV +V), ferner Reduktion seitlicher Elemente in Meso-carpus und Mesotarsus; ganz bes. weiter die 2 Gelenkrollen am astr, (Abb. 164 *C*), proximal und distal; endlich oft die Vereinigung von mtp III +IV zum Os canon (gr. kanón = Rohrstab) oder Kanonenbein. Im Achsenskelett sind, außer bei primitiven Gruppen, der Proc odont = Dens epistr(ophei) hohlmeißel- statt zapfenförmig und Ce 3—7 opistho-coel. Am Schädel ist die Mastroidregion (außer bei *Suiformes*, s. S. 329ff.) äußerlich oft gut sichtbar. Das Bocc ist gewöhnlich breit und quadra-tisch, die Par sind in der Regel klein gegenüber den häufig Horn- oder Geweihbildungen tragenden Fr und können auf die Schädelhinter-wand verschoben sein. Ein Scheitelkamm ist selten. Die Orb sind hinten meist abgeschlossen, die Lacr bald wohlentwickelt, bald unvoll-ständig verknöchert (Ethmoidallücken); die Nas rückwärts kaum oder wenig verbreitert. Bei Reduktion des oberen Vordergebisses können auch die Pmx Rückbildung erfahren, bei rüsselähnlichen Bildungen ein Os nasi, praenasale oder rostri auftreten. Für die Mehrzahl ist weiter kenn-zeichnend die (erst im Verlaufe der Ontogenese erfolgende) Knickung der Schädelachse zwischen Bsph und Vo. Die Mdb hat in der Regel einen eher schwachen horizontalen und einen hohen aufsteigenden Ast. Die quere Verbreiterung des meist hochgelegenen Cond mdb wie der stark auf den Proc zygom verschobenen Fossa glen(oidalis) begünstigen seitliche Kiefer-bewegungen.

Das Gebiß blieb nur selten vollständig, mit raubtierähnlichen, kräfti-gen Vorder- und $\pm$ bunodonten Backenzähnen. Meist wurden jene, bes. I^s und C^s, reduziert, oft auch P^1_1. P^{2-4}_{2-4} erfuhren vielfach Molari-sierung, die M (Abb. 169) wurden polybunodont, bunoselenodont, meist aber selenodont, mit an den M^s gegen innen, an den M_i gegen außen kon-vexen Halbmonden. Diese beiden Doppelhalbmonde — nur an M^3_3 sind es 3 — gingen an den M^s über ein 5-Höckerstadium aus einem 4-Höckerstadium hervor[1]. Hypsodontie und Zementeinlagerung erhöhen

---

[1] Bisher herrschte die Auffassung vor, daß nur primitive bzw. frühe *Paraxonia* wie die „*Hypoconifera*" (s. S. 329) einen Hyc hätten, und der dem hinteren inneren Halbmond zugrunde liegende Höcker wurde bei den *Caino-theroidea* (s. S. 332) als nach hinten verschobener Prc, bei allen übrigen, den „*Euartiodactyla*", als nach lingual verschobener Mcl aufgefaßt. Nach Dehm (1958) scheint es indessen, daß der den hinteren inneren Halbmond der „*Euartiodactyla*" bildende Höcker doch der Hyc sein könnte, da Befunde an Frühformen auf ein Rudimentär-Werden des Mcl hindeuten.

wieder oft die Leistungsfähigkeit der Bz zur Bewältigung auch harter Pflanzennahrung (bes. Gräser).

Auch innerhalb der Paraxonia wird nur eine

Ordo: Artiodactyla

(v. gr. ártios = gerade) oder Paarhufer unterschieden. Ihre Merkmale sind so wieder (vgl. S. 317) die der Superordo u. zw. die morphologischen wie die bio- bzw. ökologischen. In Wandlung und Ausgestaltung zeigen sie

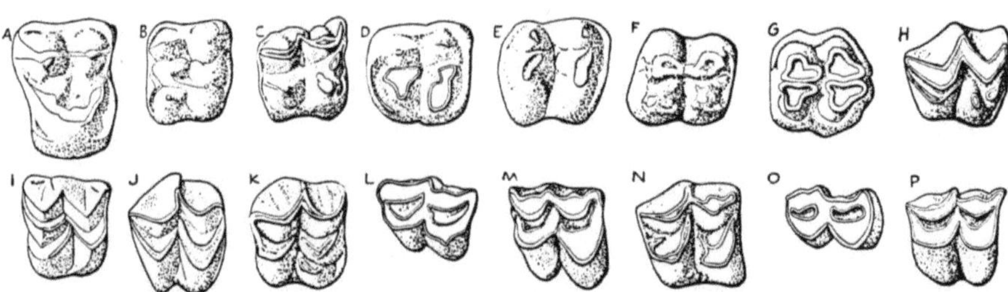

Abb. 169. Rechte M⁸ von Artiodactylen. *A Diacodexis* (UEoz NAm), ein Dichobunide (s. S. 329), bunodont; *B Dichobune* (MEoz—UOlig Eur, s. S. 329), bunodont mit Hyc; *C Anthracotherium* (Olig Eur, UMioz ? UPlioz As, s. S. 331), bunoselenodont, fünfhöckerig; *D Archaeotherium* (Olig NAm), ein Entelodontide (s. S. 329), bunodont-schweineartig, doch mit Hyc; *E Platygonus* (ObPlioz—Pleistoz NAm, Pleistoz SAm), ein Tayassuine (s. S. 330); *F Sus erymanth(i)us*, ein pliozäner, bunodonter Suine (s. S. 330); *G Hippopotamus* (pleistozäne Form), mit kleeblattartigen Kaumarken (s. S. 331); *H Anoplotherium* (UOlig Eur), bunoselenodont mit Prcl (s. S. 331), *I Cainotherium* (*Caenotherium*, MOlig—UMioz Eur), mit (?) rückwärts verlagertem Prc (s. S. 332); *J Merycoidodon* (*Oreodon*, U—MOlig NAm), selenodont, vierhöckerig (s. S. 332); *K Xiphodon* (ObEoz—UOlig Eur), selenodont, fünfhöckerig (s. S. 333); *L Alticamelus* (MMioz—UPlioz NAm, s. S. 333), selenodont, vierhöckerig wie auch M—P; *M Samotherium* (UPlioz OEur, As), ein Palaeotragine (s. S. 337); *N Dicrocerus* (Neog Euras, s. S. 336); *O Tetrameryx* (Pleistoz NAm), ein Antilocaprine (s. S. 338); *P Tragocerus* (Plioz Euras, s. S. 338). Bilder nicht maßstäblich. Aus ROMER 1936.

trotz wesentlicher Unterschiede Parallelen bzw. Analogien zu den Unpaarhufern. Neben Primitiv- oder Seitenlinien-Formen von geringer Beweglichkeit und plumper Gestalt, neben Wald-, Sumpf- und z. T. Flußbewohnern, neben ±ausgesprochenen Omnivoren, sind entlang der Hauptentwicklungslinien viele schnellfüßige, oft in Herden lebende Freilandtiere, typische Laub- und schließlich Grasfresser hervorgegangen. Doch während die Unpaarhufer-Geschichte im Eoz mit reicher Überlieferung beginnt und ihren Höhepunkt zu Ende des Neog bereits überschritten hatte, setzt die fossile Beurkundung der Paarhufer im Eoz nur spärlich ein und zeigt eine spätere, aber reichere Entfaltung an, die, nur wenig gemindert, bis zum Eingreifen des Menschen in der jüngsten Vergangenheit fortdauerte.

Sobald die rezenten Paarhufer als Einheit erkannt waren, ließen sie sich trotz ihres Formenreichtums leicht in *Non-Ruminantia* und *Ruminantia* (lat. non = nicht, rumināri = wiederkauen) gliedern. Die zunehmende

Kenntnis der fossilen Formen ergab jedoch, daß von *Ruminantia* 2 Linien bis tief in das Eoz zurück getrennt verfolgbar sind, womit eine schon basale Dreistämmigkeit wahrscheinlich und eine Aufgliederung in 3 gleichwertige Unterabteilungen nahegelegt wurde. Auch fand man Zwischenstufen und sonstige, in das auf den rezenten Formen und vielfach auf Weichteilmerkmalen basierende System nicht sicher einreihbare Typen. So unterliegt die Gruppierung noch Schwankungen und auch das hier gewählte SIMPsonsche System mag nicht in allem befriedigen.

Subordo: **Suiformes**

Bei *Suiformes* (v. lat. sus = Schwein) oder *Non-Ruminantia* sind Beibehaltung und z. T. betonte Entwicklung der C, Bunodontie und eine außen wenig zutagetretende Mastoidregion die Regel. Meist haben sie ferner den Dens epistr zapfenförmig, die Ce 3—7 wenig opisthocoel, Uln wie Fib vollständig und frei, kein Os canon und tetradactyle Beine. Den rezenten fehlen im Verdauungstrakt die Wiederkäuer-Spezialisationen.

Infraordo: **Palaeodonta**

Als *Palaeodonta* werden jetzt die ältesten, z. T. bes. urtümlichen *Suiformes* vereinigt. Die Infraordo entspricht im wesentlichen den „*Bunodonta*" +„*Hypoconifera*" früherer Gliederungen. Am weitesten zurückverfolgbar ist die

Superfamilia: Dichobunoidea

Dichobunidae; UEoz—MOlig Eur, U—ObEoz NAm, (Abb. 164 *C*, 169*A*, *B*). Soweit bekannt klein, mit niedrig-länglichem Schädel, kurzen, funktionell tetradaktylen Beinen. Manche mit noch trituberculären, stumpfhöckerigen M^s so generalisiert, daß ohne gelegentliche Kenntnis des schon artiodactylen astr fast Zuordnung zu Insectivoren oder Primaten möglich. Hier oder nahebei Wurzeln der übrigen *Suiformes*, vielleicht auch aller Artiodactylen. Trituberculäre M^s sollen auch noch vorkommen bei *Leptochoeridae*, U—ObOlig, NAm. Meist aber M^s bunodont-6-höckerig mit Hyc, C wohlentwickelt wie bei *Choeropotamidae*, U—ObEoz NAm, M—ObEoz As, ObEoz—MOlig Eur, und *Cebochoeridae*, MEoz—UOlig Eur; jene z. T. langschnauzig (? Schweineahnen), diese kurzschnauzig und nach sonstigen Besonderheiten einer Seitenlinie angehörig.

Superfamilia: Entelodontoidea

Nur *Entelodontidae*, ObEoz—UMioz NAm, ? ObEoz, UOlig As, UOlig Eur (Abb. 170). Bis flußpferdgroß. Schädel ursprünglich (bei *Achaenodon*) mit nur mäßig langem Facialteil und hinten offener Orb, dann langschnauzig und mit poorb Sp; Hirnraum klein bleibend; am Jochbogen ein großer, abwärts gerichteter lappenförmiger Fortsatz. Mdb mit löffelartig ausgehöhlter Symphyse und 2 Tubera, die wohl besonderer Entwicklung und Beanspruchung der Kiefermuskulatur entsprechen; Cond mdb relativ tief gelegen. I lang, C kräftig, eigenartig ausgeschliffen, P einfach, M eher klein, bunodont, mit Hyc (Abb. 169*D*). Hals kurz, Dornfortsätze im Vorderrumpf hoch = kräftige Nackenmuskulatur. R und Uln verschmolzen, kein Kanonenbein, mitunter funktionell bidactyl. Gesamthabitus wohl schweineähnlich, doch Merkmalskombination eigenartig; Seitenlinie. Als Nahrung Wurzeln oder Schilfstengel vermutet.

Infraordo: **Suina**

Die *Suina* oder echten Schweine, einst auch zu den „*Pachydermata*" gerechnet, sind die Kerngruppe der *Suiformes*. Schädel meist langschnauzig, vorne keilförmig zulaufend, rückwärts steil ansteigend; Orb hinten offen; Lacr unterschiedlich gestaltet (systematisch wichtig); Meat audit ext lang, gegen oben ausmündend; Mastoidregion wenig frei zutagetretend; Os nasi als Rüsselknochen. Gebiß vollständig, nur ausnahmsweise Reduktionen; C bes. bei ♂ hauerartig vergrößert, dauernd wachsend;

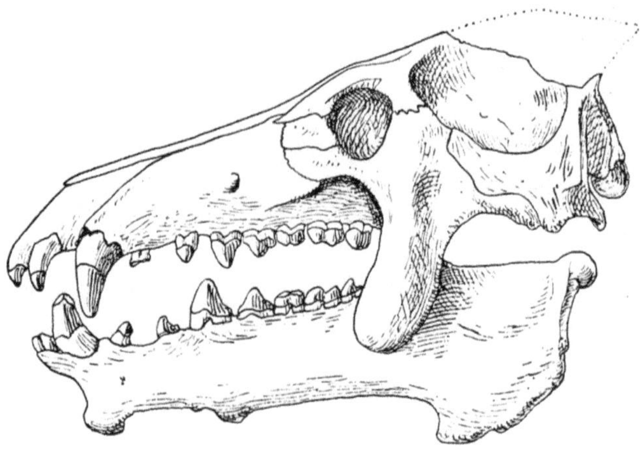

Abb. 170. Schädel samt Unterkiefer von *Archaeotherium marshi* TROXELL, einem Entelodontiden aus dem UOlig NAm. Fast $^1/_6$ nat. Gr. Aus ABEL in WEBER 1928.

M oligo- bis polybunodont, flach- und stumpfhöckerig (Abb. 169 *F*). Beine meist eher schlank, tetradactyl mit kleinen, nur auf weichem Boden funktionierenden Seitenzehen. Sie zerfallen in je 1 alt- und vorwiegend neuweltliche Gruppe.

Suidae ab UOlig Eur, ab UMioz Afr, ab ObMioz As. C meist groß, oft dreikantig, nach oben und außen gekrümmt. *Hyotheriinae*, UOlig-ObMioz Eur, UMioz Afr, ObMioz-MPlioz As, früheste. *Listriodontinae*, Mioz Euras, Plioz As, z. T. mit tapiroiden Querjochen an den Bz. — *Suinae*, ab Plioz Euras, ab Pleistoz Afr; bei *Phacochoerus*, ab Pleistoz Afr, oberes Vordergebiß und P_i stärker reduziert, P_4, $M_{1,\,2}$ früh ausfallend (? Beginn von horizontalem Zahnwechsel), M^3_3 groß, lang, ±hypsodont, mit geschwächten Haupt- und vielen Sekundärhöckern. — *Tayassuinae = Dicotylinae*, ab UOlig NAm, ab Pleistoz SAm, UOlig und ObMioz Eur, UPlioz As. C mehr gerade und normal geformt, M (Abb. 169 *E*) einfacher als bei Vorigen, hingegen Beine durch Vereinigung von R und Uln, beginnendes Kanonenbein und mitunter stark reduzierte Seitenzehen spezialisierter; wohl Abkömmlinge primitiver Suidae.

Infraordo: **Ancodonta**

Über die Zugehörigkeit aller *Ancodonta* (gr. ánkos = Schlucht, Tal) zu einem engeren Verwandtschaftskreis herrscht wohl noch keine restlose Übereinstimmung. Kern der Gruppe sind die nach den häufigen Funden in tertiären Kohlenbildungen benannten *Anthracotheriidae* (Kohlentiere) und die ihnen wohl nahestehenden *Anoplotheriidae*. Mit ihnen werden die *Hippopotamidae* zur

Superfamilia: Anthracotherioidea

vereinigt.

Anoplotheriidae, MEoz—MOlig Eur. Teils klein wie *Diplobune*, U—MOlig Eur, teils bis 1 m Schulterhöhe erreichend wie *Anoplotherium* (Abb. 171), UOlig Eur. Neben primitiven Zügen, wie einem ziemlich niedrigem Schädel mit länglichem Gesichtsteil und einem vollständigen, diastemlosen Gebiß, kleine C_i, große P^1_1, bunoselenodonte M, M^s mit Prcl als 5. Höcker (Abb. 169 *H*) und oft stark aber ungewöhnlich reduzierten Seitenzehen[1].

Anthracotheriidae, MEoz—UMioz Eur, ObEoz—Pleistoz As, UOlig—UMioz NAm, UOlig—UPlioz Afr. Schädel niedrig, aber betont langschnauzig, Orb hinten weit offen, Mastoidregion nur wenig frei zutagetretend; Sagittalkamm. Gebiß vollständig, Vorderzähne normal, P bis auf P^4 einspitzig, M anfangs

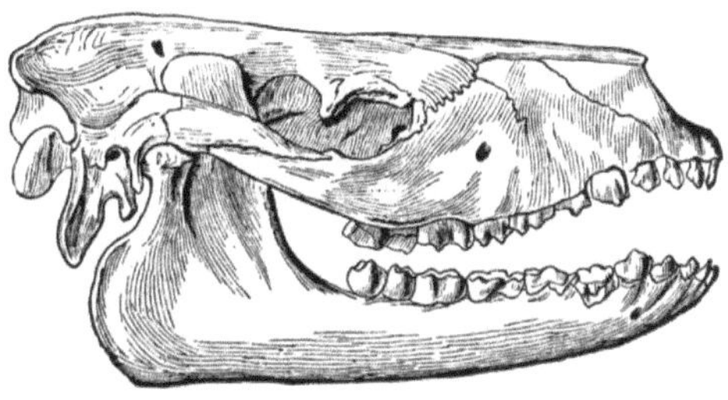

Abb. 171. *Anoplotherium commune*, Schädel mit Unterkiefer in Seitenansicht. Über $^1/_6$ nat. Gr. Aus ABEL 1924.

bunodont, dann bunoselenodont, M^s 5höckerig. Dens epistr zapfenförmig, Beine kurz, Uln und Fib frei, Carpus und Tarsus ohne Verschmelzungen; Hand nicht immer typisch paraxon, funktionell 4fingerig, anfangs noch mit Daumenrudiment. *Anthracotherium*, U-ObOlig Eur, UMioz, ? UPlioz As, (Abb. 169 *C*). *Bothriodon = Ancodus*, UOlig Eur, U-MOlig NAm. *Brachyodus*, UOlig-UMioz Eur, UOlig Ägypt, ObOlig As. *Merycopotamus*, Plioz—Pleistoz As, mit vorne verbreiteter Schnauze und etwas an Flußpferde erinnernden M; u. a. Einzelne bis nashorngroß.

Hippopotamidae = Flußpferde, MPlioz—Pleistoz As, ab MPlioz Afr, Pleistoz Eur. Früher zu „*Pachydermata*" gezählt, nach jetziger Auffassung in sehr engen Beziehungen zu Anthracotherien. Rez wie Schweine spärlich behaart, einzige amphibiotische Artiodactylen. Schnauze vorne breit, Orb hinten nur wenig offen, hoch gelegen, daher Sehen über Wasser bei fast untergetauchtem Körper möglich. Bei rez Gebiß vollständig bis auf I^3_3; vordere P einspitzig, M-Kronen mit 4 großen, durch tiefe Täler getrennten Höckern, bei stärkerer Usur mit kleeblattartigen Kaumarken (Abb. 169 *G*); Quetschgebiß zur Zerkleinerung saftiger Pflanzen. Körper lang, plump, Beine kurz, tetradactyl, Finger und Zehen gespreizt. Fossilfunde spärlich, z. T. nur durch vollständiges Gebiß von rezenten verschieden. Im älteren Pleistoz bis Medit und MEur, auch Zwergformen ähnlich den rez Zwergformen Afr.

---

[1] Die mtp-Reste sprangen von Carpus und Tarsus als knotenförmige Rudimente vor. Wegen der demnach zu vermutenden Behinderung des Gleitens der Sehnen bei der Bewegung hat W. KOWALEVSKY von einer inadaptiven, also „fehlgeschlagenen" Anpassung (s. S. 23, 290) gesprochen.

Superfamilia: Cainotherioidea

Nur *Cainotheriidae* oder *Caenotheriidae*, ObEoz—UMioz Eur. Auch zu *Tylopoda* (s. unten) oder — vielleicht am richtigsten — in eigene Subordo gestellt. In Größe, antorbitalen Knochendurchbrüchen, verlängerten Hinterbeinen und wohl auch Bewegung hasenähnlich. Zahnreihe geschlossen, C nicht vorragend, Prc gegen hinten verschoben und hinteren Halbmond bildend (vgl. S. 327, Fußnote 1 und Abb. 169 *I*), 5fingerig, 4zehig.

Infraordo: **Oreodonta**

Die *Oreodonta*, ObEoz—MPlioz NAm sind mangels Kenntnis ihrer Frühformen nirgends sicher anzuschließen. Man hat sie jeder der 3 Artiodactylen-Subordines zugezählt. Am ehesten dürften sie zwischen *Suiformes* und *Tylopoda* ihren Platz finden, wobei sie jenen wie diesen angereiht werden können.

Agriochoeridae, ObEoz—UMioz. Orb hinten offen, I^8 z. T. verloren (vgl. *Ruminantia*, S. 334), selenodont. Hand pentadactyl und wie Fuß mit Krallen[1]. Frühere Formen typischen Oreodonten (s. u.) ähnlicher und Bewertung als deren basalen Seitenzweig rechtfertigend.

Merycoidodontidae (gr. merykästhai = wiederkauen) oder *Oreodontidae*, ObEoz—MPlioz, typische Oreodonten. Richtig behuft, ± schwer gebaut, eher kurzbeinig, katzen- bis schweinegroß. Uln und Fib frei, tetradactyl, bisweilen noch mit rudimentärem Daumen. Schädel ziemlich massig, Orb hinten gewöhnlich geschlossen, Bulla oft sehr groß. Gehirn nach Hirnraum bzw. Ausgüssen mit suiden Zügen. Z. T. Nas reduziert, Nares nach hinten verlagert (? Rüsselbildung). Antorbital eine Grube, auch ein Foramen, wohl wie bei Wiederkäuern für eine Wangendrüse. Gebiß fast immer vollständig, ohne Diastem; C_i incisiviform, P^1 etwas vergrößert, Bz selenodont, brachyodont, bei größeren und späteren Formen auch ziemlich hyposodont; M^3 mit 4 (anfangs 5) V-Höckern. Insgesamt also mit suiden wie, im Gebiß, mit ruminantierartigen Zügen. Etwa 30 Gattungen, zahlreiche Arten. Bes. häufig *Merycoidodon* (= *Oreodon*) im U—MOlig, das vermutlich in Herden lebte (Abb. 169 *J*).

Subordo: **Tylopoda**

Die auch (vgl. S. 328/329) als Infraordo der *Ruminantia* bewerteten *Tylopoda* oder Schwielenfüßer (v. gr. týlos = Schwiele) nehmen zwischen den beiden anderen Subordines eine Art Mittelstellung ein. Mit den *Suiformes* haben sie z. B. die Horn- bzw. Geweihlosigkeit und die ungeknickte Schädelachse, mit den *Ruminantia* (im hier gebrauchten, engeren Sinne) die stete Selenodontie und den (zwar nicht voll bzw. anders entwickelten) Wiederkäuermagen gemeinsam. Für die typischen bzw. rezenten Tylopoden sind weiter kennzeichnend: der vorwärts verschmälerte Gesichtsschädel, die hinten geschlossene Orb, die innen blättrig-spongiöse Bulla, der sphärische Cond mdb; die Reduktion von $I^{1,2}$ und vorderen P, ein kleiner C^s, ein caniniformer C_i und ein Diastem; der hohlmeißelförmige Proc odont, der verlängerte Hals und die langen Beine mit nicht in die Bauchdecke einbezogenen Oberschenkeln; die nur teilweise

---

[1] Ursprünglich wurden daher nur die Zähne auf *Artiodactyla* bezogen, die Beine aber auf Carnivoren oder Chalicotherien, bis Verbandfunde die Zusammengehörigkeit klarlegten; vgl. S. 324.

Reduktion von R und Uln, aber weitgehende der Fib; das Fehlen des c I, die Verschmelzung von t II und III bei sonst freien t; die Bidactylie ohne Seitenzehenreste und die vom Os canon aus divergierenden, digitigraden, mit nagelähnlichen Hufen und schwieliger Sohle versehenen Finger bzw. Zehen; die dichte, wollige Behaarung; die ovalen Blutkörperchen. Neben den *Camelidae* werden meist die *Xiphodontidae* als basisnahe Gruppe zu den Tylopoden gerechnet.

Xiphodontidae, MEoz—UOlig Eur. Gebiß vollständig, diastemlos mit allmählichem Formübergang von Vorder- zu Hinterzähnen. M seleno- und brachyodont, M^8 noch mit 5 V-Höckern (Abb. 169 *K*); Beine schon lang, schlank, funktionell bidactyl mit splintförmigen Seitenzehenresten. Noch kein Os canon.

Camelidae (gr. kámelos), typische Tylopoden, ObEoz—Pleistoz NAm, Pleistoz—rez As, SAm, Pleistoz Eur, NAfr. Evolution demnach wohl vorwiegend in NAm. Dort Frühstufe z. B. *Protylopus*, ObEoz; etwa hasengroß, mit vor-

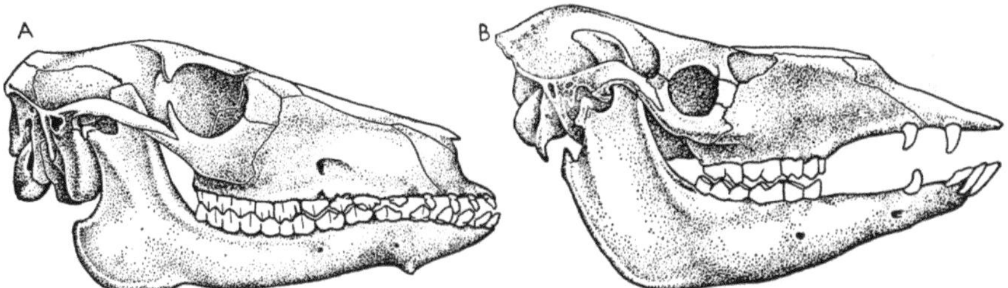

Abb. 172. Schädel mit Unterkiefer von Cameliden, in Seitenansicht. *A Poëbrotherium* (MOlig NAm), Schädellänge gegen 20 cm, Orb hinten noch offen, Diastembildung und Hypsodontie erst beginnend; *B Camelops* (Pleistoz NAm), Schädellänge gegen 70 cm, Orb hinten geschlossen, $I^{1,2}$ geschwunden, Diastem deutlich, Hypsodontie stärker. Aus ROMER 1936.

wärts verschmälertem Gesichtsschädel, aber hinten noch offener Orb; Gebiß ähnlich wie bei Xiphodontiden, M brachy- und selenodont, doch M^8 bei (wohl durch Vereinigung mit dem Prcl) „gegabeltem" Prc bereits 4höckerig; Uln kurz, lange von R getrennt bleibend, Fib dünn, aber vollständig; kein Os canon, Hand 4fingerig, Fuß mit reduzierten Seitenzehen. Nächste Stufe *Poëbrotherium*, MOlig; Orb hinten nur wenig offen, Bulla innen spongiös werdend, Diastem und Hypsodontie beginnend (Abb. 172 *A*); R und Uln verwachsen, Seitenzehen ganz reduziert, Hauptzehen leicht divergierend; ohne Os canon. Weitere Etappen *Protomeryx*, ObOlig—UMioz, *Protolabis*, MMioz—UPlioz, *Procamelus* ObMioz—UPlioz, *Pliauchenia*, U—ObPlioz, u. a. mit unterschiedlicher Zunahme von Gesamtgröße, Orb-Verschluß, $I^{1,2}$-Reduktion, Diastem, P-Reduktion, Hypsodontie, Kanonenbeinbildung usf. Im Pleistoz *Camelops* (Abb. 172 *B*) u. a., den heutigen schon ganz ähnlich, in NAm, *Lama* in SAm, *Camelus* mit Fetthöcker in Euras und Afr. Neben dieser Hauptlinie in NAm noch Seitenlinien wie die extrem langhalsigen und langbeinigen *Alticamelinae* oder Giraffenkamele, MOlig—UPlioz (Abb. 169 *L*), und die zierlichen *Stenomylinae* oder Gazellenkamele, UMioz—UPlioz.

Subordo: **Ruminantia**

Die *Ruminantia* umfassen (auch ohne Tylopoden, vgl. S. 328/329, 332) die Mehrheit der Artiodactylen und bilden seit dem Beginn des Neog deren dominierende Gruppe. Sie sind wohl die typischesten Repräsentanten der

Ordnung und haben daher gewöhnlich (vgl. S. 327) einen Schädel ohne Scheitelkamm, niedriges Hinterhaupt, geknickte Achse, freie Mastoidregion, kleine, oft rückwärts verschobene Par, Geweih oder Gehörn tragende Fr, hinten geschlossene Orb und Ethmoidallücken zwischen Mx und Nas sowie die angegebenen Mdb- und Kiefergelenkmerkmale; ein Gebiß ohne I^s, oft auch ohne C^s und P^1_1, mit spatelförmigen I_i und C_i, $\pm$ molariformen P und selenodonten, oft hypsodonten M; einen hohlmeißelförmigen Proc odont und opisthocoele Ce 3—7; rez eine ausgedehnte knorpelige Zone am Dorsalrand der Scap; eine stark reduzierte Uln, ein tarsaliformes Os malleolare (lat. malléolus = Hämmerchen) als letztes, distales Fib-Rudiment; Verschmelzungen in Carpus und Tarsus, bes. zwischen c II und III wie ct und tIV + V (manchmal auch weiteren t); ein Os canon; funktionell bidactyle Beine mit Rudimenten der mtp II und V, die ohne Gelenkverbindung mit Carpus bzw. Tarsus sind. In der Mehrzahl sind die *Ruminantia* eher groß, grazil gebaut, lang- und schnellfüßig; rez alle typische Wiederkäuer mit hochspezialisiertem Magen. Nur die ältesten und wenige bis in die Jetztzeit reichende Formen weichen durch primitivere Prägung stärker ab. Jene, unter welchen die Ruminantier-Stammformen zu suchen sind, und diese, ihre in vielen urtümlich gebliebenen Nachkommen werden in der

Infraordo: **Tragulina**

(v. gr. trágos = Bock) vereinigt.

Superfamilia: Amphimerycoidea

ObEoz—UOlig Eur, unzureichend belegt. Bes. primitiv, selenodonte M noch im 5-Höckerstadium.

Superfamilia: Hypertraguloidea

Hypertragulidae, ObEoz As, ObEoz-UMioz NAm. *Archaeomeryx*, ObEoz Mong, fast ganzes Skelett überliefert; noch mit I^s und C^s; C_i incisiviform, P_1 caniniform, sonstige P recht primitiv; M^3 brachy- und selenodont, 4-Höckerstadium, Hand tetradactyl, ct mit t IV + V verschmolzen, kein Os canon; langschwänzig, klein, ca. 30 cm Rückenhöhe. Ähnlich *Leptomeryx*, U—ObOlig NAm, mit Os canon, *Hypisodus*, MOlig NAm, etwa kaninchengroß u. a. Nach caniniformem P_1 wohl Seitenlinie.

Protoceratidae, UOlig—UPlioz NAm, wahrscheinlich aus Vorigen hervorgegangen. *Protoceras*, U—ObOlig NAm, ohne I^s; I_i, C_i typisch ruminantierartig, P_1 caniniform, Bz brachy- und selenodont (s. Abb. 125 B); Uln mit R verwachsen, Fib reduziert, Hand tetradactyl, mt II und V griffelförmig; ohne Os canon; Schädel wohl nur bei ♂ mit deutlichen (in vivo wahrscheinlich von Haut überzogenen) buckelförmigen Knochenprotuberanzen, die bei *Syndyoceras*, UMioz NAm, und *Synthetoceras*, UPlioz NAm, (mit Os canon) große, z. T. bizarre Gebilde wurden.

Superfamilia: Traguloidea

Ohne caniniformem P_1 und ohne Schädelprotuberanzen.

Gelocidae, ObEoz-UOlig Euras, älteste; klein, in vielem primitiv trotz starker Seitenzehenreduktion; Ahnen oder nahe den Ahnen der *Pecora* (s. S. 335) und Vorfahren der

Tragulidae, ObMioz—UPlioz Eur, ObMioz—rez As, Pleistoz—rez Afr, mit
Dorcatherium, ObMioz—UPlioz Eur, ObMioz—ObPlioz As, *Tragulus*, ? MPlioz,
Pleistoz—rez As, *Hyaemoschus*, ab Pleistoz Afr u. a. *Tragulus* und *Hyaemoschus* klein, Schulterhöhe ca. 30 cm; C^s vorhanden, bei $\male$ hauerartig, I_i
und C_i typisch, P einfach, M brachy-selenodont; Proc odont nicht ganz
hohlmeißelförmig; Uln frei, Fib vollständig, mit Tib verwachsen; Verschmelzungen in Carpus und Tarsus, mt III und IV bei beiden, mc III und IV nur
bei *Tragulus* ein Os canon; Hand tetradactyl, Fuß mit noch vollständigen,
zarten Seitenzehen; Vorderbeinlänge etwas geringer als Hinterbeinlänge;
Magen etwas primitiv; bei *Hyaemoschus* Fell mit Fleckenmuster wie Jugend-
kleid mancher Paarhufer und anderer Säuger; nächtliche Waldbewohner
und, wie solche rez häufig, Reliktformen, die Vorstellung von urtümlichen
Ruminantiern vermitteln.

Infraordo: **Pecora**

(lat. pécus = Schaf, Weidevieh), typische Ruminantier. Ohne I^s, C^i nur
anfangs wohl entwickelt, sonst reduziert oder verschwunden; meist ge-
weih- oder hornartige Schädelprotuberanzen, $\pm$ gleichlange Vorder- und
Hinterbeine, Uln bis auf proximales, Fib bis auf distales Ende (Os
malleolare, s. S. 334) reduziert; Seitenzehen unvollständig, am Os canon
Laufkiele; sehr mannigfaltig.

Die *Pecora* sind leicht in 3 Hauptgruppen (Superfamilien) gliederbar,
was, da nur zwischen 2 von ihnen $\pm$ Mittelformen fossil bekannt sind,
für weitgehend basale Dreiteilung spricht. Viel schwieriger sind die meist
erst im JgTert erfolgten Verästelungen zu entwirren und die Detailsyste-
matik ist noch unterschiedlich wie klärungsbedürftig.

Superfamilia: Cervoidea

= Hirschartige, auch „*Cervicornia*" (lat. cérvus = Hirsch, córnu = Horn).
Bulla klein, C^s vorhanden, Bz brachyodont; vorwiegend laubfressende
Wald- und Buschbewohner; von mtp II u. V nur distale oder proximale
Enden der mc II u. V erhalten (*Tele-* bzw. *Plesiometacarpalia*). Haupt-
merkmal knöcherne Schädelprotuberanzen in Form von Geweihen.

Geweih nur frühen bzw. primitiven Formen fehlend, meist auf $\male$ beschränkt; ursprünglich unverzweigt (Spießer-Geweih) und anscheinend nicht
gewechselt. Dann jährlicher Abwurf oberhalb des basalen, dauernd von Haut
umkleideten Rosenstockes mit der „Rose", dem Kranz kleiner Knochen-
„Perlen". Rosenstock zuerst höher (länger) als nach „Fegen" des „Bastes"
die nackte „Stange". Schließlich mehrendige bzw. mehrsprossige Stangen-
geweihe (Gabler, Sechsender usf.) oder Schaufelgeweihe. Ontogenetisches
Erstlingsgeweih stets Spießergeweih, dann individuell verschiedene Zunahme,
im Alter wieder Abnahme der Enden; offenbarer Zusammenhang mit Genitaldrüsen bzw. -hormonen (vgl. auch Geweihmißbildung bei Funktionsstö-
rung dieser Drüsen, z. B. „Perückengeweih" bei Kastration).

Systematische Gliederung nach Geweih, Gebiß und Reduktion von
mc II u. V. Da fossil oft isolierte Funde, bes. Geweihreste (z. B. Abwurf-
stangen), deren Einordnung vielfach schwierig. Bei Frühformen auch
Grenze gegen *Traguloidea* (wohl Ahnengruppe) wie gegen nächstverwandte
Giraffoidea unscharf.

Nur *Cervidae*. Früh- bzw. Primitivformen: *Palaeomerycinae*, UOlig,
UMioz As, ObOlig—ObMioz Eur, UMioz—MPlioz NAm. Älteste, geweihlos,
auch sonst in vielem primitiv, doch Seitenzehen schon stark reduziert; an
M_i-Kronen wie auch bei anderen primitiven Cerviden (z. B. *Muntjacini*, s. u.)
„Palaeomeryxfalte". *Eumeryx*, UOlig As, vielleicht Stammform höherer
Cerviden. — *Moschinae*, Moschustiere, ? Plioz, ab Pleistoz As. Klein, geweihlos, C^s lang, noch heute Erststufe repräsentierend. — *Dromomerycinae*,
UMioz—ObPlioz NAm, ? Neog SWEur, ZAs, mit langen Protuberanzen,
(aber ohne Geweihwechsel); als Seitenlinie betrachtet oder zu einer Hir-
schen und Giraffen gemeinsamen Ahnengruppe gezählt (Abb. 173). — *Muntja-
cinae*, UMioz—ObPlioz Eur, ObMioz-rez As, mit *Dicrocerini*, UMioz—UPlioz
Eur, ObMioz—UPlioz, ? MPlioz As (Abb. 169 *N*), und *Muntjacini* (ab UPlioz
As, ObPlioz Eur; Rosenstock
lang, Spießer- bis Gablergeweih,
gewechselt; unter *Muntjacini*
mit bei ♂ großem C^s und weitgehenden Verschmelzungen im
Tarsus, wieder Reliktformen.

Fortgeschrittene *Cervidae*
mit kurzem Rosenstock und
Wechselgeweih: *Cervinae*, ab
UPlioz Euras, ? ObPlioz, ab
Pleistoz NAm. Hierher u. a.
Eucladocerus oder *Polycladus*
(Abb. 174). MPlioz—Pleistoz
Eur, Pleistoz As, mit besonders
reich verzweigtem Geweih; *Me-
galoceros* oder *Megaceros*, der
eis- und nacheiszeitliche euro-
päische Riesenhirsch, mit Schau-
felgeweih von bis 4 m Auslage
(Distanz zwischen den äußersten Enden beider Geweihe);
Cervus, Edelhirsch, ab Plioz. —
Odocoileinae oder *Capreolinae*,
ab UPlioz Euras, ab Pleistoz N-
u. SAm. Zu ihnen zählen *Alce*
oder *Alces*, ab Pleistoz Eur,
NAm, der Elch; *Rangifer*, ab
Pleistoz Euras, NAm, das in
beiden Geschlechtern geweih-

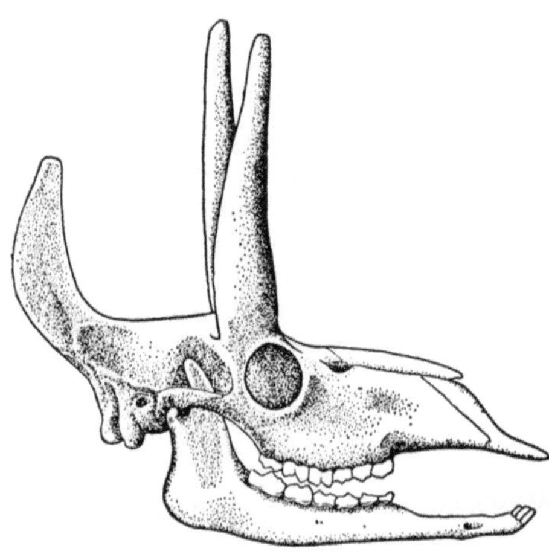

Abb. 173. Schädel mit Unterkiefer der Dromo-
merycinengattung *Cranioceras* (Neog NAm), Seitenansicht. Neben den paarigen Protuberanzen
eine unpaare am Hinterhaupt. Etwa $^1/_5$ nat. Gr.
Aus ROMER 1953.

tragende Ren, wie der Elch im Pleistoz Eur nicht auf den Norden beschränkt;
Capreolus, ab MPlioz Eur, ab Pleistoz As, das Reh, sowie rein nordamerika-
nische Formen. In Afr kommen Cerviden nur im Norden vor.

Superfamilia: Giraffoidea

Schädelachse wenig geknickt, ohne C^s, C_i mit zweilappiger Krone;
Bz brachy- u. selenodont, rez Laubfresser mit freien, nicht in die Bauchdecke einbezogenen Oberschenkeln. Hauptmerkmal: Hohle, meist kleine
und zapfenförmige Schädelprotuberanzen in (? immer) beiden Geschlechtern, bei rezenten von Haut überzogen. Daher auch die Bezeichnung
„*Vellericornia*" (v. lat. véllus = Wolle).

Gewöhnlich 2 paarige Protuberanzen auf den Fr, Basen bisweilen auch,
wie bei Cerviden, auf Par übergreifend; manchmal noch ein unpaarer Zapfen
auf den Nas, allenfalls ein zweites Paar an Grenze zwischen Par und Occ.

Gelegentlich **Zapfenspitzen**, durch Ringfurche abgesetzt, frei aus der Haut vorragend; ob freie Teile gewechselt, ungewiß. Selten Protuberanzen groß und geweihförmig.

Lagomerycidae, U—ObMioz Eur, MMioz Afr, ObMioz As, ± intermediär zwischen primitiven Cerviden und Giraffenartigen, oft auch jenen zugerechnet (s. S. 335).

Giraffidae. Giraffen, UMioz—Pleistoz As, UPlioz OEur, ab Plioz Afr. — *Palaeotraginae*, ? UMioz, ObMioz—UPlioz As, UPlioz OEur, rez Afr. (Abb. 169 *M*). Bei *Okapia*, ? Pleistoz, rez Afr, freie Knochenzapfenenden, Hals ± normal-, Vorder- und Hinterbeine etwa gleichlang. — *Giraffinae*, UPlioz—Pleistoz As,

Abb. 174. *Eucladocerus* (*Polycladus*) *sedgwickii* Falconer (Plio—Pleistoz SEur), Schädel mit Geweih. Stark verkleinert. Aus Abel in Handw. d. Naturw. 2. Aufl.

ab Pleistoz Afr, aus vorigen hervorgegangen, langhalsig (doch nur 7 Ce), Vorderbeine stärker und höher (länger) als Hinterbeine. — *Sivatheriinae*, UPlioz OEur, UPlioz, Pleistoz (? noch subfossil) As, Pleistoz Afr, z. T. groß, schwer gebaut, mit geweihartigen Protuberanzen (Abb. 175). — Weitere Formen inc.sed.

Superfamilia: Bovoidea

(v. lat. bos = Rind). Bulla ± blasig, Par, manchmal auch Fr, in Occipitalfläche übergehend; Schädelachse stark geknickt, Ethmoidallücken gegenüber Cerviden wenig entwickelt; meist ohne C^s, P molarisiert, Bz hypsodont, oft mit Styli; Seitenzehen sehr reduziert. Vorwiegend ± grazil, flüchtig, oft in Herden; in Wald-, Fels-, bes. aber in Busch- und Grasland; meist Gramineennahrung. Hauptmerkmal: Hohle Knochenzapfen mit Hornscheiden: Gehörne; daher auch „*Cavicornia*" (= Hohlhörner).

Hornzapfen (Knochenzapfen) meist bei ♂ und ♀, fast immer ungegabelt bzw. unverzweigt; innen als Regel von Fortsetzungen der (bei vielen Säugern entwickelten) Sinus frontales (Stirnhöhlen) durchzogen; außen von aus umgebildeten Haaren entstandenen Hornscheiden umkleidet. Hornzapfen nicht, Hornscheiden bei rezenten (fossil kaum erhaltungsfähig) bloß einmal, bei Eintritt der Geschlechtsreife, gewechselt, u. zw. in Form von Abschilferung des Jugendhornes sobald unter ihm Dauerhorn entstanden; nur bei *Antilocapra* jährlicher Hornscheidenwechsel.

Zahlenmäßig sind die Hohlhörner mit über 100 Gattungen die umfänglichste und auch heute noch am reichsten entfaltete Paarhufer- bzw. Ungulatengruppe. Sie wurzeln wohl in (im Gesamthabitus *Archaeomeryx*artigen) *Tragulina* (s. S. 334 ff.), doch sind Bindeglieder bisher nicht bekannt. Schon beim ersten Auftreten an der Wende vom ATert zum JgTert

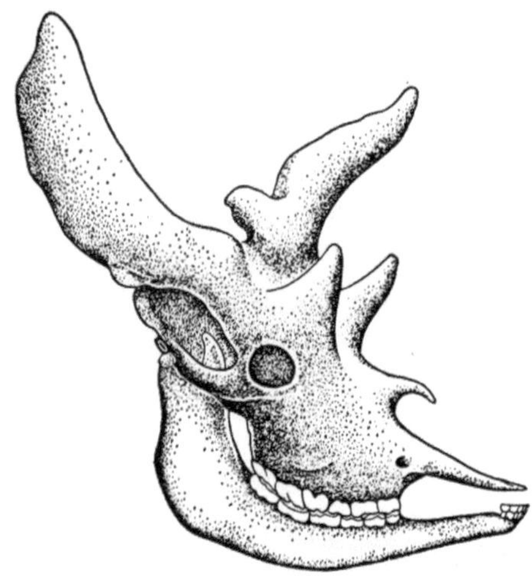

Abb. 175. Schädel mit Unterkiefer der Giraffidengattung *Sivatherium* (Pleistoz As). Fast $^1/_{10}$ nat. Gr. Aus ROMER 1953.

erscheinen sie in typischen Formen und gut auseinanderzuhaltenden Gruppen: in einer sicher nur aus NAm belegten kleineren und in der offenbar lange auf die Alte Welt beschränkt gewesenen Hauptgruppe.

Antilocapridae, ab MMioz NAm. — *Merycodontinae*, MMioz—MPlioz, mit den Perlen des Cervidengeweihes ähnlichen Bildungen, lange als hypsodonte Cerviden aufgefaßt. — *Antilocaprinae*, ab UPlioz (Abb. 169 *O*). Gehörn (bei fossilen z. T. stärker als bei rezenten) gegabelt.

Bovidae, ab Mioz Eur, ab Plioz As, Afr, ab Pleistoz NAm. Systematik schwierig und noch unbefriedigend. Nach SIMPSON 5 Unterfamilien.

Bovinae, ab UMioz Eur, ab UPlioz As, Afr, ab Pleistoz NAm. — *Strepsicerotini*, Schraubenantilopen, schon im ObMioz Eur, bes. aber im UPlioz Euras und Afr (Pikermifauna) wie z. B. *Palaeoreas*. — *Boselaphini*, Nilgauantilopen, UMioz—UPlioz Eur, ab UPlioz As. *Protragocerus*, U—ObMioz Eur; *Tragocerus*, UPlioz (Pikermifauna) — ObPlioz As (Abb. 169 *P*); u. v. a. — *Bovini*, ab MPlioz As, ab ObPlioz Eur, ab Pleistoz Afr, NAm, echte Rinder, *Bubalus* = Büffel, *Bos primigenius* = Ur oder Auerochs, *Bison priscus* u. a. weit verbreitet im Pleistoz Eur, bes. *Bos* und *Bison* auch durch Höhlenzeichnungen als Jagdwild des Eiszeitmenschen ausgewiesen.

Cephalolophinae, Schopfantilopen, ab Pleistoz Afr.

Hippotraginae, Pferdeböcke. *Reduncini*, Riedböcke, MPlioz—Pleistoz As, ab Pleistoz Afr. — *Hippotragini*, UPlioz Eur, ab UPlioz As, ab Pleistoz Afr; z. B. *Palaeoryx*, UPlioz OEur, As. — *Alcelaphini*, Kuhantilopen, UPlioz OEur, Pleistoz As, ab Pleistoz Afr.

Antilopinae, echte Antilopen, Gazellen. — *Neotragini*, Böckchen, ab Pleistoz Afr. — *Antilopini*, UPlioz Eur, ab UPlioz As, ab Pleistoz Afr, z. B. *Gazella* schon (? Mioz und) UPlioz Eur.

Caprinae, Ziegen. — *Saigini*, ab Pleistoz Euras, Pleistoz Alaska; *Saiga*, Steppen- oder Rüsselantilope, rez Steppengebiet SOEur-As, Pleistoz auch MEur u. Alaska. — *Rupicaprini*, Gemsen, ab UPlioz As, ab Pleistoz Eur, NAm; *Myotragus*, Pleistoz Medit, unteres Vordergebiß nur aus schaufelförmigen I_1, End-ph eng aneinanderschließend = funktionell fast einhufig; *Rupicapra*, Gemse, im Pleistoz Eur nicht nur im Hochgebirge, u. a. — *Ovibovini*, Moschusochsen, UPlioz und ab Pleistoz Euras, ab Pleistoz NAm. *Criotherium*, UPlioz OEur, WAs, *Urmiatherium*, UPlioz As, *Parurmiatherium*, UPlioz As, mit eigenartiger Schädel- und Gehörnform; *Ovibos*, ab Pleistoz Eur, NAm, im Pleistoz nicht auf Norden beschränkt; u. a. — *Caprini*, ab UPlioz Euras, ab Pleistoz Afr, NAm. *Oioceros*, UPlioz Euras; *Hemitragus*, Halbziege, Tahr, APleistoz Eur (Hundsheim b. Wien), rez As; *Capra*, Ziege, Steinbock, ab Pleistoz Euras, rez NAfr; *Ovis*, Schaf, ab ObPlioz As, ab Pleistoz NAm, rez domestiziert weltweit; u. a.

Namen- und Sachverzeichnis

Aufgenommen wurden die in Text und Abbildungslegenden aufscheinenden Namen von Autoren, Fossilien und Fundstellen; ferner Fachausdrücke und sonstige Schlagworte einschließlich ihrer im Text verwendeten Abkürzungen und Symbole. Bei immer wiederkehrenden Fachausdrücken und Schlagwörtern ist in der Regel nur die Stelle, wo sie zuerst vorkommen, angegeben; weitere Seitenverweise sind bei ihnen nur dann angefügt, wenn später Zusätzliches über sie gesagt wird oder ihre mehrfache Erwähnung sonst (z. B. für die Verbreitung von Merkmalen, Eigenschaften usw.) von Belang ist. Wo für ein Organ, eine Eigenschaft usw. mehrere Schlagwörter in Betracht kommen (z. B. für Zähne auch Backenzähne, Gebiß, Dentition usw.), wird bei jedem auch auf die anderen verwiesen. Die Namen der Autoren sind durch Großbuchstaben, die wissenschaftlichen (lateinischen) Namen der Fossilien (Tier-, Tiergruppennamen usw.) durch Kursivdruck kenntlich. Im übrigen verweisen fettgedruckte Seitenzahlen auf Stellen, wo Fachausdrücke näher erläutert werden, Fettdruck von Seitenzahlen und gesperrter Druck bzw. gesperrter Kursivdruck von Fremdwörtern oder -wortteilen auf solche, wo auch sprachliche Ableitung bzw. etymologische (v. gr. etymología = wahrer Sinn, Grundbedeutung eines Wortes) Erklärung gegeben wird; kursivgedruckte Seitenzahlen auf dort befindliche Abbildungen.

Berichtigungen

S. 25, Abs. 4, Zeile 5 v. u. lies intraspezifische statt intransspezifische
S. 49, Fußnote, Zeile 2 lies *Tabulozoa* statt *Tabuloza*
S. 75, Abs. 2, Zeile 1 lies bei Ortho- und Cyrtoconen statt bei der Ortho- und Cyrtoconen
S. 131, Abs. 3, Zeile 2 lies eine vierte statt eine dritte
S. 137, Abs. 6, Zeile 2 lies erscheinen statt erschienen
S. 185, Legende Abb. 101 lies Etwa $^1/_5$ statt Fast $^1/_2$
S. 213, Abs. 2, Zeile 2 lies S. 211 statt 215
S. 217, Legende Abb. 116 lies D und C statt C und D
S. 276, Abs. 2, Zeile 7 lies Bz mit offenbleibenden Wurzeln statt Bz sind wurzellos
S. 299, Abs. 3, Zeile 3 lies unreduziert statt reduziert
S. 305, Abs. 3, letzte Zeile lies *Pantolambdodontidae* statt *Pantolambdidae*
S. 320, Abs. 3, Zeile 4 lies Prl statt Prcl
S. 333, Abs. 1, Zeile 1 lies Reduktion der Uln statt Reduktion von R und Uln
S. 388, Spalte 2, Zeile 14 und 15 lies Proc mammilaris und Proc mast statt Proc mmmilaris und Proc masat